U0258711

# 斯波克育儿经

## 〔第 10 版〕

〔美〕本杰明·斯波克 著 〔美〕罗伯特·尼德尔曼 修订

哈澍 武晶平 李佳易 译 王佳 医学审定

中信出版集团 | 北京

**图书在版编目（CIP）数据**

斯波克育儿经：第10版 /（美）本杰明·斯波克著；
哈澍，武晶平，李佳易译. -- 北京：中信出版社，
2022.8

书名原文：DR. SPOCK'S BABY AND CHILD CARE 10
TH EDITION

ISBN 978-7-5217-4378-4

Ⅰ. ①斯… Ⅱ. ①本… ②哈… ③武… ④李… Ⅲ.
①婴幼儿—哺育 Ⅳ. ①TS976.31

中国版本图书馆CIP数据核字(2022)第077937号

**斯波克育儿经（第 10 版）**

著　　者：[美]本杰明·斯波克
修 订 者：[美]罗伯特·尼德尔曼
译　　者：哈澍　武晶平　李佳易
医学审定：王佳
出版发行：中信出版集团股份有限公司
　　　　　（北京市朝阳区惠新东街甲 4 号富盛大厦 2 座　邮编 100029）
承 印 者：嘉业印刷（天津）有限公司

开　　本：720mm×970mm　1/16　　印　张：44.5　　字　数：928 千字
版　　次：2022 年 8 月第 1 版　　印　次：2022 年 8 月第 1 次印刷
京权图字：01-2022-2897
书　　号：ISBN 978-7-5217-4378-4
定　　价：98.00 元

出　　品：中信儿童书店
图书策划：红披风
策划编辑：谢沐
责任编辑：陈晓丹
营销编辑：易晓倩　张旖旎　李鑫橦
装帧设计：李晓红　陈永超

版权所有·侵权必究
如有印刷、装订问题，本公司负责调换。
服务热线：400-600-8099
投稿邮箱：author@citicpub.com

# 目录

## 第一部分　孩子在一年年长大

# 第二部分 饮食和营养

# 第三部分　健康和安全

## 牙齿的发育和口腔健康 \ 344

# 第四部分　培养精神健康的孩子

## 孩子需要什么 ＼ 410

# 第五部分　常见发育和行为问题

## 行为表现 ＼ 549

## 邋遢、磨蹭和抱怨 ＼ 558

## 习惯 ＼ 564

## 兄弟姐妹间的敌对情绪 \ 611

## 焦虑症和抑郁症 \ 622

## 注意缺陷多动障碍 \ 629

## 学习障碍 \ 637

## 智力缺陷 \ 644

## 孤独症 \ 649

## 唐氏综合征和其他遗传疾病 \ 655

## 寻求帮助 \ 658

## 儿童常用药 \ 664

## 常用药物名称指南 \ 667

致父亲爱伦和母亲格洛丽亚·尼德尔曼，

你们是我的启蒙老师，也是最好的老师。

# 致　谢

您正在阅读的这本书于 70 多年前首次面世。本杰明·斯波克的《斯波克育儿经》在 1946 年面世时，引起了父母育儿的革命，同时也改变了一代人的生活。那一代儿童是现在这一代的祖辈。或许他们正是您的父母。因此，从某种意义上讲，您可能是"斯波克的孩子"。我就是。

斯波克博士温暖又明智的建议时至今日仍然适用。这很大程度上是因为这本书与时俱进，不断完善。具有开创性的女权主义者格洛丽亚·斯泰纳姆（Gloria Steinem）告诉他，他有性别歧视的思想，他接受了，并做出了改变。后来，斯波克还欣然接受了素食，并且一直活到 94 岁。

去世之前，斯波克与天资卓著的儿科医生史蒂芬·帕克（Steven Parker）合作撰写了《斯波克育儿经》第七版。史蒂芬是对我本人影响最大的老师之一。所以，当我修订《斯波克育儿经》第八版和第九版时，我对斯波克博士和帕克博士满怀感激之情。马蒂·斯坦恩（Marty Stein）也参与了本书第七版的编写，多年以来他一直是发育与行为儿科学的领导者，其真知灼见和著作文章让我受益匪浅。我的整个职业生涯都得益于他的权威指导。

为了编写本书第十版，我请教了一大批各个领域的专家：纳扎·阿布噶礼（Nazha Abughali）、金姆·伯克哈特（Kim Burkhart）、杰西卡·丘普尼克（Jessica Chupnick）、阿卜杜拉·戈瑞（Abdulla Ghori）、瑞玛·古拉迪（Reema

Gulati）、詹姆斯·科兹克（James Kozik）、杰基·米勒（Jackie Miller）、格洛丽亚·尼德尔曼（Gloria Needlman）、玛丽·奥康纳（Mary O'Connor）、南希·罗伊森（Nancy Roizen）、苏珊·桑托斯（Susan Santos）、莱诺尔·斯凯纳奇（Lenore Skenazy）、特里·斯坦钦（Terry Stanchin）、马蒂·斯坦恩（Marty Stein）和玛莎·莱特（Martha Wright）。这些专家以及其他朋友和同事都极大地充实了这一版的《斯波克育儿经》，当然了，全书任何问题皆由我全权负责。

与斯波克博士结婚并共同生活了 25 年，和他一起撰写了好几版《斯波克育儿经》的玛丽·摩根（Mary Morgan）女士，为我们提供了大量的指导和巨大的支持。写书就像养育孩子，是一个彰显信念的行为。玛丽，谢谢你对我充满信任。我要感谢三叉戟传媒集团（Trident Media Group）的丹尼尔·斯特伦（Daniel Strone）、凯蒂·罗宾逊（Katie Robinson）和妮可·罗布森（Nicole Robson），感谢西蒙 & 舒斯特公司（Simon and Schuster）的编辑玛拉·丹尼尔斯（Marla Daniels）、波莉·沃森（Polly Watson）和萨拉·莱特（Sarah Wright），感谢艾丽西亚·布兰卡托（Alicia Brancato）、丽莎·利特沃克（Lisa Litwack）和戴维娜·莫克－曼尼斯卡科（Davina Mock‑Maniscalco）的制作与设计工作，还要感谢格雷丝·尼德尔曼（Grace Needlman）为本书绘制了插图。

最后，我要感谢我的家人：谢谢你，我的女儿格雷丝，是你教会我展望未来；谢谢你，我的爱妻卡罗，你是如此睿智善良，如果没有你，我很可能不会启动这个项目，更不用说完成它了。

罗伯特·尼德尔曼

# 第十版序

首版《斯波克育儿经》伴随着西方战后婴儿潮面世，那是一个飞速变化、昂扬奋进的时代。70多年过去了，现如今乐观情绪似乎已被焦虑所取代。在客观上来说，世界变得更安全了，但却让人们感觉更加危机四伏。无限信息尽在身边，但我们却更加难以取舍。无论身处何处，新想法总会层出不穷涌现。但哪些想法更好，哪些想法又只是一时流行，甚至更糟糕呢？

《斯波克育儿经》如今已成为一部经典著作。然而，斯波克博士在当时可谓是全新育儿理念的激进倡导者。他反对越南战争，竞选美国总统。众所周知的是，他还对"不打不成器"这一久经考验的育儿理念提出了质疑。他认为儿童渴望学习知识，与人愉快相处并最终成长为快乐、强壮的成年人，而我们需要视其为真正意义上的人。若他们感到被人尊重，就会尊重他人。对儿童的尊重始于了解，我们需要欣赏他们在成长过程中所面临的挑战，以及所展现出的非凡力量。本书试图以此种方式对孩子和父母表达敬意，旨在向读者传达全新、真实的事实。

《斯波克育儿经》并不会为父母制订一大堆规矩。它更像是一本旅游指南，突出主要景点的同时也会提醒人们注意那些不太明显的地标。在你需要选择道路（母乳喂养或配方奶粉喂养）或绕过障碍（肠痉挛或便秘问题）时，这本书可以助你一臂之力。通过本书，你还会对某些令人生畏的领域（注意缺陷多动障碍、孤独症）有所了解。斯波克博士相信，凭借爱和常识，以及些许专家指导，父母有能力勾画出自己的行动路线图。若这本书提供的信息能让你在为人父母时多一份信心，那么它就算完成了使命。

关于措辞。在本书中，我在很多地方都建议父母和孩子的医生聊一聊。我所说的"医生"不仅包括儿科医生和家庭医生，还包括为许多儿童提供医疗服务的执业护士。

按照类似的思路，当谈论"父母"时，我通常是指母亲、父亲、继父、继母、祖父母和其他承担类似角色的成年人。在大多数情况下，我对养父母和亲生父母不作任何区分。父母是指承担爱护和抚养孩子重担的主要责任人。

# 前言　相信你自己和宝宝

## 相信你自己

**其实，你懂得很多。** 虽然你想尽力做一个最好的家长，但最好家长的标准并不总是那么清楚。育儿信息纷繁错杂，难以甄别。每个人各持己见。上一代人坚持的育儿经验可能已经不再有效。

你不必把朋友和家人的话句句当真，也不要被专家的忠告吓倒。你要敢于相信自己的常识。只要你泰然处之，相信自己的直觉，那么抚养孩子就不是非常困难的事。了解如何把尿布包得舒适服帖、适时增加固体食物固然重要，但事实告诉我们，父母给予孩子的天然疼爱比那些重要百倍。每当你把孩子抱起来，给他喂奶、换尿布、朝他微笑的时候，他都会感觉到他属于你，你也属于他。

对不同的育儿方法研究得越多，人们就越发肯定，父母凭着慈爱的天性为孩子所做的事情都是最好的。当父母树立起自信心，能够自然而又放松地照顾宝宝的时候，就会收到最好的效果。即使出点差错，也比由于强求完美而过分紧张好得多。

积极回应宝宝的哭闹非常重要。不过你若不能总是立刻做出反应，他就能学会如何自己安慰自己；当你对刚开始学步的孩子失去耐心的时候（所有父母都难免这样），你的孩子就会知道你也是有情绪的。孩子们需要明白，人可以发脾气，但同时也要有能力去调整情绪。

孩子有一种内在的驱动力，这种力量促使他们不断地成长、发现、体验，让他们学会如何跟别人相处。许多教育方法之所以成功，就是因为顺应了这种强大的驱动力。儿童具有适应能力。他们会犯错，遭受挫折，然后继续成长。所以，请相信你自己，同时记得相信你的宝宝。

**如何学会做父母**。阅读育儿书籍和博客的确会有所助益，不过父母却是从自身成长方式中学习到最丰富的育儿经验。如果一个孩子在随和的环境中长大，他很可能成为一名随和的家长；与此相反，那些严厉的父母养大的孩子很可能成为比较严厉的父亲或母亲。我们都会在某些方面和自己的父母相似，在对待孩子的方式上尤其如此。当你和孩子说话的时候，可能忽然发现你的父母也曾对你说过同样的话，连语气和用词都一模一样！

想想自己的父母。他们做的哪些事情在你现在看来是具有积极意义的呢？他们的哪些做法又是你绝不想去效仿的？想一想，是什么塑造了你现在的样子，你又想成为怎样的家长？这样的自我审视会帮助你理解并相信自己为人父母的本能。

你会发现，自己在抚育孩子的过程中慢慢地学会了如何做父母。你会发现，你能够熟练地给孩子喂奶、换尿布、洗澡。同时，对于这些帮助和照料，你的宝宝也总是表现出心满意足的样子，让你充满信心，慈爱之情油然而生。你们会慢慢地建立起牢固而又相互信任的亲子关系。但是，你不能指望自己立刻就能找到这种感觉。

所有的父母都希望影响自己的孩子，但你可能会惊讶地发现，其实父母和孩子之间是相互影响的。为人父母是一个人不断成长和走向成熟的关键一步。

**认清你的目标**。你希望孩子成为什么样的人？良好的学业成绩是我们对孩子的最高期望吗？跟别人保持融洽关系的能力是否重要？你是希望孩子具有锋芒毕露的个性，能在竞争激烈的社会中取得成功；还是希望他们能够与人合作，某些时候能为他人的利益放弃自己的渴望？你希望他们成为规则追随者，还是独立思考者？

一些父母每天都在如何教育孩子的问题上纠缠，却在为什么要养育孩子这个首要问题上陷入迷茫。父母需要时不时花一些时间去通观全局。我希望抚养孩子的经历可以帮助父母厘清思绪，弄清楚什么才是真正重要的事情。

## 父母也是普通人

**父母也有需要**。育儿方面的书籍，包括这本在内，对孩子的需要强调得太多，说他们需要爱，需要理解，需要耐心，需要持之以恒的呵护，需要严格的管教，需要保护，需要友谊，等等。当读到自己该怎么做的内容时，父母们有时会觉得身心俱疲。他们形成了这样的印象：父母就应该无欲无求，除了孩子以外，他们不该拥有自己的生活。于是，他们自然地感到，维护儿童利益的书籍会把所有责任都归罪于父母。

为了公正地对待父母，这本书要用同样的篇幅来阐述父母的实际需要，比如他们在家里家外的烦心事，他们的疲惫，他们需要听到的赞赏（哪怕是偶尔的），说他们干得不错。养育孩子的过程充满了艰辛：准备合适的饮食、洗衣服、换尿布、擦屎擦尿、劝架擦泪、听孩子讲难懂的故事、参加他们的游戏、看那些对成年人来讲毫无趣味的书、逛动物园和博物馆、应孩子的要求指导家庭作业、在做家务和收拾庭院时被热情的小帮手拖累、拖着一身疲惫在晚上参加家长会等。

事实就是这样，养育孩子是一项漫长而艰苦的工作。它的回报不能即刻显现，你还常常得不到应有的认可。然而，父母跟他们的孩子一样都是普通人，也都很脆弱。

当然，父母们不是因为想当英雄才养育孩子的。他们要孩子是因为爱孩子，想抚养自己的骨肉。亲手抚育自己的孩子虽然很辛苦，但是看着他们长大成人，多数父母都会感到这是一生中最大的满足。不管从哪个角度看，培养孩子都是一件富有创造性、充满成就感的事。跟这件事相比，世俗的物质成就带来的自豪感就显得黯然失色。

**不必要的自我牺牲和过分劳神。** 面对为人父母的新责任时，许多做事认真的人都会觉得自己肩负着使命，必须放弃所有自由和原来的快乐。对于这些人来说，这不仅是现实的需要，还是原则上的必然。还有一些人则完全陷入其中，忘了其他所有的兴趣和爱好。即使他们实际上能够偶尔抽空出去轻松一下，心里的愧疚感也会使他们难以尽兴。他们会让朋友们觉得扫兴，反过来，朋友们也使他们感到不快。久而久之，他们就会厌倦这种囚徒似的生活，禁不住下意识地怨恨自己的孩子。

对许多父母来说，全身心地呵护新生儿很正常。但一段时间过后（一般到了 2 ~ 4 个月），你的注意力就应该重新扩展到孩子以外的事务上去。尤其要注意跟你的伴侣保持深切又亲密的关系。要挤出一些时间，专门跟你的伴侣或者其他重要的人在一起。不要忘了用目光交流，别忘了彼此微笑，更不能忘记表达你心里的爱意。要尽量争取足够的时间和精力来继续夫妻生活。要记住，父母之间紧密而又深切的关系是孩子学会跟他人保持亲密关系的最有效途径，也是孩子成年以后与他人交往时最有可能效仿的范例。所以你能够为孩子做的最有价值的事情之一，就是让他加深（而不是限制）你和伴侣之间的关系。

## 天性与培养

**你有多大的控制力？** 我们非常容易从育儿书籍中得到这种印象：孩子长成什么样完全取决于父母。只要教子有方，就能培养出好孩子。如果你的孩子说话晚一点儿，或者爱发脾气，这自然都是你的错。

其实情况并非如此。有的宝宝天生更难被安抚，更容易恐惧，更加鲁莽，有时也更让父母难以应付。如果你运气不错，你的宝宝可能会性格温和，与你情投意合。如果你没那么走运，你可能就要学习一些特殊的技巧来帮助孩子茁壮成长。比如，你可能需要学习如何安抚肠痉挛的宝宝，或者如何引导一个过于拘谨的宝宝尝试小小的冒险。

但是，仅仅掌握技巧依然不够。你还必须接受孩子天生的特点。孩子需要那种被人真正接纳的感觉，只有这样，他们才能和父母一起努力，越来越好地控制自己。

**接受你面前的孩子。** 性格温和的夫妇适合生养天性敏感细腻的孩子，但要迎接一个精力旺盛、执拗任性的宝宝，他们就可能完全没有准备。无论他们多爱孩子，都会发现自己不知所措，无从应对。相反，另一些夫妇或许能够轻松愉快地对付一个充满活力的小家伙，却对一个安静的、喜欢沉思的孩子感到非常失望。

父母并不是圣人，当望子成龙、望女成凤的期望落空时，也难免会情绪低落。另外，当孩子大一点儿的时候，他们可能会让我们在有意或无意间想起曾给我们的生活带来麻烦的某个兄弟姐妹或者长辈。一位父亲可能对儿子的懦弱性格非常不满，这种情绪很可能跟他自己小时候克服害羞的痛苦经历有关，但这位父亲也许并没意识到。

你对孩子的期待和渴望是否适合他与生俱来的天赋和性情，这一点影响着你和孩子能否顺利地扮演各自的角色。若期望和天赋很难匹配（没有规定一定要匹配！），那么父母就要去做出相应调整。父母不能改变孩子的天性，却可以改变自己的应对方式。比如说，如果你长期因为孩子不是一个数学天才或体育健将感到失望，或者你逼迫孩子做他天生就不擅长的事情，那双方都会遭受一些不必要的痛苦。但如果你接受孩子本来的样子，你们共同生活一定会融洽很多。更重要的是，你的孩子也会在成长中学会接纳自己。

## 不同家庭面临的不同挑战

在培养孩子的问题上没有唯一的正确方法，同样，对于家庭类型而言，也没有哪种是最好的。孩子可以在各种家庭里茁壮成长，双亲的、单亲的、跟祖父母或者养父母一起生活，或者生活在一个大家族当中。但是为了表述简洁，我在大多数时间只使用"父母"这种措辞。

不符合典型一父一母模式的家庭可能需要做一些特殊规划。比如，在同性恋人组成的家庭中，家长需要制订一些计划，让孩子可以接近两种性别的成年人；如果孩子是从国外收养的，父母就需要费些心思让他接触出生地的文化（孩子有时候很想知道）；持有不同宗教信仰的父母需要弄清楚，自己的孩子如何能够在成长过程中与传统（有时是多个传统）和社会建立联系。对于那些父母来自世界不同地区或不同种族的孩子，则需要去学习接纳多种文化根基。优秀的父母就要精心筹划，尽力满足孩子需求；所有家庭皆是如此。

**全球流动性。**有些家长生活在远离自己成长环境的国家。离开自己熟悉的一切，例如家庭、语言、文化、国土，就会备感压力，涉及抚养孩子这个问题时就更是如此。父母小时候需要的重要的环境和事物，在新的地方根本没有。家乡好父母的标准在这里甚至可能被看成是对孩子的忽略或虐待。难怪做父母的经常会对自己丧失信心、忧心忡忡或是愤怒不已。

**灵活性是成功的关键**。一个家庭需要坚守自己的文化价值观念，同时也要参与主流社会生活。要想获得成功，孩子们可能需要学会在家里和在学校使用不同的语言，还要在两套社会规则之间来回转换。父母需要在孩子往来穿梭于不同世界的时候找到支持他们的方法，在坚持传统的同时也要接纳新鲜事物。孩子们成长的世界与上代人的世界是如此不同，所以，不仅是移民家庭，同样的紧张感也牵动着所有其他家庭。

**特殊的挑战**。有特殊健康需求和发展需要的孩子会对父母提出额外要求。那些找医生做检查的奔波辛劳，那些在医院的日日夜夜，那些你希望和孩子一起做却不能做的事情，所有这些都可能压得人喘不过气来。但是，这些父母依然挺身而出，迎接挑战。那些在别人眼中稀松平常的时刻和发育里程碑，成为他们快乐的源泉。过去的经历也会成为一种障碍。作为成年人，我们自然会回想自己儿时经历的场景。如果你小时候有过一段艰难的经历，如果你的父母特别严酷，如果他们不得不克服情绪问题或成瘾问题，那么你就能体会到主动做出改变有多么艰难。

你可以做出自己的选择。来自不同生活背景、面对各种困难的父母都找到了智慧和勇气，为孩子提供成长需要的一切。反过来，他们的孩子又把这些好品质回馈给这个世界。

第一部分

/

# 孩子在一年年长大

# 宝宝出生之前

## 孩子在成长，父母也在成长

　　**胎儿的发育。** 从受精卵长成一个新生儿要经过许多神奇的变化！大多数女性都是在末次月经后大约五周发现自己怀孕的。这时候，胚胎已经有了内层细胞、中层细胞和外层细胞。在接下来的两到三个月，内层细胞将长成大部分的内脏器官，中层细胞会长成肌肉和骨骼，外层细胞则会长成皮肤和大脑。这些变化精巧复杂，仿佛是一支精妙绝伦的舞蹈。在基因和激素的精密安排下，细胞组织膨胀、分裂、相互缠绕并融合。这一切都进行得井井有条，分毫不差，堪称奇迹。大约十周以后，胎儿看上去开始像个小人儿了，但是他只有大概 5 厘米那么长，重量也只有 9.5 克左右。

　　孕期的第四或第五个月——刚好大约过半的时候——你会头一次感觉到宝宝在活动。如果还没做过超声波检查，宝宝这些轻微的伸胳膊踢腿很可能是你感觉到他的最早证明，告诉你真的有个小生命在你的身体里生长着——这是多么令人激动的时刻啊！

　　妊娠进入最后三个月，大约 27 周左右，胎儿的身长会增加一倍，体重会长到原来的三倍。大脑的发育还会更快。随之而来的还有一些新的动静。

到孕期的第29周，胎儿会被突然的声响惊动。但是，如果那种声音每20秒钟出现一次，胎儿不久就会忽略它。这种反应叫作适应性，是胎儿出现记忆的证明。

胎儿还会记住悦耳的声音。同陌生人的声音相比，出生后的宝宝会更愿意聆听母亲的声音。如果选一段你十分喜爱的音乐反复播放，那么你的宝宝也可能会爱上这段音乐。你的宝宝正在认识你，他在熟悉你的声音、气味、味道和节奏。

**怀孕的复杂感受。**人们对母亲天性总持有一种错误认知，大家以为当得知就要有个孩子的时候，每个女性都会感到欣喜若狂。她们会在整个孕期快乐地畅想未来宝宝的一切。孩子降临之后，她们会快乐而自然地一下子投入母亲的角色。爱的感觉会在瞬间迸发，而且强烈得难以分割。

然而现实情况是，几乎每一位怀孕的女性都会有一些负面的情绪。开始可能会出现恶心和呕吐的情况。原本宽大的衣服会变得紧绷，原本合身的衣服瘦得穿不上。灵活的准妈妈还会发现自己的身体不像从前那么活动自如了。脚和后背可能也会隐隐作痛。

第一次怀孕意味着无忧无虑的青春岁月的终结，社会交往和家庭预算都必须精打细算。在你有了一两个孩子以后，想再多要一个孩子也不奇怪。但是，任何一次怀孕的某些时候，准妈妈的情绪都可能出现低潮。某一次怀孕可能因为明显的原因而心情紧张：可能是宝宝不期而至，也可能夫妻刚好有矛盾，又或者在家里有人患上严重疾病的时候正好怀孕了。有时候也可能找不到明确的原因。

本来充满热情的母亲可能突然顾虑重重，她怀疑自己是否有足够的时间、精力和感情去照顾又一个孩子。这种内在的疑虑有时也会来自丈夫。妻子和丈夫会越来越无力给予对方足够的关注和照顾。有时，正常的恐惧还会表现为令人不安的梦境形式，父母会梦到婴儿出生时身患疾病或畸形。这些反应是怀孕期间复杂反应的一部分，属于正常现象，而且在绝大多数情况下都是暂时的。从某种意义上来说，在怀孕期间感到喜忧参半并不是件坏事，因为这样你就有机会在宝宝降临人世之前处理好自己的情绪。很多父母都会有负面想法和情绪，即使是最优秀的父母也不例外。

若你对未出生的宝宝还没有产生爱意，也没有关系。要让许多怀孕女性爱上一个抱都没抱过的胎儿，还是有些勉为其难。对有些女性来说，母爱始于第一次显示胎儿心脏跳动的超声检查；对有些女性来说，母爱始于第一次胎动；对有些女性来说，母爱姗姗而来。母亲要对宝宝萌生爱意，并没有一个所谓的"正常"时间。爱的感觉可能如期而至，也可能姗姗来迟，但绝不会缺席。

我们大多数人都听说过，一厢情愿地希望生男孩或生女孩并不明智，因为宝宝的性别很可能和我们希望的不一样。但是大多数准父母在每次怀孕期间都会有性别偏好，其中一个原因是若不在脑海里把宝宝勾画成一个男孩或女孩的样子，我们就很难想象出宝宝的模样。那么，就请尽情畅想并爱上你想象中的宝宝吧。当你知道宝宝不是你所设想的性别时，也无须为此感到愧疚。

**妈妈怀孕期间准爸爸的感受。**准爸爸们可能会无比骄傲、充满保护欲，并感到自己与伴侣建立了更加紧密深刻的联结。不过，他们可能也会喜忧参半。许多人担心自己可能做得不够好，甚至内心深处暗暗涌动着一种被遗弃的感觉。这种感觉可能表现为对准妈妈喜怒无常，晚上更希望和好兄弟待在一起，或对其他女性态度轻佻。

这些反应虽属正常，但对于那些在脆弱时期需要额外支持的女性来说，却有害无益。当准爸爸们能够开诚布公地谈论自己的负面感受时，他们就会发现心中的恐惧感和嫉妒心理会逐渐退散，取而代之的是兴奋感和亲密感。

说起来很难过，怀孕会让一些男人变成感情上或身体上的施虐者。如果你觉得面临着威胁或者十分担心，如果你曾经受到过伤害或者被迫接受性行为，那么你和宝宝就应当去寻求帮助或报警。

过去，准爸爸们很难想象自己会去阅读婴幼儿护理书籍。如今，他们则会全程参与怀孕期，这一点几乎毋庸置疑。准爸爸会陪着妻子到医院做常规检查，一起参加产前辅导班，还在爱人分娩时给予充分鼓励与支持。他不再是被排除在外的孤独的旁观者了。

## 产前计划和决策

**怀孕之前。** 在你打算怀孕之前，最好先找医生咨询一下。如果你有某些健康方面的顾虑，或者对生殖问题、遗传问题有疑问，就更应该询问医生。只要有可能怀孕，就要服用叶酸。怀孕之前三个月或更早，你就可以每天服用含有 400 微克叶酸的复合维生素等营养补充剂，以降低胎儿神经管畸形的风险。

这段时间尽量不要接触那些可能影响胎儿大脑发育的化学物品。在大多数女性得知自己怀孕前胎儿大脑就已经开始发育，而大脑在发育早期最为脆弱。因此，在备孕时就采取预防措施极为重要。

这里有一份有害物质清单，包括香烟烟雾和空气污染，杀虫剂，铅和其他重金属，一些家具和床上用品中含有的阻燃剂，一些塑料和化妆品中的邻苯二甲酸盐，当然还有酒精。这些可能会让你备感压力，但你的选择仍然会带来重要影响。比如说，你可以选择食用人工养殖的鳟鱼、野生太平洋鲑鱼、太平洋沙丁鱼、凤尾鱼或鱼条，而不吃含汞量高的鱼，如海鲈鱼和剑鱼。你可以在 TENDR 项目 [1] 中，了解更多关于如何避免有害化学物质的信息。

某些感染会带来产前风险。例如，蚊子会携带寨卡病毒（参见第 408 页）。幼儿经常携带巨细胞病毒（CMV），在学前班工作的女性需要了解自己对巨细胞病毒是否具有免疫力（大多数成年人都对此免疫），以避免在怀孕期间

---

1　TENDR 项目由一群科学家、健康专家和环保人士于 2015 年创立，该项目致力于研究环境中的有害物质对人类神经发育的影响。——译者注

感染此种病毒。幼猫会感染弓形虫病，孕妇在更换猫砂时应戴上手套和口罩，或者找他人代劳。

**做好产前护理**。做好产前护理能让你的宝宝受益无穷。一些简单易行的举措，比如服用孕期维生素、戒烟戒酒、检测血压等，就可以产生重大影响。定期检查可以及时发现传染病等问题，并且在胎儿受到危害之前治疗。即使在孕期快要结束的时候才开始产前检查，你和宝宝也会从中受益。

在前七个月里，产前检查通常是每月一次，第八个月是两周一次，之后增至每周一次。通过检查，你会得到针对一般问题的建议，比如如何缓解晨吐，如何监测体重，如何运动，等等。产前超声波检查也会使胎儿看上去更加真实生动。

喜欢并信任医生或助产士这一点十分重要。他们能否倾听你的意见并给予清楚的建议？负责产前检查的医生能否协助你分娩？如果不能，你是否相信其他医生也能为你提供良好的医疗护理？医院和产科能否接受你的医疗保险？

**分娩计划**。你是想在家里接生还是医院接生？自然分娩还是无痛分娩？躺着分娩还是蹲着分娩？尽早回家，还是晚一些出院？咨询护士，还是咨询哺乳专家，又或同时咨询？

没有哪种方式适合所有的女性，也没有哪种方法明显有利于胎儿。如今生孩子比以往任何时候都安全，但仍然有些因素无法预知。设想一下你理想中的分娩方式，但遇到意外情况时也要灵活处理。多咨询，多阅读吧。

你还可以考虑分娩时雇用一名产妇护导员（导乐）。产妇护导员是指经过培训，分娩全程为产妇提供不间断支持的女性。她们会帮助准妈妈找到最舒服的姿势和动作，借助按摩和其他技巧来降低产妇的紧张程度。经验丰富的产妇护导员经常可以帮助心慌意乱、不知所措的产妇恢复信心。

产妇护导员不仅对新妈妈们很有帮助，对新爸爸们也不无裨益。很少有丈夫能够像她们那样有效地抚慰妻子的疼痛和忧虑，何况他们自己还处于焦虑当中。产妇护导员解放了新爸爸，使他们能够以一种亲切的态度陪伴妻子，而不至于像个教练一样。大多数新爸爸都觉得，产妇护导员的服务使他们获得了支持而不是被其取代。

很多研究证实了产妇护导员能带来有益影响。产妇护导员帮助减少了剖宫产的概率和硬膜外麻醉的使用（尽管硬膜外麻醉有时是一种幸运，但还是有风险，比如，可能会导致婴儿发烧。一旦发烧，新生儿必须使用好几天的抗生素）。

**你将如何喂养宝宝？** 这一问题值得提前考虑一下。喂养方式是一个私人决定，两种方式皆可。母乳喂养对健康有诸多好处，但对一些父母（特别是外出工作的女性）来说，用奶瓶喂养可能更方便。选择配方奶粉喂养有一定花销，而且奶粉需要经常调配和加热，奶瓶也需要清洗。选择母乳喂养的妈妈则要辛苦些，有时会出现疼痛感觉，而且在公共场所哺乳还会让人感到不自在。有些母亲喜欢那种自己身体喂养婴儿所带来的亲密感，而有些妈妈更喜欢可以让伴侣在半夜里给孩子喂奶的自由感。母乳喂养可以帮助妈妈更快地恢复到怀孕前的体形。有些女性担心母乳喂养会让乳房变得难看，但其实造成乳房变形的主要原因在于怀孕本身，而非哺乳。

许多女性选择奶粉喂养的原因是她们打算尽快重返校园或工作岗位。但是从医学角度来讲，即使是短暂的母乳喂养也比完全放弃母乳喂养要好。即使复工或复课之后，母乳喂养依然可以在家中进行。

关于母乳喂养和配方奶粉喂养的方方面面还有很多亟待讨论，会在本书后面章节一一介绍（参见第 187 页和第 212 页）。

## 为宝宝选择医生

**儿科医生、家庭医生，还是护理师？** 早在怀孕期间，你就可以考虑给宝宝找一位医生或护理师。找谁合适呢？怎样才能看出他能否胜任呢？或许你已经见过有经验的家庭医生了，那么选择起来就比较简单。有的父母跟轻松随意的医生相处得很好，也有人愿意接受尽可能详尽的指导。你可能更信任经验丰富的老医生，也可能青睐受过新式专业训练的年轻医生。要寻找一位合适的医生，最好先跟其他父母聊一聊。产科医生和助产士往往也能推荐不错的人选。

护理师是经过注册的护理人员，他们受过专门的训练，在许多时候可以配合医生的工作。护理师和医生的分工各不相同。一般来讲，医生在处理复杂疾病时更有经验，而护理师有更多的时间为宝宝做细致的检查，还能提供很好的预防和保健服务。要是有人强烈推荐，我就会毫不犹豫地聘请一位护理师（为了方便，下文将护理师称为"医生"）。

**增进了解的咨询**。如果这是你的第一胎或者你要搬到新的地方去，我强烈建议你在预产期的前几周向选定的医生做一次咨询。面谈最能了解一个人的特质，要看看他是否能使你心情舒畅地倾吐心中的想法。你会从这种产前咨询中了解很多东西，离开时你对孩子的医疗护理问题就心中有数了。

到达咨询地点的时候，你要留意：那里的工作人员是否让人心情舒畅而又彬彬有礼？孩子在候诊室里是否有事可做？那里有图画书吗？你可以向工作人员咨询一些很具体的问题，比如，诊所有多少医生和护理师？电话如何联系？如果在他们下班以后孩子出现了不适怎么办？白天出现紧急情况怎么办？他们可以花多少时间为孩子做全身检查？（如今，平均时间是15分钟左右。）你还需要了解保险和收费情况，以及诊所对接的医院。

护理的连续性是一个关键问题。你的孩子是配有固定医生，还是哪个医生刚好有空就出诊？如果父母和医生通力协作，就能为孩子提供最佳的幼儿保健。相比随机选择诊所里的医生，与特定医生合作可能会更容易些。

你可以和医生谈论一些自己很在意的事情，比如医生对母乳喂养的看法，当孩子经历痛苦的医疗程序时你可否陪伴，母婴同床是否合理，或者如何训练孩子排便，等等。注意自己咨询时的感受。如果你觉得心情舒畅，对方能够认真地倾听，你也没有感到匆促，很可能你已经找到了合适的人选；如果不是，你可能就得再走访一下其他诊所。

**母乳喂养的产前咨询。**如果你还没有决定是母乳喂养还是配方奶粉喂养，那么，找你的医生或护理师咨询会大有帮助。你还可以参加大型诊所或医院开设的母乳喂养培训班。多了解一些知识可以帮助你比较轻松地做出决定。如果决定采用母乳喂养，产前咨询会让你预先了解可能出现的困难，提前做好准备。

## 准备回家

**多找些帮手。**在你照顾宝宝的最初几周里，如果有人帮忙，无论如何都要尝试。这时候，如果丈夫能够全职陪护，将会给妻子带来莫大的安慰。事必躬亲会让你身心俱疲。一想到要照顾无助的婴儿，大多数充满期盼的父母都会感到有些畏惧。如果你也有这种感觉，并不意味着你做不好，或非得找个护士教你怎么做。如果你实在觉得慌乱，找个合得来的亲戚帮一把可能会让你轻松地学到很多经验。

要是孩子父亲没有紧张得不知所措，也许就能帮上忙。如果你和孩子的祖父母相处得不错，他们也是比较理想的帮手。否则的话，祖父母还是只探望不插手要更好些。最好找个照看过小孩的人来帮忙，但找个你喜欢的人最重要。

你可以考虑请几个星期的家庭服务员或产妇护导员。很多产妇护导员也提供产后服务。你可以请人每周来一两次，帮忙洗洗衣服、做做家务，或照看几个小时的孩子。最好找一个能够随叫随到（而且支付得起费用）的帮手，这是最实际的。

**上门访视**。针对住院时间少于 48 小时的产妇和婴儿，许多医院和健康机构都在宝宝回家后的一两周内，安排护士上门访视。探访护士可以查看诸如黄疸等健康问题，也能很好地解答有关母乳喂养等问题。如果没有其他状况，护士会让你安心，告诉你一切顺利。

**探望者**。孩子的出生会让亲戚朋友接踵而至，但你完全可以拒绝大家的探访。在照顾新生儿的最初几周，你会疲惫不堪，而来访者会进一步消耗你的体力。这时候最好把来访者限定在你真正想见的少数人之内。其他人都会理解这种做法。

大多数探望者都想抱抱孩子，冲着孩子摇头晃脑，还会没完没了地跟孩子讲话。有些孩子能承受这种逗弄，有些孩子（尤其是早产儿）却承受不住。你要注意孩子的反应，如果觉得宝宝可能感到紧张或有些厌烦，就别再让人逗他了。关心你和孩子的亲朋好友不会觉得你失礼。

在宝宝至少有三四个月大之前，所有抱起宝宝的人都应该先把手等接触部位清洗干净。来访的小孩子尤其容易携带使新生儿严重患病的病毒。因此，在最初的三四个月，要让年幼的表哥表姐和其他亲戚跟宝宝保持一定的安全距离。

**把家里布置好**。如果你的房子修建于 1980 年之前，那么很有可能使用了含铅涂料，有必要将松动的漆皮除去，再把裸露风化的地方重新粉刷，但是自己动手用热气枪或磨砂机清除不安全，那些细小的铅末和蒸气会增加你体内铅的含量，也影响宝宝的健康。最好还是聘请专业除铅人士。你还需检查地下室是否有黑霉，并对发霉的墙壁进行修复。

如果你们用的是井水，提前进行细菌和硝酸还原酶的检测很重要。井水中的硝酸盐会使婴儿的嘴唇和皮肤发青。你也可以写信或致电当地的相关部门进行咨询。另外，井水中不含氟化物，所以你要和医生讨论一下氟化物的补充问题（参见第 347 页）。

## 解决兄弟姐妹的困惑

**再次怀孕应该如何向孩子解释**。和其他人一样，小孩子也觉得怀孕这件事很令人着迷。当你的体形开始发生变化，当你已经度过了最容易流产的怀孕初期时，就可以开始跟孩子谈论这些话题了。孩子可能需要时间来适应要当哥哥或姐姐的想法。即使是蹒跚学步的孩子也能从你的语气中获得安抚，大一点儿的孩子需要你反复告诉他，你还像以前那样爱着他。态度要积极一些，但不要过分热情，也不要指望孩子会兴高采烈。

新宝宝的到来应该尽可能少地影响大孩子的生活，如果大孩子一直都是家里的独生子女，就更要注意这一点。要着重强调那些固定不变的事物。你可以说："那些你最喜欢的玩具还是你的，我们还会去公园里玩，我们还会做特别的游戏，我们还会有固定的时间待在一起。"

**提早做出改变**。如果家里的大孩子还没有断奶，就不要等到他已经觉得被新宝宝代替了的时候再断奶，最好在分娩前几个月断掉，这样做他会更容易接受。如果想把他的房间腾出来给新宝宝用，最好提前几个月就让他搬到新房间去。这样，他就会觉得这是一种进步，他已经长成大孩子了，而不至于觉得是新宝宝把他挤出了自己的地盘。如果想给他换一个大点的床，同样需要提前行动。如果他快上幼儿园了，可能的话，最好在新宝宝出生前几个月就提前送他去。那种被入侵者逐出家门的感觉最容易让孩子对幼儿园产生抵触情绪。但如果孩子在幼儿园交了一些朋友，就会缓解他在家里因新生儿到来而感到的威胁。

**产期与产后**。有些父母希望在母亲分娩时，年长的孩子可以在场。他们认为这样能够加强家庭的凝聚力。但是观看母亲经历痛苦的分娩过程可能会让孩子非常难过，会觉得那是一件非常可怕的事情。即使是大一些的孩子也会感到心神不安，即使是最顺利的分娩过程也必然要经历艰难的努力和流血。

对母亲来说，仅仅分娩这一项任务就已经够难应付了，根本无暇顾及孩子的感受。所以，孩子不必进入产房，只要待在附近，他就会感到自己也是局内人。

分娩以后，当每个人都心怀喜悦、备感安心的时候，就可以让年长的孩子看看婴儿。可以鼓励他看一看、摸一摸小宝宝，跟小宝宝说说话。父母有时会试图告诉孩子应该以何种心态面对小宝宝。相反，更明智的做法其实是询问孩子的感受，并告诉他们无论有何种感受都可以。

**带新生儿回家。**产后的母亲回到家时通常都十分忙碌。她身体疲倦，而且满脑子都是宝宝。父亲为了帮助妻子也会忙得团团转。如果大孩子在场，就会有被排除在外的感觉，也许还会警惕地想："哼，这就是那个小婴儿。"

如果可以，最好让大孩子暂时离开。一个小时之后，等你们把婴儿和行李都安置好了，母亲终于可以轻松地躺在床上的时候，大孩子就可以回来了。母亲可以拥抱他，跟他聊天，把全部的注意力都放在他身上。孩子更喜欢实实在在的奖赏，所以要是能带份礼物送给家里的大孩子就更好了。无论是他自己的玩具娃娃还是好玩的新玩具，都可以帮助他消除那种被遗忘的感觉。当他准备好了的时候，会主动提及小宝宝的话题。如果他的言语不那么热情，甚至怀有敌意，你也不要感到吃惊。

事实上，大多数年长的孩子在最初的几天都可以很好地跟婴儿相处。一般要到几个星期之后，他们才会意识到竞争关系的存在。婴儿也要在几个月之后才会抢他们的玩具，让他们心烦。更多关于如何帮助兄弟姐妹融洽相处的内容请参见相关章节（参见第 611 页）。

## 你需要准备的物品

**提前购置必需品。**有些父母直到孩子出生以后才意识到什么都没有准备。在许多地方，人们普遍认为提前准备婴儿用品会导致怀孕失败。父母们可能是不想冒不必要的风险。

提前把物品准备好的好处是可以减轻后续的负担。开始自己照顾孩子的时候，大多数母亲会感到疲惫不堪。提前备齐基本物品会让你更加安心。

你真正需要什么？接下来的内容可以帮助你决定哪些东西需要提前买，哪些东西可以晚一点再买（或者不必买）。你可以查阅最新一期的《消费者报告》等杂志，以获取相关产品在安全性、耐用性和实用性方面的最新信息。

**备忘清单：提前准备的东西**

√ 一个有安全认证的儿童汽车安全座椅。

√ 一个婴儿床、摇篮或配有结实床垫和床笠的摇篮式婴儿床（睡眠安全相关内容，请参见第 31 页）。

√ 几条温暖舒适的包被。

√ 几件 T 恤衫或连身婴儿服。如果天气较凉，就要准备两三套暖和的绒布睡袋。

√ 湿巾和尿布（可以是一次性纸尿裤，也可以是手洗或由尿布服务商配送的尿布）。即便你主要使用一次性纸尿裤，尿布也能派上用场。

√ 哺乳内衣以及吸奶器（如果你打算采用配方奶粉喂养，就需要准备配方奶粉、奶瓶和奶嘴）。

√ 一个可以把尿布、湿巾、药膏、可折叠的塑料尿布垫和各种育儿用品分别放置的妈咪包。

√ 一个电子体温计和一个泵式吸鼻器。

**汽车安全座椅**。乘车的时候，宝宝们需要随时待在汽车安全座椅里，哪怕是从医院回家的路上也不例外（汽车安全相关内容请参见第 308 页）。婴儿汽车座椅主要分为两种：一种是可以变成婴儿提篮的两用型座椅（相比提篮，用背带或吊兜背婴儿更容易），另一种可以在孩子长到一定年龄以后转过来朝前放置。无论选购哪种座椅，都要确保安全座椅符合国家安全标准。尽量购买全新的汽车安全座椅。家里使用多年的二手座椅可能无法提供有效的安全保障，因为塑料会随着时间的推移逐渐老化。经过一次事故的座椅，哪怕看上去完好如新，也可能经不起二次碰撞。关于汽车安全座椅及其安装的更多信息，请参见第308页。这可比你想象的要难得多！

**睡觉的地方。**也许你想买一个既漂亮又昂贵，还有丝绸衬里的婴儿摇篮，但你的宝宝可不在乎这个。相比风格来说，你更应该重视安全性。你可以选择婴儿床、摇篮或配有结实、合适床垫的摇篮式婴儿床（当婴儿被抱起时床垫不会出现凹痕）。尽管这建议听起来有些激进，但婴儿确实不需要被子。睡袋和连体衣更安全，因为它们不会包住婴儿的头部（参见第47页）。

婴儿床必须非常坚固，床垫要紧贴着床头和床尾的挡板。为了安全起见，婴儿床需配有能够防止儿童打开护栏的机械锁扣，围栏的最高处与床垫的最低处之间至少要有66厘米的距离。婴儿床护栏的板条间距不能超过6厘米，床两头的镂空图案同样不能超过6厘米宽。

小心锋利的边角，拐角处的木条如果伸出1.5毫米以上，也要特别小心。这个长度足以把衣服挂住，从而可能拽住或者勒住宝宝。如果你要购置新婴儿床，需要注意包装上的标识，确保它符合国家安全标准。对于别人用过的、大孩子留下来的，或是家传的婴儿床，就要自己当好安全检查员。1980年以前生产的婴儿床使用的一般都是含铅油漆，只有把漆全部刮掉才能保证安全。婴儿床床围并不能增加保护效果，而且还有窒息风险。广告中宣传的那些能让婴儿床更加安全的特殊床垫或其他产品的功效并未得到证实，很可能只是浪费钱财，甚至适得其反。

**换洗用品。**给婴儿洗澡可以用厨房的洗涤池、塑料盆、洗碗盆，或者浴室的洗脸池。模制塑料浴盆通常标有水位刻度，或配有悬浮垫，既实惠又实用。喷水龙头可以像迷你喷头一样很好地冲洗婴儿的头发。另外，千万别在孩子还在水里的时候往盆里或池子里倒水。热水器的温度应该设定在48℃以下，以防烫伤。

你可以在矮桌子或浴室的台子上给宝宝换尿布、穿衣服，也可以在书桌上操作。设有防水垫、安全带和储物架的尿布台价格不菲，且并无必要。无论你在什么地方给宝宝换尿布（除非在地上操作），都要随时用一只手扶着他：安全带很好用，但仍然不可麻痹大意。

**座椅、摇篮和学步车。**有一种配有安全带和手柄的倾斜塑料座椅用起来十分方便。宝宝坐在上面既可以面向你，也可以面向外部，去看看周围的一切。基座必须比座椅大，否则当孩子活跃起来的时候，座椅可能会翻倒。布制座椅也是不错的选择，既经济实惠，又轻便舒适。当你把孩子放在座椅上，再把座椅放在操作台或桌子上的时候，一定要特别注意，因为孩子的活动很可能使座椅一点一点地挪向边缘，然后摔下去。

婴儿座椅常常被过度地使用。婴儿需要身体接触。你需要把婴儿抱起来喂奶和安抚，陪他玩耍。塑料婴儿座椅并不是照料孩子的最好工具。孩子在布制婴儿背带或者吊兜里会更加开心和安全，你的双手可以解放出来，肩上的压力也会减轻一些。

年幼的宝宝一般都比较好动，摇篮来回摇摆可以让他们安静下来（背包式婴儿背带也有同样效果，并且还有更多身体接触）。我认为宝宝不会对来回摇摆真上瘾，而且太长时间令人恍惚的单一摇摆运动很可能没什么好处。

婴儿学步车并不能帮助宝宝行走，而且危险显而易见。转瞬之间，婴儿就可能推着学步车跌下楼梯。大人们不该给孩子使用学步车。如果你已经买了，那就把轮子卸下来。你可以购买那种可以弹起、旋转或摇动的婴儿弹跳椅。对宝宝来说，这种更加安全。

**婴儿推车、四轮推车和背带。**对于那些脖子能够稳稳挺起来的宝宝，婴儿推车是最好的选择。新生儿和较小的宝宝则比较适合布制吊兜，他们一抬头就能看到父母的脸，还能听到父母的心跳。伞车比较便于在公交车和轿车上携带，但必须牢固可靠，使用时系好安全带。

四轮推车类似于有轮子的睡篮。如果你打算在最初的几个月里带着孩子长时间地散步，使用它会非常方便，但这种婴儿车并不是必备的东西。当宝宝长大一些，柔软的胸前吊兜已经无法使用的时候，你就可以选择背包式的背带，最好是配有金属支架和底部夹层带的那种，这些设计可以帮助你比较轻松地背起大一些的孩子或是已经开始学步的孩子。孩子可以越过你的肩膀看到前面，可以跟你聊天、玩你的头发，还可以把头靠在你的脖子上酣然入睡。

**游戏围栏**。许多父母和心理学家都反对把孩子关在围栏当中，他们担心这会限制孩子的探索精神和求知欲望。若连续数小时都不能与人接触，宝宝确实会很难受，但在游戏围栏中时不时待上个把小时，可以让宝宝有机会学习如何自娱自乐。宝宝还小的时候，把他们放在摇篮或婴儿床里比较安全。一旦他们会爬了，在你做其他事情的时候，就要把孩子放在可以安全玩耍的限定区域之内，这样非常方便。有些护栏可以折叠，大小也便于旅行携带，走亲访友的时候真是太方便了。它们最适合体重13.6千克和身长86厘米以下的婴儿使用。

如果你要使用游戏围栏，从孩子3个月大的时候起，就要每天都把他放在里面待一会儿。每个孩子的情况都不一样，有些可以在围栏中玩得很好，有些则很难习惯。如果等到孩子会爬的时候（6～8个月）再开始，游戏围栏就会变得像个监狱，孩子一进去就不停地哭闹抗议。

**衣着**。宝宝在第一年里会长得很快，因此一定要买宽大的衣物。对于大多数新生儿来说，衣物最好一开始就按3～6个月的大小来购买。一般来说，婴儿不需要比大人穿得多，穿得过多往往会让孩子不舒服。

对于小婴儿来说，一件实用的睡衣既可以夜里穿，也可以白天穿。跟袖口连在一起的连指手套（用于防止孩子抓伤自己）既可以把袖口封上，也可以打开把手露出来。穿上长睡衣，孩子就不那么容易把被子蹬掉了。短睡衣可以在天热时穿。睡衣可以准备三四件；如果你不能保证每天洗衣服，就再多买几件。

贴身内衣有三种类型：套头式的、侧开口的，还有连体式的，也就是从头上套下去，在尿布下面扣扣儿的那种。如果房间不是特别冷，那么厚度适中的短袖衣服就足够了。孩子穿着最舒服的是纯棉服装，一开始就要买一岁孩子穿的。如果实在嫌大，就买半岁的，至少要准备三四件。你把衣服上的标签剪掉，就不会扎到宝宝的脖子了。

有些国家法律规定，尺码范围从9个月到14码的所有睡衣必须是贴身款式，或经过阻燃剂处理。考虑到一些阻燃剂会损害发育中的大脑，选购未经处理的贴身睡衣可能是最明智的选择。购买时一定要查看衣服标签。若购买包脚连衣裤，父母要检查裤脚里面的线头，这些线头可能会缠绕在宝宝的脚趾上，给宝宝带来痛苦。

毛衣有很好的保暖效果，但是穿起来有些费劲，除非有纽扣或拉链设计，否则婴儿的头很难套进去。

在大人感觉比较寒冷需要戴帽子的天气里，如果外出，就要给婴儿戴一顶腈纶或纯棉的帽子。在寒冷的房间里睡觉时，也应该给婴儿戴上帽子。夜里给婴儿戴的帽子不能太大，因为孩子睡觉时会经常移动，太大的帽子容易盖住他的脸。在暖和的天气里不用给孩子戴帽子，大多数婴儿也不喜欢戴。不要给婴儿穿毛线的鞋子和长袜子，至少要等到他能坐起来，能在比较冷的房间里玩耍的时候再给他穿。如果婴儿能够接受，在炎热的天气里就给他戴一顶太阳帽，这很有用。

有些父母发现，可以让孩子穿别人穿过但又保存得很好的衣服，或者穿家里的大孩子留下来的衣服。这都是不错的办法，但是要留神靠近脸部和胳膊的凌乱蕾丝花边，大人都有可能被那些花边扎得难受。给女孩扎发带会让她显得很可爱，但系得太紧或者宝宝觉得很痒，就会对头部造成伤害。最重要的是，要小心松动的纽扣和容易被孩子吞掉的装饰物，还要小心丝带和细绳，因为它们可能会缠住孩子的胳膊或脖子。

**护肤品和药物**。任何比较温和的香皂都可以用来给孩子洗澡。其实除了最脏的地方，其他部位光用水洗就完全可以了。液体婴儿香皂和除臭香皂可能会引起皮疹，抗菌肥皂中含有可能对婴儿不安全的化学物质。洗澡的时候可以用棉花球来擦拭宝宝的眼睛。婴儿润肤乳虽然涂上去感觉不错，孩子也喜欢那种按摩的感觉，但不是必需的，除非宝宝皮肤干燥。可以选用不添加色素和香精的护肤霜或润肤乳。婴儿润肤油适用于干燥或正常的皮肤。矿物油可能会使一部分宝宝长出轻微的皮疹。

有一种含有羊毛脂和矿物油的药膏，可以在宝宝长了尿布疹的时候保护皮肤。滑石粉一旦被吸入体内，会损害肺部。

婴儿专用指甲刀都是钝刃的。很多父母都发现，婴儿指甲刀比一般的指甲刀更好用。我更愿意使用指甲锉，因为它不会弄破孩子的手，而且锉刀也不会留下锯齿形的边。

父母要准备一个体温计。电子体温计使用起来快速、准确、方便，而且安全。高科技的耳式体温计准确性稍差一些，而且要贵很多。老式的水银体温计不安全。如果你还有这种老式的体温计，一定不要随便地把它扔进垃圾箱，可以致电卫生部门咨询有关妥善处置水银体温计的信息，或将其交给医生。

有的儿童专用吸鼻器带有球形气囊。如果孩子感冒时流鼻涕，影响吃奶，可以用吸鼻器方便地吸掉鼻涕。


**喂奶用具**。如果你打算哺乳，那么除了你自己，就不需要任何其他辅助用具了。很多哺乳的母亲都觉得准备一个吸奶器（参见第205页）也有帮助。如果你要用吸奶器，就要准备至少三四只奶瓶来储存母乳（请选购不含双酚A的塑料奶瓶，或最为安全的玻璃奶瓶），还要准备好跟它们配套的奶嘴。

如果你打算采用奶瓶喂养的方式，至少得买9个240毫升的储奶袋和一个奶瓶刷。多买几个备用奶嘴，以防奶嘴孔尺寸不合适。市场上有各种各样的专门设计的奶嘴，但是，还没有科学证据能够证实那些生产商标榜的功效。

有的奶嘴比别的奶嘴更耐煮、更耐磨，也更耐撕扯。一定要遵照使用说明更换奶嘴。温奶器不是必须购买的，一锅热水就可以温奶，而且宝宝也不介意喝常温的奶。可以准备几条毛圈布围兜，用起来很方便。

**安抚奶嘴**。许多婴儿喜欢做吸吮动作，并通过这种方式来安抚自己。睡觉前使用安抚奶嘴甚至有可能减少婴儿猝死的风险。如果你决定使用安抚奶嘴，有三四个就足够了。（把棉花或纸团塞到奶嘴里来充当安抚奶嘴的做法很危险，因为这些东西很容易散开，留下来的小碎片有导致婴儿窒息的危险。）至少在最初的几个月里，母乳喂养的婴儿应该吸吮乳房，而不是安抚奶嘴。

# 新生儿：0～3个月

## 出生时的宝宝

**对分娩的情绪反应**。对于一些女性来说，分娩是一场令人百感交集的重要人生仪式；对于另一些女性来说，它则是一段需默默忍受、不堪回首的痛苦经历。无论你作何反应都实属正常，并没有所谓唯一正确的反应这种说法。有些妈妈会历经数小时煎熬，在每次宫缩时都用尽全力；有些妈妈则会灰心丧气，请求医生把孩子拉出来。有些筋疲力尽的女性还会对好心的丈夫大喊大叫，让他们离开产房，永远不要再回来。一位新妈妈可能对孩子立刻涌起爱意，而另一位新妈妈在得知孩子没事后，只想好好睡上一觉。虽然表现不同，但两位女性都会是优秀的母亲。

如果分娩经历与你预想的不一样，让你感觉很糟糕，甚至满怀愧疚，这些都是正常的。如果你原本希望自然分娩，但最终却需要剖宫产，你可能自然而然地认为这是自己的过错（你没有任何错），或觉得你的宝宝因此受到了伤害（几乎不会有这种情况发生）。

出生后的最初几分钟是母亲和宝宝彼此联络感情的特别时刻。医生会尽可能让母亲和宝宝相处，为建立亲子感情创造机会。但如果客观条件不允许，婴儿或母亲需要立即治疗的话，情况也没有那么糟糕。哪怕宝宝和母亲暂时分离，亲子联结依然可以建立起来。母子连心是一种强大的力量。它并不是一瞬间完成，往往需要一个逐渐发展的过程，一般持续几天或几周时间。

对许多女性来说，即使分娩过程非常顺利，在宝宝真正降临人世时，也会有一种失落的感觉。父母可能期望自己会立即将宝宝视为亲骨肉，在心中涌起一股浓厚的母爱和父爱之情。然而，这种情况往往不会在第一天，甚至第一周发生。负面情绪会突然袭来，这完全正常。

一位优秀的、满怀爱意的父亲或母亲可能会突然冒出一个念头，认为生孩子是一个可怕的错误，然后立即为有这种想法而愧疚。要是你知道这种喜忧参半的感情很正常，就不必惧怕了。这种复杂感情通常在第一个月就会自行消失。如果这种感觉持续存在，你可以和自己的医生或宝宝的医生好好聊一聊。

## 享受和宝宝在一起的幸福时光

**头三个月的挑战**。分娩的疲惫感一旦减轻，你就会发现，照顾孩子是一项工作量巨大的任务；虽然感觉很美好，但毕竟是一件苦差事。主要原因在于，小宝宝所有最基本的生命机能——吃饭、睡觉、排泄以及保持体温，完全依赖于父母。你的宝宝无法随时告诉你他的需要，你要完全靠自己去领悟该做什么。

很多父母都会发现，他们的所有精力都集中在照顾婴儿上：宝宝饿了的时候喂他，吃饱了就停下来，让宝宝在白天多一点时间保持清醒，在晚上多睡一些，还要帮助宝宝适应这个明亮而又喧闹、比子宫里有着更多刺激的世界。有的婴儿似乎能够迅速地跨越这些挑战。也有些婴儿要花一段时间，进行艰难的调整和适应。但是到两三个月大的时候，大部分婴儿（和他们的父母）都能熟悉最基本的环境。

**满足宝宝的需求。**当你听说孩子总是要求你给予关注（医生也会这么说）的时候，可能会觉得，孩子来到这个世界上就是为了千方百计折腾大人。实际上并不是这样。尽管孩子偶尔会有很多要求，但他们生来就是通情达理的。他们都是可亲可爱的小宝贝。

当你觉得孩子确实饿了的时候，不要不敢给他喂奶。即使误解了他的意思，他顶多也就是拒绝吃奶罢了。不要不敢爱他，不敢喜欢他。每个婴儿都需要大人对他微笑，和他说话，跟他玩耍，还需要温柔又深情的爱抚。这些交流对他来说就像维生素和热量一样重要，也正是这些交流把他塑造成对人有爱心、对生活充满热情的人。

对于孩子的要求，只要你觉得合理，只要你不会因此成为他的奴隶，就不必犹豫不决，不敢满足他。在最初的几周里，孩子哭都是因为他觉得不舒服，也许是饿了，或者是消化不良，也可能是累了，或者感到紧张。理智地善待孩子不会把孩子宠坏。当父母不敢运用自己的常识去管教孩子，孩子才会真正被宠坏。

父母都希望自己的孩子能养成健康的习惯，能够与人和谐相处。其实，孩子自己也希望这样，他们愿意按时吃饭，还想学会良好的餐桌礼仪。你的宝宝还将根据自己的需要养成一定的睡眠习惯。尽管他们的大便有时规律，有时不规律，但这些都是顺应自己的身体状况的。大部分孩子迟早会愿意与家人一样，因为这也是他们所希望的。


**婴儿并不脆弱。**说到第一个孩子，有的父母可能会说："我总是担心会不小心伤到他。"其实用不着担心，抱孩子的方法很多，即使你不小心让他的脑袋猛地向后仰了一下，也不会伤到他。他的颅骨上面那块软软的区域（囟门）由一层像帆布一样结实的膜覆盖着，不会轻易受伤。

多数婴儿只要穿着合适，他们的体温调节系统就能运转良好。婴儿能抵御大多数细菌的侵袭。当全家人都患上感冒的时候，他往往是病得最轻的一个。如果他的头被什么东西缠住了，他会本能地努力挣扎和呼救。如果没吃饱，他就会哭闹着还要吃。如果光线太刺眼，他就会不停地眨眼，还会表现得烦躁不安，要不就干脆把眼睛闭上。他知道自己需要多少睡眠，所以一定会睡那么多。对于这样一个什么也不会说，对这个世界一无所知的小人儿来说，他已经把自己照顾得相当好了。

**宝宝在抚爱中茁壮成长**。出生以前，宝宝不仅得到母亲的关怀、温暖和营养，还参与母亲的各种身体活动。在世界上的许多地方，婴儿从出生起就被母亲用这样或那样的布背带从早到晚地背在身上，与母亲亲密无间。然而，我们的社会却疏远了母亲和婴儿的距离。我们用安全带把孩子们固定在婴儿座椅上，这样就不用抱着他们了；我们甚至还发明了一种座椅，可以连同孩子一起直接固定在婴儿车上，于是，父母连碰都不用碰一下孩子，就能把孩子安置好。然而，以上做法与最佳治愈手段相比却是相形见绌。当孩子或者大人受到伤害、侮辱，或感到悲伤的时候，给他们一个紧紧的拥抱才是最好的治愈方式。

身体接触会促使大脑释放激素——婴儿的大脑和父母的大脑都是这样——它们能够加强放松和快乐的感觉。比如，当做常规筛查的医生刺破新生儿脚跟的时候，如果让母亲紧紧地搂着孩子，他们哭得就没那么凶。如果早产儿每天都和父母有肌肤相亲的接触，就会成长得更好。

**建立亲子联结**。新手妈妈会花很多时间抚摸宝宝。妇产医院已经认识到，从宝宝出生那一刻起，妈妈就应该和孩子待在一起。在理想情况下，新生儿在出生之后马上就会被擦拭干净，放在母亲的胸口上，然后这些新生儿会努力地找到乳头，经常就是这样开始了吸吮。建立早期亲子联结有助于父母和孩子形成长期亲密感与安全感。如果医院不允许，或出现紧急情况需要马上治疗，许多父母和孩子建立起情感联系就更难。

但是，亲子联结也曾被广泛地误解，还带来了很多不必要的担忧。人们经常会认为如果亲子联结在最初的 24 ~ 48 小时内还未建立，就再也不会建立了。其实，事情并不是这样。亲子联结总会随着时间的推移建立，但是并没有一个确定的期限。父母与收养的孩子之间在任何年龄都会建立亲子联结。尽管育儿方式使父母与婴儿分离，但亲子联结仍会建立。

**重返工作岗位。**很多产妇分娩后不久就要重返工作岗位。美国社会在这一方面尤其苛刻；其他发达国家提供的带薪产假则要长得多，在很多情况下可以长达一年。母亲们还经常会感到难过，因为她们觉得，自己正在失去宝宝生命中珍贵的前几个月的接触，她们还会担心过早的分离会给宝宝带来不利的影响（关于上班后继续母乳喂养的内容，参见第 203 页）。

如果过早重返工作岗位让新手妈妈感到压力重重，她们可能就会让自己收敛感情，为那个必须说再见的时刻提早做准备。虽然这是一种自我保护的自然反应，但还是会造成母亲的心理负担。哪怕白天由别人照顾，宝宝们也会跟父母形成强烈的情感联系。在早晚时分、周末和夜间给孩子充满关爱的照料就足以加强这种情感联系。

当你确定返回工作岗位的时间时，要尽量听从心里的感受。如果你有办法延长产假，即使损失一部分收入，最后也会因为这个选择而感到欣慰。大约到 4 个月的时候，多数妈妈对于重返工作岗位都会感觉好很多，因为她们已经享受了和孩子真正联结在一起的时光。

## 初为父母的感受

**感到恐惧。**很多刚做父母的人都发现自己很焦虑，也很疲惫。他们因为孩子的哭闹而担心，为每一个喷嚏和每一点皮疹而忧虑。你可能会踮着脚尖走进宝宝的房间，看看他是不是还在呼吸。如果宝宝在新生儿期出现任何问题，比如阿氏评分低，或者出黄疸，你会更加忧心忡忡。父母在这个时期的过度保护很可能是一种本能反应，但这些担忧会让父母坐立难安。早期的这种担忧往往会在两三个月内自行消失。如果需要的话，一定别忘了咨询宝宝的医生，他的话会让你打消心中的疑虑。

**沮丧感**。刚开始带孩子的时候，即使没有什么明显问题，你可能也会感到信心不足。你也许动不动就想哭，还可能觉得某些事情有点不对头。

这种郁闷的感觉会出现在孩子出生之后的几天或者几周之内。最常见的就是产妇刚从医院回到家里的那段时间。并不是繁重的家务把新妈妈压倒了，问题的根源在于她的感觉。从此以后，她既要负责家务，又要面对一份完全陌生的责任，也就是照顾孩子的生活和安全。那些过去每天都去上班的女性很可能会怀念同事们的陪伴。她满身疲惫，身体酸痛，却总觉得自己此刻应该无比幸福。

产后抑郁非常普遍，也是正常现象。有些时候，你可以通过做一些让自己开心的事情来赶走坏情绪，比如去散步、健身、和朋友出去玩，或做一些发挥创造力的事情，比如写一写，画一画。然而有些时候，你只能耐心等待，让时间来治愈自己。

你也可以跟伴侣谈一谈你的感受，同时做好倾听的准备。在原本认为自己会欣喜万分的时刻，许多新手爸爸却会莫名地感到情绪低落。这时候，父亲们就会在感情上表现得很消极，或者在母亲们最需要支持的时候变得爱发牢骚、爱挑剔。尽管这不是有益的反应，却是很自然的现象。每当感到无助的时候，母亲们就会生气、悲伤、沮丧，这当然只会把情况弄得更糟。如果夫妻双方想避免这种恶性循环，最有效的办法就是谈一谈。

如果持续四到六周时间你都提不起情绪，或者心情越来越差，你可能正遭受着产后抑郁的折磨。"宝宝带来的不快"一般到两个月左右就会消失，而产后抑郁会一直持续下去。有 1% ~ 5% 的产妇会患上真正的产后抑郁。如果你或你的伴侣情绪波动很大，要马上找医生咨询。如果是产后出现这种情况，就要更加注意。没有人知道产后抑郁的确切病因，但是曾有过强烈抑郁表现的女性更容易患上这种疾病。

这不是强行振作或出去跑个步就能解决的问题，但你可以获得帮助。你可以先和医生谈一谈，他可以给你推荐一位专业的心理健康专家。令人欣慰的是，产后抑郁是可以治愈的。谈话疗法和抗抑郁的药物都有很好的效果。任何一位新妈妈都不应该独自承受这个问题。

**新手爸爸初体验。**有时候，丈夫对妻子和孩子会有一种很矛盾的感情，这并不奇怪。在妻子怀孕期间、住院期间，以及回到家之后，丈夫可能会感到怨恨、懊悔、渴望"自由自在"或只是不如预想那般欢喜万分。在丈夫被这些突如其来的情绪困扰时，大多数新手妈妈在这个时候正需要丈夫的大力支持。她们需要有人帮忙照顾新生儿和家里的大孩子，还需要有人帮助打理家务。此外，她们还需要耐心、理解、认可和关爱。有时候，她们甚至会很挑剔或者牢骚满腹，这样会让情况变得更糟糕。尽管如此，当丈夫认识到自己有多么重要的时候，就不会去计较，而是会投入地去扮演那个重要的支持者角色。丈夫的这种举措会让喜悦情绪再次降临家中。

**分娩后的夫妻生活。**怀孕、阵痛和分娩过程可能会影响夫妻的性生活。在孕期快要结束的时候，性生活可能会不舒服，至少会由于体形上的变化而受到影响。分娩以后，身体的疼痛、照料新生儿的繁忙、母乳的需要、睡眠的缺乏，会让性生活被挤压得一连几天、几个星期，甚至几个月一次。对于有些男人来说，妻子在他们心目中的身份已经从爱人变成了孩子的母亲，这种转变使他们很难把对方和性欲联系起来，就会产生各种深层的情感矛盾。

当你得知性生活可能需要一些时日才能恢复，就不会对暂时的无性生活过于恐慌。暂停性生活并不意味着停止所有性关系。爱人之间的依偎、拥抱、亲吻，以及甜言蜜语和深情眼神依然具有重要意义，甚至相比以往更加意义非凡。

几乎所有的父母都在不久以后恢复了正常的性生活。最重要的是，即使在照顾新生婴儿最忙乱的时期，他们也没有忘记对彼此的爱恋之情。他们总是有意识地通过语言、通过抚摸去表达这种爱意。试试下面的方法吧：朗诵一首诗给对方听，一起去散散步，互相做做精油按摩，一起静静地冥想，一起安静地吃顿饭，经常拥抱和亲吻对方，等等。

## 照料孩子

**和宝宝相处**。要平静而友好地对待宝宝。当你给他喂奶、拍他打嗝、帮他洗澡、穿衣服、换尿布、抱着他，或者只是在房间里陪他坐着的时候，他都会感觉到你们之间的深厚情意。当你紧紧地抱着他跟他说话时，当你告诉宝宝你认为他是世界上最好的孩子时，你对他的爱都会促进他的精神成长。这种作用如同乳汁会促进他的骨骼发育一样。这就是为什么我们成年人跟孩子说话时，都会本能地使用稚嫩的口气，还会对他们摇头晃脑，就连那些严肃或矜持的大人也会这样。

我不是说只要孩子醒着，就得喋喋不休地跟他说个没完，也不必不停地抱着他摇来摇去或者逗着他玩。那样反而会使孩子感到疲劳，长此以往还会让他觉得紧张。跟孩子在一起时，多数时候你可以静静地待着。温柔、随和的陪伴对孩子和你都大有裨益。当你抱着他的时候，一股舒服的暖流就会传遍你的胳膊；当你看着他的时候，脸上就会露出喜爱而慈祥的表情；当你和他说话的时候，你的声音也会变得柔和。

**新生儿的感官**。宝宝一出生，他的所有感官就在工作着（实际上，出生前就已经开始工作了），只是程度不同。宝宝的触觉以及对运动的感觉都已经发育得很好了。在出生之前，宝宝就能觉察到羊水里的气味，而且从很早开始，他们就能记住母亲的味道。紧裹、怀抱和轻轻摇动宝宝都能使他们平静下来。

新生儿能够听到声音，只不过他们的大脑在处理声音信号时速度比较慢。如果你对着宝宝的耳朵小声说话，他会在几秒钟后才做出反应，因为他在寻找声音的源头。由于内耳发育结构的原因，新生儿更容易听到高音的声响，也更喜欢又缓慢又悦耳的说话声——这正是父母对他们自然而然的交流方式。

新生儿也能看到东西，但严重近视。他们的眼睛在 23 ~ 30 厘米的距离内聚焦最好，差不多就是吃母乳时母亲的脸和他之间的距离。你能看出新生儿什么时候正在看你，如果你慢慢地左右移动你的脸，他的眼睛就会跟着转。新生儿喜欢看别人的脸。新生儿的眼睛对光线非常敏感，在正常照明的房间里，他们会一直闭着眼睛，当光线暗下来的时候，就会把眼睛睁开。

**宝宝是独特的个体**。新生儿有自己的个性。有的孩子非常安静，有的则更容易兴奋。有的孩子吃饭、睡觉和排便都很规律，也有些孩子不那么规律。有些孩子可以承受很多刺激，有些则需要更安静柔和的环境。当新生儿警觉起来的时候，他们就会睁着眼睛，显出聚精会神的表情，那是他们在接收周围世界的信息。有的新生儿可以长时间地保持这种灵敏的接收状态，一次可以长达几分钟；有的新生儿则一会儿警觉起来，一会儿昏昏欲睡，再过一会儿又心烦意乱。

照顾宝宝的时候，你就会知道应该如何帮助他保持警觉的状态。你可以跟他说话，抚摸他，或者和他玩耍，但是不要过度，否则宝宝会焦躁不安。你会注意到他何时看向别处、打嗝或吵闹（所有这些都是焦躁的迹象），然后给宝宝一个调整的机会。宝宝也会越来越有经验，他会让你知道他什么时候想多玩一会儿，什么时候已经玩够了。

## 喂养和睡眠

**喂养对宝宝意味着什么。**你可以想象一下宝宝出生后的第一年：他醒来就开始哭闹，因为他饿了，想吃奶。当你把乳头放到他嘴里的时候，他可能急得直发抖。吃奶对他来说是一个十分紧张的体验。他可能浑身冒汗。如果你中途停止喂奶，他还会大哭大闹。等他吃够了，一般会满足地摇摇晃晃，然后进入梦乡。即使在他睡着的时候，有时好像也在做着吃奶的梦。他的嘴巴做出吸吮的动作，整个表情看起来充满了喜悦。

所有这一切都说明一个事实，那就是吃奶是宝宝极大的享受。他通过哺喂的人形成了对他人的最初印象，他又通过吃奶的过程获得了关于生活的早期概念。你给孩子喂奶时，你抱着他，对他微笑，跟他说话，这时你就在养育他的身体、头脑和精神。如果进展顺利，喂奶对你和宝宝来说都是美好的事情。有的宝宝从一开始就表现良好，有的宝宝则需要几天的适应才能慢慢学会吃奶。如果喂奶的问题持续一两周也不见好转，即使家人和有经验的朋友帮忙也无济于事，你最好还是找专业人士寻求帮助。在后面的章节中还会介绍更多关于喂养的内容，比如逐渐养成按时吃奶的习惯，掌握合适的喂奶量，等等。

**区分白天和黑夜。**新生儿不太在乎是白天还是黑夜，只要有奶吃，有人抱，身上暖和又干爽，就什么都无所谓了。这其实并不那么出人意料，他在子宫里的时候就很暗，而且他很可能在夜深人静的晚上，也就是你最为安静的时候会更活跃些。

白天多陪孩子玩耍，天黑以后给他喂奶，一定要把他喂饱，而且尽量不要逗他玩。尽量不要在晚上还把他叫醒了喂奶，除非孩子的身体状况要求你必须这样做。要让他从很小的时候就知道，白天是有趣的时间，而夜晚是无聊乏味的。这样一来，到了 2 ~ 4 个月的时候，大多数婴儿都能调整自己的生活规律，白天睡得少，晚上睡得多。

**孩子该睡多少觉？** 能回答这个问题的只有宝宝自己。有的婴儿需要长达 18 小时的睡眠，而有的婴儿只需睡 12 小时左右。只要孩子吃得满意，能呼吸到新鲜空气，睡觉的地方凉爽，就可以随他去，想睡多少就睡多少。

只要吃得饱，消化好，大多数婴儿在头几个月里都总是吃完就睡，睡醒了又吃。但是，也有少数婴儿从一开始就非常有精神，不爱睡觉，也没有什么毛病。如果你有这样的宝宝，可以试着和他说说话、一起玩耍、一起看东西，在他清醒的时间安排一些生动有趣的活动，而其他时间则让宝宝平静下来。

随着孩子慢慢地长大，他醒着的时间就会越来越长，白天睡得也会越来越少。你很可能会先在临近傍晚时分发现这个现象。每个婴儿都会养成自己的睡眠习惯，每天都在同样的时间段保持清醒。

**睡眠习惯。** 新生儿在哪儿都能睡着。到了三四个月的时候，最好能让他习惯在自己的床上睡觉。这是预防以后出现睡眠障碍的办法之一。如果孩子睡觉前希望大人抱着他摇来摇去，就可能在几个月，甚至几年内都想得到这种享受。在夜里醒来的时候，也要求同样的待遇。

婴儿既能适应一个安静的家，也能习惯一个吵吵闹闹的家。所以根本没有必要在家中踮着脚尖走路。对于婴儿来说，如果他们习惯了一般的家庭噪声，基本都能在客人的说笑声中、音量中等的广播或者电视声中安然入睡。但是，也有一些孩子对声音非常敏感，一点小声响也会把他们吓一跳。如果周围很安静，他就会表现得很高兴。如果你有这么一个宝宝，就应该在他睡觉的时候保持安静，不然他就会不停地被惊醒和哭闹。

**宝宝应该睡哪里？** 婴儿睡在父母房间里最为安全，但我指的并不是睡在父母床上。尽管母婴同床在世界很多地方都是传统习俗，但相比婴儿在父母床边的婴儿床、摇篮或摇篮式婴儿床上单独睡，和父母一起睡的婴儿猝死风险更高（婴儿猝死综合征，SIDS）。过于温暖的房间和二手烟（即使是从另一个房间飘进来的烟雾）也会增加婴儿猝死的风险。

婴儿可以独自安睡，不过父母在附近会让他们更心安。当父母不需要经常留意紧挨着自己的小宝宝时，也会睡得更舒坦。尽管如此，一抬头就能看到宝宝安全地依偎在身旁，还是会让大多数父母感到心安。

如果孩子在你的房间睡，到 3 ~ 4 个月大的时候正好适合让他到自己的房间单独睡。到了 6 个月的时候，如果孩子基本上都在父母的房间里睡觉，他就会依赖这种方式，不愿意在别的地方睡觉了。到时候，你再想让他改变习惯，到一个独立的房间里睡觉，就很困难。当然，也不是不可能。

**仰睡还是俯睡？** 如今，所有人都知道"背朝下仰面睡"无疑是最安全的。如果没有什么身体上的原因，所有的婴儿睡觉时都应该采取仰卧的姿势（面朝上）。仅仅是把睡觉姿势由俯卧变为仰卧这一举措，就把死于婴儿猝死综合征（SIDS）的婴儿数量减少了 50%。侧卧的姿势也不像仰卧那么安全，因为侧卧的婴儿常常会翻过身来趴着睡。所以，从一开始就应该让孩子仰卧着睡觉。那些总是面朝上躺着的孩子有时会把头的后部压平，所以，在宝宝醒着的时候，你可以看着他，让他肚子朝下趴一会儿。这是缓解这种情况的好办法。

**备忘清单：睡眠安全小贴士**

√ 婴儿应该在父母的房间里单独睡。

√ 一定要让婴儿仰卧着睡觉（面朝上），哪怕他只是打个小盹。

√ 拿开带绒毛的柔软毯子、枕头，以及其他布制品，它们会增加窒息的危险。

√ 要用有安全认证的摇篮、合睡床、婴儿床。如果有疑问，请通过美国消费品安全委员会的网站进行查证。

√ 不要给宝宝穿得或盖得太多，太热会增加发生婴儿猝死综合征的概率。

√ 不要让孩子吸二手烟，间接吸烟会增加发生婴儿猝死综合征的概率，还会带来其他危害。

## 哭闹和安抚

**宝宝究竟为何而哭？** 婴儿的哭闹含义很多，不仅是因为疼痛或者伤心。在最初的几个星期里，让你迷惑不解的问题会不断地钻进你的脑海：他是不是饿了？是不是尿湿了？他是不是哪里不舒服？是不是病了？是消化不良吗？还是觉得寂寞了？父母很难想到孩子会因为疲劳而哭闹。然而，这恰恰是孩子哭闹的最常见原因之一。

有时，上述猜测都不是宝宝哭闹的原因。到几个星期大的时候，大多数婴儿都会无缘无故地出现烦躁期。不论在世界哪个角落，烦躁不安的哭闹在健康婴儿中都很常见。这种情况通常在宝宝出生后的头六周愈演愈烈，然后在接下来的六个星期内逐渐减少。

新生儿的神经系统和消化系统都没有成熟，还处在适应外界环境的时期。但是，也有些婴儿要比其他孩子更难适应这个过程。那些整天被母亲抱在怀中的婴儿和其他婴儿一样爱哭，不过更容易平静下来。

最让父母头疼的事情莫过于面对一个哭闹不止、无法安抚的小婴儿。所以一定要记住，宝宝最初几周的过度哭闹只是暂时现象，并不意味着什么严重的问题。如果你很担心（谁能不担心呢），就让医生给你的宝宝仔细地检查一下。医生们也希望尽可能让家长放心。另一个需要牢记的问题就是，通过摇晃孩子来止住哭闹的做法非常危险。这一点非常重要，值得反复强调。

**找出原因**。人们曾经认为好母亲都能区分孩子的不同哭声，而且知道如何做出反应。但是在现实生活中，哪怕是非常出色的父母，基本上也无法靠声音来分辨不同的哭声。这里有一些可能的原因仅供参考：

◆ 是因为饿了吗？如果孩子一天中的最后一顿饭只吃了平时的一半，他就很可能在一个小时之后醒来哭闹，而不是像往常一样三个小时以后才睡醒。可是，如果孩子吃得和平时一样多，却马上哭闹起来，就不太可能是饥饿引起的了。

◆ 他想吸吮手指或安抚奶嘴吗？对于婴儿来说，哪怕肚子还不饿，吸吮的动作本身也是令人安慰的。如果你的孩子烦躁不安又确实吃饱了，可以给他一个安抚奶嘴，或者鼓励他吸吮自己的手指头。大多数婴儿在最初几个月都会举起手指吸吮着玩，然后会在两岁之前自己改掉这个习惯。早期的吸吮不会形成对安抚奶嘴的长期依赖。

◆ 孩子会不会吃不饱？婴儿的奶量不会一下子就超过原有的定量。如果奶水不够，他就会一连几天比平时花更多的时间吸吮母乳，或者每次吃配方奶的时候都把奶液吃得干干净净，然后还要四处张望，想再吃一点。他还会比平时醒得早些。大多数情况下，他都是在连续好几天饿得提前醒来之后，才开始在吃完奶的时候哭闹。

◆ 他需要让人抱抱吗？小婴儿经常需要有人抱一抱、摇一摇。有的孩子被包在温暖舒适的毯子里就能感到安慰。包裹和摇动之所以会有这种舒缓情绪的作用，可能是因为它们重新让孩子体会到了子宫里那种熟悉的感觉。白噪声，比如吸尘器的声音、应用程序里播放的白噪声，或者父母发出的"嘘嘘嘘"的声音，也可以起到类似的舒缓作用。

◆ 孩子需要轻柔摇动吗？有些婴儿在轻柔摇动中最容易放松下来，比如躺在来回摇动的摇篮里，躺在轻轻摇动的婴儿车里，或者被轻轻走动的父母抱在怀里或放在背带中，而且最好是在光线较暗的房间里。有时候，婴儿秋千在这方面就能派上大用场。有些父母会把宝宝先放在婴儿座椅中，然后再把座椅置于烘干机上，烘干机发出的声音和振动可以起到安抚作用（如果你尝试这样做，请确保宝宝牢牢系好安全带，并且还需用胶带加固座椅，防止烘干机振动让座椅跌落到地板上）。

◆ 五点式婴儿汽车座椅会对宝宝胃部造成压力，加重胃食管反流病（参见下文）。相比之下，前置护体式汽车安全座椅较少发生这种情况。

◆ 孩子是否因为排泄而哭闹？检查一下尿布，该换就换（但判断尿布湿不湿却不太容易）。如果他用的是尿布，就要检查一下安全别针，看看孩子是否被扎着了。另外，还要看一看是否有头发或线头缠住了他的手指或脚趾。

◆ 是消化不良吗？有个别孩子消化奶水的能力比较差，每次吃完奶以后都会哭闹一两个小时。如果是母乳喂养，母亲就应该考虑改变一下自己的饮食，比如，减少牛奶或者咖啡因的摄入。如果孩子吃的是配方奶粉，可以请教一下医生，看看是否有必要改喂其他奶粉。有些研究者发现，改用能降低过敏反应的配方奶粉可以减少许多婴儿的哭闹；也有一些专家认为，只要不出现其他的过敏反应，比如皮疹，或者家族性的食物过敏症，就不应该采用这种办法。

◆ 是否因为胃灼热？多数孩子都会吐奶，但却没有不适。但当奶从胃里涌上来时，有的孩子会感到疼痛。患有胃灼热的孩子吃完奶以后一般会马上哭闹起来。他们会看起来很不舒服，表情痛苦，还可能拱起后背。在这种情况下，即使你已经给孩子拍过后背顺过气，也得试着再拍一拍让他打嗝。如果这种哭闹经常出现，就应该跟医生讨论胃食管反流病（GERD）的问题了。

◆ 孩子是不是生病了？有时候，孩子哭闹就是因为他们觉得不舒服。一般来说，孩子生病之前都会变得爱发脾气，到后来才会表现出生病的明显症状，比如发烧、出疹子、腹泻或呕吐。如果孩子不仅哭得十分伤心，还有其他疾病症状，就要给他测量一下体温，还要打电话向医生寻求帮助。

◆ 他是不是被宠坏了？虽然大一点的孩子可能被宠坏，但你可以放心，在最初的几个月里，宝宝不会因为被惯坏了而哭闹。一定是有什么事让他心烦了。

◆ 他是不是太累了？有些小婴儿似乎生来就不会安安稳稳地入睡。他们每次到了该睡觉的时候就会因疲惫而变得紧张。因为他们在入睡以前总会出现某种低落的情绪，所以就会哭闹起来。有些孩子哭起来不顾一切，声嘶力竭。然后，他们会慢慢地或者突然停止哭闹，酣然睡去。

◆ 是不是太过激动？当幼小的宝宝受到非同寻常的刺激时，醒着的时间就可能很长。这时，他们可能会变得紧张又急躁，非但不会更容易入睡，反而可能很难睡着。如果父母或者陌生人想通过逗他或和他说话来哄他高兴，那只会让情况变得更糟。因此，如果你的宝宝在该睡觉时哭闹，而且奶也吃过了，尿布也换好了，你可以推测他是累了，然后带他去睡觉。如果他还是哭个不停，你可以试着让他自己独自待上几分钟（或是你可以承受的时间），让他有机会自己平静下来。

**备忘清单：安慰婴儿哭闹的小贴士**

√ 喂奶，或者给他一个安抚奶嘴。

√ 换尿布。

√ 抱起来，裹紧了轻轻摇一摇，晃一晃（但绝不能强烈摇晃）。

√ 制造一些白噪声。

√ 把房间的光线调暗，减少对孩子的刺激。

√ 安下心来，告诉自己宝宝很好，而且你已经把能做的都做了。休息一下（也许你可以喝些温热的花草茶），也让宝宝有机会自己平静下来。

## 尿布的使用

**给宝宝做清洁**。换下湿尿布的时候，不必每次都给孩子冲洗，让屁屁自然晾干就不错。排便后，你可以用棉球或者毛巾蘸着清水擦拭，也可以使用婴儿纸巾或湿巾。在商店购买现成的湿纸巾十分方便，但它们可能含有香精或者其他化学成分，有时还会引起尿布疹。给女孩做清洁的时候，一定要从前往后擦洗。给男孩换尿布的时候，要先把另一块尿布搭在他的生殖器上，等你一切就绪的时候再拿开，这样就不至于在还没给他包好尿布时被他尿一身。让宝宝的皮肤在空气中晾一晾很有好处。父母换完尿布以后一定要用肥皂和清水把手洗干净。

**何时换尿布？** 大多数父母都在把孩子抱起来喂奶的时候换一次尿布，然后把孩子放回床上之前再换一次。如果你只在每次喂奶后和孩子大便之后换尿布，就可以节省时间。大多数婴儿对湿尿布都没什么反应，但是也有些孩子对此极为敏感，更需要经常更换。你一天可能会用掉大约 12 片尿布，一周大约 80 片。

**一次性纸尿裤与尿布**。为何有人选择尿布？尿布可以减少木浆消耗，减轻垃圾填埋场的压力。销售一次性纸尿裤的公司声称，纸尿裤并不会对环境造成更多破坏，但我却不敢苟同。用竹纤维而非石油基材料制成的一次性纸尿裤比传统纸尿裤要贵一些，但对环境的破坏性更小（毕竟这里可是你的宝宝将来要生活的地方！）。你可以在网上货比三家，寻找优惠价格。选购纸尿裤时，要考虑到环境和自身消费水平。

如果你使用尿布服务，尿布费用会和使用一次性纸尿裤相差无几；如果你自己洗尿布，就可以减少一半花销，但会更辛苦。把大包尿布从商店扛回家是件麻烦事，而尿布服务公司每周都会把干净的尿布送到你的家门口。

一次性纸尿裤能吸收更多尿液，因此即使内部充满后表面依然会很干爽，但纸尿裤也需要像尿布一样经常更换。（具有超强吸收力的纸尿裤偶尔会裂开，释放出一些胶质材料，有些家长误以为是小虫子，甚至以为孩子出了疹子。其实这是很安全的。）用尿布来擦拭呕吐物很方便，你可以手头备一些，以备不时之需。

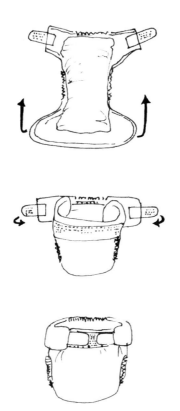

　　许多父母会选择预先折叠好尿布，再用尼龙搭扣封口。对于正常身长的婴儿，你可以按照下页图示折叠尿布：首先折成 3 层的长条，然后从一端折起 1/3。这样，有一半尿布就是 6 层，另一半是 3 层。男孩的身前需要双倍的厚度。如果女孩是趴着的（当然不是指睡觉的时候，而是玩耍的时候），那么较厚的一端也要放在身前。如果女孩仰卧，那就放在身后。别别针的时候，先把两根手指伸到尿布和孩子中间，免得扎着孩子。使用前可以先把别针往肥皂上戳一戳，这样更容易穿透尿布。

过去，父母们会给孩子穿上防漏尿裤，避免床单被尿湿（也为他们自己减少麻烦）。如今的尿布是由高科技的透气材料制成的，可以让更多的空气在宝宝的臀部循环（这一点能够真正缓解潮湿，从而减少尿布疹）。但是，它们会有一点渗漏。解决这个问题的办法就是用两块尿布。你可以把第二块尿布给孩子围在腰上，像系围裙那样，然后再用别针别住。还可以把它叠成长条，顺着第一块尿布的中央垫好。

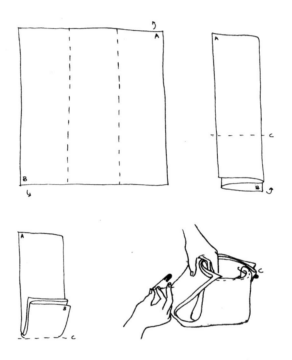

**尿布的洗涤**。如果你选择尿布服务，就不用自己洗尿布了，只要把脏尿布扔到他们提供的塑料桶里就行。尿布服务公司会取走塑料桶，给你留下一大袋整洁干净的尿布。如果你决定自己洗尿布，要先把尿布上的污物刮到马桶里（马桶上的高压喷头可以让冲洗过程更快、更方便）。注意要使用温和的肥皂或洗涤剂，需漂洗两到三遍。如果宝宝的皮肤比较敏感，可以多漂洗几次。

如果尿布变硬了，吸湿性能下降，或者被肥皂里的沉积物弄得发黄，你可以用软水剂来软化尿布。但是请不要使用织物柔顺剂，因为它会在尿布上留下一层膜，从而降低尿布的吸水性。

## 排便

**胎便**。出生后的一两天之内，婴儿会排出一种黏稠又细腻的黑绿色大便，称为胎便。以后孩子的大便才会逐渐变成棕色和黄色。新生儿在离院前应至少排一次大便。如果婴儿在第二天结束时还没有排大便，就应该向医生报告。

**早期排便**。多数宝宝吃完奶很快就会排便，因为胃里装满食物以后会对肠道产生从上到下的刺激。有些婴儿只要一吃奶就会使劲地排便，虽然排不出什么来。甚至有些含着乳头的婴儿因为不停地使劲，连奶都吃不成。在这种情况下，你可以先停下来等 15 分钟。先让孩子的肠道稳定下来，再试着喂奶。

在最初的几周里，多数婴儿一天要排好几次大便。大便的颜色一般都是浅黄色的，可能很稀，呈面糊状或小颗粒状，还可能带有黏液。这时的大便一般都不会很硬。在 2 ~ 3 个月后，许多喂母乳的婴儿排便次数会减少，变为一天一次甚至更少。发生这种变化的原因在于，母乳非常容易消化，没有多少剩余的东西可以形成大便。你不必为此惊慌失措。只要宝宝没有什么不舒服的感觉，大便也很软，没有呈鹅卵石状，就是完全正常的情况。

用配方奶喂养的婴儿，最初每天会排便 1 ~ 4 次（也有个别婴儿每天排便多达 6 次）。几周后，他每天的排便次数就会逐渐减少到 1 ~ 2 次。吃配方奶的婴儿排出的大便一般都呈糊状，浅黄色或者棕黄色。有时大便也会更暗些或偏绿色，有的婴儿排出的大便总像是炒得很嫩的鸡蛋一样（凝块中夹杂着稀溜溜的物质）。如果宝宝的大便很好（软而不稀），而且孩子并没有不舒服的表现，体重增长也很正常，就不必在意排便的次数和颜色。吃牛奶的婴儿最常见的排便障碍是便秘。

**排便困难**。有的宝宝可能排便时会很用力，咧着嘴，哼哼唧唧，但排出的大便却是软的。这种情况不属于便秘，因为便秘时大便会又干又硬。其实，这是协调性差的问题。孩子的一组肌肉用力向外推，而另一组肌肉却在往里收，所以尽管使了半天的劲，却没什么效果。终于，往里收的肌肉放松了，排便也就顺畅了。随着孩子神经系统的发展，这个问题就会得到解决。

如果孩子的大便过于干硬，呈鹅卵石状或像一个大球，可以在每天的饮食里加入 56 克李子汁，或 2 ~ 4 汤勺李子酱（虽然宝宝还不需要食用固体食物），这样通常能帮助宝宝顺利排便。然而，如果你的宝宝持续排便疼痛，大便干硬，或因用力过猛导致大便带血，就有可能是便秘了。有时候，小宝宝出现便秘可能是疾病症状（参见第 386 页），所以如果这些简单措施没有效果，就应该去咨询一下医生。

**大便颜色的变化**。不管大便偏棕、偏黄还是偏绿，都不重要。健康的大便颜色可以不尽相同。但如果大便偏红、偏黑或偏白，就一定要给医生打电话。偏红色的大便可能是肠道出血造成的，也可能是甜菜汁和红色果汁引起的。胃部出血可能会引起黑便，而胆汁排泄受阻可以造成浅色或白色的大便。

**大便中有黏液**。只要你的宝宝看起来很健康，就不必担心大便中带有黏液。有些婴儿在最初几周会形成大量黏液。大便中的黏液也可能来自消化道的上部，患有感冒的宝宝，其喉咙和支气管中产生的黏液可能会随大便排出，这样大便中也会带有黏液。

轻度肠道感染时，大便通常是松散的，偏绿色，排便会更频繁，气味也会改变；更严重的感染时，你可能会看到血液和黏液混在粪便中。患有严重肠道感染的婴儿通常会出现食欲减退、发烧、嗜睡、烦躁不安、呕吐、腹胀、腹痛。如果有任何这些迹象，请打电话咨询医生。

另一种可能性是宝宝对牛奶蛋白过敏。由牛奶制成的配方奶粉中的某些蛋白质可引起肠道炎症，导致大便中出现血液和黏液。如果母亲在饮食中摄入的牛奶蛋白进入母乳中，同样的问题也可能发生在哺乳期的婴儿身上。对蛋白质过敏的婴儿通常看起来很健康，尽管他们可能会出现肠痉挛。治疗方式是改用特殊配方奶粉，或让哺乳期的母亲暂时停止摄入乳制品。大多数婴儿在一岁前就能摆脱这一问题。

**大便带血**。大便表面的血丝通常是由肛裂造成的（就像嘴角开裂一样）。造成肛裂的原因是大便过于干硬。出血本身并不要紧，但需要治好便秘（参见第 76 页和第 386 页）。大便里大量带血的情况很少见，一旦发生，就提示着宝宝身体可能出现了严重问题。

## 洗澡

**第一次洗澡**。如果你还不敢给宝宝洗盆浴，可以先用海绵给宝宝擦洗，在你感到放心后再尝试盆浴。许多婴儿喜欢盆浴，但盆浴并不是必需的。用海绵把宝宝全身擦洗干净（注意清洗尿布区和口鼻部位）也是很好的清洁方式。（大多数医生建议，在婴儿的脐带干燥脱落之前不要洗盆浴。不过，即使脐带沾湿了也不会造成严重后果，擦干即可。）

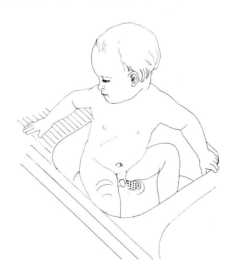

用海绵给婴儿擦洗的时候，可以把他放在桌子上，也可以放在你的大腿上。你可能需要把一块防水的材料铺在婴儿身下。如果是硬面的桌子，上面应该铺好垫子（比如大枕头、折叠起来的毯子、被子等），这样一来，婴儿就不那么容易翻滚了。要特别当心婴儿翻滚。

头和脸要用温水和毛巾擦洗。在需要的地方或者必要的时候，可以用毛巾或手给他轻轻地擦上一点肥皂。然后，用干净的毛巾把他身上的肥皂擦干净，至少擦上两遍。要特别注意擦洗有褶皱的部位。

**为盆浴做准备**。开始洗澡之前，一定要把需要的东西都放在手边。如果忘了拿毛巾，你就只好抱着湿淋淋的婴儿去拿了。把手表摘掉，再扎上一条围裙，不要把你的衣服弄脏了。请选择温和、低过敏性的肥皂或保湿皂，一些所谓的婴儿皂实际上会刺激敏感肌肤。然后准备好下列物品：

- ◆ 肥皂
- ◆ 浴巾
- ◆ 毛巾
- ◆ 必要时用来擦鼻子和耳朵的脱脂棉
- ◆ 润肤露
- ◆ 尿布、衣服

你可以在脸盆里、厨房的水池里、浴盆里给宝宝洗澡。有些浴盆里有悬浮垫，有助于固定孩子，让他保持适当的姿势。为了让自己舒适一点，你可以把脸盆或者小浴盆放在桌子上，或其他比较高的东西上面，就像理发师那样。你也可以坐在凳子上，在厨房的水池里给宝宝洗澡。

你也可以使用普通浴缸，不过背部和腿部会不太舒服，除非你自己先进入浴缸，然后让爱人把宝宝递给你。宝宝可以坐在你的大腿上冲洗，非常方便。不过要牢记，婴儿洗澡需要温热的水，而不是滚烫的水。

**给宝宝洗盆浴**。洗澡水的温度应该和体温差不多（32 ~ 37℃）。每次都要用你的手腕来测试水温，应该感觉温暖舒服，而不是很烫。一开始要用少量的水，3～5厘米深即可。当你能够稳妥地抱着孩子的时候，就可以多加一些水了。为了防滑，可以在给孩子洗澡的时候，把毛巾或者尿布搭在澡盆的四周。

抱住孩子，让他的头枕在你的手腕上，再用同一只手的手指牢牢地抓住他的大臂。先用一条柔软的毛巾给孩子洗脸，不打肥皂。然后给他洗头，每周只要用一两次肥皂就可以了。打完肥皂以后，用一条湿毛巾把头上的肥皂沫擦掉，要擦洗两遍。毛巾不要太湿，否则肥皂水就会流进孩子的眼睛里产生刺痛。然后，你就可以用毛巾或者手给孩子清洗其他部位了。女孩的大阴唇中间要轻轻地擦洗。擦肥皂的时候，擦手上要比擦毛巾上容易些。如果孩子的皮肤比较干燥，就尽量不要用肥皂，一周用一两次就行了。

可以用柔软的浴巾擦干宝宝身上的水，注意要轻轻吸干水分，而不能用力擦拭。如果你在宝宝肚脐完全愈合之前就给他洗盆浴，洗完澡后需要用棉球充分擦干肚脐。一定不要用含有滑石粉成分的婴儿爽身粉，一旦吸进身体里，就会给肺部带来危害。

**润肤露**。洗完澡给婴儿涂润肤露的时候很好玩，婴儿也喜欢。但是，在多数情况下，根本没有必要给孩子涂润肤露。如果宝宝皮肤干燥，或者有点尿布疹，擦一点润肤露会有一定的好处。婴儿护肤油和矿物油也有同样效果，不过它们有时会引起轻微的皮疹。

## 身体各部分

**皮肤**。新生儿可能会长各种斑点和疹子，其中大多数都能自行消失，或者淡得几乎看不出来。然而，有的疹子可能是某些严重疾病的征兆，因此，如果宝宝长了不常见的疹子，一定要向医生咨询。（更多关于粟粒疹和其他新生儿常见皮疹的内容，请参见第79页。）

**耳朵、眼睛、口腔和鼻子**。婴儿只需要清洗外耳和耳道的入口处，耳道里面无须清洗。不要用棉签（只会把耳屎推得更深），用毛巾就可以了。耳屎是在耳道里形成的，它的作用是保护和清洁耳道。

眼泪会不停地冲刷眼睛（而不只在宝宝哭的时候）。这就是为什么在眼睛健康的时候不必用眼药水冲洗眼睛。

口腔一般不需要专门的护理。

鼻子有非常出色的自洁系统，可以保持清洁。鼻腔的内壁长满了绒毛，它们不停地把黏液顺着鼻腔向下疏导，最终汇集到鼻孔处。聚集在鼻毛上的黏液会刺激婴儿的鼻子，让婴儿打喷嚏，或用手把鼻涕揉出来。洗完澡给婴儿擦身体的时候，你可以先把干结的鼻涕泡湿，再用洗脸毛巾的一角轻轻地把它擦出来。如果擦鼻子的时候婴儿表现得不耐烦，就没有必要和他较劲了。

有些时候，特别是在房间里有暖气的时候，婴儿的鼻孔里会积存很多干结的鼻屎，从而影响婴儿的正常呼吸。在这种情况下，每次吸气都会使婴儿的胸肋下缘向里收缩，你可以据此判断宝宝是否有此情况。大一点的孩子或者成年人会用嘴呼吸，但是多数婴儿都不会张嘴呼吸。用生理盐水有助于清理干结的鼻屎。

**指甲**。宝宝睡着的时候给他剪指甲最方便。指甲刀可能比指甲剪更好用。你可以用指甲锉把指甲磨平。如果你每天都帮宝宝锉指甲，可能就无须再用指甲刀修剪了。如果你一边锉着宝宝的指甲一边唱歌，那么剪指甲这项常规工作就会变得乐趣无穷。

**那个软软的地方（囟门）**。婴儿头顶上那个柔软部位是颅骨还没有长合的地方。

囟门的大小因人而异。如果孩子的囟门比较大，你也不必担心，不过它肯定比小的囟门长合得晚。有些孩子的囟门在 9 个月的时候就已经长合了，也有些宝宝直到两岁囟门才会完全闭合。囟门闭合平均时间为 12 ~ 18 个月。

不必担心触碰到这个软软的部位。囟门由一层结实的膜覆盖着，一般的触摸不会伤着婴儿。光线好的时候，你还能看见囟门的搏动。

**肚脐。**婴儿一出生，医生就会将脐带结扎并将它剪断。剩下的一小截脐带会慢慢地萎缩，最终在 2～3 个星期内自行脱落。

脐带脱落以后会留下一个稚嫩的伤口，还需要几天或者几周才能完全愈合。这个伤口必须保持洁净和干爽。伤口完全愈合后覆盖其上的硬痂才会脱落。伤口处无须敷盖，这样会更加干爽。脐带脱落的前几天，肚脐可能会出血或者有液体渗出，这种现象可能会一直持续到脐带脱落、伤口完全愈合为止。如果尚未愈合的肚脐上的硬痂被衣物刮掉了，可能会渗出一两滴血，无须为此担心。

为了不弄湿肚脐，应该把尿布系在婴儿的肚脐下面。如果尚未愈合的肚脐伤口变得潮湿，而且有脓水流出来，可以每天用医用棉签蘸着碘伏清洗肚脐周围有褶皱的地方。如果伤口愈合得很慢，稚嫩的伤口就可能变得凹凸不平，长出"肉芽"。在这种情况下，医生可能会用一些保持干燥和促进愈合的药物。

如果肚脐和周围的皮肤变得发红或一触即痛，应该立即和医生联系。肚脐感染很少见，但如果发生会十分严重。

**阴茎。**男宝宝的阴茎勃起很常见，尤其是在膀胱充盈或排尿时，有时则没有明显原因。这属于正常现象。

包皮是婴儿出生时包裹在阴茎头部（龟头）的套状皮肤。包皮前端的开口足以让婴儿把尿排出去，但是又小得足以保护阴茎口（尿道）不患尿布疹。孩子慢慢长大，包皮一般都会和龟头脱离，而且变得更有弹性。到三或四岁时，大多数孩子的包皮可以往后拉，露出整个龟头。有些孩子需要的时间更长一些，甚至要等到青春期包皮才会具有充分的弹性。你无须担心这个问题。

在婴儿包皮的末端可以看到白色的蜡状物质（包皮垢），这是完全正常的情况。包皮垢是由包皮内侧的细胞分泌出来的，是包皮和龟头之间的天然润滑剂。

给宝宝洗澡时要记得清洗阴茎。你不必对包皮做任何特殊处理，只需轻轻清洗外层，去除多余的包皮垢。你还可以把包皮轻轻往后推，去清洁包皮内侧，直到推不动为止。千万不要强行往后推，这样会引起疼痛，还可能导致感染或其他并发症。通常来说，包皮最终都会变得更加富有弹性。

## 温度、新鲜空气和阳光

**室温**。18 ~ 20℃的室温最适合体重在2.5千克以上的小宝宝进食和游戏。这跟大一些的宝宝和成年人的要求一样。体重较轻的宝宝不太容易控制自己的体温，所以要注意保暖，要给他们多穿一些衣服。对于特别小的宝宝来说，父母的爱抚和拥抱可以帮助他们控制体温。另外，要避开空调或暖气的冷热气流。

在寒冷的季节里，室外空气的湿度非常低。这样的空气在室内升温后，就像一块干海绵，会吸走皮肤和鼻子里的水分。鼻子里的黏液就会干结，使宝宝呼吸困难，而且还有可能降低他们对传染病的抵抗能力。室内温度越高，空气就会越干燥。加湿器有助于保持室内湿度。

缺乏经验的父母有时会觉得需要给小宝宝过度保暖。这些父母总是把室温调得很高，把宝宝包裹得过于严实。在这种情况下，有的小宝宝甚至在冬天也会起痱子。另外，温度过高还有可能导致婴儿猝死。

**宝宝应该穿多少衣服？**正常的宝宝和成年人一样拥有良好的体温调控系统，只要不给宝宝包裹太多的衣服和被子，他的体温调控系统就能正常运转。胖乎乎的婴儿和大一点的宝宝，需要的衣服甚至比大人还少。问题是，多数孩子都穿得过多，而不是穿得太少，这对他们并没有好处。一个人如果总是穿得太多，他的身体就会失去适应温度变化的能力，也就更容易着凉。所以总体来讲，宁可给孩子少穿一点，也不要多穿。不要以为宝宝的小手应该总是热乎乎的，于是就想给他多穿衣服。多数孩子在穿着得当、冷热适中的时候，手总是凉的。你可以摸摸孩子的胳膊、腿或者脖子，看看他是不是穿够了。最好的办法就是看孩子的脸色。孩子感到冷的时候，脸上就没有了红润，而且还会哭闹。

在寒冷的天气里，有必要给孩子戴一顶暖和的帽子，因为大部分热量是从头部散发掉的。睡觉时给孩子戴的帽子应该是用腈纶织成的，这样即使滑到脸上，孩子也可以透过帽子呼吸。

**穿脱衣物**。给婴儿穿领口较小的套头衣服的时候要记住，他的头不是圆形的，而是椭圆形的。要把套头衫挽成环状，先套到孩子的后脑勺上，再从前边往下拉。在经过前额和鼻子的时候，要把衣服向外撑开。孩子的头套进去以后，再把他的胳膊伸进去。脱衣服的时候，要先把孩子的胳膊从袖子里退出来，再把衣服挽成环状搭在他的肩膀上，接着，托起这个环的前半部分，掠过他的鼻梁和前额，此时这个环的后半部分还留在脖子的后边。最后，再把衣服向后脱下来。

**给宝宝盖的东西要合适**。婴儿睡在睡袋中最为安全（参见第 14 页）。如果毯子没有盖好，可能会引发窒息风险。在暖和的房间中（22℃左右），给婴儿用薄的睡袋就足够了。在凉爽的房间中（16 ~ 18℃），腈纶睡袋是兼具保暖性和洗涤性的最佳选择。在宝宝醒着的时候，可以给宝宝盖一条针织襁褓巾，不仅易披易裹，还能根据温度做出调整。给宝宝盖的东西不要太过厚重，比如厚实的被子就不太合适。

**新鲜空气**。空气温度的变化有利于增强婴儿适应冷热变化的能力。冬季在室外停留的时候，银行职员患感冒的可能性要比伐木工人大得多。一直住在温暖房间里的婴儿往往脸色苍白，食欲不好。其实，体重达到 3.6 千克的宝宝在 16℃ 以上的温度下就可以抱到室外去。湿度比较大的空气比同样温度的干燥空气要寒冷得多，而且风最能让人感到寒冷。即使气温较低，体重达到 5.5 千克的宝宝在朝阳的避风处也会感到很舒适。当然要穿戴得冷暖适宜才行。

如果你住在城市里，没有空地让孩子玩耍，就可以用婴儿车推着他到外面去。如果你习惯了用婴儿吊兜把孩子背在胸前，随着孩子渐渐长大，你依然可以适应得很好。宝宝会很愿意被你背着，这样他可以看到你的脸，听到你的声音，环顾四周或打个小盹。

**日光。** 虽然婴儿待在户外好处多多，但太阳光也让宝宝暴露在紫外线（UV）中，而紫外线在若干年后可能会诱发皮肤癌。小宝宝尤其容易受到伤害，因为他们的皮肤很薄，所含的能抵御紫外线侵害的黑色素也相对较少。肤色较深的宝宝比较安全，而那些肤色较浅、头发呈金色或红色的宝宝则最容易受到伤害。海滩上、游泳池周围和小船上尤其危险，因为紫外线不仅会从空中向下辐射，也会被水面反射上来。

儿童和成年人需使用防晒系数（SPF）至少为 15 的防晒霜；对于那些皮肤对阳光敏感的人来说，要选择防晒系数更高的防晒霜。防晒霜和防晒乳液具有同样的防晒效果。你可以选择一款气味和肤感都喜欢的防晒霜，这样就会经常涂抹它。

6 个月以下的婴儿涂抹任何防晒霜都可能会感到刺激，如果宝宝要在阳光下待上几分钟，应当给他遮挡一下，比如戴一顶宽檐的帽子，穿上长衣长裤，质地要能阻隔太阳光才好。即使已经做足了防护，皮肤白皙的宝宝也不应该在游泳池旁边坐太长的时间。日光浴——也就是暴露在紫外线当中，把皮肤晒成棕褐色——对任何年龄的人来说都是不健康的。

婴儿不能单纯依靠日光来合成他们所需的维生素 D。母乳喂养的婴儿应该服用维生素 D 滴剂。婴儿配方奶粉中已经添加了足量的维生素 D。

## 新生儿的常见问题

**胎记**。几乎所有的小宝宝出生时都有一块或几块胎记。医生不一定会记得嘱咐你每一块胎记的情况，让你安心。如果你有什么问题，一定要向他们询问。

**鹳吻痕和天使之吻**。很多婴儿在出生的时候，脖子后面都会有一片不规则的红色区域，这叫"鹳吻痕"。如果长在眼皮上面，就叫"天使之吻"。还有的长在两条眉毛之间。这些胎记实际上是一些毛细血管瘤，是胎儿在子宫里的时候，受到母亲激素的刺激形成的。多数胎记都会逐渐消失，所以不必采取什么措施。

**青色斑记**。这些青色的斑块过去被称为蒙古斑，但是它们在不同国籍的宝宝身上都可能出现，特别是那些肤色较深的孩子。这种胎记通常出现在屁股上，也可能分散在别的部位。它们只不过是过多的色素沉积在皮肤的表层而已。在两年之内大多数斑记都会完全消失。

**痣**。你应该请医生检查一下深褐色的痣，尤其是当它们变大或者颜色发生变化时。这些痣以后有发展成皮肤癌的风险，不过这种可能性很小。

**草莓痣**。草莓痣一般在宝宝接近 1 岁时出现，这种痣很常见。长草莓痣的地方先是一片苍白，然后就会随着时间推移逐渐凸起，变成一块深红色的斑块，看上去很像草莓光亮的表面。这种斑块一般长到一年左右就停止生长，开始萎缩，并且最终消失。通常来讲，50% 的草莓痣到孩子 5 岁的时候都会完全消失；70% 在孩子 7 岁之前都能消退；到了 9 岁的时候，90% 都能消退。这种痣基本不需要治疗。

**吸吮性水疱**。一些小宝宝的嘴唇、双手和手腕上刚一出生就有水疱。这是小宝宝在子宫里吸吮手指造成的。另一些小宝宝的嘴唇中间也可能因为吸吮而出现白色的干燥小疱。吸吮性水疱不需要特殊治疗就会随着时间推移自动消退。

**手指和脚趾发青**。许多新生儿的手和脚看上去都有些发青，特别是在他们觉得冷的时候。还有些白皮肤的婴儿，在没穿衣服的时候，浑身都会出现发青的斑纹。这些身体的颜色变化都是由于皮肤的血液循环减慢造成的，并不是疾病的征兆。小宝宝的嘴唇有时也会发青。不过如果孩子的牙龈或嘴巴周围有时发青，则是血液含氧量降低的信号，若同时伴有呼吸困难或者进食困难，就可以更加肯定地做出这种判断。如果你发现了这种症状，应该给医生打电话寻求帮助。

**黄疸**。许多新生儿都会出现黄疸，他们的皮肤和眼睛会显出淡淡的黄色。这种黄色来自一种叫胆红素的物质，它是红细胞分解之后产生的。这些胆红素会让粪便呈现棕色。

轻微的黄疸十分常见。随着肝脏和肠道变得活跃起来，黄疸在几天以后就会消失。当胆红素生成得过快，医生会采用特殊光照（使胆红素分解）的治疗方法将胆红素控制在安全范围之内。如果你的孩子在出生后第一周肤色似乎有些发黄，就要请医生看一下。

有时候，黄疸会一直持续到出生后的第一周或第二周。这种情况通常发生在母乳喂养的婴儿身上。有的医生建议停止母乳喂养一到两天。有的医生则建议继续哺乳，甚至主张增加喂奶的次数。两种做法都能让婴儿有所好转。

**呼吸问题**。刚做父母的人常常会担心新生儿的呼吸，因为它经常是不规律的，而且有时缓慢得让人很难听到，或者看不出来。还有的时候，当父母第一次听到宝宝轻微的鼾声，他们也会担心。实际上这两种情况都是正常的。当然，如果孩子的呼吸让你担心，向医生询问一下总是没错的。宝宝持续快速或费力呼吸可能预示着疾病。

**脐疝**。许多婴儿的肚脐都会突出来一个软软的、或大或小（小如一颗葡萄）的包块。在包块下面，构成腹壁的坚韧纤维丛中，有一处软软的地方。

如果你把包块往下按，就会感觉到一角硬币大小的脐环。（这样做非常安全，你的宝宝也不会介意。）当宝宝哭闹时，一小部分肠管可能会通过这个脐环挤上来，导致肚脐膨大。小或中等大小的脐环通常会在几周或几个月内自行闭合。大的脐环可能需要一个小手术，通常可以等到宝宝一岁生日之后再做。

人们曾经认为，在肚脐上压一枚硬币，防止肚脐凸出，再用一条胶带粘紧，就能使脐环早一些合拢，事实上这种做法起不到任何作用。你不可能阻止宝宝哭闹，而且即使宝宝不哭不闹也于事无补。在极少数情况下，出现脐疝的地方会长出一个硬鼓鼓的肿块，而且疼痛难忍。这种情况需要立即就医。

**乳房肿胀**。很多宝宝，无论是男孩还是女孩，都会在出生后的一段时间里出现乳房肿胀的现象。有的孩子乳房里还会流出一点奶水来。肿胀的乳房和流出的奶水其实都是激素通过母亲的子宫影响到宝宝的结果，是一种完全正常的现象。不要去挤压或者推拿孩子的乳房，因为这样会对它们产生刺激，还可能导致感染。

**阴道排出物**。女婴出生的时候，阴道中经常会流出一些黏稠的白色液体。这是由母亲的激素引起的（就是导致婴儿乳房肿胀的那种激素），不用治疗就会自行消失。在几天大的时候，许多女婴可能还会排出一点带血的分泌物。这与月经相似，是由于出生后母亲的激素在婴儿体内消失引起的。如果第一周过后孩子仍然排出带血的分泌物，就应该让医生检查一下。

**隐睾**。睾丸最初是在小腹中形成的，在孩子出生前不久才会降落到阴囊里。然而，睾丸偶尔并不会完全下降至阴囊中。未降落的睾丸大多数在出生后不久就会落到阴囊中，而有的则会隐藏起来：与睾丸相连的肌肉能够把睾丸拉回到腹股沟里。有很多男孩的睾丸只要受到一点刺激就会马上缩回去。甚至在脱衣服的时候，冷空气对皮肤的刺激就足以让睾丸缩回到小腹中去。找到它们的最佳时机是在孩子洗热水澡的时候。医生在寻找睾丸方面受过专业训练。如果男孩到了 6 ～ 12 个月大的时候睾丸仍未出现在阴囊里，就应该带他去找外科医生做检查。

**惊吓和发抖**。新生儿在听到较大的声响，或者被突然挪动位置时都会受到惊吓。有的婴儿对此尤其敏感，当自己抽动胳膊和腿，身体也可能随着轻轻地晃动。这种突然的变化足以让一个敏感的婴儿吓一大跳。他们还可能会因此讨厌洗澡，更希望被父母抱在大腿上，再用双手把他们抓牢来冲洗。随着宝宝逐渐地长大，这种不安的状况就会被慢慢地克服。

发抖。有的婴儿会在出生后的前几个月出现发抖的情况。他们的下巴可能会哆嗦，胳膊和腿也会抖动。在婴儿激动的时候，或者刚脱下衣服感到凉意的时候，这种情况尤其明显。这属于正常现象，并会随着时间推移自行消失。

抽搐。一些婴儿偶尔会在睡觉时抽搐起来，也有个别的婴儿抽搐得很频繁。这种现象一般也会随着婴儿的成长而消失。如果你抓住宝宝四肢时，他抽搐得更厉害，这可能是心脏病或脑部疾病突然发作的征兆。你也可以跟医生讲一下，以确保孩子一切正常。

# 宝宝生命的头一年：4 ~ 12 个月

## 一个充满新发现的阶段

**头一年的新发现**。如果说生命里前三个月的主要任务是让身体的各个系统都平稳地运转起来的话，那么4 ~ 12个月就是一个充满了新发现的阶段。宝宝们开始认识自己的身体，也开始学着控制自己大大小小的肌肉。他们开始探索这个物质世界，并且领会原因和结果之间的基本关系。此外，他们还能逐渐看懂别人的情绪，并预测自己的行为将会招来别人怎样的反应。这些重要的发现引导着宝宝走向语言的开端。

**成长里程碑的意义**。翻身、独坐、站立、行走、第一次说话，宝宝成长路上的每一个重要里程碑都让人兴奋不已。不过别太在乎宝宝学会这些技能的时间。从长远来看，快或慢并不重要。人的发育并不是一场竞赛。

你可以参照一些生长发育对照表，看看孩子是否在相应的时间做了他"应该"做的事情。我一直不愿把诸如此类的成长时间表放在这本书里。首先，每个孩子的成长模式都与别人不同。有的宝宝可能在整体力量和协调性方面发展得非常快，可以说是小宝宝中的运动健将，但是在用手指做技巧性动作或者说话方面可能发展得比较慢。那些后来在学校里表现得很聪明的孩子，可能开口说话很晚。同样，能力一般的孩子在早期发育方面也可能表现出众。

我认为一味地拿自己的孩子和"平均标准"比较是非常错误的行为。孩子的发展并不会一帆风顺，总会有飞跃和滑坡，而滑坡往往预示着又一次飞跃。所以，当孩子出现小小的退步时，父母不必过分忧虑，也无须揠苗助长。没有证据表明，让孩子早早学会走路、说话、阅读对他们的发展有真正意义上的长远好处。宝宝需要一个能够提供成长机会的环境，而不是强迫他那样成长的环境。

如今，大多数儿科医生和家庭医生都在使用标准化调查问卷，目的是测试孩子是否存在发育迟缓情况。这是一个很好的做法，因为这样做可以减轻父母的一些压力，使孩子在需要帮助时获得特殊医疗服务。当然，如果你有疑虑，可以直接咨询孩子的医生。

**孤独症**。孤独症现在并不罕见。当你在照顾宝宝时，要注意那些不符合孤独症的特定行为。如果你的宝宝在成长路上完成了这些里程碑式的发展目标，你就可以放心了。

宝宝4个月的时候，他应该很爱跟你"说话"，也就是说，他会看着你的脸，听你的声音，并且用自己的声音和兴奋的面部表情做出回应。到9个月的时候，他应该会咿咿呀呀地发出各种像词语一样的声音。1岁的时候，他应该会用手指着有趣的事物让你看。15个月大的时候，他应该至少会说一个有意义的词语。

如果你担心自己的宝宝没有完成这些里程碑式的发展目标，可以和孩子的医生或者当地的儿童发展机构谈一谈。通过早期检查，越来越多患有孤独症的孩子都能在与他人的联系、交流和更多的满足感中成长起来。

## 照顾你的宝宝

**陪伴而不娇惯**。宝宝玩耍的时候，不要让他离开父母（有兄弟姐妹陪伴也可以），这样孩子就可以随时看见他们，向他们发出声音，还能听见父母跟他说话，或者偶尔让父母告诉他某个东西的玩法。但是，也不必总是抱着他逗他玩。孩子会很喜欢父母的陪伴，但依然需要学会独处。刚做父母的人往往欣喜若狂，所以在孩子醒着的时候，总是抱着他或者逗他玩。这样一来，孩子就会对这种方式产生依赖性，还可能向父母要求更多的关照。

**能看的和能玩的**。在 3～4 个月的时候，宝宝们就开始喜欢色彩鲜艳而又会动的东西了，但他们还是最喜欢看人和脸。在室外，他们会饶有兴趣地看着树叶和影子；在室内，他们会仔细地研究自己的手和墙上的图片。在他们开始够东西的时候，你可以买一些色彩鲜艳的玩具，挂在小床上边的栏杆中间。要挂在他们够得着的地方，不要挂在正好对着宝宝鼻子的地方。一定要注意，把绳子弄短一点，否则宝宝要是把绳子拉下来，就会有被勒住的危险。

要记住，不管孩子拿着什么东西，最后都会把它放到嘴里。孩子在半岁左右，最大的乐趣就是摆弄东西，然后往嘴里放，比如塑料玩具（专门为这个年龄的婴儿制作的）、摇铃、磨牙圈、布制的动物玩偶和娃娃，以及家庭用具（要保证放进嘴里是安全的）等。不能让婴儿接触涂有含铅油漆的物品或者家具，也不能让他们玩会被咬成碎块的塑料玩具，更不能让他们玩尖利的东西、小玻璃球以及其他容易导致窒息的小物件。

**关于电子产品：如果屏幕亮着，婴儿就会一直盯着它**。这并不是良好的发育迹象。婴儿更有可能只是被不断变化的颜色所吸引。从电子屏幕那里获得快乐是有代价的。宝宝很容易就会依赖于电子产品给他的刺激，而失去一些天生的探索动力。给宝宝一套塑料杯勺、一些积木或一本纸板书，他们能想出 50 种创意玩法；而让宝宝坐在电子屏幕前，他就只能观看，被动回应那些事先安排好的内容。只有和活生生的人（也就是你）一起玩耍、交流，得到充满共情的回应，共享妙不可言的乐趣，才能让宝宝在成长路上获得最丰富的刺激，而这是任何电子屏幕都无法做到的。

## 喂养和发育

**喂养决策**。母乳是婴儿出生后头 12 个月内的最佳营养来源，婴儿在 6 个月左右可以添加辅食，由父母用勺子喂养，9 个月左右可以尝试手指食物。哪怕很少量的母乳喂养，也比完全没有要好。如今，大约 80% 的母亲会在一开始选择母乳喂养。

不过，选择何种喂养方式完全由你自己决定。从出生起或半岁前吃配方奶粉的婴儿同样可以茁壮成长。母乳喂养的决定要同时考虑婴儿和父母的需求。（关于母乳喂养、奶瓶喂养、勺子喂养以及何时添加特定食物，包括花生的内容，请参见第 173 页的"饮食和营养"部分。）

如果你不用母乳喂养，品牌婴儿配方奶粉要比自制奶粉或低铁配方奶粉安全得多。不满周岁的婴儿喝普通牛奶并不安全。（关于对牛奶的担忧，请参见第 181 页。）

给宝宝喂食不仅关乎食物，还是交流情感和增进亲子关系的好时机。你可以抱着宝宝，与他交谈，试着"读懂"他用眼睛和身体发出的信号。请关掉手机或把它置于静音状态，也关掉其他电子产品，全心全意地关注宝宝，享受和他在一起的时光吧。

**进餐时的表现**。婴儿能伸手去够东西后，就喜欢拿食物玩耍。把南瓜到处乱扔，对着豆子戳来戳去，这都是宝宝发现物质世界的重要途径。同样，逗弄和激怒父母也是他们了解人际关系的重要方法。高明的父母会允许宝宝探索，但是应该设定限制。你可以说："抓土豆泥没关系，但要是乱扔的话，你就不要吃饭了。"如果你和宝宝离开餐桌时都很高兴，那就说明饭吃得不错。

如果进餐的时候你常常感到紧张、忧虑、生气，可以向宝宝的医生咨询一下。

9个月前后，小宝宝会表现出一些独自进餐的倾向。他想自己拿勺子，如果你想喂他吃饭的话，他还会把头扭向一边。这是他正在形成自我意志的表现，虽然有时会让人恼火，却是一件好事。顺便说一下，解决抢勺子问题的一个好方法是给宝宝一把勺子，让他随意使用，你用另一把勺子把燕麦粥实实在在地喂到他的嘴里（即双勺法）。

**发育**。3 ~ 5个月大的宝宝体重大概会比他们出生时增加1倍，1岁时会增加2倍。医生经常把儿童的体重、身长和头围指标做成图表，还要给出每个年龄的平均数值和正常范围。无论你的孩子块头小、大，还是中等，健康的发育状况毕竟是个好现象，说明你的孩子饮食适量，身体的主要系统发育良好。

个子高不等于好。在生长曲线上处于第95个百分点只能说明这个宝宝将来很有可能是学前班里个头最大的孩子之一，除此之外说明不了太多问题。

## 睡眠

**睡觉习惯**。很多成年人都有自己的睡觉习惯：我们喜欢枕头正好合适，被子也要铺成某种特定的形式。宝宝也一样。如果他们养成了只有大人抱着才睡觉的习惯，那可能就会成为让他们入睡的唯一办法。当他们在半夜醒来时，妈妈或爸爸也必须一同醒来。

这里有一个更好的方法。如果你的宝宝能学会在婴儿床上独自入睡，那么他就能在半夜醒来时独自重新入睡（而你也可以继续睡觉）。因此，当宝宝三四个月大时，你就可以试着在他醒着的时候把他放到床上，让他学着自己入睡。慢慢地，如果半夜他醒来（所有婴儿都会这样），只要你不起身去轻轻摇晃来哄他，他就不会放声大哭，而是继续入睡。

**早醒**。有的父母喜欢天一亮就起床，和他们的宝宝一起享受清晨时光。但是如果你更喜欢睡懒觉，也可以训练宝宝晚点起床，或者至少在早晨能够愉快地待在床上。到了第一年过半的时候，多数小宝宝都不会在五六点钟这种太早的时间段醒来，而是会多睡一会儿。你只需要给宝宝一个重新入睡的机会。如果孩子小声咕哝或哭闹，你可以先不回应，若他真的需要关注，一定会让你知道的。

**睡眠的变化**。到了 4 个月左右，很多小宝宝基本上都是在夜里睡觉，中间可能会醒来 1 ~ 2 次要奶吃。白天，他可能还会小睡两三次。快到 1 岁的时候，大多数小宝宝白天睡觉的次数都会减少到 2 次。每个宝宝的睡眠时间总量不同。有的孩子总共才睡 10 ~ 11 个小时，有的则多达 15 ~ 16 个小时。睡眠的总时长会在一年以后逐渐减少。

9 个月左右，许多之前很能睡的宝宝就开始半夜醒来并且要求被人关注了。差不多与此同时，宝宝会发现，一个用布盖住或藏到背后的玩具或者其他物体虽然看不见了，实际上仍然存在。宝宝这时候逐渐有了"客体永存"意识。从小宝宝的角度来看，这意味着视觉感受不到的东西不再被意识排除。

如果宝宝醒来时发现只有自己，他就知道即使看不见你，你也在附近，他会哭着让你陪着他。有时候，只要简单地说一句"睡觉吧"就可以让宝宝重新入睡；但有的时候，你得把宝宝抱起来。如果你在他睡熟了之前把他放回去，他就有机会练习自己重新入睡了。

**睡眠问题**。许多宝宝都有入睡困难和无法保持睡眠状态的问题。这些问题经常是由轻微的疾病引起的，比如感冒或耳朵发炎。那些晚上感到很痛苦的宝宝，如果在父母床上睡觉就会感觉舒服很多。但是一旦宝宝病好了，他就不想离开父母的床了！

解决方案是让宝宝重新养成在自己的小床上入睡的习惯。最简单易行的做法分两步进行。首先，妈妈或爸爸可以坐在宝宝的床边陪着他，直到他睡着。然后，当孩子将睡未睡时，父母可以慢慢离开，直到孩子没有父母陪伴也可以安然入睡。父母可以给孩子讲故事、一起亲吻宝宝，这些习惯可以很好地安抚宝宝，有效帮助宝宝独自入睡。如果有必要，在睡前和半夜宝宝醒来时都可以这样做。若想成功，耐心不可或缺。

有时候，下班晚的父母很难有时间陪孩子。我经常听到这样的抱怨："我7点钟到家，他8点钟睡觉，我们几乎没有时间待在一起。"在这种情况下，婴儿不睡觉不再是个问题，而是解决陪伴问题的天然途径。如果可能，父母最好改变一下自己的日程安排，说不定就能奏效。

## 哭闹和肠痉挛

**正常的啼哭和肠痉挛。**所有的婴儿都有哭闹和焦躁的时候，而且往往比较容易找出原因。"哭闹和安抚"部分的内容（从第32页开始）也适用于一岁以内的小宝宝。哭闹的问题在宝宝6周大之前会越来越严重；但是，谢天谢地，以后就会逐渐减少。到三四个月的时候，大多数宝宝每天总共要哭闹一个小时左右。

但是，对有的宝宝来说，无论充满善意而又手忙脚乱的父母怎么做，他们都会哭个不停，一小时又一小时，一星期又一星期地持续下去。肠痉挛的判定标准是：连续3个星期以上，每星期超过3天，每天3小时以上无法安慰的哭闹。现实生活中，如果一个健康的孩子无缘无故地哭闹、尖叫或者激动，而且比正常情况下持续的时间长得多，就可以认定是婴儿肠痉挛。肠痉挛是指来自肠子的疼痛，但是引起婴儿过度哭闹的原因却有很多。

肠痉挛的宝宝似乎会出现两种不同的哭闹。有的婴儿基本都是在傍晚一段特定的时间里哭闹，一般是 5 ~ 8 点（不过哭闹也可能出现在其他时间段）。这些孩子在白天大部分时间里都心满意足，也很容易安抚。我们还不知道这些婴儿为何在傍晚格外焦躁。另一些婴儿不论白天晚上都会不停地哭闹。他们当中有的孩子看上去很紧张，显得战战兢兢的。他们的身体无法很好地放松，很容易因为一点声响，或者任何快速的位置变化受到惊吓而开始哭闹。

**应对婴儿肠痉挛**。面对一个焦躁、亢奋、肠痉挛或易怒的宝宝，父母经常会感到非常头疼。如果你的孩子患有肠痉挛，一开始抱起他的时候他可能不哭了，但是几分钟过后，他会比之前喊叫得更厉害。他的胳膊会胡乱挥舞，一双小腿又蹬又踹。他不仅拒绝安慰，而且好像因为你努力地安慰他而感到生气。时间一分一秒地过去，他表现得越来越生气，你就会觉得他在轻蔑地排斥你这个家长，然后禁不住恼火起来。但是跟一个小不点生气会让你觉得惭愧，于是你就会竭力地压制这种情绪。这会让你比任何时候都精神紧张。

你可以试着做一些事情来改善这种局面，但是我认为，首先应该与自己的情绪和解。其实，当无法安抚宝宝时，所有的父母都会感到沮丧、担心、懊恼。大多数人还会感到内疚。如果面对的是第一胎的宝宝，就更会有这样的感觉，就好像孩子的哭闹是父母的错（其实并不是这样）。大多数父母还会生宝宝的气。这很正常。这时应该让自己休息一下。宝宝大哭大闹，而你的反应很激动，这并不是你的错。这只证明你真的很爱宝宝，否则你也不会如此沮丧。

**绝不要用力摇晃婴儿**。在无计可施的情况下，绝望和气愤会使一些父母用力摇晃孩子，想让他们停止哭闹。但是结果常常会造成严重的永久性大脑损伤，甚至会导致死亡。这真是彻头彻尾的一出悲剧。所以，在你的忍耐力达到极限之前，在你还没想通过用力摇晃孩子来解决问题的时候，就要寻求帮助。你可以先咨询一下宝宝的医生。重要的是，一定要叮嘱照顾宝宝的所有其他成年人（包括祖父母、保姆和朋友），让他们都知道用力摇晃宝宝非常危险。

**医学诊断**。如果宝宝患有肠痉挛，首先要做的是让医生给他做检查，看看他的哭闹是否有什么明显的病理原因。如果宝宝的身体基本正常，各方面的发展也基本正常，而且做过仔细的身体检查，就更让人放心了（发育不正常的肠痉挛婴儿很有必要进行全面彻底的医学诊断）；有时候找医生复诊也很必要。

如果得知宝宝的问题只是肠痉挛，你就可以松一口气了，因为得过肠痉挛的孩子长大以后会和其他孩子一样快乐、聪明，也一样会拥有健康的情感。对你来说，关键是要以充分的信心和良好的精神状态面对接下来的几个月。

**帮助宝宝。**首先，请你再次查看第 35 页上应对哭闹的备忘清单。在医生认可的前提下，你还可以尝试几种应对婴儿肠痉挛的方法。虽然所有这些方法都会在某些时候奏效，但是哪种方法都不能解决所有问题。

在两次喂奶的间隔给宝宝一个安抚奶嘴。

把宝宝紧实地裹在襁褓中。

用摇篮或婴儿车轻摇宝宝。

把宝宝放在吊兜里散步。

带着他开车兜风。

试试婴儿秋千。

播放轻柔或低沉的音乐。

肠痉挛的宝宝经常在低刺激状态下反应最好：让房间保持安静，减少探望者的数量，把声音压低，用轻缓的动作接触他们，抱着他们时紧紧地搂住，换尿布和擦身时放一个大枕头（带上防水罩）供他们仰卧以防止滚动，或者多数时候都用襁褓把他们包裹起来。

你可以用润肤油给宝宝做腹部按摩。在他腹部放一个热水瓶（注意不要太烫：你可以把热水瓶贴着自己的手腕内侧，不觉得太热即可。为了多一层保险，要用尿布或毛巾把瓶子包起来）。把宝宝横放在你的膝盖上，或者横放在热水瓶上，然后按摩他的后背。

换掉他喝的东西：试着换一种配方奶粉（这个办法有效率一般能达到50%）。如果是母乳喂养，母亲就别再喝牛奶、咖啡和含有咖啡因的茶，也不要再吃巧克力（也含有咖啡因）和导致胀气的食物，比如卷心菜。

如果所有这些方法都不管用，孩子既不饿，也没有什么病，接下来又该怎么做呢？我认为，你完全可以把宝宝放到小床里，让他哭一会儿，看看他会不会自己平静下来。听着孩子哭闹却什么也不做非常难受，但实事求是地讲，除了对他的哭闹视而不见以外，你还能做什么呢？有的父母会出去散散步，任由孩子哭闹（当然还会有其他成年人照看孩子）；有的父母则舍不得离开房间。处理这种情况没有正确或错误的方法，你认为合适就可以了。许多孩子一二十分钟内会睡着。过一会儿，如果宝宝还在哭，就再把他抱起来，把每一种方法从头再试一遍。

**帮助自己。**很多父母一听到孩子的哭声就抓狂，疲惫不堪，如果面对的是第一个孩子，且长时间跟孩子待在一起，就更容易出现这种情况。有一个真正有效的办法值得尝试，那就是将孩子放下几个小时，走出家门散散心。至少两周一次，如果能够接受，还可以再频繁一些。如果有条件的话，你还可以请一个保姆，或请朋友、邻居过来替你照看孩子一会儿。

你可能跟许多父母一样，对此犹豫不决。你会想："为什么我们要麻烦别人照顾宝宝呢？另外，离开这么长时间我们会担心。"其实你不该把这样的休息仅仅看成是对自己的款待。因为充沛的精力和愉快的心情对你、对宝宝、对伴侣来说都很重要。如果你们找不到任何人帮忙，可以每星期挑一两个晚上轮流出去走走，见见朋友或者看一场电影。宝宝不需要两个忧心忡忡的父母同时听着他哭。另外，也可以试着让朋友们来你家里做客。

要记住，任何能够帮助你保持心态平衡的事情，以及任何能够避免你对宝宝过分专注的事情，从长远来看都会使宝宝受益。还有，尽管有点难以开口，但是一定要叮嘱所有照顾孩子的人，绝对不能用力摇晃宝宝。

## 娇惯孩子

**父母会把孩子宠坏吗？**从医院回到家里的前几周里，如果孩子在两次喂奶的间隙经常哭闹，不能安安稳稳地睡觉，你就会很自然地想到这个问题。你一把他抱起来走动，他就（至少暂时地）停止了哭闹。一放下，他就会重新哭闹起来。你可能会觉得宝宝是在故意要你，不过这么小的宝宝更有可能只是感觉不舒服。如果一抱起来就不哭了，很可能是因为抱他的动作分散了他的注意力，也可能是因为你抱着他的时候温暖了他的小肚子，使他（至少暂时地）忘记了自己的疼痛，或者忘了精神上的紧张。

关于娇惯的问题，关键在于你认为宝宝在最初几个月学到了什么。小宝宝完全生活在"此时此地"，他们还没有能力去预见未来，也无法形成"我会把这些家伙的日子搅得痛苦不堪，直到他们对我有求必应为止"的想法。

婴儿在这个时期学习的，只是形成期待。如果父母可以迅速而又满怀爱意地满足婴儿的需求，他们就会觉得生活充满了美好，而那些不开心的事也会在父母这些特别之人的帮助下烟消云散。在后面很长一段时间里，甚至贯穿一生，这种基本信任感都会积极影响孩子对他人、对生活中各种挑战的态度。

所以，对"婴儿是否会被宠坏"这个问题的答案是否定的。等他长大一点，到了能够理解为什么他的需要不能马上得到满足的时候（可能 6 ~ 9 个月左右时），才会被宠坏。所以，更重要的问题在于：你怎样才能培养起婴儿最基本的信任感？答案就是父母要努力弄清并满足孩子的需求。

**6 个月以后的娇惯**。等到孩子 6 个月大的时候，你就可以稍微疑心一些了。宝宝到了 6 个月左右，肠痉挛和其他引起身体不适的原因就基本上消失了。对于小婴儿来说，你要努力满足他的需求；对于较大的婴儿、幼儿和儿童，你要帮助孩子理解需求和欲望是不同的：需求会得到满足，而欲望有时才能得到满足。大一点的孩子可以独自玩几分钟，在获得你的关注之前也可以稍微等一会儿。

有些在早期经常被抱着走动的婴儿，已经自然而然地习惯了那种不间断的关注。以一位母亲为例，她一刻也忍受不了孩子的哭闹，所以，只要孩子醒着，她就会在大部分时间里一直抱着他。于是，到了孩子6个月的时候，只要母亲一把他放下，他就会马上哭起来，还会伸出胳膊让母亲再把他抱起来。由于孩子的纠缠，想做家务是不可能的了。母亲难免会对这种束缚感到生气。但是，她又忍受不了孩子愤怒的哭闹。孩子很可能感觉到了父母的焦虑和不满，所以就会变得更加难以满足。

**怎样才能不宠坏孩子？** 你需要坚强的毅力和一定的狠心，才能对孩子说"不"。为了让自己保持良好的情绪，你必须牢记，从长远来看，那些不合理的要求和过分的依赖给孩子带来的危害最终会大于带给你的麻烦。这不利于他们的成长，也会使他们很难跟外界顺利地接触，你的教育和纠正完全是为了他们好。

给自己制订一个计划，如果有必要可以写在纸上。要把家务和其他的事情都紧凑地安排好，让自己在孩子不睡觉的大部分时间里都有事情做。做事的时候要非常麻利，这样来引起孩子的注意，同时也给你自己提神。假如你是一个小男孩的母亲，而他又已经习惯了整天让人抱着，当他哭着伸出双臂的时候，你要用友好而坚决的语气跟他解释，告诉他这件事情和那件事情必须要在今天下午做完。虽然他听不懂你的话，但是他能理解你的语气。你要专注地做你的事。第一天的头一个小时是最难熬的。

如果母亲从一开始就有大部分时间不露面，也很少说话，那么，孩子就会比较容易接受改变。这可以帮助孩子把注意力转移到别的东西上。有的孩子只要能看见母亲，能听到母亲跟他说话，即使不抱起来，也能很快调整过来。当你给他一个玩具，教他怎么玩的时候，或者当你决定傍晚和他玩一会儿的时候，就要在他旁边席地而坐。如果他愿意，你可以让他爬到你怀里，但是，千万不要恢复抱着他到处走动的习惯。当你和他一起坐在地板上的时候，如果他感觉到你不会抱着他走动，他就会自己爬开。如果你把他抱起来，那么，只要你想把他放下，他就会哭闹着抗议。当你和他坐在地板上的时候，如果他不停地哭闹，你就应该再找一件事情让自己忙起来。

你正在努力尝试的是帮助孩子锻炼面对挫折的忍耐力——每次一点，慢慢来。如果他没有从婴幼儿时期（大概 6～12 个月）慢慢地学会忍耐，以后再学就更困难了。

## 身体的发育

婴儿都要经历一个缓慢的过程，才能逐渐学会控制自己的身体，先从头部开始，然后逐渐向下发展到胳膊、手、躯干和腿。在孩子出生之前，他就知道应该如何吸吮。如果什么东西碰到了他的脸蛋，他就会努力地用嘴去够。用不了几天，他就能十分熟练地吃奶了。如果你想按住他的头不让他动，他马上就会生气，而且还会扭动脑袋想要挣脱出来（或许这就是婴儿与生俱来的防止窒息的本能）。

最晚到一个月左右，婴儿就会用眼睛去追踪物体，还会用手去够东西。到三四个月时，他只要看到东西就会挥动手臂，好像是要伸手去够。到了五六个月时，他可以准确地伸出手。到了七八个月时，婴儿就能抓住物体了。

**学会用手**。有些婴儿刚一出生就能随意地把拇指或者其他手指放进嘴里。怀孕期间的超声波检查显示，宝宝在妈妈的子宫里就会吃手指。然而，大多数婴儿直到两三个月大的时候，才能自如地把手放进嘴里。而且，由于这时婴儿的小拳头还攥得很紧，所以一般都要再等一段时间才能单独叼住拇指。

许多婴儿在两三个月的时候，非常喜欢看自己的双手。他们把手高高地举着，直到突然一下砸在自己的鼻子上。然后，他们会伸出胳膊，重来一遍。这便是手眼协调的开始。

手的主要作用是抓住物体。婴儿似乎事先就知道下一步要学什么。在真正能够抓住一件物体的几周之前，他就好像很想努力地抓住物体。在这个阶段，如果你把一个摇铃放在他手里，他就会抓住它摇晃。

到半岁左右，宝宝已经学会如何够离他有一臂距离的东西。大约也是在这个阶段，他还会学着把一个东西从一只手换到另一只手上。逐渐地，他就能更加熟练地摆弄东西了。从大约 9 个月开始，他会很喜欢小心翼翼而又专心致志地捡拾一些小东西，尤其是那些你不希望他去碰的东西（比如一点尘土）。

**使用右手还是左手**。大多数婴儿在最初的一两年里都是双手并用，而且两只手同样灵活，然后才会慢慢地偏向使用右手或者左手。若很小的宝宝特别偏爱使用单只手，这可能意味着他的另一只手臂很虚弱。遇到这种情况时，应该请医生检查一下。大约有 10% 的人习惯使用左手。习惯用哪只手做事与遗传因素有关。使用右手还是左手是天生的，不要强迫习惯使用左手的孩子改用右手。

**学会翻身和滚落危险**。婴儿学会控制头和胳膊的时间各不相同，他们学会翻身、独坐、爬行和站立的时间更是因人而异。这在很大程度上取决于他们的性格和体重。体瘦、结实、精力充沛的孩子总是急于运动，而身体较胖、喜欢安静的孩子可能希望再等一等。

千万不要把他独自放在桌子上，哪怕只是一转身的工夫也不行。因为你无法准确预测宝宝何时开始第一次翻身，所以最保险的做法是，只要孩子在高处，就要用一只手扶着他。等宝宝能够翻身的时候，即使把他放在成人用的大床中间也是不安全的。别小看小宝宝，他翻到床边的速度简直快得令人难以置信，所以许多孩子就从大床上掉到了地上，这让做父母的感到非常内疚。

从床上摔下来以后，如果宝宝立刻大哭起来，几分钟之后就止住哭闹，并且恢复了正常，就表示他可能并没有受伤。如果几个小时或者几天以后，你发现他有行为上的变化（比如爱哭、嗜睡、不吃东西等），就要打电话给医生，向他们说明当时的情况。在大多数情况下，你都可以放心，孩子一般不会有事。如果宝宝失去了意识，哪怕只是很短的时间，也最好立即给医生打电话。

**独坐**。大多数孩子在 7 个月的时候，不用扶就能坐得很稳。但是，在他具备这样的协调能力之前，可能就已经迫不及待了。如果你拉住他的双手，他就会试着把自己拽起来。孩子的表现总是让父母想到这样一个问题：再过多久我才能让他靠着东西坐在高脚餐椅上呢？一般说来，最好还是等到他能够自己稳稳地坐上几分钟的时候，再让他靠着东西笔直地坐着。但这并不是说父母不能让孩子坐着开开心，你可以让孩子坐在你的腿上，还可以让他靠着倾斜的枕头坐在婴儿车里，只要孩子的脖子和后背挺直就行。最不可取的是让孩子长时间地弯着腰坐着。

高脚餐椅能让宝宝跟其他家庭成员一起吃饭，这一点非常好。但是，孩子万一从椅子上掉下来就不是什么好事了。如果你要使用高脚餐椅，就选一个底盘宽大的，这样不容易倾倒。还要随时用安全带把孩子固定住，绝不要把孩子单独留在椅子上。

**拒绝换尿布**。宝宝在换尿布和穿衣服时很少会躺着不动。因为这完全违背孩子的天性。从孩子学会翻身到 1 岁左右他们能够站着穿衣服的时候，他们会愤怒地哭喊、挣扎着不想躺下去，就好像那是一种他们从没听说过的暴行一样。

有几种办法多少会有点帮助。有的孩子能被父母发出的有趣的声音吸引，有的孩子的注意力可以被一小块薄脆饼干或者小甜饼转移。你还可以用一个特别好玩的玩具来吸引他，比如八音盒什么的，而且只在穿衣服的时候才专门把它拿出来。在你让宝宝躺下来之前就应该分散他的注意力，不要等到他开始喊叫的时候再去想办法。

**匍匐和爬行**。匍匐，就是宝宝拖着自己的身体在地板上爬。这个进步一般出现在 6 ～ 12 个月的某个时候。爬行，就是他们用双手和膝盖支撑起身体到处移动，往往要比匍匐晚几个月。偶尔也有一些完全正常的婴儿根本不会匍匐或者不会爬行，他们只是坐在那儿，蹭过来蹭过去，直到学会站立为止。

婴儿匍匐和爬行的方式多种多样，当他们熟练了之后就会改变方式。有的孩子先学会向后爬，有的则像螃蟹一样往两侧爬，有的婴儿直着腿用双手和双脚爬行，有的用双手和双膝爬行，还有的用一条腿的膝盖和另一只脚来爬行。爬行速度快的孩子可能走路会晚一些，而爬得比较笨拙或者从来就不会爬的孩子却具备了学走路的动力。

**站立**。虽然有些宝宝精力充沛又善于运动，早在 7 个月的时候就能站立了，但在一般情况下，孩子会在第一年的最后三个月里学会站立。偶尔，也能见到 1 岁以后还不会站立的孩子。但是这些孩子在其他所有方面都表现得很聪明、很健康。他们当中有的胖乎乎的，性情比较温和；有的双腿的协调性发展得有点慢。只要你的医生认为他们是健康的，在其他方面也都很好，就不用为这些孩子担心。

相当多的孩子在刚开始学站立的时候，因为不知道怎么坐下去，所以常常陷入困境。这些可怜的小家伙会一直站着，直到累得筋疲力尽而烦躁起来。父母会赶紧把孩子从围栏里抱出来，让他坐下。可是孩子立刻就把刚才的疲劳忘得一干二净，再一次站起来。这一次，他没站几分钟就哭起来了。在这种情况下，父母能够采取的最好办法是在宝宝坐下的时候，给他一些特别有意思的东西玩，或者用小车推着他多走一会儿。令父母感到安慰的是，孩子会在一星期之内学会如何坐下。不知哪天，他就会试着坐下去。他会小心翼翼地把自己的屁股往下蹲，等到胳膊够着了下面的坐垫，他就会犹豫很长的时间，然后扑通一下一屁股坐下去。他会发现原来摔得并不重，而且他坐的地方也垫得很舒服。

再过几个星期，宝宝就能学会用手扶着东西来回走动了。先是用两只手，然后就用一只手。这个阶段被称为"蹒跚学步"。他最终会掌握足够的平衡能力，什么也不扶就能走上几秒钟。他的精力太集中了，并没有意识到自己在做一件多么大胆的事情。这时候，他已经为行走做好了准备。


**走路**。宝宝准备好时就可以独自行走了。遗传因素恐怕起着最重要的作用，其次就是宝宝的意愿、胆量、体重、爬行的熟练程度等。一个刚刚开始练习走路的孩子，如果生病卧床两周，他就会在一个多月或者更长的时间里不愿意再尝试。如果正在学走路的孩子摔了一跤，也会在几周之内拒绝再次放开双手独自行走。

大多数幼儿都是在 12 ~ 15 个月学会走路的。少数幼儿较早一些，还有些孩子则稍晚一些。在健康宝宝中，学步早晚与其他发育情况并没有多大关系。学步早的宝宝并不比学步晚的宝宝在智力上表现得更聪明。用不着采取任何方法去教孩子走路。当他的肌肉、神经和精神都做好准备之后，你想阻止他都不行。（学步车不能帮助孩子更早地学会走路，而且还非常不安全。

相关内容参见第 306 页。）

**O 形腿、X 形腿、内八字和外八字**。走路较早的孩子的父母或许会担心，这会不会给孩子的腿带来不良的影响。在大多数情况下，无论孩子自己想做什么，都是因为他们的体格已经有能力承受这种动作了。在练习走路的头几个月里，宝宝有时会形成 O 形腿或者 X 形腿。但是这种情况既存在于走路较早的孩子身上，也存在于走路较晚的孩子身上。大部分宝宝在刚开始学走路的时候，两只脚多少都有点外八字，但是随着他们的进步，脚尖就会逐渐向里合拢。有的孩子一开始就像查理·卓别林那样，脚尖笔直地分向两侧，而这些孩子后来也只不过有一点轻微的外八字。那些开始时两脚水平朝前的宝宝更容易以后变成内八字。内八字脚和 O 形腿常常相伴相随。

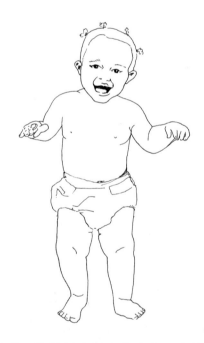

孩子的腿、踝关节、脚的挺直程度都取决于多种因素，其中包括孩子先天的发育模式。有的孩子似乎本来就有长成 X 形腿的倾向，踝关节容易内翻。体重较重的孩子更容易发展成这种情况。而另一些孩子似乎生来就会长成O形腿和内八字。我认为这种情况最容易出现在那些特别活跃、体格健壮的孩子身上。另一个因素可能和孩子习惯于把脚和腿放在什么位置有关。比如，你有时会看到有的孩子双脚在踝关节处形成内翻，是因为他们总是那样把两只脚对着压在身子下面坐。

从孩子开始站立的时候起，做常规体检时，医生就会观察孩子的踝关节和腿部发育情况。如果踝关节无力、X形腿、O形腿或者内八字等情况还在继续发展，就需要采取矫正措施，但是这些情况多数都会随着时间推移自行恢复正常。

## 对人的了解

**对陌生人反应的变化**。不同年龄的宝宝对陌生人的反应不同。你可以通过观察这种反应来了解他从一个阶段到另一个阶段的发展情况。下面的情景就是宝宝1岁之前，在医生办公室里的典型反应：2个月大的婴儿几乎不会注意医生，当他躺在检查台上的时候，视线会越过医生的肩膀看着妈妈。4个月大的宝宝是医生的最爱，只要医生冲他微笑或者对他发出声音，他就会发出咯咯的笑声。到了5~6个月，宝宝可能已经开始转变他的想法了。9个月的时候，他已经肯定地认为，医生是个陌生人，应当感到害怕。当医生靠近的时候，他就会停止蹬踹和咕哝。他的身体会一动不动，眼睛专注地打量着医生，甚至充满怀疑。这种反应大约能持续20秒。最后他开始尖声地哭喊。可能太生气了，所以检查都结束很长时间了，他可能还在哭。

**陌生人焦虑**。9个月大的婴儿不但对医生感到怀疑，任何新鲜和陌生的事物都会让他产生焦虑，甚至母亲的一顶新帽子也会让他不安。到底是怎样的改变让你的宝宝从喜欢所有人变得如此多疑、如此自寻烦恼？

在6个月以前,宝宝就能认出曾经见过的东西（我们之所以知道这一点，是因为他们会用更长的时间盯着这些东西看）。在6个月之后，他们开始能够明白陌生的事物可能潜藏着危险。因此，当有陌生人接近时，宝宝会首先确认父母的反应。

到了 12 ~ 15 个月，宝宝就能更好地对将要发生的事情做出预测。他可能会想："我不知道这个人是谁，但是过去没有发生什么不好的事情，所以我可以对付这个陌生人，也不用恐慌。"

**小心谨慎的宝宝。**有些宝宝会对陌生的事物和陌生的人表现出明显的焦虑。当看见新事物或意料之外的事物时，宝宝短时间会心跳加速。有些宝宝心跳甚至会更快，持续时间也更长。这些宝宝往往会成长为性格谨慎的孩子。他们在进入一个新环境之前，往往要踌躇很长时间，若被人催促则会感到心烦意乱。这种性格特点有时被非常形象地称为"慢热"。这种性格并不是父母培养的结果，但家长谨慎对待却对孩子成长大有裨益。

如果你的宝宝好像对陌生人和陌生的环境异常敏感，就应该避免惊吓，让陌生人跟他保持一定的距离，直到宝宝对这个人熟悉起来为止。但是，也不要不让他见陌生人。通过一段时间的反复接触，陌生的事物会变得更加熟悉，即使是慢热的宝宝也会变得更加轻松自在。

## 衣物和用品

**鞋子：什么时候穿鞋？选择哪种款式？** 在大多数情况下，如果孩子不在户外行走，就没有必要给他穿鞋。在室内，宝宝的脚和手一样，始终都是凉爽的，所以他不会觉得光着脚有什么不舒服。换句话说，孩子在1岁之内，如果地板不是特别凉，就没有必要给他穿毛线织的鞋子或软底鞋。

学会站立和行走以后，在条件适合的环境下，孩子应该尽量光一光脚。孩子的足弓最初都是比较平直的，通过站立和行走，足弓和脚腕得到了积极的锻炼。只有这样，足弓才会慢慢地拱起来，脚腕也会变得强劲有力。在粗糙不平的地面上行走，还能加强我们对脚部和腿部肌肉的锻炼。

当然，在寒冷的天气里，或者当孩子在室外的人行道、不安全的路面上行走时，需要穿鞋。但是在两三岁之前，坚持让孩子在屋里光着脚（或者穿着袜子）活动，或者在暖和的天气里让孩子光着脚在草地、海滩上、沙箱里或者其他安全的地方行走，也大有好处。

孩子一开始最好穿半软底的鞋子。鞋子需要足够大,使脚趾不至于蜷着,但也不能大得穿不住。有额外支撑的硬底鞋子既昂贵又无用。帆布运动鞋就很好。最初的几年里，宝宝的脚都是圆圆胖胖的，所以，矮帮的鞋子有时会穿不住，不如高帮的鞋子方便。除此以外，没有什么特别的原因非要给孩子穿高帮鞋不可。孩子的脚踝并不需要额外支撑。防滑鞋底很实用。你可以用粗砂纸把光滑的鞋底打磨得粗糙一些。

孩子的脚长得很快，所以父母要养成习惯，每隔几周就要试一试孩子的鞋，看看是不是还够大。鞋子的大小不能只容许孩子的脚趾伸直，还要再大一些才行，因为孩子走路时，每迈一步，脚趾就会往前挤。当孩子站着不动的时候，鞋尖部分必须留有足够的空间。要在孩子站着把脚伸进去以后，脚趾前面还有半个大拇指甲（约 0.6 厘米）的空间。

**游戏围栏**。你可以把游戏围栏放在起居室、厨房，或者你工作的房间里，这样你就可以一边干活，一边近距离地看着孩子，同时，孩子又不至于被踩到或者溅到。当孩子长到能够站立的年龄，他可以抓住游戏围栏的扶手，而且脚底下有一个稳固的底座，因而十分安全。在天气好的时候，你可以把围栏搬到门廊里，让孩子安全地坐在里面，观察周围的世界。

如果你打算使用游戏围栏，最好在婴儿三四个月的时候就让他熟悉这个东西。趁他还没有学会坐立和爬行，也不曾感受到地板上的自由自在的时候，就经常把他放在里面。否则，他会一开始就把它当成监狱看待。等他能坐会爬的时候，就会很高兴地去够一米以外的东西，还喜欢玩比较大的物件，比如，锅铲、平底锅、滤勺等。当他对游戏围栏感到厌烦的时候，可以让他坐在婴儿弹跳椅上，或者坐在连体桌椅上。给他一些到处爬行的时间对他有好处。

即使孩子愿意，也不应该让他一直待在游戏围栏里。他需要一些时间进行探索性的爬行，但是要有成年人的看护。每过一个小时左右，你就应该陪他玩一会儿，抱抱他，或者用吊兜把他挎在胸前，带着他走动走动。12 ~ 18 个月，多数孩子在游戏围栏里待的时间会越来越短。

**秋千**。在孩子学会了独坐，还不会走路的这段时间，秋千就派上用场了。有的秋千带有动力装置，有的是为了在过道上使用而专门设计的，还有的装有弹簧，能把孩子弹起来。需要注意的是，弹簧外应该有罩子，防止手指受伤。否则，弹簧的间隙不应该超过 3 毫米宽。有的孩子会高兴地荡来荡去，玩上很长时间，也有的孩子很快就玩够了。玩秋千能够避免孩子会爬以后可能导致的很多麻烦，但是也不应该让宝宝整天坐在上面。他们需要大量的机会爬行、探索、站立和行走。

**学步车**。你可能觉得学步车可以帮助孩子学走路。而实际上，学步车反而会成为宝宝学步过程中的阻碍，因为孩子要做的只是摆动自己的双腿。走路需要多种技能，而宝宝可能会图省事，不愿意去学习走路必需的所有技能。

另外，学步车很危险，曾经使很多孩子受伤。因为它提升了孩子的高度，所以宝宝可以够到可能对他造成伤害的物品；它让宝宝更容易摔倒；它还使孩子向前运动的速度达到了惊人的水平。孩子使用学步车的时候，容易连人带车一块儿顺着楼梯滚下去，从而造成严重的伤害。类似的先例已经出现过。应该停止婴儿学步车的生产。如果你有一辆，那么最安全的办法是把轮子卸下来让它无法滚动，要么干脆把它扔掉。

## 1 岁以内的常见身体问题

无论孩子的健康状况发生了怎样的变化，都应该马上找医生问诊。千万不要自己诊断，因为一些提示着严重疾病的微小迹象可能会被父母疏忽。在医生做出诊断以后，了解一些常见情况会有所帮助。

**打嗝**。大多数宝宝吃完奶以后都会经常打嗝（很多宝宝还在子宫里时就开始打嗝了）。可以试试帮宝宝多拍嗝或让他喝一口温水。如果宝宝不停打嗝，就要咨询医生了。

**漾奶和吐奶**。当少量凝结成块的牛奶从宝宝的嘴里慢慢地溢出来，那就是漾奶。当胃里的食物大量喷射出来，喷出十几厘米远，那就是吐奶。一般来说，只要宝宝体重增长良好，没有出现咳嗽或干呕情况，而且小家伙很开心，漾奶和吐奶就不算严重问题。如果你有疑问，也可以向医生咨询。

宝宝漾奶是因为关闭胃部入口的肌肉还没有完全长好。任何增加胃部压力的事情，比如过分挤压，让宝宝躺下，或仅仅是胃部自身的消化运动，都会导致胃里的食物向相反方向流动。多数宝宝在最初几个月都会经常漾奶。

有的孩子每次吃奶之后都会漾奶好几次。有时奶水会从他们的鼻子里流出来，这不是什么可怕的征兆，只是因为鼻子和口腔是相通的。（如果第一时间把沾有奶渍的床单、尿布和衣服泡在凉水里，更容易洗掉。）多数孩子到了能够坐起来的时候就不再漾奶了，有的孩子则要等到会走以后才行。有时候出牙似乎会在一段时间内让问题加重。

当宝宝吐了大量的奶水之后，父母往往会十分惊慌，不过只要孩子在其他方面都很健康，时不时吐奶很可能并无大碍。即使孩子好像把吃下去的所有奶水都吐了出来，至少也要等到他们非常饥饿的时候再喂。孩子的胃可能有点难受，所以先给点时间让它平静下来。要记住，吐出来的东西看上去一般都会比实际上多。也有这样的孩子，虽然每次吃完奶都吐奶，但是他们的体重仍然增长得很正常。吐出来的奶水变酸或凝结也不要紧。正常胃酸会使奶水凝结。

有时候，配方奶粉喂养的婴儿在更换配方奶粉后漾奶或吐奶的情况会好一些（参见第 61 页），但在大多数情况下，无论你怎样改变喂养方式，漾奶或吐奶的情况都会继续。那么，什么时候应该叫医生呢？

◆ 如果漾奶伴有过敏反应的症状，比如哭闹、窒息、全身蜷缩、咳嗽，或者体重增长减慢等，这些可能是胃食管反流病的表现（参见第 390 页）。

◆ 吐奶两次以上，特别是那种强烈的吐奶，或者吐出来的东西呈现出黄色、绿色或颜色暗沉。

◆ 伴有发烧、行为异常（困倦、不爱活动、易怒等），或者其他生病迹象的吐奶。

◆ 不管因为什么，所有让你担心的吐奶和漾奶现象都应该找医生咨询。即使结果证明那不是病，为了保险，也还是到医生那里诊断一下为好。

**便秘**。便秘是指大便干燥、坚硬而又难以排出的情况。要确定一个婴儿是否患有便秘，不能光看他每天排大便的次数。大便干燥的时候，大便上偶尔会带有血丝。虽然不是什么罕见的情况，但是只要大便上出现血丝，就应该找医生问诊。

刚开始吃固体食物的时候，吃母乳的孩子可能会便秘。他的肠道在消化母乳的时候一直很省事，所以不知道如何处理这些不同的食物。他的大便会变得很硬，排便的次数也会减少，而且，孩子在排便时还会显得不太舒服。

你可以给他喂一点西梅汁、苹果汁或梨汁（一开始每次喂 30 毫升。如果每次喂超过 60 毫升，需要问一下医生），还可以喂一点煮烂的李子羹（一开始每天喂两茶匙）。有些婴儿吃了西梅以后就会肚子痛，但多数婴儿吃了以后感觉良好。吃配方奶的婴儿也容易便秘，每天加 60 毫升水或西梅汁就能好转。

如果这些办法不解决问题，或便秘依然严重，就要找孩子的医生诊治。有些父母认为是婴儿配方奶粉中的铁导致了便秘（我不这么认为）。但不管怎样，铁元素都对大脑的生长至关重要，因此选用低铁配方奶粉并不是解决便秘问题的好办法。

**腹泻。**婴儿在一两岁以内肠道都很敏感，不仅病毒会使他们的肠胃不适，某些新的食物、太多的果汁也会让他比平时多排出几次比较稀软的大便，这种大便一般偏绿色，气味难闻。宝宝可能会出现的症状很轻微，也就是鼻子有点不通气，食欲略有下降而已。只要宝宝喜欢玩耍，活泼好动，尿量也正常，一般用不着什么特别的治疗，几天以后症状就会消失。婴儿的大便可以呈现出各种颜色，通常来说，这并不意味着什么严重问题（参见第 39 页）。

相比几年前，对于腹泻的治疗更有效果，也更简单了。以前，对于轻微腹泻的孩子，一般的做法是暂停母乳、配方奶和固体食物，代之以流食（比如苹果汁、气泡较少的苏打水或果冻水）。这种传统的止泻饮食反而会使腹泻加重。所以，对患了轻微腹泻的婴儿，还要坚持正常的饮食（如果你觉得新食物会让宝宝的胃不舒服，就先暂停一下），让他能吃多少就吃多少。如果腹泻持续了两三天以上，即使孩子仍然表现得很健康，也应该向医生咨询。

**皮疹**。如果孩子长了不明类型的皮疹，应该找医生诊治。皮疹通常很难用语言描述，有些虽然看起来并不严重，但却是某种急需诊治的疾病的征兆。

**一般的尿布疹**。即使给宝宝用吸收力最强的尿布，尿布区也会经常湿湿的。因此治疗尿布疹的最佳方法一般就是尽量不给孩子包尿布，以每天几个小时为佳。比如，理想的时间可以选在孩子解完大便以后，或趴着活动时。叠起一块尿布，放在宝宝的身下，或者把他放在一大块防水垫子上（男宝们容易把尿撒在外面，所以要在手边准备一些纸巾）。几乎所有的婴儿都会不时地得尿布疹。如果不太严重，而且疹子来得快去得也快，就不必专门治疗，在空气里晾一晾就可以了。

孩子长了尿布疹的时候，千万不要用肥皂清洗患处，因为肥皂有刺激性。要用清水洗，不要用湿巾擦拭。你可以在孩子的皮肤上厚厚地涂一层凡士林，或者涂上任何一种护臀霜来保护。孩子长了尿布疹的时候，尿布服务公司会用特殊的方法清洗尿布。如果你自己洗尿布，也可以在最后一次漂洗的时候加入半杯白醋。

假丝酵母菌（又称念珠菌）引起的尿布疹会出现鲜红的斑点。这些斑点常常聚集在一起，形成一片发红的硬块，硬块的边缘也会出现斑点。治疗方法是请医生开一些抗假丝酵母菌的药膏敷用。带水疱或有脓的皮疹（特别是伴有发烧症状的）很可能是细菌引起的，应该找医生诊治。

**腹泻引起的皮疹**。腹泻的时候，有刺激性的大便有时会在肛门周围引起很痛的皮疹，屁股上也可能长出又红又亮的疹子。治疗的方法是尿布一脏就立即更换，而这可不是一件容易的事。你需要小心清洗患处或用温水冲洗宝宝的小屁股，然后用一条软毛巾蘸干，再擦上一层厚厚的油膏（哪种牌子都可以）加以保护。要是这种办法不起作用，就把尿布拿开，让包尿布的皮肤暴露在空气里。有时只要婴儿还在腹泻,似乎就没有什么特别有效的办法。好在,只要腹泻一好,这种皮疹就会自动痊愈了。

**面部皮疹**。粟粒疹是微小的发亮的白色丘疹,周围一点也不红,看上去就好像是皮肤上的小珍珠。出现这种情况,是因为宝宝皮肤里的皮脂腺正在分泌油脂,但是他们皮肤上的通道尚未打开,所以油脂只能聚集在皮肤下面。再过几周或几个月,皮脂腺管打开了,油脂就排出去了。

有些婴儿的脸上或者前额上会出现几个小红点或光滑的丘疹,看上去很像痤疮,实际上就是痤疮。这种痤疮可能会持续很长时间,也可能过一段时间会自动消失,然后再次出现。各种药膏似乎都起不了什么作用,但这些红点最终都会消失。

还有一种常见皮疹,虽然起了"中毒性红斑"这样可怕的名字,却相当安全。中毒性红斑由一些带斑点的红色斑块组成,直径为 6 ~ 12 毫米,有的疹子顶端还有白色的小疱。在肤色较深的宝宝身上,这些斑块的颜色可能发紫。它们在婴儿的面部或者身上的不同部位都可能出现。一旦它们消失,就不会再出现了。大一点的脓疱或者丘疹可能带有炎症,应该立即向医生反映。

孩子脸颊上出现刺激性皮疹,并伴有脱屑和脱皮情况,就有可能是湿疹发作。湿疹常常呈家族性遗传,在冬天会更严重。婴儿还会出现其他轻微的皮肤变化,这些都叫不上名字来,通常也无关紧要。如果你有疑问,可以咨询宝宝的医生。

**头上和身上的疹子**。天气开始变热的时候,婴儿就会长痱子。痱子是很小的成片粉红色丘疹,周围会有一些斑块。这些斑块在皮肤较白的孩子身上是粉红色,而在深色皮肤的孩子身上则会呈现出红色或发紫的颜色。斑块干燥以后,患处的皮肤看上去就会有些发黑。痱子一般会先出现在脖子周围。情况严重的时候,还会向下蔓延到胸部和后背,向上蔓延到耳朵周围和面部,但是婴儿一般都不太在意。你可以每天用脱脂棉蘸着小苏打溶液（在一杯水中兑一茶匙小苏打）给孩子轻拍几次。痱子一般不需要治疗就会自己消失。更重要的是，要让孩子保持凉爽。在炎热的天气里，不要害怕给孩子脱衣服。

乳痂（脂溢性头皮炎）是在头皮上形成的一块块黄色或者发红的硬痂，看上去油乎乎的。乳痂会出现在头部、面部，还会出现在包尿布的部位，以及身体的其他部位。你可以用油膏把硬痂浸软，再用温和的洗发水清洗，然后把脱落下来的痂皮洗掉。在用洗发水清洗之前，不要用油膏浸太长时间。药用洗发水和处方药也会有所帮助。乳痂很少会持续到 6 个月以后。

间擦疹是一种皮肤的细菌性感染。一般不太严重，但是可能会传染。皮肤上先是出现一种非常娇嫩的小水疱，里面有淡黄色的液体或白色的脓，周围的皮肤会发红。小水疱很容易破裂，然后留下一小块鲜嫩的创面。婴儿身上的这种创面不像大孩子那样很快就能结出厚痂。间擦疹容易在潮湿的部位出现，比如尿布区的边缘、腹股沟、腋下，还会向四周扩展。你可以给孩子敷用非处方的抗生素药膏，还可以将患处通风晾一晾。不要让衣服和被子遮住出水疱的地方。如果有必要，可以把室温调节得比平时高一些，防止孩子着凉。医生开的抗生素药膏一般都能很快地解决问题。

**口腔疾病**。鹅口疮是一种常见的轻度口腔念珠菌感染，看上去好像一片奶垢粘在颊黏膜、舌头或者上腭上。和奶垢不同的是，它很难擦掉。一旦真的擦掉了，露出来的皮肤会轻微地出血。长了鹅口疮的孩子会觉得疼痛，吃奶的时候也不舒服。虽然治好以后还有可能复发，但是开点处方药，用手指尖抹在鹅口疮上，一天几次，通常就可以把它治好。如果不能及时得到药物治疗，就应该在吃奶之后，再让孩子喝 15 毫升的水。水可以把嘴里的奶冲洗干净，使鹅口疮得不到足够的养分，无法进一步发展。不要把牙龈内侧的白点误认为是鹅口疮，那是磨牙即将长出来的地方。这个部位的皮肤颜色一般都是苍白的。由于父母一直保持着警惕，所以有时会把这种正常的白色当成鹅口疮。

牙龈和上腭的囊肿。有些婴儿的牙龈顶端会出现一两个像白色小珍珠一样的囊肿。你可能以为那是孩子在出牙，但是它们太圆了，而且用勺子碰上去也没有响声。类似的囊肿还经常会从前往后地出现在上腭的隆起处。这些囊肿没有什么关系，最终也都能消退。

**眼疾**。很多婴儿刚出生几天，眼睛就有轻微的发红，这种情况一般都会自己好起来。

鼻泪管堵塞。鼻泪管是一条将泪液从内眼角输送到鼻腔的细小管道。当鼻泪管出现部分堵塞的时候，眼泪无法得到及时的疏导，就会在眼睛里聚集起来，然后顺着脸颊流下去。因为眼泪没把眼睛清洁干净，眼睑就会经常受到轻微的感染。染病后眼睛特别容易流泪，尤其在刮风的天气里。白色的分泌物会在眼角或者眼睑聚积起来。孩子睡醒的时候，这些分泌物能把眼睑粘在一起。

一般的治疗方法是使用医生开出的眼药膏或者眼药水，同时对鼻泪管进行轻轻地按摩，促使其通畅。医生会告诉你怎么做。治疗时可能需要用到抗生素滴剂或软膏。当眼睑粘在一起的时候，你可以用干净的手指蘸着水轻轻地涂在粘有分泌物的部位，也可以用干净的毛巾蘸上温水（水不能太热，因为眼部的皮肤对温度十分敏感）涂擦，把黏稠的分泌物浸软以后眼睛就能睁开了。

结膜炎。若宝宝眼睛里分泌出黄色或白色脓液，下眼睑下面看上去有些充血、变粉或肿大，可能意味着严重感染，需要立即给医生打电话。眼睑或眼睛周围的肿胀也需要及时检查治疗。

内斜视。有时候，父母会认为宝宝是内斜视，而实际上并非如此。婴儿鼻翼较宽就会造成这种错觉。医生知道该如何检查内斜视。在新生儿中，一只眼睛的眼皮比另一只下垂得低一点，或者一只眼睛看起来较小，都是常见的现象。在大多数情况下，随着时间推移，这些差异会越来越小。

造成婴儿眼睛斜视的一个原因是，当他们看着手里的东西的时候，由于胳膊很短，所以需要把眼睛往中间聚合很多（斗眼）才能看清。他们只是把眼睛正常地聚在一起，只不过比大人聚合的程度夸张些罢了。孩子的眼睛也不会就这样固定下来。父母经常询问在婴儿床上方悬挂玩具是不是有害，因为孩子看着它们有时会出现眼睛内斜。把玩具悬挂在孩子鼻子的正上方是不对的，但是，把它挂在 30 厘米以外，或者更远的地方完全没有问题。

如果新生儿只是偶尔出现斜视，属正常现象，在多数情况下，到 3 ~ 4 个月时，眼睛就会恢复正常。但不论宝宝多大，只要出现斜视，为了保护孩子视力，就应立即带孩子做检查。当两只眼睛看向不同方向时，大脑就会压抑其中一只眼睛的视觉，让那只眼睛变"懒惰"。长此以往，懒惰眼（弱视眼）可能会出现永久性视力损失。

治疗手段是让弱视的眼睛恢复工作。一般的方法是长时间给孩子那只健康的眼睛蒙上一块布，或配一副特殊眼镜。为使孩子眼睛看向同一方向，偶尔也需要动手术。

**呼吸道疾病**。婴儿经常打喷嚏。打喷嚏可以清除鼻孔里积存的灰尘和干结鼻涕。除非同时还流鼻涕，否则只是打喷嚏并不能说明孩子感冒了。

呼噜声会出现在一些小宝宝的身上。虽然一般都不怎么严重，但只要孩子的呼吸出现杂音，就应该找医生检查。有不少婴儿都会从鼻子的后部发出微弱的呼噜声。这种声音很像大人的呼噜声，不同之处在于，婴儿的呼噜声是在醒着的时候发出来的。这种呼噜声会自行消失。

导致呼噜声的常见原因是喉部四周的软骨尚未发育完全。在宝宝吸气的时候，软骨就会上下拍动发出声音，医生把这称为喘鸣。这种声音听起来好像婴儿被憋住了一样，其实他们可以一直那样呼吸下去。如果你的孩子有喘鸣，就一定要找医生看一看。家长一定要重视新出现的喘鸣，因为宝宝有可能是被什么东西噎住了。比较轻微的喘鸣会随着孩子长大而逐渐消失。

尤其对于大一点的婴儿或者孩子来说，突然出现的呼噜跟各种慢性呼吸道疾病完全不同。那可能是由于哮吼、哮喘或者其他感染引起的，需要马上医治（参见第 367 页）。

屏气发作。有些婴儿在希望落空的时候，会愤怒而暴躁。他们会大声地哭闹，接着屏住呼吸，脸色发青。第一次发生这种情况的时候，肯定会把父母吓得不知所措。但是你的孩子并不会因屏气而被憋死。最严重的情形是孩子因为停止呼吸的时间很长，失去了知觉。然后他的身体又会自动恢复控制，重新开始呼吸。个别的孩子会因为屏住呼吸的时间太长，不仅憋得失去了知觉，还可能突然出现抽搐。还是那句话，这种情况虽然看着可怕，但没有真正的危险。也有些婴儿在受到惊吓或者突然感到疼痛的时候会先哭几声，然后昏过去。这是屏气发作的另一种形式。

要把所有呼吸暂停的症状都告诉医生。有些时候，补充铁剂会有效果。一旦确诊没有问题，也就没什么可做的了。当孩子开始哭闹的时候，你可以鼓励他做点别的事情，试着转移他的注意力，但这种方法不是总管用。请记住屏气发作并不具有真正危险性，通常会在几年内自行消失。

# 学步期宝宝：12 ~ 24个月

## 周岁宝宝为什么这样

**自命不凡**。1周岁是一个令人兴奋的年龄。宝宝的许多方面都发生着变化：吃饭、运动方式、对世界的理解、想做的事情、对自己和他人的感觉等。当他们弱小无助时，你可以想把他们放哪儿就放哪儿，给他们玩你觉得合适的玩具，喂他们你认为最好的食物。在大部分时间里，他们都愿意听从你的摆布。现在，宝宝1岁了，一切变得复杂了。他们变成有着独立思想和个体意愿的小人儿了。

当孩子到了15 ~ 18个月，他的行为就会表现出他正朝着"可怕的2岁"方向发展。与其说2岁是具有挑战性的年龄，不如说那是一个美妙非凡的年龄。当你提出一个并不吸引他的建议时，孩子会觉得必须坚持自己的决定。是天性让他这么做的。这就是所谓"个性化"过程的开始。孩子开始变成一个有独立思想的人了。他想变成自己希望的样子，就要摆脱你对他的控制。

他会用语言或者行动对你说"不"，甚至对喜欢做的事情也是如此。有人把这种现象称为"抗拒症"。但是，如果孩子从来都不反对父母的意见，也就永远都学不会为自己着想，独立做决定。

**独立与合群**。宝宝会变得更有依赖性，同时又更有独立性。这句话听起来似乎很矛盾，但宝宝就是这样！有个 18 个月大宝宝的家长抱怨说："每次我一走出房间，他就开始哭叫。"其实，这并不意味着孩子正在养成一种坏习惯，而是说明他在长大，说明他已经意识到自己有多么依赖父母。虽然这种依赖性会给父母带来不便，却是一个好兆头。与此同时，他也会变得更加独立，越来越渴望自己做事，渴望探索新的地方，愿意和不熟悉的人交朋友。

我们来观察一下，当父母洗碗的时候，一个刚刚会爬的宝宝会有什么样的表现。他先是拿一些锅碗瓢盆高兴地玩一阵子。等他玩够了，就决定"侦察"一下餐厅。他会在桌椅下面爬来爬去，捡起一点尘土尝一尝。再过一会儿，他又会突然爬回厨房，好像需要有人做伴。有时候你能看出来，他要求独立的欲望占了上风，另一些时候，他又需要安全和保护。宝宝在这两者之间轮换着寻求满足。

再过几个月，他就会在自己的试验和探险中变得更加勇敢和大胆。虽然仍然需要父母的照顾，但不总是这样了，他的独立性正在形成。然而，宝宝的勇气有一部分来自对环境的了解，当他需要安全和保护的时候，就能得到。

独立性不仅来源于自由度，也来自安全感。有些人可能曲解了这个问题。他们会把孩子长时间地单独留在一个房间里，任凭孩子哭闹着要求陪伴也不予理睬，想用这种方法来"训练"孩子的独立性。但是父母如此强烈地灌输这种意识，只会让孩子觉得这个世界是个讨厌的地方。长此以往，反而会进一步强化他的依赖性。

由此可见，1 岁左右的孩子正处在一个十字路口上。给他机会，他就会逐渐变得更加独立，比如更愿意跟外人交往（不管是成年人还是孩子），更加自立，更加开朗。9 个月时那种强烈的怯生感开始减弱。如果他被管得很严，远离别的孩子，而且习惯父母的陪伴，那么他就需要更长的时间才能学会跟外人交往。最重要的是，要让 1 岁的孩子与一直照顾他的人有一种牢固的依恋关系。有了这种坚实的感情依靠，交往的能力就会最终形成。

## 帮助宝宝安全探索

**探索的热情。**1岁的孩子是天生的"探险家"。他们会去搜索每一个角落和每一个缝隙，会摇动桌子或者任何没被固定的物体。他们可能想把每一本书都从书架上抽出来，想爬到他上得去的任何东西上，还会把小东西装进大东西里，又试图把大东西装到小东西里。总之，他们想把一切都弄个明白。

孩子的好奇心是一把双刃剑。一方面来说，这就是宝宝的学习方式。他必须弄清楚他的世界里每一件东西的大小、形状和可动性，并在进入下一个发展阶段之前，检验自己的能力。孩子这种不断的探索表明他的头脑很聪明，精神也很愉快。从另一方面来看，这对你来说是一个十分疲劳的阶段，你要时刻保持警惕，既要让孩子探索，还得保证他的安全。

**探索和危险。**有些孩子安静地坐在游戏围栏里就很满足，而有些孩子则需要四处活动。一旦你的宝宝不停要求去游戏围栏外探索，就听从他吧！宝宝迟早要出来活动，即便不是10个月大，最晚15个月时他也要去探索外面的世界。到那时，宝宝就不会那么通情达理、容易控制了。无论宝宝什么年龄，只要你让他在家中自由活动，就必须做出一些调整，所以最好在宝宝准备去探索时就着手去做。

宝宝一学会走路，你就应该在每天外出时把他从婴儿车里抱出来。不要怕他弄脏衣服，他就该把衣服弄脏。虽然把一个体格健壮、会走路的孩子一直"禁闭"在小车里可以让他避开许多麻烦，但也会限制他的个性，阻碍他的发展，还会压抑他的精神。

找一个用不着你随时跟着宝宝，同时他可以跟其他孩子接触的地方，比如公园。如果他捡起一截烟头，你必须立刻过去把它扔掉，另外给他一个有趣的东西玩。千万不要让他抓沙子或泥土吃，这些东西会刺激肠道。如果他见什么都往嘴里放，就给他一块硬饼干或者一个干净的东西让他咬，让他的嘴闲不下来。

你不可能成功防止每一个小伤害。如果你足够小心，如履薄冰，成功避免了每一个小伤害，你只会让孩子变得胆小和依赖。每一个孩子都需要经历一些磕碰和擦伤，这也是在跑跑跳跳、有益身心的玩耍游戏中自然会碰到的事情。

**家庭安全**。怎样才能防止 1 岁的宝宝伤着自己？首先，应当整理好供孩子活动的房间，保证大部分他够得着的东西都可以玩。如果有很多东西他能拿到，就不必费力地去碰那些够不着的东西了。

说得再具体一点，就是要把那些易碎物品从矮桌子和架子上拿走，放在孩子够不到的地方。把珍贵的书籍从书架和书柜的下层拿开，放一些旧杂志代替，或者把贵重的图书紧紧地塞在一起，让孩子抽也抽不出来。在厨房里，你可以把各种锅和木勺子放在靠近地板的架子上，而把瓷器和食物放在孩子够不着的地方。家长需要把水槽下面放清洁用品的柜子上锁，并把所有毒性物品锁起来，放在宝宝无法接触的地方。你可以在衣柜下边的抽屉里装上旧衣服、玩具和其他有趣的东西，让孩子自己到那里去探索，把它们掏空了再填满，以满足他的好奇心。

**设定限度**。即使你已经做好了防范工作，家里也还是有一些东西是学步期孩子不能碰的。毕竟，桌子上总得有台灯，他绝对不能扯着电线把它拽下来，也不能把桌子拉翻。他绝不能碰热炉子，也绝不能打开煤气阀门，更不能爬到窗子外面去。

刚开始的时候，仅仅命令孩子"不要动"是不够的。在以后的阶段，也要看你的语气，你强调的次数，以及你是不是说话算数。只有等他从经验中懂得那些话的意思，知道你说话算数的时候，你才可以真正通过命令来告诉孩子该怎么做。不要只是在房子的另一头，用挑战的口气命令孩子不要动东西，这种方式会留给他选择的余地。他会对自己说："我是要做一个懦夫按照他的话去做呢，还是像大人一样抓住这根电线呢？"千万记住，孩子的天性会促使他去继续探索，又会让他在命令面前犹豫不决。所以很可能会出现这样的情况：他会一边向那根电线靠近，一边偷偷地观察你的反应，看你生气到了什么程度。更好的做法是，在他前几次想够台灯的时候，你都要马上过去把他拉到房间的另一个地方。你可以同时对他说"不行"，让他慢慢了解这句话的含义。然后，很快给他一本杂志、一个空盒子，或者另外一件有趣又安全的东西。

假如几分钟以后，孩子又想靠近台灯，该怎么办？你要把他拉走，再次转移他的注意力，态度要坚决、果断又愉快。在拉开他的同时说"不可以"。在你采取行动的同时加上这句话，是为了加强这个行动的作用。你可以陪他坐上几分钟，教他玩一个新玩具。如果有必要，这一次还可以把台灯放在高处，或者把孩子领出这个房间。你要愉快而坚决地告诉孩子，台灯是绝对不能玩的东西，这个问题没有一点通融的余地。不要给孩子留下选择的机会，不要和孩子争论，不要表情愤怒，也不要责备他。这些做法都不会起什么作用，只能让孩子变得爱发脾气。

也许你会说："如果我不跟他说那是淘气的行为，他不会懂。"哦，会的，他能懂。实际上，只要我们以实事求是的态度对待孩子，他们很容易接受教训。当你在房间的另一头摇着手指命令孩子的时候，他们不明白"不行"就是"不可以"的意思，所以你的态度只能让他们恼火。这样做会逼着孩子们去尝试违抗家长意愿。另外，如果你抓住他，面对面地训斥他，也没有什么好处。因为你没有给他一个体面的台阶下，也没有给他机会，让他忘掉这件事。孩子在这种情况下做出的唯一选择就是，要么顺从地屈服，要么反抗。

举一个例子来说，当一个男孩正想靠近热炉子的时候，父母不是安稳地坐在那儿，用一种不赞成的口气喊着"别去"，而是立刻跑上去把孩子领开，才是父母确实想要阻止孩子的时候应该采取的办法，而不是和孩子进行一场意志的较量。

**防走失绳。**许多刚学走路的孩子在超市或商场里都会自然而然地紧跟着父母，但是，也有些特别活跃和喜欢冒险的孩子很容易走开。作为小探险家的父母，要么必须始终紧盯着自己的宝宝，把他放在婴儿车或购物车里，要么就需要以某种方式让孩子寸步不离身。对于这些孩子来说，那种能系在他身上的防走失绳非常实用。有人会以不赞成的眼光看着你用带子拴着孩子吗？有可能。你该为此而忧虑吗？或许不应该。安全才是主要目的，不管什么东西，只要它能让孩子在到处探索时觉得安全，同时又能使你轻松、让孩子高兴，就是好东西。

## 1 岁左右的担心

**害怕分离。**许多宝宝在 1 岁左右时，都会产生一种害怕与父母分开的心理。这种心理很正常，可能是一种跟其他动物一样的本能。比如，小羊羔就是这样，它们总是紧紧跟随在母亲的身后。一旦和母羊分开，就会低声咩咩地叫唤。对人来说，1 岁左右能够到处走的孩子会突然产生这种分离的焦虑。一些胆大好动的孩子极少表现出分离的焦虑，也有的孩子表现得十分明显。这种差异不是父母的养育造成的，而是天生性格的反映。

18 个月左右，许多一直很快乐的小探索者都会形成一种新的高度依赖性。他们会想象自己跟父母分开时的情形，那种情况又是令人恐惧的。这个时期的强烈依赖性一般会在2岁~2岁半的时候逐渐减退。

**恐怖的声音和景象。**1岁的宝宝会一连好几周对一件事物着迷，比如电视、电话、电灯等。但一定不要忘记，孩子只有通过摸一摸、闻一闻、尝一尝，才能对物体有充分了解。而且，作为一个小科学家，他还需要反复地试验。在这个时期，我们的小探险家也开始对某些东西产生恐惧了。他会害怕那些突然移动或者突然发出声音的陌生物品，比如突然张开的雨伞、吸尘器的声响、汽笛声，甚至沙沙作响的枝条等。我们都会对不理解的东西感到害怕。等到孩子2岁大的时候，害怕的东西就更多了。

如果吸尘器让孩子心烦，那么你每次打开它之前都要跟孩子说一下，还可以让他看着你如何使用，让他也试试看。如果他还是很害怕，就不要在他面前使用吸尘器。对孩子要始终耐心，始终充满怜爱。不要总想让他相信，他的恐惧其实毫无道理，因为以孩子的理解水平来看，他的恐惧非常合理。

**害怕洗澡。**在1~2岁时，宝宝可能会变得非常害怕洗澡。他会担心在水里滑倒，害怕把香皂弄进眼睛里，甚至害怕听见污水流进下水道的声音。在宝宝洗澡时，你要如何做才能让他感到更舒服自在些呢？

如果宝宝害怕被放进浴缸，也不要强迫他。可以先用一个浅盆让他试试，如果还是害怕，就干脆先给他洗几个月的擦身浴，直至他重新鼓起勇气为止。然后，你就可以在浴缸里放上2~3厘米深的水，开始给宝宝洗澡了。洗完澡以后要先抱走孩子，再拔掉排水的塞子。可以让宝宝玩那种把小东西放进大容器里、把大东西放进小容器里的游戏，这样他就能逐渐明白，自己身体太大了，掉不进下水道中。为了不把香皂弄进他的眼睛，你可以用一块不太湿的毛巾往他的脸上抹香皂，再用不滴水的湿毛巾给他擦洗几遍。一定要用不刺激眼睛的婴儿洗发水。

**对陌生人的警惕**。在这个年龄，宝宝的天性会告诉他，对陌生人要警惕，要怀疑，直到他有机会好好打量这个人。接着，他就想和陌生人接近，最终还能跟他交上朋友——当然，他是用1岁孩子的方式来表达这种意愿的。他可能只是站得很近，目不转睛地瞧着陌生人，或者很严肃地递给这个人一件东西，然后再要回去，又或者把屋子里所有能搬动的东西都堆在客人的腿上。

有经验的成年人意识到，在孩子打量他们的时候不应该去理睬他。我认为，父母应该事先提醒家里的客人："如果你马上注意这个小家伙，他就会害羞；如果你暂时不去理他，他就会早点过来和你交朋友。"

等宝宝学会走路的时候，父母应该给他创造大量的机会去见陌生人，比如每星期带他去几次商店，多带他去有其他小朋友的地方玩耍（夏天可以去公园，冬天去图书馆）。虽然他还不一定愿意跟别的孩子一块儿玩，但有时候他会愿意看着别人玩。当他习惯了看别人玩，也就是两三岁的时候，就更愿意和小朋友接触，也愿意和他们一起玩了。

## 难以应付的行为

**散漫**。有一位母亲，每天都带着18个月的小男孩步行去食品店。她抱怨说，这个小家伙根本不是好好地跟着往前走，而是在人行道上晃来晃去，每经过一所房子都要爬到房子前面的台阶上去。越是催促他，就越是不走。这位母亲担心孩子可能出现了行为障碍。

其实，这个孩子没有什么行为问题。他还没有大到记住去食品店这件事。天生的本能对他说："嘿，那边有个人行道，快过去看看！你再看那些台阶啊！"每次母亲喊他的时候，他都会产生新的冲动，坚持自己的主意。

这位母亲该怎么办？如果她必须马上到食品店去，可以把孩子放到童车里推着走。但是，如果她只是想散散步，就应该留出比一个人出来时更多的额外时间，让儿子在路边探索。如果母亲慢慢地走，那么每过一会儿，孩子就会自动地追上来。

**中断有趣的游戏**。吃午饭的时间到了，但是你的小女儿还在兴致勃勃地挖着土。如果你用一种"你不能再玩了"的语气对她说"该回家了"，肯定会遭到拒绝。但如果你高兴地说"走，咱们一起爬台阶去"，她就会产生一种想走的愿望。

但如果这个小姑娘那天又累又烦，房间里也没有什么能吸引她的东西，她立刻就会十分不满地反抗起来。在这种情况下，我就会若无其事地把她抱进屋里，即使她又叫又踢，我也会这样做。要很自信地把她抱走，就好像你在对她说："我知道你累了，而且还不高兴，但是该回去的时候就得回去。"不要数落她，因为数落不会让她认识到自己的过错。也不要和她争辩，因为她不会改变主意，你只会使自己灰心丧气。当一个又吵又闹、十分生气的孩子认识到，自己的父母用不着生气就知道该采取什么措施的时候，这个孩子也就从内心得到了安慰。

宝宝非常容易分心，这是个很有利的条件。1岁的孩子会十分迫切地想探索整个世界，以至于根本注意不到从哪儿开始或在哪儿结束。即使他们正在专心地研究一串钥匙，你还是可以拿一个空塑料杯把钥匙换走。如果孩子不愿意饭后洗手擦脸，你就可以在托盘上放一盆水，让他去玩盆里的水。这时可以用你的手蘸着水给他洗脸。让孩子分心是一个绝招，聪明的父母会利用这一点来引导孩子。


**扔东西**。宝宝快1岁的时候学会了故意扔东西。他会一本正经地靠在高脚餐椅的椅背上往地下扔食物，还会把玩具一个一个地扔到小床外面。但是扔完之后，他就会大哭起来，因为他够不着这些玩具了。难道这是孩子在故意找父母的麻烦吗？并不是这样的。他甚至根本想不到自己的父母，而是陶醉在一种新的技能之中。他愿意成天玩这种游戏，就像大孩子迷恋骑新自行车一样。如果你马上就把他扔在地上的玩具捡起来给他，他就会明白，这是一种可以两个人玩的游戏，他会非常高兴。

如果你不想把这个游戏玩个够，最好不要养成玩具一掉在地上就马上捡起来的习惯。相反，你应该在孩子乱扔东西的时候把他放在地板上。如果你不想让他从高脚餐椅上往下乱扔食物，那么，只要他一扔，立刻把食物拿走，然后把他放在地板上，让他自己玩。你可以说："食物是拿来吃的，玩具才是玩的。"但是不需要把声音提高。想通过责骂孩子来制止这种行为不会有任何效果。

**发脾气**。几乎所有的孩子在 1 ~ 3 岁都会发脾气。一些婴儿甚至 9 个月时就开始了。他们已经意识到自己的需求。当遭到阻拦时，他们马上就能意识到，而且还会感到气愤。孩子需要先经历挫折，才能学会如何应对挫折。你不必为孩子解决所有问题，但若你感觉到他越来越不知所措，就应该及时介入。关于 2 岁孩子发脾气的更多内容，请参见第 104 页。关于发脾气的更细致讨论，请参见第 549 页。

## 睡眠问题

**睡眠时间不断变化**。1 岁左右，多数宝宝的小睡时间都在不断变化。有些一直在上午 9 点钟小睡的孩子，到了 1 岁的时候可能上午的睡眠时间越来越推迟，下午又睡不着。另一个孩子则上午完全不睡，到下午 4 点就已经疲惫不堪、脾气暴躁了。你要努力地适应这些不便，要看到这些情况都是暂时的。

如果宝宝愿意静静地坐一会儿或者躺一躺，可以在大约上午 9 点钟的时候把他放到床上，让他休息一会儿。当然，也有一些孩子不是这样的。如果在他不困的时候把他放进小床里，他就会大发脾气，根本不会去睡觉。

如果孩子在中午以前就困了，父母就要注意，近几天要把午饭提前到 11 点半，甚至是 11 点。这样一来，吃过午饭以后，孩子就能睡一个长觉。但是过不了多久，如果把孩子每天的睡眠减少一次，无论是在上午，还是在下午，孩子都会在晚饭前觉得非常困倦。

并不是所有的孩子都会以同样的方式放弃上午的睡眠。有的孩子早在 9 个月的时候，上午就不睡觉了，也有的孩子到 2 岁还会渴望上午的那一觉。在孩子的成长过程中，总会有一个阶段，睡两次太多，睡一次又不够。要想帮助孩子顺利地度过这个阶段，你可以让他早点吃晚饭，早点睡觉。

**规律的睡眠程序**。尽管你需要灵活处理睡觉的问题，但是，有一个规律的睡眠程序非常必要。当事情每天都以同一种方式发生的时候，孩子能有一种自在的掌控感。孩子的睡眠常规程序可以包括讲故事、唱歌、拥抱和亲吻等。关键在于，同样的事情要以大致相同的顺序出现。电视、动画片以及吵闹的游戏节目会让孩子兴奋得睡不着，这些内容最好不要列入常规程序。

要让入睡的时间充满快乐和亲切感。记住，如果你把它变成一项愉快的任务，那么入睡对于疲惫的孩子来说就是甜美和诱人的。你要营造一种愉悦又不容商量的睡前气氛。

## 饮食和营养

**1 岁左右的变化**。一岁之后，宝宝的生长一般都会慢下来，食欲似乎也在下降。有些孩子的确比几个月前吃得少了。但是，只要孩子的成长跟标准生长曲线图基本一致，就大可以放心，因为这说明孩子摄取的营养是充足的。如果孩子看出你想让他多吃一点（这么做并不对），他就可能吃得更少，好让你看看到底谁说了算。更好的办法是每次只给他很少的食物，这样他就会想要更多。请不用在意已经吃了多少。你要注意观察，看看孩子是不是心情愉快，是不是精力充沛，也可以参照生长曲线图。

宝宝到了 1 岁半左右，许多父母就要给他们断奶。如果你没想给孩子安排不含乳制品的饮食，你选择的饮品最好还是全脂牛奶。一两岁的孩子需要全脂牛奶（或全脂豆奶、杏仁奶）里的高脂成分来促进大脑的发育。

**饮食是一种后天的经验**。对于孩子来说，要想逐渐形成一种合理又健康的饮食习惯，就得学会关注自己身体的反应。这些信号会提醒他们什么时候饿了，什么时候吃饱了。要让孩子相信，只要他们饿了，就会有东西吃，但不饿的时候也不会有人强迫他们吃东西。要帮助宝宝学到这些重要的经验，就应该给他准备营养而又美味的食物，还要让他自己决定该吃多少。

饭桌上的礼仪同样很重要。每一个处在学步期的孩子都会把食物搅来搅去，到处涂抹，他们想用这种行为来试探父母的容忍度。当孩子跨过这个界线的时候，比如，乱扔土豆泥，你应该坚决又平静地告诉他，食物是用来吃的。当吃饭变成了游戏，就明显地表示孩子不饿。这时，这顿饭就该结束了。20分钟的吃饭时间一般就足够了。

吃饭时间是发展亲子关系的好时机。即使宝宝还不能答话，可能也听不太懂，依然要与他交谈，他会慢慢明白的。可以谈谈你俩此时此刻正在做的事情和感受，这对幼儿来说最有意义。

## 如厕训练

**做好训练的准备。** 小于 18 个月的大多数孩子都还不适合进行如厕训练，因为他们意识不到什么时候应该上厕所。总的来说，他们还不能理解为什么一定要坐在马桶上排便，而不能干脆拉在尿布上。处在学步期的孩子都会对自己"生产的产品"非常感兴趣。他们还不懂得厌恶，也不明白为什么尿布上沾着的东西蹭到身上一点，就要慌慌张张。如果你提前让宝宝进行如厕训练，而事情进展得不太顺利，只要你没有进行严厉的惩罚或责备，就不会对宝宝造成长期的心理伤害。

当然，也有些宝宝很早就开始接受训练，从而让其他的父母觉得自己的孩子落后了。但是，对绝大部分的孩子来说，在 18 个月以前接受如厕训练十分困难，而且效果也不见得令人满意。有很多孩子到 2 岁或者 2 岁半的时候已经可以轻松使用马桶了。如果你开始得比较早，但进行得不太顺利，我觉得你也没必要担心会给孩子造成长期的心理伤害（只要你没有对孩子进行苛刻的惩罚或者责骂）。

《一天内完成如厕训练》（*Toilet Training in Less Than a Day*）一书中描述了一种快速如厕训练方法。但是，这本书的说明太繁复了；如果你不严格地按照那些说明去做，或者孩子不够配合，最终就会以失败告终。

**学习上厕所。** 绝大部分 1 岁的孩子还不能接受如厕训练，但是他们可以学着了解马桶。如果你让孩子跟着你上卫生间，并且准备一个儿童马桶，孩子可能就会坐到上面，甚至还会假装使用它，就像他会模仿使用吸尘器或者其他大人的行为。这种早期的兴趣并不意味着他就能够接受下一步的学习了。如果你给他压力，哪怕是过分地表扬他，都可能使他畏缩不前。

便后洗手是学习上厕所的内容之一，而且，很多孩子都会很高兴，因为他们终于有了正当的理由去玩水和肥皂泡泡了。在你上厕所的时候，应该告诉孩子你正在做什么。要让孩子明白那些话的意思，这对他学习上厕所也有帮助。和那些矫揉造作或者委婉的婴儿用语（比如嘘嘘或者嗯嗯）相比，我更愿意使用简单的词语，比如撒尿和拉屎。通过这样直截了当的语言，你可以让孩子知道，上厕所是现实生活的一部分，不是什么秘密的、难为情或特别神秘的事情。

# 宝宝 2 周岁

## 2 周岁

**一段混乱的时期**。有人把这个时期叫作"可怕的 2 岁"，其实这是非常了不起的阶段。在这个时期，宝宝开始认识自我，开始学习如何做一个独立的人。这是一个语言表达能力和想象力出现突破性进步的时期。但是，他对这个世界的认识毕竟还十分有限，所以在他眼里，许多事情还是很可怕。

2 岁的孩子生活在矛盾之中。他们既独立又依赖，既可爱又可恶，既慷慨又自私，既成熟又幼稚。他们一只脚踩在温暖安逸、充满依赖的过去，另一只脚却已迈进了独立自主、充满发现的未来。许多令人兴奋的事情不断发生，无论是对父母还是对孩子，2 岁这个阶段无疑都是具有挑战性的。但是，这并不是一个令人讨厌的时期，而是一个令人惊异的阶段。

**2 岁孩子通过模仿学习**。在一家诊所里，一个 2 岁的小女孩认认真真地把听诊器的探头放在自己胸前的各个部位，又把耳镜插进耳朵里，可是她什么也看不到，所以露出困惑的表情。在家里，她会跟着父母到处转，他们扫地时，她也拿起笤帚扫地；他们刷牙时，她也拿起牙刷学着比画。这一切她都做得极为认真。通过不断地模仿，小女孩在技能和理解力上都有了巨大的进步。

模仿是一位影响深远的老师。比如说，当你对别人彬彬有礼的时候，2岁大的孩子也会从中学习到礼貌。父母教2岁大的孩子说"请""谢谢你"之类的礼貌用语并非不可以，但是有一种更为有效的办法，就是让他听到你在恰当的情景下使用这些语句。（不能指望立竿见影，但是到了宝宝四五岁的时候，你在礼貌方面的早期投入一定会见效。）如果孩子注意到你不停地查看手机，他也会要求看手机，而正如我后文所说，把手机交给宝宝可不是一个好主意。同样的道理，孩子如果经常听到自己的父母使用伤害性或者威胁性的语言，往往就会形成类似的行为习惯。这并不是说，父母绝不能互相争论或者表示不同的意见。然而，即便孩子只是旁观者，频繁的争吵对他们的成长也有害。

**沟通力与想象力。** 2岁的时候，有的孩子已经能说三四个词的句子了，而另一些孩子则刚能把两个词连接在一起。那些只能说一些单个字的2岁孩子应该去检查一下听力和发育状况。检查结果很可能并没有异常，这些孩子只是说话比较晚而已。

想象力是和语言能力同步发展的。2岁时开始的简单模仿，到3岁时就会演变为细节丰富的"过家家"游戏。为了激发孩子的想象力和学习能力，应该让他拥有丰富多彩的成长经历。你可以让孩子玩积木、玩偶、乐器、旧鞋子、面团等，还可以让孩子泼洒倾倒，尽情玩水。有时候，你也可以和孩子一起玩。要让孩子接近大自然，哪怕仅仅是在附近的公园里走走也好。要和孩子一起看图画书，教他使用纸和蜡笔，涂鸦是孩子学习写字的第一步。

不过，家长要注意电子产品的使用。令人眼花缭乱的电子屏幕虽然令宝宝着迷，却会让孩子的学习停滞不前。许多应用程序承诺会促进幼儿发展，但这些承诺往往并不能兑现。2岁的孩子需要从真实对话中学习语言，而不仅仅是简单地点击屏幕。他们需要调动所有的感官，而不仅仅是视觉和声音。

在孩子们玩耍时，他们需要努力集中并保持注意力。电子产品有着各种花里胡哨的功能，无须孩子集中注意力，同时剥夺了他们学习的机会。对于2岁的孩子来说，哪怕是最好的应用程序也会损害他们的发展（参见第500页）。

**平行游戏和共同分享**。2岁的孩子不怎么在一起玩。虽然他们喜欢看着彼此玩耍，但是在大多数情况下，他们都喜欢自己玩自己的。这种现象被称为"平行游戏"。你没有必要去教一个2岁的孩子学会分享，因为他还没有做好准备。要跟别人分享，孩子必须先弄明白一件东西是属于他的，他才会把它送出去，并且希望能够拿回来。孩子在2岁时是否懂得与别人分享，跟他长大后能否成为一个慷慨的人没有任何关系。

尽管如此，2岁的孩子还是能够学习游戏技巧。当你的孩子从小伙伴手里抢夺玩具的时候，你可以坚定又愉快地从他手里拿走那个玩具，还给主人，然后很快用其他好玩的东西吸引他的注意力。有关为什么他应该学会分享的长篇大论都是白费口舌。当他理解了分享的概念时，他就会与别人分享了，这一般要到3～4岁才行。

## 2岁小孩的烦恼

**分离的恐惧**。到了2岁，有的孩子已经摆脱了对父母的时刻依赖，有的孩子还是经常黏在父母身边。有个母亲抱怨说："我2岁的孩子好像变成了乖乖女，只要我们一起出门，她就会紧紧抓住我的衬衫。有人跟我们说话的时候，她就会躲到我的身后去。"2岁是个很容易产生抱怨的年龄，这也许只是表现依赖的一种方式。

对于一个十分敏感、依赖性很强的2岁孩子（特别是独生子女）来说，当他突然必须和一直陪着他的父母分开时，经常会出现下面的情况。母亲可能突然要外出几周，也可能是她觉得必须去找一份工作，所以安排一个陌生人来家里照看孩子。一般说来，母亲不在的时候，孩子不会哭闹，可是等她回来以后，孩子就会紧紧地黏在母亲身上，而且不让任何人靠近。每当想到母亲会再次离开，他就会变得惊慌失措。其他变化（比如某个家庭成员要搬走了，或全家搬新家）也可能让孩子变得黏人、爱哭。当这种情况发生时，睿智的父母会充分考虑到孩子的敏感心理。

如果孩子有分离焦虑，或对其他事情感到恐惧，那么他就会敏锐地觉察出父母是否有同样的感觉。若父母每次离开宝宝时都表现得犹豫不决或心怀愧疚，在宝宝夜里哭闹时匆匆赶来他的房间，这些紧张情绪就会让宝宝感到更加不安，让他认为和父母分开确实很危险。

**睡前分离焦虑**。孩子对分离的焦虑在睡觉时表现得最强烈。受到惊吓的孩子会因为睡觉而表示强烈的抗议。如果母亲强行跟他分开，他会害怕地哭上几个小时。如果母亲坐在他的小床旁边，他会乖乖地躺着。但母亲刚一起身，想要往门口走，他就会立刻爬起来。

如果你 2 岁的宝宝已经开始害怕睡觉了，那么最可靠、最容易实施的办法就是，放松地坐在他的小床边，直到他睡着为止。在他入睡以前，不要急于悄悄地离开。那样会再一次引起他的警觉，从而使他更难入睡。这种做法恐怕要坚持几个星期，但最终都会奏效。如果孩子由于你或者伴侣出远门而受到过惊吓，那么在几周之内尽量不要再次外出。

你要像体贴一个生病的孩子那样给他特别的关注，要寻找孩子准备放弃依赖性的迹象，一点一点地鼓励他，称赞他。在他克服恐惧的过程中，你的态度是最有力的因素。随着时间的推移，这一因素将和成熟的力量一起，让孩子更好地理解和掌控他的恐惧。

虽然让孩子晚一点休息或者取消午睡可以让他更疲劳，从而帮助他入睡，但是这些办法一般都不能完全奏效。一个惊慌的孩子即使已经筋疲力尽，也能坚持几个小时不睡觉。你要解决他的烦恼。

**担心尿床**。当一个孩子在睡前表现出焦虑的时候，害怕尿床可能也是其中的因素之一。他会不停地说"尿，尿"，或者别的什么。但是，当妈妈把他带到厕所以后，他却只尿几滴。然后，刚一回到床上，又哭喊着"尿！尿！"你也许会认为他只是以此为借口，不想让母亲离开罢了。情况确实如此，但又不仅仅如此。这样的孩子确实担心自己会尿床。

因为总是担心会尿床，所以有时候，他们晚上每隔 2 小时就会醒一次。这么大的孩子不小心尿了床以后，父母容易表现出不满的态度。孩子就会认为，如果他尿了床，父母就不那么爱他了，而且还可能离开他。由此看来，孩子害怕睡觉是两个原因造成的。

如果你的孩子担心尿床，就要不断地向他保证，尿床没有什么关系，你仍然会喜欢他。

**孩子可能以害怕孤独为理由牵制父母。**孩子之所以缠着妈妈不放，是因为他对离开妈妈这件事有一种强烈的恐惧。如果他发现妈妈也担心他的恐惧，总是想办法来安抚他，总想尽力满足他的要求，就会利用这一点来牵制母亲。比如，有一些 3 岁的孩子非常害怕留在幼儿园里。父母为了安慰他们，不仅要形影不离地在幼儿园待上好几天，而且孩子让他们干什么就干什么。过不了多久，你就会看到，这些孩子开始夸张地表现自己不安的心情，因为他们已经学会了利用这种手段把父母支使得团团转。在这种情况下，父母应该说："我认为你现在已经长大了，不该害怕上幼儿园了。你只是想让我听你的。所以，明天我没必要待在这里了！"

**如何帮助有恐惧心理的 2 岁宝宝？**解决孩子的恐惧心理要从实际出发。在很多情况下，要看有没有必要马上去克服这种恐惧心理。比如，没有必要让胆小的孩子立刻去和狗交朋友，也没有必要让他到深水中练习游泳。因为只要孩子到了敢于做这些事情的时候，自然就会去做了。

另一方面，你不应该允许孩子每天晚上都跟父母一起睡觉（除非你已经决定了就是要和宝宝同睡）。应该哄孩子在自己的小床上睡，这样就不会养成和父母同睡的习惯了。

孩子开始上幼儿园以后，最好每天都按时把他送去，除非他表现出极度的恐慌。聪明的老师可以帮助孩子很快地投入游戏，这样父母就比较容易离开了。尽管有的孩子不想去幼儿园，但是他迟早还得去。往后拖延的时间越长，他就越不愿意去幼儿园。

**过度保护**。有些时候，孩子的分离恐惧反映了父母的过度保护心理。可能很久以前孩子曾因某件事而面临危险，比如一次严重的感染或受伤。很多父母的恐惧通常很难消除，相关新闻报道为了提高收视率和流量，也给父母的这种担心火上浇油。事实上，有数据显示，现在的孩子与以前相比在很多方面都要安全得多，不过你要是光看新闻可感觉不出来。

父母无言的愤怒有时会滋生过度保护心理。父母对孩子感到愤怒并不奇怪，他们有时甚至希望孩子从未出生过。这些想法让一些父母感到非常内疚，因而他们会压制这些想法，同时夸大外面世界的危险（比如人贩子）。如果你符合上述描述，可以考虑报一个短期心理治疗课。一旦你与自己正常的愤怒情绪和解，那种认为外部世界极端危险的感觉也会随之消退。

如果愤怒情绪让你对孩子产生了过激行为，事后又后悔不已（比如，在不必要的情况下大声呵斥孩子），那么就和孩子聊聊你当时的感受吧，这样做很有益处。和孩子谈论愤怒的感觉有助于他理解并控制自己的情绪。在谈论时要记得使用简单的语言。你可以说："我知道当我不得不这样管教你的时候，你是多么生气。有时候我也非常生气。"

## 难以对付的行为

**抗拒心理**。一个叫珍妮的小女孩 1 岁的时候就开始和父母作对。到了 2 岁半，她竟然开始跟自己过不去，常常艰难地做出一个决定，然后又改变主意。尽管没有人找她的麻烦，甚至有时分明就是她想管别人，她也会表现得好像遭到了过多约束一样。她总是坚持按照自己的意愿和一贯的方式做事。如果有人想介入她的游戏，或者想整理一下她的玩具，她就会非常气愤。

宝宝的天性让他愿意自己做决定，而且拒绝别人的干涉。他对这个世界毕竟还没有什么了解，自主决定和反对干涉这两件事似乎让他很紧张。

如果可能的话，让宝宝按照自己的速度去做事。当宝宝特别想自己穿衣服或者脱衣服的时候，让他自己动动手。洗澡的时候，要给他留出充足的时间，让他在澡盆里玩水。吃饭的时候，让他自己吃，不要催促他。吃饱了以后，要让他离开饭桌。到了该睡觉、该外出散步，或者该回家的时候，要用有趣的东西转移他的注意力，从而让他顺应父母的安排，不要惹他生气。你的目的是让他不要变成一个小暴君，而不是把这个小东西累坏。

当父母制定了一些坚决、持久又合理的规矩时，2 岁左右的孩子会表现得最好。关键是要仔细地选择这些规矩的内容。如果发现自己对孩子说"不行"的时候大大多于"行"，你可能制定了太多武断的规矩。跟一个 2 岁的孩子较量意志劳神费力，应该把这种机会留给一些真正重要的情况。像使用汽车安全座椅这种安全问题显然很重要，但是在冷天戴手套的问题就没那么重要了。毕竟，你总是可以把手套放在衣服口袋里，在孩子的小手变凉的时候，再拿出来给他戴上。

**发脾气**。几乎每个 2 岁大的孩子都会不时耍些脾气，一些身体健康的孩子也是这样。这种情况有许多原因：挫败感、疲劳、饥饿、过度刺激（在繁忙的商店里总能看到这种闹脾气的场景）。聪明的父母会解决根本问题："你是不是累了，饿了？那我们回家吧，好好吃一顿饭，再美美睡一觉，你就会感觉好多了。"若孩子感到害怕，也可能会闹脾气。在医生办公室里，这种孩子因恐惧而大吵大闹的场景会经常上演。在这种情况下，家长最好保持平静，并尽量安抚孩子。责骂一个受到惊吓的孩子没有任何益处。

情绪激烈的孩子更爱发脾气（也更爱开怀大笑）。适应能力稍弱、对变化更敏感的孩子也更容易发脾气。更为执着的孩子发脾气的时间也往往更长。

无论是在玩耍、练习走路，还是大声尖叫，只要他们一开始就很难停下来。

在孩子发脾气的时候，你最好能陪在他的身边，或让宝宝坐在你的大腿上，让他不至于觉得很孤单。等事情平息以后，最好把注意力转移到一个积极的活动上，把所有的不快都抛到脑后。抱一抱、亲一亲宝宝，以及像"你能重新振作起来，真不错"之类的及时表扬，能够帮助孩子恢复自尊，还能帮助他在下次发脾气的时候学会尽快恢复常态。你也要为自己的冷静和理性喝彩——毕竟，在2岁的宝宝情绪爆发时能做到这一点非常不容易。关于孩子发脾气的更多内容，请参见第549页。

**哭喊**。孩子的哭喊很正常（想想那些小狗），但还是让人备感心烦。在宝宝比较小的时候，你除了努力弄清他需要什么之外，基本上别无选择。但是，一旦孩子能说话了，就要尽量让他说话。要坚定而认真地对他说："好好说话，哭是没有用的。"这种方法通常会奏效，虽然你可能要一连几个月重复这样的话，宝宝最终才会完全接受你的建议。记住，如果你有时因为克制不住自己，对孩子的哭喊做出让步——想这样做的欲望太强烈了，以后就会变得难以收拾。

**开始偏爱父母中的一方**。有时候，孩子只跟父亲或母亲亲密，当另一个人也想加入进来的时候，他就会立刻愤怒起来。其中一部分原因可能是嫉妒。处在这个年龄段的孩子不但对别人的控制特别敏感，自己也想命令别人。所以，让他同时去对付两个重要的大人，他就会感到势单力薄。

在这个时期，一般都是父亲充当不受欢迎的人，有时父亲甚至会觉得自己纯粹是一个煞风景的人。其实，父亲不应该把孩子的这种反应太当真，也不应为此感到难过。如果他能经常独自照顾孩子，除了做一些日常琐事，比如喂他吃饭和给他洗澡，还能和孩子一起做有趣的游戏，那么，孩子就会逐渐把父亲看成一个风趣又充满爱心的重要人物，而不是一个"入侵者"。即使父亲刚开始接替母亲的时候遭到了孩子的拒绝，父亲也应该高兴而坚决地继续照顾孩子，母亲也应该以同样的态度，欣然、坚定地把孩子交给父亲，然后离开。

这样的轮换可以让父母双方都有时间跟孩子一对一地独处。但是，哪怕孩子表现得十分不合作，全家共处的时间也很重要。另外，有必要让孩子（特别是第一个孩子）知道，父母是相爱的，愿意待在一起。父母的关系也不会因为他的态度受到影响。

## 饮食和营养

**饮食的变化**。2 岁的孩子已经能吃很多大人的食物了，但是仍然要提防他被噎住的危险。所以，不要给孩子吃小块的或者坚硬的食品，比如花生、整颗葡萄、胡萝卜和硬糖果等。大脑的发育速度在孩子 2 岁以后会逐渐减慢，所以，热量太高的饮食其实没有必要。而且，如果孩子在童年时养成合理热量的饮食习惯，能够降低他们长大以后患心脏疾病的风险。孩子一般都接受不了五六个小时的吃饭间隔。三顿正餐和三份点心的安排比较合理。最好的零食是简单的食物，比如切碎的水果或者全麦饼干。不论包装上是否注明健康食品，都不要给孩子吃精加工的食品。

**食物的选择**。大多数 2 岁的孩子都能轻松地使用杯子和勺子，但是在使用刀叉的时候，他们可能仍然需要帮助。虽然很多 2 岁的孩子有时的确需要帮助，但他们往往讨厌别人这样做。为了省事，你可以只给他们准备那些能用汤匙或用手吃的食物。孩子需要在选择食物方面多加练习。是吃豌豆还是吃南瓜？花生酱三明治涂不涂果酱？给孩子 1 ~ 2 个简单的选择就足够了，如果选择太多、太复杂，可能让孩子不知所措。聪明的父母会在每顿饭中间给孩子提供一些可供选择的诱人食品，以保证无论他做出什么样的选择，饮食都是健康的。

在你决定要把什么样的食品带回家的时候，这种选择就开始了。要选择新鲜的蔬菜，不要买薯片和高热量的点心；要选择水果，而不要甜饼和蛋糕；要选择奶或者矿泉水，而不要碳酸饮料。如果你想让孩子吃得健康，最好的办法是在家里只储存健康的食品，把垃圾食品拒之门外。

**偏食及其对策**。有些 2 岁的孩子每顿饭只想吃吐司奶酪三明治，还有些孩子只喜欢吃汤面。一般来讲，这些偏好只会持续几天，然后就逐渐地淡化。然后，孩子又会对别的食物产生偏爱。为了息事宁人，你也许想在一定程度上妥协。连续五天把花生酱和果酱作为午饭并没有太大的危害。如果在早餐和晚餐的时候，餐桌上还有牛奶、水果或者一些绿色蔬菜，那么孩子的饮食结构仍然是合理而均衡的。如果你以一周为单位来安排孩子的饮食，而不是每天都规划，也许就会发现，孩子的饮食总体上还是非常均衡的。

## 如厕训练

**迈向独立的一步**。在 2～3 岁的时候，大多数孩子都已经学会了上厕所。很多父母迫不及待地盼望着孩子使用尿布的日子能够早点结束。但是，有的父母过于心急，反而会推迟孩子学会独立上厕所的时间，同时还会增加不必要的压力。独立上厕所的学习过程早在他 1 岁的时候就已经开始了，一直到几年后才能彻底完成。那时候，孩子就能掌握排便、擦拭和洗手等一系列程序。他还会像父母一样，对这个问题采取一种隐秘和低调的态度。如果你能认识到这种学习需要一个漫长的过程，也许就更愿意以自然的速度训练孩子上厕所。想了解更多关于如厕训练的具体技巧，请参见第 573 页。

# 学龄前宝宝：3 ～ 5 岁

## 对父母的热爱

**一个不那么叛逆的年龄**。3 岁左右的男孩和女孩，感情的发展都达到了一个新的阶段，他们会觉得父母是非常了不起的人，还希望跟父母一样。大多数孩子在 2 岁时表现出来的那种无意识的反抗和敌对情绪，似乎在 3 岁以后开始有所缓和。

这时，孩子对父母不仅友好亲切，而且热情又温存。尽管孩子很爱父母，但也不会时刻听从大人的吩咐，不会总是表现得十分乖巧。孩子仍然是有自己思想的人。尽管有时他们知道自己就要违背父母的意愿了，但还是想坚持己见。

在强调 3 ～ 5 岁的孩子一般都比较听话的同时，我还必须指出 4 岁孩子的一些例外情况。许多 4 岁的孩子开始觉得自己什么都懂，所以，常常出现固执己见、骄傲自大、高谈阔论和喜欢挑衅的行为。好在这种盲目的自信很快就会消失。

**渴望跟父母一样**。2 岁的时候，孩子迫切地想要模仿父母的行为。到了 3 岁，孩子的模仿行为有了质的变化。现在，他们会渴望成为像父母那样的人。他们做的游戏有：上班、做家务和照料孩子（布娃娃或者更小的孩子）等。他们还会假装开着家里的轿车外出兜风。他们会用父母的衣服把自己打扮起来，还会模仿父母的谈话、举止以及特殊习惯。

这些游戏的意义远远大于游戏本身，它关系到性格的形成。跟父母想通过语言教给孩子的东西相比，性格的形成更依赖于孩子对父母行为的理解和参照。于是，孩子最基本的对工作、他人和自己的理想和观念就开始形成了。他们二十年以后会成为什么样的父母，就是在这个时期学到的。你可以从他对布娃娃的态度上看到这种迹象：他是充满爱心地对布娃娃说话呢，还是不断地责怪它？

**性别意识**。正是在这个年龄，小女孩开始更加清楚地意识到自己是女性，而且长大以后会成为一个女人。所以她会特别仔细地观察母亲，并且总想把自己塑造成母亲的模样。小女孩不可能完全成为母亲的翻版，但是她在很多方面肯定会受到母亲的影响。处在这个年龄的小男孩也会意识到，自己将长成一个男人，并开始模仿父亲的样子。

当然，女孩也会通过观察父亲学到很多东西，男孩也会从母亲身上学习。这就是两性逐渐了解彼此，直到共同生活的过程。孩子也会在一定程度上以生活中其他重要的成年人为榜样。但是，在生命初期的几年中，父母（特别是跟孩子同性别的家长）发挥着非常特殊的作用。

心理性别，即孩子自我感知的性别，通常与生理性别一致，但情况并非总是如此。虽然造成性别错位的原因还不十分清楚，但养育方式似乎与此关系不大。值得庆幸的是，我们现在可以更好地帮助那些性别错位或非二元性别的孩子，让他们过上充实而快乐的生活（参见第 495 页）。

**对婴儿着迷**。这时的男孩和女孩对婴儿的方方面面都很着迷。当他们了解到婴儿来自母亲体内，那么无论是男孩还是女孩，都会急切地想亲自实现这种神奇的创造。他们想照料婴儿，想爱护婴儿，就像他们的父母关爱他们一样。他们会把更小的宝宝当成孩子，还会花上几个小时的时间来扮演父亲和母亲，有时还会用布娃娃当宝宝。

其实，小男孩同小女孩一样，也会迫切地想在肚子里孕育孩子，只是人们一般不了解这一点。当父母告诉他们男孩不能生孩子，他们在很长一段时间内都不会相信，会想："我也会生孩子。"因为他们会天真地认为，只要努力盼望什么事，那件事情就一定会实现。学龄前的小女孩也会有类似的心理，她们也许会公开地说她们能长出"小鸡鸡"。与此类似的想法并不表示孩子对自己的性别不满意。我认为情况刚好相反，这些孩子只是天真地相信他们能够做到任何事情，能成为任何人，能拥有任何东西。

## 对父母的爱恋和竞争感

**愿望和担忧。**男孩会对母亲产生爱恋的感觉，类似于婴儿的依赖心理。现在，他还越来越有一种像父亲那样的浪漫想法。当然，这些情感与性无关，不同于青少年或成年人感受到的那种由激素驱动的性吸引力，但却依然具有占有性。到他4岁的时候，常常会坚信长大以后会和母亲结婚。虽然他不懂结婚是怎么回事，但是绝对清楚谁是世界上最重要、最有吸引力的女人。模仿着母亲长大的女孩，对自己的父亲也开始逐渐产生了这种爱慕之情。

这些充满幻想的情感有助于孩子精神上的发展，可以帮助孩子形成对异性的正常情感。但是，这种倾向造成的另一个结果就是，大多数这个年龄的孩子会产生一种下意识的紧张感。当一个4岁左右的小男孩更加清楚地意识到自己对母亲有一种占有的欲望时，他也能意识到母亲在某种程度上已经属于父亲了。于是，无论他多么喜欢父亲、羡慕父亲，都会感到气愤。他有时会偷偷地希望父亲迷路回不了家，接着，又会对自己这种想法感到内疚。他还会从一个孩子的角度进行推测，认为父亲对他也会有同样的妒忌和怨恨。

小女孩对父亲也会产生占有的感情。她有时会希望母亲出什么事（尽管在其他方面她很爱母亲），这样她就可以独占父亲了。她甚至会对母亲说：

"你可以出去长途旅行，我会照顾好爸爸的。"但是，当她想象着母亲也会妒忌她的时候，又会感到害怕。如果想一想经典童话故事《白雪公主》中的情节，你就会发现，那个邪恶的继母实际上就是这种幻想和担忧的化身。

孩子会尽力地摆脱这些可怕的想法。但是，这些想法会在他们的假装游戏中透露出来。这些对于同性家长的复杂情感——包括爱慕、嫉妒、恐惧——正是这个年龄的孩子容易做噩梦的根源，孩子常常梦见自己被怪兽、强盗和其他可怕的东西追赶，而这些梦境往往衍生于愤怒或嫉妒的情绪，而这正是该年龄段孩子在成长挫折中会经历的情绪波动。

**占有欲的消退。**这些强烈的、矛盾的情感，会如何发展呢？孩子到了六七岁时，自然会因为他们不可能独自占有父亲或母亲而感到灰心。假想中父母生气的样子会使他们产生下意识的恐惧感。这种恐惧心理会把他们心中浪漫的喜悦变成一种反感。从此以后，他们会因为害羞而躲避异性家长的亲吻。他们的兴趣也会逐渐转向不受个人情感影响的事情上去，比如上学和运动。他们这时要努力模仿的，是其他同性的孩子，而不再是他们的父母了。

父母可以向孩子伸出援手，温柔地向孩子表明，他们彼此属于对方。听到小女儿宣布她要和父亲结婚的时候，父亲要对这种认可表示愉快，但也要向女儿解释说自己已经结婚了，等她长大以后可以去找一个同龄人结婚。

当父母亲密地在一起的时候，他们不必也不该让孩子打断他们的谈话。他们可以既高兴又坚决地提醒孩子，父母有事要谈，同时建议他也去忙自己的事。父母这种机智得体的做法，可以避免在他们表达爱意的时候长时间地受到孩子的干扰，就像其他人在场他们会受到影响一样。但是，如果孩子在父母拥抱和亲吻的时候突然闯进房间，也用不着不安地跳开。

如果男孩因为嫉妒而对父亲粗暴无理，或者因为母亲使他产生嫉妒而对她粗野蛮横，父母一定要坚持以礼相待。如果女孩表现得蛮横无理，父母也应该和气地对待她。与此同时，父母要想办法缓解孩子愤怒和内疚的情绪，可以对他说，父母理解他有时对他们很生气。

如果父亲意识到年幼的儿子有时对他似乎有一种下意识的怨恨和恐惧，不必对儿子表现出刻意的温柔与随和，也不必因为怕儿子产生嫉妒就假装不是很爱自己的妻子。这些做法都不能解决问题。事实上，如果儿子觉得父亲既不敢做一个坚定的父亲，也不敢正常地对妻子表示亲密，他就会认为自己过多地占有了母亲，从而感到内疚和害怕。孩子会因此而失去将来做一个自信的父亲的信念，而这种信念正是孩子树立自信心必备的心理要素。

同样，母亲也要充满自信、不受人摆布，要清楚应该在什么时候如何坚持主见，还要敢于向自己的丈夫表达亲密的情感和爱慕之心。这样才最有利于女儿的成长。

## 好奇心与想象力

**强烈的好奇心**。处在这个年龄段的孩子想了解他们遇到的任何事情。他们会根据所见所闻做出判断，然后得出自己的结论，虽然往往并不正确。他们会把一切事物都跟自己联系在一起。听到有人提到火车的时候，他们就想马上知道："我能不能哪天坐上火车呢？"当他们听人谈到某种疾病的时候，就会想："我会得那种病吗？"

**非凡的想象力**。学龄前的孩子是想象的大师。当三四岁的孩子讲一个编的故事时，并不是像成年人那样在故意说谎。他们的想象生动逼真，所以他们自己也分不清真实和不真实的界限。这就是他们特别喜欢听别人讲故事或者读书的原因。这也解释了为什么他们会害怕暴力的电视节目和电影——我们不应该让他们看那些东西。

当孩子偶尔编故事的时候，你不必批评他或者让他感到内疚。即使他可能很希望事情会像他说的那样，你也只要指出事实并不是那样就可以了。这样一来，你就帮助孩子弄清了事实和自我想象之间的差别。

有时候，孩子会假想一个时常出现的虚拟的朋友，这也是一种正常的、健康的想象。孩子会以此来帮助自己进行一次特别历险，比如说，让他敢于单独走进储藏室。但是有的时候，感到孤独的孩子每天会花上好几个小时来讲述这种虚拟的朋友或者历险，而不只是把这当成一种游戏。他似乎认为这个朋友或者经历确实存在。如果你能帮助这样的孩子跟真正的孩子交朋友，他对于虚幻伙伴的需要就会降低。

## 睡眠问题

大多数孩子在 4 岁之前就不再上午睡觉了，但是他们仍然需要在下午安静地休息一会儿。如果每天晚上的睡觉时间大大少于 10 个小时的话，他们肯定会特别疲惫（尽管这个年龄孩子的正常睡眠时间有着很宽泛的标准，从 8 小时到 13 个小时不等）。早期出现的睡眠问题，比如过分嗜睡或频繁惊醒，经常会持续到学龄前阶段。但是，即使是那些睡眠质量一直很好的孩子，在学龄前阶段也经常会出现新的睡眠问题。噩梦和对黑夜的恐惧是这个年龄段的孩子经常遇到的问题（请参见 590 页）。

前面提到的那种正常的占有欲和嫉妒心理，也会导致孩子出现睡眠障碍。如果孩子半夜闯进父母的房间，要跟父母一起睡，可能是因为他不想让父母单独在一起（他不会说出这些想法）。如果他得到了允许，最后就很可能会把父亲从床上挤出去。所以，父母应该毫不犹豫地把他送回他的小床上去，态度要既坚决又和蔼。这样做对大人和孩子都好。

## 3 岁、4 岁和 5 岁时的恐惧感

**幻想中的忧虑。** 新的恐惧会突然出现在三四岁的孩子身上，比如害怕黑暗、害怕狗、害怕消防车、害怕死亡以及害怕瘸腿的人等。这时孩子已经能够设身处地地体会别人的遭遇，从而想象出自己并没有亲身经历过的危险。孩子的好奇心涉及方方面面。他们不仅想知道每一件事情的原因，还想知道

这些事情跟自己有什么关系。偶然听到一些关于死亡的事情，他们就想知道什么是"死亡"。刚有一点模糊的认识以后，他们就会问："我也会死吗？"

有些孩子生来就容易对新事物或出乎意料的事物产生焦虑或恐惧。以下这些孩子也更容易产生恐惧感：吃奶和如厕训练等方面出现困难而感到紧张的孩子；想象力受到可怕的故事或电影过分刺激的孩子；没有足够机会发展独立性和外向性的孩子；被父母过分强调"外面很危险"的孩子。

并不是说所有产生恐惧感的孩子都曾被不恰当地对待过。这个世界本来就充满了孩子不能理解的东西，无论你对他们如何爱护和体贴，他们都会意识到自己的缺点和脆弱。

**帮助孩子战胜恐惧**。作为父母，你可能无法消除孩子想象中的所有恐惧。但是，你可以教给孩子一些有益的方法，让他知道该如何应付以及战胜这些恐惧。你可以通过减轻紧张感帮助孩子克服一些特定的恐惧，如对狗、虫子、魔鬼等的恐惧。不要让孩子接触恐怖的电视节目以及充满暴力的电子游戏。不要因为吃饭问题或夜里尿床的问题跟孩子发生不愉快。不要先放纵他由着性子胡来，再让他事后感到内疚。你平时不应该用怪物或魔鬼之类的东西吓唬他，他想象出来的东西已经让他非常害怕了。每天都要给孩子安排充分的时间出去和小伙伴们一起玩。孩子在游戏和活动中投入得越多，他对内心的恐惧就会想得越少。

孩子通过假装游戏来克服恐惧这种方法非常有效。你可能会注意到，宝宝假装给娃娃打针，或把假装的怪物痛打一顿。当你发现宝宝的游戏转移到其他主题时，你就知道他已经战胜了这种恐惧。有时，孩子会陷入某种特定的恐惧中，而假装游戏只会让他越来越感到不安。在这种情况下，儿童心理健康专家的指导会帮助孩子走出恐惧。最终，还是宝宝自己去克服那些恐惧。即便如此，父母坚信孩子最终能够战胜恐惧的这份信心也十分重要。

**害怕黑暗**。要想办法帮助孩子排除顾虑，这更多地取决于你的态度，而不是你的说教。不要拿他寻开心，也不要试图劝说他消除恐惧。如果他想说说这件事，就让他说出来。有些孩子愿意表达，要让他感到你愿意理解他，让他知道他肯定不会有事。如果他希望在夜里开着门睡觉，不妨按他说的做，也可以在房间里开一盏微弱的灯。这样，只要花很少钱就能让他看不见妖魔鬼怪了。其实，跟房间里的灯光和起居室里的谈话相比，自己的恐惧感更妨碍他的睡眠。当他的恐惧心理减轻以后，就又能接受黑暗了。

**害怕动物**。学龄前的孩子一般都会害怕一种或者多种动物，即便这些孩子并没有和动物相处的不愉快经历。不要把一个胆小的孩子拉到小狗面前来证明不会有什么危险，没有用。你越是拉他，他越觉得自己必须往后退。随着时间的推移，孩子自己就能克服胆怯的心理，去主动接近小狗了。通过自己的努力，孩子能够更快地克服胆怯心理，你不必费力地劝说。

**怕水**。千万不要把一个吓得哇哇乱叫的孩子强行拉进海里或者游泳池里。虽然在被强行拉进水里以后，确实有少数孩子感到了乐趣，而且马上消除了恐惧，但是在更多的情况下，这样做的结果都会适得其反。你应该记住，孩子虽然害怕，但他还是渴望下水。

**害怕讲话**。孩子在面对陌生人的时候经常会一声不吭，等到感觉自在一些的时候才开口说话。如果一个孩子在家里能够正常地交谈，但是在幼儿园里却一个字也不说，甚至在几天或几周之后仍然如此，他可能患有选择性缄默症。你可以咨询经验丰富的儿童心理学家来寻求帮助。

**对死亡的疑问**。关于死亡的疑问通常会出现在这个年龄（参见第 535 页）。你要尽量实事求是地向孩子说明。你可以说："每个人到了一定的时候都会死。大部分人在很老的时候和病重的时候就会死去，也就是说，他们的身体停止活动了。"请记住，在孩子关于死亡问题的背后，往往总有着非常具体的担忧，即宝宝认为你，也就是妈妈或爸爸，可能会死去。由于孩子对时间的感知与成人不同，如果你告诉他自己还会活很久，可能并不会让他安心；对孩子来说，"很久"可能意味着"到明天"。相反，你可以向孩子保证，只有当你变得非常老，他也长大成人，有自己的孩子时，你才会离开这个世界。

要谨慎选择自己使用的词语。比如说，"我们失去阿基保尔叔叔了"这句话就可能让曾经迷路的孩子心惊胆战[1]。这个年龄的孩子正处在从字面上理解一切的阶段。我认识一个孩子，他就是因为听到别人把死亡说成"去了我们在天上的家"之后才害怕飞行的。特别重要的是，一定不要把死亡说成"睡着了"，因为很多孩子会因此而害怕入睡。孩子们也可能会疑惑：为什么没有人把阿基保尔叔叔叫醒呢？

你的解释越简单越好，不要美化事实。你可以说死亡就是身体完全停止了活动。花时间去思考这个问题的孩子可能有更多机会去见证死亡，他们

---

1 在英语中，"失去"和"迷路"是同一个词（lost）。——译者注

会开始理解死亡是这个世界的一部分。

还有一点也很重要，那就是传达家里人对于死亡的看法。对于这个话题和其他敏感的事物，家长一定要对孩子提出的问题持开放的态度，并且简单、如实地回答，但不要提供超出孩子询问的信息。孩子们知道什么时候解释变成唠叨，父母最好尊重他们的直觉。重要的问题无法一次讨论彻底，我们总是可以找到其他机会加以补充。

## 对受伤和身体差异的忧虑

**产生如此忧虑的原因**。处在这个年龄段的孩子想知道每件事情的原因。如果他们看见一个坐着轮椅的人，首先想知道那个人出了什么事，然后会把自己放在那个人的位置上，担心自己会不会受到类似的伤害。

这个阶段也是孩子热衷于掌握各种运动技能（比如蹦跳、跑步、爬行等）的时期，他们会把身体健全看得十分重要，而受伤就成了一件令人非常难过的事情。为什么一个2岁半或者3岁的孩子看到一块碎饼干会那么难过，还会拒绝接受掰成两半的饼干，非要一块完整的才行呢？原因就在这里。

**身体差异**。孩子不仅害怕受伤，还会对男孩和女孩之间自然的差别感到十分不解，为这件事情担心。如果一个3岁的小男孩看见一个没穿衣服的小女孩，他就会感到十分吃惊，觉得她没有和自己一样的"小鸡鸡"十分奇怪。他可能会问："她的小鸡鸡呢？"如果没有立刻得到满意的回答，他就会很快得出结论，认为她肯定是发生了什么意外。接着，他就会担心地想："这种事也可能会发生在我身上。"当小女孩发现小男孩和自己不一样的时候，同样的误解也会让她担心。她首先会问："那是什么？"然后会着急地想："为什么我没有呢？是我出了什么毛病吗？"这就是3岁孩子的思维方式。他们或许会觉得非常难过，甚至不敢向自己的父母询问。

对于男孩和女孩身体差别的这种忧虑表现在很多方面。我记得有一个不到3岁的小男孩,他神情紧张地看着小妹妹洗澡,然后对母亲说:"宝宝疼。"这是他用来表达受伤的词。母亲不知道他在说什么,直到小男孩鼓起勇气指了一下,同时又紧张地握住自己的生殖器,母亲才明白了他的意思。我还记得,一个小女孩发现了自己和男孩的差别之后,非常着急,不断地去脱每个孩子的衣服,想看一看他们都是什么样子的。她这么做并不是因为淘气,你可以看到她担心的样子。过一会儿,她就开始摸自己的生殖器。还有一个3岁半的小男孩,他先是为妹妹的身体感到难过,又开始担心家里所有坏了的东西。他竟然紧张地问父母:"这个锡铸的士兵为什么坏了?"这个问题真是莫名其妙,那是他前一天打碎的。任何破损的东西似乎都能让他想到自己会不会受伤。

2岁半～3岁半的正常孩子一般都会对类似身体差异的问题感到疑惑。所以,提前注意这个问题很有必要。我们不能等着孩子说"我想知道为什么男孩和女孩不一样",他们还提不出具体的问题。他们可能会提出某个问题,也可能只是围着中心话题转来转去,他们还可能什么也不说,然后变得忧心忡忡。不要认为这是一种对性别的不健康的好奇心。对于孩子们来说,最初提出的这类问题就跟其他任何问题一样平常。你应该让孩子提出类似的问题,不应该责怪他们,更不应该不好意思回答。那样的话,反而会适得其反。孩子们会觉得他们的处境很危险,这种误解正是你应该避免的。

另外,你也不必过于严肃,好像在给孩子上课一样。其实问题并没有那么难以解决。首先,让孩子公开说出他们的忧虑有助于问题的解决。你可以说,你知道他可能认为女孩也有小鸡鸡,但因为出了什么事就没有了。然后,你要以实事求是的态度,用轻松的语气给孩子解释清楚。你要告诉他们,女孩和女人生来就跟男孩和男人不一样,她们本来就应该是那样的。如果你举几个例子,孩子就能理解得更快一些。你可以解释说:小约翰跟父亲、弗雷德叔叔、史密斯先生他们长得一样,而玛丽跟母亲、海伦姑妈、詹金斯夫人她们长得一样。(要列举那些孩子最熟悉的人。)

小女孩可能需要更多的解释才能放心,因为她很可能会看到别人有什么，自己也想要什么。（有个小女孩曾经向母亲抱怨说："可是他长得那么特别，我却这么平常。"）在这种情况下，如果能让她知道母亲喜欢自己的样子，而且父母也喜欢女儿生来的模样，她就会感觉好多了。这也许还是个好机会，你可以趁机告诉孩子，女孩们长大以后能在体内孕育自己的孩子，她们还有乳房给宝宝喂奶。对于三四岁的孩子而言，这可是个令人激动的消息。

## 学前教育

**学前教育的理念。**"学前教育"字面上的意思是进入学校之前的学习。但学前教育并不意味着只是入学之前的时段，它本身还指进行学前教育的机构，即幼儿园。学前教育不应该把重点放在为孩子以后进入"真正"的学校做准备上面，而应当关注他现阶段的教育需求。

优秀的学前教育带给孩子有价值的多样体验，帮助孩子全面成长，让他们变得更加敏锐，更富创造性，更有能力。这些体验包括跳舞、创作有节奏感的音乐、画画、手指涂鸦、捏泥人、搭积木、户外游戏、玩过家家等。最理想的环境还应该具备一些安静的角落，让孩子们可以自己玩一会儿或休息一下。

学前教育旨在培养孩子多方面的能力：学习、社交、美术、音乐和体育。培养的重点是主动性、独立性、合作能力（协商和分享游戏设备，而不是争抢）和把孩子自己的观点融入游戏中的能力。

学前教育不同于看孩子。当然了，学前教育的很多事情涉及照顾孩子的身体和情感需求，而在一个好的保育环境中，很多事情事实上是具有教育性的。其差异就在于理念，这种理念把童年的早期阶段视为高密度学习的时期，而不只是一个等待真正学习开始的空闲阶段。

**为学前教育做好准备**。保障孩子的安全和健康，教导孩子养成合理的行为习惯，培养孩子与他人相处的乐趣，所有这一切都是为孩子适应学校做好准备。除此之外，孩子入园前必备的能力素质还包括基本的听说技能以及探索事物的渴望。若孩子熟悉字母和其发音，喜欢听故事，对文字感兴趣，也有助于顺利入园。

好的学前教育是兼容并包的。不是每个孩子都要有超前的读写能力和艺术才能，或者表现得格外有礼貌。每个孩子在成长中都要面对不同的挑战。有教育经验的幼儿园老师都经过专门的训练，能够教育优点不同、需求各异的孩子。

刚进入幼儿园时，很多孩子使用的都是包含 3 ~ 5 个词的简单句子。他们可以表达自己的需要，也能讲述刚刚发生的事情。孩子们能够理解听到的大部分语言，还能执行比较复杂的指令。可以听几分钟长短的故事，然后聊聊这个故事。但是，他们还是很容易出现误解。比如，如果你说"饿得可以吃下一匹马"，3 岁的孩子可能会很严肃地指出这儿根本没有马。

3 岁的孩子很容易说错单词的发音。大体上来说，大人至少应该明白他们说的 75% 的词语。对于发音有问题或口吃的孩子来说，如果人们不明白他们说什么，就会使他们产生挫折感。善解人意而又耐心的老师和技术娴熟的言语治疗师都会帮上很大的忙。

有一部分幼儿园要求孩子在入园前能够习惯在洗手间大小便，但并不是所有孩子都能做到。对还在使用尿布的孩子来说，看到周围的同龄人都能像大人那样去洗手间，会是一种巨大的激励。大部分孩子在几星期的努力学习之后都可以掌握使用洗手间的方法，但很多孩子仍然需要别人帮他们擦屁股，至少需要有人提醒他们擦干净后洗手。幼儿园的老师都知道，能够独立使用洗手间对孩子来说具有里程碑式的意义，所以老师很乐于跟父母合作，帮助孩子达到这个目标。

幼儿园每天都有固定的用餐时间。到 3 岁时，孩子通常能够用勺子吃饭，也会用杯子喝水，还能理解基本的用餐规矩。有发育障碍的孩子在吃正餐和点心时可能需要帮助，这也是他们教育内容的一部分。

学前阶段的孩子会学习基本的穿衣和脱衣技能，例如穿外套、套靴子等。老师一般要帮他们系扣子、拉拉链和按摁扣。如果有些孩子一开始需要更多的帮助，也是正常的。

**优秀的学前教育是怎样的？** 一个好的幼儿园老师要能同时胜任很多角色：照顾孩子的看护人，播下学习种子的教导员，体育教练，创造性的美术、音乐和文学的引导者。父母对幼儿园老师的工作了解得越多，在自己教育孩子的过程中就越能够发现和欣赏这些老师的优秀之处。

幼儿园的教室应该跟大一些的孩子所用的教室不同。不应该将桌椅整齐地排放，而要为不同的活动设置专门的区域，比如画画、搭积木、编故事、看书和过家家等。孩子应该有足够的机会依照他们的喜好在不同的区域活动。他们教育的重要内容就是学会如何选择一项活动，然后在一段时间内坚持这项活动。好的老师会密切注意他的每一个学生，知道他们在什么地方，活动进行得怎么样了。如果孩子难以决定做什么，老师就要引导他做出选择。如果孩子一直在进行同样的活动，老师就要帮助他做出其他的选择。

房间的许多地方要每天变换花样。如果这一天艺术区主要是手指涂鸦，一两天后就要换成用马赛克材料创作的作品，下一次又是装订成书的几页纸张。一项内容要持续多久，依据孩子的兴趣而定。除了普通的活动区域，房间的某些部分还可以反映与课堂内容相关的活动和特殊的主题。比如，这个月是一间杂货店，孩子们可以购物、改建店面或列出财产清单。下个月又可以换成邮局，之后还可以是面包房等。

不同的区域可以和课堂内容相关联。比如，去过比萨饼店以后，孩子们就可以把教室的一角改成一家小饭店。这些特别区域反映出孩子正在形成的价值观和想法，比如对环境的关注，他也许会设置一个室内花园，还会在附近散步时收集一些物品摆在里面。在做计划和实现这些改变的时候，老师会听取孩子的想法，明白教室不是他的，而是孩子们的。当孩子思考和讨论如何利用空间时，他们会学到如何协商与合作，这非常重要。

老师还可以布置一些教室之外的活动场地。学龄前儿童需要在室外活动。一个精心设计的场地应该有可供跑步、攀爬、骑车和进行想象力游戏的安全区域。老师要注意到每个孩子，了解他们在做什么，已经做了多久。必要时，老师要为孩子提供指导，有时还要参与到孩子的游戏中去，有时则是在旁边静静地观察。

老师还可以利用附近的大环境安排一些有创意的活动。绕着街区散步，孩子就有机会观察不同形状的叶子，各种建筑的材料，或者街道上的标志和它们的含义。这些观察都可以作为课堂讨论和其他室内活动的内容［我之所以知道这些事情，是因为多年以来我的母亲一直担任芝加哥大学实验学校的首席学前教育教师，而该校是全美最顶尖的教育机构之一。我上文描述的所有事情都出自我妈妈的课堂。你可以在她的著作《不为连翘，是为我》（*It's Not Forsythia, It's for Me*）中读到更多相关内容］。

**上幼儿园的第一天。**一个外向活泼的 4 岁孩子去幼儿园可能会像鸭子下水一样自如，而一个敏感又对父母有依赖感的 3 岁孩子，情况就大不一样了。第一天，母亲把他留在幼儿园时，他可能不会立即发作。但是，他很快就会想妈妈。发现妈妈不在身边的时候，他就会产生恐惧感。第二天，他可能就不愿离开家了。

如果孩子如此依赖父母，那么适应幼儿园的过程最好放慢一些。最初几天，母亲可以待在周围看他玩耍，过一段时间就把他领回家。这样，逐渐增加每天待在幼儿园的时间。在这段时间内，孩子会建立起与老师和其他同学的联系，当母亲不再陪着他时，这种联系能让他产生安全感。

有时候，孩子在开始的几天内会很开心，哪怕母亲离开了，也能独自待在幼儿园。但是，一旦他受了伤，就会立刻要妈妈。在这种情况下，老师可以帮助母亲做个决定，看看是否有必要再回来跟孩子待几天。即使陪在幼儿园，母亲也应该待在孩子注意不到的地方。因为这会培养孩子融入群体的愿望，进而让他忘记自己对母亲的需要。

有时候，母亲的忧虑比孩子还要严重。如果母亲说了三次再见，每次脸上都带着忧虑的表情，孩子就会想："如果妈妈走了，把我一个人留在这儿，好像会发生什么糟糕的事情。我最好别让她走。"母亲担心的是，她的小宝贝第一次离开妈妈会有何感受。这种心理很正常。在这种情况下，老师常常可以提出好的建议，因为他们有很多相关经验。开学前的家长会可以让老师早一点了解孩子，还能帮助你和老师彼此建立信任，从一开始就融洽地合作。

如果孩子离开父母时表现出严重的焦虑，他可能就会发现这样能控制富有同情心的父母，然后就会逐渐利用这种控制力。如果孩子不愿意去幼儿园，或者害怕回到那里和体贴的老师在一起，那么我认为，父母最好能表现出坚定的态度和信心，告诉孩子，所有孩子都要每天去幼儿园。如果孩子因为焦虑而一整天都和爸爸妈妈待在家里，那么这种焦虑感就会与日俱增。然而，如果孩子即使忧心忡忡也依然坚持去，他就会知道幼儿园实际上很安全，也很有趣，那么这种焦虑感就会减弱，直至消失得无影无踪。如果孩子的恐惧达到了极端的程度，父母最好与儿童心理健康方面的专家讨论一下（参见第 661 页）。

**回家后的表现**。有些孩子在开学前几天或几周内会感到很吃力。大集体、新朋友和新事物让他应接不暇、疲惫不堪。如果孩子起初很累，并不代表他无法适应幼儿园，只不过在他适应新环境之前，要暂时做一些妥协。跟老师谈谈，看是否需要暂时缩短孩子上学的时间。在上午 9 ~ 10 点去幼儿园是最妥当的方法，把容易疲劳的孩子提前接回家效果要差一些，因为孩子一般不愿意在玩到一半的时候离开。

在全日制幼儿园，那些一开始过于兴奋或紧张无法睡午觉的孩子，最初几周的疲劳问题会更加复杂。针对这种暂时的问题，可以让孩子每周有一两天的时间待在家里。有些刚开始上幼儿园的孩子尽管劳累，也会努力地控制自己的情绪，回家以后，他们就会放纵地发脾气。对这种孩子要格外耐心，还要跟老师说明一下。

经过良好训练的幼儿园老师一般都非常善解人意。无论孩子的问题是否与幼儿园有关，父母都应该跟老师讨论一下。老师可能会有不同的见解，而且很可能有针对类似问题的经验。

**幼儿园的压力**。教育是竞争性的，幼儿园也无法避免。雄心勃勃的父母常常把选择合适的幼儿园当成拿到常春藤联盟文凭的第一步。一些幼儿园在这样的压力下加入了更多的学习内容、课程设置和教学实践。老师教孩子背字母表，拼写一些简单的单词。孩子们要做一套套数学题。每天都会有一段做功课的专门时间，这段时间常被称作"座椅功课"，即长时间坐在椅子上，集中注意力完成一项功课。这些努力都是为孩子登上下一个教育阶梯做准备。

这种方法有什么问题吗？大多数孩子都渴望取悦老师。给他们一张字母表去背诵，他们会很认真地完成这项任务，也确实学习了一些字母。经过不断重复的训练，孩子们甚至能在看到某些单词时认出它们。一些孩子还能读出简单的词语。很多孩子在刚上幼儿园时就表现得非常出色。

但是研究表明，到小学二年级结束时，这些孩子的阅读能力跟其他孩子差不多。他们之前付出的大量时间和努力并不会取得长期的优势。此外，有些孩子会认为阅读只是为了取悦老师，其他孩子则会觉得阅读是一件非常无聊、非常艰难的事情，对其采取敬而远之的态度。

这并不是说幼儿园不应该教孩子字母和数字，而是说这些学习内容必须跟对孩子有意义的活动结合在一起。比如，最好听老师朗读故事，然后把故事中的元素编入孩子们的戏剧表演或艺术作品中，这样要比反复记忆单词卡片的效果好得多。如果他们还会编故事，老师就可以把这些故事写下来，再读给孩子听。如果把教室里的东西都贴上标签，孩子们就会学着去认识这些单词。

幼儿园的老师知道如何把孩子的注意力集中到阅读和算数上，这几乎是所有活动的组成部分。比如，如果教室里养了一只宠物仓鼠，孩子就能从笼子下面的标签上学会读这种动物的名字。老师可以让孩子们轮流负责喂养它，然后制作一个日历，在上面标出喂食的时间，让孩子们算算还有多久会轮到自己。幼儿园进行过多学习教育的另一个弊端是会占用孩子们玩耍的时间，那正是孩子们学习知识、发展社交能力、开发创造力的真正途径。技能加训练的学前教育方式会让孩子们认为，学习是出于一种责任，他们只能服从安排，而以玩为中心的教育方法会让孩子们热爱学习。

# 学龄期：6 ~ 11 岁

## 融入外部世界

孩子到了五六岁就是儿童了。虽然他们和身边成年人的感情仍然非常重要，但是跟以前相比，这时候更加关注其他孩子的言行。他们开始关心自己的表现，以及适合自己的地方，也开始对学术科目产生兴趣，并在美术、音乐和体育方面崭露头角。这些孩子开始关注流行文化，并很快就知道了很多最新的热门歌曲，远远超过了他们的父母。临近小学毕业时，一些孩子开始注意总统选举和全球变暖等问题，并变得非常有主见。起初，孩子们的独立性只表现在很少的地方，随着时间的推移，他们变得越来越独立于父母，甚至对父母不耐烦起来。这些孩子开始在学校、社区和更广大的世界为自己争取一席之地。

**规则与秩序**。学龄儿童开始对某些事情认真起来。他们对那些没有规则的假装游戏已经不那么感兴趣了，更喜欢那些有规则而又需要技巧的游戏，比如跳房子、跳绳等游戏。在这些游戏中，参加的人需要按照一定的顺序轮换，游戏的难度也会越来越大，一旦失误了就要受到处罚，回到起点，重新开始。吸引孩子的正是这些严格的规则。

这么大的孩子开始喜欢收集东西，比如邮票、卡片、石头什么的。收集的乐趣在于获得一种条理性和完整性。这个阶段的孩子有时愿意把自己的物品摆放整齐。他们会突然去整理书桌，在抽屉上贴上标签，或者把成堆的漫画书摆放整齐。虽然还不能长时间地保持整洁，但是你可以看到这种愿望在一开始的时候有多么强烈。

**摆脱对父母的依赖**。6岁以上的孩子在内心深处仍然爱着自己的父母，但是他们一般不会表现出来。他们对其他的成年人也表现得比原来冷淡，不再希望父母只把他们当成乖孩子去宠爱，也不想被大人捏脸蛋。他们正在形成个人尊严的意识，并且希望别人能把他们当成独立的人来对待。

为了减少对父母的依赖，他们会更信任外人，愿意询问别人的看法或者向别人学习知识。如果他们钦佩的老师说红细胞比白细胞大，他们就会深信不疑。就算老师说得不对，父母也没有办法改变他们的错误认识。但是，孩子并没有忘记父母教给他们的是非观念。事实上，因为对这些教育记得太深了，就会认为那都是自己创造出来的。当父母不断提醒孩子应该做什么的时候，他们就会表现得不耐烦，因为他们已经懂事了，也希望父母认为他们是有责任心的人。

**不良举止**。这个阶段的孩子会去学一些粗俗的话，还喜欢模仿其他孩子的穿戴和发型。他们会不顾餐桌上的规矩，不洗手就趴在自己喜欢吃的菜上，大口大口地往嘴里填食物，还可能漫不经心地踢着桌子腿。进屋的时候，他们会把衣服随手扔在地上，还会用力摔门，要么干脆不关门。

虽然他们没有意识到自己的变化，但实际上，却同时做着三件事情：第一，开始关注同龄的孩子，开始把他们当成行为样板；第二，他们正在表明自己有更多独立于父母的权利；第三，因为没有做什么有悖于道德的错事，所以他们也在坚守自己的道德准则。

这些不良的行为和习惯很容易让父母感到失望，他们会觉得孩子已经忘了自己的精心教导。实际上，这些变化反而证明，孩子已经懂得了什么是良好的行为举止——否则就不会费劲地去反抗了。等他觉得自己已经能够独立的时候，就会重新遵守家庭的行为准则。这一过程会持续好几年。

并不是说这个年龄段的所有孩子都是捣蛋鬼。性情温和的父母带出来的孩子可能不会表现出明显的叛逆性。但是，如果你仔细观察，也能发现他们在态度上的变化：这些孩子开始愿意出谋献策，也喜欢质疑他人想法，表达批评意见。

面对日渐独立的孩子那不顺从和令人恼火的表现，你该怎么办呢？你可以忽视一些鸡毛蒜皮的小事，但是在你认为非常重要的事情上，态度一定要坚决。该洗手的时候必须让他们洗手。你可以用一种轻松幽默的方式去要求孩子，挑剔的语气和专横的态度都会让孩子心生愤怒，从而刺激他们下意识地抵制下去。

## 社会生活

**伙伴的重要性**。对于孩子来说，能否被同龄人接受是一件非常重要的事情。班里每个孩子都知道他们当中谁人缘好，谁最不讨人喜欢。人缘不好的孩子在学校里一般都很孤单，而且不快乐。难怪这个年龄的许多孩子都要花大量的时间和精力让自己合群，哪怕有时会违背家里的规矩也在所不惜。

在这方面，父母能做的非常有限。你可以告诉孩子不要理会其他孩子的想法和行为，但很少有孩子能做到这一点。另一方面，如果你的孩子完全不能或不愿融入集体，你教孩子"冷静"也可能无济于事（尽管一些专业咨询可能会有点帮助）。你能为孩子做的最有意义的事，也许就是帮孩子寻找和他的兴趣、风格相匹配，并且符合你自己价值观的团体，比如一个国际象棋俱乐部、美术班、戏剧小组，或由通情达理的教练带领的运动队。

**让孩子成为善于交际、受欢迎的人**。如果一个男孩在交友方面存在困难，那么老师若想帮助他，可以创造机会，让他在班级活动中发挥自己的能力。如此一来，别的孩子就有机会欣赏他的优点。如果能够安排他和一个非常受欢迎的同学同座，或者让他在活动中和这个同学搭档，也会对他有所帮助。若一个受同学们尊敬的好老师在班上表扬这个孩子，也可以帮助他提高在同学当中的威信。

父母可以把家里布置得舒适温馨，趣意盎然，来帮助孩子赢得小朋友的喜爱。你可以鼓励孩子邀请小朋友来家里吃饭，做一些孩子们喜爱的饭菜。当你安排有趣的周末活动，比如野餐或看电影，可以让孩子邀请他喜欢的小伙伴来参加（这个小朋友不一定是你认可的那个）。孩子跟成年人一样，也有唯利是图的一面，所以他们更容易看到款待他的人身上的优点。

你当然不希望自己的孩子只能用好处换来威信，这毕竟不会持久。所以，你要做的是采取措施，给孩子提供一些机会，使他能够加入到群体当中去。然后他就可以抓住机会和别人建立起真正的友谊了。要知道，这个年龄的孩子有时会因为小团体主义作怪而排斥别的孩子。以此为契机，孩子能建立属于他自己的真正友谊。

**小团体和小圈子**。若孩子们想成为大人，就会组成各种小团体来体验长大成人的感觉。一帮本来就是朋友的孩子会决定组成秘密团体。一有机会，他们就会凑在一起吃午餐，在课间休息时一起玩耍，放学后到彼此家里去玩。他们还会安排秘密的集会地点，并制定内部行为准则。这些孩子还会用手机或社交网络来互相联系。

小团体的主要功能是界定谁是"自己人"，谁是"外人"。然而，这种拉帮结派的自然倾向也带有一定的破坏性，容易导致捉弄、孤立、网暴，甚至是身体攻击。这时就需要父母和老师介入了。

孩子在 11 岁左右就到了上中学的年龄，他们对归属感的要求也会变得十分强烈。好看的外表、运动方面的特长或者学习成绩优异、有钱、时髦的打扮、风趣的谈吐，所有这些都是被接纳的条件。如果一个孩子任何条件都不具备，他就可能被大家完全孤立起来，从而陷入一种孤单而又痛苦的境地。一个既有同情心又懂得技巧的教师或者辅导员有时能够帮助孩子改变这种处境；而在上学以外的时间，心理学家或者其他专业人士也可以帮助孩子掌握必要的社交技巧。

**欺凌现象**。曾经有一段时间，人们认为大孩子欺负小孩子是正常现象，就像打针一样，是孩子在童年必须忍受的不愉快经历之一。然而欺凌会造成严重的伤害。被欺负的孩子经常会表现出胃痛、头痛以及其他紧张或压抑导致的现象。他们可能会躲在自己的房间里，也可能通过愤怒的方式表现出来。横行霸道的孩子容易欺负那些最脆弱的孩子，也就是那些几乎没有朋友的孩子。对于这些孩子来说，受人欺负会在他们每天感到的孤独感之外再加上恐惧感和耻辱感——这是一种具有严重破坏性的混合情绪。

仗势欺人的孩子也会受到伤害。虽然他们在上学期间好似风光无限，但长远来看前景却不那么乐观。因为已经习惯了通过威胁别人来获得成功，这些孩子很难找到别的方式与他人相处。结果就是，他们经常无法维持人际关系，很难保住工作，也很难逃脱法律问题的纠缠。

在大多数情况下，保护孩子不受大孩子欺负，首要的一点是在那些最容易出现问题的场所加强成年人的监管，比如走廊里、洗手间、运动场等。家长有权要求学校为孩子们提供安全的学习环境。告诉孩子不要理会那些攻击，或让孩子在受到欺负时奋力还击，这些办法并不太有效。尽管有些孩子受益于体育锻炼或练武强身，但其目的不是把孩子训练成打架能手，而是树立他的自信心，这样他就不那么容易被人恐吓了。

阻止校园欺凌，关键在于教育。行之有效的全校性课程将反欺凌教育渗入到所有班级的全年教学中，从而让校园文化出现崭新的气象。孩子们学会挺身而出反抗欺凌者，不做对欺凌行为给予默许的看客，并积极地相互扶持，彼此关照。校长、家长和老师们需要把阻止欺凌行为作为头等大事，因为校园欺凌损害了每一个在校学生的安全感，而孩子们只有感到安全才能专心学习。

## 在家里

**工作和家务**。在许多地方,到了上学年龄的孩子都要在农场或企业工作。然而在美国,大多数儿童只需专注于学业。不过,让他们觉得自己能为家庭做些有意义的事非常有好处。6岁的孩子可以摆放餐具、清理饭桌;8岁的孩子可以打扫房间、除草;10岁的孩子就可以做一些简单的饭菜了。

家务活让孩子们学会在家庭生活中承担责任。虽然家务活经常按照传统的性别角色来分工,比如女孩做饭,男孩整理草坪,但是也不必墨守成规。种类丰富的家务劳动可以帮助孩子们发现自己的潜力。

让孩子做家务的最好办法就是对他的任务要求始终如一,实事求是。给孩子分配的任务应该简单易行,而且是他力所能及之事,还得让孩子知道这些家务是每天都要做的。

**零花钱和钱财**。大多数孩子都在六七岁时开始理解存钱和花钱是怎么回事,从这段时间开始,你可以每周给孩子一些零花钱。少量的零花钱让孩子有机会做一些有关钱财的小决定。为了让这些决定更有意义，父母就必须在想慷慨解囊或孩子苦苦哀求的时候，忍住直接掏钱的冲动。孩子需要有机会去体验自己选择的结果。

当然，父母仍然应该对这些零花钱的使用方式做出限制。如果你们规定家里不能有玩具枪，而孩子想用自己攒下的零花钱买一把，你们就应该坚持原来的规定。零花钱不能成为每天做家务的报酬。做家务的原因是"家里的每一个人都应该出一份力"。如果孩子拒绝做家务，可以取消给他的一些待遇，其中就包括掌握零花钱的权利。

学习使用零花钱可以教会孩子们如何延迟满足，提前规划，以及运用数学能力。小孩子可以学习计数和分组的基本技能。大一点的孩子会用到更复杂的运算。如果你存了 2.75 美元，本周有 2 美元零花钱，然后花了 1.25 美元买糖果，那你还够买一包 5 美元的集换卡吗？如果你想买一款售价 35 美元的电脑游戏，而你每周有 5 美元零花钱，你需要多长时间才能攒够买游戏的钱呢？

## 常见行为问题

**撒谎**。小一点的孩子犯了错误以后，经常为了逃避后果而撒谎。是他们偷吃了那些饼干吗？是的，但他们不是故意"偷吃"的，他们只是理所当然地做了那件事情，所以在某种意义上，他们会回答你说"没有"——或许他们就是这样认为的。他们还应该明白，空口说某事如此并不意味着事实就是如此。最好是早点承认错误，那要比撒谎以后让事情变得更复杂好得多。父母和老师讲的教育性故事和他们自己的经历都能帮助孩子懂得这些道理。

大一点的孩子为什么说谎？无论是成年人还是孩子，有时都会陷入尴尬的境地。在这种情况下，唯一得体的退路就是撒个小谎。这并不值得大惊小怪。但是，如果孩子是为了欺骗而撒谎，那么父母要问自己的第一个问题就是：孩子为什么觉得自己非要说谎不可？

孩子不是天生就爱骗人。孩子经常撒谎是因为处在某种过大的压力之下。作为父母，你的任务就是找到问题所在，然后帮助孩子找到更好的解决办法。你可以温柔地说："你不必对我撒谎。告诉我出了什么问题，咱们看看能做些什么。"但是孩子常常不会立即告诉你实情。从一方面来说，他可能还没有充分理解自己面临的情况，无法用语言表达清楚。但是，就算他对自己的忧虑有一些了解，也可能不愿意谈论自己的问题。帮助他表达自己的感受和担忧，需要时间也需要理解。有时候，你需要老师、学校心理专家、咨询顾问或其他专业人士的帮助。

**欺骗**。孩子欺骗别人是因为他们不愿意失败。6 岁的孩子会觉得做游戏的目的就是取胜。只要名列前茅他们就会欢天喜地，一旦落后就会愁眉苦脸。要潇洒地面对失败，他们还需要很多年的学习。最终，孩子们都会明白，如果每个人都遵守规则，那么大家就能玩得很开心。如果他们能在游戏中明白这个道理，要比大人的训导来得深刻。

当一群 8 岁的孩子一起做游戏的时候，他们花在讨论游戏方式上的时间会比他们真正玩起来的时间多得多。他们能从这种激烈的讨论中学到很多东西。一开始，孩子们会把游戏规则看成是固定不变或者不可更改的东西。渐渐地，他们关于对错的看法就会变得更加成熟、更加灵活。他们会意识到，只要所有的游戏参与者都愿意，那么游戏的规则就可以改变。

当然，孩子们也可以从没有输赢的游戏中得到乐趣。你可以在书店和互联网上找到很多这样的游戏，非竞争性的游戏可以帮助孩子们认识到，玩游戏的目的在于获得快乐，而不是打败对手（参见第 502 页）。

**屏幕依赖症**。如果孩子一直盯着视频游戏、平板电脑或手机的屏幕，大人告诉他要停下来时就变得怒不可遏，那么他有可能患上了有损身心健康的屏幕依赖症。

**强迫症**。很多孩子到了大约 9 岁的时候，都会表现出相当严格和苛刻的倾向，他们经常处在一种紧绷的状态中。你很可能会想起自己童年时的这种表现，最常见的是要求自己迈过人行道上的每一条裂缝，虽然这种做法一点道理也没有，但你就是觉得应该这样做。类似的例子还有，每隔三根栏杆就摸一下，最后得到某个偶数，以及在进门之前说出几个特定的字等。如果你认为自己出了差错，就会严格地回到你认为完全正确的地方，重新开始。

强迫症也许是孩子缓解焦虑情绪的一种方式。导致焦虑的一个原因，可能是孩子无法承认对父母的敌对情绪。强迫症的潜在动机可能在童年时代的顺口溜中有所体现："踩上裂缝，妈妈背痛。"有时每个人都会对自己最亲近的人产生敌对情绪，但是，一想到真的要去伤害他们，他的良心又会十分不安，于是想要摆脱这些念头。如果一个人变得过分苛刻，那么，即使他已经成功地淡化了这些坏念头，他的良心还是会不断地搅乱他的情绪。虽然说不清为什么，但他还是会感到内疚。他会更加小心、更加仔细地去做一些毫无意义的事情，好让自己的良心得到安慰。比如，走在人行道上，每遇上一条裂缝，他都要迈过去，等等。

轻度的强迫行为在 9 岁左右的儿童中非常普遍，我们多数时候都把它看成正常现象。如果孩子心情愉快，热情开朗，在学校表现良好，就用不着担心。反过来，如果一个孩子在很多时候都有这种强迫行为，或者精神紧张、焦虑、孤僻，就要请教心理健康专家了。和许多焦虑相关的疾病一样，严重的强迫症往往受遗传因素影响。如果有明显的焦虑症家族史，就应该宜早不宜迟，尽快咨询医生或心理健康专家。


**抽动**。抽动是紧张的时候出现的一些习惯，比如眨眼、耸肩、出怪相、扭脖子、清嗓子、抽鼻子、干咳等。和强迫症一样，抽动经常发生在 9 岁左右的孩子身上，但是在 2 岁以上的任何年龄都有可能出现。抽动的动作往往会快速而频繁地重复，而且通常都是同一种形式。

一种形式的抽动可能断断续续地持续几周或者几个月，然后完全消失或者被另一种形式的抽动代替。干咳通常都是由感冒引起的。但是感冒好了之后，这些症状可能会继续存在。耸肩的起因可能是孩子穿的新衣服比较宽大，总觉得它要掉下来。孩子还可能模仿其他孩子的小动作，尤其会向他们崇拜的孩子学习。

抽动发作时往往没有明显诱因，一些儿童发生抽动的原因在于大脑的发育。抽动现象经常出现在情绪紧张的孩子身上。他们的父母可能相当严格，给他们造成了过大的心理压力。有时候，父母会过于苛刻，一见到孩子，就会指责或者挑剔他们。或者，父母不是把标准定得过高，就是安排过多的校外活动。如果孩子胆子大，敢于顶撞大人，内心的压抑感也许能减轻一些。

即使孩子能够暂时止住抽动，这个问题也不是他能够控制的。因为抽动而训斥孩子只会使问题变得更严重；相反，父母应该尽最大的努力在家庭生活中营造轻松、愉快的氛围，尽量减少唠叨，同时尽量让学校和社会生活令他满意。大约 10 个孩子里就有一个存在这样的抽动，这些问题几乎总是会随着善意的视而不见而逐渐消失。大约 100 个孩子里会有一个存在多种形式的抽动问题，并且持续一年以上。这样的孩子可能患有图雷特综合征，应该找医生检查。


**体态**。活泼自信的人会在坐、立、走的姿势上表现出积极的状态。许多孩子因为缺乏自信、受到过多批评或感到孤独而总是低头垂肩，显出一副无精打采的样子。父母总会忍不住不断提醒孩子端正体态。他们会说"注意肩膀挺直"，或者"看在上帝的分上，站直了好不好"。但是，父母过多的督促并不能让那些因为自卑而驼背的孩子修正自己的体形。

效果最好的办法其实是让孩子参加舞蹈班或其他体育课程的形体训练，或者接受理疗师的形体矫正治疗。这些地方的矫正比家里更加规范。如果孩子愿意，父母也能表现出友好态度的话，也可以很好地帮助孩子在家里进行形体锻炼。但是，父母的主要任务还是在精神上给予支持，包括帮助孩子缓解学习上的压力，促进他们愉快地与人交往，还有让他们在家里感到自信和尊重，等等。

　　同时要考虑到生理因素也可能引起体态问题。有些孩子天生肌肉松弛。很多孩子会花很长时间弯腰弓背地守在电视机屏幕前。超重或肥胖可能会加重驼背、内八字和平足。各种原因引起的慢性疾病和慢性疲劳会使孩子蔫头耷脑，精神不振。体态不好的孩子应该接受全面的医学评估。

## 学业有成

　　**学校的意义**。一位献身于教育事业的校长曾经对我说："每个孩子都有某种天赋，我们的任务是帮助他们发现自己的天赋，并培养这种天赋。"我认为这与教育的本质非常接近。事实上，"教育（education）"一词来源于拉丁语，意为"引导"，也就是激发孩子的内在品质和优点。这与那种认为老师必须把知识灌输给学生，而学生就像等待被填满的空罐子的教育观念完全不同。

　　学校教导孩子如何立足于世：孩子要学习如何工作，如何面对权威和处理复杂同伴关系，还要学会如何应对竞争、挑战和成功。优秀的教师会努力了解并帮助每一个学生。对于那些缺乏自信的孩子，老师需要给他们机会去体验成功。对于那些缺乏变通能力的孩子，老师需要给他们分配团队任务。对于那些缺乏兴趣的孩子，老师需要创造性地激发他们的好奇心。

　　过去，人们认为学校的工作就是教孩子们阅读、书写、计算和记忆一些客观事实。如今，学校课程更注重让学生理解不同文本（非虚构和虚构文本），提出探究性问题，进行批判性思考，集思广益，整合不同想法。孩子们在小学阶段学习的很多事实信息在高中毕业时就早已过时，所以教育重心已经从知识积累转向引导学生学会如何思考。

　　**教育差距**。可悲的是，美国的教育分化极其严重，最好教育与最差教育并存。一般来说，一个社区的学校质量与居民的收入呈正相关。在经济薄弱地区长大的孩子往往只能去差学校，长大成人后加入近45%的美国成年人行列，他们的读写水平非常低，甚至无法获得一份体面的工作。就这样，贫困和教育劣势的恶性循环不断蔓延。

很多为低收入家庭的儿童开设的学校为了应对这种情况，会不遗余力地讲授阅读、拼写和数学等基础知识。这种务实的教学方法有其好处，而且大家对这种教育的期望很明确。然而，孩子们仍然需要有机会去培养好奇心，进行创造性和批判性思考，并从学习中获得乐趣。我知道有一所位于市中心贫民区的学校，它在全州标准化考试中的通过率可与富裕的郊区学校相媲美。为了不辜负对自己的高期望，这所学校的孩子们学习非常刻苦。与此同时，他们还有时间去嬉戏、创造、思考和探索自己感兴趣的领域。这一成功的关键在于，家长们都对自己的孩子抱以很高的期望，并将这种信念传递给了他们。

纪律是每个学校都需要面对的问题。孩子们只有感到安全时才能专心学习。低收入地区的许多学校中都会弥漫着一种类似监狱的气氛，到处都是金属探测器和武装警卫。但是，不能像给孩子戴手铐一样，将纪律从外部强加给他们。孩子们需要由内而外地形成自我约束意识。他们必须先理解自己行为的目的，认识到自己做事的方式会影响别人，从而产生一种责任感，才能最终获得自我约束的能力。卓有成效的学校在各个层面都传达着核心价值观，即坚信天道酬勤，尊重他人，相互支持，以及担负个人责任。只要家长和学校共同努力，携手将这些价值观融入日常生活中，孩子们就会茁壮成长。

**把学校同外界联系起来**。学校应该让学生直接了解外面的世界，这样他们就能认识到自己的功课与现实生活有联系。可以让学习食品的班级去观察蔬菜的生长、收获、运输和销售等具体过程；让正在学习政府职能的班级去参观市政厅，还可以让他们列席参议会的会议。

好学校的另一个重要职责就是教学生懂得民主，但并不是作为一种爱国主义理想教育来灌输，而是一种生活方式和做事方法的教育。好的老师都懂得，如果在上课时表现得像一个独裁者，就不可能单靠书本教学生懂得民主。老师会鼓励学生自己决定如何完成某些课题，如何克服以后遇到的困难。好的老师会让学生自己决定由谁来做某项工作的这一部分，谁来负责那一部分。学生就是这样学会了互相肯定，也是这样学会了做事，不光在学校如此，在别的地方也一样。

如果老师把一项工作的每一步都交代出来，那么，在教室里时，孩子们就会按老师说的去做。但是，一旦老师离开教室，许多学生就开始到处胡闹。原因在于，这些学生会觉得上课是老师的事，而不是他们的事。但是，如果让学生参与选择和计划，让他们在实施计划的过程中互相配合，那么，无论老师在不在，学生都会认真地完成作业。因为他们清楚这项工作的目的，也知道完成这项工作需要的步骤。每个学生都为自己是集体中受尊重的一员而感到自豪，每个人都感到了对别人的责任，所以他们都想分担这项工作。这是纪律很高的表现形式。这种训练方式和精神状态能够培养出最好的公民和最有价值的劳动者。

**学校如何帮助学习困难的孩子？** 要制订灵活有趣的教学计划。以一个二年级的女孩为例，她所在的学校采用的是分科教学的方式。她在阅读和写作方面有很大的困难，成了全班最差的学生，她也因此感到非常丢脸。但是除了表示自己讨厌上学以外，她什么也不愿意承认。她和其他孩子一直相处得不好，即使在她的学习问题出现之前也是这样。她总觉得自己在别人眼里很愚蠢，这使她的问题越来越严重。她变得很好斗，偶尔也会神气活现地在班里炫耀自己。老师可能会以为她是想破罐子破摔。事实上，她想用这种不恰当的方式去赢得同班同学的注意。这是她不想脱离集体的一种自然表现。

后来她转学到了另一所学校。这所学校不但帮助她学习阅读和写作，还帮助她在集体中找到了位置。通过和她母亲谈话，老师得知她很善于使用工具，而且非常喜欢画画。这样一来，老师就找到了让她在班里发挥长处的途径。当时，学生们正在画一张反映史前村落生活场景的大幅图画，画完以后要挂在墙上。与此同时，他们还在集体制作一个考古挖掘现场的模型。于是，老师就安排这个女孩参与这两项工作，做一些她不用紧张就能做好的事情。

日子一天天过去了，这个女孩对古代文明越来越着迷。为了把她负责的那部分画好，把她承担的那部分模型做准确，这就需要从书里查阅更多相关信息。她开始想看书了，变得越发地努力。她的新同学从来不会因为她不会阅读就把她当成傻瓜。他们想到更多的是她在创作那幅画和建立模型上展现的才华，还会经常请她帮忙。这个女孩开始有了热情。毕竟，她已经因为得不到认可和友情痛苦很长时间了。当她觉得自己更受人喜欢时，变得更友好也更开朗了。


**学习阅读**。关于教授孩子阅读的方式一直饱受争议。早期的阅读教学包括背诵、重复，抄写，以及成堆的练习。20 世纪 60 年代，研究者们发现即使是很小的孩子也会通过对父母的观察获得读写能力，他们还以同样的方式学会了说话和其他基本技能。孩子们喜欢涂鸦，画一些字母和单词。他们从麦片盒和街道标示牌上学会了很多常见的单词。有些孩子甚至还自学起了阅读。教育专家一度非常推崇这种读写萌发能力，甚至认为正式教育在其面前毫无用武之地。

但是，在过去几十年中，教育研究又回到了原先的观点，就是孩子需要学习字母的用法。孩子受益于直接的教育，但这种教育不是枯燥的技能加练习式的记忆，而是学习字母如何发音，这些发音又如何组成单词。这种重新重视基础语音教学法的观点可贵之处在于，它没有否定孩子能够自然地获得读写能力的看法，而是认为两种学习方式都是孩子需要的。他们需要听别人念书，也需要自己编故事，把这些故事念给父母和老师听，然后再复述一遍，还需要花很多时间玩字母和单词的游戏。这些都是美国国家研究委员会1998 年发表的一份具有里程碑意义的报告《避免幼儿阅读困难》（*Preventing*

*Reading Difficulties in Young Children*）的经验教训。这份报告为读写萌发法和自然拼读法之间的争论画上了句号，指出两种方法都很重要。

**体育课**。在过去,体育课的重点内容是训练孩子们参加竞争性体育项目。近年来，教学重点已经转向了培养健康习惯和强身健体，目的是希望孩子们能把经常性体育活动变成生活的一部分。经常进行体育锻炼还可以提高注意力，提振情绪。进行各种体育活动，比如游泳、跑步、健身操或其他项目，可以帮助孩子发现他们最喜欢的运动。由于协调能力和耐力的提高，他们会越来越享受体育运动，也更容易坚持下去。

孩子们在体育课上会学习团队合作精神，以及如何争取成功、面对失败的体育精神。他们还会学习如何帮助落后的同学取得进步。对那些有学习困难和学习障碍的人来说，体育课提供了超越自我和建立自尊的机会。对很多孩子来说，有活力又需要技能的体育运动是自我表达的重要途径。如果体育老师或教练能够理解体育活动对孩子的情感产生的作用，孩子们就会从中受益。

**父母在学校中的作用**。如果父母能和老师互相配合，孩子的学习效果最好。如果孩子看到父母对老师十分尊敬，他们也会尊重老师。如果孩子在学校表现良好，父母就很容易和学校保持一种正面的关系。但是，如果孩子正在艰苦地努力，或者学校在有些方面需要改进，家庭和学校之间的正面关系更加重要。

除了参加家长会以外，父母还要努力了解孩子的老师。要自愿帮助班里做事，参与孩子的实地考察旅行和特殊活动。老师更容易和参与班级建设的家长沟通。如果孩子有任何学业、行为或人际交往方面的困难，学校就会早早地告诉父母。这些问题在最初阶段更容易解决。除此之外，有父母和老师共同参与的解决方案几乎总是更加有效。各种父母组织，比如家长教师联合会（PTA），都为学校教育做出很大的贡献。父母的共同努力可以给学校提供孩子生活的重要反馈信息。比如，孩子在家里提到了哪些担心的问题；学校教育的哪些方面很出色，哪些还需要改进。当你在家长教师联合会投入时间和精力时，就会在学校这个团体中赢得一定的位置。老师和校长就更容易把你视为伙伴。

**父母要做积极的推动者**。当孩子在学校遇到学业或社交方面的困难时，父母往往不知道要如何做才能让事情好转。面对着看来庞大又缺乏人情味和责任心的教育体制，一些父母会感到无助。另一些父母则感到，自己在孩子的教育问题上被赋予了领导者的角色。领导并不一定要全权负责。优秀的父母都知道，他们要跟老师和校长合作，有时也要跟医生和治疗专家配合。这些父母既态度温和，也懂得为别人着想，同时坚持不懈，积极发声。他们清楚自己的权利，愿意与其他优秀的父母合作。这样一来，他们就成了促进孩子接受积极教育的动力。并不是所有学校工作人员都喜欢这些主动的父母，但是管理者通常会尊重他们，还会通过努力工作来满足他们的要求。

父母参照的标准往往是自己学生时代的经验。如果过去曾幸运地进入了一所好学校，就可能对孩子的学校要求很严格。另一种情况是，父母的学校经历可能不尽如人意，那么重要的是要保持开明和乐观的态度，相信孩子一定会拥有更好的教育，而父母与学校主动、投入、周全的合作就可以使之成为现实。

**家庭作业**。低年级学生做家庭作业的主要目的是让孩子熟悉在家里学习的概念，家庭作业还可以帮助他们培养时间管理能力和组织能力。随后，家庭作业就具备了三大目的：让孩子学会运用在课堂上学习的技能或概念；让他们为下一次课做好准备；有机会完成一个任务，这个任务要么很耗费时间，要么需要外界资源的支持（比如图书馆、互联网，或家长）。

作业应该留多少？该布置多少作业，并没有硬性和统一的标准。美国国家教育协会和家长教师联合会对家庭作业的时间提出了这样的建议：对刚进入小学的学生（一年级至三年级），每晚约 20 分钟；四年级至六年级，约 40 分钟；七年级至九年级，约 2 个小时。

在标准化测试中，孩子做作业越多，成绩就越好。显而易见的是，当老师对学生的学习期望值较高时，孩子就会学到更多东西，而这种期望中包含相对较高的作业要求。

数量多并不一定效果好，尤其是在小学和初中阶段。超过一定的限度后，作业不但会增加学生的压力，还会挤掉其他有益活动的时间，比如做游戏、进行体育活动、上音乐课、发展个人爱好和休息。同时，作业也让孩子和整个家庭压力倍增。

如果孩子做作业的时间总是大大超出父母的预期，就要跟老师谈一谈。原因可能是期望不太切合实际，也可能是孩子正在经历特殊的困难，需要有针对性地处理。当然，若你发现自己对家庭作业唯恐避之不及，或每晚都为此头疼不已，就要和孩子的老师，甚至医生聊一聊。家庭作业不应该是一种身心折磨。

家长辅导孩子做作业没问题，只要别代劳就行。一些家长之所以觉得难，是因为他们不太懂那些课程。这种情况在共同核心数学课程上屡见不鲜，因为大多数家长并不熟悉这门课的专业词汇。虽然你可能会毫不犹豫地想要排斥新方法，但你会发现，只要付出努力就能理解这门课程。不过，即便你对课程得心应手，辅导孩子时仍然可能会力不从心，这或许是因为你缺乏耐心，或许是很多孩子不愿从父母那里学习课程知识。公共图书馆和其他社区机构经常提供免费或低价的家庭作业辅导服务。你可以和辅导老师以及学校老师通力合作，共同帮助孩子。

## 学校里的问题

对待学业问题，要像对待高烧一样具有紧迫感，只要出现问题，就必须迅速采取措施找出原因，让事情朝好的方向发展。无论原因是什么，如果问题持续下去，孩子就会把自己想象得很差劲。一旦孩子认定自己很愚蠢、很懒惰或很坏，再想让他们改变想法会很难。

**学校问题的原因。**通常来说，原因不止一个，很多问题会共同导致孩子在学校表现不佳。智力水平一般的学生可能在精力旺盛、压力过大的班级中表现得很差，而聪明的学生则会在节奏缓慢的班级中感到无聊和缺乏动力。被人欺负的孩子也许会立刻对学校产生厌恶，同时成绩下滑。听觉问题和视力缺陷、慢性病、注意缺陷多动障碍（参见第 629 页）都会引发严重的问题。有睡眠障碍的孩子可能长期处于疲劳状态，因而无法集中精力。饿着肚子去上学的孩子数量多得令人难以想象。其他的心理原因还包括对疾病的忧虑、对坏脾气父母的恐惧、父母离异或身体虐待和性虐待等。

孩子单纯因为懒惰而表现不佳的情况很少见。放弃努力的孩子并不是懒惰。孩子天生具有好奇心而且充满了热情。如果他们没有了学习的愿望，就说明存在着亟待解决的问题。

学校问题不只是分数问题。优等生可能会对自己过于苛求，因此时刻处在焦虑之中，这样的孩子会胃痛，并且害怕上学。那些努力想要拿到"良"的学生可能没有时间交朋友和做游戏，他们同样需要帮助。

**找出问题。**可以跟孩子心平气和地谈谈他在学校遇到的问题。不要只问"为什么？"，因为孩子们很少能对这个问题做出合理回答，通常还会觉得大人是在责备他们。相反，你要问一些具体事件的细节，比如：史密斯夫人叫你朗读时发生了什么？你当时有什么想法？感觉如何？排队下课的时候发生什么了？

你可以跟老师和校长见个面。要把他们当成合作者，而不是敌对方。你要首先假定老师和校长和你在同一阵营，都真诚地关心着你的孩子。

咨询一下孩子的医生、发育和行为方面的儿科专家、儿童心理学家或者对存在学校问题的孩子有研究的专家。还应该找一位医生看一看，比如孩子的保健医生或医疗专家，这些人可以帮助你把信息汇总起来，再根据这些信息更好地判断问题出在哪里，决定下一步该做什么。

如果孩子还不够成熟，那么再上一年幼儿园或一年级是有益处的。但此后，单纯的留级并不能有效解决严重的学校问题，甚至会引起一场痛苦的灾难。除非最根本的问题得到针对性解决，否则问题可能会反复出现，孩子的自尊心遭到打击后很容易对学校彻底失去信心，变得心灰意冷。

**校外帮助**。在校外环境中，父母可以做很多事情帮助有严重学业问题的孩子。大多数孩子都对周围的世界充满了好奇，父母分享并鼓励这种好奇的时候，孩子学习的兴趣就会增加。要经常到公园、图书馆和博物馆参观游览。可以查阅当地的报纸，查看图书馆里的公告牌或附近大学的布告栏，留意免费音乐会和讲座的信息。要聆听孩子讲话，注意他的兴趣点，然后按照这些兴趣点进行更深入的探索。

如果学校生活让孩子感到失望，那么让孩子热爱学习，培养出在今后生活中用得上的技能和才能就显得尤为关键了。一个喜欢修理东西的孩子可以先去培养这种修理技能，然后在自行车修理店工作，再后来成长为一名机械修理工。一个热爱艺术的孩子可以在设计、动画或其他相关领域挣钱养活自己。对于一个学业有困难的孩子来说，拥有令人满意的专业领域技能至关重要。

**老师和父母的关系**。如果孩子在班上的表现很好，父母就会很容易和老师相处。但是，如果孩子总惹麻烦，情况就会更加复杂。父母和老师互相指责是正常现象。无论哪一方，也无论他有多么通情达理，都会在心里暗暗地想，只要对方改变一下对待孩子的方法，孩子就会表现得更好。父母应该在一开始就意识到，老师和他们一样敏感。父母还应该知道，如果自己能够友好一些、合作一些，他们就能从学校获得更多帮助。

有些父母害怕面对老师，但他们忘了，老师其实也常常害怕面对父母。

父母的主要工作是向老师清楚介绍孩子的成长经历、兴趣爱好、对什么比较敏感，会做出什么反应。然后，父母要和老师一起研究一下，看看怎样才能在学校充分利用这些信息。如果老师在课上成功地利用了这些信息，不要忘了称赞老师。

有时候，无论孩子和老师做出多大的努力，双方就是无法配合。在这种情况下，校长就应该插手解决这件事情，看看是否应该让孩子转到另一个班里去。但不管怎样，父母都不应该公开责怪老师。如果孩子听见父母说老师的坏话，他就会学着去怪罪别人，推卸自己应该承担的责任。对父母来说，不去横加指责，而是换位思考的做法对孩子更有帮助。你可以对他说"我知道你有多么努力"，或者说"我知道，当老师对你表达不满时，你会有多么难过"。学会与不近人情的权威人物相处并非易事，但却是人生中的宝贵一课。

## 不合群的孩子

从孩子的角度看，得高分远不及被同伴们喜欢来得重要。每个孩子都可能有这种经历，他会放学一回到家就大声说："没人喜欢我。"如果孩子总是有这样的感觉，那就是问题了。不合群的孩子每天都要经受新的考验，忍受煎熬。如果孩子不合群，就可能受到同龄人的轻视、嘲笑，做游戏时，也没有人愿意跟他一组。这样的孩子容易感到孤立无援，灰心丧气，心情郁闷。

不合群的孩子不知道该如何融入群体，或者根本做不到。他很可能一点都意识不到自己的行为给其他孩子造成了何种印象。他交朋友的方式常常很笨拙，同龄的孩子因此会远远地躲开他。别的孩子会认为他"古怪"或"不友好"，尽管他真的极为渴望朋友。其他孩子当然不理解这种情况。从他们的角度看，他并不知道怎么玩，也不遵守规则，或者总是自行其是。不合群的孩子还可能存在着发育问题，比如注意缺陷多动障碍（参见第 629 页）

或孤独症（参见第 649 页），或有着身体发育差异（比如他可能体格过于壮硕或娇小），智力或艺术方面天赋异禀，甚至仅仅可能是没有穿"对"衣服。任何使孩子与众不同的因素都可能导致他被其他孩子排斥。

**帮助不合群的孩子。**如果孩子特别不受欢迎，父母不要不当回事。要观察他和其他孩子的互动情况。客观地判断自己孩子的行为可能很痛苦，也很不容易。父母可以跟孩子的老师和其他照看他的大人们谈一谈，这些人要能够坦诚地对待父母。如果父母很担心，找儿童精神科医生或心理医生做一下专业评估，宜早不宜迟。全面的评估不仅可以准确地找出孩子存在困难的方面，也会找到他的强项。

作为明智的家长，可以做很多事情来帮助自己的孩子结交朋友。积极参与学校的活动，认识一些孩子和家长。请老师在班里找一个可能比较友善的同学，让他和孩子坐同桌。邀请这个孩子到家里玩，或者邀请他一起去公园，一起看电影，或者一起去两人都感兴趣的地方。只选一个朋友就好，这样可以避免孩子成为古怪的局外人。开始几次游戏时间短一点，免得时间长了出现差错。要提前提醒孩子怎么玩。比如，可以说："要记住，问问约翰尼想玩什么；那样他就会玩得很高兴，以后还愿意再来。"观察孩子，如果他有任何好的表现，事后要给他表扬。在万不得已的时候，也可以插手干预一下，以便让游戏回到正确的轨道上。

在跟别的孩子一起玩的时候，如果不合群孩子的父母就在旁边，那么其他孩子就会对这个孩子友好一些。所以，可以给孩子报名参加一些集体活动，比如体育运动或舞蹈班等。把孩子的困难跟负责人解释清楚，请他给孩子一些额外的照顾。如果负责人跟小孩子有过接触，那他就能理解孩子的困境，而不会觉得这种情况很陌生或不同寻常。

如果孩子很不容易被别的孩子接纳，就要在他身边，充满理解地听他倾诉；不要训斥他，也不要责怪他。每个孩子都需要安慰、爱和支持，不合群的孩子最需要这样的帮助。有经验的医生或心理专家可以帮助父母弄清孩子是否患有注意缺陷多动障碍或抑郁症等疾病，这些疾病需要专门治疗。临床医生也可以助不合群的孩子一臂之力，帮助他们学会如何结识朋友和维持友情。

# 青春期：12 ~ 18 岁

## 青春期的挑战

　　青少年面临着许多考验。青春期重新塑造了他们的身体，从而改变了他们对自身的感觉，也改变了别人对他们的态度。性冲动既让人感到喜悦，又带来了恐惧感。我们的社会传递的青春期性信息是矛盾的：一方面极度地崇尚它（那些展示青春性感身体的广告都是证明），另一方面又把它当成一种危险的力量加以压制。这种社会氛围使青春期的问题变得更加复杂。对许多青少年来说，学校像个温暖的港湾，也有一些孩子会觉得它像监狱一样让人不自在。抽象思维能力的发展使很多青少年开始质疑社会，他们正准备以成年人的身份进入社会。理想主义可以催人奋进，但也常常引发暴力行为。

　　面对充满挑战的青少年行为，父母最好能够提醒自己，他们教给孩子的基本价值观并没有消失。尽管他们把头发染成了自然界里看不到的颜色，或开始文身，但大多数青少年还是会坚守家庭的核心信念。通过专注于长远目标，也就是把孩子培养成健康、能力优秀的年轻人，你或许能够更好地分辨出哪些行为真正值得担心，哪些行为只不过让人有点心烦而已。

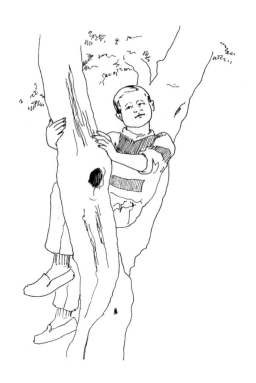

　　在傲慢自大的外表下，青少年对自己并没有十足的信心。如果父母坚信自己的孩子有能力取得成功，这些青少年就会受益无穷。但是，真正的危险依然存在。冒险的性行为、滥用毒品和自我毁灭行为都可能留下长期不良后果。此外，许多心理问题也会在十几岁的时候开始显现。因此，父母需要在孩子陷入真正的麻烦之前就开始介入。

## 青春发育期

　　青春发育期的身体变化会持续 2～4 年。女孩胸部发育一般在 10 岁左右开始，不过最早可能 8 岁就会开始发育，最晚则会延迟到 13 岁。在胸部发育两年后，女孩开始来初潮，也就是 10 或 12 岁左右。平均来说，男孩进入青春期的时间一般都要比女孩晚上 2 年，在 10～14 岁左右。如果青春期开始得过早或者过晚，就要找医生检查，看看这种发育时间的异常是不是疾病造成的。

青春期的变化最早发生在大脑的深处。大脑分泌出激素，通过血液循环输送到生殖器官（睾丸或卵巢），进而产生睾丸激素或雌激素，这些激素会带动青春期的其他各项发育。但是，至于最初到底是什么指挥大脑开始这种活动的，还没有人知道确切的答案。从全球范围来看，营养的改善会让孩子们的青春期提前到来，相比20世纪时间会提早很多。然而，有一些不太健康的因素，比如食物中的农药或环境中的一些化学物质，可能会模仿大脑内部信号，从而使青春期提前到来。

**女孩的青春期发育**。让我们追踪一下进入青春期的普通女孩发育。刚开始上小学时，她一年会长高5 ~ 7.5厘米；8岁的时候，她的生长速度就会慢下来，大约一年长高2.5 ~ 5厘米。到了10岁左右，突然之间，她会以平均每年7.5 ~ 9厘米的速度迅猛增长，体重也由过去的每年平均增加2.3 ~ 3.6千克，发展到4.5 ~ 9千克。此时她的食欲也开始明显增加。

她的乳房也开始发育。最早能注意到的就是乳头下面出现的硬块。这常常会使父母感到担心，担心孩子得了乳腺癌，其实，这只是乳房发育的正常开端。在前一年半的时间里，乳房会发育成圆锥形，等到月经初潮快要来临的时候，它就会变得丰满起来，接近半球形。偶尔也会出现一侧乳房比另一侧早几个月发育的现象。这种情况很常见，没什么好担心的。发育早的乳房可能会在整个发育期内显得稍大一些。这种状态有时可能会持续更久。

乳房开始发育后不久，就会长出阴毛。随后，腋毛也开始生长，皮肤组织也发生着变化。女孩的臀部会变宽，身体也会逐渐丰满。一般在12岁到12岁半时第一次来月经，通常被称作"初潮"。从此以后，她的生长速度就会减慢。许多女孩在月经初潮以后的一两年内，月经周期都不太规律，也不是很频繁。这并不是生病的症状，只是表明她的身体在刚开始来月经的时候还没有发育成熟。身体还会出现一些其他变化，都是正常现象，比如有些女孩的阴毛会比乳房初次发育早几个月出现，偶尔腋毛会最先出现，预示着身体开始发育。

即使青春发育期早于或者晚于平均年龄，也都是正常现象。发育较早的父母更容易生出发育较早的孩子；反之，发育较晚的父母更容易生出发育较晚的孩子。一个 8 岁就开始发育的女孩可能会觉得十分尴尬，觉得难为情，因为她发现自己是班里唯一一个人高马大的女生。若一个女孩 7 岁就开始发育，那就应该找医生检查一下。青春期过早到来会导致骨骼提前生长，让孩子一开始个子很高。然而，因为她们的骨骼也提前停止生长，使得成年后最终身高非常矮。医学治疗可以防止这种情况发生。即使女孩到了 13 岁还没有出现青春发育的迹象也不必着急，她的青春期会开始的，只不过还要再等一段时间。若女孩年满 14 岁依然没有任何发育迹象，或身体发育两年来却一直没有月经，就应该让医生检查一下。

**男孩的青春期发育。**男孩的青春发育期一般在 12 岁左右开始，不过有些发育早的男孩在 10 岁左右就进入了青春期。相当多晚发育的男孩从 14 岁才开始青春期的变化，也有少数人甚至会更晚。

男孩一般都是先长出阴毛，然后睾丸开始发育，最后阴茎开始增大，先是变长，接着变粗。所有这些变化都发生在身体快速生长之前，而且很可能只有本人才知道。（狐臭往往是青春期来临的迹象；不知为何，和女孩相比，男孩似乎对清除体味不太感兴趣。）男孩会越来越关注阴茎的勃起，而且认为周围的所有人都能注意到这点。

青春期时，男孩的身高会以从前两倍的速度增长。随着身高的增长，他们手臂的长度和鞋子的号码也在增长，这会让处在青春发育期的男孩看起来又瘦又高，显得不太协调。然后，肌肉的发育才跟上。大约与此同时，他们的胡子和腋毛也会长得更长，而且更加浓密。然后，他们的声音开始变得粗重又低沉。有的男孩乳头下面的一小块区域会增大，还可能变得很柔软。这都属于正常现象。有些男孩的胸部会增大得比较明显，这让他们感到羞愧不已。这种情况在超重的男孩中更为常见。减肥和运动都有助于改善这种情况，缩胸手术也可能有帮助（尽管只在极少情况下才有必要）。

大概两年之后，男孩就已经基本上完成了身体上的转变。在接下来的几年里，他们还会继续缓慢地生长，到 18 岁左右停止。有些发育较晚的男孩会继续长高，甚至会一直持续到 20 岁以后。在男孩当中，较早的发育很少会让人感到烦恼。在短短几年的时间里，这些男孩可能会变成班里最高、最健壮的男生（不过出现在 10 岁以前的过早发育情况，应当进行医学检查）。另一方面，发育较晚的孩子常常会感到心情沮丧。有些晚发育的男孩可能在 14 岁的时候仍然是个"小矮个儿"。当他看到朋友们大多数都快变成大人了，可能会感到有些自卑。所以，这样的孩子需要父母的劝慰，有时还要找医生咨询，以便帮助他们面对这种情况。身高、体格和运动能力的发展在这个年龄显得十分重要。

有些父母非但不去安慰自己的儿子，告诉他很快他就会开始发育，反而到处寻医问药。于是，医生就会给孩子补充生长激素。这种做法只会过早地终止骨骼的发育，使孩子长不到他本应达到的身高，并且也没有证据表明这会给孩子的心理带来长远的好处。在极个别情况下，当孩子的生长激素分泌过少的时候，父母需要咨询儿童内分泌专家。

## 青春期早期：12 ~ 14 岁

孩子们在生理和心理上都发生了改变。在早期，青少年要面临的重大心理挑战是接受迅速变化的身体，包括自己的身体和同龄伙伴的样子。这个时期的身体发育有着巨大的差别。一般来讲，女孩要比男孩早发育大约两年，不仅个子比男孩高，而且兴趣也更加广泛。她们可能开始去参加舞会，希望别人认为自己魅力四射。然而，同龄的男孩这时还只是尚未开化的小孩子，看到女孩就会觉得害羞。在这段时间，比较适合组织不同年龄段的孩子都能参加的活动，这样孩子们可以找到兴趣相仿的伙伴。

处在青春期早期的孩子对自己的身体极为敏感。他们会夸大自己的任何一点缺陷，还会为此而担心，会觉得所有的人都在关注他们。若一个孩子在身体上相比大多数孩子要矮一些、高一些、胖一些或瘦一些，就很容易认为自己是不正常的。不论是长雀斑、耳廓外凸、戴眼镜、牙齿不齐、戴牙套、乳房过小或过大，还是任何其他身体差异，在青少年看来都是十分明显的身体缺陷。

青少年可能无法像以前那样游刃有余地掌控自己的身体。青少年对自己新产生的情感也会产生这种不适应的感觉。他们会变得十分敏感，被批评时会觉得很伤心。他们一会儿觉得自己是大人，希望受到别人的重视；一会儿又觉得自己还是个孩子，希望得到别人的关心和照顾。

**与父母分离。**青少年面临的一个核心问题是要弄清楚自己要成为什么样的人，做什么样的工作，按照什么样的原则去生活。有些人似乎走的是一条康庄大道，而有些人则在摸索出自己的人生道路之前走了很多弯路。首要之事是在情感上独立于父母。这很艰难，因为这些青少年的过往都是跟随在父母身后亦步亦趋。

现在，他们必须迈出独立的脚步。通常这些孩子做的第一件事就是给父母挑刺。一位家长感叹道："哦，要是我能有孩子小时候认为的一半优秀，能有孩子长大后认为的一半愚蠢就好了。"

**友谊。**有那么几年，青少年会时常表现出自己对父母的反感。当伙伴们在场的时候，这一点表现得尤其突出。为了确立自我，青少年往往会跟同龄人建立起亲密的关系。有时候，一个孩子会发现好朋友身上有跟自己类似的东西，于是更清楚地认识了自己。一个男孩子可能会说起自己喜欢某一首歌、恨某个老师或者很想得到某一种衣服，他的朋友就会十分惊讶地大声说他也有完全一样的想法。两个人都会为此很高兴，也能感到安慰。于是，两个人就在一定程度上减轻了孤独感，还获得了一种愉快的归属感。这也是为何青少年要花很多时间彼此交流，互发短信，还在社交网络上发帖互动。

**外表的重要性**。许多青少年都通过服装、发型、语言、读物、歌曲和娱乐等方面盲目追随同学的风格，来帮助自己摆脱孤独感。这些风格一定要跟父母那一代人不同。如果这些东西能够让父母感到愤怒或震惊，那就更好了。这就是当父母表示厌恶或反感时，很少起作用的原因。虽然你可以宣布简单的禁令（比如"家里不许戴脐环！"），但是很可能会招来一场争吵，而你则很可能在其中失利。

相反，如果你能够控制住自己的第一反应，就能跟孩子理智地交谈。比如，你可以指出某种发型或某种衣着代表着一个人与某个小群体的关系，比如光头党，而孩子其实并不喜欢这些人。你也可以指出现实生活中的某种限制，比如"你要是穿上那条迷你裙，他们不会让你进学校的门"。如果可以说服孩子，而不是居高临下地命令他，你和孩子就都是赢家。

另一方面，如果能和处在青春期的孩子开诚布公地交谈，最终被说服的可能是你。成年人接受新事物的速度一般都比较慢。曾经让我们感到惊讶或厌恶的东西很可能以后会被我们欣然接受，孩子们就更不用说了。这一点已经被 20 世纪 60 年代年轻人推崇的长头发和牛仔裤证明过了。曾经令学校十分不快的热裤、荧光发以及文身都是很好的例证。最难做到的还是在保持开放心态的同时坚持自己的核心价值观念。

**青春期早期的性行为**。大多数处在青春期早期的青少年都会产生性幻想，很多人都会尝试亲吻和爱抚，只有少数青少年会真正去尝试性行为。自慰行为非常普遍，有些青少年会因此怀有羞耻感和负罪感，而其他孩子则会淡然处之，以平常心看待这一生活现实。大多数男孩都会在睡觉的时候发生射精（梦遗）。有的男孩可以泰然处之，有的则会担心自己出了什么问题。

**性取向**。青少年阶段的性感受和性尝试可能针对异性、同性或双性等。十三四岁的青少年有时会触摸同性伙伴的生殖器，然后担心自己的性取向，这种情况在视同性恋为禁忌的群体尤为突出。尽管社会已经在接受不同性取向方面取得了长足进步，但在许多地方，依然是偏见占据主流。面对不同的性取向，很多人会肆意取笑和贬低，以排斥或赤裸裸的迫害相威胁。

性方面的严厉禁忌使青少年很难对同性朋友表达好感，更不用说谈论可能带有同性恋意味的感情了。感觉敏锐的医生有时能够提供相关的知识和安慰。青少年应该有机会谈论类似的话题，所以应该让他们和自己的医生进行私密的谈话。这样的谈话可以在每年体检后进行，父母要回避。

如果父母谈论性取向问题时毫无偏见，态度宽容，就会帮助孩子树立正确的态度。父母要留意那些带有侮辱性的笑话和带有偏见性的评论，并旗帜鲜明地表示反对，这一点非常重要。父母可以和孩子聊一聊恐同症，以及恐同为什么和种族主义等歧视同样错误。这样，父母就向孩子传递了一个信息，即身为青少年的他们可以安全地敞开心扉。但如果父母对此抱有偏见和歧视，那么结果只会让孩子关闭心门，并有可能令孩子更加孤立无援。

## 青春期中期：15 ～ 17 岁

**自由及其限度**。青少年常常抱怨父母给他们的自由太少，这种情况愈演愈烈。快要成年的孩子坚持自己的权利是很自然的事情，不过父母也不必把孩子的所有抱怨都太当回事。对自己还不太自信的青少年可能会认为是父母阻碍了他们，而不是自己的恐惧在作怪。当他们跟朋友谈论这件事的时候，就会愤怒地指责、埋怨父母。

当孩子突然宣布要做一件超越常规的冒险行为时，父母可能会怀疑这里有什么下意识的动机，因为这和孩子的一贯表现差得很远。比如说，他要在周末和一些朋友（有男孩也有女孩）去野营，而且没有父母陪同。孩子这样做可能是在要求父母予以制止。

他们还会努力寻找证明父母虚伪的证据。如果父母对他们制定的规矩和道德标准表现得不可动摇，孩子就会觉得自己有责任继续遵守这些规矩和准则。但是，一旦发现父母是虚伪的（比如父母一边告诫孩子不要饮酒，一边自己却经常喝得酩酊大醉），就会觉得自己不必听从父母在道德责任方面的要求，还找到了一个责怪父母的好机会。与此同时，这会破坏孩子心理上的安全感。

**承担风险**。青少年往往认为自己不会受到伤害。我们现在知道，造成这种错觉的部分原因在于青少年大脑的特定构造。要说服他们放弃这种想法绝非易事。家长会试图给他们讲道理，但这些孩子往往会对此置若罔闻。

不惧风险的尝试会带来收益。每一个发现和进步背后都有人在甘愿冒险。错误虽是良师，但不可太过严重。不论是骑自行车环游全国，还是日复一日练习滑板跳跃，青少年都在精进技能，树立自尊，并学会做出决断。然而，有些风险代价昂贵。吸烟的孩子可能会最终成瘾。青少年饮酒很多时候都会以酒后开车的悲剧收场。危险的性行为和毒品尝试也可能把人拖向万劫不复的深渊。

对于父母来说，他们面临的挑战是如何帮助青少年在面对风险时采取明智的态度。这需要在青少年时期就开始教导孩子正确看待风险和危险行为，同时不能指望仅仅由学校来承担这一教育重任。卓有成效的父母会找很多机会与孩子谈论价值和选择问题。更重要的是，他们会以身作则。这些父母还会避免将孩子置于诱惑重重的环境中。允许一个 16 岁的孩子为校报忙碌到深夜，这传达了家长的信任和对孩子承担责任的鼓励，而让一个女孩周末独自在家则会招致危险行为。

**父母应该坦白吗?** 父母经常会询问的一个问题是，是否应该告诉孩子那些自己年少轻狂时的鲁莽冒险史。他们不希望孩子因此有了放纵的借口。不过，纸终究包不住火，这些处于青春期的孩子讨厌被人操控和蒙骗的感觉。同时，他们还需要从父母那里获知关于青春期的经验。对这些青少年来说，比起把父母视为道德模范，信任父母更有意义。

当然，父母不必非得向孩子坦白每一件事。如果你的孩子问起一些你不愿谈及的往事，最好就告诉他："我真的不愿谈论这件事。"

尽管许多青少年不认同父母的价值观，但却非常关心父母的想法。你需要让孩子知道，你的首要任务是保证他的安全。最重要的是，他绝不能坐上由醉酒或意识不清之人驾驶的汽车，因为灾祸可能突然而至，无法挽回。你还希望他远离酒精、香烟和毒品，因为这些东西都害人不浅。如果你一直以一种明智的方式告诫孩子要注意安全，健康生活，那么孩子就会重视你警告的那些危险行为。

**工作和劳动**。在青春期中期，很多青少年都会第一次从事正式的工作。他们偶尔也会替别人看看孩子或者整理整理庭院。适度范围内，给报酬的工作能够培养孩子的自尊心、责任感和独立性。工作也能帮助青少年建立社会关系，还能开拓出可能会发展成为个人事业的一片领域。然而，很多年轻人都在工作上花了太多的时间，以至于没有时间去休息，也没有时间做功课。他们还可能长期过度劳累，而且脾气暴躁。很多工作都存在着严重的健康和安全隐患。父母可能需要及时介入，以防工作把孩子压垮。

**性尝试**。在青春期中期，很多青少年都会尝试各种性体验。接吻和爱抚最普遍，口交行为也经常发生（虽然很多青少年都不认为这是"真正的"性行为），还有许多青少年在青春期中期发生了性行为。由于彼此吸引和获得体验成为首要目的，而恋爱关系退居其次，这时的爱情常常很短暂。这并不是说青春期中期的爱情都是肤浅或者毫无结果的。那些诸如喜悦和痛苦、兴高采烈和垂头丧气的情感体验往往非常强烈。

说实话，在控制青春期中期的性行为方面，父母的能力有限。唯一的办法就是强调节制，类似的教育方案虽然听起来很不错，但是是否真的减少了青少年怀孕还不得而知。如果青少年有性尝试的打算，父母定下的规矩就无法阻止他们，反而会让他们的性尝试显得更加激动人心，更有吸引力，因为突破了那些限制。父母应该让这种交流公开，让孩子了解父母对婚前性行为的看法，限制不恰当性行为发生的机会（比如，不让孩子独自在外过夜），同时相信孩子能够负责任地处理这类问题。

父母需要和孩子经常围绕感觉、自由和界限等话题展开讨论。父母需要反复和孩子谈论性的话题，不要觉得这件事难以启齿。值得信赖的医生通常可以帮助父母挑明话题，让他们与孩子敞开心扉，坦诚交流。

**同性恋以及性取向疑虑**。对性取向有疑虑的初中生，或已确认为同性恋的青少年需要额外帮助（参见第 495 页）。尽管社会进步了，但性和性别疑虑导致的自杀及自杀未遂率仍然居高不下。父母可以咨询相关专业人士，来帮助自己和孩子应对那些非主流性取向带来的问题和挑战。找一个受人信赖的儿科医生或者家庭医生是良好的开端。

## 青春期晚期：18 ~ 21 岁

**这个年龄面临的挑战**。在这个年龄阶段，孩子跟父母之间的冲突开始缓和。这个阶段年轻人的主要任务是选择事业发展的方向，以及发展更有意义、更为长久的感情关系。在过去，人们普遍认为，处在青春期晚期的青年应该准备离开家去上大学，或者找一份工作，开始独立生活。那些选择先上大学再读研究生的青年，也许会把他们的青春期延长到二十八九岁或者 30 岁以后。很多这个年龄段的青年主动或被迫继续住在父母家。随着社会和经济的变化，这些青年人面临的挑战也会发生改变。

**理想主义与创新**。随着知识的增加和独立性的增强，青少年开始渴望发现新事物，反思传统，纠正不合理的现象。大量的科学进步和伟大的艺术作品都是在人们刚刚跨入成年的门槛时创造出来的，他们并非比这个领域的前辈更聪明，只是偏爱尚未尝试过的全新事物，并甘愿去冒险。

**寻找自己的道路**。有时候，年轻人要花上若干年的时间才能塑造出自己认同的身份。他们不愿意像父母那样承担一份平凡的工作，而是追求与众不同的生活方式。对他们而言，这些选择似乎都是体现强大独立性的证明。但是，从自身来看，这些特点并不代表积极的生活态度，也不代表他们对世界的建设性贡献。

有的年轻人因为性格中存在着理想主义和奉献精神，会用简单又激进的态度来看待事物，比如政治问题、艺术问题，或者其他领域的问题。这种态度会持续多年。这个年龄段各种趋向的共同作用，使孩子们处在一个极端的位置上，当他们第一次看到这个世界令人震惊的不公平的时候，他们会变得非常尖刻，对伪善的表现冷嘲热讽，绝不妥协又勇气十足，甚至愿意为此做出牺牲。

几年以后，等他们在情感上独立起来，而且满足于这种独立状态的时候，等他们明白该如何在自己选择的领域里发挥作用的时候，就会更加包容人类社会的弱点，也更加乐意做出有益的妥协。这并不是说，他们变成了容易满足的保守主义者。其实，很多人依然很激进，还有一些人仍然很尖锐，但是，大多数人都会变得更容易相处和共事。

## 大学

**选择大学的步骤**。对大多数青年而言，选择一所大学是第一个重大的人生决定，对此，他们拥有发言权。这是他们确定个人目标、衡量自我意愿的机会。虽然父母不想让孩子因为太沉重而变得过度紧张，但还是希望他认真地对待这次选择。

先帮孩子理清头绪。第一步是从高中指导办公室拿到大学申请的最后期限时间表。孩子会知道如何在网上搜寻美国任何一所大学的一切相关信息。许多高中的指导办公室和大部分公立图书馆都能找到标准大学指南，它提供有关两千多所大学的课程、学生、师资和经济援助信息。

如果孩子选择失误怎么办？选择正确的学校可能带来一段更愉快、更成功的大学经历，但万一选错了学校可能也是一个学习的过程。事实上，许多学生都发现，最初选择的大学不能满足他们的要求，所以，他们会在另一所大学完成学业并拿到学位。转校虽然麻烦很多，但也不会如世界末日般让人绝望。

**择校考虑因素**。选择大学时首先需要考虑的问题是"我想在大学得到什么"。把这个大问题分解成更容易驾驭的小问题很有帮助。以下所列的清单介绍了选择大学时需要考虑的问题，供父母和孩子讨论时参考。

选择何种类型的大学？大部分学生选择四年制大学，最终获得文科学士学位或理科学士学位。但还有其他的选择，比如许多社区大学和职业学校提供了短期课程。虽然四年制的大学为未来的教育和就业提供了最大的选择空间，但也不见得就是每个学生的最佳选择。另外还要牢记，孩子的决定也不是铁板钉钉。拿到副学士学位的学生后面可以再决定是否转去学习四年制课程。

学校的规模如何？虽然很多规模较大的大学都有顶级的教授，但是普通学生也许只能在演讲大厅里见到他们，绝大多数面对面的教育课程都是由研究生负责的。规模较小的学校里著名的教授会少一些，但学生们也许会有更多机会接近他们。规模较大的学校提供了更多的课外活动和社会活动的机会，但是在小一点的学校中了解班里的同学会更容易一些。很多学生在大学校中都感到很失落，也有很多学生觉得自己在小学校里无法施展才能。

学费。原则上，经济资助的目的是让所有的学生都有接受大学教育的机会，但现实情况却是，进入一所更加昂贵的大学需要更多的经济投入。从严格的经济角度上看，跟许多私立学校相比，州立大学明显可能是"经济之选"，因为私立学校可能要花费三倍以上的学费。但是，如果私立学校的学生取得了一笔不菲的奖学金或者其他经济上的资助，最终还是能够付得起学费，甚至比公立学校还要便宜。

地理位置。许多学生因为来到大城市而欢呼雀跃，有些则埋头苦学，两耳不闻窗外事。孩子可能十分明确地知道自己想去国内的什么地方。比如，要是他喜欢滑雪，很多地方的学校就会被排除掉。如果他的情绪比较容易受季节的影响，那么冬季漫长又阴冷的地方就可以排除。学校与家的距离同样是个关键问题。每年相聚机会只有一两次，这对你和孩子来说很重要吗？

主修专业。虽然有些年轻人入学时还没有明确的专业方向，很多学生都在上学时改换了专业，但是大部分学生对自己感兴趣的方向至少有了大致的想法。对于一个痴迷于文艺复兴时期诗歌的学生来说，人文学科较强、自然学科较弱的学校可能是完美的选择。从另一方面来看，一个热爱诗歌的学生也可能转到医学预科，突然对物理和化学产生兴趣，这种情况偶有发生。一所发展全面的学校会给学生更加灵活的选择，他们只需更换专业而无须更换学校。

课外活动。希望参加某种体育活动或课外活动的学生，常常会选择在这方面表现出色的学校。如果学校的优势领域能够与孩子的兴趣相吻合，那当然更好。否则，当孩子无法参加最喜爱的活动时，就可能每天都有很长时间闷闷不乐。

多样性。大学教育的优点之一就是能给学生提供互相学习和相互了解的机会。在受益于多样化环境的同时，孩子们还可以从价值观和世界观相似的同龄人那里获得支持。这一点同样适用于种族、民族、收入、地域、政治和性别多样性共存的环境。

声望。一些大学以自由著称，也有一些大学将自己视为严肃的学府或政治进步推动者。从大学概况手册上很难看出这些特点，但是大学指南则会注明每所学校的特殊风格，这当然也是参观校园时的重点考察内容。

**其他问题**。这里还有一些需要考虑的事实性因素：

◆ 申请学生的数量和录取学生的数量。

◆ 这些大学对平均成绩的要求是多少？对学术能力倾向测试（SAT）或美国大学入学考试（ACT）的平均（或最低）分数的要求是多少？

◆ 有多少申请人可以拿到经济援助，最常见的援助内容是什么？

◆ 常见援助的拨款、贷款和勤工俭学分别包括什么内容？

◆ 校园环境安全吗？学校有义务提供校园犯罪的统计数据。

◆ 校园环境怎么样？有些建筑会让一些人感到鼓舞和振奋，却会让另一些人感到压抑。

◆ 学校的住宿条件如何？一些学校要求大一新生必须住学生宿舍，一些学校还有强制性的饮食安排。除非亲自去看一看，否则很难评估。

◆ 男生联谊会和女生联谊会是校园生活的重要组成部分吗？

◆ 住在校外的可能性和花销有多大？

◆ 有多少学生就读？平均来说，有多少人顺利完成学业，用了多少年时间？

◆ 有多少学生顺利找到对口工作？你还可以询问具体的工作。

◆ 有多少学生顺利申请上研究生？你还可以询问具体的专业。

**升学指导顾问**。优秀的高中升学指导顾问可以帮助孩子分析人生目标，并据此来计划他的学业。基于孩子的未来目标，指导顾问可以帮助他选择合适的课程和课外活动，帮助他提出一些问题，分析一些情况，以便做出最佳的选择。这听起来很像父母准备给予孩子的帮助，事实上确实如此。升学咨询不应代替父母的参谋，但却可以提供支持。

与此同时，父母的任务是帮助孩子保证申请过程顺利进行。事先考虑清楚并制订计划十分重要。但享受当下的生活也同样重要。一个高中生需要听从自己的兴趣，哪怕这些兴趣不会丰富他的个人简历。同时他还要过得开心些，不能只为大学申请就牺牲掉自己全部的青少年时光。

**大学入学考试**。文化的竞争性导致美国非常重视高分。难怪诸如 SAT 和 ACT 等大学入学考试，常会引起年轻学生的焦虑。很多希望子女斩获高分的父母，甚至投入了成百上千美元聘请私人辅导老师。

各种名目的考试名称可能令人眼花缭乱，目不暇接。SAT 原意是学术能力倾向测试（Scholastic Aptitude Test）的首字母缩写，ACT 原意是美国大学入学考试（American College Testing）的首字母缩写。然而，提供这些考试的非营利性机构已经决定，测试的正式名称即为 SAT 或 ACT，而不是代表某种意义的缩写形式。

更让人迷惑的是，现在又出现了 SAT Ⅰ 和 SAT Ⅱ 两种考试。SAT Ⅰ 和 ACT 是能力测试，而 SAT Ⅱ 则是学习成果测试（在改名之前，这项考试的正式名称就是学习成果测试）。尽管考试辅导公司数量迅速增加，考试本身却受到了严厉的批评。很多专家指出 SAT 和 ACT 都存在歧视女性和少数族裔的问题。例如，整个女性群体的 SAT 分数要低于男性，但是大学一年级时的考试成绩却高于男性。

大多数招生官更看重高中成绩而不是标准测试成绩。他们会综合考虑学生高中课程的难易程度、申请论文和个人陈述，以及老师和指导员的评价。

很多大学已经不再要求 SAT 和 ACT 成绩。取而代之的是，学生可以提交一份有关高中课程的报告或者论文，以帮助招生办公室衡量学生功课的质量和学校评分的严格程度。

不过，多数大学仍然要依靠标准测试来评判学生。尽管父母理论上反对那些考试，但孩子可能还是要参加。学生和家长可以通过大学概况手册、大学指南或上网等途径来了解要求考试成绩的学校，以及要求考试类别等相关信息。

**准备考试**。美国大学理事会（负责组织 SAT Ⅰ、SAT Ⅱ、ACT 和 AP 考试的机构）坚持认为，针对考试的辅导对于提高 SAT 考试成绩作用不大，平均只能提高 25 ~ 40 分。但是，SAT 考试的批评者认为，那些可以支付高额辅导费用的学生会显著地提高分数，这等于家境更好的学生获得了不公平的优势。

双方都认为，多次参加考试确实可以提高成绩，不过招生官通常认为参加考试超过两次的学生在申请中不占优势。对于积极的学生来说，公共图书馆可以提供免费或价格低廉的应试技能练习机会。有学习缺陷的孩子也有资格申请额外考试时间或其他便利条件。如果父母认为这很重要，就要早做计划，及早向大学委员会和其他测试机构提出申请。

**为学费精打细算**。经济援助的目的是让每个人都付得起大学教育的学费。但是，大约 60% 的经济援助都是以贷款的形式提供，因此很多学生毕业之后，虽然得到了文凭，也背上了一大笔债务。

为大学存钱的关键是尽早开始，充分利用复利的收益。在衡量学生经济补助需求的时候，联邦政府会按照大学学费每年花掉父母储蓄的约 5% 来计算，因此，被评估的经济需求就会随着这个数字的增加而降低。也就是说，是否能接受经济援助取决于这个数字。政府不会把家庭财产式的储蓄计算在内，也不会把年收入低于 5 万美元的家庭的任何储蓄计算在内。

从某种角度上讲，即使有资格得到经济援助，花银行里的钱也不合算，因为联邦政府会因此认为父母的经济压力得到了缓解。另一方面，如果不提前存钱，最终就不得不申请更多的学生贷款。如果这么做了，父母或孩子就会支付较高的利息，这比提前存钱的压力更大。

把钱存在孩子名下可以少纳些税，因为孩子的税率比成人低。但是，存在孩子名下的钱会极大地降低获得经济援助的可能性。因为联邦政府认为，学生存款的35%可以用来支付大学学费。所以，除非父母肯定自己的收入高出了规定标准，不可能获得助学贷款，那么把钱存在孩子名下才会有所收益。

还有一些政府发起的存款计划也可以为大学存款提供税率优惠。关于这些项目，以及更多涉及大学存款、奖学金和贷款等项目信息，父母可以自行查询。虽然大学教育十分昂贵，但是经济援助和助学贷款应该让每个学生都能上得起学。

## 给父母的建议

**要敢于制定安全规矩**。无论父母是否有道理，青少年注定都会产生叛逆情绪，至少有时会是如此。但是不管和父母怎样争吵，青少年还是需要父母的指导，同时需要父母对其行为加以限制。虽然自尊心不允许他们公开承认这种需求，但是他们常常会在心里想："要是我的父母能像我朋友的父母那样，给我制定明确的规矩就好了。"他们知道那是父母爱自己的表现，父母想保护孩子，让他们不至于因为经验不足而惹上麻烦或陷入危险境地。

父母需要知道孩子们的聚会或者约会何时结束，几点能到家，要去哪里，和谁一块儿去，以及谁来开车等信息。如果孩子问父母为什么要问这些问题，父母可以说，优秀的父母都会对自己的孩子负责。也可以说："万一出了什么事，我们好知道该到哪里去打听，或者去哪儿找你。"父母还可以说："要是家里出了什么紧急的情况，我们希望能够找到你。"出于同样的理由，父母也应该告诉孩子他们要去哪里，什么时候回来。

**尊重孩子，也要求孩子予以尊重**。青少年希望父母能够用对待成年人的态度跟他们讨论问题。父母如果采取专断强横的态度，那必然招致青少年的愤慨。若父母想要施以劝导，那么首先要学会聆听。

但是，如果争论的结果是打了个平手，那么父母一定不要表现得太民主，生怕得罪了孩子，甚至觉得孩子的意见可能也是正确的。父母的经验应该被孩子看得相当重要。最后，父母应该自信地表达自己的观点，在适当的时候，还可以提出明确要求，向孩子清晰明确地传达自己的立场。

父母应当表明，他们知道孩子在以后的大多数时间里将不再和他们共同生活，所以孩子只能凭着自己的良知，以及对父母的尊重来做事，而不应该因为父母的强制，或者因为大人一直盯着他，才表现良好。当然，这种态度不一定非得通过语言说出来。

虽然青少年从来都不愿意接受父母过多的指导，但是这并不意味着他们没有从谈话中受益。许多父母会小心翼翼地把自己的观点掩藏起来，并控制自己不去指责孩子的爱好和举止，生怕孩子觉得父母过于因循守旧或盛气凌人。其实如果父母能和孩子畅所欲言地交流，会更有帮助。既可以说说自己的观点，也可以把自己年轻时的一些事情告诉孩子。谈话时，父母要像和受尊重的成年朋友谈话那样对待孩子，而不应该认为自己的话是"圣旨"，或仅仅因为身为父母，就觉得自己的观点无可辩驳。


**应对反抗**。但是，很多父母都会问，如果孩子公开拒绝大人的要求，或者默默地违抗某种规定，该怎么办？在青春期的前几年里，如果孩子跟父母的关系是健康的，同时父母对孩子的规定或者限制也是合理的，那么孩子很少会在重要的事情上表示公然反对或者违抗，顶多是口头抗议。不要因为孩子的抗议或顶嘴而无暇顾及眼前的问题。

在接下来的几年里，父母可能会选择支持孩子的决定，虽然这个决定可能违背他们替孩子做出的最佳选择。比如，有个 17 岁的孩子一心想成为一名厨师，但是他的父母却认为攻读法学院是更好的选择。在这种情况下，一个大孩子想要遵从自己的选择，即使到头来证明这是一个错误。父母理解并接纳孩子之后，就能更好地以孩子的视角看待世界。随后，他们可能会接受孩子的选择，或成功说服孩子重新考虑自己的决定。

即使一个20岁左右的青年反对或者违抗了父母的教导，也不意味着那些教导毫无用处。它势必会帮助那些缺乏经验的人全面地看问题，就算他们不听父母的意见，仍然可能做出合理的决定。他们可能具备父母缺少的知识和见解。当然，到他们进入成年时期的时候，必须做好准备，有时需要拒绝别人的建议，有时又要为自己的决定负责。如果年轻人拒绝了父母的忠告，然后惹了麻烦，那么这种经历就会增强他们对父母意见的尊重，虽然他们可能不会承认这一点。

**明智决断**。假如父母对于一些问题不知道该说什么，或者想不出解决的办法，该怎么办呢？例如，孩子想参加一个进行到半夜两点的音乐会，这时父母可以跟其他的父母商量一下。但是，却不一定非要采纳他们的意见。从长远来看，只有父母相信自己做的事是正确的，才能做得很出色。对父母来说，在听取他人意见后，内心感觉对的事就是正确的事。

当你考虑是否允许孩子去做一件事情的时候，应该问问自己：这件事安全吗？合法吗？它是否会违背核心道德准则？孩子考虑到结果了吗？他是自愿这样做的，还是因为别人（老师或同龄人）对他施加了太多的影响？集中考虑了这些问题之后，你就能得出最好的判断，也能帮助孩子做出明智的决定。

如果孩子正在做一些看起来很危险或很愚蠢的事情，应该让他知道你很担心，这要比只是指责或者制定规则效果更好。对孩子说"你跟吉姆约会以后，总是不太高兴"很可能比对她说"吉姆是个混蛋"效果更好。当处于青春期的孩子从事极端危险的活动时，父母必须尽其所能保护孩子的安全。一般来说，父母需要寻求专业人士的帮助。

**安全约定**。要让孩子知道，无论何时何地你都会去搭救他，而且你不会问任何问题。虽然听起来不那么舒服，但这总要比为他治疗醉酒驾车导致的伤痛，或者处理法律问题好得多。青少年也需要保密的医疗服务渠道，这样他们就可以自由地讨论那些对父母难以启齿的问题了。好的医疗服务不会让青少年感觉自己生活不检点，其实效果恰恰相反。

**采取合理措施预防自杀**。如果孩子看起来伤心难过、情绪低落或者行为孤僻，对自己过去喜欢的东西失去了兴趣，或者成绩突然下降，你就要想到孩子患抑郁症的可能性，要寻求帮助。

**要求举止文明并分担责任**。无论是个人还是身处团体之中，青少年都应该对人彬彬有礼，真诚地对待自己的父母、亲朋好友、老师，以及一起工作和学习的人。孩子有时会对成年人多少抱有一些敌意。但是不管怎样，学会控制自己的敌视态度并且礼貌待人，对孩子都是有益无害的。

青少年应该在家里认真地尽到自己的义务。他们可以做些日常的家务活，还可以做一些额外的工作。这些劳动对孩子们大有裨益，不仅使他们获得了尊严感、参与感、责任感和幸福感，还对家庭做出了贡献。

你绝不能通过威胁或大喊大叫的手段强迫孩子遵守这些准则，但却可以在谈话时向孩子说明这些道理。就算他们不能始终如一地遵守，也要通过心平气和、明智合理的谆谆教诲，让孩子们知晓父母的基本原则。

## 青少年面对的健康问题

**青春痘**。皮肤在青春发育期会变得更加粗糙，毛孔扩张，还会分泌出更多油脂。有些毛孔会被油脂和死皮细胞的混合物堵塞，进而变黑形成黑头。平时附着在皮肤上的无害细菌，这时就会感染堵塞毛孔，形成青春痘（白头）。

差不多每个人在青春期都会长青春痘。长青春痘并不是因为脸上有污垢。性幻想和自慰行为在青少年中可以说十分普遍，但这些行为不会引发青春痘。吃巧克力或油炸食品也不是长青春痘的原因。抹在头发上的油膏却可能在额头上引起青春痘，油锅里冒出的油烟也有同样后果。很多青少年都很难忍住挤青春痘的冲动，这样容易把情况弄得更糟糕。虽然大多数青春痘都比较小，靠近皮肤表层，但是也有一种生长在较深层，容易留疤的青春痘容易在家族中遗传。这种青春痘需要治疗。

你要怎样来战"痘"呢？每天精神饱满地锻炼身体，呼吸新鲜空气，似乎都有助于改善皮肤状况。另外，早晨和睡前用温水配以温和的香皂或洗面奶洗脸也是一种好方法。有一些香皂和局部使用的药物含有 5% ~ 10% 的过氧化苯甲酰，不用医生开处方就能买到。还有很多水质的化妆品（不要使用油性化妆品），在青春痘自然消退的过程中，可以用来掩饰青春痘和疤痕。

如果这些措施都不管用，那就应该借助医疗手段。父母应该尽可能地帮助孩子治疗青春痘，这样可以改善他们的精神面貌，同时也避免留下永久疤痕。


**青春期的饮食**。鼓励健康饮食的最好方法是把优质的食物加到美味、规律的每一餐中。但是，一定要让孩子决定吃什么和吃多少，对青春期的孩子来说尤其如此。青少年正处在生龙活虎又生长迅速的年纪，他们吃得很多，每一餐热量都必不可少。你还可以认为，为了融入群体，孩子们在某种程度上要尝试同龄人喜欢的所有食物。

青春期可不是对孩子饮食指手画脚的时候。如果你试图干预，孩子可能会觉得，必须选择你认为他不该吃的东西才能保住面子。大多数青少年其实很在乎自己的身体，并且急于了解食物如何引起自身感觉的变化。只要食物不是权力较量的"战场"，十几岁的孩子可能会很愿意跟父母一起学习或向父母请教有关食物的知识。当孩子张口吃东西时，父母选择缄口不言可以达到最好的效果。

在大多数情况下，谷物、蔬菜、水果和瘦肉的健康搭配可以满足青少年成长的全部需要。生长迅速的青少年需要从充足的牛奶或非奶制品中摄入钙质。在那些冬季既昏暗又漫长的地区，或者阴雨连绵的地区，每天摄入400～800国际单位的维生素D补充剂很有必要。

父母需要警惕那些让人担心的变化。青少年食量突然增加，特别喜吃甜食和咸味小吃，有时预示着压力过大或心理抑郁，还可能引起体重骤增，进而令情绪更加低迷。另一方面，丧失食欲的现象和害怕肥胖的忧虑也可能是神经性厌食症的先兆（对于情绪紧张或受到鼓动的青少年来说尤其如此）；如果滥用泻药和暴食行为引起了呕吐，要寻求专业人士的帮助（参见第607页）。

**睡眠**。青少年需要充足的睡眠。一个10岁的孩子平均每晚睡八个小时就足够了，而十几岁的青少年则平均需要睡上9～10个小时。生理因素和文化因素共同作用，让十几岁的孩子变得晚睡晚起。但是，学校肯定不允许这么做，尽管他们晚上熬夜熬到很晚，起床的时间一到，也得早早地爬起来。一个星期下来，他们会变得十分困倦，或者脾气暴躁。然后，他们就会在星期六那天一觉睡到日上三竿，想要补上自己缺少的睡眠。周一上学，又开始了新一轮的循环往复。睡眠不足可能会导致青少年学习成绩欠佳,脾气暴躁,甚至会出现抑郁症状或体重暴增现象。

当青少年意识到睡眠不足的严重危害时，他们通常愿意和父母一起寻求解决方法。尽管对忙碌的孩子们来说，抽出时间睡觉并非易事，但这里有一个经常奏效的方法，就是禁止孩子在卧室里使用手机、玩电子游戏以及观看电视（参见第501页）。

**锻炼身体**。很多青少年都有久坐不动的习惯。经常参加运动可以帮助青少年保持精力，避免肥胖，预防抑郁症，甚至提高智商。竞技运动、舞蹈、武术或者其他体育爱好都是不错的选择。但是，体育运动并不是越多越好，过量的运动也许是神经性厌食症的症状（参见第607页）。

**避孕**。不管是男孩还是女孩，对于许多青少年来说，避孕都是一个重要话题，即便他们还未开启性生活（参见第 493 页）。口服避孕药（OCP）可以用来治疗月经不调或严重痤疮，也可以用来避孕。当然了，只有避孕套才可以预防性传播疾病。越来越多的青少年和年轻女性选择使用各种长效可逆性避孕措施（LARC）。在西方，宫内节育器曾因能引起严重感染而声名狼藉，但现代宫内节育器要安全得多，而且能轻松达到优于避孕药的效果。宫内节育器可以快速置入（痛感很轻，甚至趋近于零），轻松取出。

大多数父母都希望处于青春期的孩子不要有性行为，但许多青少年依然会偷尝禁果。在这种情况下，父母可能倾向于给孩子"立规矩，画红线"，但开诚布公的沟通可能会帮助你的孩子做出更好、更安全的选择。

第二部分

/

# 饮食和营养

# 0 ～ 12 个月宝宝的饮食

**喂奶的决定。** 你希望给孩子喂奶，孩子也希望有人给他喂奶。你和孩子都有强烈的本能，知道如何做好这项工作。还有许多人会告诉你该怎样做，比如朋友、家人、媒体，当然还有医生。听一听别人的意见是可以的，但是，最后你必须按照自己内心或直觉认为的最好的选择去做。你最该听取意见的，或许是自己的宝宝。

**宝宝对饮食了解很多。** 宝宝知道自己的身体需要多少热量，也知道自己的消化系统能够处理多少食物。如果没吃饱，他很可能会哭着要再吃一点。如果奶瓶里的奶水超过了他想吃的分量，他可能就不再吃了。你只需听从宝宝的决定。当你顺应宝宝发出的信号时，喂奶的效果就是最好的：当他觉得肚子空空的时候，就把他喂饱；当他觉得饱了的时候，就别再继续喂了。这样一来，你会帮他树立自信心，带给他快乐，培养他对自己身体的珍爱和对人的热爱。

因此，你的主要工作是理解宝宝发出的饥饿信号。有些宝宝很容易让人读懂。他们会在可预知的时间感到饥饿，而且一吃饱就心满意足。也有些宝宝则不那么容易判断。他们会在长短不一的时间间隔之后哭闹，有时是因为饥饿，有时是因为别的地方不舒服。这样的宝宝对父母的耐心和自信心是一个考验。如果你觉得自己搞不清孩子发出的信号，也不要自责，一定要向有经验的朋友和家人寻求帮助，还可以找医生咨询。

**重要的吸吮本能**。宝宝想吃奶的原因有两个：首先是饿了，其次就是喜欢吸吮的感觉。有些宝宝的吸吮欲望会比其他宝宝更强烈。用奶瓶的宝宝有时会吃过量，就是因为他们不停地吸吮，而奶瓶里的奶水总是源源不断。当他们把胃撑得太满时，就会吐奶（呕出的奶可能显得特别多）或者排出大量的水样粪便。有些哺乳的宝宝也会出现这种情况。如果你认为宝宝已经吃饱了，可以尝试让他用安抚奶嘴；如果宝宝仍然感到饥饿，他就会告诉你。

## 喂奶的时间

**喂奶时间表**。一百年前，专家们告诉家长要按照钟表的指示，每四个小时给孩子喂一次奶。据说这种安排可以预防腹泻，对很多孩子来说效果相当不错。但是，总有一些孩子很难适应有规律的时间安排，还有些宝宝的胃似乎无法容纳支撑自己四小时不饿的奶水，这会让孩子感到非常难受。

大多数宝宝都会很快养成定时吃奶和按时睡觉的习惯。有些新生儿似乎在出院时就已经形成了一天吃 6 ~ 7 次奶的喂养规律。通常情况下，哺乳的婴儿开始时吃奶很频繁（每小时一次也不稀奇），但随后就会逐渐稳定下来，吃奶频率也更加个性化。个子小一些的孩子吃奶次数一般都比大个子的孩子多。吃母乳的孩子比配方奶粉喂养的孩子平均吃奶次数多，因为母乳比配方奶消化得快。所有的孩子都会随着身体和年龄的增长，逐渐延长吃奶的间隔。

喂奶的时间间隔可能在 24 小时之内发生变化，但是在前一天和后一天之间仍然会保持一定的一致性。在一天当中的某些时候，宝宝们容易吃得多一些。他们有时还会表现得比较烦躁，可能持续几个小时，这种情况一般出现在傍晚时分。在这几小时里，哺乳的宝宝可能希望不停地吃奶，一旦被大人放下就会哭闹。使用奶瓶的宝宝则可能显得很饿，很贪心地吸吮安抚奶嘴。

傍晚的哭闹会逐渐好转，不过这种情况好像永远都不会结束。

等宝宝长到 1 ~ 3 个月的时候，他们自然而然不需要夜里的哺喂，从而放弃夜间吃奶的习惯。在 4 ~ 12 个月的某个时候，他们就能在父母睡觉的时候不用再吃夜奶也能安然入睡了。

**帮助婴儿形成规律。**婴儿形成喂养规律需要的时间因人而异。如果白天孩子吃完奶以后就睡着了，4 个小时以后还没有醒，妈妈就应该叫醒他，这就是在帮助孩子培养固定的日间饮食习惯。同样，如果孩子吃完奶了，又在睡觉的时候哼唧了两声，母亲也应该先忍耐几分钟，不要急于把他抱起来。假如孩子真的醒来哭闹，可以给他一个安抚奶嘴哄一哄，试试他能不能再次入睡。这就是在帮助孩子的肠胃适应更长的吃奶间隔。反过来说，如果在孩子刚吃过奶睡下不久，大人一听见他哭就马上把他抱起来喂奶，就会助长他少吃多餐的习惯。

大多数吃得较多的宝宝都能按照一定的时间有规律地吃奶，而且能够在出生后几个月内放弃夜间吃奶的习惯。另一方面，如果婴儿一开始吃奶的时候无精打采，迷迷糊糊，或者醒着的时候不知疲倦，躁动不安，又或者母亲的奶水还不是很充足，那么，耐心一点对谁都有好处。即使在这种情况下，如果父母能够慢慢地引导孩子，比如让吃母乳的孩子每隔 2 ~ 3 小时吃一次，让吃配方奶的孩子每隔 3 ~ 4 小时吃一次，就能帮助宝宝的饮食渐趋规律。

如果宝宝一般都是三四个小时吃一次奶，偶尔两个或两个半小时就醒来，而且显得很饿，这时候喂他就没有问题。但是，假如他吃奶睡下之后一个小时就醒了，又该怎么办呢？如果他在睡觉前吃得和平常一样多，就不太可能饿得这么快。他提前醒来的原因更可能是消化不良。你可以帮他拍拍后背，顺气打嗝，也可以喂他喝一点水，或者用安抚奶嘴哄哄他，看看这样能不能让他得到安慰。不一定每次孩子一哭就喂奶。如果他哭的时间不正常，就应该好好把情况分析一下（参见第 32 页）。

**半夜喂奶**。最简单的夜间喂奶原则是不要主动把孩子弄醒，要等到孩子自己醒来以后把你吵醒。需要夜间喂奶的婴儿一般都在差不多凌晨 2 点的时候醒来。在 2 ~ 6 周这一阶段，他有时会一直睡到凌晨 3 点或者 3 点半。要到这时候再喂他。第二天夜里他可能醒得更晚。他醒来以后，也许会不痛不痒地哭两声，如果你不马上给他喂奶，他就能再次入睡。

如果婴儿已经两三个月了，体重也达到了 5.5 千克，但是还在半夜醒来吃奶，就应该想办法让他放弃这次吃奶。不要一有动静就急忙给他喂奶，你可以让他折腾一会儿，宝宝过一会儿可能就会重新睡着了。婴儿为断夜奶做好准备后，通常两三晚就能成功断掉。如果孩子是母亲哺乳，他可能白天会花更长时间来吃奶。如果孩子是奶瓶喂养，宝宝想多吃一些的话，你可以增加白天奶瓶中的奶量，以弥补宝宝断掉的夜奶。夜间喂养应该在光线较暗的房间里安静地进行，这与在更多刺激环境下进行的白天喂养正相反。

有的孩子虽然已经放弃了半夜吃奶的习惯，但是白天的吃奶时间仍然很不规律。如果他愿意在晚上 10 点或者 11 点吃奶，还是应该在这个时候把他

弄醒了喂奶——这样至少也算有计划地结束了一天的生活。同时，既可以避免孩子在子夜到凌晨 4 点之间醒来吃奶，还有助于他睡到第二天早晨五六点。

## 吃得饱，长得快

**体重的平均增长**。没有哪个孩子是按照平均水平生长的。有的孩子天生长得就慢，也有的孩子生来就长得快。当医生提到平均情况的时候，他们的意思只是说他们把长得快的孩子、长得慢的孩子和生长速度居中的孩子放到一起考量。

婴儿出生时的平均体重是 3 千克多一点，在 3 ~ 5 个月之内会增长一倍。在实际生活中，出生时体重较轻的婴儿往往长得更快，好像是为了追赶别的孩子。而出生时个头比较大的婴儿在 3 ~ 5 个月之内体重增长得会慢一些。一般婴儿在前 3 个月里平均每天会增长 28 克左右，平均每个月会增长将近 0.9 千克。到了 6 个月以后，平均增长速度就会下降到每个月约 0.45 千克。到第二年，体重增长速度会下降到每个月 0.23 千克左右。

尤其是在大约满月之后，宝宝每一周体重的增加都不尽相同。出牙或者生病会使孩子好几个星期没有胃口，他的体重可能几乎不会增长。等他感觉好一些之后，胃口就会恢复，体重也随着迅速地赶上去。

如果你发现，宝宝上个星期只长了 0.124 千克，而过去一向都是 0.218 千克，那也不要马上断言是孩子没有吃饱，或者因为有什么别的毛病。如果孩子看上去很快乐也很满足，不妨再等一个星期看一看。也许他会有一次非常迅速的增长，以弥补上一次的短缺。如果吃母乳的婴儿每天至少尿 6 ~ 8 次，醒着的时候机灵活泼、睡眠好，这就足以表明他的饮食很充足。

**多久称一次体重？** 多数家庭都没有儿童秤，只能在医生那里称一下孩子的体重。通常，这就足够了。如果宝宝机灵活泼，表现良好，一个月称一次就可以。一个月内多次称重并没有太大意义。但如果孩子有肠痉挛症状，爱哭闹，或伴有大量吐奶，经常去医生的诊室称称体重，可能有助于你和医生找到孩子的病因。比如说，虽然孩子哭得很厉害，但是他的体重增长迅速，这种情况一般都是肠痉挛，而不是饥饿。

**体重增长缓慢**。许多健康宝宝的体重增长情况也会低于平均速度。如果他们总是饥饿，那就是一个很好的证明，表示他们属于长得快的类型。有时候，体重增长缓慢说明孩子可能生病了。体重增长缓慢的婴儿应该定期去找医生看一看，以确保身体健康。

偶尔还会遇见个别十分乖巧的孩子。他们体重增长缓慢，看上去好像不饿。但是给他们多吃一些，他们也愿意。然后，他们的体重就会随之加快增长。换句话说，并不是所有的婴儿吃不饱的时候都会哭闹。

**肥胖的宝宝**。有些人认为胖乎乎的婴儿很招人喜欢，这种看法很难改变。然而，随时带着一身肉的宝宝绝不会比瘦一些的孩子更快乐、更健康。而且，在赘肉相互摩擦的那些部位还很容易长皮疹。儿时的肥胖不一定意味着孩子就会终生肥胖，但是，把孩子养得胖胖的，对孩子而言绝不是好事。

**拒绝吃奶**。有时候，4 ~ 7 个月的婴儿吃奶时会表现得很古怪。母亲肯定会遇到这样的情况：孩子先是起劲地吃几分钟，接着就会变得很慌乱，他会猛地松开乳头大哭起来，好像什么地方很痛似的。他看上去仍然很饿，但每次接着吃奶的时候，就会更快地感到不舒服。但他吃固体食物的时候还是很起劲的。

孩子的这种痛苦可能是由出牙引起的。当宝宝吃奶的时候，吸吮的动作会使本来就疼痛的牙龈充血，所以引起了无法忍受的疼痛。既然只有在吸吮了一会儿以后才会感到疼痛，就可以把每次喂奶的时间分成几段，中间给他喂一点固体食物。如果孩子用奶瓶吃奶，可以把奶嘴的孔眼扎得大一些，让他能在较短的时间内不用费劲就把奶吃完。如果孩子的疼痛来得很迅速，而且难以忍耐，不妨在几天之内完全放弃奶瓶。如果孩子能用杯子，可以用杯子给他喂奶。用勺子也可以。你还可以把奶和麦片或者其他食物拌在一起喂给他吃。他吃不到原来那么多也不必着急。

感冒引起的耳部感染会引起颌骨关节疼痛，此时婴儿吃固体食物可能感觉很好，但会拒绝吃奶。有时候，在妈妈的月经期，婴儿也会拒绝吃奶。这种情况下，你可以每天多喂他几次，至少帮助他吃一点。挤奶可以缓解乳房胀满，同时保持奶水的持续分泌。经期一结束，婴儿和母亲都会恢复到正常的状态。

## 维生素、其他营养补充剂和特别的饮食

**额外补水**。有的婴儿喜欢喝水，有的婴儿却不喜欢。婴儿不需要专门补充水分，他们吃的母乳或者配方奶里的水分就能满足他们的正常需要。在孩子发烧的时候，或者在炎热的天气里，就要给他补充额外的水分。即使孩子平时不爱喝水，在这些情况下他也会喝。当孩子的尿液呈现深黄色时，就意味着孩子需要更多水分，这时宝宝可以摄取更多母乳来进行补充。如果你给孩子喝了较多的水，就一定要继续喂他正常量的配方奶或者母乳。只喝水不吃奶的孩子会生病的（关于治疗腹泻时的饮水内容，请参见第 272 页）。

**维生素 D**。虽然母乳在许多方面具有优势，但是所含的维生素 D 却十分有限。母乳喂养的宝宝每天需要额外补充 400 国际单位维生素 D。非处方的婴儿维生素滴剂每滴含有 400 国际单位维生素 D。奶粉喂养的宝宝一般都能从配方奶里摄取足量的维生素 D，但是每天一滴婴儿维生素 D 还是确保万无一失的安全方法。

有些成年人体内维生素 D 含量不足。如果你生活的地区日照强度比较低，整天都待在室内，或肤色较深（合成维生素 D 所需的日照时间会相应增加），你就应该检测体内维生素 D 的含量。如果母亲在怀孕期间缺少维生

素 D，生下的宝宝也会缺少维生素 D。早产的婴儿体内一开始就缺乏维生素 D，这样的孩子需要在饮食中额外添加维生素 D，以免出现严重的问题。

**维生素 $B_{12}$。** 每天食用蛋类和乳制品的孩子和母亲应该能够从饮食中获取足量的维生素 $B_{12}$，不必服用营养补充剂。如果选择母乳喂养的母亲本身是严格的素食主义者，很可能需要服用含有维生素 $B_{12}$ 的复合维生素补充剂，她们的孩子则可以从这种复合维生素中获取额外的维生素 $B_{12}$。

无论是对你还是对孩子而言，维生素的最佳来源是食用多种新鲜的水果和蔬菜，以及其他有益健康的食物。如果你正在给孩子服用复合维生素，以预防缺少维生素 D 或 $B_{12}$ 的问题，那么其他维生素也就一起补充了。

**铁。** 铁元素对宝宝健康成长和脑部发育必不可少。母乳中的铁很容易吸收。商店买来的婴儿谷类食品中也常常添加了铁。如果你的宝宝吃的东西除了母乳，大部分都是家里做的食物，可能需要添加一些补铁的滴剂。每天一滴管的婴儿复合维生素，再加上补铁制剂，一般就可以满足孩子对铁的需求。宝宝们应该在 12 个月前后进行血液化验，以测定是否缺铁，24 个月左右还要再化验一次。

所有婴儿配方奶粉都需添加铁元素。低铁配方奶粉会导致婴儿缺铁，因此不该给宝宝食用（关于铁元素与便秘的内容，请参见第 76 页）。牛奶提供的铁十分有限，还会使铁通过粪便流失。所以，1 岁以内的宝宝不应该食用牛奶。

**氟化物。** 如果孩子饮用的是加了氟的水，就不必额外补充了。如果你们的饮用水含氟量不到百万分之 0.6（即 0.6ppm），要向孩子的医生咨询应该给孩子补充多少氟化物。含有氟化物的维生素滴剂在药店的非处方柜台有售，但是一定要注意，氟化物过多也会带来问题，因此选购滴剂之前一定要得到医生的认可。

**低脂饮食**。对于 2 岁以下的宝宝来说，他在饮食中需要摄入脂肪以获取能量并满足大脑发育。标准的北美饮食中脂肪含量都很高。大部分 2 岁以上的孩子（还有我们大部分成年人）若能大幅度减少脂肪的摄取会比较好。但是，2 岁以下的孩子是个例外。对于 2 岁以下的孩子来说，低脂肪含量的饮食会带来生长方面的严重问题，还可能导致长期的学习障碍。当然，如果你的宝宝有特殊的医学状况，应该听从医生的建议。

豆制品、花生酱、其他种类的坚果酱和鳄梨等食物中含有对人体最健康的脂肪。食用肉类和全脂乳制品的孩子一般都能摄取足够的脂肪。

## 自己吃饭

**餐桌上的混乱**。当宝宝厌烦了自己吃东西，开始把食物乱搅乱撒的时候，你就应该把盘子撤到他够不到的地方。但是，可以在他面前的托盘上留点肉渣或者面包渣，让他拿着找找感觉。即使他非常努力地练习自己吃饭，也会把吃的东西撒得到处都是。对此，你必须容忍。如果你担心把地毯弄脏，不妨把一大块塑料桌布铺在孩子的高脚餐椅下面。婴儿勺勺头又宽又浅，勺柄也比较短，而且弯弯的，很好用，也可以给孩子用普通的勺子。

**早早练习**。有些宝宝不到 1 岁就能自己熟练地拿着勺子吃饭了，而有些宝宝到了 2 岁还不会。孩子多大可以自己吃饭这件事多半取决于家长何时让宝宝开始尝试。其实，早在 6 个月的时候，婴儿就开始为使用勺子做准备了，他们可以自己拿着面包片，还能用手抓着东西吃。然后，到了 9 个月，当他们能吃块状食物的时候，他们就想一块一块地用手抓起来放进嘴里。那些从来没有机会自己拿着东西吃的孩子，往往会推迟使用勺子的时间。

多数孩子到了 9 ~ 12 个月，都表现出想自己使用勺子的愿望，还会从父母的手里抢勺子。家长不要把这看成一场争夺战，可以把勺子给宝宝，再另拿一把自己用。孩子很快就会发现，仅仅占有勺子是不够的，自己吃饭是一件比较复杂的事情。可能需要几周的时间，他才能学着用勺子盛起一点点食物。要想在往嘴里送食物的过程中不把勺子弄翻，还需要好几周。

**放弃控制**。等 1 岁的宝宝能够自己吃东西了，你就应该完全放手。仅仅给孩子一把勺子和练习的机会是不够的，你还要不断地给他一些理由去实践。刚开始的时候，孩子的尝试是因为他想拿着勺子吃东西。但是，一旦他发现那有多困难，如果你继续麻利地喂他，他可能就彻底放弃努力了。当他能把一点点食物送到自己嘴里，你应该在刚开始吃饭他最饿的时候，让他自己单独吃一会儿。这时他的食欲会促使他认真地吃上一阵。他吃得越好，每次吃饭的时候就越想多吃一会儿。

等他能在 10 分钟之内把爱吃的饭菜吃干净，你就该放手让他自己吃饭了。这个问题父母们常常处理不好。他们会说："他现在自己吃麦片和水果没有问题，但是吃蔬菜和土豆的时候我还是得喂他。"这种态度有一点危险。因为如果孩子能自己吃某一种食物，他就有能力吃别的食物。如果你不停地喂他一些他碰都不想碰的东西，就会让他明显地感到，有些食物是他想吃的，有些食物是你想让他吃的。久而久之，他会对你喂的东西失去胃口。但是，如果你精心地安排，从他近期喜欢的食物里挑选均衡的饮食，而且让他自己吃，那么，即使偶尔会在某一顿饭中有些偏食，也完全可以在每周保持十分均衡的饮食。

关键是要让孩子在一岁左右学会自己吃饭，因为这段时间宝宝最有可能想去尝试。如果父母在这个年龄段不让孩子自己吃东西，然后在宝宝一岁九个月时宣布："你这个小傻瓜，是时候让你自己吃东西了。"那么孩子很可能会采取这样的态度："哦，才不要！我已经习惯了被人喂，这是我的特权。"宝宝长大一些后，尝试使用勺子这件事就不再让他兴奋了。

## 变化和挑战

**餐桌礼仪。**孩子都希望能更加熟练地独立吃饭。只要他们觉得自己有能力挑战，就不会再用手抓饭了，而是用勺子。然后，他们又会从用勺子过渡到用叉子。这就像他们见到别人做什么困难的事，自己也想试一试一样。

这并不是说你应该指望一个学步期的孩子拥有完美的餐桌礼仪。1岁左右的孩子会有把手指伸进菜里的强烈欲望，把一点麦片粥放在手心里挤一挤，或者把洒在托盘里的一滴牛奶搅来搅去。宝宝这样做并不是在胡闹，只是想试一试食物的感觉。但是，如果他想把盘子掀翻，你就要稳稳地把盘子按住。如果他坚持要掀，你可以暂时把盘子拿开，或者干脆结束这顿饭。

**6个月后生长缓慢。**孩子可能在最初添加辅食的几个月里很喜欢吃固体食物，然后就突然没了胃口。其中的一个原因可能是他的生长速度减慢了。另外，还可能因为出牙而觉得不舒服。有的孩子会剩下很多固体食物不吃，还有的连母乳和配方奶也不吃了。6个月以后，有的孩子甚至不让人喂。如果你让他用手抓东西吃，同时用勺子喂他，这个问题往往就能得到解决。过渡到一日三餐的饮食模式也能让情况得到改善。如果你心怀疑虑，可以带宝宝去找医生检查，医生会确认宝宝发育是否正常。

**不吃蔬菜**。如果你 1 岁的女儿突然拒绝她上周还很喜欢吃的某种蔬菜，那就随她吧。强迫宝宝并没有任何好处。如果你在宝宝不想吃的时候非让他吃，就可能会把他对某种食物的暂时不喜欢变成了永远的讨厌。如果他连续两次拒绝吃同一种蔬菜，那就几周以后再说。如果他拒绝食用一半种类的蔬菜（这是 2 岁孩子常有的事），那就让他吃那些喜欢的蔬菜。如果孩子暂时什么蔬菜都不想吃，只喜欢吃水果，那让他多吃点水果就好了。如果他能吃到足够的水果、牛奶或者豆奶，还能吃到高质量的谷物，就不会缺乏蔬菜里的那些营养物质。

**挑食**。到了大约 1 岁的时候，孩子变得对食物挑剔起来，饥饿感也开始减退。这并不奇怪。孩子的食欲实际上每天或者每个星期都在发生变化。大人知道，某一天我们会津津有味地喝上一大碗番茄汤，到了第二天我们又会觉得什锦蔬菜汤更香。其实，大一点的孩子和婴儿也是这样。你之所以看不出 1 岁以内宝宝的这种食欲变化，是因为他们通常都饿得很厉害，所以对任何食物都来之不拒。

**厌倦谷类食品**。许多孩子从 2 岁的某个时候起就会厌恶谷类食品。他们尤其不喜欢晚饭时吃这些东西。不必强求，还有很多别的东西可以给他们吃，比如面包或者通心粉。退一步说，即使他们在几周内都拒绝吃谷类食物，也不会有什么危害。你要预料到宝宝的口味会在每个月都发生变化。如果你不为此和孩子"斗智斗勇"，小家伙可能每一周也会吃到营养还算均衡的饭菜。不过，要是连续几周宝宝都偏食严重，就要咨询一下孩子的医生了。

**饭间玩耍**。孩子不太饿时就会开始玩闹，这时你可以把吃的东西拿走，让宝宝做点别的事情。你的态度可以坚决一些，但是没有必要为此跟孩子生气。如果你把吃的一拿走孩子就哭着表示还要，好像在说他还没吃饱，就再给他一次机会。如果他在两顿饭之间饿得很厉害，你可以适当地加大加餐的分量，或者把下一顿饭的时间提前。如果你总是在孩子不好好吃东西的时候毫不犹豫地拿走食物，饿的时候他就会认真主动地吃饭了。

# 母乳喂养

## 母乳喂养的好处

**有益健康**。市面上的婴儿配方奶在进行市场推广的时候，总是宣称采用了喂养宝宝的"科学"配方。然而，科学研究发现，事实刚好相反：对大多数宝宝来说，母乳要比配方奶更健康。母乳中含有的成分可以帮助宝宝抵御疾病，防止过敏、湿疹、肥胖和其他慢性病的发生。母乳中的某些营养成分还有利于脑部的发育。母乳中富含的各种不同的营养物质，是任何一种配方奶都不可能完全复制出来的。对于母亲来说，母乳喂养可以降低她们罹患乳腺癌和卵巢癌的风险，还会降低日后心脏病发作的概率。

美国儿科学会建议，母乳喂养至少要持续 12 个月；世界卫生组织的建议则是 2 年。即使只有一小段时间的母乳喂养，也比完全没有好。

**实用的好处和个人的好处**。母乳喂养更省钱。母乳喂养不用买奶粉运回家，再冲调，也不用给奶瓶加热和消毒。母乳喂养有助于妈妈们在产后减肥（分泌乳汁要耗费大量的热量）。宝宝的吸吮会促进催产素的释放。这种激素会让母亲心情愉悦、充满幸福感，还可以使子宫收缩到怀孕前的大小。

母乳喂养对年轻母亲有极大好处，能够迅速加深母子之间的感情。母乳喂养还会让母亲和孩子每天有几次充满爱意的身体接触，这创造了一种持久而相互的情感联结。因为知道自己为孩子提供了别人无法给予的东西，选择母乳喂养的妈妈感到了极大的满足。

**喜忧参半的感觉**。有些女性会觉得母乳喂养让人心里很不舒服，因为显得太不庄重。她们经常担心失败，觉得在公共场合喂奶很难为情，或者认为母乳喂养会使乳房变形（其实并不会）。所有这些感觉都是正常的，也可以理解。但最终并不是这些外部压力说了算。尽管社会层面阻碍重重，许多母亲依然选择母乳喂养。她们认为这是自己的选择，无关其他。

父亲也会产生复杂的感情。他们可能会感到被人冷落，也可能心怀嫉妒。如果父亲们能够记住自己身上有一份重要的责任，情况就好多了。母乳喂养可能会让人感到身心俱疲。只要能够使新妈妈的生活轻松一些，父亲做的每一件事都能让母乳喂养更加顺利，包括给妻子递上一个枕头或一杯水，照看家里其他孩子，摇一摇小宝宝，给宝宝换尿布，等等。

**性快感**。大多数喂奶的母亲都表示，她们在哺喂孩子的过程中有一种强烈的彼此深爱和相互联系的感觉。有些母亲还会感到乳房和外阴部位有一种类似于性兴奋时的快感。这些感觉都是身体对催产素的正常反应。所谓催产素就是母乳喂养过程中，大脑内部分泌的一种激素。

在进行性生活的时候，妻子的乳房也会溢奶，有些人会为此感到尴尬，也有人会由此激发性欲。由此可见，夫妻双方坦诚地交流感受非常重要。有时候，跟医生和哺乳专家讨论一下这方面的问题，可以帮助他们意识到自己的感受完全正常。

## 开启母乳喂养

**成功的诀窍**。有些婴儿似乎在第一次尝试时就知道如何吃奶，而对其他婴儿来说，可能需要两到三周的时间才能使妈妈和宝宝在喂奶时都感到愉快放松。有三个方法可以使喂奶的情况获得巨大的改善：第一，多给乳房一点刺激；第二，要远离配方奶；第三，不要过早气馁。开启母乳喂养可不是件容易事。要是你能找一个可以提供支持的指导者，会有很大帮助，无论是受过培训的哺乳顾问，还是有着丰富哺乳经验的女性都可以。虽然书本可以给你鼓励，但是当你面对困难的时候，什么也比不上一个经验丰富的帮手。许多产后护士、助产士和产科医生都知道谁是最合适的哺乳顾问。理想情况下，你可以在分娩前就找到哺乳顾问。

**最初的日子**。分娩一完成就可以自然地开始母乳喂养了。让新生儿光溜溜地躺在妈妈的肚子上，干渴的他们常常会扭动身体找到乳房并开始吃奶，甚至在出生后还不到一小时就会这样做。宝宝不需要任何人引导，就已经清楚地知道应该怎样做了。所有新生儿都应该在出生后的一小时内，或等妈妈苏醒后，尽快与妈妈进行这种皮肤接触。那些被评为"母婴友好医院"的妇产医院已将产后母婴皮肤接触时段列入了标准规程。

在孩子出生后几小时和几天之内，要尽可能地跟他在一起。最好是一出生就坚持母婴同室。把孩子抱在胸前可以刺激乳汁分泌。虽然在最初几天你不会分泌太多的乳汁，但孩子也不需要太多，大概每次吃一茶匙的奶量。

一开始，让宝宝按照自己的意愿随时吃奶就可以了，你的乳汁也会有很好的供应。随着不断的练习，宝宝衔乳头的动作和吸吮的动作都会越来越熟练，而他吃得越多，你的乳汁也分泌得越多。如果你在刚开始母乳喂养时感到疼痛，请把这一情况告诉护士。经验丰富的护士或哺乳顾问通常可以帮助你解决这个问题。

**避免过早食用配方奶**。在宝宝出生的头几天里，妈妈的乳汁还不充足，宝宝感到吃不饱是正常情况。如果宝宝满足于奶瓶里充足的奶水，就不会费劲地去吃母乳了。解决这个问题的最好办法，就是在婴儿适应母乳喂养之前尽量不要让他喝配方奶，也不要让他用安抚奶嘴。

**倾听支持者的建议**。征求并且听从那些成功哺乳的朋友和家庭成员的建议。不要让别人给你泄气。有的母亲想母乳喂养，但常常遭到亲戚朋友的怀疑，而这些人的本意也是出于关心和同情。他们会说这样的话："你不会是想用自己的奶喂孩子吧？""你到底为什么想这么做呢？""就你那样的乳房，永远也别想成功。""瞧你可怜的孩子饿的。你是不是想不顾孩子的饥饿，来证明点什么？"

除非你能意识到这些评论其实反映了他人的畏惧或遗憾心理，否则可能会被深深刺痛。倾听你自己的声音吧，那些支持你的人也会给你鼓励。你的母亲或者婆婆可能会成为你的同盟，也可以跟支持母乳喂养的社区组织联系（参见第 191 页）。

**担心奶水不足**。新手妈妈担心自己奶水不足是很正常的现象。有的母亲会在奶水刚开始正常分泌的时候，或者在一两天以后就感到泄气，因为她们的奶水并不多。但是，这绝对不是轻言放弃的时候，努力坚持才有机会成功。

你需要保证自己饮食充足，还要尽可能多休息。关键是要每天喝上几大杯水：没有足够的水分，身体就不能产生很多乳汁。（如果你愿意，喝果汁也可以，但是不能喝太多咖啡、茶和其他含有咖啡因的饮料。）即使宝宝一开始似乎对吃奶不感兴趣，也要经常把宝宝放在你的胸前，每天大概 8 ~ 12 次。随着乳房受到不断增强的刺激，乳汁的分泌就会增加。如果你担心自己奶水不足，可以给宝宝的医生或哺乳顾问打电话进行咨询。

刚开始，夜间哺乳对于乳房的正常刺激尤为重要。年幼的宝宝在夜里会更有精神，更加起劲地吃奶。计划好时间，争取白天能多睡一会儿，这样晚上你才能多起来一会儿。如果宝宝吃不了太多的母乳，奶水就会不断淤积，所以喂奶之后很有必要把乳房排空。在你和宝宝回家之前，医院的护士会教你如何用手挤奶，你也可以使用吸奶器（参见第 205 页）。

新生儿一般会在出生后一周之内减少大约 1/10 的体重，但是此后他们的体重会稳步增加，每天增加大约 28 克。宝宝通常在出生后两周左右恢复到出生时的体重。父母可以在婴儿检查体重时向医生寻求帮助并询问宝宝情况。

**获得帮助**。所有新生儿都应该在出院后的一到三天之内进行回访，检查体重情况。许多医院现在都有哺乳顾问，为母乳喂养的母亲答疑解惑（经过认证的哺乳顾问可以在自己的名字后面加上国际认证专业哺乳顾问的缩写 IBCLC）。国际母乳会是由成功地进行过母乳喂养的母亲们组成的团体，她们致力于给缺乏经验的母亲提供支持和建议。国际生育教育协会的指导老师和联邦妇女、婴儿和儿童特别营养补充计划（WIC）的朋辈辅导员可以提供帮助，通常还能给你介绍哺乳顾问。

**开始泌乳时**。一开始，乳房分泌的乳汁，叫作初乳。尽管量不多，看上去也很稀薄，但含有丰富的营养物质和抗体。大多数情况下，宝宝出生后的第三天或第四天乳汁开始分泌，这个时候也是许多宝宝变得更容易醒来，也更容易饥饿的时候。如果你施行了剖宫产，那奶水分泌可能要更慢些。有时候，乳汁会来得十分突然，母亲甚至能说出具体的时间，但更多时候乳汁的分泌是一个渐进的过程。

从出生后第三天或第四天开始，大多数母乳喂养的宝宝吃奶的次数每天都会多达 10 ~ 12 次。宝宝频繁吃奶并不意味着母乳供应不足，只不过现在的宝宝把全部心思都扑在吃喝和生长的重大问题上。与此同时，母亲的乳房也会受到体内激素最强烈的刺激。乳汁的分泌和宝宝的需求有时并不一致。在最初的几天里，乳房有时会分泌过多的奶水，有时又会满足不了再次陷入饥饿的宝宝。尽管如此，乳汁分泌系统的运转还是非常好。宝宝出生一周后，乳汁分泌系统就会开始根据孩子的需求量来决定奶水的分泌量。

**每次喂奶多长时间？** 在过去，医生会向新手妈妈建议一开始最好限定喂奶的时间，然后再把时间逐渐延长。这条建议并不正确。如果宝宝一觉得饿就能吃到奶，而且想吃多长时间就吃多长时间，他们就会不慌不忙地学会衔乳，从而避免咬疼乳头。让乳房分泌乳汁的泌乳反射并不能立即起效。一开始就让孩子尽情地吃奶，能让泌乳反射得以发挥作用。

也就是说，新妈妈们要想母乳喂养，最主要的就是做好心理准备。其他家庭成员应该承担起家务，好让哺乳的母亲专心致志地满足宝宝的需求。

**多久喂一次奶？** 这个问题的答案是，只要宝宝饿了，就应该喂。你可以试着在孩子饿得大哭之前就把他放到乳房前。相比哇哇哭闹的宝宝，让安静的宝宝吃奶要更容易些。婴儿四处寻食就代表他饿了，当宝宝的脸颊碰到东西时，就会转过头来，或将手放到嘴里。大多数婴儿刚睡醒时都会感到饥肠辘辘。正是这种饥饿感唤醒了他们！

如果孩子醒了，而且很快哭起来，你应该先检查一下他的尿布。你也可以让孩子哭一会儿，先不管他，看他能不能再次入睡。有时候，如果父亲把宝宝抱起来，靠在他赤裸的胸脯上，那种温暖和不同于母亲的味道也能起到安抚的作用；有时摇一摇孩子也很有效果。但是，如果这些办法都不管用，还是应该再给孩子喂一次奶。

那些吃啊吃啊似乎永远都不能满足的宝宝，可能并没有吃到多少奶水。你要仔细听一听，看看孩子有没有发出吞咽的声音；注意一下，看看他是否每天都会排几次稀软的黄色大便，是否经常排尿。还可以找医生检查一下，看看宝宝的体重增长是否正常。在问题还不严重之前，应该及早向哺乳顾问求助。

**喂一侧乳房还是两侧都喂？** 有一个简便又可靠的方法，就是每次喂奶时都让小宝宝先把一侧的奶水吃光，再吃另外一侧。他松开乳头的时候你就知道他吃饱了。他可能在另一侧只吃一点点，也可能仍然吃很多，这些都是宝宝自己的决定。让宝宝自行决定可以保证他最终既能吃饱，又不会吃得太多。在下次喂奶时，要从上次喂奶结束的那只乳房先开始（也就是说，如果上一次喂奶是从右乳房开始，那下一次就要从左乳房开始）。这样一来，两只乳房中的乳汁都能均等排空。

**哺乳反应的类型**。不同的婴儿对乳房会有不同的反应。了解宝宝的哺乳行为模式有助于妈妈做出适应性调整。

急不可耐型。这些孩子见了乳房以后，就会迫不及待地把乳头吞进嘴里，起劲地吸吮起来，但有可能会太过用力。妈妈需要让宝宝重新吸吮，以确保他的嘴张得足够大，可以把整个乳晕含入口中。

激动型。这类孩子吃奶的时候会显得躁动而又活跃。他们会一次又一次地松开乳头，然后，不是回去寻找乳头，而是大声地哭闹。这些孩子常常需要抱起来安慰好几次，才能平静下来重新吃奶。但是，过了几天就不再那么激动了。

迟缓型。他们头几天从来不会费劲地吃奶，要一直等到奶水开始正常分泌的时候才想吃奶。催促他们吃奶只会让他们变得更加执拗。但是，到了一定时候他们都会表现得很好。

品尝型。这类孩子会含着乳头先吸吮一小会儿，然后就吧嗒着嘴品尝他们吸到的那一点点奶水，最后才正式埋头吃奶。如果你催促他们，只会让他们生气。

休息型。他们总是吃几分钟，歇几分钟，然后再接着吃。用不着催促，他们一般都能按照自己的方式吃得很好，只是需要的时间长一点。

**吃奶困难**。一些孩子吃奶从来都不起劲，刚开始吃一会儿就会睡着。你刚把他们放到床上几分钟，这些宝宝就会醒来再次哭闹。如果宝宝在一侧乳房吃了几分钟后感到困倦或烦躁不安，你可以尝试松开他的襁褓，他可能是太暖和、太舒服了。你也可以马上把他换到另一侧的乳房，看看充足的奶水能不能让他振奋一些。你希望宝宝在每一侧都能至少吃上 10 ~ 15 分钟，保证充分排空奶水，但如果孩子不想吃，也就不会再吃了。

还有一些孩子，只要发现奶水不够吃就会发怒。他们会把脖子往后一挺，甩开乳头大哭起来，然后再试着吃一次，接着再次发怒。孩子不好好吃奶会增加母亲的不安，使奶水进一步减少，导致恶性循环。母亲应该尽量放松身心，可以听听音乐，翻翻杂志，或者做一些其他事情，这些都有助于打破恶性循环。

婴儿拒绝吸吮乳汁的情况难免会让妈妈备感失落和沮丧。刚刚降临人世的小家伙缺乏经验却又固执己见，妈妈大可不必因此感到难过。如果尝试着再多喂几次，那么小宝宝很可能就会弄清楚这是怎么回事了。


## 宝宝吃饱了吗？

**体重增加和满足感**。吃母乳的宝宝应该在出院 1 ~ 3 天以后（或出生 3 ~ 5 天时）检查体重和哺乳情况。在孩子出院大约两周后，应该再找医生或护士做一次检查。大约第一周后，宝宝的体重平均每天会增加 28 克左右。有些健康的宝宝会长得快一些，有些宝宝则会长得慢一些。

除了体重的增加，宝宝的精神面貌和情绪也很重要。如果宝宝表现得心满意足，即便体重比其他孩子长得慢一些，也很可能已经吃到了足够的乳汁。很多小宝宝白天都很开心，但一到傍晚就开始闹脾气。天色将晚时频繁吃奶（甚至每隔一小时或更短）有可能缓解这种临近黄昏时的饥饿感。如果这招不见效，宝宝体重增加也没问题，那就可能是出现了肠痉挛（参见第 59 页）。

**体重增长缓慢**。真正吃不饱的，是那些体重增长非常缓慢，且大多数时候都表现得非常饥饿的孩子。吃不饱的孩子一般都会显得非常委屈，精神不振。他每天尿湿的尿布不到 6 块，尿液的颜色比较深，或者气味很重。另外，排大便的次数也比较少。如果你察觉到了这些迹象，一定要记得询问医生。

有些宝宝会因为睡过头而错过吃奶。在夜里每过 3 ~ 4 小时，家长就需要叫醒宝宝，让他趴在乳房上吃奶。换尿布时通常可以顺带把宝宝唤醒。如果宝宝吃奶时困了，可以给他拍拍后背，顺顺气，然后换到另一侧吃奶。如果每次喂奶你都这样重复四五次，那么一周之内，多数婴儿的体重都会开始增加，吃奶的时候也会更起劲。

**很难确定宝宝吃了多少。**宝宝是否吃饱这个问题，很可能让新妈妈感到困惑。很显然，你无法通过孩子吃奶时间的长短来判断他是否吃饱了。宝宝吃到了大部分奶水之后还会继续吃，有时多吃 10 分钟，有时多吃 30 分钟。这是因为他还能吸吮到少量奶水，也可能因为他喜欢吸吮和紧贴着妈妈的感觉。

大多数有经验的母亲都很肯定地说，她们无法根据乳房的饱满程度来判断里面有多少奶水。在前一两周里，由于激素的变化，乳房会明显地饱满又坚挺。过一段时间，虽然奶水量会增加，但是乳房却变得更加柔软，也不再那么突出了。有时，母亲可能觉得乳房里的奶水并不多，但是婴儿只从一侧就能吃到 180 毫升以上的奶水。另外，你也无法根据奶水的颜色和外观做出任何判断，和牛奶相比，母乳看上去要稀薄一些，而且略带蓝色。

**哭闹与饥饿。**如果孩子哭闹起来，妈妈们常常会担心自己的奶水不够。实际上，不管是母乳喂养还是配方奶粉喂养，很多婴儿都会出现这种阵发性的哭闹，而且经常都发生在下午或傍晚。吃得很饱的婴儿和吃得少一些的婴儿都会出现这种哭闹。如果母亲知道，婴儿前几周的哭闹大部分不是由饥饿引起的，就不会那么快对自己的奶水失去信心。

饥饿更容易带来的影响是孩子会很快醒来吃奶，而不是吃完一两个小时才醒来。如果他饿了，可能是由于他突然胃口大增，或因为母亲劳累和紧张而使奶水的分泌量减少。以上任何一种情况，答案都是一样的：你可以放心，孩子肯定会在一天或者几天之内更加频繁地醒来吃奶，还会吃得更投入，直到你的乳房适应了这种要求为止。到那时，孩子就会恢复原来的吃奶习惯。

相对于宝宝的烦躁来说，对母亲更重要的是让泌乳系统有机会运转起来。宝宝一天想吃多少次，一次想吃多久，都要顺应他的需求。如果他的体重在一两个星期里增长正常，那么食用配方奶的打算也应当再推迟至少两周。

不管怎么说，给一个心情焦躁或者肠痉挛的宝宝喂奶，很有可能会让母亲备感头疼。在这种情况下，最好先暂停哺乳。你可以先用吸奶器把奶吸出来，然后请伴侣或其他帮手用奶瓶喂宝宝。如果你觉得自己调整好了，就可以振奋精神重新开始哺乳。

## 哺乳妈妈的身体状况

**总体健康状况**。哺乳妈妈需要好好地关爱自己。在哺乳期，最好关掉手机，宝宝小睡的时候也跟着睡上一会儿，不要操心家务，忘掉来自外界的担心和责任，把访客减少到一两个谈得来的朋友，还要注意饮食。大多数药物在哺乳期间服用很安全，不过，如果你需要服用治疗慢性病或急性病的药物，最好在服药前跟你的产科医生或者宝宝的医生商量一下。

**乳房的大小**。乳房大小不应该成为哺乳的限制条件。不管乳房是大是小，负责泌出乳汁的乳腺组织都是一样的，而其他部分主要是脂肪组织。在怀孕期间，乳腺组织会膨胀，同时需要更多的血液供给，于是乳房表面的静脉就会变得很明显。乳房特别丰满的女性可能需要咨询哺乳顾问，以获得一些特别的指导，使喂奶更加方便。

**扁平或内陷的乳头**。乳晕就是乳头周围那圈颜色较深的皮肤。通常情况下，用拇指和另外一根手指轻轻挤压，就可以让乳头突出来一些。乳头往里缩的情况被称为乳头内陷。乳头内陷的女性应该在宝宝出生之后向哺乳顾问寻求帮助。

**运动**。经常运动可以强健身体，改善精神状态，同时控制体重。你可以用婴儿背带带着小宝宝，进行 30 分钟轻快的散步，每周来几次这样的有氧运动。除了有氧运动以外，还可以进行一些力量训练，加速你的新陈代谢，从而快速地消耗热量。这种力量训练并不需要复杂的设备，一对便宜的哑铃、一本图书馆借来的运动指导书，再加上每天几分钟的时间，就能让你受益匪浅。如果你热爱运动，那就动起来吧！只要饮水充足，母亲在哺乳期进行体育锻炼并不会影响奶水分泌。

**乳房形状的改变**。有些母亲回避母乳喂养的原因在于，她们担心哺乳会影响乳房的形状和大小。乳房的形状取决于其支持组织的特点，而这些特点又因人而异。有些女性从未进行过母乳喂养，乳房却在怀孕之后变平了；有些女性可能给好几个孩子喂过母乳，乳房的形状却没有受到任何影响，她们甚至会更加喜欢自己的身体。

在妊娠后期乳房增大的时候，母亲应该穿合适的内衣来支撑胸部，以防皮肤变得松弛。建议购买那种用一只手就能从前胸解开的哺乳内衣。

**母亲在哺乳期的饮食**。大多数哺乳期的母亲可以随心所欲地进食。有些婴儿对特定食物会产生诸如放屁、烦躁或出疹子的反应。比如，若是母亲喝了牛奶，有些牛奶蛋白就会进入母乳里，从而对婴儿的肠胃造成刺激。咖啡、巧克力也会导致类似的情况。如果你觉得某种食物会让宝宝感到不舒服，可以先暂停食用，等过几天再试试。

哺乳妈妈需要补充体内流失的营养，还要额外多加一点。母乳含有大量钙质，以满足宝宝迅速生长的骨骼的需要。如果你一般不怎么喝牛奶，或者选择了无奶饮食，可以从加钙果汁、豆奶、杏仁奶或钙片中获取足够的钙质。

哺乳妈妈还需要维生素 D。维生素 D 的来源包括牛奶、酸奶和维生素补充剂（其中包括产前维生素）。肤色较深以及生活地区日照较少的母亲，通常需要服用维生素 D 片剂获取足量维生素。哺乳期的婴儿也需要服用维生素 D，每天剂量为 400 国际单位。如果医生给母亲开了高剂量的维生素 D（比平时剂量多很多），婴儿就能够从母乳中获得足够的维生素 D，不再需要额外补充。

没有必要为了摄取水分而喝得肚子不舒服，因为身体很快就会通过尿液把多余的水分排走。但是另一方面，如果新手妈妈很兴奋，或者很忙，可能意识不到自己渴了，忘了补充身体所需的水分。所以，母亲最好在每次喂奶时喝点东西。

母亲在哺乳期内的饮食应该包括以下营养食物：大量蔬菜，尤其是西蓝花和羽衣甘蓝等蔬菜；新鲜水果；豆角、豌豆和小扁豆；全谷类食物。这些食物富含多种维生素和矿物质，而且膳食纤维也很丰富。肉类可以提供丰富的锌、铁等元素。

在哺乳期内，母亲应该限制食用含有重金属和杀虫剂的食物，因为这些物质可能会传递给宝宝。比如，应避免食用诸如金枪鱼等容易富集重金属的鱼类，并尽可能选择杀虫剂含量相对较少的有机产品。另外，你还可以从诸如豆腐和豆浆等加工食品中获取有机营养成分。传统方式种植的大豆、谷物和大宗农作物中往往含有一种危险性很高的杀虫剂草甘膦。

**抽烟、饮酒和滥用药物。**当然，无论在怀孕期间还是怀孕之后，吸烟对母亲和孩子来说都是不健康的。不过，即便母亲有吸烟习惯，母乳喂养依然比配方奶粉喂养更健康，对孩子身体更有益。

处在哺乳期的母亲每天喝 1 ~ 2 杯葡萄酒或者啤酒并不会对宝宝有什

么危害。但是，孩子出生后的最初几个月，新手妈妈压力都很大，很可能想喝杯酒放松放松，然后就一杯接着一杯，一发而不可收拾。如果你有家族性的酗酒史，或者你觉得自己很可能会养成这种恶习，就应该在哺乳期间戒除酒精。如果你在某个场合饮酒过度，可以用吸奶器吸出那段时间分泌的乳汁，弃之不用，然后恢复正常的哺乳就行了。

如需服用处方药，请先咨询宝宝的医生，同时要彻底远离一切兴奋药。如果你有滥用药物的行为，请寻求专业帮助，以使自己安全且彻底地戒掉。

**哺乳会使母亲疲劳吗？** 有时候你可能听别人说，哺乳对女人的消耗很大。很多母亲在一开始的几周里确实会感到疲劳。但是，用奶瓶喂养孩子的母亲也会感到劳累。

处在哺乳期的母亲每天都得坐上几个小时。但有时候，不喂奶的母亲们反而会更加精疲力竭，因为她们总是觉得做家务是责任，而喂奶的母亲有充分的理由让别人去操心那些脏衣服。

对那些一夜得起三次的母亲来说，喂奶的确非常累。当然，殷勤的父亲不可能包揽全部家务，但是他可以把宝宝抱给母亲，需要的话可以换个尿布，还可以把宝宝抱回到小床上。一旦喂奶形成规律，父亲不妨试着在晚上用奶瓶给宝宝喂母乳。如果母亲在晚上9点喂过奶以后睡觉了，父亲就可以在将近半夜的时候用奶瓶给孩子喂奶。这样一来，母亲就能好好地休息到凌晨3点再喂一次奶。好在父母双方都不必望穿秋水，等到4～6个月时一般就不用夜里起来给宝宝喂奶了。

**行经与怀孕。** 有的女性在哺乳期间一直都不会来月经。在那些来月经的女性当中，也是有的人规律，有的人不规律。有些时候，孩子会在母亲的经期表现得十分烦躁，还可能暂时拒绝吃奶。

怀孕的可能性会在哺乳期间降低。如果母亲还没有月经，而孩子也不到6个月大，那么，即使不采取避孕措施，怀孕的概率也会非常微小（大概是

2%）。即便如此，戴避孕套还是会更保险一些。关于何时恢复避孕措施的问题，你可以向医生进行询问。

## 哺乳技巧

**放松身心与喷乳反射。**情绪状态会影响奶水的分泌量。母亲有意识地放松身心可以获得总体幸福感，还会让喂奶变得容易些。先做个深呼吸，然后按双肩、前臂、颈部、下巴、面部的顺序，依次让肌肉放松，一次一组。如果条件允许，可以在孩子醒来之前先躺下休息 15 分钟，还可以做一些最能放松的事情，比如闭目养神，看一会儿书，听听音乐，等等。

在坚持喂奶几个星期以后，你就会发现，喂奶时，自己能够明显地感觉到奶阵来了。你的乳房处可能会有一种针扎样的感觉，这正是身体在对激增的催产素做出反应，这种催产素会让乳房以及大脑中的"快乐中心"活跃起来。当你听到孩子在隔壁房间里哭时，你的乳房可能就开始溢奶了。即使哺乳过程很顺利，也并非所有的母亲都能体会到奶阵。

**哺乳的姿势。**不管是坐在椅子上，或保持侧卧，让宝宝躺在你旁边，还是用一只胳膊夹住宝宝，采取哪一种哺乳姿势都可以。你需要找一个舒服的姿势来喂奶，用一只手托着孩子，另一只手把乳头和乳晕放进孩子的嘴里。对于乳房特别丰满的女性而言，用一个起支撑作用的哺乳内衣把乳房托起来很有帮助，因为托起沉重的乳房和一个沉重的婴儿，实在太困难了。

在把宝宝抱向胸前的时候，有两件事情需要注意。第一是，在试图把宝宝引向乳房时，要用两只手托住他的头部。宝宝们特别不喜欢别人抱住他们的头部，所以会挣扎着想要摆脱。另一件事情就是，不要为了让孩子张嘴而捏挤他们的两颊。宝宝们有一种本能，他们会把头转向触碰他们脸颊的东西。这种反应可以帮助他们找到母亲的乳头。当你同时捏宝宝的两颊时，他们会感到很困惑。

对于下面介绍的各种哺乳姿势，我假定你从左乳房开始喂奶；当你换到另一侧乳房时，也需要换手。

坐姿（交叉摇篮式）。让宝宝的臀部枕在你的右手肘弯里，前臂托住宝宝的背部，右手托住宝宝的头。他的脸、胸、腹部和膝盖都要朝着你。用一个枕头垫在孩子身下，再拿另一个枕头垫在你的胳膊肘下面，这样就会得到良好的支撑。最后，用你的左手托住左乳房，其中四指托在乳房下面，拇指放在乳晕上面。

左侧卧式（以左乳房为例）。如果你喜欢侧卧着喂奶，尤其是身上还有缝合的伤口的话，那么这样喂奶你会感觉舒服一些。你可以让别人在背后和两腿之间垫上枕头。宝宝应该面向你侧着躺下。你也可以试着在孩子身下以及你的肩部和头部垫上枕头，让乳头的高度正好方便宝宝吃奶。用左臂环抱着孩子，形成摇篮式的姿势，然后用右手帮孩子衔乳。

橄榄球式。坐在一张舒服的椅子上（最好是摇椅），也可以坐在床上，用许多枕头倚着坐直。把你的胳膊放在枕头上，把孩子的身子和腿放在胳膊肘下，他的腿则伸向椅子的靠背，或者你身后的枕头。你可以用左手引导宝宝的头，让他找到合适的吃奶位置，右手调整乳房位置。这种哺乳姿势最适合做了剖宫产手术的母亲。如果是给很小的婴儿喂奶，或者只是想换一个姿势喂奶，你也可以采取这种姿势。

自然哺乳式。这可能是最简单也最自然的哺乳方式了。让宝宝（只穿着尿布）躺在你的胸前，而你则脱掉内衣斜躺着。你可以轻轻地抚摸他，对他喃喃低语，让宝宝放松下来。现在妈妈和宝宝都处于放松的状态。过了一会儿，宝宝可能会慢慢地把头移向一侧乳房。妈妈可以引导宝宝找到乳房，并帮助他顺利衔乳。当宝宝吃完一侧乳房的奶水时，妈妈可以重复同样的动作，他就会移到另一侧乳房去吃奶了。

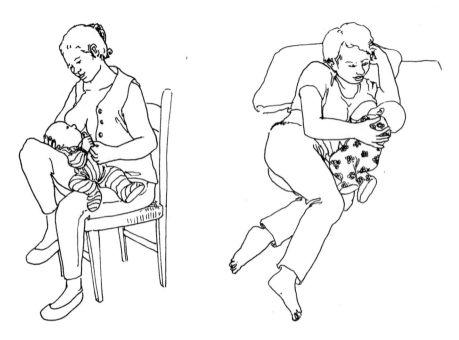

**衔乳**。妈妈和宝宝就位后，下一步就是让宝宝衔乳了。妈妈要有耐心，还要知道合适的时机，这些都是成功的关键。正确的衔乳需要宝宝把整个乳头和大部分的乳晕放进嘴里，而不是仅仅含住乳头。宝宝衔乳的方式就像你吃一只填得非常饱满的三明治一样。你可以用一只手的拇指和食指把乳房稍微捏住，就像拢起一只填得过满的三明治。

妈妈可以用乳头轻轻拨弄宝宝的下嘴唇，让他把嘴巴张大（这个过程有时候可能需要几分钟）。然后把宝宝拉近，让他把乳头以及大部分或全部乳晕都含在嘴里。乳头要正对着宝宝的上腭。宝宝的鼻子会碰到乳房，若这时他的呼吸显得有些困难，可以把他的小屁股往妈妈的方向拉，或用小手指轻轻抬起乳房。这样一来，宝宝就有了额外空间，鼻子也不会被堵住了。

有些婴儿很容易就会衔乳，有些婴儿则需要大人的帮助。给宝宝喂奶时，妈妈可能开始会有点不舒服，但绝不应该出现疼痛的感觉。如果妈妈感到疼痛，就意味着宝宝没有正确地衔乳。如果你感到自己的乳头被孩子夹疼了，可以用手指拉一下宝宝嘴角处的小脸蛋，中止孩子的吸吮动作，把乳头收回来，然后调整宝宝的姿势，再重试一次。对于那些衔乳有困难的宝宝来说，哺乳顾问的帮助很有用。

**吸吮**。乳房里充满了乳腺组织，奶水从乳腺中产生以后，会通过输乳管流向输乳孔。婴儿在吃奶时不是只吸吮乳头。他们会通过牙龈挤压乳晕，从而让奶水喷射出来。为了更好地吸吮奶水，他们必须含住大部分的乳晕。婴儿的舌头可以把乳晕一直含在嘴里，同时把吸出来的奶水从口腔带进咽喉。

宝宝若是仅仅把乳头含在嘴里，就只能吃到很少量的奶水。如果他咬住乳头，妈妈会疼痛不已！当你的宝宝开始咬乳头时，你可以把一根手指伸进他的嘴角来中止吸吮动作，然后把乳头收回来（如果你只是把乳头收回来，而没有中止他的吸吮，那你的乳头很可能已被咬破了）。接下来，你可以帮助宝宝重新衔乳，这一次要让他充分含住乳晕。如果宝宝还是要咬乳头，就要结束这次喂奶了。

**乳头的护理**。怀孕期间，乳房并不需要特殊护理。在宝宝出生和开始哺乳之后，乳晕上的腺体会分泌出润滑的物质。喂完奶以后可以留少量乳汁在乳头上，让它自然干燥。如果有必要，可以涂一些专门用于母乳喂养期间护理乳头的纯绵羊油，比如美德乐羊脂膏和兰思诺羊毛脂膏都特别滋润。穿有吸水衬里的内衣也会使乳头更健康，因为这样乳头不会一直都是潮湿的。

如果乳头干裂又刺痛，就意味着你的喂奶技巧需要提高。一旦掌握了适当的技巧，哺乳就会是一种令人享受的体验，而非痛苦的折磨。

## 上班族母亲

**哺乳和工作**。很多女性会对母乳喂养犹豫不决，因为她们知道自己在几个月之后就必须重返工作岗位。尽管这并不容易，但兼顾工作和母乳喂养依然是可行的。在外工作的母亲在休息日可以全天给孩子喂奶，在工作时也可以每隔几小时就把奶水挤出来。这样做不仅有助于保持旺盛的乳汁分泌，还可以让宝宝在第二天用奶瓶喝到妈妈挤出来的乳汁。

美国的法律规定，公司必须允许哺乳的母亲在工作过程中停下来去吸奶，而且除了洗手间之外，还要有适当的地方供她们吸奶用。我有一位同事是产科医生，叫玛乔里·格林菲尔德。她给自己的患者准备了一封写给公司的说明信，其中提到了工作时间吸奶的诸多好处，包括缓解紧张情绪、提高工作效率、让孩子更健康，以及缩短休假时间等。

**奶瓶中的母乳**。当你在上班时，可以让宝宝用奶瓶喝母乳。如果可能，尽量等到宝宝三四周大时再给他使用奶瓶。到这时，孩子一般已经习惯了在规律的时间吃奶，而你的奶水也已经很充足了。

有一个挤奶和保存母乳的简便方法，就是让孩子吃一侧乳房的奶水，与此同时，用吸奶器把另一侧乳房的奶水挤出来（这可能需要一些练习）。这么做确实很管用，因为给孩子吃奶会引起泌乳反射，所以吸起奶来比较容易。另一个办法是，在每次喂奶后 1 小时进行人工挤奶。这样做可以提高奶水的分泌量，好像你在给另一个宝宝喂奶似的。

母乳在冷藏室里能保存 5 ~ 6 天，在冷冻室里能保存 4 ~ 5 个月（在独立式冰柜中可以存放更长时间）。在给孩子喂奶时，一定要闻一闻，尝一尝，确保奶水没有变酸。一旦你打开了一瓶储存的母乳，没喝完的奶水过两小时后一定要倒掉。千万不要往凉奶或者冻奶里兑热奶，那样会使奶水很快变质。

在你恢复工作之前，要让你的宝宝适应用奶瓶喝母乳。开始时，你可以每周用奶瓶给宝宝喂三次母乳。孩子最爱喝热奶，因为吃母乳的孩子已经适应了母乳的温度。有很多婴儿不肯吃母亲用奶瓶喂给他们的母乳，因为他们知道那和母亲的乳房不一样，所以，可能需要父亲、哥哥、姐姐或保姆代替母亲来喂奶。如果宝宝不愿意用奶瓶吃奶，你可以试着离开房间，甚至离开家。当你用奶瓶喂宝宝时，也可以试着用非哺乳姿势抱着孩子喂奶。比如，可以让孩子躺在你的大腿上，脚朝着你，头朝着你的膝盖。

## 手动挤奶和吸奶器

哺乳的母亲们需要选择一种方法把自己的乳房排空，而不是仅仅依赖宝宝的吸吮。胀满的乳房需要排空，但这对宝宝来说可能很难做到。少数宝宝还不能吸吮，比如早产儿、唇裂儿或者有其他健康问题的宝宝。手动挤奶（即用手把乳汁从乳房里挤出来）是一项应该掌握的实用技术。

**手动挤奶**。要学会手动挤奶，最好的办法是在医院时向有经验的人请教。如果有必要，护士或者哺乳顾问也可以在你出院以后提供指导。你可以自己学着做，无论是谁，一开始都会显得笨手笨脚的，但一定不要灰心。

手指挤奶法。按摩乳房，刺激喷乳反射。把拇指和食指分别放在乳晕上方和下方几厘米的地方，然后用这两指向胸壁方向压。在这个位置上，再用两个手指有节奏地挤压，手指略微向前滑动，把奶水推出来。用一只手挤压对侧的乳房，用另一只手拿着杯子接住奶水。关键是要在乳晕的边缘处按压。不要用手揉捏乳头。挤一会儿以后，你可以把拇指和食指移动一下位置，以保证所有的乳窦都能被挤到。如果一只手累了（开始的时候往往容易疲劳），可以换一下手再继续挤。

**吸奶器**。需要经常挤奶的妈妈一般都会偏爱吸奶器。先进的电动吸奶器性能优异。带有人体工程学手柄的手动吸奶器也很好用，而且经济实惠，缺点是速度相对较慢。很多医院都有吸奶器的租赁服务，提供了很好用的吸奶器。

## 母乳喂养过程中的问题

**咬乳头**。在宝宝出牙的时候，或者已经长出几颗牙齿以后，他会感觉牙龈刺痛，所以即使咬你几下也不要埋怨他。我们很快就能教会大多数孩子不咬人。比如在孩子咬人的时候，你可以马上把一根手指伸进他的嘴里，并且和气地说"不许咬"。如果他还咬，就再把指头伸进去说"不许咬"，然后结束这次喂奶。孩子都是在快要吃饱的时候才开始咬人的。

**吃奶时哭闹。**宝宝在充足地吃了四五个月的母乳之后，偶尔会在刚开始吃奶时哭闹几分钟。原因可能是出牙带来的刺痛。更多相关内容，请参见第 346 页。

**哺乳时的疼痛。**在最初的一周左右，每次一开始给孩子喂奶，马上就能感到下腹部的痉挛，你可能会因此而烦恼。这是因为哺乳释放的激素会促使子宫收缩，让它恢复到怀孕前的大小。子宫痉挛的现象会在子宫复原后自行消失。在最初几天或几周里，乳头还会出现明显的刺痛，这种症状一般都是在婴儿开始吃奶的时候出现，持续几秒钟就过去了。这是十分常见的现象，不用担心，很快就会消失。

**乳头疼痛和乳头皲裂。**如果乳头疼痛开始严重，首先要检查一下哺乳的姿势和宝宝衔乳的方式是否正确（参见第 200 页和第 202 页）。可以增加喂奶次数，这样既可以更好地排空奶水，还不会让宝宝饿肚子。还要经常变换喂奶的姿势，这样婴儿的牙龈就不会只挤压同一处乳晕了。你还可以用冰袋冷敷，这样既能避免乳房胀满，又能让宝宝更容易地含住乳晕。

如果在喂奶的整个过程中都伴有乳头疼痛，很可能是乳头出现了皲裂，应该仔细地检查一下。家庭医生或护理医师可能会给你开一种像水凝胶的药膏来敷用。有时，如果乳头疼痛很严重，你能做的只有将奶吸出，装在奶瓶里给宝宝，让乳房休息一下。这时如果能咨询一位有经验的哺乳顾问，将确保哺乳顺利进行。

**乳头内陷**。如果母亲的乳头是平的，或者有一些凹陷（被支撑组织拉紧而内陷到乳房里），就会给刚开始吃奶的婴儿带来进一步的困难。如果宝宝性格焦躁，困难会更加明显。他会四处寻找，却找不到乳头，然后生气地哭闹，还会把脖子往后挺。

你可以尝试几种办法。如果可能的话，在宝宝醒来还没有发火时，就马上把他抱到乳头前。如果刚试一次他就哭闹起来，马上停止，把他安慰好了以后再试一次。一切都要慢慢来，不要着急。有时候，用手指轻轻地按摩乳头，可以使乳头凸出来一些。用手挤奶或使用高效的电动吸奶器也可以让乳头突出来些。同时，一些乳汁也会溢出，让乳晕变得更柔软，更富有弹性。接下来，你需要把乳晕放在拇指和食指之间挤压，让它变得更突出些，这样就好放进宝宝的嘴里面了。

乳盾仍然有售，但其有效性却严重缺乏证据支持。


**乳房胀满**。当乳房里的乳汁太多时，整个乳房就会变得很硬，而且很不舒服。胀奶严重时，乳房会胀大得很严重，也惊人地坚硬，而且还非常疼。当宝宝在夜里睡的时间比较长，母亲回到工作岗位，或者离开宝宝又没有及时吸奶的时候，乳房就会胀奶。一般不太严重的胀奶可以通过让宝宝勤吃奶或吸奶来缓解。有时需要先用手挤奶来让乳晕变软些，这样宝宝就能够将它送入口中了。

严重的胀奶也时有发生，一般出现在孩子出生后第一周的后半周，会持续几天时间，之后就很少发生了。你可以试着按摩整个乳房，先从外侧开始，然后向乳晕按揉。最好在用温水洗澡时试一试，因为水能让人放松，也可以使按摩乳房变得更容易，另外，就算乳汁喷得到处都是也不至于弄得一团糟。一天之内可以做一次或几次这样的按摩，可以自己做，也可以请别人帮忙。在按摩之前，用温水把布打湿敷在乳房上。哺乳或者护理的间隙，你应该穿那种能牢固支撑乳房的合身内衣。可以短时间地敷一敷冰袋或者热水袋，冰凉的卷心菜叶子也可以。最为关键的一点是，一定要在乳房胀满之前勤给宝宝喂奶。

**乳腺导管堵塞**。有时候，某侧乳房只有一部分摸上去是鼓鼓的、硬硬的，或者像一个肿块。当其中一个乳腺导管出现堵塞，分泌的乳汁就会聚集起来，无法排出。乳腺导管堵塞的情况一般在母亲出院后出现，其护理方法与乳房胀满时的解决方法类似，包括以下方式：

◆ 喂奶时让宝宝的鼻子正对着堵塞的部位，因为宝宝鼻子下面的中间位置受到的吸吮最有力。

◆ 喂奶时让别人帮忙按摩发硬的区域（这需要三个手来操作）。

◆ 用温湿的布或热水袋进行热敷，然后按摩胀奶部位；护理间隙可用冰袋冷敷或热水袋热敷；增加哺乳次数；经常改变婴儿的哺乳姿势。

**乳房感染（乳腺炎）**。乳房感染一开始经常表现为乳房内部某个地方有疼痛感。那个部位外面的皮肤可能会发红，还可能伴有发热和发冷。头痛、身体酸痛和其他类似感冒的症状可能是乳房感染的最初征兆。在这种情况下，要测量体温并且找医生。如果你患有乳腺炎，医生要求服用抗生素，那么在服药期间，应该坚持排掉乳房里的乳汁，可以通过给孩子喂奶把乳汁吸出来排空乳房，这一点非常重要。医生开的抗生素需要保证母婴的安全。

**母亲生病时**。如果你只是身有小恙，依然可以像往常一样给孩子喂奶。哺乳并不会增加宝宝感染的机会。婴儿患感冒的程度一般都比年长的家人要轻，因为婴儿在出生前就已经从母亲那里获得了许多抗体，出生后更是从母乳中获得了更多抗体。有的母亲发现，她们生病时奶水会减少，但是多给孩子喂几次以后，就恢复正常了。

## 哺乳和奶瓶喂养相结合

**偶尔使用奶瓶喂奶**。只要妈妈的奶水充足，就可以时不时让宝宝用奶瓶吃一些挤出来的母乳，而不必担心他会因此拒绝乳房。每天最多喝一瓶就可以了；若超过一瓶，有些宝宝就会逐渐排斥妈妈的乳房，这会让吃奶量下降，进而影响奶水分泌。

如果你打算在宝宝 2 ~ 6 个月时让他从哺乳过渡到奶瓶，最好每周至少让他用奶瓶吃一次奶，当然你也可以继续哺乳。这样做的原因是有些婴儿在这个年龄段会表现得非常固执，如果他们还不习惯，就会拒绝用奶瓶吃母乳或配方奶，和家长展开激烈的拉锯战。宝宝在两月龄前很少会如此固执。在他满半岁后，如果家长愿意，可以选择直接让宝宝用奶瓶或杯子，这时他很可能会欣然接受。

## 断奶

**逐步断奶**。断奶就跟母乳喂养一样，是你和孩子之间的一种合作行为。两人都必须同意断奶。如果孩子对断奶这件事感到非常不高兴，或许就不是断奶的好时机，你要放慢断奶的节奏，或者过一个月以后再做尝试。

一般的断奶过程要在几个月内逐渐完成，具体要根据孩子和母亲的情况而定。那些非常重视哺乳的母亲停止哺乳以后，可能会觉得有一点失落或沮丧，好像失去了自己与孩子的某些亲密关系。断奶时要循序渐进，不一定非要"不断则罢，一断必绝"。母亲可以每天哺乳孩子一两次，一直到 2 岁。

**从哺乳过渡到奶瓶**。那么，多长时间的哺乳是必要的呢？当然了，这个决定因人而异。从生理角度来说，母乳的营养在前六个月是孩子最需要的，但是之后他们仍然需要这些营养。同样，从心理角度来说，母乳喂养的好处也不会到某个具体的阶段就停止。

如果母亲的奶水一直都很充足，那么至少提前两周开始着手。首先，每天在奶水最少的时候减掉一次哺乳，改用奶瓶喂奶。挤出来的母乳和全脂牛奶都可以，但孩子要满一岁才可以喝牛奶。让孩子吃多吃少随意。过两三天，等乳房适应了这个变化以后，再减掉另一次哺乳，用第两份瓶装奶来代替。再过两三天，再取消一次母乳哺喂。现在，孩子每天只需两次哺乳，剩下的三次都用奶瓶来喂。在你取消最后两次哺乳时，很可能每次都需要间隔三天甚至四天才能完成。乳房不舒服的时候，你可以用吸奶器吸几分钟，也可以在温水浴时用手挤出一些奶水，只要缓解了压迫感就可以。

**宝宝拒绝接受奶瓶。**4个月以上的婴儿可能会对奶瓶采取完全拒绝的态度。在这种情况下，你每天都要在喂固体食物或者哺乳之前，试着用奶瓶喂他一两次，坚持一周。不要强求，也不要让他生气。如果他表示拒绝，就把奶瓶拿走，让他吃别的东西，其中包括哺乳。过几天他可能就会改变主意了。

如果他仍然态度坚决，彻底取消下午的一次哺乳。这样可能会让他非常干渴，也许傍晚愿意试试奶瓶。如果他还是不肯动摇，就必须给他哺乳了，这时的乳房也会胀满得很不舒服。尽管如此，你还是应该连续几天取消一次下午的哺乳。虽然第一次孩子可能不愿意接受，但他慢慢就会接受了。已满半岁的宝宝可能会更喜欢用杯子吃奶，而不太接受奶瓶。

第二步是每天要取消隔顿的哺乳，同时减少固体食物的分量。这样做的目的是让孩子觉得十分饥饿。你甚至可以把固体食物完全去掉。对于乳房胀满，你可以用吸奶器或手动方法挤奶，只要缓解了不适的感觉就可以。

**如果你需要尽快断奶。**在极少数情况下，妈妈会不得不突然中断哺乳。用手挤奶可以舒缓不适感，你可以在接下来的几天逐渐减少挤出的奶量。不要吃所谓的"回奶"药。它们不仅价格昂贵，也会产生副作用，而且还经常出现反弹。这些药物会增加乳房内部的压力。

**从哺乳过渡到使用杯子**。宝宝满半岁以后是从哺乳过渡到使用杯子的最佳时期，宝宝可以完全放弃奶瓶。大多数婴儿在这个阶段都表现得不那么依赖乳房。他们会在吃奶期间停下来好几次，想玩一玩。很快他们就能学会如何用杯子喝到更多的奶，而且还能在几个月内完全改用杯子，也不会表现出失落和懊恼。

无论什么时候断奶，如果从孩子6个月起，就经常让他用杯子喝一口奶或水，他就能慢慢适应杯子。到了9个月时，你就可以鼓励宝宝拿着杯子喝东西了。9个月以后，如果孩子吃奶的时间缩短了，可能他已经为逐渐断奶做好了准备。这时，你就可以每顿饭都让他用杯子了。如果宝宝愿意多吃一点，可以适当地增加分量。但是，在每顿饭结束时，还是要给他哺乳一次。

接下来，就可以取消孩子最不感兴趣的那次日常哺乳，改用杯子喝奶。这一次哺乳一般都是早饭或午饭。每过一周后如果他愿意，就可以取消另一次哺乳。孩子断奶的意愿并不是稳步发展的。如果他有一段时间因为出牙或者生病而心情不好，就可能会想吃奶。这是很自然的现象，满足宝宝也不会影响他最终改用杯子喝奶。

**断奶时的迟疑不决**。很多母亲都会惊讶地发现，她们并不愿意结束这种母子间的情感联系，所以有的母亲会一周又一周地推迟断奶。就像当初决定进行母乳喂养一样，断奶也要听从自己的内心想法并尊重自己的真实感受，这才是明智之举。你不必非要在宝宝某个年龄时就给他断奶。

有时候，母亲还会害怕彻底断奶，因为孩子用杯子吃奶以后，就不像原来哺喂母乳的时候吃得那么多了。这样一来，断奶这件事就会无休无止地推迟。只要孩子平均每顿能吃到大约120毫升的奶，或者每天一共能吃到360～480毫升，断奶就没有问题。断奶以后，孩子用杯子吃奶的量或许会增加到每天480毫升以上。一般来说，这就足够了，因为孩子还要吃别的东西。

# 配方奶喂养

## 配方奶的选择和冲调

**为什么选用配方奶？** 母乳固然是更好的选择，但是很多宝宝吃配方奶也成长得十分健康。使用配方奶的决定通常都是个人的选择。只有在很少的情况下才会因为医疗原因选用配方奶。母乳喂养不适合携带艾滋病病毒或患有艾滋病的女性。如果母亲正在服用某些药物，也不宜给宝宝喂奶。患有罕见代谢疾病的婴儿可能需要特殊医学用途配方奶粉。但总的来说，医生和配方奶粉制造商都一致认为，"母乳是最好的"（参见第 187 页）。

即便如此，也有一些非医疗方面的原因让妈妈选择配方奶粉喂养。我认为一个最佳理由是，你的伴侣想要在喂养宝宝的事情上发挥更加积极的作用（电动吸奶器吸出的奶水也可以满足宝宝的需求，但妈妈会更辛苦一些）。选择配方奶粉喂养的一个不太好的理由是害怕失败。在充分支持下，几乎所有女性都可以进行母乳喂养。从另一方面来说，如果你不愿意母乳喂养（你有权自己做决定！），不要因担心配方奶粉喂养会对宝宝不利而发生动摇；配方奶粉喂养也可以满足宝宝所需。另外，也不要太过在意那些来自朋友或亲戚（甚至是医生）的支持或反对意见。

**配方奶粉喂养的基本情况介绍：**

◆ 需按照用法说明冲调配方奶。加水量需符合说明要求，不能多加。

◆ 大多数城市和城镇都配有清洁的水资源。你可以直接使用从水龙头中流出来的水，并用洗碗机清洗奶瓶和奶嘴。否则，就需要把水烧开，对奶瓶和奶嘴进行消毒。

◆ 抱紧宝宝，拿起奶瓶，让奶嘴充满配方奶。你可以抚摸宝宝，和他说说话或唱唱歌，给他拍嗝，再重复这一过程。妈妈可以依照宝宝的状态来调整喂奶。宝宝想要喝多少奶，就喂多少奶，他喝的奶量每天都会有变化。如果你认为宝宝已经吃饱了，但还想吸吮，可以试着让他使用安抚奶嘴。

**每天吃多少瓶奶？** 在第一周，使用奶瓶的宝宝经常会 24 小时内吃上 6 ~ 10 次奶。大多数宝宝一开始都吃得很慢，继而在三四天之后变得更容易醒来，也更容易饿，不必吃惊。此后，需要的配方奶量取决于宝宝的生长速度和他吃的其他食物的分量。开始时一次准备 120 毫升的配方奶就可以了。宝宝会让你知道什么时候不够吃。出生后的第一个月里，多数宝宝一天能吃掉 620 ~ 710 毫升的配方奶。

**选择哪种品牌的配方奶？** 如果已经选择了用配方奶喂养宝宝，那么你面临的下一个选择是，用哪一种配方奶。标准的婴儿配方奶是由牛奶制成的，经加工后可以让宝宝安全摄入。生产商用植物油替换了牛奶中的脂肪，降低了蛋白质的含量，同时加入碳水化合物、维生素和矿物质。现在很多配方奶都含有必需脂肪酸，那是一种促进脑部发育的物质。

婴儿配方奶粉受到监管，因此所有品牌都必须满足基本的营养要求。许多奶粉品牌宣称具有特殊功效（比如适用于胀气、肠胃敏感或学步阶段的宝宝），但实际功效的证据却寥寥无几。你的宝宝可能更喜欢某个奶粉品牌的味道。有些品牌声称是有机奶粉或不含双酚 A（参见第 18 页），一般来说我会选择这样的奶粉。成本也是值得考虑的因素。你可能会选择从网上和大型批发商店购买奶粉；街角的药店可能会卖得更贵些。

**自己调制配方奶**。事实上，牛奶并不适合婴儿食用。牛奶里蛋白质和糖分的比例不适合婴儿，也没有足够的铁元素，所以直接喝牛奶的宝宝容易出现严重的问题。过去，有的母亲会用脱水牛奶自己调制"配方奶"。这些在家里调制的配方奶并不安全。同理，豆奶并不同于豆类配方奶粉，无法为快速生长的婴儿提供科学的营养成分，因此对婴儿来说也不安全。

**豆类配方奶粉和其他特殊奶粉**。由大豆蛋白和化学改性蛋白制成的配方奶粉（所谓的预消化配方奶粉）对大多数婴儿来说并无好处。它们只能在医生的建议下使用。有些婴儿对牛奶中的蛋白质会过敏，但他们中的大约半数孩子也会对大豆过敏。对于这些孩子来说，如果可能的话，母乳依然是最佳选择。出生体重低于 1.8 千克的早产儿不宜食用豆类配方奶粉。

一些专家担心，用于加工婴儿配方奶粉的铝元素可能会增加孩子患上阿尔茨海默病的长期风险。有些科学家已经做出推测，认为豆类配方奶粉中的某些化学物质（植物雌激素）可能会干扰生殖器官的健康发育。虽然科学家并不肯定，但是他们至少掌握了足够的证据来提出这个疑问。

**即食液体奶、浓缩液体奶、奶粉**。不同形态的配方奶在基本营养成分上没什么差别。奶粉最便宜，保存时间也最长，而且双酚 A 的浓度较低（参见第 18 页）。即食液体奶和浓缩液体奶方便快捷。你可以每一种都买一些，平时主要使用奶粉，而那种事先封装在瓶子里的即食液体奶则可以出门时使用。但重要的是，在使用奶粉或者浓缩液体奶的时候，一定要认真仔细地遵照说明冲调，因为冲得太浓或太淡都可能会让婴儿出现严重不适。

**冲调和稀释**。对于奶粉来说，一般是每30毫升水加一平勺奶粉（你需要使用奶粉盒里自带的勺子）。首先在一只奶瓶中注入240毫升的水，然后加入8勺奶粉，最后盖上瓶盖轻轻摇匀。对于浓缩液体奶，你通常需要加入等量的水（比如120毫升浓缩液体奶中添加120毫升水）。请阅读包装上的说明来进行操作。

如果你需要消毒（参见第216页），先完全煮沸一分钟，然后等它自然放凉。不要煮过长时间，因为那只会浓缩铅或其他矿物杂质。你可以在手腕内侧滴上几滴奶，试一下温度，确保配方奶不会太烫。

**高铁或缺铁**。铁对于制造红细胞和大脑的发育都十分重要。如果婴儿缺铁，可能会导致终身学习障碍。有些妈妈认为加铁配方奶中的铁会造成便秘，但是科学研究没有发现相关的证据。而且，就算确有其事，我也仍然要强调高铁配方奶的重要性。有很多方法可以解决便秘问题，但缺铁却会造成严重的不良后果。低铁配方奶粉不应在市场上出售。

## 配方奶的冷藏

**节约用奶**。如果用不了一整瓶的浓缩液体奶或即食液体奶，剩下的可以留着第二天再用，留在原来的瓶子里，盖上盖子，放在冰箱里冷藏就可以了。如果第二天还没能全部用完，就必须把剩下的奶倒掉。一旦打开瓶子，保存的时间一定不能超过标签上规定的期限。

如果你要冲调一大瓶配方奶，或者想一次把所有奶瓶都装满，也要遵照这种做法：把奶放在冰箱里冷藏，第二天没有用完的必须倒掉。按照标签上的说明，配方奶的保存时间为24～48小时。

奶瓶从冰箱里取出来以后，在多长时间内可以使用呢？出于安全考虑，只要从冰箱里拿出来超过2个小时，就不要再给孩子吃了。（原厂封装而且还没打开的配方奶可以在室温下保存好几个月。）

如果要出门，而且时间超过几个小时，就可以带一个隔热的袋子，里面放上冰袋。也可以带上一些配方奶粉，随时冲调。在某些情况下，如果喂奶之前无法低温保存孩子的奶瓶，比如遇上停电，就应该使用小包装的即食液体奶（买一些随时备用），喂完奶以后把剩下的扔掉。还可以用奶粉冲调，每次只冲一瓶，随喝随冲。

## 清洗和消毒

**清洗**。要仔细清洗奶瓶、奶嘴、螺口、瓶盖和瓶身。每次宝宝喝完奶后迅速地冲洗一下奶瓶，不要等到喝剩的奶渣都干结了。过后，你可以用洗碗剂和刷子清洗一遍，也可以把它们放进洗碗机中进行清洗（奶嘴在洗碗机中很易损坏，所以最好用手清洗）。

奶瓶刷可以帮助你清洁瓶子内部。要想清洁奶嘴内侧，可以使用奶嘴刷，然后用一根针或者牙签疏通每个奶嘴上的出奶孔，再用水冲洗。

如果你使用带有一次性内胆的奶瓶，依然需要清洗奶嘴和瓶盖。但是，请不要以这些刻度为标准冲调配方奶，因为它们不够准确。

**如果奶瓶需要消毒**。大多数城市和城镇都提供可靠的清洁用水，不需要给奶瓶消毒，只要清洗即可。如果你使用的是井水，或者你因为别的原因对家里的供水存在任何疑问，可以向医生、公共卫生部门咨询，看看是否必须消毒。在许多地方，饮用水中含铅仍然是一个让人们担忧的问题，你可以咨询当地卫生部门获得相关信息。消毒方法并不能去除铅元素，你需要购买瓶装水，或使用特殊的过滤器。

一般需要消毒的有奶瓶架、奶瓶、奶瓶盖、奶嘴和套环，还有奶瓶刷、奶嘴刷和夹子。你可以买一个蒸汽消毒锅（基本上就是一个大水壶），也可以买一个能按设定时间自动断电的电动消毒器。

如果你要一次装满宝宝一天所喝的奶瓶，对奶瓶和瓶中的配方奶同时进行消毒是一种便捷的方法（即终末消毒法）。在使用消毒锅或电动消毒套装时，请遵循使用说明进行操作。

## 用奶瓶喂奶

**给奶瓶加热**。很多父母都给奶瓶加热，他们始终认为母乳是温热的，所以奶瓶也应该是温热的。但是，大多数宝宝都喜欢刚从冰箱里拿出来的配方奶。对他们来说，冷藏的配方奶跟室温或温热的配方奶一样好喝。但是多数宝宝都希望每次吃到的配方奶都是同样的温度。

如果一定要给奶瓶加热，可以把它放在一个装着热水的平底锅里，或者放在一盆热水中。如果婴儿房附近没有热水管，用电动热奶器也很方便。体温是最理想的标准。测试温度的最好方法是在手腕内侧滴上几滴奶，如果觉得热，那这个温度就太烫了。

关于微波炉的警告：在微波炉里加热配方奶并不安全。即使奶瓶摸上去还挺凉，里面的奶也会很热，足以把孩子烫伤。另外，微波炉也不适于用来消毒奶瓶等用品。如果你有时依赖于微波炉（很多父母都会这么做，无论医生怎么说），一定要用勺子把配方奶搅匀，避免加热后出现过烫的奶粉块。在给宝宝喝之前，你需要用手指感受一下奶温，或滴几滴奶在手腕上试试温度。如果你感到配方奶有点烫，那它足以烫伤宝宝的小嘴。

**摆好姿势**。要斜拿着奶瓶，让奶瓶里的气体在奶嘴之上，以免孩子吞进大量的空气。如果宝宝的胃里聚集了太多的气体，就会觉得胀满，还会在吃到一半的时候就不吃了。少数孩子在吃奶的过程中需要拍嗝两次甚至三次，而有的孩子则根本不需要拍嗝。你很快就能发现自己的宝宝属于哪种类型。

**用爱喂养**。让宝宝被奶水滋养，亦被母爱滋润。你可以满怀爱意地凝视宝宝，温柔地聊天，特别是谈谈关于宝宝自己的事情。轻轻哼小曲、唱歌、爱抚宝宝。请关掉电子产品，让手机保持静音状态。用宝宝喜欢的简单纯粹方式，好好享受那爱与被爱的时光吧。

## 奶瓶喂养中的注意事项

**奶瓶的支撑**。在用奶瓶喂奶时，不要只擎着奶瓶，而要把孩子抱起来。要让孩子把吃奶的快乐和你的脸、抚摸以及声音联系起来。平躺着用奶瓶吃奶的宝宝有时会出现耳朵发炎的情况，因为配方奶可能会经过咽鼓管流到中耳。

**吃奶过量和吐奶**。大多数小宝宝一天24小时吃到720毫升左右就合适，只有极少数需要吃到960毫升。宝宝有时会把奶瓶当成一个提供安慰的东西，而不是营养的来源。当宝宝吃奶过量时，就会出现比较严重的吐奶，以缓解胃部压力。使用安抚奶嘴或其他安抚方法可能会有一些帮助（参见第33页）。

奶瓶喂养会使一些父母过于关注每一次的喂奶量。有些婴儿每次都想喝相同的奶量，也有一些婴儿的胃口则变化莫测。哺乳的婴儿可能会在早上吃280毫升的奶水，到了晚上只吃120毫升，但这些宝宝每一顿都吃得心满意足。如果你相信哺乳的婴儿能做到按需摄取，就应该相信用奶瓶喂养的宝宝也同样能做到。

**奶嘴孔过大或过小**。如果奶嘴孔太小，宝宝就不得不费力吸吮。宝宝吃到的奶可能就会过少，或吞进大量的空气而出现胀气，这样他就会哭闹起来。宝宝也可能会因为太困，还没吃饱就睡着了。如果奶嘴孔太大，孩子会呛着，还可能出现消化不良。久而久之，他会对吃奶感到越来越不满足，还会因此养成吸吮手指的习惯。太快吞咽奶水也会增加空气的吸入，从而形成胀气。

对于多数婴儿来说，合适的吃奶速度是一瓶奶连续吸吮 20 分钟左右。如果把装满奶的奶瓶倒过来，奶水应该在一两秒钟之内呈细流状喷射而出，然后开始滴漏，这样的奶嘴孔对于小宝宝来说就比较适合。如果奶水不停地喷射而出，说明奶嘴孔可能太大了；如果一开始就慢慢地滴，说明奶嘴孔可能太小了。

很多新奶嘴上的孔都太小，不适合小婴儿使用。这种小孔适合大一点的或者强壮一点的孩子使用。如果奶嘴孔太小，可以用下面的方法把它扩大一点：先找一根合适的（10 号）针，把针鼻一端插进软木塞。然后，拿着软木塞，把针尖放在火上烧红，再从奶嘴的头上扎进去，但不必从原有的孔里插进去。不要用太粗的针，也不要扎得太深。检查新孔的大小，一旦把它弄得太大，就只好扔掉奶嘴了。你可以扎 1 ~ 3 个孔。如果没有软木塞，也可以用布把针鼻这一头缠上，或者用钳子来夹。

**奶嘴孔堵塞**。如果你经常为堵住的奶嘴孔而心烦，可以买那种"十"字口的奶嘴。你也可以用一个消过毒的剃须刀片在普通奶嘴上切出"十"字形口。

**让宝宝吃得更多**。相当多的宝宝都会出现进食问题。他们失去了天生的胃口。这类情况十之八九都是因为父母一直督促孩子多吃造成的。

如果孩子不想吃了，而父母想办法让他多吃了几口，似乎觉得自己赢得了什么，但事实并非如此。这样一来，孩子只会减少他下一顿的食量。一段时间以后，孩子的食欲就会减退，从而不能获取身体真正需要的充足营养。

长远来看，督促孩子多吃还会剥夺他们对生活的某些美好感受。婴儿在 1 岁以前很容易饿，总是想吃东西。他们吃东西时总是很起劲，吃饱后会获得满足。日复一日，他们会因此树立起自信心，形成开朗的性格，建立起对父母的信任感。但是，如果吃饭的时间变成了一种挣扎，吃奶变成了一件强加之事，他们就会不断地反抗，还会对吃饭，甚至对旁人产生固执的怀疑态度。

我不是说孩子吃奶的时候只要一停下来，就应该把奶瓶拿走。有的孩子在吃奶的过程中总喜欢休息几次。但是，当你把奶嘴再次送到他的嘴边时（不必给他拍背顺气），如果他显得不感兴趣，就说明小家伙已经吃得心满意足了。父母此时也应感到很满意。

**睡几分钟就醒的宝宝。**如果一个平时吃150毫升的孩子只吃了120毫升就睡着了，几分钟以后又醒来哭闹，是什么原因呢？宝宝这样醒来很可能是因为胃里积聚了空气，或者是肠痉挛所致。但可能不是因为饥饿，婴儿感觉不到30毫升的差别，睡着以后就更感觉不出来了。实际上，孩子只要吃到平时的一半就能睡得很好，只不过有时可能会醒得早一点。

如果觉得孩子确实饿了，想吃奶，完全可以把剩下的配方奶再喂给他吃。但最好还是先假定他不是真的饿了，给他机会重新入睡。你可以拿个安抚奶嘴哄哄他，也可以不给。换句话说，要尽量把下一次喂奶的时间推迟到两三个小时以后。但是，如果宝宝真的饿了，就应该喂奶。

**只吃半饱的小婴儿。**从医院里把孩子抱回来以后，有的妈妈可能会发现，孩子不爱用奶瓶了。他会在配方奶还剩下大半瓶的时候就睡着，但在医院时曾听人说孩子每次都能吃一整瓶奶。于是，妈妈就会不停地把孩子弄醒，想尽办法多喂一些。但是，这种努力不但进展缓慢，而且十分艰难，让人灰心丧气。这到底是什么问题呢？原来，这个宝宝可能是那种还没有完全"醒过来"的孩子（个别婴儿在出生后的两三个星期里一直都这样萎靡不振，然后会突然活跃起来）。

你能做的就是让孩子随意。即使他吃得很少，只要他不想吃，那就算了。那么，他会不会等不到下次吃奶就饿了呢？也许会，也许不会。如果他饿了，就喂他吃奶。你可能会说："这样我岂不是要没日没夜地给他喂奶了吗？"其实，情况不一定那么糟糕。

如果你能做到让孩子不想吃的时候就不吃，让宝宝自己体察饥饿感，他就会慢慢地增加食欲，吃得更多。那时候，他就能睡得更长。你可以试着拉长吃奶的间隔，先到两个小时，再到两个半小时，再拉长到三个小时。不要一听到孩子哭就马上把他抱起来。稍等一会儿，他可能又睡着了。但是，如果他哭得很厉害，就得喂他了。如果小宝宝神情呆滞或者拒绝进食，还可能是生病的征兆。如果你很担心，就带着孩子去找医生看一看。听听专业人士的建议，对于新生儿来说，更应该这样做。

**一吃奶就哭或者一吃奶就睡。**有些孩子刚吃了几口配方奶就会哭起来，也有的刚吃几口就睡着了，原因可能是奶嘴孔堵住了，或者是奶嘴孔太小，孩子吃不到奶。可以把奶瓶倒过来，看看奶水是不是能喷射出来。如果不行，可以把奶嘴孔扩大一点，再试试看（参见第 219 页）。

**在床上吃奶。**一旦孩子开始出牙，就要注意不要让他们叼着奶瓶入睡。留在嘴里的奶水会加速细菌的繁殖，腐蚀牙齿。有些孩子的门牙已经完全被腐蚀掉了，这种严重的健康问题并不少见。含着奶瓶入睡还会引起耳部感染。

6 个月以后，很多婴儿就想坐起来了。他们想从父母的手里抢过奶瓶，自己拿着。有的父母一看到孩子不需要帮助，就为了省事把孩子放在小床上，让宝宝自己吃奶，自己睡觉。这种方法哄孩子睡觉看上去似乎很方便，但这不仅会导致蛀牙和耳部感染，还容易使孩子养成离开奶瓶就睡不着的习惯。比如当孩子到了 9 个月、15 个月、21 个月的时候，如果父母在孩子睡觉时把奶瓶拿走，他就会大哭大闹，长时间不能入睡。如果你想避免以后出现睡觉困难的问题，就要注意，让宝宝自己拿着奶瓶的时候，要把他放在大腿上（如果宝宝喜欢的话，也可以把他放在高脚餐椅上）。

## 从奶瓶过渡到杯子

**何时脱离奶瓶？**有些父母很想在一年之内就让自己的宝宝改用杯子吃

奶。还有些父母坚信，就应该哺乳或者奶瓶喂养到 2 岁。实际上，这个决定一部分取决于父母的愿望，另一部分取决于孩子自身的条件。

有些宝宝到了五六个月对吸吮的兴趣就降低了。他们不再像过去那样会迫切地吃上 20 分钟，而是刚吃 5 分钟就停下来，要么和父母玩耍，要么摆弄奶瓶或自己的手。这些都是孩子可以脱离奶瓶的早期信号。虽然一般情况下都是给奶就吃，但是在 8、10 或 12 个月时，他们还是会对吃母乳或者用奶瓶吃奶表现得漫不经心。宝宝不但喜欢用杯子吃奶，还会一直喜欢下去。

孩子应该在 1 岁左右戒掉奶瓶的主要原因在于，这是孩子最容易接受这个变化的年龄。到了这个年龄，多数孩子都是自己拿着奶瓶吃奶，父母也最好能让宝宝接管这项工作。但是，你也可以早点让宝宝学着使用杯子，帮助他们变得更成熟一些。

脱离奶瓶还有其他原因。学步的孩子在白天总是不时地喝一口奶，很容易导致蛀牙，这种甜甜的液体会包住牙齿，加速细菌的繁殖。而且，学步的孩子也会由于经常一口一口地喝奶而不好好吃饭，持续喝进去的奶水会使他们的胃口变得迟钝，进而影响生长。另外，孩子还可能出现肥胖问题。

**5 个月起就试着用杯子喝奶**。在宝宝 5 个月时，就可以每天用杯子喝一小口奶。这么做的目的并不是让宝宝立刻改用杯子，只是希望在他还没有变得十分固执之前能够熟悉杯子，从而形成这样一个概念：用杯子也能吃奶。

每天往一只小杯子里倒上大约 15 毫升的配方奶。宝宝一次顶多也就抿一小口，一开始他不会多吃，但可能会觉得很好玩。当孩子习惯了用杯子吃奶，还可以用杯子喂水和稀释的果汁。这样，宝宝就会明白，所有的液体都可以用杯子喝。

**帮助宝宝习惯杯子**。一旦开始让婴儿学习使用杯子，就要在给孩子吃固体食物时，用杯子喂他几次。把杯子放到嘴边让他喝，还要放在他能看见的地方，这样他就可以表示还想不想喝。（如果一般在宝宝吃完固体食物的时候才用奶瓶喝奶，就到这个时候再让宝宝看见奶瓶。）宝宝对你喝的任何东西都会感兴趣。如果你喝的东西适合孩子，可以把杯子送到他的嘴边，让他也尝一尝。

你也可以让孩子试试自己的技术。假如宝宝已经 6 个月大，而且抓住什么都想往嘴里放，就可以给他一个能拿住的又小又窄的空塑料杯子，或者给他一只带两个把柄的婴儿水杯。等他能拿得很稳的时候，就可以往他的杯子里倒几滴奶。随着宝宝拿杯子技术的提高，可以多倒一点。如果宝宝失去了兴趣，或坚决不再自己拿着杯子喝，也不要催促他。把这件事暂时放一放，等一两顿饭之后再给他杯子用。不要忘了，在刚开始练习的几个月里，宝宝总是一次只喝一口。很多宝宝直到 12 ～ 18 个月才能学会连喝几口。

**啜饮杯**。带有盖子和出水口的啜饮杯操作简单，宝宝用起来十分容易。有些宝宝会对啜饮杯产生依赖，随身携带，寸步不离，还会时不时就像从奶瓶中喝奶一样，用啜饮杯抿上一口。因此，使用啜饮杯的宝宝会同样面临长蛀牙的风险。对这些婴儿来说，从啜饮杯过渡到普通杯子的过程可能会很艰难。从长远来看，不让孩子使用啜饮杯很可能会减少一些麻烦。

**让孩子慢慢脱离奶瓶**。你要放轻松，遵从宝宝的意愿。也许宝宝已经 9 个月大，对奶瓶有点厌烦了，所以想用杯子吃奶。这时，你应该逐渐在杯子里多装一些奶。每次吃奶的时候都让他用杯子。这样一来，他用奶瓶吃的奶就会越来越少。然后，就可以在他最不愿意用奶瓶的那顿饭放弃奶瓶。一周以后，再放弃另一次奶瓶喂奶；再过一周之后，放弃第三次。多数婴儿都最喜欢在晚饭的时候用奶瓶吃奶，所以，这一次也是他们最不情愿放弃的。脱离奶瓶的愿望并不总是稳步增强的。由于出牙或者感冒带来的痛苦，孩子常常还想再用一阵子奶瓶。应该遵从孩子的意愿。

**不情愿脱离奶瓶的婴儿**。到了 9 ～ 12 个月还不愿意放弃奶瓶的宝宝们，可能会从杯子里喝一小口奶，然后马上把它推开。还可能会假装不知道杯子是干什么用的，让奶从自己的嘴边流出来，同时露出一脸天真的微笑。他们12个月时可能会有所改变，但很可能一直到15个月或更晚的时候，才会改变对杯子的怀疑态度。

在一只他能拿住的小杯子里倒30毫升的奶，然后差不多每天都把它放在托盘上。如果他们只想喝一口，一定不要强求他们喝两口。要表现得好像这件事对你无关紧要一样。当心怀疑虑的孩子真的开始用杯子吃一点奶了，可能还要好几个月才能彻底放弃对奶瓶的依赖。对晚上或睡前的这顿奶，孩子更是难以放弃。

有些一两岁的孩子不喜欢用旧杯子，如果你给他一个不同形状或者不同颜色的新杯子，他会很高兴。给他喝一点凉奶有时也能让他更愿意尝试。有的父母发现，往奶杯里加一点麦片能使宝宝觉得新鲜，从而顺利地接受。几周之后，应该逐渐减少麦片的量，最终停止添加麦片。

**脱离奶瓶时的问题**。孩子会对奶瓶产生情感上的依赖。如果宝宝已经习惯抱着奶瓶边吃边睡，奶瓶就不仅是食物的来源，还变成了情感安慰的来源。而那些坐在父母腿上吃奶的孩子，不太容易形成对奶瓶的依赖，因为真正的父母就在面前。所以，要想不让宝宝养成对奶瓶的持久依赖，就一定要坚持让他在父母的怀里用瓶子吃奶，不要让他带着奶瓶上床睡觉。

如果宝宝已经养成了抱着奶瓶睡觉的习惯，就要引起重视，至少应该把奶瓶里的东西换一换，把配方奶换成水。这样一来，奶瓶带来的口腔问题（奶瓶龋）就没那么严重了（参见第350页）。如果你一点一点地用水稀释晚上要喂的奶，就能让宝宝晚上接受白水，不至于大哭大闹。从此以后，宝宝可能更容易完全戒掉晚上用奶瓶吃奶的习惯。

**脱离奶瓶时父母的担心**。有时候，因为脱离奶瓶而担心的反而是父母。孩子用杯子吃奶也许不如用奶瓶吃得多。即使孩子已经推开了杯子，他可能还想再吃一瓶奶。但只要孩子每天吃的奶量达到或超过 480 毫升，就可以完全不用奶瓶了。

给孩子一个奶瓶，或许就能让他平静下来。他会把吃奶作为一种情绪上的安慰，而不是出于满足口渴的需要。每当孩子哭闹的时候，父母就会再给孩子弄一瓶奶。到头来，孩子会吃下过量的奶，还会对食物失去胃口。孩子一天的吃奶量不应该超过 960 毫升。

**若必须脱离奶瓶**。如果你最终下定决心让孩子脱离奶瓶，是因为孩子已经过分依赖这个东西，或者它正在影响孩子的健康，那就开始行动吧。可以预料，孩子可能会不高兴，怒气冲冲，甚至还有些伤心。但是你不必担心这会造成持续的心理伤害，宝宝比你想象的要坚强。

# 添加固体食物

## 健康饮食，从小开始

对口味的偏好是在小时候形成的，而且会一直保持下去。比如，一个人口味的轻重是在小时候就已经形成的习惯，而摄入太多的盐会导致高血压。对于高甜度食品的偏好似乎非常普遍，但从小就以高糖分食品作为奖励的孩子会在日后面临暴饮暴食的风险。另一方面，若孩子从小就喜欢水果、蔬菜、全谷食物和富含健康蛋白质的食物，就会在今后的人生中受益无穷。

## 什么时候，怎么开始

**用勺子吃东西。**宝宝最初的固体食物并不是真正的固体，而是糊状的。主要问题在于，这些食物是用勺子喂给孩子，而不是从乳头里挤出来的。所以，宝宝必须学会如何用舌头来帮助自己吞下这些糊状物，一开始这是很难做到的事情。

大多数医生建议在宝宝 4 ~ 6 个月时开始添加辅食（美国儿科学会给出的官方建议是等到宝宝半岁之后再添加）。宝宝这时比较容易接受新的食物，如果再大一点，孩子会变得更有主见，改变就会困难一些。母乳或配方奶可以提供多数宝宝在最初 6 个月里需要的全部营养；6 个月之后，辅食可以为宝宝提供生长发育中必不可少的矿物质。

**不要心急**。有的父母一天也不想让宝宝落后于别的孩子，这常常是过早给孩子提供固体食物的重要原因。在饮食问题上，并不是越早越好。如果注意观察孩子的表现，就能够看出什么时候开始尝试固体食物最合适：宝宝的脖子能够挺直了吗？宝宝对餐桌上的食物感兴趣吗？他是不是想伸手抓你的食物？当把一点点食物放在他的舌头上，宝宝有什么反应呢？

婴儿很小的时候都有一种条件反射，把糊状的食物放到他嘴里的时候，他就会伸出舌头。如果宝宝的这种反射十分活跃，就很难顺利地给他喂食物。如果宝宝刚接触哪怕一点食物都立刻伸出舌头，就不要强迫他非吃不可。可以等上几天再尝试。

你可以给宝宝一些时间来适应每一种新食物。一开始只给孩子喂一勺或者更少的新食物。如果孩子愿意吃，再慢慢增加到 2 ~ 3 勺。前几天不妨先让他尝一尝，等孩子表现得愿意接受时再正式喂他。

**固体食物应该放在喂奶之前还是之后？** 多数不习惯固体食物的婴儿都愿意先吃奶。如果他吃不到奶，得到的是一勺糊状的食物，宝宝会非常气愤。所以，一开始要先喂他母乳或者配方奶。再过一两个月，等宝宝懂得固体食物和奶一样可以解除饥饿的时候，就可以在奶吃到一半时试着加一点固体食物，也可以加在吃奶之前。最后，几乎所有的宝宝都能高高兴兴地先吃固体食物，然后再喝点奶当饮料，就像许多大人吃饭的习惯一样。

**用什么样的勺子？** 一般的茶匙太宽，不适合婴儿的小嘴，而且大多数吃饭的勺子太深，婴儿无法把里面的食物吃干净。为婴儿特制的勺子更合适。有些父母比较喜欢用涂抹黄油的小刀，或者用医用的木制压舌板（你可以在药店买到）。还有一种勺子，头上涂有橡胶涂层，它们是专门为那些爱咬勺子的出牙期宝宝设计的。对于那些能够自己拿着勺子吃饭的宝宝来说，勺头宽把柄短的勺子也很好用。

**怎样喂固体食物？** 开始时每天只喂一次固体食物，等到父母和孩子都适应了以后再慢慢增加。父母要有耐心，不要着急。在孩子 6 个月之前，最好把固体食物的次数控制在每天两顿以内。因为，在头几个月里，母乳或者配方奶对孩子的营养非常重要。

无论你从哪一顿开始给孩子喂固体食物，都没什么关系。不过最好挑一个宝宝正好饿了，但还不至于饥肠辘辘，或太过疲劳的时段，这样效果最好。在吃完母乳或者配方奶一小时左右喂固体食物往往会比较顺利。孩子必须十分清醒，情绪很好，还要乐于尝试，父母也应该是如此状态。可以让宝宝坐在结实的高脚餐椅上，戴上围兜，这些举措都能让喂食过程更加顺利。

宝宝吃第一勺固体食物的样子很好笑，还显得有点可怜无助。他看上去很困惑，好像还有点恶心，会纵起鼻子，皱起眉头。这不能怪他，毕竟他没尝过这种味道，也没吃过这种稠稠的食物，还可能没用过勺子。当他吸吮乳头的时候，奶水就会自动流到嘴里。他从来没有学过用舌头的前端接住一团食物，然后再往后送到喉咙里去。所以，他只是用舌头吧嗒吧嗒地舔着上颌，多数麦片都被他从嘴里挤出来了。这时，得把食物重新送到他的嘴里。然后，还会有很多食物被挤出来。不要灰心，因为宝宝还是吃进去了一些。父母一定要有耐心，帮助孩子越来越熟练地吃这些东西。

**先喂哪种食物？** 具体的顺序不重要。父母经常先给孩子喂米粉（可以选购那种糙米粉，它比传统的白米粉更具营养价值）。可以把米粉和一种孩子熟悉的食物混合起来，可以用挤出来的母乳，也可以用配方奶，看宝宝习惯哪种味道。有的孩子喜欢先吃一种蔬菜，那也没问题。很多宝宝都特别爱吃水果，但是接下来就会拒绝其他不那么甜的食物，还是等宝宝很好地接受了其他食物以后再喂他们水果比较好。虽然让宝宝习惯吃多样的食物有好处，但每次只增加一种新的食物为好。

**谷类食品**。刚开始时，多数父母都会给孩子喂那种特制的免煮麦片。这种麦片冲调即可食用，十分方便。这些食品中大多数都加了铁，因为孩子的饮食中很可能缺乏这种成分。也可以让孩子跟家里其他人吃一样的谷类食品。但是，成年人食用的谷物不应该成为孩子饮食的主体。因为其中的铁质不能满足宝宝生长的需要。

如果先给孩子喂谷类食品，最好冲调得比说明上要求的更稀一些。这样，孩子就会对它的样子更熟悉，也更容易吞咽。另外，很多婴儿都不喜欢黏稠的食物。

用不了几天，就能看出宝宝是不是喜欢谷类食品了。有的婴儿好像很明白："这种东西虽然有点奇怪，但是很有营养，我得吃。"随着时间一天天过去，宝宝会越来越喜欢这种食物。

也有一些婴儿，从尝过谷类食品的第二天起就认定它不好吃。第三天，他们就更不爱吃了。如果宝宝存在这种情况，也不要着急，不过一定要谨慎对待。如果不顾他的意愿逼着他吃，宝宝就会更加反感，你也会十分生气。再过一两周，他就会变得非常警惕，甚至连奶瓶也不愿意接受了。父母最好不要在孩子刚开始吃固体食物的时候就和他较劲。

对于那些拒绝吃谷类食品的孩子，要慢慢引导。所以，每天只给孩子喂一次谷类食品，而且不要给得太多。在他习惯之前，每次只用勺尖盛一点喂他就可以了。还可以在里面加一点水果，看看这样他会不会更喜欢。如果过了两三天，你想尽了办法，他还是坚决不吃，就干脆过两三周再说。如果宝宝不吃谷类食物，也可以先喂他吃一些水果。婴儿第一次吃水果的时候，也会感到困惑。但是过不了两天，所有的孩子都会喜欢吃水果。两周以后，他们会觉得，所有用勺子喂的东西都很好吃。这时候，就可以喂谷类食品了。如果上述方法都不管用，就要向医生说明情况。

**蔬菜**。在加水果之前给孩子添加蔬菜，就不会让孩子以为所有食物都是甜甜的。一开始给孩子吃的蔬菜一般是豇豆、豌豆。接下来，可以继续添加南瓜、胡萝卜、甜菜和红薯，它们也有甜味，却不会像大多数水果那样甜。每一种食物都应该先让宝宝适应几天，以确保他不会出疹子。

还有一些蔬菜也可以给孩子吃，比如西蓝花、菜花、卷心菜、萝卜、羽衣甘蓝和洋葱等。这些蔬菜味道浓烈，很多婴儿都不喜欢吃。如果家人喜欢这些蔬菜，要尽量把它们滤干，再喂给孩子吃。也可以加一点苹果汁来中和强烈的味道。一开始不能给孩子吃玉米，因为玉米粒上的厚皮可能会让孩子哽住。

可以给孩子吃新鲜或冷冻的蔬菜，煮熟后滤干，还可以用食品加工机、搅拌器或榨汁机弄成泥状。市面上卖的瓶装婴儿蔬菜泥也是不错的选择。但是要买纯蔬菜成分的，不要买混合的。如果你没打算一次用掉一整瓶，就不要直接从瓶里用勺子盛着喂孩子，因为唾液会使食物变质。如果孩子愿意吃，就喂他几勺或者半瓶蔬菜泥。剩下的冷藏好，第二天再喂给孩子吃。要注意，煮熟的蔬菜会很快变质。

婴儿对蔬菜比对谷物类食品和水果更挑剔。你可能会发现有一两种蔬菜孩子非常不喜欢。不要费力地劝他吃，不过可以每隔一个月左右就试试看。

孩子刚吃蔬菜时，大便里会出现没有消化的蔬菜，这很正常。只要大便不稀，没有黏液，就不是什么不好的现象。但是，要循序渐进地增加每种蔬菜的分量，直到孩子的消化系统能够处理这类蔬菜为止。如果某种蔬菜引起了腹泻，或者孩子的大便里出现了很多黏液，可以暂时不喂这种蔬菜，过一个月后再少喂一点试试。

甜菜会使尿液的颜色变深，还会使大便变红。如果你知道这是甜菜在作怪，而不是血，就没什么可担心的了。绿色蔬菜常常会把粪便变成绿色。菠菜会使一些孩子嘴唇干裂，肛门周围红痒。一旦出现这种现象，就要停喂菠菜几个月，然后再试。吃了很多橘子或黄色蔬菜的宝宝，皮肤经常会泛出黄色或橘黄色。这种情况并没有危险，只要宝宝不再吃黄色和橘黄色的蔬菜，皮肤的颜色就会恢复正常。

**水果**。家长在刚开始给宝宝添加水果时，可以选择苹果、桃子、梨、杏和李子这些比较合适的水果。在宝宝 6 ~ 8 个月期间，除了熟透的香蕉以外，其他水果都应该煮熟以后再给他们吃。选购瓶装的即食婴儿食品时，要看清标签上的说明，最好是百分之百的水果。自己给孩子制作食物也很方便快捷。只要把水果放到锅里炖烂，再捣成糊状（也可以使用搅拌机）就可以了。要保证自制的食品很柔滑，没有能噎住孩子的硬块。

无论哪一顿饭喂水果都可以，一天喂 1 ~ 2 次为宜。孩子爱上水果以后，可以逐渐增加分量。李子、李子汁对几乎所有婴儿都有轻微的通便作用，有时杏子也有此功效，所以对于那些容易大便干燥和便秘的宝宝来说，这些都是具有双重价值的食物。每天都可以喂一顿李子泥或李子汁，其他几顿饭中再安排别的水果。

如果宝宝出现了腹泻的现象，两三个月内就别再给孩子吃李子和杏了，每天只给他吃一次别的水果就可以了。

在大约 6 个月以后，除了香蕉以外，还可以让宝宝直接吃新鲜的水果，比如用勺子刮下来的苹果泥、梨泥、鳄梨泥等。为避免宝宝被噎住，浆果类水果和无籽葡萄一般都应该等到 2 岁以后再给孩子吃。到了那个时候，也应该把这些水果切碎或磨碎了再喂他。孩子 3 岁之前都应该这样做。

**高植物蛋白食品**。孩子熟悉了谷物、蔬菜和水果以后，就可以喂其他食物了。可以把小扁豆、鹰嘴豆和芸豆等豆类食物煮得很软，试着给孩子吃。

一开始喂煮熟的豆子时，只要一点就可以了。如果你发现孩子的屁股上长了皮疹，而且大便里还有尚未消化的豆子，等几个星期再喂。一定要保证这些豆子都煮得很软。豆腐也是很好的选择。很多婴儿都愿意一小块一小块地吃，或者用苹果酱等果酱、蔬菜拌着吃。

对于豆类和豆科蔬菜来说，购买晾干的产品会比较方便，也比较经济。

只要把豆子泡上一夜,煮到想要的软烂程度就可以了。(虽然需要一定的准备,但很容易。)如果你选用罐装豆子,就把它们倒在过滤器里好好冲洗,去掉一些钠(盐)。尽管如此,还是不像自己煮的豆子那样一点钠都没有。

**肉类**。牛肉、猪肉、家禽等肉类的营养十分丰富,因此在宝宝适应谷类食物、水果和蔬菜之后,很多家长会马上给孩子的辅食中添加一些煮熟、捣碎或研成糊状的肉。但肉类也有一些问题。很小就对这些肉类食物感兴趣的孩子,成年以后可能会为这些食物里含有的饱和脂肪和动物蛋白付出代价(参见第 237 页)。另一个日益受到关注的问题是,禽肉类往往含有能导致严重感染的细菌(比如大肠杆菌)。婴儿尤其面临着细菌感染的风险。从商店购买的大部分肉类都是在大型工厂加工的,而那里正是这些致病菌滋生传播之地。因此,肉类食品都必须彻底煮熟,不能留有一点夹生的粉色。同时,生肉接触过的任何表面或器皿都必须用肥皂和水仔细地清洗。鱼类,如鳕鱼或黑线鳕,是更健康也更安全的肉类来源。不过在给宝宝吃之前,家长需要把鱼肉充分煮熟,并剔除全部鱼骨。

**引起过敏的食物**。医生们曾经告诉父母,要晚一些再添加花生、鸡蛋、乳制品、大豆、坚果、鱼和贝类等辅食,因为这些都是最常见的食物过敏原。现在我们知道,让孩子在 6 个月或更早之前就接触这些食物,实际上会降低食物过敏的风险。如果我们考虑到,婴儿的免疫系统在很早时就开始学习如何分辨食物的安全性,这样就合乎情理了。

如果孩子吃了谷物、蔬菜和水果之后并没有出现腹泻,也没起疹子,那他也很可能会适应花生和其他致敏性食物。对于那些开始添加辅食后出现不良反应,伴有中度或严重湿疹(参见第 376 页),或有家族食物过敏史的宝宝,最好在吃致敏性食物前先询问一下医生。不过,请不要为逃避问题而拖延,这时采取拖延方针并不那么保险。在大约半岁时,宝宝可以开始吃这些食物,定期接触这些食物有助于预防过敏。

纯花生酱对小宝宝来说太过黏稠，容易造成婴儿窒息。先把花生酱或其他坚果酱与红薯泥或南瓜泥混合，然后再喂给宝宝，这样做会更加安全。可以在汤中加入牛奶，或用勺子给宝宝喂食希腊酸奶（对于一岁以下的婴儿，不能以牛奶代替母乳或配方奶，这样做并不安全。不过在汤或其他食物中添加一点也无妨）。家长可以把鱼和贝类磨成糊状喂给宝宝。

**蛋类**。蛋黄里含有健康的脂肪、热量、维生素和铁质，当蛋黄和含有维生素 C 的食物同时食用时，人体对蛋黄中铁的吸收是最好的。富含维生素 C 的食物包括橘子或其他柑橘类水果、番茄、土豆和哈密瓜。最好等宝宝接受了这些食物之后再添加蛋黄。蛋黄中含有大量胆固醇，但是目前还没有明确的证据表明对宝宝有害。蛋白会使一些宝宝过敏，所以遵照上文的育儿指导，最好早一点给孩子添加蛋白。

**混合型正餐食品**。市场上有各种各样的瓶装婴儿"正餐"食品，一般都含有少量的肉和蔬菜，还配有大量的土豆、大米或大麦。如果买的是单一品种的瓶装蔬菜、谷物、豆子和水果，就知道宝宝每一种食物到底吃了多少。如果宝宝有过敏倾向，这种混合型的食品就会带来问题，除非宝宝已经分别吃过了其中每一种食物，都没有触发过敏反应。

**自制婴儿食品**。自己制作婴儿食品既可以有效地掌握各种成分的搭配和烹调的方法，也很经济实惠。你可以选用新鲜的和富含有机质的食物。你会发现，自制婴儿食品并没有想象中的那样难。

你可以一次制作一大批选好的健康食物，然后把它们研磨成糊状。你可以加一点水，或加一点母乳或配方奶，把食物调制成适合宝宝吃的黏稠度。按照每次的食用量装在冰盒里冷冻，或者放在烘制饼干的烤盘上冷冻，储存在塑料保鲜袋里随时取用。在加热食物时，一定要把食物搅匀，不要出现过烫的地方。用微波炉加热的时候尤其要注意这一点，否则就有可能出现冷热不均现象，即使上一勺不热，下一勺也可能会把孩子烫到。

不要添加糖和盐等调料。最早对食物的体验会让孩子形成什么东西好吃的印象，而高糖和高盐的摄入在孩子今后的人生中会带来严重的健康问题。市售婴儿食品经常会添加糖和盐，只为让大人觉得吃起来更美味！

**市售的婴儿食品。** 购买瓶装婴儿食品的时候，要仔细阅读标签上的小字部分。比如在大字"奶油菜豆"下面可能印有"玉米淀粉菜豆"的小字。所以要选购纯水果或者纯蔬菜食品，保证宝宝能吃到营养充足又丰富的食品，同时，又不至于摄入太多的精制淀粉。不要购买加糖或者加盐的瓶装食品。

不要给孩子吃玉米淀粉布丁和果冻类甜食。这两种食品的营养不适合宝宝，而且都含有大量的糖。要给孩子吃最简单的果泥。从来都没有吃过精制糖的婴儿会觉得水果很香甜。

## 6 ~ 12 个月的固体食物

**一日两到三餐。** 到了 6 个月时，他每天可能吃一顿、两顿或三顿固体食物。对于比较饿的宝宝来说，早餐一般可以安排一些谷类食品，午餐可以吃蔬菜、豆腐或者豆子，晚餐吃谷类食品和水果。容易出现便秘的孩子，每天晚上可以和谷类食品一起喂一些李子，在早饭或午饭喂另一种水果。也可以让孩子在晚饭的时候跟家里人一起吃一点豆子和蔬菜，午饭时吃谷类食品和水果。没有一成不变的规则，一切取决于家庭的便利条件和宝宝的食欲。

**泥状食物和块状食物。** 在宝宝 6 个月左右时，你可能希望他能够适应块状食物或者剁碎的食物。即便还没有出牙，他们也能够用牙床和舌头把煮熟的块状蔬菜或者水果磨成糊状，还能把全麦面包和吐司"嚼烂"。如果孩子讨厌块状食物，可以慢慢来，不过家长还是要继续提供这些食物，这样他才有机会去克服原先的抗拒心理。

向剁碎的食物过渡时要采取循序渐进的原则。给孩子吃剁碎的蔬菜时，开始要用叉子彻底搅烂，慢慢再减少搅拌。不要一次往孩子的嘴里喂得太多。当孩子还不适应的时候，如果把一整勺食物放进他们嘴里，他们就会忍受不了。

**手抓食物**。孩子到了六七个月时，就可以自己用手抓取食物了。一旦宝宝能够做到这一点，就会渴望去做。用手抓食物吃是一种很好的锻炼，可以给孩子在 1 岁左右自己用勺子吃饭打下良好的基础。

从习惯上来说，给孩子的第一种手抓食物是全麦的干面包片或吐司，一小块干的百吉饼也很好，尤其是在宝宝出牙的时候。当唾液慢慢地把面包或吐司浸湿泡软的时候，有些食物就会被磨下来或者溶化到嘴里，足以让孩子们觉得有所收获。当然，多数食物最终都会沾在他们的头发上，还有家具上。磨牙饼干一般都含有多余的糖分。所以，最好还是帮助孩子习惯并且喜欢不太甜的食物。

到 8 ～ 9 个月，大多数孩子都可以拾起很小的东西。这时候，你可以喂他们吃小块的水果，或者煮熟的蔬菜、成块的豆腐。把这些食物放在宝宝高脚餐椅的托盘上，让他自己用手抓着吃。（在这个年龄，必须保证地板上没有可能导致孩子窒息的危险物品。有个值得推荐的判断方法：如果一个东西能够放进卫生纸中间的圆筒里，这个东西就是危险的。）如果宝宝对你盘子里的食物特别感兴趣，你可以一次拿一点放到宝宝能用手够到的地方。

不论有没有牙齿，几乎所有的孩子到 1 岁时，都可以抛开成品的婴儿食品，自己用手抓着吃家里人的食物。要注意把食物切成合适的小块，也不要给他们吃太硬的东西，以免出现窒息的危险。

**被固体食物哽住**。在适应块状食物的过程中，所有婴儿都会出现被哽住的现象，这就像宝宝学习走路的时候都要摔跤一样。在孩子 5 岁前，最容易让孩子哽住的食物是：

◆ 热狗

◆ 圆糖块

◆ 花生

◆ 葡萄

◆ 曲奇饼干

◆ 肉块或肉片

◆ 生胡萝卜片

◆ 花生酱

◆ 苹果块

◆ 爆米花

你可以把葡萄、苹果、肉类切碎或碾碎，这样就安全多了。花生酱抹在面包上吃要比用勺子喂着吃或用手抓着吃更安全。这些食物中有一些还是彻底避开为好，比如热狗和圆糖块。没有什么办法能让孩子们安全食用这些食品，况且它们对孩子（或大人）也没有好处。

孩子被哽住后，一般都能自己吐出来或咽下去，根本不需要任何帮助。如果你觉得孩子需要帮助，也能从孩子嘴里看见卡住的食物，就可以用手指把它抠出来。如果你看不见卡住的食物，可以让孩子脸朝下屁股朝上趴在你的大腿上，用你的手掌在他的肩胛骨之间连拍几下（参见第 339 页）。这样一般都能解决问题。

即便在宝宝能够自己吃饭之后，父母最好还是能在他吃饭时陪着他，和他说说话，有时还可以和宝宝一起用餐。从较为全面的意义上说，这样吃饭更有乐趣，更有营养，也更为安全。

# 营养和健康

## 何谓良好的营养？

对父母来说，很自然地会给孩子吃自己小时候吃过的食物。然而，有些食物比其他食物更有利于健康。如果你曾为健康原因而想要调整自己的饮食，就会也有调整孩子饮食的想法。

成年人的许多疾病，包括肥胖症、心脏病、中风、糖尿病以及一些癌症，都跟典型北美饮食中过量的动物脂肪和精制糖有关（比如比萨配汽水）。在这些成年人疾病当中，有很多都是童年时代留下的病根。早在 3 岁时，许多美国儿童的血管里就有脂肪沉积了。在 12 岁的孩子当中，70% 都会表现出血管疾病的早期症状。到了 21 岁，几乎所有青年都存在这一问题。

在良好的营养这一话题上，我们很容易陷入迷惑。不过，大多数专家还是在一些基本观点上达成了一致。健康饮食应该含有较少的饱和脂肪和精制糖，同时含有较多的不饱和脂肪、复合碳水化合物和优质蛋白质。简单的食物，如谷物、水果和蔬菜，可以提供复杂的营养组合，会在童年时期和以后的人生为健康护航。

如果大人总是高兴又定时地提供多种健康食物，孩子就会学着去喜爱这些食物。关键在于要让健康食物成为家庭饮食的常规组成部分，不要过分强调它们"有好处"（这句话明显在暗示"没有人真正爱吃这些"）。如果对孩子说"如果你吃了这些西蓝花，我就给你一些甜点"，只会让宝宝讨厌西蓝花。如果健康的食物成为家庭常规食谱的组成部分，孩子们就会自然地接受其中大部分食物。

## 营养的构成

**热量**。热量本身并不是真正的营养，它其实是衡量食物能量的单位。每克蛋白质和碳水化合物当中大约含有 4 卡路里热量；每克脂肪和油脂中含有 9 卡路里热量，是蛋白质或碳水化合物的两倍还多。少量脂肪的热量就可以坚持很长时间。

孩子的生长需要热量，热量为身体提供燃料。孩子（1 ~ 3 岁）一天只需要 900 卡路里，一般活跃的年轻人可能需要 3900 卡路里，运动员则需要更多。女性和不同年龄的儿童需要的热量居于这两个数值之间。计算热量通常是一件浪费时间的事情。总体来看，我们的身体能够很好地判断什么时候需要更多热量，什么时候热量已经够用了。

儿童大约 50% 的热量应该从碳水化合物中摄取，大约 30% 的热量从脂肪中摄取，另有大约 20% 来自蛋白质。

**糖类和淀粉类食物**。精制糖、蜂蜜和糖浆能够迅速提供热量，但是不能长时间地抵挡饥饿。相比之下，淀粉类食物提供热量的速度要慢一些，因为身体首先要把淀粉分解为糖才能吸收。蔬菜和全谷物（全麦、糙米）在提供淀粉的同时，还能提供纤维和蛋白质，因此这些食物有更强的饱腹感。汽水、糖果和白面包中的精制糖和淀粉虽然可以提供热量，但却几乎没有其他营养物质（即"空营养"食品）。因为它们无法满足身体对营养的需求，结果就是孩子很快又会觉得饥饿。

糖和淀粉被分解成葡萄糖，而葡萄糖是大脑和身体细胞的能量来源。高糖食物会使血液和大脑中的葡萄糖浓度升高，形成"高糖"状态，人的身体就会做出分泌胰岛素的反应，从而使血糖水平迅速回落。血糖的快速升降会激发孩子对甜食的渴望，并逐步发展为嗜甜如命的糖瘾症。整天喝果汁的幼儿是萌芽状态的糖瘾症者。为了孩子的茁壮成长，也为了口腔健康，最好让他们多喝水，少吃精加工食品。

**脂肪**。脂肪和油脂（液态脂肪）不仅可以提供长期热量，还能提供身体生长所需的材料，比如细胞壁和大脑某些关键部位都是由脂肪参与构成的。饱和脂肪是固态的，主要存在于肉类食品和乳制品中。不饱和脂肪是液态的，主要存在于素食当中，特别是各种坚果、种子、植物油和鱼类中。多不饱和脂肪比单不饱和脂肪的不饱和程度要更高一些，一般来说也更健康一些。反式脂肪在自然界中并不存在，是通过在氢环境下给植物油加热加压制成的，它的另一个名称叫作"氢化植物油"。这些脂肪会出现在人造奶油、商业化烘焙的产品当中，它们是导致心脏病的主要元凶。

健康饮食提供的热量大约有30%是以脂肪的形式存在的，其中不饱和脂肪（20%）是饱和脂肪（10%）的两倍，不含反式脂肪。饮食中含有的饱和脂肪越少，对身体越好，因为饱和脂肪和反式脂肪在室温下都呈固态，因此容易引起动脉硬化，而不饱和脂肪则会产生相反的效果。

身体能够自行合成自身所需的大部分脂肪酸。但是，有少数几种必需脂肪酸，因为人体不能自行合成，所以必须从饮食中摄取。这些必需脂肪酸包括 ω-6 脂肪酸和 ω-3 脂肪酸（如亚油酸和丙氨酸）。身体利用这些脂肪酸合成一长串化学物质，其中包括 DHA 和 EPA（这些首字母代表着超长的化学名称，几乎没有人能够读出来）。这两种物质对大脑和身体其他部位都很重要。必需脂肪酸的丰富来源包括鱼油、豆制品、坚果和种子类食品，以及许多绿叶蔬菜。鱼类和亚麻仁、核桃、菜籽油中含有特别丰富的丙氨酸。（大多数天然食品店可以买到亚麻籽。把亚麻籽放在水果奶昔、沙拉和早餐谷物中，味道特别好。）

**胆固醇**。胆固醇参与构成细胞膜，也是合成激素的原料。胆固醇可分为两种。有一种低密度脂蛋白（LDL）会把胆固醇运送到血管壁上，使其在那里堆积起来。因此，低密度脂蛋白被叫作"坏胆固醇"。另一种高密度脂蛋白（HDL）会把胆固醇从血管壁上带回到肝脏，使其在肝脏中分解。因此它又被称为"好胆固醇"。若血液中的低密度脂蛋白含量偏高，则提示人更易患高血压、中风和心脏病。

虽然人体内的大多数胆固醇都是身体自行合成的，但饮食也很重要。如果饮食当中胆固醇含量很高，就容易导致低密度脂蛋白偏高，从而带来心脏病的高风险。你可以通过少吃肉类和奶制品来降低饮食中的胆固醇。动物性食品是唯一一类含有胆固醇的食物，植物根本不含有胆固醇。任何一种完全由植物制成的食物都不含胆固醇。就是这么简单。

**蛋白质**。蛋白质是肌肉和器官的主要构成材料，帮助身体实现各种化学过程的酶也是由蛋白质构成的。当人吃了含有蛋白质的食物时，身体首先会把它们分解成氨基酸，然后利用这些氨基酸重新组合成自己的蛋白质。为了制造蛋白质，人体首先需要多种不同的氨基酸。如果某些氨基酸供应不足，那么合成蛋白质的过程就会减缓，剩下的氨基酸会作为燃料消耗掉，以脂肪的形式储存起来，或者通过尿液排出体外。这就是为什么对于一个正在生长的孩子来说，每天摄取的食物都要提供所有必需的氨基酸。

能提供所有人体必需氨基酸的食物蛋白质称为完全蛋白质。肉类和豆类食物能够提供完全蛋白质，谷物和豆类食物结合起来（比如花生酱配全麦面包）食用，也可以提供完全蛋白质。非肉类蛋白质有一个好处，那就是它含有的饱和脂肪较少，而且不含胆固醇。

一个孩子需要多少蛋白质取决于他的身体结构、活动水平和生长速度。大约每千克体重每天需要 1 克蛋白质。当然，明智的父母都不会紧盯着数字不放。在餐桌上，一餐所需的肉量只有一副扑克牌那么大，或相当于一只手掌的大小。儿童由于体形较小，需要的量也比较少。给孩子一小份优质蛋白质食品，就可以放心了，因为他得到了自己需要的蛋白质。

**膳食纤维或粗纤维**。植物中含有大量人体不能轻易消化和吸收的物质。这些物质，也就是纤维或粗纤维，会进入肠道并吸收水分，从而使大便变得柔软。饮食中缺乏膳食纤维的人（比如只吃比萨、薯条、白面包涂花生酱和果酱的孩子）容易便秘。豆类和燕麦中的纤维（可溶性纤维）有助于降低胆固醇水平。

蔬菜、水果、全谷物和豆类是最佳的纤维来源。绿叶蔬菜、西蓝花、四季豆和卷心菜这些蔬菜的主要成分就是纤维和水。淀粉类蔬菜如土豆和青豆的粗纤维含量较少。砂糖、玉米糖浆和精制白面粉中几乎不含膳食纤维，而肉类、乳制品、鱼类和家养禽类食品则根本不含膳食纤维。

**矿物质**。全天然、未精加工的食品中含有钙、铁、锌、铜、镁、磷等多种必需矿物质。

钙。骨骼和牙齿基本上都由钙和磷组成。多年以来，医生一直在强调，儿童和青少年要摄取充足的钙，以预防年老时骨骼变得脆弱（骨质疏松症）。乳制品因提供大量钙质而得到了大范围的宣传推广，以提倡大家多喝牛奶。然而一些专家已经开始质疑，究竟儿童和青少年是不是真的需要这么多钙质。这些医学专家认为，关键不在于身体摄入了多少钙质，而在于吸收了多少钙质。让骨骼承受压力的体育活动（如跑步、跳绳）可以促使骨骼吸收钙质。某些食品（如咸味食品和肉类）会导致肾脏排出钙质。

铁。血红蛋白是红细胞中的载氧物质，它的合成需要铁的参与。在大脑中起着关键作用的酶也需要铁参与合成。即使是儿童时期的轻度缺铁也可能导致长大后的长期学习障碍。母乳中的铁形式特殊，非常容易吸收。婴儿配方奶粉中也出于同样的原因特别添加了铁元素。（普通牛奶中因为含铁量非常少，孩子饮用并不安全。同时，牛奶还会影响肠道对铁的吸收。）在大约6个月以后，添加高铁的谷物和其他富含铁质的食物开始变得非常重要。肉类和蛋黄含有丰富的铁质，像羽衣甘蓝这样的绿叶蔬菜也是如此。另外，大多数儿童复合维生素中也含有铁元素。

锌。细胞的生长需要锌。排列在肠道里的细胞，愈合伤口的细胞，以及抗击疾病的细胞，特别容易受到缺锌的影响。母乳中含有锌，很容易被小宝宝吸收。锌还存在于肉类、鱼类、乳制品，以及豆类、坚果和全麦谷物中。植物里的锌不易被人体吸收。

碘。碘对甲状腺和大脑的功能来说必不可少。缺碘的情况在工业化国家中十分少见，因为食用盐里添加了碘。但在世界上的很多地方，缺碘是造成儿童认知障碍的主要原因之一。不爱吃肉的孩子和只吃海盐或粗盐的孩子可能需要服用碘补充剂。

钠。肾脏控制着血液中的钠含量，含钠高的饮食会给肾脏带来压力，并可能导致血压升高、钙质流失。在食盐中，钠大概占到全部重量的三分之一，许多加工食品的钠含量也很高。

**维生素**。全面均衡的饮食能提供丰富的维生素。对于那些不爱吃蔬菜和水果的儿童来说，每天服用复合维生素可以确保身体摄入充足的维生素。母乳喂养的婴儿也需要额外补充维生素（参见第 197 页）。

维生素 A。蔬菜和水果（尤其是黄色和橙色品种）能提供儿童所需的全部维生素 A。服用过量的维生素 A 补充剂会对人体造成危害。不过，如果是通过食用大量蔬菜来获取维生素 A，就不存在这个问题了。

B 族维生素。已知对人体最重要的四种 B 族维生素分别是：硫胺素（维生素 $B_1$）、核黄素（维生素 $B_2$）、烟酸（维生素 $B_3$）、吡哆素（维生素 $B_6$）。许多食物都含有 B 族维生素，因此缺乏这类维生素的情况很少出现。钴胺素（$B_{12}$）在肉类和乳制品中含量丰富，但并不存在于植物性食物中。所以素食者需服用复合维生素，以确保身体获得所需的 $B_{12}$。叶酸（维生素 $B_9$）

是一种参与形成 DNA 和红细胞的重要维生素。叶酸对有怀孕可能的年轻女性尤为重要，缺乏叶酸会导致婴儿神经管发育方面的严重缺陷（如脊柱裂）。强化面粉和烘焙食品、菠菜、西蓝花、青萝卜、全谷类食物，以及哈密瓜和草莓等水果都是摄取叶酸的良好来源。

维生素 C（抗坏血酸）。维生素 C 对于骨骼、牙齿、血管和其他组织的发育是非常必要的，对于人体的许多其他功能也很重要。维生素 C 缺乏症主要表现为体表青肿、皮疹、牙龈出血疼痛和关节疼痛。橘子、柠檬、葡萄柚、生番茄、番茄罐头、番茄汁、生卷心菜中都含有大量维生素 C。维生素 C 在烹调过程中很容易遭到破坏。大剂量的维生素 C 并不能预防或治疗普通感冒。

维生素 D。适度日晒可以合成维生素 D。缺乏维生素 D 会导致骨骼脆弱、睡眠障碍、情绪低落，甚至肥胖症。生活在寒冷和多云地区以及长时间待在室内的人们，都容易出现维生素 D 缺乏的情况。肤色较深的人体内缺乏维生素 D 的风险更大，这是因为皮肤色素阻挡了一些合成维生素 D 的光线。在这些情况下，每天补充维生素 D 会有所帮助。母亲在怀孕和哺乳期间需要额外补充维生素 D。从出生后数天开始，所有母乳喂养的宝宝每天都需补充 400 国际单位维生素 D，这对宝宝的健康成长十分重要。婴儿配方奶粉中已经添加了维生素 D。

维生素 E。维生素 E 的作用之一是帮助人体对抗导致衰老的有害物质，以及可能致癌的化学物质。然而，服用额外剂量的维生素 E 似乎没有什么作用，还有可能过量。不爱吃蔬菜的孩子可以每天服用含有维生素 E 的复合维生素，以满足身体的需要。

维生素中毒。大剂量的维生素有时被用来治疗或预防某些疾病。但更多时候，这些大剂量的维生素并不会带来任何好处，甚至还会对孩子构成危害。维生素 A、D 和 K 最可能因为过量造成严重的中毒。像 $B_6$ 和 $B_3$ 这样的维生素过量也可能产生严重的副作用。所以，一定要先咨询医生，才能给孩子服用超过常规剂量的维生素补充剂。

**植物化学物质**。这指的是植物中含有的化学物质。它们对人体起着有益的作用，包括防止蛋白质氧化，减少炎症和血凝块，防止骨质流失，以及预防某些癌症，等等。在无污染的土壤里，不施农药生长出来的植物，可能会产生更多这种有益的化学物质。烹调会使这些化学物质分解（但有一种番茄红素，却是煮熟的西红柿中含量更高）。食品生产商有时会在其产品中添加抗氧化剂。但是，这些物质的最佳来源依然是水果和蔬菜。

## 斯波克博士的膳食 1

毫无疑问，典型的美国膳食含有太多的脂肪、糖和盐。所有人都认为儿童应该多吃蔬菜和全麦食品。斯波克博士的营养理论更是高瞻远瞩。他认为，最健康的膳食应该以植物性食物为主，根本不含肉类、蛋类、乳制品。这种饮食其实并不像看起来那样极端，美国饮食协会在 2009 年发表了一篇科学评论，指出与含有乳制品和肉类的饮食相比，纯素饮食对健康具有显著益处，可以帮助降低心脏病、高血压、糖尿病、肥胖症、癌症、骨质疏松症、痴呆、憩室炎和胆结石的发生率。想象一下，通过努力你就可以让孩子免受这些灾祸的侵扰！

斯波克博士写道："自从 1991 年我 88 岁那年起，我就一直坚持选择不含乳制品的、低脂无肉的饮食。结果不到两个星期，我多年服用抗生素都不见起色的慢性支气管炎就好了……我不再主张孩子 2 岁以后还吃乳制品。"

作为父母，我们该怎么办？并没有适用于所有人的最佳答案。基于美国

---

1 这部分是斯波克博士的膳食观点，强调素食的重要性。这跟美国社会的饮食结构有关系，美国食物高热量、低纤维，因此肥胖症等疾病患者多，故有此提法。但普遍的观点是"合理膳食，营养均衡"，以植物性食物为主的饮食对人们，尤其是快速生长发育中的儿童和青少年健康不利，因此我们尊重斯波克博士的观点，但坚持"营养均衡"的理念。——编者注

农业部推荐的膳食搭配，含有少量肉食、低脂牛奶、鸡蛋和各种植物性食品的饮食可以作为大部分孩子的共同选择。另一方面，几乎或完全不含乳制品和肉类的膳食也同样美味可口，还可能给你和孩子带来更多的长期健康益处。

**素食饮食**。素食饮食是指不包括各种肉类食品的饮食搭配。蛋奶素食者会食用乳制品和蛋类，但是严格的素食主义者不吃这些东西。很多人虽然称自己为素食主义者，但是偶尔也会吃一些肉。我们没有必要对这些专业术语吹毛求疵。

那些食用多种全谷类食品、水果和蔬菜、豆类、坚果和种子类、乳制品及蛋类食品的儿童，既不需要特殊的饮食规划，也无须添加营养补充剂，就可满足身体的营养需求。不吃奶制品和蛋类的儿童应该保证自己有维生素 $B_{12}$ 和维生素 D 的常规来源。每天服用复合维生素并坚持日晒就可以满足这些营养需要。

素食饮食比包含肥肉的饮食热量低。这对孩子来说可能是个挑战，因为他们的生长需要很多热量。坚果和果仁酱、种子食品、鳄梨以及各种植物油等食物都能以较少的分量提供较多的能量。如果你刚开始尝试素食饮食，可能需要找一本好的食谱作参考，或者求助那些能够告诉你该怎样做的朋友，让他们给你一些指点。孩子的医生会跟踪孩子的体重、身高和常规血液检测，以监控营养方面的问题。但是你不必担心真的会有什么问题。

**逐渐改善饮食**。吃小份的肉比吃大份的肉更有益健康。低脂肪肉类是最佳选择；高脂肪的肉类，比如香肠和腊肠最不利于健康。鸡肉和猪肉中的胆固醇含量和牛肉相差无几，脂肪含量也差不多。鱼类中的脂肪相对来说更健康。在高温下烹饪肉食会产生致癌物质。这对烤肉爱好者来说真是一个坏消息！

要想迈出健康饮食的第一步，可以找一两种自己喜欢的素食食谱。把这些食谱加入到每周的菜单中，然后每过大约一个月再增加一种新的素菜。

豆腐是一种多用途、无胆固醇、经济实惠的蛋白质营养源。如果你想不出让豆腐变得吸引人的方法，就到一些亚洲餐厅寻找灵感，或者让已经尝试的朋友告诉你一些经验。

**摄取铁质**。铁质对于正在生长的儿童来说很重要，而红肉是铁的绝佳来源（标准的一份牛肉有 85 克，可以提供 2.5 毫克的铁，约为同等重量鸡肉或猪肉的两倍）。重量相等的情况下，罐装沙丁鱼的含铁量与牛肉相当，而罐装蛤蜊的含铁量几乎是牛肉的 10 倍！

植物性食物也可以提供丰富的铁，但其中的铁质不那么容易吸收，儿童可能需要多吃一些。但是他们也能摄取更多铁质：半杯煮熟的强化麦片含铁 7 毫克，半杯豆腐含铁 6.7 毫克，半杯煮熟的小扁豆含铁 3.3 毫克。其他富含铁质的食物包括全麦面包、煮熟的蛋、芸豆、李子和葡萄干。

**牛奶的问题**。从小到大，大人都告诉我们说，牛奶对人有好处。所以，让我们去想象牛奶可能会引发健康危机，或者想象其他替代品可能更好，是一件非常困难的事。全脂牛奶、奶酪和冰激凌等乳制品里通常含有较高的饱和脂肪。这些脂肪会堵塞动脉，导致心脏病发作。事实上，牛奶是美国儿童膳食中最主要的脂肪来源，其脂肪含量高于汉堡、油炸食品和薯片（一杯全脂牛奶有 4.6 克的饱和脂肪，比四片培根的含脂量还多；一汤匙黄油则有 7.3 克饱和脂肪）。医生会建议 1 ~ 2 岁的幼儿喝全脂牛奶，因为快速生长的大脑需要脂肪这种营养物质。然而，对大脑发育至关重要的 ω-3 脂肪酸存在于植物油当中；在牛奶中，这种健康脂肪的含量微乎其微。

即使是低脂的乳制品，也存在其他一些问题。乳制品会减弱儿童对铁的吸收能力，还会使幼儿或者其他对牛奶过敏的大孩子出现肠道出血现象。这些问题，再加上牛奶本身基本不含铁，就可能引起缺铁。可以肯定的是，一岁以下的幼儿不应饮用牛奶。

牛奶中的蛋白质容易引发过敏反应。如果家族中有哮喘或湿疹患者，完全杜绝乳制品的饮食有时可以消除这些问题。对牛奶中的蛋白质过敏还可以导致便秘、耳部感染，甚至（在很少情况下）引发糖尿病。

在逐渐长大的过程中，很多孩子都会出现由乳糖不耐受引起的胃痛、腹胀、腹泻以及胃肠胀气。很多人在儿童期后期就丧失了对乳糖的消化能力，结果表现出这些症状。

针对牛奶是否会对诸如前列腺癌、卵巢癌和乳腺癌等成年期疾病产生影响这一问题，专家还没有达成一致观点。关注的焦点集中在溶于乳脂中的激素上。从理论上说，选择脱脂牛奶和无脂肪乳制品应该可以降低这种风险。

**牛奶和钙质**。每个人都知道牛奶是钙的重要来源。但是在科学家中，关于牛奶对骨骼健康的利弊问题存在很大的争议。在几项成功的研究当中，科学家并没有发现孩子的牛奶饮用量跟他们骨骼里钙的存储量之间存在着任何联系。这个发现很有价值。如果喝牛奶对骨骼的发育很重要，那么多喝牛奶的人就应该骨骼强壮，但事实并不是这样。事实上，在人均牛奶消费量非常高的美国，骨质疏松症的比例也很高。钙的摄取量只是影响骨密度的众多因素之一（参见第241页）。

杏仁奶现在随处都可以买到，其中的钙质和维生素 D 含量可以与牛奶相媲美。豆奶和大米饮料中也添加了钙元素。大多数绿叶蔬菜和豆类中的钙质都具有易被人体吸收的特点，同时这些绿叶蔬菜和豆类还富含维生素、铁、复合碳水化合物以及膳食纤维。以下是一份高钙食品清单：

**含钙食品**

（每份的大致含钙量，单位：毫克）

100 毫克钙

100 克煮熟或新鲜的羽衣甘蓝；

100 克菜豆；

100 克豆腐；

100 克白软干酪；

15 毫升粗炼糖蜜；

1 个英式松饼；

150 克煮甘薯。


**150 毫克钙**

100 克煮熟的西蓝花；

30 克马苏里拉干酪或菲达奶酪；

50 克煮熟的芥蓝；

100 克软冰激凌；

5 个中等大小的干无花果。


**200 毫克钙**

100 克甜菜或萝卜汤；

30 克切达奶酪或蒙特里杰克奶酪；

90 克带骨头的罐装沙丁鱼或三文鱼。


**250 毫克钙**

30 克瑞士奶酪；

50 克老豆腐；

100 克大黄。


**300 毫克钙**

240 毫升牛奶；

100 克酸奶；

50 克意大利乳清干酪；

240 毫升浓缩豆奶或大米饮料（请查看标签；一些品牌可能会存在差异）；

240 毫升加钙橙汁或苹果汁。

资料来源：Jean A. T. Pennington Judith Spungen, *Bowes and Church's Food Values of Portions Commonly Used*（New York：Harper & Row，1989）.

## 选择合理的饮食

我们曾经认为蔬菜、谷物和豆类是配菜，现在对此有了更多了解。实际上，这些食物在健康饮食中占有重要地位。儿童食用简单烹调的简单食物当然也能够茁壮成长。这里有一些方法推荐给大家。

**绿叶蔬菜**。西蓝花、羽衣甘蓝、菠菜、芥蓝、水田芹、瑞士甜菜、大白菜、奶白菜以及其他绿色蔬菜都富含容易吸收的钙、铁和多种维生素。叶子颜色越深，营养价值越丰富。烹调绿菜叶的时间要短，只要一两分钟就行了，这样它们出锅时才会碧绿碧绿的。孩子大一点的时候，可以用少量的盐和胡椒调味。但是，如果孩子还很小，最好不要往菜里加盐，以免他们对咸味食物产生兴趣。

**其他蔬菜**。各种各样的南瓜属蔬菜，包括南瓜在内，都可以很好地烤制、做汤，或跟胡萝卜、土豆和其他块根类食物一起做成炖菜。烤红薯和甜菜本身就带有甜味。各种椒都富含维生素。四季豆可以提供维生素和膳食纤维。

孩子2岁时才可以吃玉米粒。小孩子吃玉米粒时还不会嚼，会原样从大便里排出来。因此，要选购嫩玉米。从玉米棒上往下切玉米粒时，不要紧贴着玉米芯，这样切下来的玉米粒是破开的。如果孩子三四岁了，你开始让他自己啃玉米，就应该把玉米粒一行一行地从中间划一刀，让玉米粒裂开。从玉米棒上剥下来的玉米粒可以热着吃，也可以凉着吃，直接从袋子里拿出来吃很方便；孩子们经常喜欢一粒一粒地挑着吃那些脆脆的玉米粒。

**豆类和豆科植物**。红豆、黑豆、豇豆、鹰嘴豆和小扁豆都富含蛋白质、钙质、膳食纤维和许多其他营养。它们也是热量的极好来源。豆腐和印尼豆豉都是用黄豆制成的，放在沙拉、炖菜、炒菜和汤里效果很好。包含豆类和糙米的一顿饭——或者任何豆子和谷物的组合——可以提供完全蛋白质，却不含胆固醇，并且几乎不含饱和脂肪。

花生酱是一种绝佳的食物，既经济实惠，又美味营养。然而，大多数品牌的花生酱都添加了大量的糖。父母需要查看一下罐子上的成分表，挑选那种上面只简单写着"花生"或"花生和盐"的品牌。

**全谷物食品**。糙米、大麦、燕麦、小米、全麦面条和通心粉，以及全谷物面包都可以提供复合碳水化合物，从而不仅提供蛋白质、膳食纤维和维生素，还能提供持久的热量。

许多人会担心麸质的问题。麸质是一种存在于小麦、大麦和黑麦中的蛋白质，可以引发一种称为乳糜泻的严重疾病（参见第 392 页）。麸质引发的另一种疾病叫非腹腔麸质敏感症，这种疾病会导致学习和行为问题、让人无精打采，或腹部出现不适感觉。目前还没有任何实验室化验方法能确认或排除某人患有非腹腔麸质敏感症。唯一的判断方法是完全去除饮食中的麸质。无麸质食品虽然有时价格昂贵，但容易买到，不过让孩子保持这种饮食习惯可就有些困难了。比如，这可能意味着不能在朋友家吃饭，除非他家也只吃无麸质食品。如果你让孩子尝试无麸质饮食，可以过几个月后确认一下（乳糜泻除外），看看孩子在重新摄入含麸质食品后，那些症状是否不再出现。通常情况下，你会发现症状确实消失了。

**肉类食品**。肉的质量很重要：在草地上放养的动物的肉中饱和脂肪的含量比较低，而且这样的动物比常规养殖的动物喂食的激素和抗生素更少。优质的肉品价格虽然高一些，但是可以少吃一点，这个花费还是值得的。请记住，一份成年人的肉食只有 85 克，儿童的分量更少。切碎的牛肉特别让人不放心，因为现代生产方式会把牛肉和其他动物的肉包装在一起，从而增加了细菌污染的风险。为了安全起见，牛肉必须经过烹调，直到完全没有粉红色才行。因此，也不应该再让孩子吃半熟的汉堡了。

**鱼类食品**。鱼类是一种很好的不饱和脂肪的来源，其中包括 ω-3 脂肪酸。虽然许多专家建议每周要吃 2 ~ 3 份鱼，但是从素食中也可以摄取大量的 ω-3 脂肪酸（参见第 239 页）。特别对于怀孕女性来说，鱼类食品中的汞污染和其他重金属污染是值得担忧的问题（参见第 303 页）。在营养方面，人工养殖的鱼类产品可能不如野外捕捞的鱼，因为鱼类食品的营养取决于鱼的饲料。野外捕捞的鱼价格很贵，购买冷冻的鱼不仅便宜一些，营养也不会有什么损失。寿命较短的小型鱼类，比如沙丁鱼，可以提供健康的脂肪，被重金属污染的可能性也比较小。大西洋和地中海的沙丁鱼已被严重过度捕捞，但来自太平洋的沙丁鱼仍可食用。

**脂肪和油脂**。最健康的油应含有最少量饱和脂肪。菜籽油很健康（含 7% 的饱和脂肪），其次是玉米油、花生油和橄榄油（均为 14% 左右）。猪油不太健康（含有 39% 的饱和脂肪）；黄油更是糟糕（含有 50%），取决于不同的品牌，人造黄油和桶装面包抹酱的饱和脂肪含量为 10% ~ 40% 不等。人造黄油曾含有高比例的反式脂肪，不过这种不健康成分现已基本被淘汰了（参见第 239 页）。

任何健康的油都可以用来做沙拉调味汁的基底，做菜时也可用少量的油抹一下锅。在豆腐或红薯片上稍微滴些油，然后放在烤箱中烘烤，拿出来时表面就会变得酥脆可口。试试在蒸菜上撒一些第戎芥末和墨西哥调味汁吧，口感会更加辛辣提神。吐司中间不涂黄油，而是搭配果酱和肉桂酱吃起来也很美味。

**水果、种子和坚果**。这些食物皆是美味。当地种植的应季水果更新鲜，而且往往更便宜。烘烤或炖煮可以使水果变得更甜，更易消化。把水果烘干后还可做成便于包装携带的零食。种子和坚果可以烤着吃，也可以单独吃或放在沙拉里吃。

**乳制品**。如果真的想让孩子食用乳制品，就要注意脂肪的含量。全脂牛奶（4% 的脂肪含量）对 1 ~ 2 岁的宝宝来说最好。孩子 2 岁时，就要改喝脂肪含量为 2% 的低脂牛奶，3 岁时要喝脂肪含量为 1% 的脱脂牛奶。牛奶含有丰富的钙和维生素 D（很多非乳制品都特别添加了这些营养成分，含量可与牛奶媲美，甚至略胜一筹）。酸奶可以拌着水果吃，也可以放在水果奶昔中食用，口感都很美妙。一片奶酪配上芽甘蓝和牛油果，就是一份绝佳的三明治馅料。不过，奶酪过多可能会导致饱和脂肪量过高。

**蛋类食品**。蛋白是很好的蛋白质来源，既不含脂肪，热量又比较低。蛋黄是维生素 $B_{12}$ 和其他营养物质的良好来源。虽然蛋黄里的胆固醇含量比较高，但是饱和脂肪的含量却相当低，相当于一勺橄榄油的含量。有些人只吃蛋白，不喜欢吃蛋黄。鸡蛋对婴儿来说是安全的食品。把一个鸡蛋黄和菜籽油以及一点柠檬汁打在一起就可以制成蛋黄酱。打发的蛋白当然也可以用来做蛋白酥。

**糖**。红糖和粗糖在营养成分上与白糖相当（也就是说，都没有什么营养价值）。你可能知道汽水和糖果的含糖量很高，而许多预制食品的含糖量也会出乎你的意料。你可以留意一下食品标签上的"改性玉米淀粉"字样和糖的 100 种别称。一旦你把糖从饮食中剔除，就会开始注意到那些水果和甜味蔬菜（比如南瓜、玉米、菜瓜和胡萝卜）的真正味道了。

**盐**。多数精加工食品都非常咸，这会使含盐量正常的食物吃起来寡淡无味。所以最好自己烹制食物，少放盐。食用盐里都添加了碘这种必需营养素。如果不给孩子吃食盐和精加工食物，就要考虑通过别的途径摄取碘。不过，碘缺乏症在美国非常罕见。

**果汁和水**。商家积极推销给儿童的大多数果汁其实只是添加调味料和色素的糖水而已，其中也许还有些许维生素。即使是百分之百的纯果汁中也充满了糖分。例如，一大杯 100% 的橙汁包含了半打橙子的所有糖分，但却没有任何膳食纤维。这杯橙汁确实含有大量维生素 C，但大部分都会被肾脏排泄掉。比起喝一杯橙汁，孩子吃一个橙子的效果会更好。喜欢橙汁的孩子可能也会喜欢兑水的果汁，这样依然可当作饮料喝，在提供维生素 C 的同时却降低了糖分含量。

儿童真正需要的饮料是纯净、清洁的水。在大多数地方，直接从水龙头里流出来的水是非常安全的。先打开龙头，把水放几分钟，直到水变得冰凉，这时的水是从自来水管道流出来的，而非家里管道中静置的水（关于铅的问题，参见第 302 页；关于井水的问题，参见第 10 页）。你可以在一个玻璃容器里装满水，在冰箱中敞开静置，水中的氯气就会全部蒸发，留下冰凉甘甜的饮用水。还可以在水中添加一些柠檬汁、黄瓜或花草，让口味更加丰富。

或温或凉的花草茶既有益健康，又经济实惠。当然，要警惕咖啡里的咖啡因，红茶、绿茶以及许多以儿童为目标消费群的流行软饮料中都有咖啡因（巧克力也含有一定的咖啡因）。

**甜食**。家长不必对富含精制糖的食品过分担忧，甚至让孩子一点甜食都不碰。孩子偶尔吃点饼干、蛋糕或冰激凌并无大碍。只有经常吃这类东西才会使孩子营养不良。家长不应该让孩子养成每次饭后都要吃上一份丰盛甜点的习惯。家里不要存满了从商店里买来的饼干或冰激凌。可以和孩子一起做一炉饼干，享受制作的过程和劳动的成果。这些饼干吃完的时候，你们可以享受其他的甜味食物（比如水果）。人工甜味剂虽然避免了糖类的问题，但是因为它们太过甜腻，衬托之下会让自然香甜的食物吃起来寡淡无味。孩子们最好还是偶尔吃点真正的糖。

## 简单的饭菜

安排好一日三餐听起来好像很复杂，其实不一定是这样。大体上，以下这些食品都是孩子每天必需的：

◆ 绿色或黄色的蔬菜，3 ~ 5 份，最好有一些是生的；

◆ 水果，2 ~ 3 份；

◆ 豆科植物（菜豆、豌豆、小扁豆），2 ~ 3 份；

◆ 全麦面包、饼干、谷物或面食，2 份或以上；

◆ 少量鱼或肉类（非必需）。

**一日三餐的建议**。如果觉得以下有些建议很奇怪或不寻常，那就对了。如果你想改变自己和孩子的饮食，就要乐于尝试。现在就带着一种开放的态度，看看哪些建议对你有益吧。

**早餐**

◆ 水果和 / 或绿叶蔬菜；

◆ 全麦食品、面包、吐司或薄饼；

◆ 掺有蔬菜的拌豆腐；

◆ 杏仁奶（豆奶或大米饮料）；

◆ 菜汤。

**午餐**

◆ 主食可以是甜豆，全麦或者燕麦片做的粥，小米或者大麦做的蔬菜粥，全麦面包或三明治配豆腐或者果仁酱，土豆，饼干或面包片配粥，或蒸、煮、炒的绿叶蔬菜；

◆ 蔬菜或水果，生的熟的都行；

◆ 无调料的炒葵花子；

◆ 各种奶（如杏仁奶、豆奶、大米饮料），不含咖啡因的茶，白水。

**晚餐**

◆ 绿叶蔬菜（在少量的热水里焯一下即可）；

◆ 豆类或者豆制品，比如豆腐或印尼豆豉；

◆ 糙米饭、全麦面包、全麦意大利面或其他全谷类食品；

◆ 新鲜水果或者苹果酱。

**变换花样**。许多父母都会抱怨,说不知道该怎样变换午餐的花样。其实，只要大致上满足下面三个条件就可以了：

◆ 能提供充足热量的主食；

◆ 一种蔬菜或者水果；

◆ 以多种方式烹调的绿叶蔬菜（比如芥蓝、西蓝花、羽衣甘蓝和韭葱等）。

孩子快 2 岁时，可以用各种面包和三明治作为主食。刚开始的时候，可以先给宝宝吃全麦面包。芥末酱不含脂肪，涂抹在三明治和土豆上孩子很爱吃。番茄酱里含有糖，改用墨西哥调味汁更健康，味道也不错。三明治可以用各种各样的食品做夹心。可以只放一种食品，也可以把多种食物混合起来做夹心，比如生的蔬菜（莴苣、番茄、切碎的胡萝卜或白菜）、炖熟的水果、切碎的干果、花生酱或豆腐。

营养丰富的汤或粥有很多做法。可以放进大麦粒或糙米，也可以把全麦吐司切成小块放在菜汤里；菜汤可以勾芡，也可以是清汤。另外，小扁豆汤、豌豆汤和菜豆汤搭配谷类食物和青菜，也是一顿营养均衡的午餐。

不含盐的普通全麦饼干可以单独吃，也可以涂上上文提到的某种调味酱一起吃。烤土豆可以撒上一些蔬菜、甜豆、芥末、黑胡椒粉或墨西哥调味汁。在各种蔬菜上浇点番茄酱或墨西哥调味汁，能让很多孩子多吃青菜。

如果在煮熟的、预煮的或干麦片上加一些鲜水果片、煮水果或碎干果，孩子见了也能胃口大开。吃完主食以后，先不要给孩子吃水果。可以给孩子吃一些煮熟的绿色蔬菜或黄色蔬菜，或者是蔬菜水果沙拉。香蕉可以做成可口饱腹的点心。

无论是热面条还是凉面条，全麦面都是复合碳水化合物和膳食纤维的绝好来源。有些孩子不喜欢谷类食品和面食，但是，只要经常给他们吃各种水果、蔬菜和豆类食物，同样可以获得充足的营养。如果你不在孩子小的时候强迫他们吃粮食，孩子以后自然会对这类食品感兴趣。可以把面条炒着吃，也可以多加点蔬菜做成汤面。

## 快乐进餐的秘诀

享受食物带来的快乐吧。给孩子提供各种各样的食物，让这些食物有不同的颜色、不同的质地和不同的味道。你可以让孩子帮助挑选和准备食物，布置餐桌和收拾餐具。所有这些活动都能充满快乐。

进餐时要避免电视和电话的干扰，这样可以促进餐桌上的亲子交流。家长们时常觉得自己很难遵守餐桌上的手机禁令，这恰恰意味着更应该有这样的规定。有的家庭会做几分钟的饭前祷告或冥想，这样可以形成一种充满感恩的心理和归属感。即使孩子有时会不可避免地弄洒食物，在餐桌礼仪上偶有疏忽，或当天的早些时候犯了过错，也不要在餐桌上批评和责骂他们。

要以平衡的心态去看待食物。尽管大致了解热量、维生素、蛋白质、碳水化合物、纤维、糖和脂肪是好事，但你无须计算克数和百分比，只需为孩子提供均衡的膳食即可。需要注意的是，不必每顿饭都吃到所有重要的食物，只要在一两天内保持饮食的整体均衡就可以了。

如果你坚持饮食的多样化，避免过度关注任何特定的食物或营养素，就不会出差错。有的父母过于谨慎，错误地认为有各种维生素就足够了，而淀粉则不那么重要。于是，晚餐只给孩子吃胡萝卜沙拉和葡萄柚。但是，这些食物只能满足兔子的需要，孩子不能从中获得足够的热量。一位来自肥胖家庭的胖母亲可能为自己骨瘦如柴的儿子感到害羞。因此，她只给孩子吃油腻的食物，却挤掉了蔬菜、豆类和粮食。这样一来，孩子就会缺乏各种矿物质和维生素。

总体目标是帮助孩子学会调节自身的食物摄入量。这是一项重要的生活技能。当孩子体重不足或超重时，自我饮食管理尤为重要。

父母可以列出每一餐的合理饮食选择，然后让孩子自行决定每样东西吃多少，通过这种方式教孩子进行自我饮食管理。就像学习走路一样，孩子们学习合理膳食的方式也是通过亲身实践进行的。家长的任务是创建一个安全的学习环境，之后就可以放手让孩子去实践和学习了。

**蔬菜的暂时替代品**。假设孩子一连好几个星期都不吃蔬菜，他的营养会不会受到影响呢？蔬菜中富含各种矿物质、维生素和膳食纤维。各种水果也能提供许多同样的矿物质、维生素和膳食纤维。全麦谷物除了含有某些蛋白质以外，还能提供蔬菜中的维生素和矿物质。因此，如果你的孩子有一段时间不吃蔬菜，也不用太着急。吃饭的时候，要继续保持轻松愉快的心情。如果确实很担心，不妨每天给孩子吃一片复合维生素。不强迫孩子吃蔬菜，他就会恢复对蔬菜的兴趣。否则，他也许会更坚决地抵制蔬菜，让你看看究竟谁说了算！

一些专家主张把蔬菜"伪装"起来，或藏在其他食物中喂给孩子吃。我一向秉持着不应欺骗孩子的原则，即使这样的小事也不例外。孩子们最终一定会识破真相，接下来就会在其他事情上也很难再相信你，只会在难以启齿或尴尬万分之际说出实情。

**爱吃甜食的习惯**。虽说对糖和脂肪的喜爱很可能出于天性，但对餐后甜食的期待则是后天养成的习惯。当父母们说"不把菜吃完你就别想吃冰激凌"的时候，实际上在拿垃圾食品做诱饵，使孩子产生一种错误的认识，把高糖食品当成给孩子的最高奖赏。父母不应该这样做，应该让孩子明白，一只香蕉或者一个桃子才是最好的奖赏。

孩子也常常爱吃父母吃的东西。如果你经常喝汽水，吃大量的冰激凌和糖果，或者油炸薯片不离口，那么，孩子也会非常爱吃这些零食。我认为，偶尔来串门的祖父母买的甜点或糖果，可以当成特殊礼物。总是给孩子带糖果的祖父母需要找些别的方式来表达爱意，可以试试玩游戏、一起散步或讲故事。

**饭前加餐**。许多宝宝和大孩子在正餐之余都需要吃一点加餐，也有些孩子从来不用加餐。如果他们的食物种类选择得好，吃的时间合适，方法也正确，那么，一般不会影响正常吃饭，也不至于养成不良的饮食习惯。其实，如果孩子能从正餐的粮食和蔬菜中获得充足的碳水化合物，一般不会在两顿饭之间感到特别饥饿。

加餐中不应含有过多的脂肪或蛋白质。最好选用水果或蔬菜做加餐。牛奶不适于作为孩子的加餐，因为它很可能使孩子失去对下一顿饭的食欲。但是，偶尔也有这种情况，孩子上一顿饭吃得不多，所以还不到下一顿饭的时间，他就已经饿得厉害或十分疲倦了。在这种情况下，要是给他们补充一些热量高、营养丰富的加餐，就会让他们在下一顿饭时胃口大开，这是因为加餐缓解了孩子们的疲惫感。

对于大多数孩子来说，加餐的最佳时间是在两顿饭的中间，而且要离下一顿饭一个半小时以上。有的孩子虽然在上午 10 点左右喝了果汁，但在午饭前还是会感到十分饥饿。因此，他们会发脾气，甚至拒绝吃饭。为了避免这种情况，要在午饭前 20 分钟给他们喝杯橘子汁或番茄汁。这样既可以平缓他们的心情，也能增加他们的食欲。

父母们也许会抱怨孩子吃饭的时候吃得很少，却总是在其他时间要吃的。这个问题并不是父母随便给孩子吃零食引起的。恰恰相反，在我见到的所有事例中，都是父母总是催促孩子，甚至强迫孩子吃饭，而在其他时间又不让他们吃东西造成的。正是这种压力使得孩子在吃饭时失去了胃口。几个月后，孩子一进餐厅就会反胃。但是，当孩子吃完饭后（即使只吃了一点东西），胃里就又舒服了。然后，它就会像一个健康的空胃一样，让孩子感到饿，想吃东西。所以说，正确的做法并不是禁止孩子吃零食，而是要让他们在吃饭的时候心情舒畅，见了饭就流口水。

更多时候，孩子们正是因为被"洗脑"了，才会想吃那么多零食。每一年，食品工业都会花费数十亿美元向儿童群体进行大肆营销。休闲食品是儿童电视的主要广告客户。你的孩子越看这些广告，就越会要求你去购买那些包装鲜艳、高度加工的零食产品。在这一方面，非商业性用途的公共电视则要健康得多。有些有线电视和流媒体服务会带有无广告选项，有些则没有。

如何给孩子在正餐之间加餐是一个常识性问题，只要适合孩子即可。孩子们和其他人一样，都有自己的偏好和情绪。有些时候，他们可能喜欢吃苹果，还有些时候，则喜欢吃芹菜。父母可以决定孩子什么时候吃零食，并根据自己对营养、成本和便利性的考量来设立界限，告诉孩子哪些是允许的，哪些则不被允许。在选择食物方面，你的孩子应该享有发言权，在决定吃多少方面，他也应该基本上自己做主。这样一来，孩子在成长过程中就会爱上健康的食物，并发展出调节食物摄入量的能力。

第三部分

/

# 健康和安全

# 普通医疗问题

## 孩子的医生

儿科医生、家庭医生、主治医师，甚至有时候医师助理都能为孩子提供卫生保健服务。为了简洁方便，我们把这些专业人员统称为医生。

**定期检查**。了解孩子发育情况的好办法是定期让医生给孩子检查身体。大多数医院都会建议父母在孩子出生后 2 ～ 5 天之内做一次检查，然后分别在孩子 1 个月、2 个月、4 个月、6 个月、9 个月、12 个月、15 个月、18 个月、24 个月、30 个月和 36 个月的时候各做一次体检，以后每年一次，这也是美国儿科学会推荐的时间表。如果想给孩子额外做一些检查，可以提出相应的要求。

这些检查可以帮助父母和医生建立起信任和熟悉的关系，让父母从容自然地提出心里的问题。如果你有一些疑虑（大多数家长都会有！），带孩子做检查时正好可以咨询医生。医生的回答应充满关怀并保持客观理性。

每一次健康检查都应该包括以下内容：前三年的身长（身高）、体重、头围，血压测量、发育筛查，在某些年龄段的听力和视力测试，以及全面的体检。检查还可能包括行为表现、营养和安全方面的问题，应对接下来的几个月可能出现的情况的建议，此外常常还包括免疫接种方面的问题。医生们一般都会通过每年一次的血检来排查铁缺乏症和铅中毒情况，并可能对孩子进行皮试，以检测是否感染结核病菌。

**向医生提问。**医生固然是医学方面的专家，但只有父母才最了解自己的宝宝。为了孩子的健康，父母需要和医生通力合作。医生的建议取决于父母提供的信息和提出的问题。

一些父母一开始不好意思提问，担心那些问题太简单或太愚蠢。其实无论父母有什么问题，都有权利得到解答。大多数医生都很乐意回答他们了解的任何问题，而且问题越简单越好。要是每次去见医生之前，都把要问的问题记下来，就不用担心漏掉某些问题了。

当父母提问题的时候，医生可能刚解释了一部分，就在谈到最重要的部分之前转换了话题，这种情况经常发生。所以，最好大胆一点，把想知道的问题问清楚。父母经常会在看完医生回家后，才发现忘了询问最重要的问题，但又不好意思马上给医生打电话。其实这些来电并不会让医生感到烦扰，他们对此已经习以为常。

还有些时候，你会在刚见过医生后不久又出现疑问。如果觉得这个问题可以等一等，就等到下次去医院时再问医生。但是，如果不放心，就应该给医生打个电话或发信息问一下。就算你很清楚这个问题其实微不足道，也要问清楚。问清楚以后就安心了，总比坐着干着急要好得多。

**和医生意见不一致。**一般情况下，父母和医生很快就能熟悉起来，并且互相信任，相处也比较融洽。但是少数时候也会出现误解和不快，这是人之常情。这些误会大多数都能澄清，不愉快也会烟消云散。父母最好把自己的感觉说出来。如果对医生的建议或护理感到不满，就应该尽早以一种实事求是的态度对医生坦诚相告。

有些时候，父母和医生都会发现，无论他们多么坦诚，多么努力地配合，却始终无法融洽地相处。在这种情况下，最好公开地承认这一点，然后另找一位医生。所有的医疗专业人员，包括那些最成功的人，都明白他们并不适合所有的人，也都豁达地接受了这个事实。

**征求其他意见。**如果孩子出现了使人非常担心的疾病或者症状，想听听另一位专家的看法，父母有权利提出这种要求。许多父母对此犹豫不决，害怕这种要求会让医生误以为父母对他缺乏信心。其实，这是医疗实践的常见程序，医生能够轻松地看待这件事。实际上，医生跟普通人一样，也会在自己治疗病人时感到不安，即使他们不会表现出来。这种不安会使他们的工作更加困难。所以，其他专家的意见不仅解除了父母的疑虑，也能为医生消除这种不安。

## 致电医生

**打电话的原则。**父母需要了解儿科诊所的电话咨询规定。当父母要咨询新病情时，要问清楚医生接听电话的合适时间。许多孩子都会在下午表现出生病的具体症状，大多数医生也希望能尽早了解这些症状，这样就能做好相应的安排。

大多数诊所在工作日都有护士接听电话，能告诉父母孩子是否需要看医生。在晚上或者周末，诊所一般都配有电话答录服务，会通知当天晚上值班的医生或护士。

**什么时候打电话合适？**一条简单易行的原则是：如果真的很担心，那么，即使觉得可能没有必要，也要给医生打电话。如果你需要宽慰，告诉自己"这可能没什么"，那就打个电话吧，医生可以帮你放下心来。特别是在刚开始时，频繁给医生打电话总比暗自担心要好。

到目前为止，最重要的原则是，如果孩子看上去不舒服，或者表现出生病的症状，就要立即咨询医生，至少在电话里咨询一下。这些症状包括反常的疲劳、昏昏欲睡，或者对什么都缺乏兴趣；反常的烦躁、焦虑或者不平静；反常的脸色苍白等。这些疾病的迹象适用于所有儿童。在孩子出生后的头两三个月里，这些迹象尤为重要。孩子有可能既没发烧也没有其他明显的症状，却病情很严重，这种情况确实存在。

**需要电话咨询的具体症状**。如果宝宝喜欢嬉戏玩闹，双眼炯炯有神，活泼好动，就很可能身体非常健康。不过，不管其他情况如何，只要出现以下几种症状，就要及时跟医生取得联系。

发烧。如果宝宝还不到 3 个月，只要体温达到 38℃以上就足以令人担忧。这么小的婴儿通常不会发烧，即使婴儿只是有一点发烧，甚至不发烧，也可能病得很厉害，病情会急转直下。如果你的宝宝看起来生病了，即使孩子体温正常也不可掉以轻心，请马上致电医生。

对大一点的孩子来说，父母可以先观察一下孩子的情况。如果孩子看起来精神状态不错，只是发着低烧，父母可以等到早上再给医生打电话。孩子三四岁以后，高烧超过 38.9℃，甚至 39.4℃时可能会伴有轻微的感染，因此单凭体温并不准确。此时父母必须依靠自己的判断：如果孩子看起来生病了，就应该给医生打电话。

呼吸急促。儿童的呼吸本来就比成年人快。健康的婴儿每分钟呼吸多达 40 次，幼儿可达 30 次，10 岁以上的儿童也有 20 次之多。一吸一呼算一次，可以数一下孩子 60 秒之内的呼吸次数。发烧和疼痛会使呼吸的频率加快，生病时也一样，比如得了肺炎和哮喘就会如此。有些月龄较小的婴儿会先急促呼吸几秒钟，紧接着放缓呼吸频率，这种呼吸模式是正常现象。持续的快速呼吸通常表明出现了严重的问题。

呼吸困难。如果肺部的气体不能顺利地进出，孩子就会通过胃、胸和颈部的肌肉用力呼吸。这时，父母就能看见孩子锁骨上窝、胸骨上窝的皮肤凹陷，肋骨间隙的皮肤也会出现凹陷进去的情况。呼吸困难的其他表现还包括鼻孔扩张或者每次呼吸都伴有呼噜声。医生称其为"呼吸窘迫"，出现这种情况时常预示着严重的疾病。

带杂音的呼吸。孩子呼气时发出的高亢声音是喘息之声。孩子吸气时发出的粗犷声音被称为喘鸣。这些声音往往是哮喘或感染的迹象。鼻中黏液也会让孩子呼吸有杂音。如果你觉得杂音不明显，可以让医生听一下。在通常情况下，使用听诊器可以区分杂音是由鼻涕引起的，还是由更严重的气管阻塞或肺阻塞引起的。如果孩子呼吸时带有杂音，就意味着空气至少还在进出。如果你发现孩子出现了呼吸困难，却没有发出杂音，请立即给医生打电话，这可能是紧急情况。

疼痛。疼痛是身体的内部警报，提醒某个部位出了毛病。如果疼痛并不厉害，也没有别的症状（例如发烧），或许可以安心地等一等，同时注意观察。如果孩子疼得非常厉害，无法安抚，或者孩子看上去病得很厉害，无论如何都要给医生打电话。只要有疑问，就要打电话。

任何一种不同寻常的呕吐。应该立即向医生汇报。如果孩子看起来很没精神或者跟平时不一样，更要立即就诊。这一措施当然不适用于进餐不适引起的呕吐，这种呕吐在婴儿中很常见。呈嫩黄色或绿色的呕吐物有时是肠梗阻的征兆，这种情况需立即就医。

严重的腹泻。这时应该立即找医生，比如带血的腹泻或者婴儿大量的便溏和水样便等。轻微的腹泻可以等一等。父母需留意脱水的迹象（比如疲倦、尿量减少、口干和眼泪减少等）。大便里或者尿液里带血，应该马上给医生打电话。

头部受伤。如果孩子出现以下情况，应该找医生：失去知觉；在受伤后15分钟内情绪低落且脸色难看；看上去越来越困倦，越来越迷糊；受伤之后开始呕吐。孩子头部受伤后，出现以上任何变化都需给医生打电话。此外，一岁以下婴儿出现任何头部损伤都应致电医生。

误食有毒物质。如果孩子误食了可能有危险的东西，应该马上就医。

出疹子。如果孩子好像生病了，而且长疹子，或者出疹子的面积越来越大，应该立即给医生打电话。如果怀疑疹子是皮下出血引起的，就要立刻就医。不论是大片紫色的印子，还是抓挠皮肤后不消退的小红点，都要特别关注。

记住，这些只列出了应该给医生打电话的一部分情况。总之，只要有疑虑，就要打电话！

**打电话之前。**当孩子生病时，为了在电话里得到最准确的医疗建议，父母应该准备好回答以下问题（无论医生或护士是否问起，父母都需提供这些信息）：

◆ 令人担心的症状是什么？这些症状是什么时候开始的？多长时间出现一次？

◆ 孩子的体温和呼吸频率怎么样？脸色苍白还是泛红？

◆ 孩子看上去怎么样？是清醒还是困倦？眼睛是否有神？是在高兴地玩耍，还是委屈地哭闹？

◆ 孩子以前有过可能跟目前担心的症状有关的疾病吗？

◆ 给孩子吃药了吗？如果吃了，吃的是什么药？针对孩子的情况，已经采取了什么措施？有效吗？

◆ 你对这种情况有多么担心？

## 发烧

**什么是发烧，什么不是发烧？**首先应该了解的是，健康孩子的体温不是总固定在37℃的正常值上。这个温度总是忽上忽下，具体要看一天里的时间段和孩子正在进行的活动。一般来说，孩子的体温在清晨最低，在傍晚最高，但是这种差距其实很小。孩子休息时和运动时体温变化比较大。小一点的健康孩子跑来跑去以后，体温可能会达到37.6℃，甚至是37.8℃。

从出生到 3 个月大，孩子的体温一旦达到或超过 38℃，就可能是严重疾病的表现，应该向医生报告。为了保证孩子的安全，这是父母必须牢记的几种情况之一。严重的感染可能把病菌带进血液、骨骼、肾脏、大脑或其他部位。因此，这些感染需要非常严肃地对待。有一种情况例外：如果宝宝被包裹得太紧，就把被子打开一点，几分钟之后再测量一次体温。如果这次体温正常，孩子也表现得很健康，那么很可能是太热了。

如果大一点的孩子体温在 38.3℃ 以上，可能就是生病了。总的来说，发烧的温度越高，就越有可能存在严重的感染，而不是轻微的感冒，也不是病毒性的感染。然而，有的孩子即使是轻微的感染也可能导致高烧，也有些孩子虽然出现了严重的感染也只是低烧。发烧的温度只有超过 41℃ 才可能会对儿童造成伤害，因为这个温度超过了大多数孩子所能达到的最高体温。

当孩子发烧的时候，多数情况下体温都在傍晚最高，早晨最低。但是，如果孩子的体温是早晨高，傍晚低，也不必吃惊。有几种疾病会伴有持续的高烧，而不是体温时升时降。这些疾病中最常见的是肺炎和幼儿急疹。病情严重的婴儿可能还会出现体温偏低的现象。体温稍低（低至 36.1℃）的现象有时会出现在即将痊愈的阶段。健康的婴幼儿也会在早晨体温较低。只要孩子感觉良好，这种情况就不必担心。

**生病时为什么会发烧？** 在正常情况下，调节体温的是大脑里一个被称为下丘脑的区域。这个系统的工作原理跟室内暖炉的恒温器非常相似。如果体温过高，下丘脑就会刺激身体排汗，通过蒸发水分来降低体温。如果体温过低，下丘脑就会让人打寒战，通过肌肉的震颤产生热量。

对感染做出反应时，免疫系统释放出的化学物质"调高"了大脑里"恒温器"的温度。所以尽管体温可能达到 37.7℃，只要"恒温器"的温度设定在 38.8℃，孩子就会觉得冷，甚至会发抖。类似对乙酰氨基酚的药物通过阻止这种发烧诱导物质的生成，从而使体内的"恒温器"温度恢复正常。一旦发烧停止了，孩子就可能出汗，这个信号说明，此时大脑已经意识到体温太高了。

**测量体温**。经验丰富的父母经常觉得，只要用自己的手背或嘴唇试试宝宝的额头，就知道宝宝是不是发烧了。但问题是，不可能对医生（或其他任何人）说，宝宝摸上去有多热。

如今的数字式电子体温计兼具快捷准确、使用方便等优点。有了数字式电子体温计，父母要做的就是把它擦一擦，打开开关，然后迅速放好。时间一到，它就会发出温和的嘟嘟声，提示读取体温。对小宝宝来说，测量直肠的温度最准确。在体温计上涂一点凡士林，让宝宝趴在你的膝盖上，或者用一只手提着他的双腿，再把体温计的感应头缓缓地插进宝宝的肛门里，伸进去 1 厘米左右就可以了。5～6 岁以后，大多数孩子都能很配合地把体温计压在他们的舌头底下，然后合上嘴巴一分钟左右。也可以测量孩子腋窝的温度（腋下温度），但是腋下温度不如直肠和口腔温度准确。

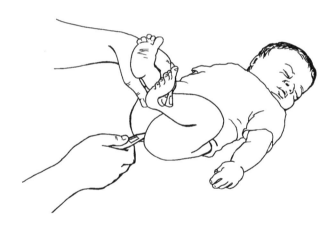

那些通过耳朵或皮肤来测温的高科技电子体温计（如耳温枪）价格昂贵，与其他测温工具相比并无真正优势。只有在极少数情况下，当某些孩子难以保持静止不动，无法配合测温时才会有用。（如果你有一支水银体温计，不能只把它丢进垃圾箱里了事。正确的做法是，请宝宝的医生代为处理，或者交给当地的有害垃圾处理系统处理。）

父母在向医生报告体温时，需要留意小数点。有时候，父母会说"103华氏度"，而其实他们想说的是"100.3 华氏度"。清洁体温计的时候，可以先用微温的水和肥皂清洗，再用外用酒精擦拭，但是要用凉水冲洗干净，以免下次放进孩子嘴里的时候带有酒精的味道。

## 华氏度与摄氏度换算

| 华氏度（℉） | 摄氏度（℃） |
| --- | --- |
| 98.6° | 37° |
| 100.4° | 38° |
| 102.2° | 39° |
| 104° | 40° |

**应该持续测量多少天的体温？** 在大多数情况下，如果体温持续几天在38.3℃以下，一般就不用再为孩子量体温了。除非医生提出了这样的要求，或者孩子似乎在某些方面病得更厉害了。先不要让孩子上学，要等到正常的体温恢复并持续了24小时以后，孩子感觉好多了，再让他上学，但这时感冒的症状不一定非得完全消失。不要养成没病也给孩子量体温的习惯。

**发烧不是疾病。** 很多家长认为发烧本身是危险的情况。然而，发烧实际上能帮助身体抵抗感染。（不仅是人类，其他动物也会以发烧这种方式来消灭病菌。）如果孩子发高烧时辗转难眠或疲惫不堪，就应该考虑帮他退烧，这会很有益处。在其他情况下，最好还是顺其自然，不要强行退烧。

父母经常担心持续的高烧会引起抽搐或癫痫。事实并非如此。小孩子的抽搐一般都出现在发病初期，是体温的急剧上升引起的。退烧的目的在于缓解孩子的痛苦，而不是为了预防抽搐。

**发烧的处理。** 如果孩子因为高烧而感到特别不舒服，这时你可以用退烧药给孩子退烧，比如服用对乙酰氨基酚（如泰诺林）。如果孩子超过半岁，也可以服用布洛芬（如美林）。这些药既有片剂，也有水剂，还有直肠栓剂（对有呕吐症状的儿童很有帮助）。按照药品包装上的说明，使用合适的剂量。要记住，药品的使用剂量会随着年龄和体重的不同而变化。

**警 告**

决不要给儿童或者十几岁的孩子吃阿司匹林退烧，也不要用它来治疗伤风感冒或者流行性感冒，除非医生让你用这种药。只有对乙酰氨基酚、布洛芬和非阿司匹林类的药品才能给少年儿童服用。服用阿司匹林会增加孩子感染瑞氏综合征的危险。那是一种罕见却非常危险的疾病（参见第 407 页）。

在让孩子连续服用退烧药之前，最好先找医生商量一下。如果用药物帮孩子退了烧，却耽误了严重疾病的诊断，就得不偿失了。虽然布洛芬和对乙酰氨基酚都是非处方药，但也不是完全无毒无害的，过量服用会带来致命的危险。所以一定要把这些药品牢牢锁好，放在孩子够不到的地方，还要用防儿童开启的专用容器妥善保存（参见第 301 页）。

如果孩子发烧的温度很高，脸都烧红了，那么在一般的室温下，给孩子盖上薄薄的一层，也许一条床单就可以了。这样一来，孩子可能会舒服一点，还有助于身体散热。父母可以给孩子洗个温水澡（注意要用温水，而不是凉水），这也能起到一定作用。

给孩子用温热的湿布擦一擦全身的目的，是想把血液带到体表，再通过皮肤上水分的蒸发把温度降下来。人们过去用酒精给孩子擦洗，但现在并不推荐这样做，因为酒精会透过婴儿娇嫩的肌肤被身体吸收，从而引起酒精中毒。用水擦拭效果其实是一样的，而且更加安全。然而，这些办法只能使体温暂时降下来，由于体内的"恒温器"还设置在一个较高的温度上，所以体温很快又会回升。

## 患病期间的饮食

**进食和饮水**。生病会使孩子的胃口下降。一旦病情好转，他们就会多吃一些来补充营养。强迫生病的孩子吃东西通常并没有用。不过，父母可以提供一些孩子爱吃且富含营养的食物，让他自己决定吃些什么。糖类食物容易消化，还能快速补充能量（尤其在孩子感到不舒服时会有很好的效果）。富含蛋白质和脂肪的食物能提供身体康复所需的持久能量。

饮水则是另一回事。发烧、呼吸急促或腹泻会造成孩子体内失水。脱水不仅会让孩子感觉难受，而且本身也可能成为严重的问题。只要孩子想喝东西，喝什么、喝多少需顺其自然，方可达到最佳效果。若孩子小便规律，尿液呈浅黄色，就说明他喝的水足够多。深色尿液则说明需要增加水分的摄入；如果这种情况持续存在，就要给医生打电话了。

如果父母担心孩子脱水（参见第 266 页），可以考虑让孩子饮用一些具有特殊功能的饮品，这些饮品可以最大限度地增加身体对水分的摄入。比如从药店购买的补液盐，父母也可以自己配制补液溶液（参见下图）。纯水不如补液盐有效，因为它无法补充人体脱水时通常会流失的那些矿物质。

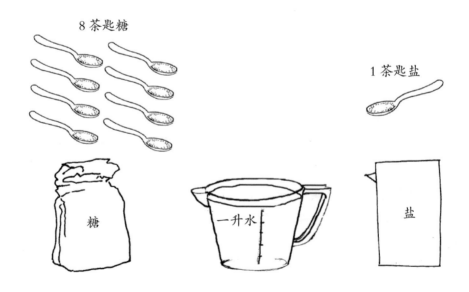

8 茶匙糖

1 茶匙盐

糖

一升水

盐

在孩子生病时，父母不应限制糖分的摄入。冰棒和冰激凌既可以抚慰生病的孩子，还能提供热量和水分。乳制品可能会导致一些孩子分泌黏液，但如果孩子只想喝牛奶，那就让他喝吧。若孩子患有口腔溃疡，柑橘类饮料可能会对口腔有刺激性。鸡汤在许多文化中都是一种传统的治疗方法，不管你是否相信，喝鸡汤的确有助于病情的好转。一天中少量多次地小口喝最为有效。

在过去，针对腹泻和呕吐的孩子，医生会给出复杂的进食和饮水方案。现在我们知道，最重要的就是保证孩子的摄入量，尤其是需要摄取充足的水分。腹泻患儿如果能喝水和进食，确实会排出更多的大便，但体内同时能保留更多的水分，身体也会恢复得更快一些。关于呕吐和腹泻的更多内容，请参见第 266 页。

**患有慢性病的孩子**。对于患有慢性病的孩子来说，营养是关键的问题，这些疾病包括糖尿病、乳糜泻以及囊性纤维化。当孩子除了潜在的症状之外还伴有感染现象的时候，营养问题就更重要了。在这种情况下，最好的办法就是跟医生密切配合，此外还要经常跟有经验的营养专家或膳食学家交流。

**即将痊愈时的饮食障碍**。如果孩子烧了好几天，也没怎么吃东西，体重自然会下降。头一两次发生这种情况时，父母都会很担心。烧终于退下去了，医生会说孩子可以恢复正常饮食了，这时父母迫不及待地喂孩子吃饭。但是，孩子经常会拒绝进食。如果父母一顿接一顿、一天接一天地强迫他吃饭，他的胃口可能再也不会恢复了。

这样的孩子并不是忘了怎么吃饭，也不是太虚弱了不能吃饭。真正的原因在于，当体温恢复正常时，孩子体内仍然残存一些炎症，足以影响他的肠胃。所以，孩子一看到那些食物，消化系统就会警告他肠胃还没有做好准备。疾病已经让孩子觉得恶心了，要是再催着他或强迫他吃这些食物，他就会比胃口好的时候更容易马上产生反感，甚至会在几天内就形成长期的饮食障碍。

一旦胃和肠道从疾病的影响中恢复过来，能够重新消化食物，孩子的饥饿感就会一下子爆发——而不是仅仅回到以前的状态。为了弥补损失，孩子会在一两周之内显得很饿。有时候，父母会看到这些孩子饱饱地吃了一顿之后刚刚两小时，就闹着还想吃。到3岁时，孩子饥饿的消化系统最渴望什么，他就会特别想吃什么。

在孩子病快好的时候，父母的任务是给孩子提供他们想要的饮品或者固体食物，不要强迫孩子，要耐心又满怀信心地等着他们发出想吃东西的信号。如果孩子的胃口在一周以后还没有恢复，应该再去找医生诊治。

## 喂药

**父母需遵循医嘱**。为了保证用药安全，给孩子服用任何药物之前，都要咨询医生。那些用同样的方式处理过感冒、头疼或胃病的父母可能会觉得自己已经是专家了。虽然从某种程度上讲，父母也可以算是专家，但他们毕竟没有像医生那样受过专业培训，不能先将那些潜在疾病的可能性进行仔细考量，也无法辨识出一些提示着更严重疾病的微妙迹象。尤其是当你不清楚应该留意哪些情况时，要区分普通的胃痛和阑尾炎是一件十分困难的事情。

有时候，当医生给孩子开过一种抗生素（比如阿莫西林）以后，父母很容易对相似的症状使用相同的药物。但是，这种药可能已经不管用了，孩子可能需要不同的剂量，或者需要完全不同的药物。另外，等孩子去看医生的时候，抗生素可能会影响诊断。况且，孩子对这些药品可能会有严重的过敏反应，好在这种情况很少见。在不必要的情况下使用抗生素还会导致耐药性，这会给以后的抗感染治疗带来更大的困难。

如果在一个疗程结束之后还有剩余的药物，最好的处理办法就是扔掉。出于同样的原因，父母绝不应该把邻居、朋友或亲戚的药拿给孩子吃。

**喂药**。给孩子喂药是一件十分棘手的事情。首要准则是父母需以平常心来对待，就仿佛从来没想过孩子会拒绝吃药。如果你满怀歉意，花费很多口舌来解释吃药这件事，就会让孩子确信父母认为他不喜欢吃药。当你把喂药的勺子放进孩子嘴里时，可以谈些别的事情。就像巢中的幼鸟一样，大多数年幼的孩子都会自动张开嘴巴。在给婴儿喂药时，可以用口服注射器（药店有售）先取药物，然后轻轻地沿着脸颊把药物喷入口中，这一招通常很有效。

不易溶解的药片可以碾成细细的粉末，再加上一点好吃的食物，比如苹果酱。把药和一勺苹果酱混在一起，不要太多，以免孩子吃不下去。苦药片可以和苹果酱、大米糖浆或米粉牛奶糊调在一起（有些食物会影响某些药物的吸收，所以在随意调配之前，要向药剂师询问清楚）。

给孩子喂药时如果需要搭配饮料，最好选一种他不常喝的饮料，比如葡萄汁或李子汁。如果在孩子的橘子汁里加了一种怪味的药品，孩子可能一连几个月都不喝橘子汁了。药物需要与少量饮料混合，这样孩子一口就能喝完，同时还能摄入全部剂量。

**害怕吃药**。有的孩子一想到吞食药片就想吐。有时可以先拿小块糖果或薄荷糖练习，这样可能会克服恐惧感（四五岁以下的孩子不要尝试这种办法，有卡住喉咙窒息的危险）。也可以使用专门的塑料杯，这种杯子有一个放置药片的管子。当孩子用这种杯子喝水的时候，药片就会被冲进食道。物质奖励有时候也能奏效。只要还有办法让孩子把药吃了，最好不要因为吃药而跟一个充满恐惧的孩子发生争执。

**非处方药**。单凭某种药物不需经过医生处方就能销售这一点，不能证明这种药物就是安全的。解充血剂药物和其他感冒药尤其是这样，它们已经引起了很多严重反应，不再是儿童的常规用药。

**眼药膏和眼药水**。有时可以在孩子睡觉时给孩子上眼药。若孩子醒着但不配合，可以把他放在你的腿上，双腿围着你的腰，确保孩子不会踢到你。把他的头轻轻地、稳当地放在膝盖之间，用一只手给他上眼药，另一只手要扶着他的头（这种姿势也可以用来给孩子吸鼻涕和往鼻子里滴药水）。

**通用名处方**。通用名处方指的是不使用药品的商品名称，而使用其化学名称的处方。在这种处方上的大多数药品都要比那些用商品名称做广告的药便宜一些，但实际上都是完全相同的药品。

## 传染病的隔离

得了传染病的孩子最好待在家里。等到医生说不会传染了，再让他出来活动。除了照顾患儿的人，应该尽量减少与他人的近距离接触（包括亲吻、拥抱、依偎等）。这些都是正确的预防措施，既有助于防止别人感染这种疾病，也可以预防孩子从别的病人那里感染新的病菌，从而使病情变得更复杂。

当家里有孩子得了传染病时，其他家庭成员可能并不严格地采取隔离措施，依然可以照常上班或上学。不过，限制非必要的接触依然是明智做法。比如，即使生病孩子的其他兄弟姐妹看起来很健康，若孩子们想去那些健康的朋友家玩耍，可能也要先暂缓一下，因为他们可能会在出现感染症状之前就开始传播病菌。

**洗手和擤鼻涕**。减少疾病传播的最好办法是经常彻底地洗手。要教育孩子，洗手时要向上一直洗到手腕，要每个手指缝都洗到，还要搓洗 20 秒钟以上，这个时间够唱两遍"生日快乐"歌，再唱一遍字母歌。脚凳可以帮助孩子轻易又舒服地够着水池；用小块的肥皂，就像酒店浴室里用的那种，好让孩子的小手更容易抓住。

虽然现在有许多肥皂都在广告中自称能够"杀灭细菌"，但是我们还不清楚这些肥皂是否比普通肥皂好，这些肥皂中所含的杀菌剂本身也会造成健康隐患。毕竟，清除病菌的真正有效手段是反复揉搓，并用流动水冲洗。不论旅行还是居家，含有酒精的洗手液都有助于限制病菌的传播。每次洗手要多挤一些洗手液，把所有的缝隙都洗到，还要反复揉搓大约 10 秒钟以上。

在家里多放几盒纸巾，提醒孩子经常擦鼻涕。同时还要放上废纸篓，这样，用过的纸巾就不会被扔在地上了。

## 去医院

因为突然生病或者意外受伤而住院的孩子，肯定会觉得茫然无助，非常害怕。如果一位家长或者关系比较亲近的亲属能在身边陪伴，孩子的心理感受可能会完全不同。约好了要去医院看病的孩子可能一想到即将发生的事情就忧心忡忡。比如，去做切除扁桃体的外科手术就属于这种情况。这时候，如果孩子能够说出自己的恐惧，能够得到安慰，会有很大的帮助。患有慢性疾病，需要特别治疗的孩子可能会频繁住院，对于他们和家人来说，儿童生活专家的作用可能是无法估量的。这些受过训练的专业人员可以帮助孩子适应医院的生活，熟悉治疗的过程。

**医院让人心烦意乱怎么办？** 在 1 ~ 5 岁时，孩子最担心的就是和父母分开。虽然疾病本身会让人难受，打针和其他伴有疼痛的治疗过程也会让孩子心神不安，但是只要有一个值得信赖的家长陪在身边，就是孩子巨大的安慰。

孩子 5 岁以后，更加容易害怕别人即将对他做的事情、自己身上受的伤，以及疼痛。不要跟孩子保证医院会称心如意、尽善尽美。因为一旦有不愉快的事情发生，孩子就会对父母失去信任感，更何况，让孩子难受的事情肯定要发生。但是另一方面，如果把可能发生的每一件坏事情都告诉孩子，他就会在想象中遭受比实际在医院里更大的折磨。

对父母来说，最重要的事就是要尽量表现出平静、自然的信心。不要过多强调这件事情，那样反而会使这件事听起来像是个错误。除非孩子以前住过院，否则他肯定会想象医院是什么样的，很可能还会害怕发生最坏的事情。父母最好能给孩子大致描述一下医院的生活，好让孩子放心。别跟孩子争论即将接受的治疗会不会很疼。

父母可以跟孩子说一说医院里有趣的事情。比如，他要带上哪些玩具和图书，医院的床上会悬着电视机，呼叫护士可以使用电子按钮等。许多儿童病房还设有游戏室，里面有各种各样好玩的游戏和玩具。父母不必对医疗项目避而不谈，但是要让孩子看到，那只是医院生活的一小部分。

在美国，越来越多的儿童医院为那些预约住院的孩子安排了准备程序。在入院的前几天，孩子和父母就可以去参观医院，还能咨询一些问题。很多医院都在准备程序里安排了讲解，工作人员会用幻灯片和木偶表演给孩子演示住院是一次怎样的经历。医院里经常配有儿童生活专家陪伴儿童就医。这些专家知道如何根据儿童的年龄使用恰当的语言、玩具和图片来宽慰孩子，帮助他们为即将进行的治疗做好准备。同时，还能指导家长在孩子住院治疗的时候，利用物品和玩具有效地缓解孩子的紧张情绪。

**让孩子说出自己的担心**。一定要给孩子提问的机会，让孩子把自己的想法告诉你。年纪小的孩子看待这些事情的方式十分独特，成年人根本不会那样想问题。首先，孩子经常会认为，自己必须做手术或被送进医院，是因为他们以前的表现很坏，比如不穿靴子，生病时赖在床上，或者跟妈妈或小妹妹闹脾气等。孩子可能会想象，切除扁桃体的时候他的脖子必须被切开，还可能认为只有把他的鼻子切掉才能够够到扁桃体。所以，一定要让孩子随便提问。父母要做好准备，孩子心里的恐惧很可能非常离奇。父母要尽量让孩子放心。

**什么时候跟孩子说，说些什么**。对于年龄较小的孩子来说，如果他没有发现住院的安排，我认为最好等离开家的前几天再告诉他。因为让他担心好几个星期没什么好处。另一方面，孩子们可能会在无意中听到父母的谈话内容。很多时候，他们并不像父母认为的那样一无所知。如果孩子在住院治疗前的那些日子里忧心忡忡，或者举止异于往常，那么他很可能心里明白接下来会有事情发生。

对于 7 岁或更大一点的孩子来说，提前几个星期告诉他可能更好一些，但前提是这个孩子能够比较理智地面对现实。最明智的做法是告诉孩子最基本的信息，同时解答他的疑惑。好心的父母经常会滔滔不绝地和孩子谈心，这并不是正确的做法。相反，父母需要尝试跟随孩子的节奏。当然，不管多大的孩子提问，都不要对他们撒谎，也绝不要对他说医院是别的什么地方，把孩子骗到医院去。

**麻醉**。如果孩子要动手术，可以跟医生商量一下麻醉的事情。孩子对麻醉的态度会对他的精神状态产生很大影响。有的孩子会因此对手术感到非常不安，有的孩子却可以心情放松地做完手术。在医院里，一般都有一位特别善于激励孩子信心的麻醉师，能顺利地给孩子麻醉，而不会吓着他们。如果可以选择，应该找一位这样的麻醉师，这非常值得。有些时候，将要使用的麻醉药品也可以选择，这也会对孩子的心理产生不同影响。一般说来，使用气体麻醉相比静脉注射要对孩子友好一些。当然，医生才是最了解情况的人，应当由他做出这个决定。但是，当医生认为几种麻醉药品的医学效果相同时，应当认真考虑一下孩子的心理因素。如果孩子有机会参与讨论麻醉这件事，并假装成医生或病患，他就会没有那么大的心理压力。

父母在安抚孩子时使用的措辞表达很重要。给孩子解释麻醉的时候，不应该说"它会让你睡觉"，这会让孩子想到被安乐死的小狗或小猫，还可能会使孩子在做完手术以后产生睡眠障碍。可以把麻醉解释成一种会让人进入特殊睡眠的办法。要告诉孩子，一做完手术，麻醉师就会把他从麻醉状态中唤醒。还要告诉孩子，在手术中他不会有任何感觉，也不会记得发生过的任何事情。如果麻醉的时候有一位家长陪伴，能够减轻孩子对手术的恐惧和紧张，还能减少镇静剂的使用。

**探视**。只要有可能，父母就应该陪孩子待在医院里。大多数医院现在都有方便的住宿条件，一位家长或者孩子熟悉的大人晚上可以在孩子房间里过夜。

如果父母只能断断续续地去探望孩子，这种看望可能会让孩子感到心烦意乱。父母的出现会让孩子想起他有多想他们。父母离开时，孩子会哭得特别伤心，甚至在整个探视过程中都哭个不停。但是，这绝不是说父母应该远离孩子。如果孩子能意识到父母离开后总是会回来，就会获得一种安全感。但是如果必须得走，应该尽量表现得高兴一些，让孩子看不出你的担心。因为父母苦恼的表情会使孩子更加焦虑不安。

很多时候，父母在场时孩子的哭泣其实另有深意。实际上，只要父母一走，孩子就会调整好状态，哪怕他正觉得难受，或者正在接受不舒服的治疗。实际上，他们可能是因为太害怕了，所以才表达不出任何感情，当父母回来让他们感到安全以后，他们真实的情感就表露出来了。

**出院后的反应**。在接受住院治疗的时候，年幼的孩子看上去可能已经完全恢复了，但回到家就会立刻做出讨人厌的行为。有的孩子会变得特别黏人，总是担惊受怕；有的孩子则会在行为上显露出攻击性。这些现象虽然可能让人不高兴，但都是正常的反应。很多时候，只要耐心安慰孩子，他就会恢复之前的心理状态。不过，为了掌控治疗时产生的恐惧情绪和感受，很多孩子会希望或需要假扮成医生或护士，玩一些角色扮演游戏（参见第 279 页）。

## 照料生病的儿童

**当心宠坏了孩子**。孩子生病时，父母自然会给他们很多特别照顾和关爱。父母会不厌其烦地给他们准备饮料和食品，如果不喜欢，父母甚至会马上去准备另外一种。你会心甘情愿地给他们买新玩具，让宝宝高高兴兴，不吵不闹。

孩子很快就会适应这种新的身份。他们可能会把父母支使得团团转，还会要求父母立刻满足他们的要求。可是，大多数生病的孩子几天之内就会康复。一旦父母不再为孩子担心，也就不再理会孩子的不合理要求了。几天过后，一切都会恢复正常。

对于持续时间较长的疾病来说，父母的高度关注和特别照顾可能会给孩子的精神状态造成不利的影响。孩子的要求可能会变得越来越过分。原本有礼貌的孩子也可能变得容易激动和喜怒无常。孩子很快就会懂得去享受生病时的优待，还会设法赢得同情。这样一来，他们身上一些讨人喜欢的优点就会逐渐"萎缩"，就像用不到的肌肉一样。

**恢复正常的生活**。父母应该尽快和生病的孩子一起回到正常的生活状态，这是明智的做法。要注意一些小事，比如：进屋时要带着一种友好而又自然的表情，不要一脸担心；要用一种期待好消息的语气询问孩子感觉怎么样，一天只问一次就可以了；如果父母根据经验知道孩子想吃什么或想喝什么，就很自然地拿给他们，不要小心翼翼地问他们是否愿意尝一尝，也不要表现得好像吃了那些东西就很了不起似的；不要强迫他们，除非医生认为有必要让他们多吃一点，孩子生病的时候，胃口更容易因为被强迫而变差。

如果想给孩子买玩具，要挑那些既能让他积极动手，又能让他发挥想象力的玩具，比如积木和拼插玩具、缝纫工具、编织工具、穿珠子的工具、绘画用具、做模型的用具和收集邮票的用具等。很多在家里就能进行的活动也很好，比如从旧杂志上剪图片，制作一个图片本，缝制沙包和娃娃衣服，用纸板或者胶带纸建造农场、城镇、娃娃屋或宇宙飞船。家长可以每次只给孩子一个玩具，或只让他参加一项活动，这样既能保持新鲜感，又不会给孩子太多压力。有些孩子可能想在卧床这段时间尽情玩电子游戏，这可不是一个好主意。一个孩子要是太长时间一直盯着电子屏幕看，就会感到无精打采，提不起精神来。

如果孩子要卧床很长一段时间，但他的身体状况已经可以开始学习了，就要尽快用一段固定时间复习学校的功课。父母可以每天花一点时间陪着生病的孩子，但是没有必要每时每刻都形影不离。对孩子来说，知道自己的父母有时候要在别的地方忙碌，对健康发展是有利的。只要在紧急情况下能找到父母就可以了。如果孩子的疾病不会传染，医生也允许和小伙伴一起玩，可以经常邀请别的孩子来家里玩，还可以请这些小朋友留下来吃饭。

当孩子的病已经好了，但还没有完全恢复到原来的状态时，父母会觉得那段时间最为艰难。父母必须运用自己的理智来判断他还需要多少特别的关心。总之，最好的办法就是，让孩子在这种情况下尽可能地过平常的生活。应该要求孩子对父母和家里的其他人举止得体。不要用担心的口气跟孩子说话，也不要做出忧虑的表情。

# 免疫接种

## 从历史视角看免疫接种

斯波克博士回忆说："在我成长的那个年代，所有父母都特别担心孩子会患上小儿麻痹症。那是一种能让人瘫痪的病。当时，这种病每年会使大约25000人丧生，其中大部分是儿童。那时候，父母会警告我们不要喝喷泉的水，夏天要避开人群，还要预防各种病毒感染。但是，现在已经用不着那样了。自1979年以来，美国再也没有出现过小儿麻痹症的病例。世界上的其他国家虽然比美国晚一些，但也发生着同样的变化。天花这种病也已经从地球上绝迹了。这些疾病的消灭简直就是医学奇迹，是人类最骄傲的成就之一。我们能取得这样的成功，是因为有了疫苗。"

## 疫苗怎么起作用

一个人在抵御感染时，免疫系统会留下记忆，以后能更有效地对抗同一种感染。疫苗就是让人在不生病的条件下产生同样的免疫记忆。人体对疫苗做出的反应就是产生抗体，识别特定细菌和病毒，并且在这些细菌和病毒还没有引发疾病的时候，帮助身体把它们清除掉。

**疫苗预防的疾病**。目前，美国的大多数儿童都要在 12 岁之前通过免疫预防 16 种疾病。这些疾病有很多如今已很罕见，其原因就在于实施了免疫接种。但是，只要疫苗接种一减少，那些疾病就会像无人收拾的花园里生长的野草一样重新疯长起来。

- ◆ 白喉。得了白喉，咽喉里会形成一层厚厚的膜，可能导致严重的呼吸困难。

- ◆ 百日咳。经常会引起阵发性的剧烈咳嗽，以致孩子一连几个星期都无法正常吃饭、睡觉或呼吸。

- ◆ 破伤风。这种疾病会导致肌肉痉挛、癫痫、瘫痪，甚至死亡。

- ◆ 麻疹。麻疹不仅会引起众所周知的皮疹，还会导致高烧、肺炎以及脑部感染等症状。

- ◆ 流行性腮腺炎。症状包括发烧、头痛、耳聋、腺体肿大，以及睾丸或卵巢的肿大和疼痛。

◆ 风疹。风疹在儿童期基本上都比较轻微，但如果孕妇在怀孕期间受到了传染，就可能导致胎儿严重的先天缺陷。

◆ 小儿麻痹症。这种疾病会导致身体麻痹或极度虚弱无力。即使患儿已经康复，病情也可能在几十年后复发。

◆ B 型流感嗜血杆菌（Hib，不要跟流行性感冒混淆）。这种细菌会感染大脑（脑膜炎），导致听力受损或癫痫，也可能导致声带周围肿胀，引起窒息。

◆ 脑膜炎球菌疾病。这种疾病可能导致突然的、经常也是致命的脑部感染（脑膜炎），还可能中断手脚部位的血液循环，最终导致截肢。常感染住校大学生。

◆ 乙型肝炎。这种疾病最终可能导致肝功能衰竭或肝癌的高发。

◆ 甲型肝炎。这是严重（但短暂）腹泻的一种常见诱因。

◆ 轮状病毒。这是严重又极易传染的腹泻的另一个诱因。

◆ 肺炎球菌病。这种疾病会导致多种耳部感染，也可能引发脑膜炎、肺炎和其他严重的炎症。

◆ 水痘。这种疾病经常带来又痒又难受的皮疹，还可能导致严重的肺炎、大脑积水或者瑞氏综合征。

◆ 流行性感冒（流感）。一般会导致发热，同时伴有肌肉疼痛、头痛和呕吐，也可能引起严重的肺炎，甚至危及生命。与其他疫苗不同的是，流感疫苗需要每年接种，因为每一年都有不同的流感病毒菌株肆虐全球。成年人也需要每年接种流感疫苗。

◆ 人乳头状瘤病毒（HPV）。这种病毒与宫颈癌、尖锐湿疣以及咽喉癌的许多病例有关。HPV 疫苗极大地降低了女性患宫颈癌的风险，但前提是这些女性一定要在接触病源之前接受免疫接种，才能起作用。九价 HPV 疫苗可以减少男性患尖锐湿疣的概率，还能降低这些男性传播这种病毒的危险。

各种疫苗不仅为接受免疫的孩子提供了保护，也减少了其他人感染相关疾病的危险。这主要是因为免疫措施削减了易患病者的人数，否则这些人就会使疾病在人群当中传播开来。反过来，如果一定数量的人拒绝免疫接种，这种"群体免疫力"就会失去作用，使越来越多的人受到感染。

除了抵御以上疾病的疫苗，还有其他一些疫苗专门针对免疫系统脆弱的孩子或与北美以外地区常见疾病有接触的孩子。医生可以告诉父母孩子是否需要接种特别的疫苗。

## 接种疫苗的风险

**权衡利弊。**可以找到大量关于免疫风险的信息。但是，很多错误的信息也混杂其中。没有任何药物可以达到百分之百安全，疫苗也存在着风险。然而，接种疫苗带来的好处远远超过风险。如果你不相信，就请翻回去读一读那些疫苗可以预防的疾病列表（参见第 284 页）。在没有疫苗或拒绝疫苗的地方，比起那些承受疫苗副作用的极少数儿童，有更多的儿童正在忍受着各种疾病，甚至因此丧命。所有专家小组和负责任的医生都是这一认知的坚定支持者。

让我们以 B 型流感嗜血杆菌疫苗为例。在这种疫苗发明以前，美国每年都会有大约 20000 名儿童感染 B 型流感嗜血杆菌。我照顾的第一个儿童患者就是因为感染了这种细菌而丧失了听力。如今，得益于免疫接种工作的有效开展，大多数年轻的儿科医生从未见过 B 型流感嗜血杆菌病例。但是曾经，在疫苗暂时短缺的时候，明尼苏达州有 5 个孩子患上了这种疾病，其中 1 人死亡。

疫苗带来的风险一般都很小。打针确实比掐一下要疼，但总比截去一个脚趾好吧。有的孩子打针的地方会疼痛发炎，有时还会形成一个坚硬的肿块，要过好几周才消退。少数时候，孩子会发高烧。而在非常罕见的情况下（大约 1/100000），孩子会表现出令人担心的症状。他会持续地哭闹，显得一反常态，或者出现抽搐。这些反应都会让人担心，而且在极少数情况下会引起长期的严重问题。但是我要说，疫苗预防的那些疾病比这常见得多，也严重得多。这一点怎么强调都不过分。

**疫苗是如何制成的？** 大部分疫苗都是由已经被灭活的病毒或细菌制成的，这些灭活的病毒或细菌要么被完整地保留了下来，要么已经支离破碎。有些疫苗用来抵抗细菌产生的毒素，还有一些疫苗是由已经被减毒的活菌制成的，已经不能给健康的孩子带来疾病，最多只会引起非常轻微的小问题。这些减毒活疫苗对那些免疫系统遭到严重破坏的孩子（例如正在接受某些癌症治疗的孩子）来说并不安全，对那些跟免疫系统遭到破坏的人共同生活的孩子来说，也不安全。

**越来越安全的疫苗。** 百日咳疫苗曾经因为会引起疼痛、肿胀、充血以及发烧而恶名昭著。新改良的这种疫苗注射时引起的疼痛少多了。过去，有些疫苗的防腐剂中含汞。这种含汞的防腐剂从未显现出危害性。尽管如此，从安全的角度出发，现在一般用于儿童的疫苗都不含汞元素。有一种早期轮状病毒的疫苗会增加肠梗阻的概率。这个问题已经在目前使用的轮状病毒疫苗中得到解决。免疫反应在全美都有追踪调查，目的是即便有非常罕见的危险也能得到标示和避免。

**疫苗和孤独症。** 患孤独症的儿童数量似乎正在迅速增加，没有人知道这是为什么。许多理论和谣言早就把焦点集中在了麻疹、腮腺炎和风疹联合疫苗（MMR）上。但是，引发流言四起的学术研究其实具有欺骗性，至今也没有任何严谨的研究找到联合疫苗和孤独症之间的关系。也就是说，接种过疫苗的孩子患孤独症的概率和那些没有接种过疫苗的孩子没什么区别。拒绝接种这种联合疫苗是有风险的。在那些恐惧感根深蒂固的人群当中，免疫接种率已经下降，麻疹的流行已经出现，而麻疹这一疾病会导致严重的脑部损伤。

疫苗还一直被指责是引发其他疾病的元凶，其中一种严重的疾病叫作炎症性肠病（IBD）。大量严谨的科学研究已经再次证明，接种疫苗和炎症性肠病之间没有任何关系。

**从哪里了解更多信息？** 美国法律规定，每一位注射疫苗的医生都要向接种人（或其父母）提供一份注射的情况说明，又叫疫苗信息声明。这些说明由美国疾病预防控制中心（CDC）制作，清楚准确。提前向孩子的医生索取这些信息单，就可以了解即将进行的免疫接种。

## 计划免疫

**孩子这么小，却要打这么多针**。疫苗预防的大多数疾病都最容易侵袭年幼的宝宝，应该及早开始接受免疫。但许多疫苗都需要孩子不止一次地接种才能形成完备的免疫反应。这就是为什么许多疫苗在头一年需要接种好几次，才能尽早获得最好的预防效果。

美国医生遵循的标准免疫时间表来自美国疾病预防控制中心，并且通过了美国公共卫生部的计划免疫咨询委员会（ACIP）、美国儿科学会以及美国家庭医生学会（AAFP）的审批。这一时间表每年都会更新。

**"字母粥"**。许多疫苗针剂都是用开头字母或品牌名称来称呼。下面的术语列表对父母应该有帮助：
- ◆ DTaP（白喉、破伤风、百日咳联合疫苗）
- ◆ Hep B（乙肝疫苗），Hep A（甲肝疫苗）
- ◆ Hib（B 型流感嗜血杆菌结合疫苗）
- ◆ HPV（人乳头状瘤病毒疫苗）
- ◆ IPV（灭活脊灰疫苗；"I"代表灭活，意味着疫苗由灭活病毒制成）
- ◆ MCV（脑膜炎球菌疫苗，针对 A、C、W 和 Y 型；MenB，即 B 型脑膜炎球菌疫苗，针对 B 型脑膜炎球菌）

◆ MMR（麻疹、腮腺炎、风疹联合疫苗）；MMRV（麻疹、腮腺炎、风疹、水痘四联疫苗）

◆ PCV13（13 价肺炎球菌疫苗，可预防 13 种肺炎球菌）

◆ RV（轮状病毒疫苗）

◆ Varicella（水痘疫苗）

**标准免疫时间表**。为了获得最好的预防效果，儿童要按时接种疫苗，可以根据具体情况对下面的时间表进行一些小调整。医生和父母可以推迟其中一些免疫项目，最多可以晚接种几个月。这可能是因为孩子在应该接种疫苗的时候正好生病了，也可能是为了把注射分散开来（这个理由对我来说讲不通，因为连续两次被针扎的疼痛通常不会比一次严重多少）。如果孩子远远地落在了时间表的后头，可以调整一下接种时间表尽快赶上来。轮状病毒疫苗是口服的。流感疫苗需要每年秋季接种，没有列入下面的免疫计划当中。

### 基础免疫程序

| 年龄 | 疫苗 | 接种次数 |
|---|---|---|
| 出生 | 乙肝疫苗 | 1 |
| 2 个月 | 白喉、百日咳、破伤风、脊髓灰质炎和 B 型流感嗜血杆菌结合五联疫苗（只需打 1 针），乙肝疫苗，13 价肺炎球菌疫苗，轮状病毒疫苗 | 3* |
| 4 个月 | 白喉、百日咳、破伤风、脊髓灰质炎和 B 型流感嗜血杆菌结合五联疫苗，13 价肺炎球菌疫苗，轮状病毒疫苗 | 2* |
| 6 个月 | 白喉、百日咳、破伤风、脊髓灰质炎和 B 型流感嗜血杆菌结合五联疫苗，乙肝疫苗，13 价肺炎球菌疫苗，轮状病毒疫苗 | 3* |

| 年龄 | 疫苗 | 接种次数 |
|---|---|---|
| 12 ～ 15 个月 | 麻疹、腮腺炎、风疹联合疫苗，水痘疫苗，13 价肺炎球菌疫苗，B 型流感嗜血杆菌结合疫苗，甲肝疫苗 | 4 或 5 针 |
| 15 ～ 18 个月 | 百日咳、白喉、破伤风联合疫苗，甲肝疫苗 | 2 |

＊轮状病毒疫苗需要口服。

**加强免疫程序**

| 年龄 | 疫苗 | 接种次数 |
|---|---|---|
| 4 ～ 6 岁 | 百日咳、白喉、破伤风联合疫苗，脊灰疫苗，麻疹、腮腺炎、风疹、水痘四联疫苗 | 2 或 3 针 |
| 11 ～ 12 岁 | 百日咳、白喉、破伤风联合疫苗，HPV 疫苗（2 剂量），脑膜炎球菌疫苗 | 3 |
| 16 岁 | 脑膜炎球菌疫苗，B 型脑膜炎球菌疫苗（2 剂量） | 2 |

　　免疫接种计划表每年都会有些许调整。更多可以减少注射次数的联合疫苗已经出现。美国疾病预防控制中心会在网上公布最新的时间表。

　　**保留免疫接种记录**。除非父母能在网上查阅孩子的医疗记录，否则最好把孩子的免疫接种和药物过敏信息都记录下来，并在全家出游或更换医生时随身携带这份记录。离家在外的孩子受伤后需要接种破伤风针的情况时有发生。如果主治医生知道孩子最后一次打破伤风针的确切时间，就可能为孩子免去一针。当孩子进入托儿所、小学、夏令营、大学和军队时，也需要免疫接种记录。

# 帮助孩子打针

**药物**。你可以问一问医生，是否可以通过某些药物缓解免疫接种过程中出现的不适。用冷喷雾让注射部位失去知觉是个有效的办法；在免疫注射前后服用药物，也可以减少疼痛感（但这也可能降低免疫接种的效果）。

**身体安慰**。宝宝在父母的怀里会有安全感。刚刚出生的宝宝可能需要刺破足跟来验血，如果母亲在抽血的时候紧紧抱住宝宝，宝宝就不会哭得那么凶，而且表现出的紧张反应也比较少。对宝宝来说，安抚奶嘴、摇晃摇晃，以及抚摸都是有效的安慰方法。对大一点的孩子来说，让他面朝着你，胸口对胸口，双手环抱，双脚盘在你的身上是个很好的姿势，可以起到安抚效果。

**用父母的声音安慰孩子**。对小宝宝来说，父母说什么其实并不重要，是父母说话时的语气会让他们感到安全。对蹒跚学步的孩子以及学龄前儿童来说，打针的恐惧往往比实际的疼痛更严重。为了减少恐惧，父母要提前告诉孩子即将发生的事情会是怎样的。比如说："一会儿，医生会用酒精给你擦一下。"

父母选用的措辞很重要。父母可以不用"打针"，而选用"疫苗"这个词。对有些只会从字面上理解问题的学龄前儿童来说，"打针"听起来好像是用什么暴力工具完成的事情。孩子害怕的时候，经常会忽视否定性词语。如果父母说"不要尖叫"，他们听到的就是"尖叫"；如果父母说"别哭了"，他们会听成"哭了"。所以，最好用肯定性的词语："你很好"，"好了，好了"，"马上就好了"。

父母的解释应尽可能简单而诚实，充分考虑孩子的年龄特点和理解水平。可以告诉孩子，打针是有点疼（"就像让人使劲拧了一下似的"），但是打针可以让他以后不再得病，得病可比接种疫苗难受多了。

**给孩子选择的机会**。有的孩子想看看护士或者医生正在做什么，有的则不想看。有选择余地的孩子会觉得自己更有主动权。同样，如果尖叫管用，也可以允许孩子尖叫。可以说："如果你想叫的话，可以，但是不能动。为什么不等到你感到针扎的时候再叫呢？"

**转移注意力**。对蹒跚学步的孩子以及学龄前儿童来说，比较有效的方法是给他们讲故事、唱歌，或是让他们看图画书。儿童有很强的想象力。如果一个孩子能够想象自己正在做一件最喜欢的事情，就不会那么痛了。对四五岁的孩子来说，有两个特别有用的分心法，就是吹风车和吹泡泡。如果孩子特别喜欢吹泡泡，在你们去医院时，就可以带上一瓶肥皂水和一个塑料管。很多机智的医生都自己准备了泡泡棒。泡泡可以产生神奇的效果。

**帮助害怕的孩子**。如果孩子特别害怕打针，可以让他把快要发生的事情画下来。如果图上画的是一个非常小的小人儿，旁边有一个特别大、特别吓人的针管，也别感到吃惊！孩子经常会在游戏中适应一些可怕的事情。给孩子一个玩具注射器和玩具听诊器，让他扮演医生，给"生病"的娃娃看病。孩子可能会通过打针体会到更多的主动权，也就不那么害怕了。父母可以与孩子一起玩，这样就可以随时纠正孩子的一些错误观念。

如果还是摆脱不掉严重的恐惧感，就要跟孩子的医生沟通。很多儿童医院都有儿童生活专家，他们在帮助儿童适应医疗方面很在行。为了让孩子感到舒服一些，有必要去拜访一位这样的专家。如果年幼的孩子打完针离开时感觉没什么大不了，他就会认识到，他可以应付那些吓人的东西。对任何年龄的孩子来说，这都是很重要的一课。

# 预防意外伤害

## 保证孩子的安全

作为父母，保证孩子的安全是头等大事。爱、管束、价值观、创造乐趣，以及学习，离开安全就全部失去了价值。我们向孩子承诺保证他们的安全，孩子们也期望我们这样。心理健康的起点就是这种深深的信任，孩子相信有个强壮的大人总会在身边保护自己的安全。

我们最原始的本能都集中在安全上：婴儿一哭，父母就会有把他们抱起来的强烈欲望。我们很容易想到，正是这种保护性的反应，使我们的祖先在史前险恶的环境中得以生存下来。但是，就算在现代社会中，危险也随处可见。在美国，每年有大约10%的孩子会因受伤或中毒等原因去看医生，意外伤害造成的1岁以上儿童的死亡人数比所有疾病造成死亡的总人数还要多。

父母需要保护自己的孩子，但却无法排除所有的危险。孩子们应该知道有父母为他们操心，但他们更需要机会探索，做出选择，甚至是冒险一些。通过观察父母，孩子就能学会如何在小心谨慎与勇往直前之间把握分寸。

**为什么不简单地称之为意外事故？** 对许多人来说，意外事故这个词暗含了"有些事情不可避免"的意思，比如说，在"我也没办法，这是一次意外事故"这句话里，就有这种含义。但事实上，许多被称作意外的儿童伤害事件可以避免，并不是意外发生的，而是因为大人们容许了意外情况发生的可能。比如，任何一辆没有安装儿童安全座椅的汽车都属于这种情况。如果乘坐这种汽车的孩子在车祸中严重受伤，他的受伤就不是一场意外事故，因为这本来是很有可能避免的。

孩子的年龄决定了哪种非故意伤害最危险。对1岁以下的孩子来说，最常见的伤害来自窒息和哽噎。1～4岁，溺水是最大的儿童杀手。5岁以后，乘坐汽车的儿童最容易因为意外伤害而死亡。

另外一些意外伤害带来的常常是健康问题，而不是死亡。比如，从高处掉下来，或者撞在咖啡桌上，一般都会导致划伤、瘀伤和骨折。如果孩子骑自行车不戴头盔的话，从车上摔下来常常会导致大脑损伤。铅中毒是另一种十分常见的意外伤害，很少会导致儿童死亡，但通常会让孩子出现学习障碍，令他的未来发展受限。

**预防原则**。一点磕碰都没有或许不太可能，但是我们应该知道如何降低风险。请按照以下三种预防意外伤害的基本原则去做。

清理孩子活动的地方，排除危险隐患。某些危险物品绝对不能出现在有孩子的房子里，比如，带尖角的咖啡桌、没有护栏的楼梯，以及将家具和床放在敞开窗户的旁边等。你可以对照备忘清单系统地找出危险，然后一一排除。

严密地看管孩子。即使在安全的环境里，孩子也需要严密的照看。处在学步期的孩子特别爱冒险，又缺乏判断力，更需要大人的保护。父母固然不能从一睁眼就时刻跟着孩子，但有些环境的确比较危险，需要父母格外留心。如果孩子的活动室里十分安全，你可以稍微放松一些。但是，当孩子在比较大的环境中活动的时候，比如在厕所或厨房里，就一定要特别警惕。

有压力的时候尤其应当小心谨慎。当生活突然发生变化，父母的注意力容易转移，意外伤害往往在这种情况下发生。当亲戚突然登门拜访，或你还有工作亟待完成时，就要回想一下剪刀放在哪里了，公公的心脏病药是不是收好了，还有你特别想喝的那杯热咖啡是不是放得太靠桌子边了。

**家里和外出的安全问题**。在为孩子的安全问题做计划时，要在两种环境下考虑：一是家庭之外，一是家庭之内。当然，任何有关安全问题的清单都不可能面面俱到。所以父母既要考虑下面的建议，也要充分运用自己的判断力。此外，还可以参考本书第一部分，其中介绍了各年龄段的孩子相应的安全预防措施。

# 家里的安全问题

## 家里的危险

对于孩子来说，家里也可能是危险的地方。溺水一般都发生在浴盆里或后院的游泳池中。此外还有烫伤、中毒、误食药物、窒息、坠落等。这些灾难听起来都够吓人的。当然，光害怕没有用，我们应该做好充分的准备。只要做好家里的安全防范措施，就能够大大降低孩子遭受意外伤害的可能性，同时缓解家长的焦虑。密切的看护当然不可或缺，事先的计划也必不可少（请参考第 31 页和第 86 页的内容，了解更多关于婴儿和学步期儿童的安全建议）。

## 溺水和用水安全

美国每年都有将近 1000 名 14 岁以下的儿童死于溺水。虽然 80% 的溺水孩子都被及时送到了医院（另有 20% 的孩子不幸溺亡），但还是有很多孩子留下了永久性的大脑损伤。4 岁以下儿童溺水的死亡率要比其他年龄段的孩子高出 2 ~ 3 倍。

学龄前儿童的溺水死亡事故多数都是在浴缸里发生的。人们已经知道，孩子会爬到没有水的浴缸里打开水龙头，意外就会发生。千万不要把 5 岁及以下的孩子单独留在浴缸里，哪怕一小会儿也不行。就算在两三厘米深的那么一点水里，孩子也可能发生溺水事故。不要让 12 岁以下的孩子看护浴缸里的孩子洗澡。如果大人非得去接电话或去开门，那就用浴巾把浑身肥皂泡的孩子裹住，抱着他一起去。

年龄比较小的孩子会头朝前脸朝下掉进马桶或水桶里，因此，仅仅 10 厘米深的水也会夺去孩子的性命。父母需要保持浴室门紧闭，如果可能的话，要把马桶盖好并锁好。空水桶也不能放在室外，因为下雨的时候里面会存水，万一孩子掉进去就会有溺亡危险。桶中静止的水还会滋生蚊蝇。

**用水安全**。要防止孩子溺水，就需要父母始终提高警惕，加强对孩子的看管。

1. 当孩子靠近水边时，即使有救生员在场，也要注意孩子的行动。如果孩子水性很好，有足够的脱险技巧和判断能力，那么，到了 10 ~ 12 岁时，只要他和水性好并且有责任心的小伙伴一起游泳，就可以尝试离开大人的看护了。另外，只有在水深超过 1.5 米，而且有大人在场的时候，才能允许孩子往水里跳。

2. 如果院中有浅水池，池中的水应该排掉，不用的时候还要把浅水池扣过来放，以免孩子溺水。

3. 如果家里有游泳池，那么四周都要有防护栏。防护栏至少要 1.5 米高，栏杆之间的距离不要超过 10 厘米。栅栏门还要上锁，要能自动关闭，自动锁上。另外，不要把房子的一面墙当成那一段的护栏，因为对孩子们来说，通过门窗溜到游泳池里去简直太容易了。

4.不要指望游泳池的警报装置提醒你去保护孩子，只有人掉进了水里，警报才会响起来，那时再去救孩子可能就太晚了。警报系统应该装在游泳池的栅栏门上。

5.在雷雨天气里，任何人都要远离池塘和其他水域。

6.在正式宣布池塘和湖泊里的冰已经达到安全标准以前，要让孩子远离冰面。

7.不要让孩子在水域附近滑雪橇。高尔夫球场虽然是不错的滑雪橇场地，但是，由于这些地方经常存在水域，所以有潜在的危险。

8.各种水井和蓄水池都必须做好安全防护。

**游泳课**。对于4岁及以上的儿童来说，学习游泳可以降低溺水的风险。有一些证据表明，一岁的小宝宝学习游泳可能会降低溺亡的风险，尤其是对于那些活动范围内经常有水出现的孩子来说。然而，在预防溺水这件事情上，父母不能指望孩子学会游泳就一劳永逸了；所有预防措施都是至关重要的。

## 火灾、烟熏和烫伤

大火夺去了许多儿童的生命。5岁以下的孩子面临的危险最大。大约80%的火灾致死事件都是在家中发生的。其中，一半的家庭火灾都是由香烟引起的，这也是禁烟的又一个有力的理由。火势的蔓延非常迅速，所以千万不要把孩子单独留在家里。如果大人必须外出，就把孩子一起带上。实际上，在火灾造成的死亡中，大多数人是因吸入烟尘致死，而非烧伤。

最常见的非致命烫伤是热液烫伤。其中，大约20%是水龙头里的热水造成的，另外80%是溅出来的滚烫食物或液体造成的。50%的烫伤都很严重，需要做皮肤移植手术。

**预防烧伤**。你可以采取一些具体的措施来预防儿童烧伤。在实施这些措施时，请对照清单逐一检查：

◆ 在房子的每一层都安上烟雾探测器。要安装在卧室和厨房外面的过道里，记得定期更换电池。

◆ 在厨房里放一个干粉灭火器。

◆ 把热水器的温度设定在48℃以下。因为在65～70℃（这是大多数生产厂家预设的温度），2秒钟之内就会造成孩子三度烫伤！而在48℃时，则要5分钟才会形成烫伤。如果你住的是单元楼或公寓，可以让房东或物业管理员把水温调低。使用低于48℃的水仍然可以把盘子洗干净，还能减少电费开支。父母还可以在淋浴喷头、浴缸的水龙头和洗碗池的水龙头上安装防烫伤装置。这样一来，水温一超过48℃，水流就会自动被切断。

◆ 取暖炉、柴火炉、壁炉、隔热性能差的烤炉和容易打开的烤箱都很危险。所以，要在柴火炉、壁炉和壁挂式暖风机的周围放上栅栏或围挡。还可以安装散热器罩来避免烫伤。取暖炉需远离窗帘和家具，或干脆弃置不用。

◆ 要把所有的电源插座都盖上盖子，以防止孩子触电。另外，不要超负荷使用电源插座。

◆ 电线老化了要及时更换，电线和延长线的接头处要用胶布缠紧。不要把电线铺设在地毯下面，也不要让电线从过道里穿过。

父母可以养成以下谨慎的习惯，从而降低火灾和烫伤的危险：

1. 把孩子放进浴缸之前要试一下水温。即使刚刚试过，也要再试一次。另外，还要摸一摸水龙头，保证它们不会因为温度过高而造成烫伤。

2. 绝不能在把孩子放在大腿上时喝热咖啡或热茶。也千万不要把盛着热咖啡的杯子放在桌边，以免孩子够到桌子，打翻杯子。桌子上不要铺桌布或桌垫，因为孩子会把它们从桌子上拽下来。

3. 用茶壶烧水时，要把壶把转到炉子后方。最好使用靠内的灶眼。

4. 火柴要装在盒子里，放在高处，别让三四岁的孩子够到。在这个年龄段，很多孩子都会经历一个特别喜欢玩火的阶段，很难控制自己想玩火柴的欲望。

5. 如果家里用取暖炉，一定要保证接触不到窗帘、床单或毛巾。

最后，教育孩子怎么防火，告诉他们在发生火灾时该怎么做，以保证安全。

1. 要告诉学步期的孩子哪些东西是烫的，警告他们别碰这些东西。

2. 要跟年幼的孩子谈论防火安全知识，包括教他们如何在起火时遵循"停下、蹲下、滚动"的原则，以及如何"在烟雾下面贴着地爬行"。

3. 要教育孩子，在闻到烟味且怀疑着火时，应该迅速离开房子，跑到外面。还要教孩子用邻居家的电话报火警。

4. 制订一个在火灾中逃跑的计划，每一间卧室都要有两条逃生的路线，然后确定一个在外面集合的地点。让全家人都演习一下这个计划。

## 中毒

小孩子们会胡乱吃下各种东西。从大约 12 个月开始一直到 5 岁，是孩子们最容易中毒的时期。家里发生的中毒事件比任何地方都多。那些活泼好动、胆大又执着的孩子更可能拿到有毒的东西。但是，即使是那些看上去老实又安静的学步期孩子，也可能找到机会吞下一些不应吞下的东西，比如打开盖的一瓶药丸，或者一棵非常诱人的室内植物等。

每年，美国有毒物质控制中心都会接到 200 万通以上的电话，说孩子误食了可能有毒的东西。对孩子来说，每一种药物、处方药品、维生素和家用产品都可能有毒。有些东西虽然看起来好像没什么危险，却可能有害，比如烟草（1 岁的孩子吞食 1 根香烟就很危险）、阿司匹林、含铁的维生素片剂、洗甲水、香水，以及餐具清洁剂等。对小孩子来说，装在白色瓶子里的漂白剂看着像牛奶一样，若喝下去就会严重灼伤喉咙。即使是孩子的常用药，一旦大量服用，也可能造成危险。

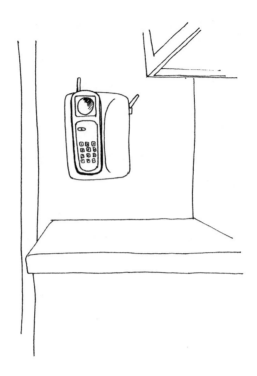

**清除家里的危险物品。**第一步是用敏锐的眼光，更确切地说，是用孩子的眼光，仔细地检查一遍房间。然后，再遵循下面的步骤，把家变成防止儿童中毒的安全环境。

1. 将急救电话号码贴在电话旁边，或写在一张纸上贴在电话上。如果可能，最好再把它设置成单键快速拨号。如果孩子吞下了有毒的东西，或者误食了可能有毒的东西，就要打这个电话紧急求助专家。

2. 在厨房和浴室存放家用清洁剂和药品时，需要把这些物品放在孩子够不着的地方（确保附近没有可供孩子攀爬的物件），或者放在装有儿童安全锁或儿童安全插销的橱柜里。

3. 要把灭鼠药、杀虫剂和其他毒药清理干净，因为它们都太危险了。

4. 在地下室和车库里，一定要把下面这些物品放在绝对安全的地方：松节油、油漆稀释剂、煤油、汽油、苯、杀虫剂、植物喷雾杀虫油、除草剂、防冻液、汽车清洗上光剂等。

5. 在扔掉瓶瓶罐罐之前，需向相关卫生部门查询一下，看看有毒的废弃物应该怎样处理。

**有益的习惯。** 有效防止中毒，取决于日常习惯。以下是一些需要注意的事情：

◆ 每次吃完药，立即把剩下的药放到孩子够不着的地方；最好放在带儿童安全锁的橱柜或抽屉里。

◆ 要把所有的药品都贴上醒目的标签，免得你不小心给孩子吃错了药。病好了以后，要把剩下的药品扔掉。

◆ 很多药物中毒事件的起因都是孩子误食了祖父母服用的处方药。所以，在带孩子看望祖父母之前，一定要让他们把自己的药品锁起来，或者放在孩子够不着的地方。

◆ 美国联邦和各州的法律规定，药剂师配制的所有药品必须装在孩子打不开的容器里。不要把药品换装到别的容器里。另外，家长也不要认为把药品放在防儿童开启的容器中就高枕无忧了。

◆ 要把清洁产品和其他化学用品放在原来的包装里。不要把杀虫剂装在饮料瓶里，也不要把炉灶清洁剂放在茶杯里，这是造成严重中毒的常见原因。

**有毒的植物。** 对于植物和花朵，我们只会觉得它们很美丽。但是，刚会爬的婴儿却会把它们看成美味的点心。这很危险，因为有七百多种植物和花朵都能引起疾病，或导致死亡。所以，最安全的做法是，等孩子过了什么都吃的年龄，再在家里养花种草。真要养花的话，至少也得放在孩子够不到的地方。另外，孩子在花园里或外面玩时，如果他们待在植物和花草旁边，就一定要看好他们。

有些户外植物虽然有毒，但是并不会带来致命危险。接触这些植物以后一般会刺激皮肤，万一咽下去，会使嘴唇和舌头肿胀起来。要会识别毒葛、毒橡树、毒漆树，以免引起过敏，造成皮肤疼痛。

## 铅和汞

**铅中毒的危险。**大多数建筑用漆、汽油，以及食品包装罐中都已去除了铅元素。如果血铅水平过高，就会损害大脑和其他器官。即使是低浓度铅，也可能会降低孩子的智商。

这并不意味着如果孩子血铅浓度有点高，父母就要惊慌失措。许多非常聪明的人小时候的血铅浓度也曾偏高。不过就平均情况而言，即使血铅浓度很低，也比完全没有要差得多。

**什么人容易铅中毒，怎样中毒的？**总体来看，铅中毒的问题多数出现在年幼的孩子身上。幼儿常常在地上爬来爬去，经常把不是食物的东西放进嘴里。饥饿或缺铁的孩子会吸收更多的铅元素。所以，充足又全面的营养对于预防铅中毒来说至关重要。

铅一般来自窗户周围或外墙上老化的油漆。油漆剥落时，铅就混在了灰尘里，然后沾在孩子手上。其他的来源包括涂有含铅瓷釉的陶器（现代机器制造的陶器是不含铅的）、老房子的水管里所含的铅，以及一些传统药品的成分。自从密歇根州弗林特市发生"铅水"污染事件以来，全美范围内都已认识到城市供水的铅污染问题。

**父母该怎么做？**如果现在住的房子修建时间早于 1980 年，或者居住的城市铅污染比较严重，那么，在孩子小时候，就应该定期让他接受血铅浓度的检测。如果浓度偏高，医生就会给孩子开一些药，排出体内的铅；如果浓度比较低，那么主要的治疗方法是去除生活环境中的铅，同时保证孩子摄入充足的铁元素，让孩子的身体自动把铅排出来。此外，这里还有一些安全提示，可以帮助防止铅的危害：

◆ 检查剥落或干裂的油漆，门窗周围和门廊处要重点检查。除去所有松动的漆皮，刷上新的油漆。

◆ 去除含铅涂料的时候，不要剥除或打磨，也不要使用加热枪，因为这些方法反而会明显地增加孩子跟铅的接触。如果非得去除含铅涂料，就请专业人士来做，大人和孩子则应该待在房子外面。

◆ 定期用专门的除铅剂擦地板，去除铅尘。

◆ 注意孩子活动的所有地方，比如家里、户外、走廊、保姆家里或日托中心等。

◆ 如果你家的水管设备比较老旧（1950年之前建成的房子），打开水龙头让自来水流几分钟再饮用或做饭。这样一来，就不会用到已经在含铅的水管里积存了很久的水了（把水烧开并不能除掉里面的铅，只会让问题变得更严重）。

◆ 不要使用上釉的陶器，除非你可以肯定它不含铅。

◆ 谨慎使用根据老方子制成的民间传统药物（也许是你的祖母非常信赖的药），因为其中有一些含铅。

多多学习！如果现在生活的环境中含有铅，那么只知道眼下安全远远不够。可以咨询一下孩子的医生，也可以从当地的卫生服务部门领一些小册子。

**汞。** 汞和铅在许多方面很相似：它们都是金属元素；在我们这个工业社会中都很常见；都能引起大脑的损伤，导致大脑发育异常。来自工厂和矿场的汞会污染湖水和海洋，然后被水里的微生物、小鱼和大鱼吸收，最后又被终极消费者，也就是我们吸收。所以，在怀孕和哺乳期间不要食用太多鱼类。最好不要食用从污染严重的水域捕来的鱼类，也不要食用食肉的大型鱼类（比如剑鱼），因为它们的寿命比较长，体内的汞元素容易积累起来。

汞的另一个来源是水银体温计。所以，最好把水银体温计作为有毒垃圾处理掉，但不要一扔了之，要把它们带到诊所交给医生，或送到当地的有害垃圾处理站进行妥善处置。然后买一支便宜、准确、安全的电子体温计。

## 异物窒息

异物窒息是导致幼儿死亡的常见原因。对于那些喜欢把东西放进嘴里的婴幼儿，父母不要把任何小东西（比如扣子、豆子、珠子等）放在他能够到的地方。

**危险的玩具**。5 岁以下的孩子最容易被玩具或玩具上的零件卡住，从而造成窒息。标准的卫生纸筒心可以提供很好的测试标准，如果一个玩具小到可以塞进去，它就可能带来异物窒息的危险。美国消费品安全委员会研制了一种类似的测试工具，被称为防窒息测试管，只比卫生纸的筒心稍微小一丁点。

还要检查所有可能在激烈的游戏中脱落的玩具零件。可以将玩具的各个部分拉一拉，拽一拽。游戏中用的小圆球或小方块也有一定危险性。小块磁铁尤其危险。要想把大孩子的玩具藏起来，不让弟弟妹妹或串门的孩子发现，通常是件很有挑战性的工作。

引起异物窒息的常见物品还包括破碎的气球，这些碎片很容易被吸进气管里。孩子吹气球时，万一气球炸了，也可能引起窒息。所以，最好不要让小孩子玩乳胶气球。麦拉气球相对更安全一些。

**食物引起的窒息**。到四五岁时，大多数孩子都能像大人一样吃东西了。然而在此之前，你一定要小心某些食物可能带来的危险。那些又硬又滑的圆形食品对孩子尤其危险，比如坚果、硬糖块、胡萝卜、爆米花、葡萄（参见第 236 页）。热狗会像瓶塞一样卡在气管里。让很多人没有想到的是，直接用勺子或刀子挖花生酱吃是一种危险的做法，因为一旦吸进去，任何东西都没法把花生酱从肺里弄出来。所以，花生酱只能薄薄地抹在面包上给孩子吃。

防止大块食物噎住的最好办法就是仔细咀嚼。要让孩子养成细嚼慢咽的习惯。如果父母做出榜样，孩子就会模仿。如果不催着他们吃饭，他们就更喜欢模仿了。孩子在跑跑跳跳时，不能让他们嘴里含着棒棒糖或者冰棍。也不要让孩子躺着吃东西。另外，绝不能让婴儿独自捧着奶瓶吃奶。

## 憋闷窒息和勒束窒息

憋闷窒息是 1 岁以下的婴儿意外死亡的主要原因。婴儿的大部分时间都是在小床里度过的，所以要采取措施保证小床里的安全（参见第 31 页）。

处于学步期的孩子可能会把自己勒在窗帘、百叶窗或者其他东西的绳子上。要把绳子系起来，绕在墙上的挂钩上，也可以把绳子藏在笨重的家具后面，还可以用理线收纳盒（用于绕紧绳子的小型塑料收纳装置）把绳子收拾好。父母可以考虑把百叶窗换成无绳款。

对大一点的孩子来说，父母一定要清醒地认识到塑料袋的危险性。由于某些原因，许多孩子都有把塑料袋套在头上玩的强烈渴望，有时候就会酿成悲剧。把塑料袋和家里其他有危险的日常用品放在一起，放进孩子够不着或者带锁的抽屉或橱柜里。如果家里有一台闲置或废弃的电冰箱、冷藏柜或其他大件家电，一定要把门卸下来。

## 摔伤

每年都有数以百万计的儿童因摔伤而被送到医院看急诊，在家中接受治疗的受伤儿童数量则比送急诊的儿童多十倍。

你能想到的地方都可能发生摔伤，比如床上、尿布台上、窗户和门廊上、树上、自行车和游戏设施上、冰上、楼梯上等。其中，摔伤死亡率最高的是 1 岁以内的婴儿。正在学走路的幼儿最容易从窗户上和楼梯上摔下来；大一点的孩子最容易从屋顶上或游乐设施上摔下来。发生摔伤的高峰时间是吃饭前后，这段时间父母需要同时处理很多事情，经常会手忙脚乱。

**楼梯**。为了防止学步期的孩子从楼梯上摔下去，应该在楼梯的顶部和底部安上防护门，防止孩子单独爬上楼梯。门廊的台阶也要这样处理。等孩子能够稳当地上下楼梯时，再把防护门拆掉。要教孩子在上下楼时扶着栏杆，还要让他看到你也是这样做的。

**从窗户上掉下来**。如果孩子的房间在一层以上，你就需要想一些办法来防止孩子从窗户上掉下来。可以把窗子都锁起来，不过，若是到了夏天炎热难耐的时候，这招可能就行不通了。也可以把靠近窗户的玩具和家具都挪开。但是，到了孩子能把椅子推来推去时，这个办法就没用了。如果可能的话，可以从上面打开窗户。窗纱有些作用，但它们并不保险，而且可能会破损，不能将其作为安全设施。

如果父母很会使用工具，可以在窗框上装一个金属扣，让窗户最多只能打开 10 厘米（用木块把窗户别住也可以）。还可以给窗户安上护栏。窗户的护栏由金属制成，栏杆之间的最大间距是 10 厘米。所有窗户的内侧都应装上护栏。但是，每个房间至少要有一个窗户的护栏是活动的，在发生火灾时不用钥匙或者特殊工具就能打开。

**婴儿学步车**。婴儿学步车曾经被视为必备的婴儿用具，但如今已经被看成了危险品。学步车给了小宝宝很大的活动性，而小宝宝却对危险无知无觉。他们可能一下子就滚下楼梯，却没有任何办法来缓冲摔下去的力量。这一切可能就发生在父母转过身去的一刹那。每年都有几千名婴儿因此受伤（参见第 75 页）。

## 玩具安全

每年都有数以千计的孩子因为他们的玩具而意外受伤，同时，还有数以百计的玩具因为被证明有危险而被收回。给孩子购买玩具时，一定要参考包装上的适用年龄，同时父母也需运用自己的判断力。

对于 3 岁以下的孩子，或者对于那些喜欢把东西放进嘴里的孩子来说，像弹珠、气球、小块积木这样的玩具，很容易造成窒息。带尖角或边缘锋利的玩具和投掷类玩具可能会打伤眼睛。软塑料制成的玩具含有一种叫作邻苯二甲酸酯的化学物质，可能引起肾脏损伤，还会带来其他的健康问题。如果不知道某种产品是否含有邻苯二甲酸酯，可以给玩具制造商打电话询问。

孩子的玩具箱甚至也可能存在危险。父母需要确保玩具箱的盖子有支撑，这样箱顶就不会快速砸落下来，伤到孩子的头或脖子。

## 家庭安全装备

**购买什么装备？**各种小装置的制造商热衷于向紧张的父母推销安全用品。对家庭安全来说，其实只有少数东西必不可少，其中包括装上新电池能正常运转的烟雾探测器、厨房里的灭火器、储存药品和其他危险化学品的带锁橱柜。如果家里有楼梯，就要在两端都装上防护门，防止孩子从上面摔下来。如果住在二楼或更高的楼层，可能还需要安装窗户护栏。前文提到过其他一些东西，这里不再赘述。一定不要忘了，任何东西都不能代替大人的严密看护。

# 家庭之外的安全问题

## 乘坐汽车

**乘车的意外伤害。** 死于车祸的儿童数量比任何其他意外伤害造成的死亡都要多。乘车时，成年人和大一点的孩子都必须使用固定肩部的安全带，婴幼儿一定要使用正确安装的汽车安全座椅。这些安全措施的重要性无论怎么强调都不过分。全美 50 个州都有相关法规，要求汽车在行驶时，4 岁以下的儿童都必须正确地固定在安全座椅中。现在，越来越多的州要求坐在前排座位上的人必须系好安全带。有的父母说，他们的孩子不愿意系安全带。这些父母需要负起责任来。没有哪个称职的父母会递给两岁孩子一把锋利的刀子来玩耍，同理，也没有哪个负责任的父母会在车中乘客做好安全措施之前就发动车子。

**汽车安全座椅的选择和安装。** 如果有能力购买汽车安全座椅，就买一个新的。如果要用二手座椅，就要确保它没有经历过撞车事故。此外，使用多年的座椅也不能要。经历过交通事故的座椅也许看起来还不错，但万一再遇到碰撞就会散架，塑料也会随着时间的推移而老化变脆。

阅读座椅附带的安装说明，尽最大的能力把它安装好；然后，如果可能，再到正式的汽车安全座椅检测站，请有资格认证的儿童汽车安全座椅检测师进行一次检测。检测人员发现，在座椅的安装上，十个有八个都存在问题。换句话说，如果进行一次免费的汽车安全座椅检查，当你离开检测站的时候，孩子很可能比先前坐进去时获得更多的安全保障。

**婴儿汽车安全座椅**。刚出世的宝宝第一次乘车回家，要坐在汽车安全座椅中。尽管父母觉得自己能够安全地把宝宝抱在大腿上，但实际上，那样做不能保证孩子的安全。当汽车在以每小时 64 公里的速度行驶时突然紧急刹车，一名 4.5 斤重的婴儿就会以相当于 90 千克物体重力以上的力量甩出父母的怀抱。把宝宝一同系在大人的安全带里就更危险了，如果车辆急停，宝宝就可能受到大人身体的挤压。

在宝宝满周岁前，唯一安全的乘车方式就是坐在婴儿安全座椅上。座椅要牢牢地固定在汽车的后座上，面向车尾。只要孩子不满 2 岁，或未超过汽车座椅制造商建议的身高和体重限制，乘车时都应坐在面向后方的婴儿安全座椅上。从安全角度考虑，汽车后排中间的座位是最佳位置，宝宝应该坐在那里。还有一点非常重要，婴儿和 12 岁及以下的儿童千万不要坐在有安全气囊的汽车前排座位上（几乎所有的新车都配备了安全气囊）。安全气囊虽然能够拯救成年人的生命，但充气时产生的力量却可能严重地伤害儿童，或是要了孩子的命。

**幼儿安全座椅**。等宝宝长大些，就可以坐在朝前的汽车安全座椅里了。幼儿安全座椅一般使用的都是五点式安全带。这种安全带会绕过两侧的肩膀和臀部的两边，并从两腿中间穿过。当你的孩子4岁左右，体重达到18千克时，就可以换用垫高辅助安全座椅了。家长可以查看说明书来了解自家座椅的限重要求。

**垫高辅助安全座椅**。垫高辅助安全座椅是为那些个子太大，不适合使用幼儿安全座椅的孩子准备的。许多父母在买过两套安全座椅后，可能不想再买垫高辅助安全座椅了。但是，垫高辅助安全座椅是目前最便宜的一种汽车安全座椅，还能大幅提高儿童乘车的安全性和舒适度。如果没有垫高辅助安全座椅，当孩子坐在座位上时，胯部安全带会滑到孩子的腹部。发生车祸时，安全带可能对孩子的内脏或脊椎造成伤害。当孩子坐在垫高辅助安全座椅上时，胯部安全带能正好贴在他的骨盆上，这里粗壮的骨头能够承受压力，这样一来，即使最坏的情况也只是造成些许瘀伤。

垫高辅助安全座椅还能使过肩的安全带更舒适地贴合肩膀，而不是勒在孩子的脖子上。这样一来，儿童会更愿意系安全肩带。事实上，垫高辅助安全座椅必须要和过肩的安全带一起搭配使用。如果只系一条胯部安全带，就不能在发生车祸时很好地把孩子固定在一定的位置上。在孩子的身高能够让他舒适地弯曲膝盖，背部紧贴座椅，肩带横跨肩部之前，乘坐车辆时都需坐垫高辅助安全座椅。

**备忘清单：乘坐汽车的安全提示**

◆ 千万不要把12岁以下的儿童放在工作状态的安全气囊前面。

◆ 后排中间的位置对任何年龄的人来说都是最安全的座位。

◆ 重要原则：除非所有人都扣好安全带，否则绝不发动汽车。

◆ 在汽车行驶途中，把孩子抱在你的腿上，或者把安全带系在孩子身上不安全（也不合法）。

◆ 就算觉得自己已经正确地安装好了汽车安全座椅，也可能会犯错误。

**在飞机上**。2 岁以下的儿童可以免费乘坐飞机，但是不能占用座位。这样一来，如果座位旁边没有多余的空位，就没法使用儿童安全座椅。把孩子抱在怀里乘飞机当然不如让孩子坐在儿童安全座椅中安全，但这还是要比在汽车上抱着孩子安全一些，因为飞机不会经常紧急刹车。

就算飞机上没有安全座椅，那也要比开车前往目的地更安全。不管在飞机上是不是用得上儿童安全座椅，都最好带着它。这样，到达目的地时就能用了。父母也可以购买已获联邦航空管理局批准的 CARES 安全带。有的飞机上为 2 岁以下幼儿准备了小床，但是只能在第一排座位上使用。超过 2 岁的孩子就需要买儿童票了。关于幼儿安全座椅的信息，家长可以向航空公司咨询。

## 街道和车道上的安全问题

**步行时的意外事故**。5 ~ 9 岁的孩子被汽车撞到的危险性很高，他们觉得自己能够保证在街上的安全，但其实做不到。他们的周边视觉还没有发育完全，还不能准确地估计驶来汽车的速度和距离。所以，许多孩子都不知道什么时候过马路才安全。

成年人一般都会高估孩子在道路上的应变能力。最让父母为难的是如何让孩子明白，由于司机可能会闯红灯，所以人行横道也不一定是安全地带。在行人受伤的事故中，有 1/3 都是在孩子通过人行横道时发生的。停车场是另一个事故高发的地方，因为倒车的司机可能看不到汽车后面的孩子。

**备忘清单：步行安全的指导建议**

◆ 从孩子能在人行道上走路的时候起，就应该教育他，只有抓紧大人的手，才能走人行道。

◆ 只要学龄前的孩子在户外活动，就必须有人看管。绝不要让他们在机动车道和马路上玩耍。

◆ 要把过马路的规则一遍又一遍地讲给 5 ~ 9 岁的孩子听。跟他们一起过马路时，要做好安全示范。告诉孩子红绿灯和人行横道线是做什么用的，还要告诉他们过马路之前先看左边，后看右边，然后再看左边的重要性。哪怕前面是绿灯，哪怕就在人行横道线上，也要仔细看清楚。

◆ 记住，孩子至少要到 9 岁或 10 岁才能发育完全，这时才可以让他独自穿越交通繁忙的街道。

◆ 要和孩子一起，在附近找一些安全的地方玩耍。要反复告诉孩子，不管游戏多么有趣，都绝不能跑到马路上去。

◆ 考虑一下孩子经常走过的地方，特别是从家到学校的路线，去游乐场的路线，以及去伙伴家的路线。父母可以跟孩子一起走走这些路线，再确定一条最安全也最容易过马路的路线。然后让孩子知道，他应该只走这条最安全的路线。

◆ 要抽时间关心一下社区安全的问题。看看孩子上学的路上是否有足够的交通标志和交通督导员。如果新的学校正在建设中，应该查看一下附近的交通状况。看看那里是否会有足够的便道、信号灯和交通督导员。

◆ 在停车场，要特别当心那些正在学走路的孩子，一定要让孩子抓着你的手。当你买完东西往汽车里装时，一定要把孩子放在购物推车里，或放在汽车里。

**在家用车道上**。家用车道是孩子们玩耍的天然场所，但也可能非常危险。父母要教育孩子，只要有车辆开进车位或离开车位，就应该马上让开车道。司机在倒车离开车位之前，应该绕着汽车看一圈，确保车后没有孩子在玩耍。只是向后看一眼是不够的，因为小孩很容易被忽视。

# 自行车意外伤害

**骑自行车的危险**。每年都有数以百计的人因为骑自行车而意外死亡,受伤看急诊的人数则高达数千人。这些伤亡事故经常发生在放学以后。在骑自行车受伤的人当中,60% 伤的都是头部。而头部受伤则意味着潜在的脑损伤,经常导致永久性的伤害。正确使用自行车头盔可以把头部受伤的概率减少 85%。

**选择头盔**。头盔应该有结实、坚硬的外壳,还有一层聚苯乙烯的衬里。套住下巴的带子应该有三处和头盔相连——两个在耳朵下面,一个在脖子后面。要能找到表明这种头盔符合美国材料与试验协会(ASTM)、美国国家标准学会(ANSI)或者 SNELL 安全标准的标签。花 20 美元或更少的钱就能买到一只安全的头盔。

头盔的大小要合适,能够水平固定在孩子的头上,不要前后左右地摆动。选购头盔时,先用软尺量一下孩子的头围,然后再根据包装上的说明选择一个合适的型号。包装上的说明要有具体的尺寸,以保证大小合适。不要只看盒子上给出的年龄范围。如果遭遇了交通事故或严重的头部撞击,头盔受到损坏,就应该换新的。只要把头盔送回去,大部分公司都会免费更换头盔的缓冲衬里。

**自行车安全的提示和规则**。最重要的原则是:"永远要保证不戴头盔不骑车。"父母骑自行车的时候,也应该戴头盔。如果不能以身作则,就不可能指望孩子遵守这项规则。在 12 岁之前,只能让孩子在院子里骑车,因为孩子只有到了 12 岁的年纪才具备足够的能力,应付在马路上骑车时的交通情况。再有,要告诉孩子道路上的基本规则,好让他们懂得遵守跟机动车司机一样的交通规则。

给孩子买的三轮车和自行车都要大小合适,这样最安全,不要因为孩子还在长大就买太大的车。孩子一般要到 5 ~ 7 岁时才能骑自行车。9 ~ 10 岁以下的孩子要选用带脚刹装置的自行车，因为这时的孩子还没有足够的力量和协调性来操纵手动车闸。

要在孩子的车上、头盔上和身上佩戴一些反光的标志，以便引起别人的注意。这一点对于在黎明和黄昏时骑车的孩子来说特别重要。晚上骑车的时候必须佩戴头灯，尽量不要让孩子在夜间骑车，那时候他应该上床睡觉了。

**自行车儿童座椅**。父母用自行车座椅载孩子的时候，应该注意以下事项：要选择有头部保护装置、手扶装置和肩带的儿童座椅。骑自行车时绝不要用背带把孩子背在身上。载孩子骑车之前，先在座椅上装上重物，骑一下试试。试骑时要选择没有其他车辆的开阔地方，以便习惯这些额外的分量，同时树立信心，找到带孩子骑车的平衡感。绝不能载着不满一岁的孩子骑自行车，也不能载着体重超过 18 千克的孩子骑车。

把孩子固定在自行车座椅上时一定要给他戴上头盔。绝不要把孩子单独留在座椅上。很多孩子就是从支着的自行车上掉下来而受伤的。尽量在安全而不拥挤的自行车道上骑车，不要在大马路上骑行。天黑以后就不要骑车了。

## 游乐场上的意外伤害

每年都有成千上万的孩子由于游乐场上的意外伤害被送到医院看急诊。这类伤害大都十分严重，包括骨折或脱臼、脑震荡，以及内脏损伤。发生在户外游乐场地的致命伤害，原因经常是被绞住或勒住——在孩子摔落时，松开的衣服拉绳或衣服上的帽子可能会被攀爬设施挂住，从而勒住孩子引起窒息。5 ~ 9 岁年龄段的孩子最危险。孩子不仅会在游乐场上检验自己能力的极限，还会学习新的运动技能。许多孩子在游乐场上受伤，都是因为缺乏平衡能力和协调能力。所以，大人必须时刻注意他们在游乐设施上的活动。

**让游乐场更加安全**。家长需要确保游乐场设备得到良好的维护。攀爬架和秋千下面要铺那种具有缓冲作用的材料，比如橡胶垫、沙子、豆石或木屑，还要看一看这些材料是否因为长久使用而被压实或散开了。如果操场需要修缮，请与当地公园管理部门或学区管理人员进行协商。如果有必要，还可以加入公民团体，或者自己建立组织来解决这一问题。大家同心协力，就能发挥出巨大的力量。

在家里，要保证所有游戏器具都结实牢靠，还要好好地维护。在孩子玩这些游戏器具之前，要换掉宽松的衣服。由于美国消费品安全委员会的建议，美国有几家服装生产厂家已经主动停止生产带有绳带的儿童服装。

## 体育运动安全

有组织的体育运动可以增强体质，提高身体的协调性，培养孩子自我约束的能力，树立团队意识。但是，意外伤害会让孩子遭到疼痛的折磨，使他们中断训练，错过比赛，还会导致长期的伤残，甚至带来更加严重的后果。

**谁面临着最大的危险？** 年纪小的孩子尤其容易在训练和比赛中受伤，因为他们的身体还在发育中。青春期以前，男孩和女孩在运动中受伤的概率是一样的。但是，到了青春期，男孩受伤的频率会高于女孩，受伤的程度也会比女孩更严重。男孩最容易在橄榄球、篮球、棒球和足球等体育项目中受伤；女孩则最容易在足球、垒球、体操、排球和曲棍球等项目中受伤。头部受伤的概率虽然比较低，却可能造成更严重的后果。不管是男孩还是女孩，参加啦啦队训练都有一定的受伤风险。常年从事同一项运动训练的孩子容易出现过劳性损伤，引发肌腱炎和关节炎。

**保护装置**。在许多运动中，都必须佩戴保护眼睛、头部、面部和嘴巴的装备。在运动中发生的面部创伤里，牙齿损伤最常见。

护齿套可以保护牙齿免受这些伤害，还可以在遭到击打时起到缓冲的作用，减少脑震荡或下巴骨折的可能性。在进行球类运动的时候，应该戴上眼护具，打篮球的时候也是。

**具体的运动项目**。橄榄球。随着越来越多的头部损伤信息出现，人们愈发清楚地认识到橄榄球这项竞技运动对儿童或对任何人来说，都过于危险。父母应坚定自己的立场，让孩子选择一项不同的运动。

棒球。穿戴合适的防护用具，以保护眼睛、头部、脸部和嘴巴不受损伤。球员应该穿上带橡胶鞋钉的鞋子，不要穿带有金属鞋钉的鞋。把球员休息处和替补席作为安全屏障，能够有效地减少伤害。另外，应该教孩子正确地掌握滑垒的技巧，不要采用头部朝前的姿势滑垒。应该使用低于标准硬度的棒球，或使用比较软的球，这样可以减少头部和胸部受到打击时造成的损伤。应该限制年纪小的孩子投球的次数，以避免对手臂或肘部造成永久性的损伤。

足球。在孩子刚开始踢足球时，我们不主张他们学习顶球。顶球的动作会对头部产生反复的撞击，这很可能对任何人都没有好处。要在地面上把球门固定好，以免因为翻倒而砸伤孩子。另外，要禁止孩子攀爬活动球门。

竞技足球运动员经常要忍受膝盖受伤的折磨，就像其他一些需要迅速改变身体运动方向的体育项目（比如篮球和长曲棍球）的运动员一样。女孩尤其容易发生前交叉韧带（ACL）断裂。前交叉韧带是一个稳定膝盖的组织，这条韧带很容易受到损伤，它的断裂具有破坏性，需要手术治疗和长时间的恢复。这种损伤有可能使运动员终生承受行走的疼痛。人们设计了一些专门预防前交叉韧带断裂的培训项目，所有优秀的足球队，尤其是女子足球队，都应该利用这些项目。

体操。许多体操运动员的脚踝、膝盖、手腕和背部都有伤。竞技程度越高，伤病的风险就越大。对于那些练习体操、花样滑冰和舞蹈的女孩来说，对身形苗条的重视会让她们更易患上饮食失调（参见第 607 页）。教练和家长需要限制训练强度，留出充足时间让这些孩子的身体得到恢复，还要留心是否出现了减重过度的情况。

滑旱冰和玩滑板。每年都有几千个孩子在滑旱冰时受伤，其中大多数都是手腕、肘部、脚腕和膝盖扭伤或骨折。佩戴好护膝、护肘和护腕等护具，就能把这些损伤降到最低的限度。头部的损伤可能会比较严重，戴上头盔就可以有效地避免受伤。现在，市场上有一种多功能的运动头盔，可以给后脑提供特别的保护。目前，多功能运动头盔的安全标志是"N-94"，购买的时候要注意。如果孩子没有专门的运动头盔，那么在滑旱冰或玩滑板时，戴上自行车头盔也能提供保护。要让孩子在平坦、光滑又没有车辆的场地上滑行。还要提醒他，不能在大街和机动车道上滑旱冰。一定要让孩子学会制动，从而能够安全地停下来。

滑雪橇。滑雪橇是冬季一项流行的娱乐项目，也是一项极其危险的运动。在滑雪橇之前，先要查看一下这些安全提示：

◆ 孩子滑雪之前，要检查一下相关场地，看看有没有危险的东西，比如树木、长凳、池塘、河流、大石头和明显的凸起等。

◆ 滑雪场的下面应该远离马路和水域。

◆ 雪圈不仅速度非常快，而且很难控制方向，所以，孩子使用时要格外小心。有转向装置的雪橇比较安全。

◆ 在没人看管的情况下，千万不能让 4 岁以下的孩子自己滑雪橇。是否允许大一点的孩子自己滑，要根据滑雪场的坡度来决定。

◆ 滑雪时要避开拥挤的山坡，一辆雪橇上不要坐太多孩子。

◆ 不要一个人滑雪橇，也不要在傍晚光线不足的时候滑。

◆ 不能因为戴着头盔就忽视了安全。

## 寒冷和炎热天气里的意外伤害

寒冷的天气。寒冷本身并不会让孩子们感冒，但却会让他们的脸颊冻得通红，一直流鼻涕。最好给孩子多穿几层衣服，要注意手脚的保暖，但是可别指望孩子自己知道什么时候要进屋。父母要看好时间，运用常识来进行判断。若感到疼痛，往往意味着身体受到了伤害。不过，在没有察觉的情况下，孩子也可能会出现冻伤和体温过低的情况。

最容易冻伤的部位是鼻子、耳朵、脸颊、下巴、手指和脚趾。冻伤的部位会失去知觉和血色，还可能会出现一片发白或灰黄色的区域。冻伤可能会造成永久性的损伤，在人感觉到疼痛的时候，冻伤其实早已出现了。

冻伤以后，应该把冻伤的部位泡在温水里，绝不能放进热水中，还可以用体温来温暖它。冻伤的皮肤十分脆弱，所以按摩、揉搓，或者用冻伤的双脚走路，都会造成进一步的伤害。用火炉、壁炉、电暖气或电热毯温暖冻伤的部位，也会给冻伤部位的表层造成烫伤。最好的办法是预防。湿手套和湿袜子更容易导致冻伤，所以除了适当保暖以外，还要保持干爽，这一点很重要。

体温过低是长时间暴露在寒冷的环境中，身体丧失热量造成的。这时候，婴儿会表现出一些应该引起警惕的症状，包括皮肤发凉、脸色发红、体力降低等。大一点的孩子则会发抖、昏昏沉沉、犯糊涂、说话打冷战等。如果孩子的体温下降到35℃以下，就应立即看医生，还要马上让孩子暖和过来。

在温度低于4℃时，让小宝宝待在室内最为安全。如果你需要带着宝宝在外面待上一段时间，可以把他放在柔软的前置式婴儿背带中，让他紧紧依偎在你的胸前。父母可以用外套罩住宝宝，为他抵御风寒，还可以给他戴一顶保暖的帽子。

**炎热的天气**。4岁以下的孩子对高温十分敏感。要让他们经常喝水，戴上遮阳帽，活动量不要太大。如果可能，在一天里最热的时候，也就是上午10点到下午2点之间，尽量让他们待在室内。所有的孩子都要注意防晒，无论他们的皮肤怎样，都应该避免接受阳光中有害光线的直接照射。除了晒伤之外，痱子是最常见的高温造成的儿童疾病，而中暑是最严重的问题。

痱子。在闷热、潮湿的天气里，如果孩子大量出汗，就会起痱子。痱子看上去像一片红色的丘疹或水疱。最好的护理方法是先用打湿的软布清洁长痱子的区域，然后轻轻拍干，保持患处干燥。不要抹药膏，药膏会使皮肤潮湿，反而使病情恶化。

热痉挛、热衰竭和热射病。这些症状最容易出现在 5 岁以下的孩子和上了年纪的成年人身上。如果在高温环境下运动的时间太长，又不怎么喝水的话，即使是身体健康的青少年，也很容易受到伤害。热衰竭的症状包括大量出汗、面色苍白、肌肉痉挛、疲惫或虚弱、晕眩或头痛、恶心或呕吐，以及晕厥。热射病是一种更加严重的情况，表现为全身发红发烫、皮肤干燥或潮湿、脉搏快而剧烈、头痛或晕眩、意识混乱，以及晕厥。

预防是避免中暑的关键，要让孩子在运动时经常停下来凉快凉快、休息一下，补充水分。一旦出现虚弱、恶心或流汗过多的症状，就立刻停止活动。如果孩子穿得很厚，或者空气湿度很大，就更要注意这个问题。

千万不要把婴儿或儿童单独留在汽车里。即使在多云的天气里，车里的温度也会在短时间内上升到危险的水平，速度之快可能比你买一管防晒霜用的时间还要短。


## 日晒安全


虽然在户外沐浴阳光的感觉棒极了，但为此付出的代价却可能有些离谱。幼年时期的晒伤会增加以后患皮肤癌的危险。即使是少量的紫外线照射，经过长时间的累积也会使裸露的皮肤表面长出皱纹和斑点，还会使眼睛出现白内障。如果你从小就热爱阳光，现在作为父母，可能需要重新看待这个问题。


**谁面临最大的风险?** 肤色越浅的人危险越大。深色皮肤的人都有天生的防晒功能，就是因为他们的皮肤里含有较多的黑色素。即使这样，这些深色皮肤的孩子也应该采取防护措施。婴儿的风险也比较高，因为他们的皮肤很薄，含有的色素也比较少。任何水里的活动或靠近水边的活动都会使日晒的危害加倍，因为孩子不仅会受到直射阳光的灼晒，还会受到水面反射的紫外线的照射。雪和浅色沙子也有相似的效果。另外，家长不能仅凭自己的身体（或孩子的身体）感觉来感知日照强度。等孩子觉得自己的皮肤发热发红时再去防晒，已经晚了。所以，父母应该提前考虑这些问题，要在晒伤的症状发生前就减少日晒的时间。

**避免阳光直射**。首先，不能让孩子的皮肤直接暴露在阳光下，特别是上午 10 点到下午 2 点之间。这段时间的阳光最强烈，对皮肤的危害也最大。有一条简单又有效的原则是，如果你的影子比你矮，就证明阳光很强，可能会把你晒伤。要记住，即使是多雾或多云的天气，紫外线也会伤害人的皮肤和眼睛。

所以，在海滩上应该撑一把阳伞，烤肉野餐派对也要在树荫下进行。要让孩子穿上长衣长裤，戴上帽子，这些衣物都需由防紫外线面料制成（普通的夏季衬衫几乎无法屏蔽紫外线）。水也不能阻挡日晒，所以，游泳的时候也要特别注意。人在感觉凉爽的时候，其实也可能被紫外线灼伤。

**必须使用防晒霜**。对于 6 个月以下的孩子来说，防晒霜会刺激他们的皮肤。因此，最好的办法就是不要直接晒太阳（也不要靠近水面，因为水面反射的紫外线会伤到孩子）。

6 个月以后，就要给孩子使用防晒指数（SPF）大于 15 的防晒霜，也就是说只有 1/15 的有害光线会照到皮肤。使用这种防晒霜之后，在阳光下待15 分钟，只相当于不用防晒霜在阳光下晒 1 分钟。最有效的防晒霜是浓稠的白色膏体，含有诸如氧化锌和二氧化钛等化学物质。这些化学成分非常有效且安全，但是只适用于身体的小面积部位，比如鼻子、耳朵、肩膀和脚。

身体其他部位的防护要使用防水抗汗型防晒霜，并在晒太阳之前半小时涂好。涂防晒霜时不要漏掉某个暴露的部位，但是不要抹在眼睛上，因为防晒霜会刺激眼睛。每隔半小时左右要再涂一次。对于那些生活在日照充足地区的白皮肤孩子来说，每天早晨出门前的任务之一就是擦上防晒霜或防晒乳。放学以后出去玩之前，还应该再涂一次。

**太阳镜**。每个人都应该佩戴太阳镜，婴儿也不例外。虽然不会马上看到危害，但一段时间之后，紫外线对眼睛的危害就会显露出来，还可能会引起白内障。你没有必要购买特别昂贵的太阳镜，镜片颜色的深浅跟防紫外线的性能也没有任何关系，镜片上必须涂有专门阻挡紫外线的特殊化合物涂层才行。父母在购买太阳镜时需要查看标签。戴着太阳镜的宝宝看起来非常可爱！

## 防止蚊虫叮咬

虫子叮咬总让人不愉快，有时还很危险。几年前，西尼罗病毒让每个人都恐惧不已；现在我们都已知晓了寨卡病毒的危险性。简单的防范措施不但可以降低染病的风险，还能让孩子无忧无虑地享受户外时光。

**你能做什么?** 衣服是防蚊虫的第一道防线,衣服要尽量遮住暴露的皮肤。穿浅色的衣服不太容易吸引蚊虫。在蚊虫出没的季节不要用太香的洗涤剂和香波。

要用专为儿童研制的防虫剂。避蚊胺(DEET)浓度为10%的防蚊产品,有效防护长达两个小时;避蚊胺浓度为30%的防蚊产品,有效防护长达五个小时。但更高浓度的避蚊胺具有一定危险性,另外,对于两个月以下的婴儿来说,含有避蚊胺的防蚊产品并不安全。如果孩子经常出汗或出入水面,你需要更频繁地帮孩子涂抹驱蚊剂。不要把防虫剂抹在孩子的手上,避免孩子抹到眼睛里或嘴里。万一避蚊胺被孩子误食,可能会中毒。孩子一回到屋里就要马上把防虫剂洗掉。

**蚊子。**把所有存水的地方都清理干净(比如花盆或旧轮胎中的积水),以减少滋生蚊子。晚上是蚊子最活跃的时候,要让学步的孩子尽量待在屋里。把门窗关严,还要把破损或缺失的纱窗和纱门修理好。父母要注意的是,传播寨卡病毒的蚊子在白天比在夜晚更为活跃。

**蜜蜂和黄蜂。**附近有蜜蜂的时候,不要在室外吃东西。孩子吃完东西以后要把手洗干净,以免招引蜜蜂。如果有蜂巢,最好请专业人员清除。赤脚的孩子如果踩到蜜蜂会被蜇伤,但穿着鞋就不会被蜇了。大黄蜂通常并不会攻击人,它辛勤劳作时的样子让人十分着迷。

**蜱。**鹿蜱是莱姆病及其他疾病的传播者。这是一种很小的生物,和大头针的针帽差不多大(木蜱或犬蜱比鹿蜱更常见些,大约有小钉子帽那么大,但是对人无害)。莱姆病目前在全美各地都很常见,如果你不知道所在地区有没有莱姆病的病例,可以咨询医生。家长还可以通过疾病预防控制中心的网站了解大量关于莱姆病的信息。虽然穿上长袖衣服和喷洒含有避蚊胺的驱虫剂有所帮助,但是,孩子从外面玩耍回来时,还是要检查一下他们身上有没有蜱虫。要是孩子在比较高的草丛或树木较多的地方玩过,就更要仔细检查。如果找到一只没在孩子身上待多久的蜱虫,它很可能还没有机会传播疾病。去除蜱虫的最佳方法,就是用镊子在尽量贴近皮肤的位置夹住它,然后直接把它拔出来。不要使用矿物油脂（如凡士林）、指甲油、火柴消灭蜱虫。可以用杀菌剂清洗皮肤，并咨询一下医生，看看是否需要服用抗生素。

## 防止被狗咬伤

大多数被狗咬伤的都是 10 岁以下的孩子。年纪小的孩子可能更喜欢吓唬动物或伤害动物，这些举动会激起动物的攻击行为。绝不要让婴儿或幼儿跟任何一条狗单独在一起（有一套特别好看的无字书，讲的是一条名叫卡尔的狗的故事，它能够出色地照顾小孩。可以欣赏这些书，但是千万不要在家里实践）。

在选择一条家养狗时，不要选择好斗的品种，也不要选择容易兴奋的狗，尤其要避开斗牛犬、罗威纳犬和德国牧羊犬。同时，还需要提防那些生长环境糟糕或受过虐待的小狗。绝育可以降低犬类出于地盘意识而产生的攻击性。

**给孩子定规矩**。对于敏感又焦虑的孩子来说，在靠近一条狗之前可能需要许多鼓励。那些胆大又毫不畏惧的孩子则需要仔细叮嘱，告诉他如何与狗打交道。这里有一些常规的原则：

◆ 不要靠近陌生的狗，哪怕是拴着的也不行。

◆ 不得到狗主人的同意，绝不要摸狗，也不要跟它玩。

◆ 不要戏弄狗，也不要盯着陌生狗的眼睛对视。很多狗都会认为这是一种威胁或挑衅。

◆ 不要打扰正在睡觉、吃东西或照顾小狗的狗。

◆ 当一条狗靠近你时，不要逃跑，它很可能只是想闻闻你。

◆ 如果狗把你扑倒，就缩成一团，不要动。

◆ 骑车或滑旱冰时要小心狗。

## 节日焰火和"不给糖就捣蛋"

**美国国庆日**。每年美国独立纪念日 7 月 4 日的焰火都会造成数以千计的儿童受伤。受伤的部位一般都是手掌、手指、眼睛和头部。燃放烟花爆竹在很多地区都是违法的，而且也是一项危险的活动。即使是焰火棒这种看起来很安全的东西也会造成严重的后果。有些家长坚持认为燃放花炮是童年时期不可剥夺的权利。这样的家长需要认真看管自己的孩子，保证没有人受到伤害。在公共场所看烟花时，要站得远一点。烟花从远处观赏同样美丽，不一定非要近距离观看，这样孩子不会因为巨大的爆炸声受到惊吓，也能避免耳朵受伤害。

**万圣节**。如今，"不给糖就捣蛋"的游戏早已不是庆祝万圣节的唯一方式了。万圣节派对日渐成为深受人们喜爱的别样庆祝活动。不过，还有一种意义非凡的庆祝方式，竟让所有派对黯然失色，那就是孩子们走街串巷寻觅糖果，并为联合国儿童基金会募捐。

下面的这些实用提示可以让"不给糖就捣蛋"的活动变得既有趣又安全。

- ◆ 要保证孩子的服装和面具不会遮挡视线。一般来说，把油彩涂在脸上或化装都比戴面具安全。
- ◆ 玩"不给糖就捣蛋"游戏的孩子应该拿着手电筒照明，并一直沿着人行道走。孩子们穿的鞋子和衣服都要合身，防止被绊倒。
- ◆ 道具刀、剑和其他类似物件应该用柔软的材料制成，防止不小心伤着人。
- ◆ 为了避免烧伤，孩子们穿的衣服，戴的面具、假胡子和假发都应该由防火材料制成。特别宽大的衣服很容易碰到蜡烛（比如，不小心弄到南瓜灯里）。
- ◆ 一定要在孩子拿的袋子上和衣服上贴上反光胶带，保证汽车司机能看到这些玩"不给糖就捣蛋"的孩子。要提醒孩子遵守所有的交通规则，不要突然从停着的车子中间蹿出来。

对于8岁以下的孩子来说，如果没有成年人或哥哥姐姐的看护，就不能玩"不给糖就捣蛋"的游戏。父母要指导孩子们走安全的路线，只有在外面亮着门灯的人家，才能停下来玩这个游戏。如果没有值得信任的成年人陪同，就不要走进别人家里。

# 急救和急诊

## 割伤和擦伤

对于擦伤和轻微的割伤来说，最好的处理办法是用肥皂和温水清洗伤口。用干净的毛巾把伤口擦干，再用绷带把伤口包扎好。每天都要这样清洗一次，直到伤口完全愈合为止。也可以涂抹抗生素软膏，不过彻底的清洗才是预防感染的关键。

比较大的伤口需要缝合，目的是使伤口合拢，同时尽量缩小可能留下的不规则疤痕。拆线之前，一定要保证缝合部位的清洁和干燥。每天都要检查伤口，看看是否出现感染症状，比如疼痛加重、红肿，或有分泌物渗出等。有一点疼痛是正常现象。

如果伤口有可能被灰尘或泥土污染，或者伤口本身就是不干净的物体（比如刀子或钉子）留下的，就应该向医生说明。有的伤口可能比看起来更深些。你可以问问医生是否需要打破伤风加强针。医生也许会建议打破伤风针，对那些很深的割伤或刺伤尤其是这样。如果孩子已经打完了4针白喉、破伤风和百日咳联合疫苗的前几针，并在近5年内打过加强针，可能就不用再打针了。

有时候，玻璃碴或沙子可能会留在伤口里。除非可以轻易地取出那些碎片，否则，最好还是让医生检查一下这些伤口。X 光检查可能会看到那些异物。所有久久不愈或者出现感染的伤口（有发红、疼痛或有分泌物的现象）里面都可能存有异物。

## 刺伤

可以试试下面这个办法：先用肥皂和清水把受伤部位洗干净，然后在较热的水里浸泡至少 10 分钟。如果受伤的部位不方便泡在水里，就用一块较热的布热敷（必须每隔几分钟就把水或布重新弄热）。如果异物露出皮肤，用镊子夹住它，轻轻地拔出来。如果异物完全埋在皮肤里，需要一根用酒精擦过的缝衣针。因为热水的浸泡皮肤已经变软了，所以可以用针尖轻轻地把它拨开。要尽量拨开皮肤，好用镊子夹住里面的异物。异物弄出去以后，要用肥皂和水清洗受伤的部位，再用干净的绷带把它包扎好。

不要过分拨弄皮肤。如果在第一次浸泡之后取不出异物，就再用热水泡 10 分钟，再试一次。如果还是弄不出来，就让医生来做吧。

## 咬伤

**动物或人造成的咬伤。**大多数人为咬伤都只会留下瘀伤。如果咬伤弄破了皮肤，不管是动物还是人造成的，都应该接受医生的检查。口腔中存在着数以百万计的细菌，不同的生物（狗、猫、人）携带着不同的病菌，应用不同的抗生素与之作用。在去看医生之前，要先用大量流动的水和肥皂冲洗伤口。即使孩子用了抗生素，一旦伤口出现红肿，一碰就疼，或者有分泌物渗出，一定要通知医生。

想一想因为动物咬伤引起的狂犬病吧。狂犬病是致命的，而且一旦感染就无药可治。但是，只要在咬伤发生以后尽快注射一种专门的疫苗，就可以预防。野生动物，尤其是狐狸、浣熊和蝙蝠常常携带狂犬病毒。一些宠物，包括狗和猫，也可能传播这种病毒。但不用担心沙鼠、仓鼠或豚鼠。如果孩子被咬到了，不仅要打电话告知医生，还要向当地的卫生部门报告。卫生部门的工作人员可能需要捉住咬人的动物，观察它是否有狂犬病的症状。如果你的孩子醒来时发现卧室里有一只蝙蝠（这种事情时有发生！），这种情况就像被咬伤一样，也可能会让孩子暴露于危险之中。请致电医生询问疫苗的相关信息。

**虫子叮咬**。大多数虫子叮咬都不需要就医，但还是应该注意抓搔伤口可能引起的感染。要看一下有没有出现化脓、结痂或恶化的红肿和疼痛等情况。对于那些虫咬引起的发痒，可以用几滴水和一汤匙小苏打调成糊状，敷在发痒的部位上。1%氢化可的松软膏可以有效缓解瘙痒，安全可靠。口服的抗组胺剂能够减轻发痒的症状。服用抗组胺剂以后，有些孩子会感到疲劳，有些孩子会兴奋。炉甘石洗剂温和舒缓，无副作用。而且，它竟然是粉红色的！

被蜜蜂蜇了以后，要看看螫针是不是还在皮肤里；如果还在，就用信用卡之类的硬卡片轻轻刮一刮这块皮肤。不要用镊子去夹，否则可能会把更多的毒液挤到孩子的皮肤里。要轻轻地清洗被蜇的部位，再用冰块来预防或缓解叮咬后出现的鼓包。

## 出血

**小伤口的出血**。大多数伤口都会出几分钟的血。这有好处，因为出血会把一些进入伤口的细菌冲掉。只有大量或持续的出血才需要特殊的处理。止血时要压迫伤口，同时把受伤的部位抬高。让受伤的孩子躺下，在受伤部位的下面垫一两个枕头。如果伤口继续大量出血，要用消过毒的纱布或干净的布压住伤口，直到不再出血为止。要在受伤部位抬高的条件下清洗并且包扎伤口。

要想包扎一个流了很多血，或仍在出血的伤口，就要用几块纱布（或折叠起来的干净布片）摞起来压在伤口上，然后缠上黏性绷带或纱布绷带，它们会持续压迫伤口，使伤口不容易再次出血。

**严重的出血。** 如果伤口以惊人的速度出血，就必须立即止血。可能的话，要直接压迫受伤部位，同时把患肢抬高。用手边最干净的东西做一个布垫，不管是纱布块、干净的手帕，还是孩子衣服上或者大人衣服上干净的部分都可以。用这个布垫压住伤口，持续按压，直到救援人员赶到或伤口不再出血为止。布垫完全湿透时也不要拿掉，可以直接在上面加一个新布垫。头皮划了一个小口，可能会导致大量出血。按压伤口可以快速止血。如果找不到布，也找不到可以用来止血的其他东西，就用手按压伤口的边缘，甚至可以直接按压在伤口上。

出血通过压迫的方法一般都能止住。如果不能止血，可以用止血带来阻断患肢的血流。在患肢上方（更靠近躯干处）绑上一条布带，在布带下面塞进一根棍子，然后扭动拉紧。如果正在处理的伤口流血不止，应继续压迫止血，同时让人去叫救护车。在等待救护车时，要让伤者躺下来，给他保暖，把患肢抬高。

**鼻出血。** 差不多每一个孩子都有过流鼻血的经历，这种情况几乎没有危险。当血液从鼻子里流出来的时候，即使只有一点点，看起来也显得很多。（婴儿流鼻血的情况并不常见。如果婴儿流鼻血，就应该报告医生。）

如果孩子坐下来安静几分钟，鼻血大都会自行停止。对于比较严重的鼻出血，可以轻轻地捏住鼻子下部，保持5分钟。可以看着手表，因为在这种情况下5分钟就像永远不会结束一样漫长。如果鼻子还是继续出血达10分钟，就要跟医生联系。

鼻出血的常见原因包括空气干燥、抠鼻子、过敏和感冒。止血后，鼻子里会结痂；一天以后，结痂会脱落（孩子也可能会把它抠出来），导致鼻子再次出血。在鼻子里涂一点凡士林有时可以防止结痂过早变干。

如果孩子反复流鼻血，医生可能会建议烧灼裸露的血管，或者做一个化验，以确保血液能够正常地凝结。但是，百试不爽的应对方法就是耐心。

## 烫伤和电击伤

**烫伤的严重程度**。烫伤分为三种类型。一种是皮肤最外层的烫伤，通常只是出现局部的皮肤发红，这种情况常被称作一度烫伤。中等程度的烫伤会影响到皮肤深层，一般还会出现水疱，也叫二度烫伤。最严重的一类烫伤会影响到皮肤最深层，损坏皮下的神经和血管，这就是三度烫伤。三度烫伤是十分严重的外伤，需要住院治疗。

烫伤的面积和位置也很重要。身体大面积的表皮烫伤（比如严重晒伤或热水造成的烫伤）会让孩子非常痛苦。对于脸、手、脚或者生殖器上的烫伤，一定要让医生诊治。一旦耽误了处理，就会留下疤痕或者造成功能性损伤。轻微的晒伤除外。

**晒伤**。用冷水敷一敷可以缓解晒伤，1%氢化可的松软膏具有舒缓作用。如果出了水疱，就要像下面描述的那样处理。晒伤的人可能会打寒战、发烧。在这种情况下，应该向医生咨询，因为晒伤可以严重得和热烧伤一样。在红肿消退之前，晒伤的部位要彻底防晒。

**轻度烫伤**。对于轻微的烫伤，要把受伤的部位放在冷水下面冲洗几分钟，直到感觉麻木了为止。不要用冰块冷敷，冷敷会加重伤情。绝不要用任何油膏、油脂、黄油、奶油或石油产品涂抹伤处。用冷水冲过之后，再用一大块无菌纱布把烫伤的部位包好，这样可以减轻疼痛。

**烫伤出现水疱**。如果出了水疱，不要动它们。只要水疱不破，里面的液体就是无菌的。如果弄破了一个水疱，就会把细菌带进伤口里。如果水疱还是破了，最好能用一把在沸水里煮过 5 分钟的指甲刀或镊子把松脱的皮肤取下来，然后用无菌绷带把伤口包上。医生可能会开一种专门的抗生素药膏来防止感染。如果水疱完好无损，却出现了感染的症状，比如，水疱里有脓，或者水疱的边缘发红，就要向医生咨询。绝不要在烫伤处使用碘酒，也不要使用任何类似的消毒液，除非医生说可以这样做。

**电击伤。**电击伤的受伤程度跟通过孩子身体的电流量成正比。水或者潮湿都会增加严重受伤的危险。由于这个原因，当孩子正在浴室里洗漱或洗澡时，绝不应该使用任何电器。

多数触电情况都会产生一个重击，因此孩子会在受伤之前把手缩回去。如果孩子出现伴有水疱或局部发红等症状的烧伤，或一片烧焦的区域，处理这些损伤的应急措施跟烫伤相同。电流能够顺着神经和血管传导。如果孩子的伤口有入口和出口，那么电流可能已经沿着这条路线损坏了神经和血管。如果孩子出现麻木、刺痛等神经性症状，或在触电部位之外的身体其他部位感到疼痛，应该带他接受医生的检查。

孩子咬到电线的芯也会触电，嘴角附近可能会出现小面积的烧伤。有这种烧伤的孩子都要请医生诊断。因为所有的烧伤都可能留下疤痕，所以这些孩子需要特殊的护理，以免形成某些影响微笑和咀嚼功能的疤痕。

## 皮肤感染

**轻微的皮肤感染。**要注意孩子的皮肤上是否有红肿、发热、疼痛或化脓等症状。如果孩子起了疖子、指尖上出现了感染，或者任何伤口发生了感染，应该让医生检查。

**更严重的皮肤感染。**如果孩子发烧，或者出现从感染部位向外发散的红色条纹，或者在腋下、腹股沟里有一碰就疼的淋巴腺，说明感染非常严重，需要紧急治疗。这时候，要马上把孩子带到医生那里，或者送往医院急诊室。

## 鼻子和耳朵里的异物

较小的孩子经常把一些东西，比如小珠子、玩具上的小部件、游戏时的小东西、纸团等，塞到自己的鼻子或耳朵里。塞得不太深的软东西，可能用一把镊子就能把它夹住取出来。千万不要去取又滑又硬的东西，那样会把它们推得更深。如果孩子不能安静地坐着，就要小心尖利的镊子，它比那些异物本身造成的伤害还大。即使你看不见异物，它也可能还在那儿呢。在鼻腔里塞了几天的异物经常会形成难闻带血的黏液，如果孩子有一个鼻孔里流出了这样的液体，就应该想到里面可能塞着什么东西。

有时候，大一点的孩子可以把鼻子里的异物擤出来。但是如果孩子很小，让他擤鼻涕的时候，他可能会吸鼻涕，所以不要这样做。孩子也可能过一会儿就通过打喷嚏把异物排出来了。试着往孩子鼻子里喷一点生理盐水，看看能不能让异物松动，也可以尝试用泵式吸鼻器把异物吸出来。如果异物还是取不出来，就把孩子带到医生那里去处理。

## 眼睛里的异物

把少量灰尘或沙粒从眼睛里弄出来，可以试着轻轻地往他眼睛里滴水，同时让他眨眨眼。如果有沙子的感觉持续超过30分钟，就要找医生看一看。如果孩子的眼睛受到较重的碰撞、被尖锐的物体戳到，或者眼睛有疼痛感，可以用潮湿的布盖住眼睛，再去寻求帮助。眼睛充血、眼睑肿胀严重、眼周呈现紫色，或者突然出现视线模糊，都要立即采取医疗措施。

## 扭伤和拉伤

肌腱把肌肉和骨骼连接在一起，韧带则把关节连接在一起。当肌肉、肌腱或韧带受到过度拉伸或不慎撕裂的时候，就是拉伤或扭伤。这些损伤可能特别疼，甚至会怀疑骨头是否也断裂。但是，在任何一种情况下，急救护理的措施都一样：抬高、冰敷和固定。

如果孩子扭伤了脚腕、膝盖或手腕，先让他躺下待半小时，用枕头把扭伤的部位垫高，在受伤的部位放一个冰袋（或一袋冻豌豆）。立即冷敷可以防止肿胀，减轻疼痛。弹力绷带可用来包扎并固定脚踝、膝盖或手腕等部位。如果疼痛不是太严重，也可以先观察几小时，或者等一天再看看情况。如果疼痛消除了，受伤的部位能正常活动，而且没什么不舒服，就不用找医生了。

如果受伤部位持续又疼又肿，需要找医生诊治。即使骨头没有断裂，可能也要给孩子打石膏或戴夹板，以便使韧带和肌腱好好地恢复。有些扭伤和拉伤需要很长时间才能痊愈。如果孩子过早地进行剧烈活动，容易使尚未长好的关节再次受到损伤。最好能够遵从医生的嘱咐；理疗师可以提供具体的运动方法。

**学步宝宝的肘部脱臼**。父母经常担心地发现孩子忽然不愿活动某一条胳膊，总是无力地垂在身体的一侧。这种情况经常发生在这条胳膊被用力拉扯过之后，比如说，父母为了防止孩子摔倒，拽了一把他的小手，孩子肘部的一块骨头发生了移位。对孩子的肘部十分了解的医生通常都能轻而易举地使错位的骨头恢复原位，而且不会让孩子觉得疼痛。

## 骨折

**孩子的骨骼和大人不同**。儿童的骨骼两端都有生长板（即软骨），是生长期骨骼的生长发育部位。如果骨折损伤了生长板，可能会影响孩子未来的生长，导致四肢短小或弯曲。儿童的骨骼具有很好的韧性，发生骨折时骨头一般只会折断一部分（青枝骨折）。有时候，孩子也会发生典型的成人骨折，也就是骨头发生穿透性的断裂。

若只是肿胀或触痛的症状，父母可能很难分辨出一处损伤究竟是骨折还是扭伤。如果受伤的部位一连几天出现瘀血或疼痛，就表示可能发生了骨折。确诊的唯一方法一般是拍 X 光片。

如果怀疑发生了骨折，就不要让受伤的部位活动，以免出现进一步的损伤。如果可能，可以给孩子打上夹板，用冰块冷敷。可以让孩子服用非阿司匹林类止痛药来缓解疼痛。然后，马上送孩子去医院看急诊。

**手腕骨折**。孩子经常会出现手腕受伤的情况，可能是因为他从儿童攀爬设备上摔了下来，或者在冰上摔倒时伸着手臂的缘故。受伤后，手腕会立刻出现疼痛，但是痛得不是很厉害，家长因此可能并不知情。这种不适会持续数天不见好转。手腕的 X 光片能确诊病情，打石膏可以促进伤势的好转。

**夹板疗法**。大多数骨折的情况都应该尽早就医。任何一次严重的骨折，都要叫救护车来接诊；除非万不得已，否则不要自行挪动孩子的位置。如果出于某些原因，不能立刻带孩子就医，可能需要用夹板固定孩子的相关部位。夹上夹板不仅可以减轻疼痛，还能避免因为骨折部位移动而导致进一步损伤。夹板应该保证肢体受伤部位上下部固定不动。踝关节的夹板应该达到膝盖；如果腕关节损伤，夹板应该从手指尖夹到肘部。

你可以用一块板子做一个长夹板。也可以折一块纸板，给较小的孩子当短夹板。放置夹板的时候，要轻柔地移动肢体，不要让临近受伤的部位活动。把肢体紧贴着夹板绑好，用手帕、布条或绷带在 4 ~ 6 个地方固定。请确保血液循环畅通。有两个固定点应该靠近骨折的地方，一边一个，夹板的两端应该各有一个固定点。

固定好夹板以后，还要在受伤的部位放一个冰袋，但决不要直接将冰放在皮肤上。按照常规，每次放冰袋的时间不要超过 20 分钟。如果是锁骨骨折，就要用一块大的三角巾做一个吊带，系在孩子的脖子后面，这样吊带就会托起小臂，让小臂横在胸前。

## 颈部和背部受伤

如果你怀疑孩子颈部或背部受伤，先不要移动孩子。反之，应该在救护车赶到之前，尽量让受伤的孩子觉得舒适。这种措施适用于所有使孩子失去知觉的外伤，以及所有由高冲击力导致的损伤（例如从飞速行驶的自行车上摔落，或在车祸中受伤）。

脊椎骨在正常情况下负责保护脊髓神经。如果脊椎骨断裂或脱节，即使轻微的移动也可能会压迫脊髓或阻断其血液供应。所以在处理时必须小心翼翼。切勿不顾孩子的头部，单独移动他的身体。家长要尽可能等待医护人员来移动孩子。

## 头部受伤

如果宝宝从床上或尿布台上滚落下来，一般会立刻哭起来，过一小会儿则会表现得若无其事。但如果孩子出现了受惊、呕吐、脸色苍白、状态异常等情况，就要让医生对孩子进行身体检查。孩子摔倒以后，有时候前额会肿起一个包。只要没有其他症状，鼓包本身并不意味着什么严重的问题。但头上其他部位肿起的鼓包是很令人担心的。即使没有其他症状，所有摔倒之后失去知觉的孩子都应该马上送到医院接受检查。

头部的任何损伤，在接下来的 24 ~ 48 小时内都要密切地观察。头皮下面的骨头出血可能会对大脑产生压力，起初出现的症状可能不太明显，但是一两天之后就会逐渐加重。行为上的任何变化，特别是越来越嗜睡、过度兴奋、头晕，都是病情加重的先兆。

患有脑震荡的孩子，也就是头部受伤后失去知觉或对整个事件失去记忆的孩子，也许会很难集中注意力，或者会出现学习障碍。脑震荡的治疗比较复杂，应在医生指导下进行。

## 吞食异物

很多非食物类的物品也会被儿童吞下。像李子核或小纽扣等小而光滑的东西，通常在一天左右就能通过消化道，不会对孩子身体造成伤害。但是，有些东西也许会卡在喉咙里，引起窒息或咳嗽，还会引起疼痛、吞咽困难、拒绝进食、流口水，以及不停呕吐等症状。

如果某个物体被吸进气管，通常会引起持续的咳嗽。有时，一个孩子在过去几周里会一直断断续续地咳嗽。敏锐的医生在用 X 光或内窥镜给孩子检查时，才发现这些症状原来是由气管中的异物引起的。

如果孩子吞食了针、大头针、硬币（尤其是 25 美分硬币）等东西，就会比较棘手。纽扣电池尤其危险，因为它们会渗漏出酸性物质，从而损伤孩子的食管和肠道。玩具中的小磁铁会吸成一团，腐蚀肠道，甚至造成肠道穿孔。

如果孩子出现上面提到的任何症状，或吞下了尖锐或不规则形状的物体，或任何电池或磁铁，应该马上咨询医生。

父母可能认为，让孩子呕吐或给孩子服用强力泻药有助于排出吞入的异物。其实，这些措施一般都不会奏效，有时反而会使情况恶化。还是让医生把异物安全地取出来比较好。

## 中毒

如果怀疑孩子中毒了，急救措施其实很简单：如果孩子表现出病态，就赶快叫救护车，然后拨打有毒物质控制中心求助热线。如果孩子看起来比较正常，可以先打求助热线。其他需要注意的问题还有：

◆ 和孩子待在一起，确保他呼吸通畅，并且保持清醒。如果孩子表现出不舒服，就要立即拨打当地急救中心的电话求助。

◆ 拿走剩下的物质或溶液，防止孩子吞下更多异物。

◆ 就算孩子看起来还好，也不要延误求助的时间。许多药品（比如阿司匹林）和有毒物质要几个小时以后才会出现反应，尽早处理可以预防严重伤害。

◆ 拨打急救中心热线，并告诉他们孩子误食的药物或产品的名称，以及吞下的数量。

**皮肤上的有毒物质**。药品和有毒物质可以通过皮肤被人体吸收。如果孩子的衣服或皮肤接触了可能有毒的东西，就要脱下弄脏的衣服，马上用大量清水冲洗皮肤 15 分钟。然后，用肥皂和水轻轻地清洗这个部位。把污染的衣服放在塑料袋里，让它远离别的孩子。拨打急救中心的热线，或者给医生打电话。如果他们建议去医院，把弄脏的衣服也带去，医生可能需要检查这件衣服，以辨认有毒物质。

**眼睛里的有害液体**。如果孩子不小心把可能有害的液体喷进或溅到眼睛里，不要让孩子揉眼睛。让孩子脸朝上平躺着，在距离他的脸 5 ~ 8 厘米的地方，用一个大玻璃杯盛温水（不能太热）冲洗他的眼睛，同时让孩子尽可能多眨眼。不要强行把他的眼睛扒开。用这种方法冲洗 15 分钟，同时要让其他人给有毒物质控制中心或者医生打电话。如果你是独自一人，可以先冲洗眼睛，再打电话求助。有些液体可能会对眼睛造成严重的伤害。带有腐蚀性的液体（如排水管清洁剂）尤其危险，这种情况需要紧急医疗处理。

## 过敏反应

孩子可能会对某种食物、宠物、药品、虫子叮咬，或其他任何东西过敏。症状可能是轻度的、中度的，也可能是重度的。

**轻度过敏。**有轻微过敏反应的孩子可能会抱怨眼睛流泪或发痒，经常还会伴有打喷嚏或鼻子不通气的症状。有时候，孩子还会出一些皮疹，也就是皮肤上出现非常痒的局部肿胀，看上去就像一个蚊子咬的大包。过敏还会引起一些又小又痒的皮疹。轻微过敏的症状一般都用抗组胺剂治疗。

**中度过敏。**中等程度的过敏症状，除了荨麻疹，还可能出现诸如哮喘或咳嗽等呼吸症状。有这些症状的孩子应该马上请医生诊断。

**重度过敏（过敏性休克）。**重度过敏包括口腔肿胀或喉咙肿胀，呼吸道堵塞引起的呼吸困难，以及血压低等，均需紧急医疗处理。针对过敏反应的应急措施是进行肾上腺素的皮下注射，然后马上把发病的孩子送到医院看急诊。

如果孩子出现了一种过敏反应，他可能会出现另一种。为了避免产生严重反应，医生开的药方中会包括一种预先充满肾上腺素的注射器（即预充式肾上腺素笔），由父母、老师或大一点的孩子随身携带。只要孩子注射了肾上腺素，就一定要立即送他到急诊室，即使他看起来好多了，这是因为当肾上腺素失效时，症状可能会复发。

## 惊厥与抽搐

一般的抽搐或惊厥看起来都很吓人。一定要保持冷静，还要认识到发病的孩子基本上没有危险。把孩子放在一个不会伤到他自己的地方，比如离家具有一定距离的地毯上。让孩子侧躺，好让口水流出来，同时保证他的舌头不会堵塞气管。勿将手伸向他的喉咙，也不要将任何东西塞进他的嘴里面。家长需要呼叫急救中心。

## 窒息和人工呼吸

请仔细阅读这些文字，细细查看这些图片，想象自己正在对一个孩子进行急救。更好的方式是接受急救培训。红十字会以及许多医院和消防部门都会提供这方面的培训课程。如果幸运的话，你永远无须用到这些急救技能！

**窒息和咳嗽**。当孩子吞下了什么东西，正在剧烈咳嗽的时候，尽量让他把异物咳出来。咳嗽是把异物从呼吸道清除出去的最好办法。如果孩子还能呼吸、说话，或者哭喊，就可以待在孩子身边，打电话求助。不要试图把异物取出来。不要拍孩子后背，不要让他倒立，不要把手伸进他的嘴里试图把异物取出来。这些做法都会把异物推进更深的呼吸道里。

**无法咳嗽或呼吸**。如果孩子出现了窒息，无法呼吸和哭喊，也不能说话，说明异物完全堵住了呼吸道，空气不能进入气管。在这种情况下，请采取以下急救措施。

## 婴儿（1岁以下）气管堵塞的急救措施

1. 如果孩子是清醒的，就把一只手放在他的背部，支撑他的头和脖子。把另一只胳膊的小臂放在他的腹部。

2. 把孩子翻过来，脸朝下趴着，头部低于躯干。大人用小臂支撑孩子。

3. 用一只手的掌根在孩子后背中央靠上的地方，肩胛骨的中间，快速拍击5次。如果该方法奏效，宝宝开始呼吸或哭闹起来，先耐心观察一下情况。

4. 如果没能把噎住的东西拍出来，就用小臂支撑孩子的后背，把他翻过来，脸朝上。要记住，孩子的头应该比脚低。用食指和中指放在孩子的胸骨上，就在胸口中央，比乳头的连线稍微低一点的位置。再快速地按压 5 次，希望能够人为地引起咳嗽。如果该方法奏效，宝宝开始呼吸或哭闹起来，先耐心观察一下情况，然后带宝宝去看医生。

5. 如果背部拍打和胸部按压的方法都不奏效，家长就需要用拇指和其他手指捏住孩子的舌头和下颌，往上抬起来，在孩子的喉咙后部找一找异物。如果能看到，就把小手指从孩子一边面颊内侧伸进去，一直伸到舌根，把异物钩出来。如果看不见，不要把手指伸进孩子嘴里，因为这会使堵塞的情况更加严重。

6. 接下来，把孩子重新放好，然后抬高他的下巴，打开他的嘴巴，准备做人工呼吸。

7. 如果孩子还没有开始呼吸，就要给孩子做人工呼吸（参见第 342 页）。

8. 如果空气没有进入孩子的肺部，说明他的呼吸道仍然是堵着的。再次拍击他的后背，重复 3 ~ 7 的步骤。不断重复这个过程，直到孩子开始咳嗽、呼吸或哭喊为止，或者等到救援赶到。

# 儿童（1岁以上）气管完全堵塞的急救措施

1. 如果孩子还能咳嗽、说话或者哭喊，就不要轻举妄动，细心看护就可以了。如果孩子有意识，但无法顺畅地呼吸，应使用海姆立克急救法。跪或站在孩子的身后，用胳膊围住他的腰。一手握拳，拳头的拇指对着孩子肚脐上方。这个位置正好在孩子胸骨的下方。另一只手包住这只拳头，迅速向上冲击5次孩子的腹部。对年纪比较小或者个子比较小的孩子，动作要轻缓一些。重复这一方法，直到卡住的物体喷出来，孩子开始呼吸或者咳嗽（即使这种办法解决了窒息的问题，孩子看上去也完全恢复正常，仍然要给医生打电话）。

2. 如果实施海姆立克急救法之后，孩子还是不能呼吸，就让他张开嘴巴，用拇指和其他手指捏住他的舌头和下颌，抬起他的下巴，看看喉咙里有没有东西。如果看见了异物，就用小手指从孩子一边脸颊内侧伸到舌根，把异物钩出来。（如果你看不见异物或认为钩不出来，就不要把手指伸进孩子嘴里，因为这会使堵塞的情况更严重。）重复海姆立克急救法，直到异物被清除，或孩子失去意识。

如果孩子失去了意识，要马上找人打急救电话。要让孩子面朝上躺下，然后施行海姆立克急救法。大人跪在孩子身旁（对于大一些的孩子或者个子比较大的孩子，可以跨在他的腿两侧），一只手的掌根放在孩子肚脐上方，正好是胸骨下方的位置，另一只手放在第一只手上，双手手指指向孩子头部，迅速用力按压孩子的腹部。对于年纪小或个头小的孩子，动作要轻柔一些。重复这个过程，直到异物被吐出来为止。

3. 如果孩子仍然没有知觉，就要给孩子做人工呼吸（方法如下）。

4. 如果空气不能进入孩子的肺部，要不断交替进行人工呼吸和海姆立克急救法，直到孩子恢复呼吸或救援赶到为止。

**怎样进行人工呼吸？** 绝不要给一个还有呼吸的人做人工呼吸。如果给成年人做人工呼吸，用正常的速度吹气就可以。对于孩子，吹气要稍微快一点、短促一点。要让每一次吹气都进入被抢救者体内。

首先要打开呼吸道。具体做法是：把孩子的头转到合适的位置，抬起他的下巴。每次做人工呼吸时都要保持这个姿势。

如果孩子比较小，可以对着鼻子和嘴一起吹气。对于大一些的孩子，就要捏住他的鼻子，对着嘴吹气。

吹气时，要用最小的力道（孩子的肺部较小，容纳不下你一次尽全力的吹气）。然后在准备吹进下一口气时，观察孩子的胸部起伏情况。然后，再次给孩子吹气。

## 家庭急救装备

发生紧急情况时，再出门去找绷带、电话号码和其他急救用品就来不及了。有必要在家里准备一套急救装备，以便在紧急情况下使用。如果孩子很小，要把急救箱放在他够不着的地方。急救箱里应该包括下面这些物品。

**紧急救援电话号码**

◆ 当地救护车或应急小组联系方式（大多数地区在紧急情况下可拨打急救中心电话）；

◆ 有毒物质控制中心求助热线（应该把这个号码贴在家里的电话机上，或设置为快速拨号）；

◆ 孩子医生的电话号码；

◆ 邻居的电话号码，当你需要成年人帮助时可以拨打。

**急救用品**

◆ 无菌的小绷带；

◆ 无菌的大绷带或纱布垫；

◆ 弹力绷带或类似的有弹性的包扎用品；

◆ 遮眼布；

◆ 胶布；

◆ 冰袋（请放于冰箱内保存）；

◆ 孩子可能需要的紧急药品；

◆ 体温计；

◆ 凡士林；

◆ 小剪刀；

◆ 镊子；

◆ 消毒液；

◆ 消炎药膏；

◆ 退烧药（比如对乙酰氨基酚或布洛芬）；

◆ 泵式吸鼻器；

◆ 一管1％氢化可的松软膏。

# 牙齿的发育和口腔健康

口腔健康与一个人的健康状况密切相关。我们不再认为蛀牙仅仅是一件让人心烦的事情。现在，我们把它看成一种疾病，一种会导致严重健康后果的慢性感染。患有龋齿的孩子上学时经常难以集中精力，还可能睡眠不好。长大以后，龋齿还会增加早产的危险以及心脏病的发病率。预防是关键，甚至要在宝宝出牙之前就开始预防。斯波克博士回忆说："年轻的时候，我问过一位聪明的老绅士，幸福生活的奥秘是什么。他的回答是'保护好你的牙齿！'这是我得到的最好忠告。"

## 牙齿的发育

**宝宝的牙齿**。宝宝的牙齿会在什么时候萌出呢？有的孩子可能 3 个月时就出了第一颗牙，也有的孩子要等到 18 个月 [1]。他们可能都十分健康，也完全正常。出牙的年龄取决于每个孩子的生长模式；只有在很少的情况下，出牙迟缓才是由疾病导致的。

---

1 大多数孩子的第一颗乳牙会在 6～10 个月萌出。如果发现乳牙萌出过早或过晚，建议及时就医，请专业医生来评估孩子牙齿的情况。——编者注

一般来说，最先萌出的是下排中间的两颗切牙。切牙有着锋利的边缘，适合切碎食物。再过几个月，就会萌出 4 颗上排切牙，1 岁左右的婴儿一般都有 6 颗牙。然后，通常要再等几个月才能萌出别的乳牙来。过不了多久会再萌出 6 颗牙：2 颗原来没萌出来的下排切牙和 4 颗第一磨牙。磨牙不是挨着切牙的，它们的位置靠后一些，给尖牙留出了位置。

第一磨牙萌出来后，要过好几个月，尖牙才会从切牙和磨牙之间的空缺处冒出来。尖牙通常在孩子 1 岁半 ~ 2 岁时萌出。尖牙即尖尖的牙齿。孩子的最后 4 颗乳牙是第二磨牙，正好在第一磨牙后面，一般都是在孩子 2 岁 ~ 3 岁出齐。不要忘了，这些都只是平均时间。如果孩子出牙比这些时间早了或晚了，也不必担心。

**恒牙**。恒牙大约在 6 ~ 14 岁这段时间出现。六龄齿（第一恒磨牙）会在第二乳磨牙后面萌出。最早脱落的乳牙一般是下排中间的切牙。恒切牙会从下面往上顶，然后从乳牙的根部冒出来。最后，所有的乳牙都会松动、脱落。（对于那些处于换牙阶段的儿童和他们的父母来说，罗伯特·麦克洛斯基的经典图画书《缅因的早晨》是很棒的读物。）

长在第一和第二乳磨牙位置上的恒牙叫前磨牙。十二龄齿（第二恒磨牙）长在六龄齿后面。第三磨牙（十八龄齿，也叫智齿）可能会挤压下颌，有时，为了不让它们损害旁边的牙齿或颌骨，甚至要把它们拔掉。恒牙的边缘经常带有锯齿，这些锯齿会在使用过程中被磨平，也可以找牙医修整。另外，恒牙的颜色要比乳牙黄一些。

有时恒牙长出来就是歪的，或者位置不正。最后它们都可能在舌头、嘴唇和面颊的肌肉运动中得到纠正。如果不能自己纠正过来，或者挤在一块儿，歪七扭八，在颌骨上排列得不正常，可能需要进行牙齿矫正（戴牙箍），以便改善咬合机能。

# 出牙

**出牙的表现**。在出牙时，有的孩子会咬东西、烦躁、流口水、入睡十分困难，基本上每出一颗牙都会给家人带来一两个月的烦恼。还有的孩子在不知不觉中就萌出了牙齿。大多数孩子都会在三四个月时开始流口水，因为这时他们的唾液腺会变得更加活跃。但不要误以为流口水就一定表示孩子开始出牙了。

孩子在3岁以前会萌出20颗牙，所以在婴幼儿时期的多数时间里似乎一直都在出牙。这也是为什么人们特别容易把孩子的很多问题都归罪于出牙。人们曾经认为，出牙会引起感冒、腹泻和发烧。实际上，有些宝宝在出牙时会出现脸红、流口水、易怒、揉耳朵和体温轻微升高等现象。出牙带来的最主要"后果"就是牙齿。

**帮助出牙的孩子**。在12～18个月萌出的4颗磨牙尤其会让孩子觉得不舒服。该怎么办呢？首先，允许孩子咬东西。但是，让他啃咬的必须是又钝又软的东西。这样，即使孩子含着它摔倒了，也不至于对嘴巴造成什么损伤。各种形状的牙胶就很好。不要给孩子玩那些细小、易碎的塑料玩具，因为它们碎了以后容易卡住喉咙。如果家具和其他物品上的涂料有可能含铅，就要注意别让孩子把这些涂料啃下来（1980年以前的油漆里都可能含铅）。对宝宝来说纸板书咬起来更安全；因为这些书不含铅，虽然会被浸湿，但不会碎成小片，孩子也就不会面临被这些碎片卡住喉咙的危险。

冰凉的东西一般会有帮助。可以试着把一块冰或者一个苹果包在一块方布里让他咬，或者试试只给他一块冰凉潮湿的布。有的父母愿意给孩子冷冻的百吉饼。一块冻香蕉效果也很好。所以，父母要有创造性。许多孩子有时喜欢使劲磨自己的牙床。不要担心牙胶或布片上的细菌。毕竟宝宝拿着什么都会往嘴里放，那些东西没有一样是无菌的。当然了，要是牙胶掉在地上，或被狗叼过，还是应该把它清洗干净。

在给孩子使用任何治疗出牙症状的药物之前，都要咨询医生。市场上有很多出牙期使用的凝胶，或许能够缓解孩子的不适，但是有些产品中含有有潜在危险的药物。（一些凝胶中会含有一种名为利多卡因的麻醉剂，可以使婴儿肤色发青。若摄入较大剂量，则会导致心脏骤停。）一剂对乙酰氨基酚可以不时地缓解出牙的不适感，但即使这是一种安全的药物，一旦用量过大，或者用药时间太长，也可能对身体有害。

## 怎样才能有一副好牙齿？

**能够强健牙齿的营养成分**。出牙时需要补充钙和磷、维生素 D 和维生素 C，其实牙齿在孩子出生以前就开始生长了。在出牙后，孩子的饮食也很重要。幼儿每天需要三顿正餐和三次加餐；对于大一点的孩子，一次加餐就够了。粘在牙齿上的甜食会给导致蛀牙的细菌提供养分。

**氟化物**。氟是一种自然界中存在的矿物质，如果牙齿里含有氟，就能更好地防止酸的侵蚀。引起龋齿的那些细菌会利用酸来侵蚀牙齿，而氟则能抑制细菌的活动，从而减少对牙齿的侵害。母亲在怀孕期间的饮食和孩子的饮食中只要有少量的氟，就能在很大程度上降低以后出现蛀牙的危险。饮用水里含氟量比较高的地区蛀牙的情况就很少。在其他地方，水务局会采取防龋的公共卫生措施，向水中添加氟化物。

为了防治龋齿，饮用水中的氟化物浓度需要达到百万分之 0.7 ~ 1.0（即 0.7 ~ 1.0ppm）。针对自己喝的饮用水中是否含有足够氟化物这一问题，你可以咨询当地水务局。水务局的电话号码一般会标在水费账单上。如果你是饮用自家水井中的水，请致电卫生局进行咨询。

如果你家的饮用水含氟量低，家人大多喝瓶装水，或家用净水系统过滤掉了氟和其他矿物质，你和孩子可以服用药片或滴剂来补充氟。在牙膏、漱口水中加氟对牙齿都有益处。牙医使用的专业含氟用品直接涂抹在牙齿上也有帮助。

**为宝宝和儿童补氟**。如果选择了母乳喂养，而且喝的是加氟的水，就不用再给宝宝额外补氟了。如果妈妈的氟摄入量过低，就要考虑给孩子服用加氟的婴儿维生素制剂。婴儿配方奶粉几乎不含氟，但如果用加了氟的水来冲调奶粉，宝宝也会得到足够的氟。

摄入太多的氟会使牙齿上出现难看的白色和褐色斑点，所以在让孩子服用氟滴剂时，一定要适量。孩子的医生或牙医可以根据饮用水中的含氟浓度，告诉家长合适的剂量。大多数小一点的孩子都会把牙膏吃进肚中，从而带来补氟过量的危险。所以，在孩子学会漱口之前，要让孩子用无氟牙膏。使用含氟牙膏之后，孩子每次刷牙只需用少量的牙膏（豌豆大小就可以了）。把牙膏收起来也是好办法，这样可以防止小孩子把它当成美味佳肴。

## 带孩子看牙医

带孩子看牙医的最佳时间是在萌出第一颗乳牙之后，或满 1 岁之后。前几次的就诊都是预防性的，目的是医生能够尽早发现牙齿发育中的问题。这时治疗起来比较容易，孩子也不怎么疼。孩子对牙科诊所有个先入为主的好印象，就会对再次拜访诊所满怀期待。如果口腔护理得当，以后的就诊基本上也是预防性的，而不是"先钻孔再填补"的常规步骤，这种经历给许多成年人的童年记忆投下了阴影。

如果父母有过痛苦的牙科就诊经历，就应该让孩子尽早看牙医，这一点尤其重要。龋齿和牙龈疾病常常会通过父母传递给孩子。早期口腔护理可以帮助孩子走上一条不同的道路。如果孩子的确有牙齿问题，他就需要与自己的牙科医生建立一种信任关系。

越来越多的牙科医生都把为每个孩子建立"牙科之家"视为自己的工作，这就像儿科医生努力建设"医疗之家"一样。当然，如果牙齿问题在家族中很普遍，那么孩子就应该加入牙科之家的医疗服务。

## 蛀牙

**是什么导致了龋齿？** 细菌和食物残渣会形成一种叫牙菌斑的物质，粘在牙齿的表面，对口腔中的细菌起着保护作用。口腔中细菌会产生酸性物质，这些酸会侵蚀构成牙齿的矿物质，最终损害牙齿。每天牙垢在牙齿上停留的时间越长，细菌的数量就越多，产生的酸性物质就越多，蛀牙也就会越来越多。

细菌是依靠糖分和淀粉生存的。任何使糖分长时间留在嘴里的东西都可能对细菌有利，对牙齿有害。这就是为什么频繁地吃零食和黏糊糊的糖果（比如棒棒糖、口香糖、水果干等）、喝苏打水或果汁、啃饼干会加速龋齿的形成。

唾液可以冲走细菌，还含有一些能够帮助牙齿抵御细菌的物质。因为人在睡眠中唾液分泌比较少，所以晚间最容易形成龋齿。孩子们睡觉时，食物和牙菌斑会附着在牙齿上，口腔中的细菌就有一整夜的时间来"做坏事"。这也是为什么睡前刷牙、避免吃含糖零食如此重要。

**口香糖**。经常吃口香糖对牙齿非常不好，会使糖分长时间存留在口腔里。无糖口香糖则完全是另一码事。它的主要甜味剂是木糖醇和山梨糖醇。这些成分对导致蛀牙的细菌来说是有害的。有研究发现每天咀嚼几次无糖口香糖其实可以预防蛀牙。

**牙齿不好的父母**。如果父母有很多蛀牙，就意味着口腔中存在着数以百万的龋齿菌。如果你和孩子共用勺子和杯子，龋齿菌就会"搭便车"，进入孩子的口腔中。

父母可以找牙医进行诊治，这样就不会把口腔中的龋齿菌传染给孩子了。每天都要用抗菌型漱口水漱口两三次。不要用嘴清洁宝宝用的安抚奶嘴，也不要把宝宝的手指放进你的嘴里。还要给孩子准备专用的牙刷。

**奶瓶龋**。婴儿如果整天吸吮奶瓶，就可能会患上可怕的奶瓶龋。当配方奶或母乳长时间停留在孩子牙齿上时，奶里的糖分就会促进引起蛀牙的细菌的生长，进而损害牙齿。有些父母会把蜂蜜涂在婴儿的安抚奶嘴上，这会带来同样的后果（蜂蜜中的肉毒杆菌还会伤害幼儿）。正常情况下，在两次喂奶之间，宝宝都有充足的时间来分泌唾液，清洁牙齿。但是糖分若源源不断进入口腔，唾液清洁牙齿的过程就会很难完成。母乳喂养的孩子也可能患上奶瓶龋，不过大多数母亲会在两次喂奶之间休息一段时间。

如果宝宝含着奶瓶睡觉，就容易出现最严重的牙齿腐蚀。在他们睡觉时，含糖的液体会留在牙齿上。奶瓶龋可能会在孩子还不到 1 岁时就出现了。严重的时候甚至不得不把坏牙拔掉。

要避免孩子出现奶瓶龋，可以让宝宝周岁后就断奶，并在睡前只给宝宝喝水（参见第 224 页）。对于母乳喂养的婴儿，在孩子睡觉之前，可以用软毛牙刷帮他们清洁牙龈和牙齿。

## 刷牙和用牙线

**有效地刷牙**。关键就是要在牙垢对牙齿造成危害之前把它清除。在给孩子清洁牙齿时，请使用软毛牙刷（不能是中等硬度或硬毛牙刷）。在这个问题上存在一种误区，认为要用软纱布或棉布给孩子擦拭牙齿和牙龈，这样才不会弄伤孩子娇嫩的牙龈组织。但这些娇嫩的牙龈组织却能啃桌子腿、啃婴儿床、啃咖啡桌、咬兄弟姐妹，几乎没有它不能啃咬的东西。所以要刷，而不是擦。孩子很喜欢刷牙。

早饭后和睡觉前要仔细地给孩子刷牙。每天还要用牙线清洁牙缝，时间一般是在晚上刷牙之前。可能的话，在午饭以后刷一遍牙对于清除牙齿上的食物残渣也有好处。要在孩子一岁以前开始，这样他就会把刷牙看成是每天生活中的常规内容。如果孩子抵触刷牙，也要坚持。刷牙应该像系安全带一样，没有选择的余地。

从孩子2岁左右起，他就可能坚持自己做所有的事情。但是，大多数2岁左右的孩子都还不够灵巧，所以不能很好地把牙齿剔好刷干净。父母可以让孩子从很小的时候起就自己刷牙，但需要最后把一下关，以便把所有的牙垢都清除干净。一般在 6 ~ 10 岁，当孩子的技能逐渐熟练的时候，就可以逐步地让他开始独立刷牙了。

**用牙线清洁牙缝**。有的父母怀疑是否有必要给孩子用牙线清洁牙缝。孩子嘴里靠后的牙齿大部分都挨得很紧，甚至前面的牙齿有些也可能紧靠在一起。这样一来，饭渣和牙垢就会挤在牙齿的缝隙里。无论用多大的力气，刷得多么认真，牙刷的毛都无法深入到牙缝里去，无法把里面的牙垢清除。牙线可以把这些残渣搅动起来或者剔出来，然后就能用牙刷刷掉了。

只要发现孩子的牙缝里塞着食物，就应该让孩子习惯用牙线轻轻地清洁牙缝。孩子的牙医或口腔保健师会做示范，告诉父母怎样给孩子彻底地刷牙和用牙线。当孩子到了不用你帮忙就能熟练地刷牙和用牙线的时候，就已经养成了每天刷牙的习惯。

## 窝沟封闭剂

对于无法找牙医就诊的幼儿来说，有时也可以找儿科医生用氟化物涂层来保护他的牙齿。这是一个快速、安全又没有痛苦的治疗过程，却可以改变牙齿的健康状况。

大一点的孩子常常会得益于封闭剂。很多牙齿的牙釉质上都有小的沟槽或者带麻点的区域。食物和牙菌斑可能在这些地方堆积。窝沟封闭剂是一些液态的树脂，它们可以流过牙齿表面，将沟槽和小坑填满。这样一来，食物就进不去了。封闭剂可以保持很多年，但是孩子的饮食习惯和口腔习惯不同，这些封闭剂最终都需要修复或替换。

## 牙齿损伤

所有的牙齿都可能受到损伤。牙齿会出现破损、松动甚至完全从牙床上掉下来。有些牙齿损伤可能很难察觉，因此，只要孩子的口腔出现明显外伤，就最好让牙医全面检查一下。

**牙齿破损**。牙齿是由三部分组成的：最外面的是防护层，叫作牙釉质；里面的支撑结构叫作牙本质；牙齿中间的软组织里藏有神经，称为牙髓。牙齿的破损会影响其中某个部分或所有的结构。对于小的破损，医生只要用类似砂纸的仪器打磨一下就可以了。较大的破损可能需要修补重塑。如果破损的牙齿出血，意味着敏感的牙髓可能暴露了，这时就要尽快找牙医诊治，及时修补，防止牙髓损伤。

**牙齿松动**。大多数情况下，松动的牙齿都能重新长好，只要休息几天，牙齿就能自己固定。在这段时间内吃软一点的食物，可以帮助牙齿痊愈。有时，牙齿松动得太严重了，牙医就要在牙齿恢复时用薄片把它们固定在一起。有时还需要用抗生素来防止牙髓和牙床组织感染。

**牙齿脱落**。有时，牙齿可能会被彻底撞下来，牙科医生称这种情况为撕脱。如果婴儿的牙齿掉了，牙科医生一般不建议重新嵌进去。但是，如果恒牙脱落了，就要尽快重新植入。

首先，要确认这颗牙的确是恒牙，而且完好无损。然后轻轻地拿着牙冠（在嘴里露出来的部分），不要拿着尖尖的牙根，在水龙头下轻轻地冲洗。千万不要揉搓或刮擦牙根，以免损伤附着在上面的组织，它们对于重新植入的牙齿是必需的。把牙齿插进原来的位置。如果不能重新植入牙齿，就把它放到一杯牛奶里。

　　然后，带孩子去找牙科医生，或者到医院的急诊室去看牙科急诊。对于恒牙撕脱的情况，时间至关重要。牙齿离开口腔达到30分钟，成功植入的可能性就会急剧减少。

## 预防口部损伤

　　年幼的孩子经常摔跤，往往还是脸朝下摔倒。他们的高度又正好容易使牙齿撞到咖啡桌的边上。所以，在孩子的活动区域要做好防范措施，尽可能将这些东西移开。尤其需要注意的是，要保证孩子咬不到任何电线。不要让孩子含着牙刷在家里到处走，万一摔倒，就会造成严重的损伤。

　　孩子在进行体育运动时，牙齿受伤的危险会增加。小队员可能会被球砸到，被球拍打到，被一起追球的队友或对方跑垒的队员撞到。几乎所有的体育运动中都会出现类似的意外，比如轮滑、滑板、武术等。所以，孩子需要戴上护齿，就是那种防止牙齿撞伤的护套。护齿在体育用品商店或药店有售，也可以请孩子的牙医给孩子定做一个。

# 儿童常见疾病

每个父母都会遇到孩子感冒、咳嗽或腹泻的时候。因为有了疫苗，很多严重的疾病已经很少见了。但是，每隔一或两年，仍会冒出新的疾病，一些像哮喘和过敏的慢性病也有抬头趋势。所以，了解一些常见或罕见的儿童疾病，能让父母在这些疾病出现时更有信心。但是所有信息都不能代替医生的诊断。

我根据最容易染病的身体部位大致编写了以下内容：可能影响到鼻子、耳朵以及肺部的呼吸道疾病；影响从食管以下直到直肠的消化系统疾病；皮肤疾病等。其他情况都放在急诊或疾病的预防等章节讨论。

## 感冒

**普通感冒的症状**。一般来讲，多数宝宝在出生后六个月内得的感冒都不严重。开始时，可能会打喷嚏、流鼻涕，冒鼻涕泡泡或鼻子不通气，还可能有点咳嗽，可能不发烧。当孩子冒鼻涕泡泡时，父母可能希望帮他吹开，但这些泡泡似乎并没有让孩子感到不舒服。但如果宝宝的鼻子被很黏的鼻涕堵住了，他就会烦躁不安。总想闭上嘴，但会因为不能呼吸十分生气。当孩子吃母乳或吃奶瓶里的奶时，鼻子不通气的影响最大。孩子有时甚至会坚决拒绝吃奶。但几天过后，孩子的病情就会好转，在几周内他就能恢复如常。

大一点的孩子可能会患上同样的轻微感冒，也可能症状更夸张些。以下这种情况很常见。比如，一个 2 岁的小女孩上午精神很好。吃午饭的时候，她看起来有点累，而且胃口也比平时小。午睡醒来，她显得有点任性，父母也注意到她有点发烧。他们给孩子量了体温：39℃。到医生给她做检查的时候，体温已经达到了 40℃。她脸颊发红，眼睛发涩，但看起来病得还不是特别厉害。她可能一点也不想吃晚饭，也可能想要一大份晚餐。她没有感冒的症状，除了嗓子有点发红以外，医生没有发现其他明显的症状。第二天，她可能还有点发烧，而且开始流鼻涕，偶尔还会咳嗽两下。三四天后，她的鼻涕可能会由清变黄或变绿。也许她还会呕吐一次或两次。但这只是一次平常的轻微感冒，一般会持续 7 ~ 14 天。

**感冒是怎么回事？** 引起感冒的病菌有一百种之多。最常见的罪魁祸首就是病毒，还有名称恰如其分的鼻病毒。这些病毒本身不会造成多大的损害，引起感冒症状的其实是孩子的免疫系统。

感冒病毒总是通过鼻子或眼睛进入人体，最常见的情况是孩子用自己的手把病毒带入体内；其次是病毒在喷嚏的推动下飞到鼻子和眼睛里。一旦到达人体内部，这些病毒就会进入鼻子或咽喉的内壁细胞，开始以病毒特有的方式繁殖。于是，人的免疫系统会做出反应，释放出让血管向有关组织渗漏液体的化学物质，出现肿胀。其他免疫信号会引发流鼻涕和发热的症状。白细胞迅速聚集到位，战斗打响。

但是，事情并不总是这样令人兴奋。孩子和成人在感染了感冒病毒后，经常不出现任何值得注意的症状，但仍然能够把这些病毒传染给别人，而下一个受感染者可能会体验到所有常见的痛苦。

**感冒严重时。** 感冒本身并不危险，但会降低人体对细菌的抵抗力，从而给身体带来更大的伤害。细菌在显微镜下显得很微小，但与病毒相比，却又尺寸巨大！

链球菌和肺炎球菌等细菌经常存活在人的鼻腔和咽喉中，但人体有免疫力，所以不会造成什么危害。只有在感冒病毒侵袭之后，这些细菌才会得到侵入的机会。这些细菌的首要目标往往是中耳（中耳炎）、鼻窦（鼻窦炎）或肺部（肺炎）。

父母能看出什么时候出现了这些继发性感染，因为孩子会病得更严重，胃口和精力可能会大幅下降，可能会开始发烧。感冒第一天的发烧不需要特别担心，但是感冒以后出现的发烧症状则往往是感染更加严重的信号。其他危险信号包括耳朵疼痛、面部疼痛、咳嗽越来越严重，或者呼吸急促。如果孩子出现以上任何一种变化，应该立即跟医生取得联系。

**类似感冒的情况。**多数感冒的症状都会持续 1 ~ 2 周，有时也可能持续 3 周。而一周接一周持续不断地流鼻涕，可能不是感冒的症状，而是鼻子过敏。流眼泪或眼睛痒还有稀薄的鼻涕都是鼻子过敏的典型表现。还有可能是鼻窦被细菌感染（鼻窦炎），这种情况有时（但不总是）会伴随着浓稠的绿色鼻涕。

咳嗽特别剧烈的时候，就要考虑百日咳的可能性。不是所有患了百日咳的人都会发出典型的咳嗽声，如果这个患者是比较大的孩子或成年人，更容易出现这样的假象。

患儿长时间干咳或气喘，同时伴有流鼻涕症状，可能是哮喘。感冒病毒和吸入二手烟都很容易诱发哮喘。一定要考虑这种疾病的可能性，有专门治疗哮喘的有效药物。

如果咳嗽和气喘很严重，也可能由其他感染引起，比如支原体，这种感染需要特殊的治疗。医生可能需要听诊孩子的胸部，或者查看 X 光片，才能做出诊断。

患病的最初症状可能是流鼻涕、咳嗽和发热，随后症状就会向下蔓延到肠道，出现几天的呕吐和腹泻。这些感染经常是由不同的病毒引起的（常常是腺病毒），而且可能会更严重一些，因为身体有更多部位受到了影响。如果孩子突然感到头痛、肌肉疼痛和全身乏力，同时伴有发热，那么可能是患上了流感。

**应对感冒**。我们还没有可以杀死感冒病毒的药物。治疗的重点在于，当孩子的免疫系统发挥应有作用的时候，尽量缓解他的不适。

吸鼻器。对于婴儿和小孩子来说，首要步骤是用泵式吸鼻器疏通鼻腔。最好买一个带有宽大塑料头的吸鼻器，而不要用婴儿出生后从医院带回家的那种窄头吸鼻器。有宽大塑料头的吸鼻器最好用，因为鼻孔和吸鼻器可以紧紧地贴合在一起，方便地清洁鼻腔，还不用担心刺激到孩子鼻腔的脆弱组织。你可以买那种电动鼻吸器，但一些价格低廉的口吸式吸鼻器（别担心，吸鼻器中有一个夹子可以阻止鼻涕进入你的嘴里）也很好用。

滴鼻液。对于浓稠的鼻涕，可以在每一个鼻孔里滴进一两滴生理盐水，停留大约 5 分钟，以便在吸出鼻涕之前把它软化。虽然婴儿很不喜欢这个过程，但是完成之后他会感觉好很多。也可以自己调配生理盐水（在 230 毫升水里溶解 1/4 茶匙的盐）或者购买非处方的含盐滴鼻剂。这些滴剂都很便宜，而且带有使用方便的滴管。

除非医生建议，否则应避免使用含有药物成分的滴鼻液。这类滴剂有收缩鼻腔内血管的作用，也会减少分泌物。但是它们的效果并不持久，而且在使用几次之后，效果就会越来越差。此后，患者的鼻子常常会依赖这些滴剂，以至于一停用，鼻腔的分泌物就会增加。另外，这些药物还会对一部分孩子产生严重的副作用。

喷雾器和加湿器。房间里湿度大一些可以软化鼻子里的分泌物，或者至少让它们不至于很快变干。如何增加湿度并不那么重要。冬季，房间里越暖和，空气就会越干燥。感冒的孩子在气温 20℃时可能比在 23℃感觉更舒服一些。超声波加湿器的价格可以低至 40 美元。价格为 30 美元或更低的冷雾加湿器也够用。对任何型号的加湿器来说，至少应每周清洗一次水箱，防止水箱里滋生霉菌和细菌。可以自制清洗剂，在 0.94 升水中倒入一杯白醋混合即可。

电子蒸汽喷雾器通过电热元件把水"烧开"来增加空气湿度。但是水蒸气的加湿效果不如冷雾。而且，水蒸气还可能烫着孩子的手或脸，一旦打翻了这种喷雾器，会造成孩子烫伤。如果要买这种蒸汽喷雾器，就买容量1升以上的，而且当水"烧"干时，喷雾器可以自动切断电源。如果在暖气片上放一盆水来加湿，水会容易洒出来，况且也没有多少加湿效果。

抗生素。常见的抗生素（比如阿莫西林）虽然可以杀灭细菌，但是对引起感冒的病毒却没有什么作用。服用抗生素治疗感冒可能不会立刻对孩子产生危害，除非有过敏反应或者出现腹泻的症状。但是，过度使用抗生素会导致细菌产生耐药性。也就是说，下一次当孩子（或其他人）真的生病时，就更容易出现常规抗生素不起作用的情况。

咳嗽药和感冒药。从来没有有力的证据表明，非处方的咳嗽药和感冒药真正有效；现在我们了解到，它们反而可能是危险的，对婴儿和幼儿来说尤其如此。不要让广告欺骗了你。这类药物虽然有许多不同的品牌，但是几乎没有一种具有它自称的疗效，也没有一种对两岁以下的孩子是安全有效的。

对于大一点的孩子来说，短期（两三天）的解充血药物治疗，比如伪麻黄碱，有时可以缓解堵塞的鼻窦里的压力。但是，从一盆热水中吸进蒸汽也经常能奏效。抗组胺剂虽然对过敏有效，但是对治疗感冒则没有什么作用，而且这类药物会使孩子困倦，有时还会让孩子心情烦躁和过于活跃。含有右美沙芬的镇咳药没有疗效，还可能带来危险的副作用，有时会被追求快感的成瘾青少年滥用。蜂蜜是一种很好的镇咳剂（但并不适合婴儿，因为他们容易感染蜂蜜中的肉毒杆菌）。

维生素、补品和药草。没有任何证据表明，超出正常需要量的维生素C能够预防感冒或让感冒尽快痊愈。人们曾经认为锌能够防治感冒，但更多的研究表明，这种物质对于身体状况基本良好的孩子并不管用。但是，体内含锌量较低的人确实会因为补锌而受益。

紫锥菊（又称松果菊）是一种药草，可以降低成人患感冒时的严重程度，还能有效预防感冒。针对这种药草对儿童感冒的功效，相关研究还不明确，但也提示了同样的效果。需要注意的是，紫锥菊有很多种，紫锥菊制成的产品也没有受到严格的监管，所以很难了解拿到手里的到底是什么东西。仅凭它是天然的并不能断定它就是安全的。

其他非药物疗法。鸡汤可能真的含有可以缓解感冒症状的物质。即使不含这类物质，它的温热感也让人感到安慰，汤汁可以给孩子提供水分，其中的盐分也有助于电解质的平衡，而且鸡汤里的蛋白质和脂肪很有营养。鸡汤真的无害，任何一种温热的汤都有好处。按摩后背和前胸也可以减轻痛苦，但是涂抹薄荷醇可能没什么作用，反而使情况变得更糟糕。轻轻地按摩额头和眼睛以下的部位（双手向下朝着鼻子的方向移动）可能对鼻塞有帮助。尽管没有有力的证据显示牛奶会让鼻涕黏稠，但几天不喝牛奶也没什么害处（除非孩子一定要喝）。把蜂蜜和柠檬放到温水里制成饮料，加不加茶叶都可以，可能比任何非处方药都能更好地治疗咳嗽。但是，一岁以下的孩子不应该吃蜂蜜，因为可能会有肉毒杆菌中毒的危险。

**感冒的预防**。一般来说，学龄前的孩子每年都会患 6～8 次感冒；上幼儿园的孩子感冒次数还会更多。每次感冒，孩子都会获得对引起那次感冒的特定病毒的免疫力，但还是会有几十种孩子不曾接触到的感冒病毒无法预防。随着时间的推移，孩子的免疫系统会获得更多的"阅历"，感冒的次数会随之减少。幼年时期总是感冒的孩子，一般在长大以后就不会经常感冒了。

为了预防感冒，父母能做的最重要的事情就是避免跟已经感冒的人有近距离的身体接触（这一点说起来容易，但其实很难做到）。认真洗手（参见第 583 页）也是有效的预防方法。含酒精的杀菌洗手液可能会比肥皂和水更有效地杀灭感冒病毒。还应该告诉孩子，咳嗽时要冲着肘内侧（不要用手遮挡），擤鼻涕时要用纸巾，然后把它扔进垃圾桶。

天气比较凉的时候待在室内并不能预防感冒。结果恰恰相反：因为孩子们冬天被关在窗户紧闭的屋子里，感冒病毒很容易传染。虽然冷空气的确会使人流鼻涕，但是只有病菌才会引起感冒。

让孩子吃好睡好，让家里免受香烟的污染，这样就能提高孩子抵御感冒的能力。二手烟会影响鼻子和咽喉里的细胞，而这些细胞能够将鼻涕包裹着的病菌清除出去。虽说暴露在二手烟中的孩子接触到的病毒可能不见得更多，但他们会病得更严重。如果家里有人吸烟，这是一个很好的戒烟理由。

尽量让家里没有压力。比如说，你可以把愤怒的吼叫声控制在最低限度。长期不断的压力会提升皮质醇的水平，皮质醇是一种能够削弱免疫系统功能的激素。一个安宁的家对任何人来说都是更加健康的。

## 耳部感染

**耳朵里有什么？** 为了理解耳部感染，首先要了解耳朵的构造。我们能看到的那部分（耳郭）可以把声波聚集起来，将其送入外耳道。这些声波在外耳道的末端遇到鼓膜，使鼓膜振动。鼓膜之所以会振动，是因为它的两侧有空气，也就是外耳道里的空气和中耳里的空气。有一些很小的骨头和鼓膜相连，它们会接收到鼓膜的振动，并通过中耳，传递到内耳，那里有一个令人惊奇的小器官，叫耳蜗。它会把这些振动转化成神经信号，再把这些信号传送给大脑。

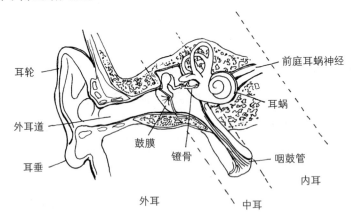

**耳朵是怎样受到感染的。** 中耳里的空气是理解耳部感染的关键。这些空气通过咽鼓管到达中耳，咽鼓管连接着中耳和咽喉后部。这些管道可以容许空气以外的物质进入。当来自鼻子和咽喉的细菌通过咽鼓管的时候，就会使中耳充满带菌的脓水。这就是中耳炎，意思就是中耳出现的炎症。

中耳炎通常是由感冒引起的。在人体抵抗感冒病毒的时候，鼻腔和咽喉里的组织就会肿起来，导致不通气，同时影响到咽鼓管。结果就是，咽鼓管阻挡细菌进入中耳的能力减弱，驱赶已经进入中耳的细菌的能力也被削弱。

最早进入中耳的细菌一般就是引起感冒的病菌。病毒性的耳部感染就是感冒的一部分症状，而且就像感冒一样，很容易被免疫系统击败。但有时候，在这些病毒之后会紧跟着出现第二次进攻。那些一直平静地生存在鼻腔里的细菌会趁着防御下降的时机进入中耳，并且引起一次更严重的感染。中耳充满了脓水，会压迫鼓膜，从而引发疼痛。人体会发动更强烈的免疫反应，这时候就会发烧，孩子就会病得更严重。

**父母看到了什么？** 一般来说，如果不是感冒持续了好几天，耳朵不会发炎到引起疼痛的地步。在感冒过程中出现发烧，伴有易怒的症状，那很可能是中耳炎。婴儿可能会不停地揉耳朵，也可能只是尖声哭闹几个小时。把他抱起来的时候，他可能会好一些，因为直立的姿势减少了耳朵里的压力。有时他还会呕吐。两岁以上的孩子经常能够让父母明白情况是怎样的：他的耳朵疼，可能听不清声音，因为中耳里的脓水阻碍了鼓膜的正常振动。

如果中耳内的压力太大，鼓膜可能会穿孔，脓水就会流出去。父母可能会在孩子的枕头上发现干了的脓液和血迹。虽然听起来很可怕，但是鼓膜的破裂经常会给孩子带来很大的解脱，还会加快感染康复的速度。可以在孩子的耳朵里放一个松松的棉球，吸收脓水。用棉棒在外耳道里清洁脓水是不安全的，可能会不小心碰到发炎的鼓膜，从而进一步损伤它。含有药物的滴耳剂可能也会有所帮助。

**缓解疼痛。** 耳部感染有时会很疼。把孩子的头支撑起来可以减轻鼓膜承受的压力。热水瓶或者电热毯可能会有帮助，但是幼儿经常会对这些东西不耐烦（不要让孩子在电热毯上睡着，这可能会造成烫伤）。常规剂量的对乙酰氨基酚或布洛芬可以起到一定的缓解作用。凭处方购买的滴耳剂也可以减轻疼痛。抗生素需要 72 小时才能见效。因此，在患病的前三天，最好昼夜不间断地给孩子服用一些缓解疼痛的药物。

目前还没有证据显示非处方的咳嗽药和感冒药对耳部感染有疗效，包括解充血剂和抗组胺剂，任何药草或顺势疗法也一样。但是木糖醇制成的不含糖的口香糖真的可能缓解耳部感染带来的症状，因为木糖醇可以杀灭大部分导致耳部感染的细菌。有力地咀嚼有时也有助于打开堵塞的咽鼓管，这和吹气球的道理一样。当然了，温柔体贴的照料和心平气和的安慰总是有效的。

**抗生素，用还是不用？** 以前，所有耳部感染都要使用抗生素。这种情况已经发生了改变。现在我们知道，大多数耳部感染是由病毒引起的，抗生素对这些病毒无效，而人体可以自行抵抗这些耳部感染。

尽量不使用抗生素的主要原因在于，过度使用抗生素会使细菌产生抗药性。当具有抗药性的细菌出现时，医生就不得不使用更多新奇昂贵的抗生素，而且这些抗生素还具有潜在的危害性。孩子服用各种抗生素的频率越高，就越容易因为那些无法杀灭的细菌的入侵而生病。解决办法是，只有在真正必要的时候才使用抗生素。

对于那些明显患了耳部感染，出现发热和其他严重症状的孩子来说，使用抗生素还是有必要的。那些免疫系统有潜在问题，或存在如唇腭裂等身体缺陷问题的孩子也应该使用抗生素。在其他情况下，最好推迟抗生素的使用，先观察一阵子。两三天后，孩子的病情往往会好转。

如果医生真的开了抗生素，就一定要保证在整个疗程里一次不落地给孩子服用。病情刚见好转就早早地停药是另一种促使细菌产生抗药性的有害做法。如果孩子刚刚把药吃下去就吐了出来，就再服用一剂。如果孩子吃了几次都吐出来了，或者出现了皮疹或腹泻的症状，又或者过了 48 小时还是很难受，而且还在发烧，就要找医生诊治。有时需要采用不同的抗生素。

**耳部感染的预防**。预防耳部感染需要做很多事情。母乳喂养不仅可以促进孩子免疫系统的发展，还能锻炼附着在咽鼓管上的肌肉。用奶瓶吃奶的孩子吃奶时应该坐在父母的怀里，不要平躺着，因为躺着会让牛奶流进咽鼓管，使细菌进入。相比那些上大型幼儿园的孩子来说，那些待在家里的孩子感染这些疾病的机会也比较少。那些远离香烟烟雾的孩子，耳部感染的发病率要低很多。长期过敏的孩子容易出现耳部感染，需要治疗。在极少数情况下，反复发作的耳部感染是因为某种潜在的免疫系统问题；如果觉得自己的孩子可能有这种情况，就要找医生咨询一下。

**中耳感染**。在细菌被杀灭以后，通常会有一些液体（渗出物）留在中耳里。患有耳部感染的孩子听声音的效果就像用手指堵住耳朵时那样。这就是孩子之所以会在耳部感染治愈后还用力揪耳朵的原因之一（更多的抗生素也无济于事）。这些液体一般会在三个月内被吸收。与此同时，孩子语言的发展或者集中注意力的能力可能会受到影响。如果孩子每年耳内感染在三次以上，或者觉得孩子在听觉、注意力或说话方面有些异常，就应该想到这种可能性。

首先要做的是听力测试。无论年龄多小的孩子都可以做这项测试。如果孩子的听力有所下降，并且在两三个月内都没能恢复正常，就要找耳鼻喉专家咨询。尽管我们没有特效药来治疗带有渗出物的中耳炎，但是通过手术排出中耳里的液体可能是有效的。

**游泳者的耳朵问题（外耳炎）**。到目前为止，我一直都在讨论中耳感染的问题。其实，外耳道（即可以用棉签接触到的那部分）的皮肤也可能受到感染，这种情况叫作外耳炎。这些感染开始于皮肤正常防御机能的损坏，一般都是因为小小的抓痕或者外耳道里长期存在的湿气，又或者出现在中耳的炎症被排出以后。外耳炎的主要症状是疼痛，孩子在揪耳朵时就会痛（与中耳炎不同）。有时候会出现脓水或臭味。如果臭味非常难闻，可能意味着有什么东西卡在耳朵里（参见第 332 页）。对乙酰氨基酚或布洛芬可以缓解这种疼痛。使用凭处方购买的滴耳剂是主要的治疗方法。

预防外耳炎，就要教育孩子游泳后要用吹风机把耳朵彻底吹干（注意：要把温度调低，以免烫伤）。还可以把几滴水和等量的白醋混合起来擦拭外耳道，以提高外耳道的酸性，抑制大部分细菌的滋生。最后，不要把孩子耳朵里的耳垢清除得太干净。耳垢（就像车蜡一样）具有保护作用。如果把它全部清除出来，就失去了这一层保护，而且容易在这个过程中擦伤外耳道。

## 嗓子疼和链球菌咽喉炎

嗓子疼多数都是由引起感冒的病毒导致的。这些感染一般都很轻微，能够自行好转。链球菌引起的嗓子疼，也就是链球菌咽喉炎，会比较严重。链球菌咽喉炎一般也能自行好转，但感染也可能会扩散到颈部淋巴组织里，这是一种非常危险的并发症。另外，它还会引起风湿热。这是一种很难治疗的疾病，可能引起慢性关节痛、严重的心脏病和其他问题。这种病不可等闲视之。好在服用常见的抗生素就可以消除风湿热的威胁。但必须在这种疾病还能够治疗的阶段确诊。

**链球菌感染还是普通的嗓子疼？** 链球菌咽喉炎的典型症状很容易辨别。生病的孩子通常会发高烧，而且嗓子疼得几乎无法吞咽。孩子会很难受。扁桃体变得又红又肿，一两天后，上面还会出现白色的斑点或斑块。颈部的腺体（淋巴结）也会肿起来，一触即痛。患儿会出现头痛和胃痛，全身乏力。他的呼吸会有一种发霉似的难闻味道。链球菌感染一般不会引起流鼻涕和咳嗽，这些更多地由病毒引起。

但是，情况并不总是如此。有时候，孩子感染链球菌时并不会表现出这些典型症状。如果孩子发低烧，有轻微的嗓子疼，扁桃体微微发红，也有可能感染了链球菌（但是也很可能只是嗓子发炎而已）。令人惊奇的是，年幼的孩子可能几乎不会感染链球菌（链球菌咽喉炎在两岁以前很少见）。已经摘除扁桃体的孩子仍然会感染链球菌。

因为很难肯定嗓子疼一定不是由于链球菌感染，所以在嗓子疼伴有38℃发热的情况下，明智的做法是请医生诊断。咽拭子和快速链球菌化验通常可以得出结果；如果不得不做细菌培养，就要花上几天的工夫，但可能会发现快速化验遗漏的感染。如果化验没有检查到链球菌，孩子很可能只是感染了某种病毒。让他休息一下，服用对乙酰氨基酚或布洛芬，同时补充大量水分，有助于病情好转。对不至于吞下异物而窒息的大孩子（4岁以上）来说，用温盐水漱口和含服润喉糖也可以很好地缓解不适。

如果链球菌测试呈阳性，常见的治疗是服用10天儿童口味的抗生素，每天早、晚各一次。效果稍好但不那么令人愉快的治疗包括两次疼痛的打针，臀部两侧各打一针。

过去，孩子如果经常喉咙痛，通常就会摘除扁桃体。但研究表明，这种手术收效甚微。现在，扁桃体切除术大多用于治疗睡眠呼吸暂停综合征（参见第373页）。

**猩红热**。人们经常觉得猩红热很可怕——还记得电影《小妇人》里可怜的贝丝的遭遇吗——那一般是伴有典型皮疹的链球菌咽喉炎而已。猩红热皮疹经常在孩子生病后一两天，首先在胸部两侧、后背、腹股沟出现。从远处看就像一片潮红，但是如果仔细观察，就可以看到它是由细小的红点组成，长在淡红色的皮肤上。如果用手抚摸这些皮疹，感觉就像细砂纸一样。它可能会蔓延到全身和脸颊两侧，但是嘴巴周围的区域会呈现出白色。孩子的舌头看上去可能像草莓一样，红红的带着白色的斑点。

当猩红热伴随着嗓子疼一起出现时，治疗方法和一般的链球菌咽喉炎一样。偶尔不同的细菌导致的猩红热，需要不同的治疗方法。猩红热甚至单纯的链球菌咽喉炎好转以后，孩子可能会有一些脱皮的现象。这种现象不需要特别处理就会消退。

**其他类型的咽喉疼痛**。每当感冒开始的时候，许多人都会感到咽喉有些轻微的疼痛。有的孩子在冬天的早晨醒来时经常会出现咽喉疼痛。这种咽喉痛是由干燥的空气造成的，并不是疾病的症状，也没有什么关系。感冒时如果流鼻涕而且鼻子不通气也能引起咽喉疼痛，早晨尤其如此，因为鼻腔里的分泌物会在夜间流进咽喉的后部，造成刺激。

传染性单核细胞增多症。如果严重的嗓子疼经常伴有发烧、身体不适和腺体肿大，可能是传染性单核细胞增多症，通常是 EB 病毒引起的。这种疾病可能只是轻微感染，也可能相当严重；通常会持续一两周，也可能拖延更长时间。这种疾病在青少年身上更常见；其病毒是通过唾液传播的，由此获得了"亲吻病"的别名。传染性单核细胞增多症没有特定的治疗方法，但是医生应该通过测试来确诊是不是链球菌感染，并仔细地检查，看看肝脏或脾脏有没有增大，那些情况需要特殊的关注。

白喉。在白喉盛行的年代，这种细菌感染每年会夺去几千人的生命。现在，白喉很少了，这多亏了免疫接种的实施（百白破三合一疫苗中的"白"指的就是白喉）。但是白喉细菌仍然存在，如果免疫水平下降，它就有可能卷土重来。这种感染的特征是扁桃体表面会覆盖上一层白色假膜，很多时候还会出现扁桃体肿大，但是发烧并不多见。病人会因为窒息而死亡。

**淋巴肿大**。口腔、喉咙或耳朵的任何感染都会导致颈部一侧的淋巴结（腺体）肿大，通常会变得和豌豆或利马豆一样大，这属于正常的免疫反应。这种淋巴肿大可以持续数周或数月之久。少数时候，各种腺体本身也会发炎。在这种情况下，它们一般都会肿胀得很明显，出现发热症状，变得一触即痛。所有类似的颈部肿大都应该找医生诊断，治疗的方法是使用消炎药。如果孩子身上出现了肿胀，父母自然会担心是否患了癌症。儿童颈部的肿大很少与癌症有关，如果有任何疑虑，还是要找医生谈一谈。

## 哮吼和会厌炎

**哮吼有什么症状？** 两岁的孩子会出现类似一般感冒的症状，流鼻涕，同时低烧38℃。两天以后，晚上9点左右，他会开始咳嗽，发出很大的刺耳声音。在两阵咳嗽之间呼吸的时候，会发出一种特别的几乎像音乐一样的声音。锁骨和肋骨之间的皮肤会凹陷下去，显示出孩子正在费力地呼吸。父母会很担心，驱车将孩子带到医院。等他们到医院的时候，孩子看起来好了很多。

这就是哮吼的典型表现。由于某些原因，男孩得这种病的概率比女孩要高。这种病容易侵袭婴儿和学步期幼儿，从6个月到3岁都有可能，一般在深秋或初冬发病。哮吼病毒会从鼻子往下蔓延，进入喉部，靠近声带。气管在那里一般都比较狭窄，而病毒带来的肿胀会使它变得更加狭窄。当孩子通过这道阻碍用力呼气的时候，增厚的声带就会发出犬吠似的声音。当他吸气时，肿大的气管壁就会向内凹陷，进一步堵塞了呼吸道，并且发出一种很大的声音，叫作喘鸣。咳嗽和喘鸣总是在夜里变得更严重。它们会突然出现，但也可能在孩子接触到晚上的冷空气以后迅速地好转。

父母第一次见到哮吼时会觉得非常吓人，但它很少会像看上去那么严重。这种疾病虽然经常会把孩子带进急诊室，却很少留下永久的损伤。有些不太幸运的孩子会在幼儿时期患上好几次哮吼。这些孩子发病的诱因可能是某种过敏反应，而不是病菌，这是哮吼的变种，叫作痉挛性哮吼。在过去几年中，医学界已经掌握了有效的治疗方法，更加降低了这种疾病的危险性。

**急症治疗。** 喘鸣，也就是吸气时发出很大的声音，应立即就医。尽管哮吼很少发生危险，但也会有其他一些导致喘鸣的原因可能有相当大的威胁性。比如说，孩子嗓子里可能卡了异物，或者可能患有会厌炎（参见下文）。

不要慌乱，但要迅速采取行动。如果不能马上找到医生，就要立刻带孩子去医院的急诊室。虽然有药物可以扩张哮吼发病时的气管，但这些药物不能在家服用。任何一个挣扎着呼吸的孩子都应该有医生和护士在身边监护，以防万一。

**家庭治疗方法**。如果喘鸣不是特别严重，而且孩子也没有什么不舒服，可以正常地喝水，医生可能会建议待在家里。从传统上说，我们会主张父母打开淋浴器，让浴室里充满了热蒸汽，跟患有哮吼的孩子一起坐在里面，特别是家里的空气很干燥的话。有时候，夜间凉爽的空气效果更好。

最重要的一点是尽量让孩子保持镇定。心烦意乱又惊慌失措的孩子会更加用力和快速地呼吸，从而使病情恶化。帮助孩子保持镇定的最好办法或许是自己保持冷静。讲个故事，或者自己编一个故事，都能让时间过得更愉快。

如果孩子很快就平静下来了，可以回到婴儿床或小床上。只要哮吼的症状还没有完全消退，父母或其他大人就应该保持清醒，在哮吼好转两三个小时以后，还要醒来看一看，确保孩子呼吸通畅。哮吼的症状经常在清晨以前逐渐消退，只是第二天夜里还会出现，有时可能拖延到此后的两三个晚上。

**会厌炎**。这种感染现在很罕见，多亏了 B 型流感嗜血杆菌疫苗的免疫作用。会厌炎看起来很像伴有高烧的严重哮吼。会厌是位于气管顶部的一个很小的组织。它就像阀门一样，能够阻挡食物的进入。如果它受到感染肿起来，就可能完全堵塞气管。

得了会厌炎的孩子很快就会表现出生病的症状。他会身体前倾、流口水、拒绝饮食或饮水，一般还会一声不发。他还可能不愿意转动头部，因为他要让脖子保持在一定的位置，以便最大限度地呼吸。会厌炎是名副其实的紧急医疗状况，必须想尽一切办法尽快把孩子送到医生或医院那里，同时还要让孩子尽量保持镇静。

## 支气管炎、细支气管炎和肺炎

**支气管炎**。肺部最大的气管分支叫支气管。如果这些支气管发炎，几乎总是因为感染了病毒所致，这种情况就叫支气管炎。患者一般会频繁地咳嗽，伴有低烧。父母会认为他们听到的声音是黏液在胸腔里的振动，所以很担心。实际上，那是喉部的黏液发出的声音，只是传到了胸腔而已。通常来看，这种嘈杂的呼吸声并不意味着孩子病情严重。

轻微的支气管炎可能会有一点咳嗽，但既不发烧也不影响食欲。这种情况只比伤风感冒严重一点。治疗的方法和对待重感冒一样，要注意休息、适量饮水、用牛奶或水冲泡蜂蜜来缓解咳嗽（孩子需一岁以上），还要温柔细心地照料。抗生素并不能杀灭引起支气管炎的病毒，对治疗支气管炎没有任何帮助。非处方的镇咳药对儿童没有效果，反而可能存在危险；最好完全避开这些药物。

但是，如果孩子表现出生病的样子（乏力、疲惫、无精打采或软弱无力），喘不上气，呼吸变得急促或发烧超过 38℃，就要马上给医生打电话。别的更严重的感染可能会被误认为是支气管炎，而那些疾病可能需要使用抗生素，甚至住院治疗（尤其是 6 个月以下的婴儿）。

**细支气管炎**。如果患了细支气管炎，炎症就已经从较大的气管（即支气管）向下蔓延到肺部小一些的气管（即终末细支气管）了。细支气管炎的英文名称是 bronchiolitis，词缀 "–itis" 意思就是 "炎症"，是一种包含了肿胀、黏液和白细胞增多等多种症状的疾病，会使气管变窄，甚至是部分堵塞。在引发细支气管炎的几种不同病毒当中，最常见的是呼吸道合胞病毒（RSV）。呼吸道合胞病毒很容易通过身体接触感染，在冬季的几个月中最为多见。

细支气管炎一般会侵袭两个月到两岁大的孩子。病程会从感冒开始，经常伴有发热症状，接着出现咳嗽、气喘和呼吸困难。孩子吸气时，鼻孔会张开，与此同时，肋骨周围和锁骨上的皮肤会向内凹陷。医生会寻找这些迹象——鼻孔张开和皮肤凹陷——当然还有呼吸频率，把它们作为严重疾病的标志。呼吸急促是一个重要的标志：任何一个长时间以每分钟 40 次以上的频率呼吸的孩子都应该接受检查；每分钟呼吸超过 60 次（平均一秒钟一次）就要立即就医。

对于轻微的病例，最好的治疗方法和治疗感冒一样：休息，多喝水（提供饮水，但不要强迫），服用对乙酰氨基酚或布洛芬来退烧，轻轻地吸出鼻涕以清理鼻腔。湿度适当的空气会有好处，但如果湿度特别高只会让孩子觉得湿乎乎的，十分难受。以前曾经得过气喘的孩子很可能对常用的哮喘药（主要是沙丁胺醇）有反应，但是患有细支气管炎并且第一次出现气喘的孩子很少会这样。

严重的细支气管炎需要住院治疗。在医院里，可以根据需要吸氧。患有某些慢性病（特别是心脏病或肺病）的早产儿和幼儿在冬季都应该打特定针剂，预防严重的呼吸道合胞病毒感染。

**肺炎**。肺炎与支气管炎和细支气管炎不同，经常是细菌而不是病毒引起的。细菌性感染一般更加严重，但与病毒性感染不同的是，抗生素对它们有效。

肺炎一般会在感冒几天以后起病，有时也会毫无征兆地出现。要注意以下症状：超过38.9℃的发烧、呼吸急促（每分钟呼吸超过40次）以及频繁的咳嗽。患有肺炎的孩子有时会发出低沉的咕噜声。孩子很少会把痰吐出来，因此不要因为看不到痰而忽视了症状。虽然不是每一个患有肺炎的孩子都需要住院治疗，但是所有发烧和频繁咳嗽的孩子都要接受医疗检查。在世界上经济不发达的地区，肺炎是导致儿童死亡的主要原因。

## 流行性感冒（流感）

**流感的症状**。流行性感冒很"狡猾"，因为流感病毒每年都在变化。在一般的年份，流感会让人很难受，但不会带来真正的危险。突然出现的发烧、头痛和肌肉疼痛都是流感的标志，经常还伴有流鼻涕、嗓子疼、咳嗽、呕吐和腹泻等症状；流感可能持续一或两周。有些孩子会病得很严重，需要住院治疗。

在特殊的年份，情况可能特别糟糕。如果流感病毒菌株特别容易传染，就可能迅速蔓延，几乎可以感染接触过的每一个人。2009年臭名昭著的甲型H1N1流感的大规模流行就是这种情况（一种传染病会影响一个社区或者一个国家；一次大规模流行的疾病是世界性的灾难）。每年都会有新的疫苗出来，以预防那一年四处传播的流感菌株。

**流感的预防**。流感传播能力很强。人们可以在感觉生病之前就把这种疾病传递给别人，而且在发烧消退后的几天里，仍然具有传染性。打喷嚏时，病毒就会四处飞溅。

认真洗手和用衣袖遮着打喷嚏都是预防流感的有效做法，但关键还是接种疫苗。每个6个月及以上的孩子每年都应该接种流感疫苗。那些跟年龄太小无法接种疫苗的婴儿一起生活的成年人和孕妇尤其应该接种。

**应对流感**。如果医生在疾病初期就做出诊断，可以用一些特定的抗病毒药物让病程缩短，程度减轻。否则，则会采取通常的治疗措施：休息，多喝水，对乙酰氨基酚和布洛芬都可以缓解发热和疼痛。不要给患有流感的儿童服用阿司匹林，它会增加瑞氏综合征的风险。

值得注意的是，如果孩子在患流感的过程中病情加重，就要再次检查，以确保没有出现耳部感染、肺炎或其他需要治疗的并发症。

## 哮喘

**什么情况下才是哮喘？** 如果孩子一年发生好几次气喘，他很可能患上了哮喘。哮喘通常是某种过敏原（比如花粉）、病毒、冷空气、香烟或其他烟雾，或心情烦乱引起的肺部气管狭窄反应。空气通过变窄的气管时会发出哨音，这就形成了气喘。气管没那么狭窄时，孩子只在呼气时出现气喘；气管中度狭窄，孩子就会在吸气和呼气时都发生气喘；狭窄程度严重时，气喘反而会停止，因为没有足量的空气进出，所以发不出声音。有时候，生病的孩子并不表现为气喘，而是咳嗽，这种情况一般出现在夜里或者运动以后。

一阵气喘既可能是哮喘的开始，也可能是其他问题。比如说，孩子可能误吸入了一个塑料玩具，也可能出现了严重的过敏反应（参见第338页）。除非你确定孩子正在经历的就是典型的哮喘症状，否则，只要出现新一轮的气喘，就要找医生诊治。

**哮喘的致病原因**。孩子会因遗传而易患哮喘。肺部的刺激因素也会诱发这种疾病。哮喘的常见诱因包括某些病毒感染（比如呼吸道合胞病毒）、二手烟和其他烟雾、蟑螂和尘螨（参见第375页）、霉菌以及宠物皮屑。

有些幼儿在每次病毒性感冒时都会出现气喘，但其他时候没有异常。这些孩子可能会被认为是患上了反应性气管疾病。基本上，这就是轻微的哮喘。这种情况常常会自行消失；有时候，它也会发展成典型的哮喘。

**治疗方法**。治疗要从消除常见诱发因素做起，比如香烟烟雾、尘螨、蟑螂以及霉菌。过敏症专家可以帮助孩子和家长锁定哮喘诱发目标。良好的营养、健康的睡眠，以及比较宽松的家庭气氛都很重要。体育锻炼，比如定期有氧运动，也对治疗哮喘有帮助。首选的药物是支气管扩张剂。它可以使支气管周围的小肌肉松弛下来，从而扩张支气管。我们把这些药物看成是"援救性药物"，因为它们能够作用于已经紧紧挤压在一起的支气管。如果孩子只是偶尔出现气喘，那么援救性药物可能正是他需要的。沙丁胺醇是这类药物中最常用的一种。对于运动员来说，在锻炼之前喷一两下，常常可以预防呼吸障碍。

如果孩子一周出现两次以上气喘，可能需要一种更强力的控制性药物，而不是一次又一次地依赖援救性药物。控制性药物可以减弱肺部对哮喘诱因的反应，从而阻止气管变狭窄。这些药物通过阻断炎症来发挥作用，而炎症是哮喘反应的主要现象。

许多患有哮喘的孩子长大后都摆脱了这种疾病的困扰，也有一些孩子会伴随着它进入成年期。这种病很难预测。早期的有效治疗可以改善孩子的身体活动，降低急诊的必要性，减少以后出现慢性肺病的危险，还有可能提高长期缓解率。

**哮喘的护理和计划**。每个孩子，特别是患有哮喘等慢性疾病的孩子，都应该加入"医疗之家"。父母们需要一个稳定的信息来源和援助渠道，以防止哮喘侵害他们的家庭，确保孩子在其他环境（学校、朋友的住所、社团）尽可能远离哮喘。成功的治疗取决于细节：要了解如何用药，何时加大治疗强度，还要知道如何处理病情突然加重的情况。

每个孩子都应该有一份应对哮喘的计划，孩子本人、父母和学校都能看懂，并依照这份计划采取行动。老师尤其希望得到明确指示，这样就能知道要注意什么，如果发现了情况要怎么做。

如果治疗不当，哮喘就会带来很大的损失，孩子的活动会受到限制，他会缺课，花好几个小时看急诊，甚至还要接受好多天的住院治疗。但是，如果事先做好规划并且坚持治疗，患有哮喘的孩子都可以过上充实、没有症状的生活。

## 打鼾

一般来说打鼾只不过是一种令人讨厌的毛病，但有时却是阻塞性睡眠呼吸暂停（OSA）的征兆。阻塞性睡眠呼吸暂停是个严重的问题。当一个人进入深度睡眠的时候，控制喉咙打开的肌肉就会松弛下来，呼吸道因此变窄。当空气从过于狭窄的呼吸道通过时，就会发出打鼾的声音。当呼吸道完全堵塞时，空气不再进出，鼾声就会停止。这时，孩子会出现窒息感，血液中的含氧量会降低，于是醒来大口地呼吸。

这样的循环一个晚上可能重复很多次，到早晨，孩子会觉得自己好像几乎没怎么睡觉似的，还可能感到头疼。上学的时候，他容易犯困或焦躁不安（就像有些孩子过度疲劳时的表现一样），学习成绩很可能会随之下降。随着时间的推移，血氧量较低还会损害他的心脏。

任何导致气道狭窄的因素都会使孩子患上睡眠呼吸暂停，例如肥大的扁桃体和腺样体（很像扁桃体，但藏在鼻子后面），以及肥胖症（堆积的脂肪团会挤压气道）。睡眠呼吸暂停常常在家族中遗传；父母一方或双方可能有打鼾的问题，并伴有慢性疲劳。

有时，患有阻塞性睡眠呼吸暂停的孩子，睡觉时会把头枕在好几个枕头上或悬在床沿上，想打开呼吸道。然而有时候，唯一的症状就是打鼾。医生通过睡眠研究，或称多导睡眠图，对阻塞性睡眠呼吸暂停进行测试。这种测试需要孩子整晚待在医院里。如果扁桃体或腺样体肥大，可能需要切除。如果孩子肥胖，主要治疗措施往往是减肥。有的孩子睡觉时需要戴一个面罩，往鼻子里吹进压缩空气来保持气道通畅，这是一种叫作持续气道正压呼吸器（CPAP）的装置。有些人需要一段时间才能适应这个面罩，但它的效果是立竿见影的。

## 鼻腔过敏

**季节性过敏（花粉热）。**你很可能认识一些患有花粉热的人。当花粉随风飘散的时候，这些人就开始打喷嚏、鼻子发痒和流鼻涕。春季，常见的罪魁是树木的花粉；秋季则是豚草（花朵很少会导致花粉热，因为花朵的花粉颗粒太大，吹不到太远的地方；它的结构特点适合被昆虫和其他生物携带到各处）。

花粉热一般在孩子三四岁以后出现，常常是家族性遗传。医生可以根据症状和体检结果，以及各种花粉在一年的哪些时间最为常见等知识诊断花粉热。

**常年过敏性鼻炎**。许多孩子都对尘螨或霉菌（最常见的过敏原）、宠物的毛发和皮屑、鹅毛或其他许多东西过敏。这种一年到头的过敏会让孩子一周又一周地遭受鼻腔堵塞或流鼻涕，习惯性地用嘴呼吸，经常还会使耳朵里存留液体，或者引起反复发作的鼻窦炎。

这些症状在冬天可能更严重，因为紧闭的门窗会把过敏原关在室内，同时把新鲜空气挡在室外。鼻腔过敏的体征包括黑眼圈以及眼睛下和鼻梁上出现的皱纹。孩子会用手掌向上揉鼻子来擦鼻涕，即所谓的"变应性敬礼"[1]，久而久之，鼻梁上就出现了细纹。患有慢性过敏症的孩子在学校里经常难以集中精力，原因可能是过于疲惫，听不清声音，或者感觉不舒服。

**鼻腔过敏的治疗**。要治疗花粉热，有时候一些简单的方法就足够了：开车和睡觉的时候把窗户关好，可以的话用空调，在花粉最多的时候待在室内。对于常年的过敏来说，通过血液检测通常可以查明诱因；有时候，过敏症专科医生需要做皮刺试验才能确定过敏原。

如果过敏原是枕头里的鹅毛，可以换一个枕头。如果过敏原是家里养的狗，可能需要换一只宠物。对于尘螨而言，有的家长会用吸尘器，每周吸尘2 ~ 3 次；为了保证效果，吸尘器需配有高效空气过滤器（HEPA），否则微小的过敏原就会被射回屋里。

可以把毛绒玩具拿走（那是尘螨的居所），或者每过一两周就用热水洗一下。也可以把孩子用的床垫和枕头用带拉链的塑料罩子套起来；拉链上的布基胶带可以把过敏原封闭在罩子里。此外，还要把室内的湿度控制在 50%以下，这样可以减少尘螨和霉菌的滋生。静电空气净化器也有帮助。还有一些家长会揭下地毯，取下窗帘，尤其在孩子的房间更是不遗余力。

如果躲避过敏原的措施没能奏效，还有多种药物可以尝试。抗组胺药

---

1　这种揉鼻子的动作远远看去像是敬礼，因此得名。——译者注

可以阻断过敏反应过程中的关键步骤。这些药物既便宜又安全，但有时会让孩子昏昏欲睡或兴奋不安，因而可能会影响功课。新型的抗组胺药（氯雷他定、盐酸西替利嗪等）价格高一些，效果也差不多，副作用会少一些。

其他抗过敏药会阻断过敏反应过程中的不同步骤，或者从整体上缓和免疫反应。如孟鲁司特钠或丙酸氟替卡松药物可能会起作用，为了预防副作用，使用这些药物需要严密的医疗监督。如果使用多种药物仍没有作用，免疫疗法（打脱敏针）可以奏效。在采取这种方法之前，过敏症专家可以帮助你权衡治疗效果和治疗成本及带来的不适之间的利弊得失。

**预防过敏**。发达国家的过敏现象比发展中国家多得多，这可能与肠道寄生虫有关。过敏是由排斥寄生虫的那一部分免疫功能过度活跃造成的。在现代卫生设施已经消除了寄生虫的地方，人类的免疫系统可能会转向不那么严重的威胁因素，比如花粉或猫的皮屑，而这些威胁因素以前基本上是被免疫系统忽视的。虽然这种被称作卫生假说的理论言之有理，但我们还不知道它是否正确。让孩子接触一些脏东西及其中的细菌，也许有好处。如果真是这样，预防过敏就会成为放孩子到户外玩耍的又一个有力理由。

## 湿疹

**寻找迹象**。湿疹就是粗糙又发痒的片状皮疹,常见于非常干燥的皮肤上。湿疹一般会从婴儿的面颊或额头上开始长。然后，从这些部位向后蔓延到耳朵和脖子。在孩子快一岁时，湿疹可能会出现在任何部位，比如肩膀上、手臂上、胸口上。最典型的长湿疹的部位是双肘和膝盖的褶皱处。

当湿疹还不那么严重或刚刚开始的时候，颜色通常是浅红色或浅褐红色。如果情况变得严重，就会变成深红色。频繁的抓挠和揉搓会在皮肤上留下抓痕，导致皮肤渗出体液。当渗出的体液干了以后，就会形成硬痂。抓过的地方经常会被皮肤上的细菌感染，使渗出更严重。当一片湿疹痊愈之后，仍然能够感觉到皮肤的粗糙和厚度。对于肤色较深的孩子来说，皮肤上长过湿疹的部位或许要比别的地方颜色浅或深一些，这种情况可能会持续数周或数月时间。并非所有的鳞屑性、瘙痒性皮疹都是湿疹。如果孩子起了新疹子（尤其是婴儿），就需要让医生检查一下。

**与过敏的关系**。湿疹跟食物过敏和鼻腔过敏一样，容易在家族中遗传。这三种烦人的问题合在一起，被称为特应性；描述湿疹的另一个词语是特应性皮炎（也叫过敏性皮炎）。长湿疹的时候，过敏反应可能是由不同的食物或材料引起的，比如与皮肤接触的羊毛或丝绸。很多时候，食物过敏会和外界刺激因素一起作用，让孩子不舒服。总体来说，冬天对湿疹更加不利，因为它会使本来已经十分干燥的皮肤变得更加干燥。也有些孩子会在炎热的天气里长出严重的湿疹，因为他们的汗液会刺激皮肤。

在严重的情况下，更要想办法弄清究竟是什么食物可能引起过敏反应。牛奶、大豆、蛋类、小麦、坚果（包括花生）、鱼类以及水生贝壳类都是最值得怀疑的过敏原。少数婴儿只要彻底放弃牛奶，湿疹就会好转。最好能够在经验丰富的医生指导下寻找食物过敏的原因；自己尝试经常会陷入迷惑。

**治疗方法**。关键是补充水分。每天用温水（不是热水）洗澡约 5 分钟，可以让水分渗入皮肤。不要用太多肥皂；普通肥皂既刺激皮肤又会使皮肤干燥。如果必须用肥皂的话，就选用富含保湿成分的产品。要远离带有除臭功效的肥皂，也不要洗泡泡浴。可以在即将洗完澡的时候加一些沐浴油，锁住水分。用软毛巾把孩子轻轻拍干，不要揉搓。然后，还要使用大量保湿乳。如果孩子的皮肤特别干燥，也可以用凡士林来锁水。白天要涂两三次保湿乳，多涂几次也可以。冬季，要打开加湿器，让家里的空气舒服、湿润。

为了减轻对皮肤的刺激，不要给孩子穿着和使用含有羊毛的衣服和床上用品。如果天气比较冷，那么刮风的天气也会诱发湿疹，因此在室外活动时，要找一个避风的地方。一定要把婴儿的指甲剪短。孩子越是不抓皮肤，皮肤就越不容易发痒，发生感染的机会也就会减少。对于那些已经长了湿疹的婴儿来说，夜里戴上一副白棉布手套会很有帮助，因为孩子睡着的时候也会抓挠。通过药物缓解瘙痒也能奏效。

除了保湿霜以外，医生还经常采用氢化可的松软膏。（氢化可的松是一种皮质类固醇。这种类固醇与一些运动员以及想让自己看起来像运动员的青少年使用的合成类固醇非常不同。）抗组胺药也可以缓解瘙痒。

家长也可以用保湿霜、1% 氢化可的松来治疗轻微的湿疹。但是对于比较严重的湿疹，最好还是跟孩子的医生或皮肤科医生密切配合。如果严重湿疹的部位感染了细菌，凭处方开的抗生素可以奏效。

湿疹也许很难治疗。通常来说，我们能做的顶多就是控制湿疹的发展。在婴儿时期早早出现的湿疹常常会在随后一两年间显著消退。在患有湿疹的学龄孩子中，大约一半都会在十几岁之前彻底好转。

## 其他皮疹和皮疣

如果孩子长了新的皮疹，最好让医生看一看。皮疹很难用语言描述，而且人们很容易被它弄糊涂。介绍这部分内容的目的不是要把你变成专家，只是想介绍一些平时可能见到的皮疹的情况。

**危险的皮疹**。一个患有轻微病毒感染的孩子，脸上、胳膊上或者躯干上常常会长出红色的疹斑或边缘不规则的斑块、小丘斑。这种情况很快就会复原。重要的问题在于，这些皮疹会变白。也就是说，如果用手指展开长有皮疹的皮肤，红色就会褪去。这是好现象。

如果皮肤展开时红色不褪，就要小心了：可能是因为血液渗入了皮肤。细小的血管破裂后会形成针尖大小的红点，较大的毛细血管渗漏后会形成不规则的红色或紫色斑点。这种情况不一定那么可怕。比如，用力地咳嗽有时就可能使面部的小血管发生破裂。但是，皮下出血也可能是危及生命的感染或严重血液问题的最初征兆。如果见到不会变白的红色斑块，即使孩子看起来病得不太严重，也要立即跟医生取得联系。

**荨麻疹（风疹块）**。这是一种会长出凸起的红色丘斑或疹斑的过敏反应，这些斑块的中央常常有一块白色区域。荨麻疹也会变白（参见上文）。荨麻疹很痒，有时甚至难以忍受。与大多数其他皮疹不同的是，荨麻疹会到处转移，会在一个地方出现几个小时，继而逐渐消退，然后再出现在别的部位。这种过敏反应的诱因可能很明显：孩子最近吃了新的食物或者服用了新的药物（荨麻疹和其他过敏现象一样，有时会在第二次或第三次接触过敏原之后才表现出来，因此不要被迷惑）。其他诱因还包括冷、热、植物、肥皂或洗涤剂、病毒性感染（包括感冒），乃至强烈的情绪。尽管如此，我们往往还是无法说出荨麻疹是由什么引起的。少数孩子会反复患上荨麻疹，但很多孩子只会没有明显来由地患上一两次。一般的治疗方法就是口服抗组胺药物。

在极少数情况下，荨麻疹会伴有口腔和喉咙内部的肿胀以及呼吸困难（过敏反应）等症状。如果出现这种情况，就要看急诊；要立即打电话叫救护车。

**脓疱病**。这种病开始时出现红斑，然后长成淡黄色或乳白色的水疱，一般靠近鼻子，也可能长在其他部位。水疱会破裂，然后结一个棕色或蜂蜜黄色的痂。脸上任何一处结痂都应该想到可能是脓疱病。这种皮疹很容易扩散，通过双手携带到身体的其他部位，还会传染给别的孩子。

脓疱病是一种葡萄球菌或链球菌引起的皮肤感染。凭处方开的抗生素可以治疗这种皮疹。在找到医生之前，尽量不要让孩子揉脸或抠脸，也不要让别人用他的毛巾、被褥；一定要认真洗手。如果得不到治疗，脓疱病可能导致肾脏损伤，所以要认真对待这种情况。

**疖子**。如果皮肤上出现了很疼的红色凸起，可能就是疖子，这是一种会形成脓疱的皮肤感染。其中越来越常见的原因是一种葡萄球菌所致，叫耐甲氧西林金黄色葡萄球菌（MRSA）。这种感染可能很严重，需要立即治疗。一种口服药物就能奏效，或者需要在医院把脓疱里的脓液排出来，然后用抗生素治疗。

**毒葛皮炎**。如果皮肤发红、发亮，上面还有一撮极痒的小水疱，很可能就是毒葛皮炎，如果这种情况出现在温暖的月份，长在身体暴露的部位，就更容易认定了。这种皮疹看上去可能像脓疱病，孩子有时会因为抓挠皮肤而带入细菌，结果造成脓疱病和毒葛皮炎同时出现的情况。

要帮孩子认真清洗患处，还要给他的双手尤其是手指尖清洗消毒。毒葛皮炎是对植物汁液产生的过敏反应，哪怕只是很少的一点汁液也可能使这种过敏反应扩散到身体的其他部位。可以用非处方的氢化可的松药膏或口服抗组胺药物来止痒。如果病情很严重，就要找医生咨询。

**疥疮**。另一种发痒的凹凸不平的皮疹就是疥疮，它是一种疥螨寄生在皮肤上引起的传染性皮肤病。疥疮看上去就像一簇簇或一排排顶端结痂的粉刺，周围还有很多抓痕。疥疮特别痒，通常出现在经常触摸到的部位：手背上、手腕上、阴部和腹部（但不会出现在后背上）。虽然疥疮并不危险，但它的传染性很强。处方洗液可以杀灭螨虫，但是瘙痒的感觉可能会持续几个星期。

**金钱癣**。这种皮肤问题不是虫子引起的，而是感染了皮肤表层的真菌引起的（与脚癣有关）。我们会看到椭圆形的斑块，大小跟 5 美分的硬币差不多，边缘凸起，微微发红。外缘是由小小的凸起或银白色的鳞屑组成的。这种皮疹会随着时间慢慢变大，中间会变光洁，形成一个环。金钱癣会微微发痒，还有轻微的传染性。处方药膏疗效很好。

头皮上的金钱癣会导致头屑和脱发。有时还会出现一大片渗出肿胀，脑袋背面和脖子上的淋巴结也会肿起来。抗真菌的药膏对长有毛发的部位不起作用；这些部位需要连续治疗几周，每天都要口服药物。

**皮疣**。有的皮疣是扁平的，有的是堆状或细高的。有一种常见的皮疣，会在皮肤上长出一个又硬又粗糙的堆状凸起，大小就跟大写字母"O"差不多。皮疣一般不疼，但如果长在脚底就会疼痛。还有一种皮疣叫传染性软疣，这种软疣呈白色或粉色的丘疹，像大头针的针头那么大，中间有个凹陷。这种软疣可能会大量增加、变大，也可能不会。皮疣是病毒引起的。一般说来，身体最终会将这些病毒击退。治疗皮疣的非处方药可以使脱落过程加快；每天贴上布基胶带也有同样的效果（信不信由你）。如果这些方法都不管用，皮肤科医生可以把它们切除掉，或者通过冷冻的方法去除。有些初级保健医生也提供这种医疗服务。

## 头虱

头虱并不是传染病，而是一种害虫。虱子不进入体内，只是寄居在人身上，以血液为食。真正的问题是发痒，可能会非常痒。另外，很多人一提到虱子就会有种抓狂的感觉。

虱子很容易在人与人之间传播，无论是头部直接接触（并排午睡），还是通过梳子或帽子，都能传染。虱子离开人体以后，大约可以存活3天，但虱子卵可以存活更长时间。卫生条件不好并不是问题所在。

虱子隐藏得很好，你会看到虱子卵（也叫虮子）很小，比芝麻粒还小，珍珠白色，沾在头发上，经常在靠近头皮的位置。在头发与后脖颈接触的位置，特别是耳朵后面，可能会出现发痒的红色小疱。

可以先试一试非处方的除虱用品，但是如果去除不干净，也不要吃惊：虱子对这些化学物质产生抗药性是很常见的现象。处方杀虫剂通常效果不错。不奏效的对策是：在头上大量涂抹凡士林或蛋黄酱。有一个最简单的办法，就是把孩子头上的每一个虮子都逐个挑出来，并且每隔几天就检查一下，看头上是否出现了新的虱子。把头发淋湿并抹上润发剂可以使头发易于梳理，这样一来，虱子也不容易逃跑。

## 胃痛

大多数胃痛都是短暂的，一般不严重，简单地安慰一下孩子也就过去了。可能 15 分钟之后，就会发现孩子又在正常地玩耍了。对于持续 1 小时以上的胃痛，最好找医生诊断一下。如果胃疼得很厉害，就不要等那么长时间才去看医生。胃痛和胃部不适的原因很多。少数胃痛比较严重，但大多数都没什么关系。人们容易仓促地下结论，认为胃痛是因为得了阑尾炎，或是因为孩子吃了什么东西。实际上，这些都不是胃痛的常见原因。孩子一般都能吃一些奇怪的食物或是大量的普通食物，不至于因此消化不良。

在跟医生取得联系之前，要给孩子测量一下体温，以便向医生描述。要注意孩子肚子疼痛的部位，是在肚脐周围，还是更偏向一侧；是在肋骨之上，还是之下。见到医生之前，应该把孩子放到床上，不要给他吃东西。如果孩子口渴了，就让他小口地喝一点水。

**胃痛的常见原因。**刚出生的宝宝经常会出现肠痉挛（参见第 59 页），看上去就像胃疼或者肚子疼。如果宝宝肚子疼，觉得不舒服或呕吐，特别是肚子出现了肿胀，或摸上去很硬，就要立即给医生打电话。

孩子 1 岁以后，最常见的胃痛原因就是一般的感冒、嗓子疼或流感，发烧的时候也特别容易出现胃痛。胃痛说明炎症不但影响了身体的其他部位，还扰乱了肠道。对于小孩子来讲，几乎任何一种炎症都可能引起胃痛或腹痛。当较小的孩子说自己肚子疼时，他真正的意思很可能是觉得恶心。说完肚子疼以后，孩子很快就会呕吐。

便秘是反复出现胃痛的最普通原因。这种疼痛可能比较缓和却连绵不绝，也可能突然发作，而且非常剧烈（但也可能突然消失）。这种疼痛经常在饭后变得更厉害。在用力挤压又干又硬的大便时，消化道产生的收缩会引起这样的疼痛。

**胃痛和精神紧张**。所有的情绪问题，不管是害怕、高兴、激动，都会影响肠胃。这种疼痛一般会出现在腹部中部。与压力有关的胃痛在儿童和青少年中很普遍，经常在一周内就会重复出现两次或更多次。疼痛会出现在中间部位，即肚脐周围或肚脐眼上面。孩子通常很难描述这种疼痛。因为没有受到感染，所以孩子不会发烧。

如果孩子面临着多吃一点或者要吃不同食物（比如蔬菜）的压力，他会经常在坐下来吃饭时，或者刚吃了几口，就说自己肚子疼。父母会认为孩子在编造理由，只不过想把肚子疼当成不吃饭的借口。但是，孩子的疼痛很可能来自吃饭时的紧张心情，肚子疼其实是真实感受。如果家长能帮孩子缓解吃饭时的压力，疼痛就会慢慢减轻。

如果孩子有其他忧虑，也会肚子疼，吃饭前后更是如此。我们可以想一想因为秋季即将开学而感到紧张的孩子，或者做错了事还没被发现而感到惭愧的孩子，他们就会肚子疼，对早餐也失去了胃口。父母之间的冲突，无论是口头的还是肢体上的，都会经常使孩子出现肚子疼的现象。

父母要意识到孩子在这些情景中体会到的痛苦是真实存在的，并不是他为了引起大人的注意而想象或编造出来的，这一点非常重要。治疗方法就是从源头上化解这些压力，无论这些压力来自父母、兄弟姐妹、学校还是孩子自己的内心。心理学家或治疗师经常可以帮上忙。

**阑尾炎**。阑尾是大肠的小分支，大约有小一点的蚯蚓那么长。阑尾发炎是一个渐变的过程，就像疖子的形成一样。所以，那种持续了几分钟就消失的、突发的剧烈腹痛并不是阑尾炎。阑尾炎最大的危险是发炎的阑尾会穿孔。穿孔的阑尾会感染整个腹部，接下来就会发展成腹膜炎。

发展迅速的阑尾炎可能在 24 小时内出现穿孔。之所以要把任何持续了

1 小时的胃痛都向医生报告，就是这个原因。尽管十次有九次的诊断结果都是别的问题，也要及时就诊。

在最典型的阑尾炎病例中，疼痛都是围绕着肚脐持续几个小时。只有到了后来，疼痛才会转移到腹部的右下方，接着发起烧来。孩子看起来病病恹恹，不想吃东西，也不想动。如果你试着摸他的肚子，他就会把你的手推开（"充满戒备地护着"）。即便如此，在很多时候，病情的进展也并非千篇一律。右下腹疼痛、发烧、呕吐或白血球升高等症状既有可能出现，也有可能不出现。因此这种病需要有经验的医生来诊断，通常还要借助腹部超声检查的帮助。

有时候，即使是最优秀的医生也不可能绝对肯定孩子得了阑尾炎。但是，如果病情非常值得怀疑，一般都要做手术。这是因为，如果真是阑尾炎，拖延做手术很危险。阑尾可能穿孔，引起严重后果。

**肠梗阻**。在极个别情况下，新生儿在出生时肠子就发生了梗阻，要么一直堵着，要么时好时坏。这些婴儿会看起来病病恹恹，经常吐出深绿色的胆汁。这些宝宝需要紧急的医疗护理。

当一小段小肠像收缩的望远镜那样，被套入它后面那段小肠里面去的时候，就是肠套叠，这种情况会发生在一些幼儿身上。在典型情况下，患病的孩子会突然出现不适、呕吐，并且因为疼痛而把双腿蜷缩到腹部。有时候，呕吐的症状会比较突出；有时则是疼痛感较明显。腹部绞痛每隔几分钟就会出现一阵；在两阵绞痛之间，孩子可能会感到相当舒适或十分困倦。若干个小时之后，孩子可能会排出带有黏液和血的大便，也就是典型的"红醋栗酱状"粪便。这是小肠受到损伤的迹象；最好能够在这种情况出现之前让孩子得到治疗。

从 4 个月的婴儿到 6 岁的孩子都容易发生肠套叠。解决问题的关键在于及早发现，及时就医。如果发现得比较早，这种情况常常能够轻松得到解决；但是，如果肠道受到了损伤，可能需要通过手术治疗。

大一点的孩子也可能出现肠道阻塞，特别是如果他们曾做过腹部手术，或患有炎症性肠病或其他导致肠道发炎的疾病。在极个别的情况下，患有先天性肠道疾病的人在很久之后才发现自己肠道有问题。

**肠道寄生虫**。在世界上许多经济欠发达地区，大部分孩子都有肠道寄生虫。卫生条件越好的地方，寄生虫越不常见。不过，蛲虫（线虫）却是一个例外，它们随处可见。蛲虫看起来好像长度大约 8 毫米的白线，生存在肠道中，夜晚会从孩子的肛门里爬出来产卵。蛲虫会使肛门周围发痒，影响孩子的睡眠，刺激阴道，或导致胃痛，有时则无任何症状，不被人察觉。（以前，肠道寄生虫被认为是孩子晚上磨牙的主要原因，其实并不是这样。）

尽管蛲虫并不危险，但却很难驱除。药物虽然能够杀死成虫，但虫卵却可以在人体之外存活几天或几周。孩子可能在不知不觉中手指沾上了蛲虫的虫卵，然后又把它们带到自己嘴里或父母的嘴里。蛲虫会在家中和儿童看护中心传播开来，孩子常常会被感染数次。要打破寄生虫感染的循环，就要认真洗手（尤其是指甲缝）；清洁衣物、床单、地毯和地板；有时候还要重复多个用药疗程。

蛔虫个头比蛲虫大，看上去非常像小蚯蚓。最初怀疑孩子长了蛔虫都是因为在粪便里发现了它。如果孩子体内不是存有大量的蛔虫，一般不会引起什么症状。蛔虫在发达国家和地区很少见。但钩虫却在美国南部一些地区很常见。在寄生虫大量滋生的土壤里光着脚走，就会感染钩虫病。钩虫病可能导致营养不良和贫血症，造成生长迟缓和发育不良。在不太发达的国家出生的孩子，以及在许多家庭杂居的环境里或收容所里生活过一段时间的孩子，可能携带肠道寄生虫，但一般都表现不出什么症状。要想弄清这些问题，就要把大便样本送到化验室，用显微镜检测。肠道寄生虫用处方药很容易清除。

## 便秘

便秘在儿童中很常见，也经常被误解。如果孩子排出很硬的大便或者排便时伴有疼痛，而且大便比较粗大，就是便秘，即便每天都按时排便也是便秘。如果孩子的大便是软的，那么即使他每隔一两天才排便一次，也不是便秘。便秘是许多疾病的症状，比如，甲状腺功能减退或铅中毒，但是多数便秘的孩子都没有这些问题。然而，便秘本身经常引起严重问题，这些问题既有身体上的，也有心理上的。

**便秘是如何形成的？** 在便秘形成的开始阶段，孩子的大便粗大而坚硬，排出这种硬硬的大便会感到疼痛，所以孩子因为怕疼就会憋着不去排便。粪便在体内停留更长时间，也就变得越来越干燥。当一大块大便最终排出来时，又会引起疼痛的感觉。久而久之，随着时间的推移，这些坚硬的粪便堆积在一起，会把结肠撑开，减弱正常情况下向下推动粪便的肌肉的力量。结果就是，大便通过结肠会越发缓慢，且会变得更干燥、更坚硬、更让人难受。这样一来，一开始引起疼痛的大便问题就会发展成为长期的问题。

很多事情都可能导致孩子的大便变硬，开启便秘的恶性循环。这可能是某种让身体轻度脱水的疾病，比如流感，也有可能是喝了牛奶或吃了新食物，还可能是情绪紧张，比如弟弟或妹妹的出生让孩子感到了压力，甚至可能只是孩子不习惯在学校上厕所。

**生活方式与便秘**。以全谷物、蔬菜和水果为基础的富含纤维的饮食会使大便变软。富含肉类和马铃薯的饮食提供的纤维过少，会使粪便变得更硬，更难排出。便秘在超重和肥胖的儿童中很常见，这些孩子饮食中的膳食纤维含量往往较低，体育活动也比较少。患有注意缺陷多动障碍的儿童总是十分活跃，可能不会静坐足够长的时间来排便。

对有些孩子来说，牛奶中的特定蛋白质会抑制结肠的收缩，从而导致便秘。这种情况往往受家族遗传的影响。完全不喝牛奶并不吃任何乳制品（只是减少摄入并不够）有助于解决这个问题。如果采取这种办法，就一定要通过其他途径保证钙和维生素 D 的摄入。

喝水不足的孩子排便会更困难。那么喝多少水才算够呢？美国国家医学院的专家建议，四岁的孩子每天需要喝五杯水，饮水量随着年龄逐渐递增，十几岁的孩子要喝十一杯。实际上，宗旨就是多喝一些，尤其是孩子的大便有变硬的趋势时更要多喝水。关于如何让孩子喜欢喝水的小技巧，请参见第 253 页。

**便秘带来的问题。** 除了排便疼痛和大便带血外，便秘常常会导致尿床和日间小便频繁。粪便在直肠里越积越多，就会压迫膀胱的下部，阻塞部分尿液的流通。于是，膀胱肌肉需要更加用力地推动尿液冲破这种阻碍。这样一来，膀胱就丧失了在尿液充盈时松弛下来的能力，哪怕只是很少的尿液也会使膀胱收缩，孩子就会急着去厕所。

对很多孩子来说，大便失禁是特别糟糕的问题（参见第 585 页）。便秘带来的最大问题之一在于，家长会过于关注孩子的这一问题，而对于大部分学龄儿童来说，排便本应是个人的隐私。家长要十分敏锐地把握处理问题的方式，既要参与其中，又不能过分干预。如果便秘的问题已经引起家长和孩子之间的权利之争，或者已经造成家庭关系的紧张，最好还是找心理医生、咨询顾问或其他专业人士寻求指导。

便秘会让儿童感觉非常糟糕，这可能会导致学习问题和消极行为。对于那些不开口说话的儿童（比如有些患有孤独症的儿童）来说，便秘可能会让孩子对他人或自己爆发攻击行为。

**改变生活方式治疗便秘。** 这是解决这个问题最合适的切入点。解决办法很可能就是用全麦面包代替白面包，用新鲜的橙子代替橙汁，用苹果代替饼干，就是这么简单。要记住那些"让你轻松排便的水果"：李子干、李子、桃子和梨。杏也属于这一类。可以试着在松饼、苹果酱或花生酱三明治里加入未经加工的麦麸（大部分超市有售）或麦麸麦片。如果添加了麦麸或者其他已经烘干的膳食纤维，就要让孩子多喝些水。用苹果酱、麦麸和李子汁混合而成的果浆又甜又脆，效果很好。

一定要保证孩子每天都有充分的体育活动，这一点很重要。强健腹部的运动（如仰卧起坐）可以让孩子排便时更加有力，还能获得一种控制感。孩子需要每天有一段专门的时间，安安静静地坐在厕所里排便。最合适的排便时间常常在餐后 15 分钟左右，因为吃东西的动作会自然地刺激结肠活动。

卫生间里放一些书籍，可以帮助孩子坐 15～20 分钟，这样孩子就有了充足时间来排便。放一张木凳可以让个子较矮的孩子把脚稳稳地放上去，这样排便时能更容易用上力气。

**治疗便秘的药物**。如果孩子排便时伴有疼痛，排出的大便又干又硬，就应该立即接受治疗，对小一点的孩子来说尤其如此。医生可以推荐多种药物中的一种，帮助孩子软化大便。治疗通常会持续至少一个月，以便让孩子树立信心，相信再也不会出现硬硬的大便带来的那种疼痛。（一些传统的便秘治疗方法实际上具有危险性。例如，如果孩子吸入了矿物油，就会导致维生素缺乏症或肺炎。所以父母一定要小心。）

如果便秘已经持续了很长时间，就需要更加深入的治疗。治疗包含两个阶段：清理肠道和保持效果。如果结肠被石头一样坚硬的粪便塞得满满的，那么任何药物都不会奏效。医生通常会给便秘的孩子开大剂量的含有聚乙二醇的口服液来清肠通便。孩子们往往会表现得很抗拒，毕竟一直喝口服液再去排便的过程会让人厌烦。不过，一旦干硬的大便被通通排出体外，孩子们就会感觉好多了。有时候，孩子可能还需要一些别的药物来疏通肠道，所以父母最好能在富有经验的医生指导下完成这件磨人的事情。有时还需要小儿肠胃科医生的帮助。

下一个阶段就是保持效果。这需要在药物治疗的同时改变生活方式，逐渐做到每天排出软而成形的大便。这种治疗需要坚持 6 个月或更长时间，直到结肠的力量恢复到可以自己完成排便的程度为止。关键在于不要让粪便再次堆积起来，不要重新开始曾经的恶性循环。孩子和家长都很难那么长时间坚持治疗，有时需要多次尝试才能彻底解决便秘问题。父母可能会对长期使用泻药的负面影响有所顾虑，这种担心确实合情合理，但如果孩子患上便秘却没有得到治疗，也会损害健康。重要的一点是，如果你发现自己正处于这种情况，就要与你信任的医生一起解决这一问题。

## 呕吐和腹泻

**传染病（胃肠炎）**。多数孩子的腹泻都是病毒引起的。这些感染被人们起了不同名字：胃肠感冒、肠道流感、某种"感染"或胃肠炎。患儿可能出现发热、呕吐和胃痛（通常比较轻微）等症状。虽然孩子一般会在几天之内好转，但家里人或同班同学常常会因为相同的感染而病倒。

对此没有特别的治疗方法。父母可以给患儿补充水分，少量多次，以免脱水，但要注意不能让孩子喝果汁，因为这会使病情恶化。汤羹和肉汤是不错的选择。市售的口服补液盐很好用，而且非常方便，你也可以用盐和糖自己配制补液溶液（参见第 272 页）。让孩子想吃什么就吃什么。不必限制他喝牛奶或食用乳制品，但是也不要逼他们吃这些东西。

如果孩子看上去病得很重，发高烧或有严重的痉挛，腹泻时大便里带血或含有黏液，就可能是细菌感染。沙门氏菌是比较常见的致病菌之一，其他致病菌还包括大肠杆菌、志贺菌、弯曲杆菌和其他几种细菌。这些情况，有些需要使用抗生素，不过在有些情况下，使用抗生素实际上会使病情恶化。所以要给医生带一份便检样本，以便化验。

沙门氏菌、大肠杆菌和其他具有潜在危险的细菌，在食品店的肉类甚至是蔬菜中都很常见。为了保护孩子和父母，要遵循卫生习惯，妥善地备菜、烹饪、上菜和储存食物。在切好肉类后，需用热肥皂水擦洗所有的台面和餐具，肉类要彻底煮熟，里面不能带着粉红色的生肉，未在冰箱中保存而久放变质的食物需要及时扔掉。

**不伴有腹泻的呕吐**。伴随腹泻的呕吐常常是因为传染病或食物中毒。不伴有腹泻的呕吐更需要关注。其原因可能是肠道堵塞（如果吐出的东西是黄色的，更是如此），可能是误食了有毒物质或药物，可能是身体某个部位出现了严重的感染，还可能是大脑受到了压迫。总之，这种情况需要立刻就医。

对于婴儿来说，长时间呕吐的原因可能是胃食管反流病。在食管和胃之间有一块肌肉，起着阀门（瓣膜）的作用。它一打开，食物就会进入胃里，吞进去的空气也会排出去，一关闭，食物就无法反流回嘴里。对于婴儿来说，控制这道阀门的神经，反应还比较迟缓，而且神经信号也容易交织在一起。因此，这道阀门常常会在错误的时候打开，于是胃里的东西——食物混合着胃酸——就会向错误的方向流动。随着时间的推移，胃酸可能会刺激食道，引起烧心。这种刺激还会进一步削弱阀门的作用。

一旦知道出现的问题是胃食管反流病，解决的办法就是让孩子少吃多餐，仅此而已。这样胃部再也不会撑得太满，胃里的压力始终保持在较低水平，食物也就不会到处流动了。还可以试着让宝宝俯卧，让他的头比胃部高出十几厘米，让地心引力助一臂之力。（要认真看护好宝宝，如果他睡着了，就帮他翻个身，让他面朝上；婴儿猝死综合征较少发生在仰卧着睡觉的宝宝中。）如果这些措施不见效，药物或许能够减少胃酸，有时还能强化阀门的肌肉。

每次喂奶后就会激烈呕吐的小婴儿可能患有一种被称为幽门狭窄的疾病，这种病更为严重，表现为控制胃部反流的肌肉肥厚增生。幼儿如果持续呕吐需要立即就医。

**食物中毒**。食物中毒是某种细菌产生的毒素引起的。被污染的食物尝起来可能有些异常，也可能毫无异样。尤其要当心用乳脂或生奶油做馅的糕点、含有奶油的沙拉，以及家禽肉做的馅。这些食物在室温条件下很容易使细菌大量繁殖。另一个诱因就是在家里封存不当的食物。

食物中毒的症状包括呕吐、腹泻、胃痛和头痛。有时候还会发冷、发热、肌肉疼痛。任何人食用了受到污染的食物，一般都会在大致相同的时间受到某种程度的影响，这一点与胃肠感冒不同，后者通常若干天之内在家里扩散开来。如果怀疑孩子食物中毒，一定要找医生诊治。

**脱水。**因为同时伴有呕吐、腹泻、发烧和呼吸急促等症状，许多疾病都会使水分流失。此外，生病的孩子往往饮水量较少。婴儿和幼儿的风险更大，因为他们的皮肤会更快失去水分。某些传染病因为会导致脱水而臭名昭著。其中最有名的就是霍乱，这种疾病在发达国家十分少见，但在卫生条件较差的时候比较常见（也令人十分恐惧），如发生自然灾害和人为灾难的时候。在发达国家，轮状病毒曾是导致脱水的常见原因，疫苗研发出来之后这种情况得到了改善。

脱水的最初表现是孩子的尿量比平时少，而且尿液呈深黄色；但是，如果孩子用尿布，而尿布上又满是稀稀的大便，尿量的多少很难判断。随着脱水变得越来越严重，孩子会无精打采或者昏昏欲睡；他的眼睛看上去很干涩，哭闹的时候可能也没有眼泪；嘴唇和口腔看起来又干又渴；婴儿头顶上那个软软的部位会凹陷下去。

对于轻度脱水，父母要让孩子喝大量的非处方补液盐，也可自行配制（参见第 272 页）。要注意的是，尽管广告上的宣传天花乱坠，但运动饮料并不同于补液盐，也没有那么好的效果。如果脱水情况严重，应尽快带孩子去医院。

**迁延性腹泻。**这种情况往往出现在生命力旺盛的幼儿身上。发病当天，孩子可能在早晨排出正常的大便，随后会排出 3～5 次或稀或软、味道很重的大便，其中还可能带有黏液或尚未消化的食物。孩子的食欲可能仍然很好，也能玩能闹。这种病可能会突然出现，也可能伴随着一阵胃肠感冒而出现。让孩子少喝果汁往往能在很大程度上缓解腹泻。由于是孩子体内果汁中的浓缩果糖减少而使腹泻得到缓解，所以这种症状有时会被称作苹果汁腹泻。孩子其实并不需要喝果汁，吃一个苹果或橙子就可以获得维生素，还能补充纤维。每天喝一杯 120 毫升的果汁作为美味零食就足够了。

对于大一点的孩子来说，不明原因的稀便和绞痛可能是由肠易激综合征（IBS）引起的。一些诱因包括摄入过多的咖啡因（可能来自能量饮料）、心理压力大和食物过敏。不含可发酵糖类的特殊饮食（即 FOD-MAP 饮食[1]）通常能帮助缓解病情。

**几种可导致慢性腹泻的严重疾病。**如果孩子出现持续腹泻伴随着体重增长缓慢或体重减轻，医生就要检查孩子是否患有其他严重疾病，比如炎症性肠病、囊性纤维化及其他胰腺疾病，以及乳糜泻。

炎症性肠病（IBD）有两种主要类型，即克罗恩病和溃疡性结肠炎。症状包括腹痛、血性腹泻、体重减轻、食欲减退、面色苍白和极度疲倦。在通常情况下，病情如果没有得到诊断和治疗，症状会越来越严重。

如果孩子患有囊性纤维化（CF），胰腺会停止分泌分解食物所需的酶。未经充分消化的食物会导致腹泻，使孩子营养不良。婴儿在出生时就会抽血化验，以检测是否患有囊性纤维化（这是美国足跟血筛查的其中一项内容），并尽早开始专门治疗。此外，还有一些不太常见的原因也会导致胰腺功能障碍，这些症状可能会在日后出现，并常伴有慢性腹泻和体重下降。

乳糜泻（CD）是一种对麸质的异常反应，而麸质是一种存在于小麦、大麦和黑麦中的蛋白质。在乳糜泻中，麸质蛋白会导致身体攻击那些负责吸

---

1 在 FOD-MAP 饮食中，F 代表 Fermentable（可发酵的），O 代表 Oligosaccharides（低聚糖），D 代表 Disaccharides（双糖），M 代表 Monosaccharides（单糖），A 代表 And（和），P 代表 Polyols（多元醇）。——编者注

收营养物质的肠道细胞。未被吸收的营养物质会导致腹泻和腹胀，而身体则处于饥饿状态。目前可以用验血的方法来筛查乳糜泻，但最终诊断通常需借助内窥镜进行活检检查。要治疗乳糜泻，可以采取无麸质饮食法。近年来，许多没有患乳糜泻的人也选择了无麸质饮食（参见第 250 页）。

## 头痛

对幼儿来说，头痛是很多疾病的前兆，从普通的感冒到比较严重的感染都会出现这种症状。对学龄儿童来说，头痛最常见的原因是紧张。设想一下，有个孩子将参加学校的演出，几天来一直在背台词；或者，他一直在放学后参加学校体育队的训练。这种长时间的疲劳、紧张和期待经常会综合在一起，使流向头部和颈部肌肉的血流发生变化，引起头痛。

如果大一点的孩子出现头痛，可以给他适当剂量的对乙酰氨基酚或布洛芬，让他休息一段时间。孩子可以躺一躺，做一些安静的游戏，进行其他休息活动，等待药物起效。有时候，还可以用个冰袋。

如果孩子服药 4 小时后头痛还在继续，或者出现了其他症状（比如发烧），就应该打电话给医生。其他令人担忧的症状还包括起床时或早晨出现的头痛和夜里把孩子惊醒的头痛，头部受到撞击或摔倒之后出现的头痛，伴有眩晕、视觉模糊或重影、恶心、呕吐的头痛，以及持续过久的头痛。

经常头痛的孩子应该进行彻底的体检，包括视力检查、牙齿检查、神经学鉴定，以及详细的饮食和睡眠评估。此外，还应该考虑一下，在孩子的家庭生活、学校生活或社会活动中，是否有什么事情会使孩子过度紧张。

儿童的确会患偏头痛，尽管他们可能较少表现出明显的偏头痛症状，比如眼冒金星或其他视觉变化等。孩子长时间的严重头痛可能是偏头痛的症状。当这种问题在家族里出现得较普遍时，就更值得怀疑。

## 抽搐

**明显或不明显的抽搐**。有时候可以明显看出孩子出现抽搐。孩子会失去意识并跌倒在地，眼睛上翻，身体僵硬，然后剧烈地抖动。他可能会口吐白沫，发出低沉的咕噜声，还可能小便失禁，或咬着自己的舌头。几分钟后，他的身体会松弛下来，但是仍然昏昏欲睡，在恢复正常之前，有几分钟甚至几小时神志不清。这种猛烈的抽搐是全面性发作，因为涉及大脑的大部分区域。它还被描述为强直阵挛，因为患者的身体一开始会变得僵硬，继而出现抖动。"癫痫大发作"的旧称也仍在沿用。

其他的抽搐类型则不那么明显。婴儿眼睛可能会突然盯着一边，或做出吧唧嘴、骑自行车的动作。5 ~ 8岁的孩子可能会从睡梦中醒来，一半面颊或一侧身体出现抽搐，几分钟以后恢复正常。这种抽搐一般都会在孩子升入八年级之前好转，且不会复发。

还有一种常见的抽搐类型：两岁以上的孩子，常常是女孩，会突然目光空洞地凝视前方，叫她的名字或拍她也没有反应。5 ~ 10秒钟后，她会重新回过神来，继续她正在做的事情，完全不知道刚刚发生的"插曲"。这种抽搐在一天当中可能反复出现，会干扰孩子的学习。或许是因为孩子看起来好像走开了一会儿似的，所以这种现象叫作失神发作。这些类型的抽搐用药物可以很好地治疗。其他孩子可能会反复表现出一系列复杂的举动——走来走去或双手做出特别的动作——却意识不到自己的行为。这也可能是一种抽搐。

总之，孩子的行为或意识发生任何突然的改变，都可能是抽搐。如果怀疑孩子有此类问题，就要接受医学检查。

**什么情况下才是癫痫？**癫痫描述的是在没有发热或其他明显原因的情况下反复发作的抽搐。神经科医生会根据抽搐的类型和其他一些信息来诊断某种特定的癫痫综合征。这些诊断将会指导治疗，还可以为预后提供信息。

癫痫对孩子和家长来说都是很痛苦的，甚至比许多其他慢性病还痛苦。无知和恐惧是主要的障碍。通过教育，孩子和家长都能获得控制能力和心理安慰。癫痫患者能够过上正常而充实的生活。

**抽搐的原因**。神经细胞不断发出微小的电流振动。当成千上万或几百万神经细胞几乎同时发出电流振动时，一股异常电波就可能通过大脑，从而引起抽搐。如果是大脑的一大片区域受到影响，孩子就会失去知觉，并会经常出现全身性颤抖或强直阵挛发作。如果是大脑的一小片区域受到影响，癫痫发作就不那么引人注目，只会出现局部肢体颤抖，也不会出现意识丧失的情况。异常脑电活动的潜在原因可能是脑部的某个区域形成了瘢痕，或是特定基因的作用，但我们常常无法确定抽搐的原因究竟是什么。

**伴有发热的抽搐**。到目前为止，抽搐在幼儿身上最常见的诱因是发热。3 个月到 5 岁的孩子中，每 25 人就有一人在发烧时出现短暂的强直阵挛性抽搐。这些孩子大部分都完全正常而且非常健康（除了引起发烧的感染外）；这种痉挛似乎没什么长期影响，而且这样的情况大多也不会再出现。大约 1/3 的孩子会出现第二次伴有发热的抽搐，但还是那句话，从长期来看，这些孩子大部分都完全健康。在发烧时首次出现抽搐的孩子中，差不多有 1/20 以后会患上癫痫。

热性惊厥常常出现在生病初期，比如感冒、嗓子疼或流感。身体应对病菌时出现的体温骤升似乎会引发大脑的异常活动。由于这种抽搐常常是突如其来的，所以家长很难预防。

如果你的孩子真的在发烧时出现抽搐，可以按照下面的指导去做。当然，父母可能会被吓得有点不知所措，因为孩子一旦出现抽搐，正常反应就是想到最坏的情况。孩子几乎总会在把父母吓坏之前恢复正常。

**如何应对全面强直－阵挛性发作癫痫（癫痫大发作）？** 孩子抽搐时，父母能做的只有防止他伤到自己，此外几乎没有什么可做的事情。要把他放到地板上，或放在他不会摔落的地方。让他侧卧，以便唾液从嘴角流出来，也防止他的舌头堵住气管。要注意别让他到处挥舞的四肢，打在尖利的东西上。不要往他嘴里放任何东西。

大多数癫痫发作会自行停止。如果抽搐持续时间超过 5 分钟，就很可能需要紧急医疗干预了。父母需拨打急救中心的电话进行求助。如果孩子开始犯癫痫时父母也在场，可以记下来癫痫开始发作的时间，因为医生可能需要知道癫痫持续了多长时间。癫痫发作过后，孩子通常会感到非常困倦，可能要过一个小时或更长时间才能恢复如常。

## 眼睛问题

**看眼科的原因**。在下列情况下，要带孩子去看眼科医生：在任何年龄出现内斜视（对眼）或外斜视，看黑板有困难，抱怨眼睛痛、刺痛或疲劳，眼睛发炎，头痛，看书时把书本拿得离眼睛过近，仔细看什么东西时把头偏向一边，检查视力时，发现孩子的视力很弱。孩子每年都应该进行视力筛查。但是，即使孩子可以看清视力检查表，也不能保证他的眼睛没有问题。如果孩子有眼部疲劳的症状，也应当检查。

**近视**。近视是指距离近的物体看得清楚，距离远的物体比较模糊。近视大部分出现在孩子 6 ~ 10 岁的时候。来势可能比较迅猛，所以，不要因为孩子的视力在几个月前还很好，就忽视了某些迹象的存在，例如孩子看书时书本离眼睛更近了，在学校看黑板出现了困难等。

**眼睛发炎（结膜炎）**。结膜炎指的是眼结膜（即眼睛最外层的膜）出现了炎症。结膜炎可由多种不同的病毒、细菌或过敏原引起。若患者的眼睛只是略微发红，眼部分泌物少而未出现混浊，尤其是孩子同时还流着鼻涕，这种结膜炎通常都是由引起感冒的普通病毒导致的。病毒性结膜炎会像感冒一样自行好转，不需要特别的药物治疗。

若孩子没有出现感冒症状，那么结膜炎很可能是由细菌感染导致的。眼部分泌物发黄变稠，伴有疼痛感，白眼球发红等症状都提示了细菌感染的可能性。细菌性结膜炎可以用医生开的抗生素药膏或滴液治疗。许多病菌都可以引起结膜炎，有时病情会很严重或引发全身性疾病。这些情况需要及时就医。

结膜炎可以通过手眼途径进行传播。幼儿先用手揉眼睛，再接触其他孩子，就很容易在班级中传播结膜炎。许多幼儿园和学校会让患有结膜炎的儿童暂缓入校，直到他们接受了 24 小时的抗生素治疗后方可复学。当然，这种措施对病毒性结膜炎（眼睛轻微发红，无分泌物）来说是没有意义的，因为抗生素对这些病毒无效。况且，用一周的时间让结膜炎在返校之前完全消退也往往不现实。因此，老师需要特别警惕，让孩子们勤洗手，并限制孩子们之间的接触。

如果结膜炎在用药几天后仍未好转，也可能是因为眼睛里有灰尘或异物，这些东西只有通过眼底镜才能看得到。如果出现眼睛持续流泪、眼睑肿胀、孩子拒绝睁眼或一只眼睛看起来比另一只大等情况，都需要及时就医。

**睑腺炎（俗称麦粒肿或针眼）**。睑腺炎就是眼睑腺体出现的炎症，是皮肤上的普通细菌引起的。睑腺炎一般都有一个硬结，随后会破溃，然后愈合。热敷会使被感染的睑腺感觉舒服一些，也会促进患处的恢复（眼睑对温度非常敏感，所以只能用温水，不要用热水）。医生开的抗生素眼药膏也可以加速患处的愈合。尽量不要让孩子去揉眼睛，因为一侧的睑腺炎经常会感染另一侧。像对待结膜炎一样，患有睑腺炎的成年人在照看婴幼儿之前，应该把手洗干净，以防接触传染。

**有损视力的行为**。经常在昏暗的光线下看书、没有足够时间进行户外活动或看远处的物体都可能会使近视有所加重。

## 关节和骨骼

**生长痛**。孩子经常会抱怨胳膊和腿隐隐作痛。2～5岁的孩子一觉醒来可能会大声哭号,说他的大腿、膝盖或小腿疼痛。这种现象只在傍晚出现(孩子在其他时间段都没事),但可能一连几周每个晚上都出现。有人认为,这种疼痛是由肌肉抽筋引起的,或是因为骨骼的生长迅速。总体来说,如果疼痛从一个地方转移到另一个地方,并且没有出现肿胀、发红、某些部位一碰就疼、走路不稳等症状,孩子也一切正常,这种情况就不太可能是严重的疾病。

**髋部、膝盖、脚踝和足部**。髋关节很容易受伤,所以髋部疼痛要进行医学检查。髋关节的疼痛并不反应在我们通常认为的臀部,而是反应在腹股沟或大腿内侧一线。如果孩子走路跛脚,不管是否伴有髋部疼痛都要引起注意,除非有明显的原因,比如足部受伤。超重的孩子不仅膝盖、脚踝和足部容易出现问题,髋部也容易受到损伤。

因为韧带就在膝盖骨下面,与小腿骨的上端相连,那里的疼痛常常是韧带拉紧造成的,正在生长发育的青少年尤其如此。在做完包含跳跃动作的体育运动之后,疼痛一般会加重。这种常见情况被称为胫骨结节骨软骨炎(即奥斯古德－施拉特病),其实是一种劳损,与网球肘相似;病情的恢复需要休息,还要通过药物减轻炎症(比如布洛芬)。膝盖骨旁边或下面的疼痛也很常见,除了锻炼那些把膝盖骨稳定在原有位置上的肌肉之外,休息和药物治疗也有作用。

对于脚踝扭伤的情况,可以试着休息一下,服用布洛芬、冰敷并把腿抬高，这四种措施被称为 RICE 疗法 [1]。理疗师提出的锻炼方法可以加快康复的速度。如果没有疼痛，平足就不是问题，如果有疼痛的感觉，要检查一下，因为有些情况需要手术治疗。

**脊柱。**脊柱侧凸是一种通常出现在 10 ~ 15 岁孩子的脊柱弯曲问题，多见于女孩；这种情况容易在家族中遗传，原因尚不明确。只要脊柱异常弯曲就应该找医生检查，但大多数情况都是轻微的，只要观察就好。如果孩子背部下方疼痛，应该进行检查，以便排除罕见却严重的疾病。在青春期的生长高峰结束之前，儿童应该避免提举重物。青春期过后，他们的脊柱就发育成熟，不容易受伤了。

**什么时候需要担心？**如果关节疼痛伴有发烧，可能表示关节处存在炎症，需要看急诊。走路跛脚如果不是因为近期的损伤造成的，也需要立即就医，因为有时那可能是严重疾病的征兆。如果一个或多个关节长期疼痛或肿胀，还伴有发烧或皮疹，就可能是关节炎。关节炎有几种不同的类型，有些类型要比其他类型严重。所有类型的关节炎都需要医疗方面的关注。

## 心脏问题

**心脏杂音。**心脏杂音只是血液流过心脏时发出的声音。大部分杂音都是无害的，或者是功能性的，也就是说心脏其实十分正常。家长有必要了解孩子是否有无害的心脏杂音，因为此后如果有位初次见面的医生发现孩子有心脏杂音，就不必担心了。真正新出现的心脏杂音需要检查。最常见的原因是摄入铁质偏低而引起贫血。

---

1　RICE 疗法是国际通用的运动伤害疗法，分别代表休息（Rest）、布洛芬（Ibwprofen）、冰敷（Cold）和抬高（Elevation）。——译者注

如果杂音是心脏异常造成的，最可能的原因是两个心室之间存在缺损。这些缺损一般都比较小，医生会等它们自行闭合。大一些的缺损有时需要一个治疗过程，一般不须动手术。一般情况下，医生通过简单的听诊就能分辨出某种杂音是否无害。如果有必要，超声波检查可以显示任何异常情况的性质。

**胸部疼痛。**胸部疼痛在儿童中很常见，但很少是由肺病或心脏病引起的。大部分胸部疼痛的原因是胃酸倒流、心情烦乱或心理焦虑。青少年连接肋骨和胸骨的软骨组织容易发炎。在这些情况下，用力按压胸部就会引起疼痛。布洛芬和家人的安慰一般都能奏效。

**昏厥。**如果孩子在躺着的时候突然站起来，或突然出现疼痛、紧张的情况，就可能会感到头晕。如果他失去了知觉，最好让医生检查一下。大多数昏厥的孩子其实是完全健康的，但在少数情况下，昏厥是因为心律异常，心电图可以监测到这种情况。如果孩子在没有任何刺激性疼痛或休克的情况下晕倒，就一定要带孩子去看医生。

若孩子在体育锻炼中出现了任何晕厥或胸痛，都应该进行身体检查，因为这些情况可能是肥厚型心肌病（HCM）的征兆，这种疾病正是运动员猝死的最常见原因。肥厚型心肌病是可能导致严重心脏问题的几种遗传性疾病之一。如果家族有昏厥或猝死的病史，应该告诉医生。

## 生殖器和泌尿系统失调

**膀胱感染和肾脏感染。**患有膀胱感染的成年人常常抱怨小便频繁，排便时伴有灼热感。儿童虽然有时也有同样的症状，但一般不会。幼儿可能只是肚子疼或发烧，或者一点症状都没有；这种感染只有通过化验小便才能发现。如果带有很多脓水，尿液就可能呈现出混浊的状态，但是正常的尿液也可能因为含有常见的矿物质而看上去混浊。受到感染的尿液闻起来可能有点像大便的味道。如果感染转移到肾脏，经常会出现高烧和背部疼痛。出现这些症状的孩子需要立即就医。

出生后的最初几周里，女孩会比男孩更容易出现尿路感染。女孩膀胱感染的原因常常在于排便后从后往前擦拭的错误方法。没有割除包皮的男孩也比较容易出现尿路感染。如果孩子出现了发热和肚子疼的症状，或者排尿时有任何不舒服，就应该想到这些原因。

尿路感染的治疗十分重要，可以防止慢性肾脏损伤。有时候，肾脏潜在的异常情况或连通肾脏的管道存在异常，都会让孩子反复出现尿路感染。针对这些异常情况进行检查很重要，有时可能需要手术治疗。

**排尿频繁**。如果孩子突然开始频繁排尿，有可能是膀胱感染或糖尿病导致的。便秘有时也能引起尿频（参见第 386 页）。

少数人的膀胱容量可能达不到平均水平，这些人可能生来就如此。但是有些不得不频繁小便的孩子（也有成年人）的确是高度紧张或比较焦虑的。即使是健康的运动员，比赛之前也可能不得不每隔 15 分钟就去一趟厕所。处于长期压力之下的孩子（这些压力可能来自家庭或社区）可能会更频繁地上厕所。

有一种普通的情况是孩子比较胆怯，而老师看起来则很严厉。一开始，孩子的担心会使膀胱无法充分放松，也就不能储存太多尿液。然后，他会担心自己上厕所的请求被老师拒绝。如果老师再小题大做地批评两句，情况就会更糟。

家长可以找老师聊一聊，这样会有助于解决问题。比如，当孩子需要离开教室时，他可以使用"秘密暗号"向老师示意。这样一来，孩子的紧张感会有所缓解，上厕所的次数往往也会减少。从医生那儿开一张证明也可能有帮助，这样不仅能让老师准许孩子上课时去厕所，还能解释孩子的先天特点，以及为什么他的膀胱会那样。

**排尿稀少**。当身体缺水时,肾脏就会尽量保存住每一滴水,从而产生少而浓(呈深黄色)的尿液。在炎热的天气里,如果孩子大量排汗又没喝足够的水,也许会长达 8 小时以上都不排尿。发烧时也会发生同样的情况。孩子在炎热的天气里和发烧时都需要大量饮水。每顿饭之间也需要不时地提醒他们喝水。如果孩子太小还不能告诉父母他的需要,就更要注意及时补充水分。

**阴茎头部的疼痛**。有时候,阴茎开口附近会出现一小块红嫩的区域。那里可能有些组织肿起来了,使得男孩出现排尿困难。这一小块疼痛的地方就是局部的尿布疹。最好的处理办法就是让疼痛处尽量暴露在空气中。每天用温和的香皂洗澡可以促进创面的愈合。如果孩子好几个小时不能排尿而感到疼痛,让他在温水中坐浴半小时,同时鼓励他在浴盆里排尿。如果这还不能让他排尿,就得打电话给医生了。

**女孩出现排尿疼痛**。如果女孩尿道周围的部位受到刺激,就可能导致排尿疼痛。常见的原因包括因错误擦拭方式而让少量大便沾到尿道上,或被各种不同的化学物质刺激了尿道。不要让孩子洗泡泡浴,洗衣服时不要使用包括软化剂在内的衣物柔顺剂,也不要用带香味的卫生纸,要给孩子穿纯棉内裤,不要穿尼龙内裤。可以把半杯碳酸氢钠用温水调配成小苏打水,浅浅地倒在浴缸里,让孩子每天到里面坐几次。然后,轻轻地把小便部位的水吸干。如果这些做法都没能解决问题,就要让医生检查一下孩子是否患上了尿道感染。

**阴道分泌物**。女孩如果出现少量的阴道分泌物,并在几天后自行消失,就属于相当正常的现象,无须担心。其原因和治疗方法与排尿疼痛(参见上文)的情况相同。

如果分泌物又多又黏稠,让人烦恼,或者一连几天都有分泌物排出,可能是由严重的感染造成的。在少数情况下,可能是性虐待的表现。医生受过专门训练，知道如何询问性虐待的情况，也知道如何检查外阴部，以寻找其他迹象。

一部分是脓、一部分是血的分泌物有时是因为小女孩把什么东西塞进了阴道。如果情况真是这样，父母自然会告诉她别再这样做了，这种教育是正确的。但是，最好不要让她怀有负疚感，也不要暗示她这可能会带来严重的伤害。孩子所做的这种探索和试验跟这个年龄的孩子所做的其他事情没有太大不同。

## 疝气和睾丸问题

**疝气**。如果婴儿的腹股沟或阴囊出现时隐时现的肿胀，就可能是疝气。这种肿胀是因为一截肠子向下滑入一个小小的通道造成的，而这个通道在正常情况下应该是闭合的。用力或咳嗽都会把肠子推进这个区域；当孩子放松或躺下时，这段肠子就会回到原来的位置。

如果这段肠子被卡住了，肿胀会固定在那里，还会疼痛；这种情况需要立即就医。等待医生时，可以试着抬高婴儿的屁股，放在一个枕头上，用冰袋冷敷（或把碎冰放在塑料袋里，再放进一只袜子里）。这些措施也许会使肠子滑回到腹腔里。一定不要用手指去推按那个凸起。在跟医生讨论孩子的病情以前，不应该给孩子喂母乳或配方奶——如果需要做手术，孩子应该空腹。

**阴囊积液（鞘膜积液）**。和疝气一样，阴囊积液也会导致阴囊肿大。阴囊里的每个睾丸都被一个精巧的液囊包围着，液囊里包含着少量的液体。这有助于睾丸四处滑动。新生儿液囊里的液体通常比较多，因此，他们的睾丸就显得比正常尺寸大好几倍。有时候，这种肿胀会出现得稍晚一些。在通常情况下，那些液体会自行消失，不需要做什么处理。大一点的男孩偶尔会出现比较严重的阴囊积液，就可能需要做手术。疝气和阴囊积液可能同时出现，因而令人迷惑。可以让孩子的医生帮忙确定到底发生了哪种情况。

**睾丸扭转**。睾丸依靠一束血管和管状器官悬在阴囊里。有时候，一个睾丸会因为扭动而挤压到那束支撑组织，从而阻断血流，并产生剧烈疼痛感。阴囊可能会突然肿胀起来，变得一触即痛，还会发红或发紫。这属于急诊情况，要立刻找医生诊治，以保住睾丸。

**睾丸癌**。青春期的男孩应该学会至少每月检查一次自己的睾丸。具体方法就是用手仔细触摸每一个睾丸，看看有没有异常的肿块或一碰就疼的地方。如果尽早治疗，痊愈的机会很大。

## 婴儿猝死综合征（SIDS）

在美国，大约每1000个婴儿里就有一个死于婴儿猝死综合征。婴儿猝死多发于3周~7个月大的孩子身上，即使进行尸检也无法找出孩子猝死的原因（比如死于感染）。

所有的婴儿都应该面朝上躺着，除非医生不允许他采取这种姿势。仅仅把睡觉的姿势从面朝下改为面朝上，就已经使婴儿猝死的概率降低了50%。诸如避免吸入二手烟和防止过热等其他预防措施也同样重要（参见第31页）。

**对婴儿猝死综合征的反应**。父母很震惊——突然的死亡比病情恶化之后的死亡更令人无法接受。父母会被负疚感压倒，因为他们认为自己本该注意到什么，或者应当随时查看婴儿。悲伤和抑郁可能会持续数月。他们可能难以集中精力，难以入睡，胃口很差，出现胸口疼痛或胃痛。还可能会强烈地想要逃走，或者非常害怕独处。有些父母想倾诉，而另一些则会把自己的情感封闭起来。

如果家里还有别的孩子，父母可能会害怕他们离开自己的视线，想躲避照顾他们的责任，或者对孩子没有耐心。家里的其他孩子肯定也会难过，不管他们的悲伤是否表现出来。小一点的孩子要么会黏着父母，要么会表现得很差。大一些的孩子可能会表现得特别冷漠，他们正在用这种方式来保护自己，不让悲伤和内疚感完全爆发。几乎所有的孩子都会怨恨自己的兄弟姐妹。他们不成熟的思想会让他们以为，是那些敌对的情绪带来了家人的死亡。

如果父母故意回避死去孩子的话题，他们的沉默就会增强其他孩子的内疚感。所以，父母应该谈一谈死去的婴儿，解释死亡的原因是一种特殊的婴儿病，不是谁的过错。像"宝宝离开了"或"他永远不会醒来了"之类的委婉说法，只能增加新的神秘感和焦虑情绪。父母要温和地回应孩子的问题和评论，这样做特别有好处，孩子也会觉得把心底的担忧表现出来没有问题。父母也可以向家庭社会机构、指导诊所、精神病医生、心理学家求助，表达或逐渐理解自己失控的情感。

## 获得性免疫缺陷综合征（艾滋病）

艾滋病是由人体免疫缺陷病毒（HIV）引起的。这种病毒会削弱人体抵抗其他感染的能力，所以患上艾滋病的人会死于一些普通的感染。对于正常人来说，这些感染很快就能被身体的免疫功能治愈。

艾滋病病毒不会通过触摸、接吻等方式传播。与艾滋病患者同住一间房子、同坐在一间教室里上课、同在一个游泳池里游泳、共用同一个器皿吃饭或喝水以及共用同一个马桶同样不会造成病毒传播。

儿童感染的艾滋病通常都是他们的母亲在怀孕或分娩的时候传染给他们的。在怀孕期间服用抗病毒药物，可以大幅降低婴儿感染艾滋病病毒的概率。因此，对孕妇来说，进行 HIV 筛查至关重要。如果治疗得当，感染了艾滋病的婴儿存活的时间也会越来越长。综合药物疗法的运用已经把艾滋病变成了一种可以控制的疾病，患者的平均寿命也很长，但我们仍然无法真正治愈它。

**如何（以及为什么）让儿童和青少年了解艾滋病？** 孩子很可能会从电视上、录像里、电影中或学校里听说过艾滋病。父母需要跟孩子谈论这个话题，即使是很随意的谈话也可以让孩子有机会提出问题，得到父母的肯定和支持，并明白父母所秉持的价值观。

应该让青少年知道，最容易感染 HIV 的行为是没有防护地和多人发生性行为。性伙伴的数量越多，就越有可能遇到患有艾滋病或携带 HIV 的人，可能患者或携带者本人并不知情。防止感染最保险的办法当然就是把性行为推迟到结婚以后。但是，单纯告诉青少年这些道理实际上没什么效果。青少年还应当知道，乳胶避孕套（不是小羊皮）虽然可以提供强有力的保护，但依然不能做到万无一失。其他避孕措施都不能预防艾滋病。口交的风险可能较小，但也并非完全安全。

肛交尤其危险，因为较大的摩擦会增加血液传播的风险。吸毒者共用吸毒用具时也会面临同样的风险。如果这些话题让你感到不安，请记住，跟孩子谈论性和毒品并不会让他们对这些危险的事物更加沉迷，结果恰好相反（参见第 493 页）。

斯波克博士评论说："我觉得预防 HIV 的最好方法有两种，一是进行安全性爱技巧的教育，二是坚信性爱的精神内涵……与单纯的身体接触同等重要，也同样值得尊重。"

## 肺结核

**肺结核**（TB）。这种疾病在美国虽然很少，但在很多发展中国家仍然十分常见。在美国，患病风险最大的儿童就是那些在海外出生的孩子，有家庭成员在海外出生的孩子，生活在低收入社区的孩子，或与可能患有肺结核的久咳不愈者有接触的孩子。

大部分人都觉得肺结核发生在成年人身上。患者会发热，体重也随之下降并痰中带血。但是，儿童时期的肺结核一般会有不同的表现。很小的孩子对此几乎没什么抵抗力，而且这种疾病常常会蔓延到全身。在童年后期，肺结核可能不会表现出任何症状；它会在孩子的体内蛰伏，等到抵抗力降低时才出现。肺结核发病的时候，症状常常并不十分典型。因此，当孩子出现不明确的症状时，比如反常地疲劳或食欲减退，就要想到会不会是肺结核。这一点很重要。

任何一个肺结核疑似患者都应该接受检查。新来的管家、保姆或家里任何一位新成员都有必要接受肺结核筛查。如果孩子的检查结果呈阳性，通常意味着孩子曾暴露于病毒，而并非染病。几个月的药物治疗可以预防这种疾病在日后发作。

## 瑞氏综合征

这是一种很罕见但又很严重的疾病，可能导致大脑和其他器官的永久性损伤。瑞氏综合征的病因还没有完全弄清楚，但一般都在病毒性疾病发作期间出现。现在我们知道，如果儿童和青少年在病毒性疾病发作的时候服用阿司匹林，会比服用对乙酰氨基酚和别的非阿司匹林药物更容易患上瑞氏综合征，患有流行性感冒和出水痘时更是这样。

## 西尼罗病毒

西尼罗病毒（WNV）让很多人感到恐惧，但其实很少会给人带来严重的疾病。西尼罗病毒是由蚊子携带的，不光传染给人类，还会传染给鸟类。预防这种疾病的最好方法就是避免蚊子叮咬（参见第 321 页）。西尼罗病毒致病的症状一般都比较轻微（如果有的话），跟流感相似。通过验血可以确诊是否感染了西尼罗病毒，但还没有专门的药物来对付这种病毒，病人必须依靠自己的身体来抵御它。

## 寨卡病毒

寨卡病毒可导致胎儿在子宫内出现脑损伤，以及主要发生在成人身上的神经系统损伤（罕见）。如果你怀孕了或有备孕计划，请查看最新版的已知寨卡病毒传播区地图及安全建议。携带寨卡病毒的蚊子在白天或晚上都会叮人，但白天的叮咬会更加频繁。如果你住在寨卡病毒感染流行区，就需要采取特别的预防措施来避免叮咬（参见第 321 页）。

该病毒也可通过性接触进行传播，所以如果你的伴侣可能接触了寨卡病毒，在怀孕期间进行性生活时就需使用安全套或避免性行为（后者更为安全）。如果你认为自己在怀孕期间可能被寨卡病毒感染，请立即进行检测；也有一种针对新生儿的血液检测。年龄较大的儿童感染寨卡病毒后通常会有轻微症状。在让孩子服用任何药物之前，请先咨询医生。

第四部分

/

# 培养精神健康的孩子

# 孩子需要什么

## 关爱和限制

　　要培养精神健康的孩子，最可靠的办法就是逐步和他们建立一种充满关爱呵护又互相尊重的关系。关爱首先意味着要把孩子作为一个人来接纳。每个孩子都有优点和缺点，都有天赋和挑战。父母要调整期望，适应孩子的特点，不要试图改变孩子来满足自己的期待。

　　关爱的另一层含义就是要找到与孩子快乐相伴的途径，可能是互相挠痒痒的游戏，一起看图画书，到公园散步，也可能只是聊一聊各种事情。孩子并不是整天都需要这样的经历。但他们的确每天都要有一些时间跟父母分享快乐。

　　斯波克博士建议："父母要热爱并欣赏孩子天生的特点，爱他们天生的样子和做的事情，还要忘却那些他们不具备的优点。这个建议不是出于情感原因，而是包含着十分重要的实际意义。那些得到父母欣赏的孩子，即使相貌平平，手脚笨拙，反应迟缓，也会充满信心并快乐地成长起来。他们会有一种精神状态，让他们具备的能力得到充分发挥，也会让降临到他们身上的机会得到充分利用。"

当然，孩子也有其他需要。新生儿什么都需要：喂奶、换尿布、洗澡、让人抱着，以及交谈。出生后的第一年里，那些有人呵护的体验不但能使他建立起对别人最基本的信任感，还会养成他对整个世界的乐观心态。

随着能力的增强，孩子越来越需要自己做事的机会。他们需要迎接那些既能让他们施展技能又不超越他们能力范围的挑战。他们需要冒险的机会，但又不能轻易受伤。如果不容许婴儿在一开始时把食物弄得到处都是，他们就学不会自己吃饭。如果害怕磕破膝盖，他们就学不会奔跑。

孩子想要某样东西时，就要得到这样东西。所以，他们应该知道想要和需要的区别，还要知道别人也有需要的东西和想要的东西。如果父母友好地对待孩子并尊重他，同时也要求孩子以友好、尊重的态度回应父母，孩子就能学到这些品质。孩子们通过观察父母来学习如何应对挫折和失落，并逐渐理解长大成人意味着什么。在养育孩子的问题上，光有关爱是不够的。孩子既需要关爱也需要限制，父母也要以身作则，给孩子树立榜样。

## 早期人际关系

**人际关系及更广阔的世界**。无论在情感、社交还是智力方面，究竟是什么促进了孩子正常而全面的发展？婴儿和儿童天生就会主动接触人和事物。慈爱的父母会细心地观察宝宝，耐心地引导他。当宝宝注视父母时，父母就会向他做鬼脸；当宝宝微笑时，父母也会回以微笑。饥饿时父母给他们喂奶，痛苦时父母给他们安慰（还会帮宝宝换上干净的尿布）。所有这些事情都会对宝宝产生刺激，让他们感觉自己被别人充分关爱，与别人有所联系。

这些最初的感受不仅为孩子形成基本信任感打下了基础，还会让他们对未来的人际关系满怀希望。孩子以后对事物的兴趣以及在学校和工作中处理问题的能力，都要依赖这份爱和信任，并以它们为基础。

要让孩子相信，至少有一个大人是爱他的，他属于这个人，可以依靠这个人。有了这种安全感做基础，孩子就有信心和动力去发展他的兴趣，还会开发出匹配自身天赋的能力。孩子渐渐长大，他们会伸出双手去拥抱这个世界，并将自己的一部分牢牢植根于童年时代的沃土中。

**早期护理。**孩子在生命最初两三年的经历会对其性格产生深刻影响。由充满关爱和热情的父母照料（其他人也可能搭把手）的婴儿和学步期的孩子，会产生一种内在的力量，去应对成长过程中不可避免的挑战。相比之下，如果父母三心二意，疏远冷漠，变幻无常，那么这些孩子可能很难控制自己的恐惧和愤怒，很难坦率而大方地做出反应。他们还可能认为学习是一件困难的事，因为他们无法忍受不了解某种事物的感觉。他们的第一反应可能是怀疑别人正在利用他们，因而会努力成为利用别人的人。

通过对孤儿院里婴幼儿的研究，我们已经知道了极端情感忽视带来的影响。孤儿院里的孩子就是这样，他们虽然有人喂奶，有人换尿布，但大部分时间都被独自放在小床里。（这种孤儿院曾经遍布美国各地，目前在世界有些地方仍然存在。）这种空虚童年的破坏作用在孩子大约 6 个月时就会显现出来，到孩子 12 个月大时，这些影响就很难逆转了。这些经历会对孩子的语言、思维和社会关系造成持久性伤害。但是，也有少数孩子表现得完好无损，他们即使面对制度化的生活，也能与一个稳定的看护人培养出温暖而亲切的关系。

为什么一个充满爱心的看护人对幼儿的发展如此重要？无论是母亲、父亲、祖父母，还是儿童护理专家，都可以担任孩子的看护人。在第一年，婴儿主要依赖成年人的专注、直觉和帮助来提供他需要和渴望的东西。如果这些成年人感觉过于迟钝或对他漠不关心，他就会变得有些冷漠或沮丧。如果这些成年人在陪伴他时反复无常，前一刻还专心致志，后一刻却心不在焉，他就会变得警惕和多疑起来。

儿童通过人际关系来发展所有的核心态度和核心技能。当他们始终如一地受到友好对待，就会觉得别人充满关爱，而自己值得关爱。语言技能是一个孩子处理情感和应对世界的至关重要的能力。这项能力的发展开始于周到而敏感的看护人和婴儿之间令人兴奋的互动。

孩子长大后是积极乐观还是消极悲观，是充满爱心还是孤僻冷漠，是对人充满信任还是充满怀疑，这些在很大程度上都取决于婴幼儿时期照顾他们的人的态度。

有的看护人对待孩子的态度好像孩子生来就坏，总是怀疑他们，责备他们。这样的孩子长大后不会信任自己，经常自责。有的看护人脾气很大，每小时都会找出一堆理由对孩子发火，孩子也会形成相应的敌对心理。还有的看护人非常想支配孩子，不幸的是，做到这一点很容易。这些孩子长大后常常会控制自己的孩子，或者无法运用权力，也无法设定恰当的界限。

当然，以上这些描述只是说明了总体情况。每一个孩子的个体成长情况要复杂得多，并在很大程度上取决于他的先天气质、优势和劣势。即便如此，父母对待孩子的方式依然很重要，而且在这件事上，父母可以开动脑筋并具有一定的掌控权。

**持之以恒的照顾**。孩子对于看护人的变换有一种特殊的敏感。从几个月大时，婴儿就开始喜欢经常照顾他的那个家长，而且习惯于依靠他。能够赢得婴儿这种信任的只有少数几个人。孩子会从他们那里寻求保护和关怀。如果这个家长离开一段时间，即使宝宝只有 6 个月大，也会变得很忧郁，没有笑容，不爱吃东西，对人对事都没有兴趣。

即使是保姆离开了，孩子也会表现出情绪低落。因此，在最初两三年，不要突然给孩子更换看护人。如果主要看护人不得不离开，就一定要在新来的看护人逐渐熟悉照料工作之后再离开。接管看护任务的人也要坚定地把这项工作坚持下去。在孩子进幼儿园之后，若每一群孩子都由两个或更多的老师来照顾，每个孩子就应与一或两名特定的看护人结对，这样就能发展出持续性的关系。

## 性别角色

**变化的时代，变化的角色**。《斯波克育儿经》在 20 世纪中期首次面世时，人们很少对刻板的性别角色提出挑战。父母的任务是确保男孩子成为"真正的男人"，女孩子成为"真正的女人"。很少有父母（也没有育儿专家）质疑这些称呼或其背后的假设意味着什么。在过去，大多数医生会将同性恋视为一种疾病标志。对同性恋的治疗往往具有创伤性，而且毫无效果。

我们现在知道，性偏好和性别认同均是由大脑决定的，养育方式对此并无影响（参见第 495—499 页）。另一方面，性别角色则是由文化决定的。由于生物进化的影响，包括人类在内的许多物种的雄性群体有着更加庞大的体形，也更具攻击性。但这种群体层面的平均水平在个人层面上并不成立。对于任何生物群体来说，同性别内的差异都比不同性别间的差异要大。也就是说，性格平和的男孩子是正常的，喜好打斗的女孩子也是正常的。虽然存在着明显的刻板印象，但很多男孩也会喜欢心理学，很多女孩也会喜欢工程学。

富含阴柔之美的男性类别和富含阳刚之气的女性类别其实是那些陈旧且压抑的刻板印象的回归。随着我们的文化对这些刻板印象进行反击，我们允许孩子们的穿衣风格和一言一行皆以他们感觉最舒适的方式来进行，不必有所顾忌。因此，父母当前面临的挑战并不是"如何让儿子和女儿成为（真正的）男人和女人"，而是"如何帮助儿子和女儿成为他们自己"。

**妈妈与女儿，爸爸与儿子**。3 岁或 4 岁左右时，孩子们会开始注意到性别差异。男孩会想到自己的父亲，希望"有一天会成长为父亲一样的人"。女孩也会对母亲有类似的想法。孩子对同性父母的身份认同可能成为一股强大的发展力量。性别刻板印象的弱化意味着孩子们现在可以更自由地模仿异性父母。一个女孩可能因为爸爸而喜欢上棒球或烹饪，一个男孩可能因为妈妈而开始了解时尚或欣赏职业摔跤。

父母可能会在心中悄然升起一种竞争意识。母亲可能想要比她那讨人喜爱的女儿更加迷人，父亲可能想要比他那有运动天赋的儿子更加强健。可以想象到，这些争强好胜的冲动也会跨越性别界限，但或许程度不及同性间的竞争。比如，父亲总是希望比他那既有天赋又奋发努力的女儿在体育运动上更胜一筹。父母与子女之间的竞争很常见，但并不总是带有破坏性。你可能会注意到自己身上也有上述动机，并会有意识地去调整和控制自己的竞争心态。

斯波克博士曾清晰地描述了竞争心态造成的一种伤害："有时候，父亲非常希望自己的儿子能尽善尽美。这种望子成龙的愿望常常使他们和儿子在一起时不开心。比如，一位急于让儿子成为运动员的父亲可能在孩子很小时就带他去练习接球。很自然，孩子每次投球、接球都很难准确地掌握要领。如果父亲不停地批评他，哪怕是用友好的口气，儿子心里也会不舒服。这样的活动不但没有一点乐趣，还会使儿子产生一种印象，觉得自己在父亲眼里什么也不是，进而瞧不起自己。如果儿子玩接球纯粹为了乐趣，那么玩一玩还是很好的。"

除性别角色期望之外，这个小故事还说明了望子成龙的期盼和美好的亲子时光之间要取得平衡。父母盼望子女出类拔萃，可能是因为想让孩子过上好生活，也可能是因为孩子的成功会让父母颜面有光，满足了他们想要高人一等的心理需求。如果你在自己心中发现了后一种动机，请尽量去抵制它。孩子走人生之路已然不易，更无须背负父母那以自我为中心的期盼而负重前行。

**单亲家长怎么办？** 积极的父子关系和母子关系对孩子非常有好处。但是，现实生活中有很多特殊情况，比如家里只有一位家长，该怎么办？孩子的心理健康是否一定会受到影响呢？

这个问题的答案是个响亮的"否"字。孩子们的确需要不同性别的榜样，但这些大人却不一定非得住在一起。孩子们最需要的是教育和爱护，最需要有人一直在生活中为他们提供情感支持，教育他们如何在世界上生活。即使孩子在单亲家庭长大，只要父亲或母亲能提供以上所有条件，孩子也可以快乐地长大。反过来，就算孩子父母双全，如果父母因为自己不幸福而忽视了孩子的需求，那么孩子的情况很可能还不如前者。多数单亲家庭的孩子都在自己家庭之外找到了家里缺少的榜样，比如某个特别的叔叔或阿姨，或是家人的一个好朋友。

孩子的适应性很强。他们不需要完美的童年（这么说就仿佛世上有完美童年似的）。只要获得关爱和始终如一的照顾，孩子在各种不同的家庭环境中都能健康地成长。

## 父亲要当好监护人

**分担责任**。除了不能母乳喂养以外，只要母亲能做的事情，父亲都可以做到。如果父母本着平等合作的精神共同分担养育子女的责任，家里的每个人都会受益。

即使孩子的母亲在家里做全职太太，父亲在外面承担全职工作，只要父亲能在下班后和周末承担照顾孩子的一半工作（还要参与家务），将是对孩子、妻子和自己的最大善待。养育子女不能仅关注公平性。其实，孩子们从父母的不同养育风格中都能获益，让孩子们意识到每个人都分担了家庭责任也会让他们受益良多。毕竟，在家中谁也不是谁的用人，家庭成员应该相互扶持，相互帮助。如果父亲认为做家务是自己分内的事，就不会只为减轻妻子的负担或为了陪伴妻子才去做家务，他会认为这些工作对家庭的幸福至关重要，这不仅需要判断力，还需要技巧。他会认为自己和妻子对家庭负有同样的责任。如果要让孩子准备好迎接全方位的机会和责任，就要让他们看到父母的实际行动。

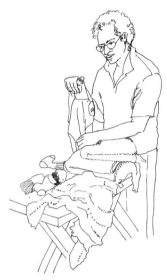

长久以来，父亲们一直以巧妙的借口来逃避家务责任，谎称自己丧失了换下一块难闻的尿布所需要的智慧、灵巧性和视觉运动技巧。父亲可以帮孩子选衣服、擦眼泪、擤鼻涕、洗澡，还可以哄孩子睡觉、讲故事、修玩具、劝架、辅导功课、解释行动规则和布置任务等。其实，父亲可以参与各种家务，比如购物、准备食品、做饭端菜、刷碗、铺床、打扫卫生以及洗衣服等。

越来越多的持家男性娶了有全职工作的妻子。在这种家庭中成长的孩子，无论在情感上还是在心理上，都和传统家庭培养的孩子一样健康。

## 自尊

**要自尊，而不是自满。**每个人从小就应该自然地感到自己是个可爱的孩子，有人爱着他，相信只要努力做了该做的事，父母就会满意。但是，不要让孩子感到自满，也不要总让周围的人夸奖他们。家长有时会觉得，不管孩子是不是值得表扬，都要不断地夸奖他们，只有这样才能保护他们的自尊心。其实不必这样。如果家长不停地告诉孩子他在某一方面很优秀，孩子就会变得隐隐不安。他会想："如果我不那么优秀会怎么样呢？"

学会面对失败是塑造自尊的一个方面。对孩子来说，在尝试做一件事后失败了，然后想出更好的方法再去尝试，这种经历会让他们受益匪浅。正确面对挫折是一种可以培养的能力。对于孩子来说，在失败中的历练洗礼至少要和品尝成功的经历同样丰富。

明智的父母会赞扬孩子的努力，而非夸赞既有的结果。夸奖孩子个子高、长得好、脑子灵是没有意义的，因为这些情况本就如此。比起毫不费力就得到的 A+ 成绩，孩子持续努力获得的 C+ 成绩更值得称赞。父母应该赞扬孩子做出的选择，而非他既往的成绩。

然而，这并不意味着父母要不断地挑孩子的毛病，认定孩子做了错事或即将犯错误。在这种环境下成长起来的孩子，可能会形成习惯性的内疚感和自责感。他们为良好表现付出了高昂的代价。

**积极增强孩子的自尊心**。不要因为一次较好的表现或取得了一点成绩就不断表扬孩子。举个例子，有这样一个小孩，父母一直鼓励他学游泳。每次他把头扎进水里时，父母就会拼命地夸奖他。一个小时过去了，虽然孩子并没有取得实质性的进步，但他仍然不断要求父母"看我游泳"。因为他形成了一种对赞扬和关注的欲望。过分的赞扬不能促使孩子独立（虽然这种做法和过分的贬低批评相比，危害要小得多）。

除了避免不停地责备和贬低外，让孩子树立自尊心的最佳做法，就是给他一种令人愉悦的关爱。我指的不是父母随时都能为孩子做出牺牲的那种奉献精神，而是指父母和孩子在一起时要感到愉快，听孩子讲故事、讲笑话，毫不犹豫地赞赏他的艺术作品和体育技能等。还可以偶尔给他一次特殊的奖励，比如搞一次郊游或一起散散步等，这些方式都能表达关爱。卓有成效的父母也会乐于给孩子设定限制，因为他们明白，想让孩子了解他们需要了解的事情，限制是很重要的措施。并不是说这些家长喜欢通过拒绝孩子的要求让他们不高兴，而是说他们能够享受帮助孩子成长、让孩子在每个方面进步的整个过程。

父母通过表现出他们尊重的态度，使孩子逐渐获得自尊，就像对待一个值得尊重的朋友。这意味着，父母不能粗鲁或不友善地对待孩子，而应该亲切优雅，彬彬有礼。不应该因为孩子还小，就对他们很无礼、冷淡和漠不关心。

有的父母的确做到了尊重自己的孩子，但这些父母又常常会犯这样的错误：他们不去要求孩子的尊重。孩子和大人一样，当他们和那些既有自尊又希望得到别人尊重的人打交道时，就会感到舒服和快乐。但是，父母也不必为了获得这种尊重就变得不友好。如果孩子在吃饭时大声地打嗝，那么，提醒他用手遮住嘴巴比呵斥他更有效。尊重是一种相互的行为，父母和孩子应彼此尊重。

## 教养之外的因素

作为父母，你所做出的选择会影响孩子现在和将来的生活。不过，许多影响孩子心理健康的因素是父母无法左右的。现实地讲，父母不能把孩子可能面临的诸多困难全部归咎于自己，同时也不能将孩子的成功全归功于自己（虽然我们依然会如此做）。

**遗传特征**。我们知道，许多精神和情绪失调问题都受基因影响。遗传疾病不同，受影响的程度也不同，在很多情况下遗传因素会产生强大的影响。比如说，如果父母双方都患有躁狂－抑郁性精神病（也称为双相情感障碍），那么孩子患病的概率高于50%。遗传因素对诸如焦虑症、强迫症、精神分裂症、注意缺陷多动障碍以及其他许多疾病都有着巨大的影响。

事实上，基因很可能和所有的精神健康问题都有关系，可以增加或降低孩子对压力和诱惑的敏感性。敏感性的差异在一定程度上解释了为什么生活在同一个家庭，由同一对父母养育的两个孩子精神健康状况常常会截然不同，以及为何分开抚养的同卵双胞胎往往会走上同一条道路。

遗传特征也会通过更微妙的方式发挥作用，从而影响孩子的性格或行为模式。有的孩子乐观开朗，有的则安静敏感；有的孩子似乎对噪声或光线的细微变化都很敏感，有的则好像注意不到这些变化；有的孩子总是以积极的态度处理问题，有的则以消极的态度开始，但最终也能取得积极的结果。

人们说，那些性格消极、反应剧烈、生性固执的孩子不容易相处，甚至难以管教。但是很显然，性格类型决定相处容易与否，都是相对而言的，跟对孩子的期望有关。在一年级教室这个环境里，大多数男孩的性格都难于管教，因为大多数这样的环境里，孩子们总是被要求一动不动地安静坐着，而孩子们却正好处在非常好动的年龄。我们不能选择孩子的性格，但理解和接受了这些特点之后，就可以选择合适的方式做出回应。在父母的帮助下，孩子能学会跟父母好好相处，也会跟同龄人及其他大人好好相处。比如说，父母可以找一家以游戏为主，能为孩子提供充足体育活动时间的幼儿园。

**兄弟姐妹**。育儿书籍常常忽视兄弟姐妹在孩子成长过程中扮演的至关重要的角色。但是，如果回忆一下自己的童年，你可能会同意我的观点，即兄弟姐妹的确对我们的性格产生了巨大的影响（除非是独生子女）。你可能会把能干的哥哥姐姐当成榜样，也可能做一些与众不同的事来明确表明自己的领地。如果遇到支持你的兄弟姐妹，那么你很幸运；如果兄弟姐妹的性格曾经（或者现在仍然）和你相抵触，就会了解那有多么难过。

对父母来说，有些方法可以缓和兄弟姐妹之间的嫉妒，然而手足之间是真正互相喜爱还是彼此容忍，基本上就靠运气了。年龄相仿并且脾气相投的兄弟姐妹可能成为一生最好的朋友。而性格抵触的兄弟姐妹在一起，则永远不可能真正感到舒服和放松。

父母们经常责备自己，因为他们对每个孩子的感觉都不一样。但实际上，他们是在要求自己做一件不可能做到的事情。好父母平等地关爱自己的每一个孩子，是指他们珍爱每一个孩子，给孩子最好的祝愿，为了实现这个愿望，甘愿做出必要的牺牲。但是，每个孩子都是那样不同，哪位父母也做不到对两个孩子付出完全一样的感情。要接受并且理解这些不同的感情，不要感到内疚。这样，我们才能针对每个孩子的需要，把爱心和特殊的关注带给他们中的每一个人。


**出生顺序和间隔**。出生顺序会对一个孩子产生影响。比方说，最大的孩子经常是坚强能干的领导者和组织者。最小的孩子常常自行其是、以自我为中心，还有点缺乏责任心。中间的孩子往往缺乏鲜明的特点，他们性格的形成常常取决于家庭以外的因素。独生子女总是集老大的特点（如能力强）和最小孩子的性格（渴望关注）于一身。

这当然只是笼统的划分。各个家庭的情况都不同。比如说，如果两个孩子年龄的差距超过 5 岁，最小的孩子就会在某些方面表现得很像独生子女；如果两个孩子只差 1 岁，他们可能表现得很像双胞胎。如果老大不愿掌握对兄弟姐妹的领导权，那么小一点的孩子就会承担这一角色。如果母亲曾经是家庭的长女，那么她可能和自己孩子中的老大相处得很好，却觉得最小的孩子很烦（就像她自己最小的弟弟妹妹那样）。作为父母，你或许明白其中的缘由，也能影响这些因素，但真的无法控制。

**同龄人和学校。** 6～7岁以后，同龄人群体的作用会变得越发重要。孩子说话的方式、穿戴的风格以及谈论的话题，都会受到附近的小孩、学校的同学以及电视里孩子的影响。

有时候，邻居和同龄人的影响可能会强烈地威胁孩子的精神健康。比如说，总是被人欺负的孩子（或本身恃强凌弱的孩子）长大以后很可能形成长期的行为障碍。在学校没什么朋友的孩子很容易患上抑郁症；即便孩子只有一个朋友，也会让一切变得不同。作为父母，你有时必须退后一步，让孩子自己去处理来自人际关系的挑战。有时，需要上前一步，插手帮忙。父母选择居住的街区和社区是他们所有育儿决策中最为重要的一项。

## 在令人不安的社会中养育孩子

在21世纪第二个十年结束之际，美国社会所面临的诸多问题很难笼统地进行归类。美国比以往任何时候都更加富庶，但也愈发饱受不确定性、不平等性和政治分裂的困扰。除了最富有的那批人不受影响之外，其他所有人的生活水平都受到了威胁，中产阶级的收入已无法跟上生活成本上涨的步伐。包容和宽容的价值观受到抨击，对环境和国际合作的长期承诺也被人诟病。问题不胜枚举，简直可以写成一本书了。事实也确实如此。

美国人民正在高声宣布"黑人的命也是命"，妇女的权利就是人权，社会应接纳宗教、性意识和性别的多样性，财务成功和企业成功并不一定是衡量优秀的唯一标准。为这些价值观大声疾呼的人们达到了前所未有的数量。

斯波克博士早在几十年前就写下了评论，他呼吁的正是这种变化："以超越自身需求的强大价值（诸如合作、善良、诚实、对多样性的宽容）培养出来的孩子，长大后会帮助他人，增进人际联系，并让世界变得更加安全。相比于高薪职位或崭新豪车等表面上的成功，遵循这些价值观的生活会给人带来远超前者的自豪感和成就感。"

有无数种大大小小的方法可以教会孩子如何去关心别人和社会。可以将开车时速从 110 公里降到 100 公里，将空调的温度调高几度或直接关上，以此来告诉孩子如何节约能源；当看到社会的偏见、丑陋面或不公正时，应该指出来，并鼓励孩子说出他的想法；与社区内志趣相投的人一起，帮助和照顾那些不幸的人；多关心政治等。

## 亲近大自然

父母可以观察一下 3 岁孩子探索两块水泥板之间裂缝的过程。一只爬过树叶的小蜘蛛也会让他着迷。长大一些，他会从公园里长满草的小山坡滚下来，脸上洋溢着纯粹的快乐。

幼儿与大自然有着强大的联系。所有正在生长的东西都能让他们着迷。一粒豆子发芽的慢镜头会让他们激动不已。如果给他们提供机会，他们会被大大小小的动物吸引。月亮和星星都是他们幻想世界里的角色。孩子和大自然之间这种特殊的感情，弥漫在许多伟大的儿童文学作品中，比如《夏洛的网》《彼得兔》《秘密花园》和《晚安，月亮》等。

如果让孩子按照自己的意愿行事，他在户外会自然而然地探索，用棍子戳，用尖东西捅，用眼睛观察，用心学习。他会学到许多东西，其中包括与一个按照自身规律运转的世界互动，这些规律与室内的机械规则不同。他学着去创造自己的娱乐方式，并且享受自己的伙伴。他会在自然界中找到自己的位置。

过去，孩子们花大量时间在户外活动，大自然的这些馈赠常常被看成理所当然的事，或是留给诗人们去描绘的事。而现在，当那么多孩子都生活在完全人造的环境里的时候，科学才开始考量大自然带来的医学价值和心理收益。与那些室内生活的同龄人相比，经常在户外玩耍的孩子不容易患肥胖症和哮喘，不容易抑郁和焦虑，也不容易出现注意缺陷多动障碍。如果我们能够把大自然做成药片，医生一定会开这个药方（斯波克博士的母亲过去经常把他送到户外，无论晴天还是雨天，一玩就是几个小时；她认为户外活动对孩子有好处。她是对的）。

要给孩子时间，让他们在小树林和其他野外环境里活动。可以到附近的公园里散散步，不是去看景物，而是漫无目的地溜达。假期去国家公园，做一次自然主义的徒步旅行，找一群人一起去看鸟，种点植物。

大自然可以促进孩子的身心健康。这种关系也会反过来发生作用。如果孩子对自然的热爱得以生根，那么他们就容易成长为自然界的朋友。他们会懂得为什么森林江河值得人们为之去战斗，为什么我们应该关掉不需要的灯，以及为什么我们要循环利用铝罐。作为父母，可以把这个世界交给孩子，也可以把孩子交给这个世界。

## 冒险的重要性

**自由、冒险与成长。** 当你是一个小孩子时，如果父母允许你在街区四处闲逛，在小巷和空地摸索寻觅，走街串巷去朋友家玩耍，你就很可能会满怀欣喜地回忆起那段美好时光。如果你去回想那些对自己成长最有意义的经历，很可能它们都带有一些冒险成分。这些经历也许是你第一次为家人做饭，第一次独自一人乘坐城市公交车，或第一次和朋友露营过夜。

诸如此类的经历会让孩子们意识到自己既能干又独立，能够在这个世界上站稳脚跟。这些冒险经历教孩子去思考和决策，适应独处，并弄清楚如何在远离成人看护的情况下与同龄人和睦相处。正是这些经历让孩子们树立了自信心，拥有了百折不挠的韧性。

在如今的文化中，许多儿童都被剥夺了经历这些冒险的机会。因此，孩子们可能会把注意力转向电子游戏和在线体验。在父母看来，这些活动比户外活动的风险要小（其实不然；更多信息请参见第 502 页）。孩子们会变得久坐不动，甚至许多孩子会患上肥胖症。孩子们还可能会以其他不甚健康的方式来寻求自由和冒险，比如尝试喝酒或吸烟。

**不真实的危险感知**。当代父母对孩子面临的危险异常敏感，这些危险来自那些儿童猥亵者、绑匪、校园恶霸、川流不息的马路和行为荒唐的儿童。这些父母觉得自己别无选择，只能让孩子们一直待在室内或寸步不离地看护他们。

现实情况却截然不同。除了那些生活在犯罪猖獗地区的孩子，其他孩子受到突发暴力、飞车猥亵和其他犯罪侵害的风险微乎其微。孩子们现在面临的风险并不比父母或祖父母那辈人面临的风险要大，而过去的孩子却自由得多。人们可能很难相信这一事实。即便如此，这就是真实的情况。

其实并不是风险本身发生了改变，而是人们变得更加焦虑了。有些时候，那些反复播放的耸人听闻的新闻故事会深深影响父母，让人觉得仿佛在每个街角都会出现儿童绑架事件。还有些时候，邻居或警察会认为独自走在路上的孩子，甚至是那些等校车的孩子处于危险之中，父母就会被迫对孩子进行过度看护。

**允许孩子冒险**。儿童需要冒险，但要在合理范围之内。允许孩子冒险并不意味着父母就要去鼓励那些荒唐的冒险行为，比如不戴头盔骑自行车或在川流不息的马路上玩耍。允许孩子冒险指的是让孩子做些可能有一丝丝危险的事情，比如在野外睡帐篷、生篝火、使用锋利的刀子、步行几个街区去图书馆，或乘公共汽车去市区。作为家长的你可能在开始时会满怀忧虑，但孩子却可以体会那种自由的感觉，并开始相信自己的能力。可以从简单的小事做起，比如让孩子用一把锋利的刀切洋葱，或走到街角的商店买牛奶。父母和孩子的信心都会慢慢变强。

如果想要了解更多关于冒险的事情，想知道父母如何让冒险走进孩子的生活以及如此做的理由，请阅读勒诺·斯科纳兹的著作《放养孩子》。

## 大脑中的学习

神经科学解释了人是怎样学习的。例如，我们知道为什么当宝宝调动了所有感官学习的时候效果最好；为什么他们会不停地重复某种行为，又突然之间失去兴趣；为什么在某个年龄更容易掌握某种技能，比如在 10 岁之前学习一门外语。所有的思维活动都是大脑的活动。大脑会随着运转而发生变化，在做事上变得更有效率。生命最初几年的经历会为今后的学习奠定基础。学习是一件终身的事情，但是随着人的年龄增长，即便在完成特定任务时大脑会更加得心应手，却还是会变得越来越不灵活。

**基因和经验**。几十年来，科学家一直认为大脑的发育是按照基因携带的详细安排进行的。现在我们知道，基因只是勾画一个大致的轮廓，而大脑如何运转、如何发挥功能的细节则由个人的经验填补。控制身体基本功能（如呼吸）的大脑区域由基因来负责，而其他一些大脑功能，比如理解语言以及说话的能力则是后来才发展出来的，受经验的影响更大。换句话说，我们出生时大脑并没有发育完全。如果我们的大脑在出生时就已经发育完全了，大脑就无法轻松地适应不同的环境。例如，对于一个听着汉语长大的孩子来说，他的大脑就会形成能够处理汉语发音的神经回路，而丧失了辨别非汉语发音的能力。同样，一个听着英语长大的孩子也会丧失辨别那些非英语发音（包括很多汉语的发音）的能力。这种适应性在其他的感官中也会出现，比如，在现代的房子中长大的孩子会比在圆顶小屋中长大的孩子更善于辨别直线和直角。

**不用则废**。为什么大脑会有这么好的适应性？重要的原因在于一条很简单的规则，就是不用则废，这条规则决定了神经细胞之间的连接。许多神经细胞之间由细小的突触连接起来，所有思考活动都依赖于这些连接起来的神经细胞。每当两个神经细胞发生信息传递，突触就会变得更加有力。强壮的突触会保留下来，弱一些的则会退化，直至消失。

起初，大脑会建立超过实际需要的突触。一个 22 岁的哈佛大学毕业生突触的数量要少于 2 岁的幼儿。大脑通过减少没有使用的突触而使自己变得运转更快，效率更高。但与此同时，这也使大脑更难适应全新的东西。因此，举例来说，尽管哈佛大学的毕业生可以很快地掌握历史学的复杂概念（这是他曾经学过的东西），却要费很大的力气去学习汉语发音，因为这需要他的大脑用一种完全不同的方式学习（而 2 岁的幼儿却可以相对轻松地完成）。

如果大脑在早期广泛接触了各类事物，就会以最佳的适应性进行发育。宝宝们需要各种不同的体验，比如触摸、敲打和品尝不同的东西、画图、搭建、跳上跳下、抓取、投掷等全方位的刺激。他们需要听到大量的语言，也需要被倾听。随着他们不断长大，通过早期经历获得加强的神经细胞连接会使孩子便于接收各方面的新信息。

**再来一次！再来一次！** 在 10 个月大时，宝宝会抓住婴儿床的栏杆，用尽小胖胳膊和小肉腿的全部力量，拽着自己站起来。他不知道接下来该做什么，所以就松开手，一屁股坐下，一分钟后又重新把自己拉起来。他会不停地重复这件事情，直到因为厌烦开始吵闹，或者因为疲劳想要睡觉为止。婴儿不仅锻炼肌肉，也在锻炼大脑。每当他重复向上拉和站立的动作时，某一组突触就会变得更有力一些，这些突触最终会带给他走路必需的平衡能力和协调能力。一旦婴儿掌握了独自站立的技能，就会对向上拉的运动失去兴趣，然后转向下一个目标。父母会在婴儿成长的各个方面看到这种重复。孩子会不停地把积木放进桶里就是大脑正在发育的证据。

**学习和情感**。我们曾经认为情感和逻辑是大相径庭的两件事，其实，它们的关系非常紧密。学习的时候，婴儿会非常专注、投入和快乐，积极的情绪会增强他探索和学习的能力。实际上，无论积极的情绪还是消极的情绪都能促进学习。孩子只会关注那些可以激发积极情绪或消极情绪的事物（等长大一些，我们会学着关注那些不得不重视的事情，但是学习的效果不会像我们在积极投入情感时那么好）。大脑中产生情感的神经系统与产生逻辑思维的系统连接得非常紧密。判断婴儿和幼童是否在学习的标志，就是他们是否开怀大笑、微笑或轻声低语，或者是否目不转睛地凝视什么东西。父母给予孩子所有的爱，包括轻轻晃动、拥抱、挠痒痒、哼歌和谈话，都有助于他的情感成长，同时还会增强他学习的欲望和能力。

## 孩子的思维方式

**皮亚杰的观点**。婴儿和儿童是如何认识和理解这个世界的？最早也是最好的一些答案来自瑞士的一位心理学家让·皮亚杰。皮亚杰在认真地观察了他的三个孩子之后，开始形成自己的理论。后来，他把自己毕生的时间都用在了科学研究上，想证明这些理论。父母也可以通过这样的观察获得启示。皮亚杰认为，人类的发展是分阶段进行的。通过对这些过程的仔细描述，他解释了一个几乎没有抽象思维能力的婴儿最终如何实现逻辑推理，如何推测事物的发展，又是如何创造出他闻所未闻、见所未见的新想法和新举动。

**小科学家**。皮亚杰把婴儿和儿童看成"小科学家"。他相信孩子们生来就有想去认识事物的愿望，而且还会通过不停地试验去实现这种愿望。比如一个 4 个月大的孩子会不停地把食物从高脚餐椅上扔下来，然后到处找。这就是他在检验自己对重力的想法。他还可能会想，即使一个东西看不见了，它仍然存在着，于是会做一些试验来验证这个想法。这一概念被心理学家称为"客体永存"。

在孩子一遍又一遍地进行这种试验之前，对他而言，除了当时看到和摸到的东西以外，什么也不存在。离开了视线的东西也就离开了他的意识。3个月时，孩子可能偶然把安抚奶嘴掉到地上，几秒钟后，他惊讶地发现，掉的东西就在地上。这种事情可能一次又一次地发生，并且逐渐在他脑子里留下印象：地上的那个东西就是原来在他手里的那个东西。宝宝会得出这样的结论：如果刚才看到过的东西现在不见了，就一定在地上。如果不在地上，就很可能不再存在了。直到下一个阶段，也就是大约 8 个月时，孩子对于物体恒存性的认识才会变得更加复杂，才会开始到其他地方去寻找失踪的物体。

婴儿喜欢玩藏猫猫也是这个道理：一张脸忽隐忽现，一会儿看得见，一会儿又看不见了。孩子对这种游戏的兴趣是无穷的，因为这是他在这个成长阶段正在"思考"的问题之一。一旦他完全确信，就算他看不到这张脸也仍然存在，他就会把藏猫猫的游戏扔到一边，再开始一个符合他的成长阶段的新游戏。


**感知运动阶段的思维**。换句话说，这个年龄的孩子的知识，是通过运用他们的感官和运动能力（也就是肌肉）学习获得的。如果孩子学会了抓住摇铃，他就知道摇铃是拿着玩的。当他摇摇铃，用力地把它砸在高脚餐椅上，或者放在嘴里时，就说明他对摇铃有了更多想法。如果把摇铃拿走，藏在一块布下，他会把布掀开拿走摇铃吗？如果会，他就有了物品（至少是摇铃）可以被藏起来然后被找到的概念（这时，也就是孩子 9 个月大的时候，当父母不再想让他玩什么东西，要把它藏起来，就没那么容易了）。

婴儿将要学习的另一个重要概念是因果关系。四五个月时，如果把细绳的一端系在宝宝的脚踝上，另一端系在婴儿床上方悬挂的玩具上，宝宝很快就能学会移动自己的腿来牵动玩具（要记住，离开时要把绳子拿走，否则有勒住孩子胳膊或脖子的危险）。随后，孩子就能学会如何使用物品达到想要的结果，比如用棍子去够拿不到的玩具。在其后的发展阶段中，他们会发现有些可以导致某些结果的原因是隐藏着的，带发条的玩具就是很好的例子。1 岁半～2 岁时，大多数宝宝都会明白如何让这样的发条玩具运转。

在感知运动阶段，婴儿们开始理解词语，并学会用词语来获得自己想要的东西。但是只有到了 1 岁半～2 岁时，孩子才能学会把词语放在一起，变成有趣的组合，这时词语才能变成思考的工具。至此，感知运动阶段就结束了。

父母必须知道，思维是按阶段发展的。企图加速正常的过程，跳过感知运动的学习，直接进入更高级的语言学习阶段是一个错误。所有的乱敲乱打、胡涂乱抹和胡闹对于婴儿大脑的进一步发展都是必要的。

**前运算阶段的思维**。皮亚杰使用"运算"这个词表示建立在逻辑原则上的思考，他认为 2～4 岁的学龄前儿童处于思维的前运算阶段，因为孩子这时还不能进行逻辑思考。比如说，一个 3 岁的孩子很可能认为下雨是因为天空伤心了；如果他生了病，会认为这是因为自己不乖。处于前运算阶段的孩子只会用自己的方式看待事物，他不一定自私，但是以自我为中心。如果爸爸不开心，他可能拿来自己最喜欢的动物玩具，想要安慰爸爸——毕竟，这个玩具对自己管用。

年幼的孩子对于数量的概念还没有发展完善，并不符合逻辑。皮亚杰在他的一个著名实验中证明了这一点。在这个实验中，他在一些孩子面前拿出一个装满水的宽口浅盘子，然后把盘子里的水倒在一个又细又高的杯子里。几乎所有的孩子都说杯子里装的水更多，因为它看起来大一些。同样多的水在盘子和杯子之间倒来倒去，也并不能改变孩子们的想法。如果一位可怜的医生曾试图让 2 岁的孩子相信马上要打的针真的非常小，他就知道，对于一个处在前运算阶段的孩子来说，一个东西的实际大小并不重要，而它看起来有多大才是关键。同样的迷惑使许多孩子害怕会被冲到浴缸的排水孔里去。

**具体运算阶段的思维。** 大多数孩子在入学的前几年，大概从 6 岁到 9 岁或 10 岁，就可以进行逻辑思考了，但是还不能进行抽象思维思考。皮亚杰把这种早期的逻辑思考叫作具体运算阶段的思维，也就是对于能够看到和感觉到的事物使用的逻辑思维。这种思维也体现在孩子判断对错的方式上。例如，6 岁的孩子很可能认为一种游戏只能有一套规则。即使所有参与者都同意，改变规则也是错误的，因为会打破原先的规则。9 岁的孩子可能会认为玩棒球时打碎了玻璃比偷吃一块糖果还要严重，因为玻璃的价格更加昂贵。在具体运算阶段，孩子不会想到打破玻璃完全是个意外，而偷吃糖果的行为则是故意的。

处在具体运算阶段的孩子可能很难分辨别人的动机。给已经上学的孩子讲完故事之后，再让他解释为什么某个人物会这样做，是一件非常有意思的事情。成年人很快就会发现，对大人来说很明显的答案对 8 岁的聪明孩子其实非常困难。我建议父母用比较经典的故事书给孩子讲故事，并向他们提问。E.B. 怀特的《夏洛的网》或罗伯特·麦克洛斯基的《霍默·普莱斯》都不错。

**抽象思维（形式运算阶段特征）。** 在小学快毕业时，孩子会更多地思考比如公正、命运等抽象的概念。他们的思维会变得灵活得多，可以针对一个自然问题或社会问题想出很多不同的解决方法。他们能够把理论应用到具体的实践中，也能够从实践中总结出理论。这种抽象思维常常让十几岁的孩子对父母的教导和价值观产生疑问，有时还会在吃饭时引发激烈的争论。它也会使青少年形成高度的理想主义观念，进而形成一股强大的政治力量。

正如皮亚杰所说，不是所有的青少年思维都能达到这种形式运算阶段。他们在某些领域可以使用抽象思维，在另一些方面则不能。例如，一个喜爱电脑的 15 岁孩子也许可以对防火墙和文件共享协议进行抽象思考，但在处理跟女孩的关系方面却只能使用具体的思维。在某些方面，他可能处于思维的前运算阶段。例如，他可能怀有青少年中常见的完全不合逻辑的观念，比如认为自己不会受到伤害，所以才会抽烟，还会跟那些嗜酒的同龄人一起驾车玩耍。

**孩子是不同的。** 对认知发展的理解使我们形成了一个重要的认识，那就是孩子不只是"小号"的大人。他们理解世界的方式跟多数成年人有着根本区别。根据认知阶段的不同，他们可能更以自我为中心，更固执，或者更理想主义。对我们来说非常合理的事情，对于孩子来讲可能没什么道理，甚至一点道理都没有。父母有时候会长篇大论地跟 2 岁的孩子解释，为什么他应该和别人分享一些东西，其实这是不得要领。尽管这个阶段的孩子还不能理解分享的含义，但这并不意味着他以后也不会和人分享。由于这种类似的误解，有些成年人会对十几岁的孩子说，吸烟可能导致肺癌，吸烟的人会因此活不到 40 岁，所以不应该吸烟。其实，如果跟孩子讲一些直接的利害关系，效果要好得多。比如，吸烟会带来口臭，使运动能力减弱，这些才是这个年龄的孩子真正在乎的事情。

**多元智力。**皮亚杰的理论解释了儿童思维的很多问题，但这些理论讨论得并不全面。比如，我们现在知道很小的婴儿就具有记忆的能力，甚至有简单的数学能力，虽然我们曾一直认为这是不可能的。另一方面，我们认识到皮亚杰提到的语言分析能力，也就是由标准智商测试检验出来的能力，只是很多智力中的一种。事实上，每个人的智力都是多方面的。其他的智力包括视觉空间智力、音乐韵律智力、身体运动智力（运动感）、人际沟通智力（与他人的关系）、自我认识智力（自我了解与对他人的洞察）和自然观察智力（理解和界定大自然中的事物）。

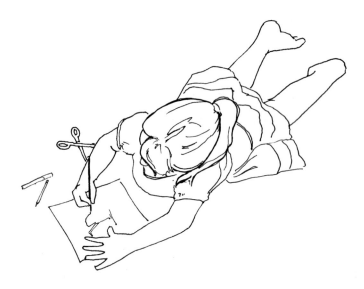

**智力水平不均等。**理解多元智力的关键，就是了解智力源于大脑对信息的处理。各种信息不间断地通过大脑，比如说话或音乐的声调和节奏的信息，以及个人空间位置的信息，等等。大脑的不同区域会分别处理这些不同的信息，并通过不同的方式把它们结合在一起。大脑的某个区域可能运转得很好，而另一部分可能不那么好。大脑控制语言的区域受到损伤的人也许会丧失说话的能力，但仍然可能唱出歌词，因为他们的音乐能力受另外一个区域的控制，而这个区域没有损伤。

即使是大脑没有损伤的人，各种智力水平也不是均等的。有些孩子通过听的方式学习效果最好，有些孩子最适合的学习方式则是看，有的孩子最好把实物拿在手中，还有的需要全部感官同时体验一个概念。有些人可能天生能言善辩，但完全不知道如何开车穿过一个城镇。当同一个人的各种智力水平差别很大时，就可能导致学习障碍。

注意观察孩子各种不同的能力，就会看到，有些父母认为他因为懒惰而不做的事情，事实上对他来说可能比想象的要困难。父母还会发现孩子在某些方面具有天赋，虽然这些天赋可能不会转化为更高的分数。如果父母开始重视多元智力，就能更好地理解和培养孩子的强项，对于自己也是如此。

与此同时，父母不应过于看重智力因素。从长远来看，孩子要想获得成功，更多的是凭借在遇到困难时所展现的百折不挠的韧性，而非迅速领悟能力。相比于轻松取得 A 等成绩的孩子，一个靠着努力学习，稳步提升而取得了 C 等成绩的孩子更值得表扬。

## 朗读

教育的目标不只是让孩子学会读写。有文化的成年人通过阅读去了解万事万物，通过书写来交流思想。有读写能力的孩子会认为阅读和写作是令人兴奋的，而且对他们有益。读写能力可以丰富孩子的想象力，拓宽孩子的视野。通常来讲，读写能力的培养是从父母的朗读开始的。如果你在年幼时很幸运地听过父母朗读，就会很乐意跟自己的孩子分享这种乐趣。

有些孩子没有听过父母的朗读也可以在学校中表现出色，这是事实。但是，如果孩子在入学时就喜欢上了书籍，那么他在学校取得好成绩的概率就会大大增加。当父母跟孩子一起坐下来读书时，会发生很多美妙的事情。通过讨论插图，可以让孩子接触很多新鲜有趣的词汇。通过阅读和重复阅读，可以给孩子提供大量的机会，让他了解各种词语怎样组合成有趣的句子，逐渐培养他的听力和注意力。父母会帮助他了解看到的字母和听到的单词之间的联系。最重要的是，正是孩子与充满爱意的父母之间愉快的互动，使图画书中的内容变得栩栩如生，跃然纸上，同时也使亲子共读成为深刻的体验。

**双语家庭**。成长过程中听过两种语言的孩子确实具有优势。虽然一开始他会需要较长的时间才能学会清晰地表达自己，但是此后，他很快就能熟练地使用两种语言说话。

父母应该先用最擅长的语言跟孩子交谈。如果父母不是在美国长大，英语说得不是很好，就应该用母语与孩子交谈，给孩子朗读。相比蹩脚的英语，让孩子听某种地道的语言（任何语言都可以）对他的帮助要大得多。在家里学习西班牙语或俄语的孩子，一进入幼儿园就能很快学会英语。但是，从来没有正确学习过任何语言的孩子（因为他没有机会听到正确的说法），以后的学习将会困难得多。

在美国，很多外文图画书现在都能买到。同样，也有很多双语书可以帮助父母和孩子很好地学习。父母如何找到这些珍贵的书籍呢？问一问图书管理员吧！

对于单语种的图书，父母既可以匆匆地粗略翻译一下，也可以用任意语言来编造一个全新的故事。不管使用何种语言，对孩子们来说，相比静静坐着听父母死板地读单词，自由流畅的互动对话体验要好很多。

**为新生儿阅读**。宝宝喜欢朗读者的嗓音和被人抱着的感觉。父母常常在怀孕期间就开始出声地朗读，这样一来，他们的宝宝一生下来就已经了解并爱上了母亲朗读时的嗓音。这种嗓音和日常讲话时是不同的。宝宝们天生就喜欢聆听。父母给宝宝朗读可以使宝宝安静下来。你可以观察到宝宝在全神贯注地聆听时，身体就会放松下来。

如果想给新生宝宝读书，读什么不太重要。选择父母自己感兴趣的书籍，比如园艺、帆船，或一部小说，或选择一本夫妻双方都喜欢的书籍。你们可以在抱着宝宝的时候轮流给彼此朗读。如果你选择朗读诗歌，宝宝就会喜欢上诗歌的节奏和韵律。试着读一读罗伯特·路易斯·斯蒂文森的《一个孩子的诗园》吧。记得还要吟唱起来！

**跟孩子分享读书的乐趣**。大约 6 个月大的时候，一本崭新的、色彩鲜艳的图书可以让宝宝立刻兴奋起来。他会伸手去拿，轻轻地拍打，或者低声地咕哝。他可能想去抓住它，拿在手里摇晃或摔打，或者用嘴咬它。不要因为孩子总是很粗暴地对待他的读物就丧失信心，当宝宝开始意识到书的特殊价值时，他就会逐渐学会尊重和爱护书籍。

要选择那些图画简单、色彩鲜艳的纸板书。宝宝很喜欢带有其他小孩照片的书。还可以选一些韵律简单的诗歌。如果宝宝喜欢（很多宝宝都喜欢），父母也可以大声地给他读成人书籍，不时停下来跟他交谈。这个年龄的宝宝还听不懂那些话，但他喜欢那些声音。

9 个月左右，婴儿就开始有自己的意志了。就像他想自己吃饭一样，宝宝常常也想自己拿着书看。如果看书的时间变得像一场你争我夺的拉锯战，父母就要改变策略了。可以拿两本书，一本给宝宝，一本自己读。缩短每次阅读的时间。有时不妨让孩子把书当成玩具摆弄摆弄，让他拿着书，翻翻书页，敲打敲打。与此同时，父母可能会不时地发现某些特别的图片。指给孩子看的时候，父母声音中最好能传达出兴奋的情感。

还可以用图片玩藏猫猫的游戏。先把婴儿最喜欢的人物遮盖起来，然后问他："狗狗到哪里去了？"如果配有诗歌的话，就可以抑扬顿挫地朗读出来。随着词语晃动身体（和怀里的宝宝）。如果书里有婴儿的图片，先指一下图片，再指指孩子身体的同一个部位。

很多婴儿喜欢长时间倾听（5～10分钟，或者更长）。活泼一些的宝宝也许只能集中1分钟的注意力，甚至更短。时间的长短并不重要。重要的是你们共同度过了愉快的时光。如果孩子开始不耐烦，或者父母不耐烦了，就另选一本书或做些别的事情。

**学步幼儿读书**。9～12个月大时，一些婴儿开始明白事物是有名称的。一旦坚定地树立了这个观念，他就想听到每件事物的名称。图画书是了解名称的最好工具。拿一本孩子已经熟悉的书，问他"这是什么"，停顿一下，然后说出答案。如果孩子喜欢这个游戏，就说明他的头脑正处于学习的开放状态。父母不会马上听他说出这些新词，但是一两年后，可能会对他的词汇量感到惊讶。

随着时间的推移，到了学步期，孩子会更加注意图片的内容。12～15个月大的宝宝可能会倒着拿书。大约从18个月开始，许多孩子会把书转过来，这时图片就是正立着的了。

许多刚开始学步的孩子都喜欢运动。那些还不会走路的孩子也会喜欢一边听父母朗读一边被轻轻地晃动、挠痒痒和抱着。那些会走路的孩子每次只能安静地坐上几分钟，但他们还是喜欢站在房间的另一头听父母读书。已经走得很好的宝宝会拿着书到处溜达，或者把书拿给父母让他们朗读。

已经有了个人愿望的宝宝可能会坚持要求读同一本书，如果父母选了别的书，他就会表示抗议。为了避免拿书的困难，要把书放在低矮的架子上，让孩子可以自己取书，再自己放回去。一次只拿出 3 ~ 4 本书放在低处，太多的话，选择起来会比较复杂，父母也不得不捡起更多被随手扔在地上的书。

到了 18 个月时，许多孩子都能稳稳当当地走路了。这时孩子最偏爱的运动就是拿着东西到处走，通常都是一本书。如果他知道拿着书可以引起父母的注意，就会径直走到父母跟前，把书放到他们的大腿上，常常还会说："读！"

**跟会走路的孩子一起读书**。孩子快两岁时，语言能力会突飞猛进。书籍可以帮助孩子学习语言，因为它能提供很多指认事物的机会，还能让父母做出很多反馈。父母会指着图片问："这是什么？"然后，父母会根据宝宝的不同反应说出物体的名称，或者称赞他一番，又或者和蔼地纠正说："不对，这个不是狗，是马。"

因为不断地重复，所以这种一问一答的学习方式非常有效。对于年幼的孩子来讲，重复是学习的关键。同样的图片随着同一页书上的同一个词语重复出现，就可以让孩子对书产生一种控制感。孩子期待着下一页会出现某个图片或某个词语，它就真的出现了！

在孩子掌握新词语的同时，他也逐渐明白了词语是如何组成句子，句子又是如何组成故事的。几个月之内看不出这种学习效果。但是到孩子 2 岁半 ~ 3 岁时，父母就会注意到孩子在玩耍时开始使用复杂的、类似于故事中的词组了，比如"很久很久以前"，"接下来会发生什么事呢"等。这是因为，在早期跟书本和故事的接触中，丰富的语言种子早已种下。

在这个年龄，孩子们也逐渐对字母和单词产生了兴趣，特别是那些大而色彩鲜艳的字母和单词。他们开始明白印刷的文字可以讲故事。

**破坏小狂人**。婴儿和学步期的孩子可能对书非常粗鲁，很多孩子都会折书，甚至撕扯。几乎每个学步期的宝宝都会在书页上胡写乱画，这种情况在他们学习读写的过程中至少会发生一两次。虽然看起来很有破坏性，但这往往是宝宝想要熟悉书本的一种表达方式。

温和地提醒宝宝，书本要轻拿轻放，好好爱护，这比批评更有效果（批评会让孩子觉得，书本就是一种麻烦）。如果能拿一些废纸和蜡笔让孩子按照自己的想法在上面涂写就更好了。学习书写的第一步就是乱涂乱画。孩子涂写了一段时间之后，父母很可能会发现一些很像文字的图形。

**多样的学习方法**。善于用视觉感知世界的宝宝会花好几分钟去研究书本里的图画或文字。不妨用那种特别设计了隐藏形象的书。如果一个视觉型的宝宝能在南西·塔富利的《你看到我的小鸭了吗？》这本书的每一页都发现同一只小鸭子，他就会非常欣喜。

听觉型的宝宝更喜欢听到朗读词语的声音。因为诗歌带有韵律和节奏，所以格外有吸引力。故事中重复的歌谣（比如《杰克和豆茎》中的"Fee-fi-fo-fum"）可以使很多宝宝开心。因为它们是可以预测的，所以孩子们也可以跟着读起来。

对许多孩子来说，触摸和身体的活动是最好的学习方式。如果故事带有一些动态（比如小船随着波浪轻轻摇动，宝宝坐在秋千上，马在飞奔，或者妈妈在搅拌汤汁）的情节，就可以带着孩子做出这些动作。说话、触摸、移动和玩耍可以调动孩子的所有感官，让书本变得生动起来。

孩子积极参与的时候学习效果最好。他们喜欢有机会把自己听到的内容表演出来。所以，如果读到了阿拉伯神话中精灵或飞毯的故事，就可以翻出旧茶壶和毯子（或床单）。孩子会知道该做什么。

**学龄前儿童的阅读**。学龄前儿童拥有丰富的想象力。在他们的头脑中，魔法真的能够发生。因为儿童对实际生活缺乏经验，他们会相信很多大孩子不信的事情（比如圣诞老人）。从某种角度上讲，他们生活在一个由自己的想象力创造出来的世界里。因此，学龄前儿童喜欢故事书是很自然的事。

当孩子把真实的情感投入到故事情节中去，父母就该知道他陷入了书本的想象世界中。书里的人物会在他的游戏中变得生动起来，书中的词语也会溜进他的词汇库。

学龄前儿童喜欢通过选择阅读的书籍来获得一种控制感。当孩子一次又一次地选择同一本书时，说明这本书里有一些东西对他非常重要。它可能是一个想法（例如，克服障碍的想法，如《三只山羊嘎啦嘎啦》）或一个视觉图像（也许是桥下巨魔的图片），甚至只是一个单词。不管是什么，一旦孩子完全理解了它，通常就会转向新的书籍。

和学龄前的孩子共享读书乐趣的方式有很多：

◆ 屋子各处都放上书，客厅里、洗手间、餐桌旁，特别是孩子的卧室里。

◆ 准备一套塑料字母冰箱贴或在浴缸中玩耍用的泡沫字母。

◆ 把睡觉前或起床后的时间变成亲子共读的固定时间，或者把这两个时间都变成固定的读书时间。让孩子告诉你他什么时候看够了。同样，父母开始觉得厌烦时也要停下来。孩子喜欢看书是非常好的现象，但是跟其他事情一样，父母在阅读方面也应该给孩子设定必要的限制。

◆ 限制孩子看电视的时间。我个人认为不安排看电视的时间对学龄前儿童是最好的。电视里生动的画面（尤其是动画片）会湮没他们敏感的想象力，因此不会给比较安静却同样引人入胜的书籍留下空间（参见第 112 页）。

◆ 利用公共图书馆。许多图书馆都设有讲故事的时间和游戏小组，小号的儿童桌椅，还有可供选择的大量图书。即使每周都去图书馆，仍然能给孩子带来新鲜感。

◆ 不要想一定得把书读完，如果孩子没兴趣了，最好停下来或换一本书。也许书中的内容已经超过了孩子情感能承受的限度。动来动去或酣然入睡也许是孩子表达"我已经听够了"的方式。

◆ 让孩子一起朗读。孩子通过朗读可以学到最多的东西。如果他们主动参与，还可以在情感上获益最多。他们可能会发表看法，甚至中断阅读来谈论刚刚产生的想法或感受。朗读不应该是一种表演，更应该是一场讨论。

◆ 自己编故事，也鼓励孩子帮你编。如果想出一个特别喜欢的故事，就把它写下来。可以编一本自己的故事书，然后大声地读出来。

**和大孩子一起朗读**。孩子慢慢长大以后，朗读不一定要停止。如果这是你们都喜欢做的事情，就有很多理由坚持下去。共享愉快、有趣的朗读时光能够增进亲子关系。储存积极的情绪，有利于父母和孩子解决成长中不可避免的分歧和其他问题。

朗读可以帮助孩子保持浓厚的兴趣。在一年级到四年级之间，孩子仍然在发展他们的基本阅读能力。在此期间，他们能够自己阅读的大部分书籍在内容上都显得过于简单，不能引起他们的兴趣。和父母一起朗读有利于孩子欣赏更难懂的书籍。这样一来，也不至于在自己的阅读能力跟上阅读兴趣之前丧失对书籍的兴趣。

如果孩子学习阅读有困难，朗读就变得尤为重要。有的孩子阅读起来非常轻松，而有些同样聪明的孩子却在开始阅读时觉得有些吃力——这常常是因为他们的大脑需要更长时间才能使控制阅读的部分发展得足够完善。随着时间的推移，一般到了大约三年级结束时，他们就会赶上来，而且同样出色。但是在此之前，阅读也许会很成问题，使得很多孩子认为自己不适合读书。但是，如果父母读书给他们听，他们就更容易接受书籍给生活带来的乐趣。他们会坚持读书，努力学习，最终获得独立阅读的能力。

大声阅读还可以增强听力。不时停下来跟孩子谈论一下故事的内容是个很好的方法。首先，要确定孩子是否真的听懂了。可以问他为什么某个角色会那么做，或让他猜测下一步会发生什么。也可以问一些开放性的问题，这样能够提高孩子的理解能力，让他更善于思考听到的内容，并且融会贯通。

朗读还能增加词汇量。书中有些词语在日常对话中是几乎用不到的。E.B. 怀特的《夏洛的网》是有史以来最好的儿童经典读物，基本上是用平实直白的语言写成的。即便如此，书中也能找到类似于"不公正""绝妙的""谦卑"这类有趣的词语。如果孩子说出这些书面词汇，千万别感到惊讶。很多孩子喜欢用新词玩游戏。在这个过程中，他们掌握了帮助他们度过学习生涯的技能。

故事就像是想象力的积木。孩子们会把听到的故事中的片段拼凑在一起，再用到自己编造的故事里。要想让孩子有丰富的想象力，就要给他听大量的好故事。孩子看电视也是这样。他们会把这些故事放到自己的游戏中去。但是由于电视画面的生动性远远超过书，孩子几乎不需要使用自己的想象力，所以，他们很可能只是重复电视中的情节，而不去创造自己的新故事。

书籍可以塑造孩子的性格。许多教育家和心理学家相信，书籍是帮助孩子辨别是非的最佳途径之一。当他们看到不同人物的行为时，就能清楚地知道怎么做是值得赞赏的，怎么做是不对的，比如书中的不同人物是如何对待朋友的，当他们想得到不属于自己的东西时会怎么做，等等。这些故事会让孩子们在一段时间内以他人的视角看待问题，体会感同身受和换位思考。这种体验会帮助孩子们建立起同理心，让他们变得善解人意。

**选择没有偏见和歧视的书籍**。书籍包含的信息具有强大的力量，它的内容和表达这些内容的方式都很重要。如果书里用平等的态度去描写不同的肤色、文化和种族，并且没有对不同性别的成见，就会使孩子对自身和他人形成一种充满包容的积极观念。父母要找那些包含社会多元文化丰富性的童书来供孩子阅读。

在评价一本书的时候，要看故事情节，比如：文化信念和文化行为描述得是否准确？不同的生活方式是否从正面角度描述？此外要看人物，比如：人物的个性如何表现？谁是故事里的英雄？最后要看插图，比如：人物形象的描画是否避免了老套的成见？

另外，故事传达了怎样的含义？它推崇暴力和复仇吗？空有蛮力的主人公不利于孩子看重自己的优秀品质。相反，如果故事的主人公表现出同情心、过人的智慧和勇气，孩子就会觉得自己在某个方面还有些像他呢！

# 儿童看护

## 家庭和工作

父母需要辛勤工作，诸如照顾孩子，赚钱养家，或拓展自己的事业。那种父亲工作、母亲在家照看孩子的传统模式是一种情况。而在有些家庭中，这些角色则是反过来的。父母的分工常常很复杂，而且每天、每年都在发生变化。每个家庭都必须做出艰难的选择，以平衡家庭成员的需要。这并非是为了孩子而做出牺牲的简单问题：想让孩子成长为幸福又满足的成年人，他们就要有幸福又满足的父母。虽然为人父母也是一种工作，但在下文中，我会用"工作"一词来表示有酬劳的工作或培训。

## 什么时候重返工作岗位

**应该休多长时间的产假？**这是个人的决定。对很多家庭来说，3 ~ 6个月似乎很合适。这段时间可以让宝宝养成相当有规律的饮食和睡眠习惯，从而适应家里的生活节奏。在这段时间，父母也可以逐渐适应自己在生理和心理方面的变化，同时形成哺乳的规律，以便将来在工作时间多挤一两瓶母乳。

大约 4 个月时，大部分宝宝都会对周遭的世界表现出更多的兴趣，因此每天和父母分开几小时也更加可行。

无论什么时候恢复工作，父母都会产生喜忧参半的情感，这很正常。几周后，很多父母都会盼望回到工作中去，哪怕只是为了白天能够跟成年人交谈。但是，他们也会因为离开孩子而经常感到难过或内疚。有些家长宁可跟孩子多待一些时间。如果有选择的余地，父母要听从自己情感的需要。如果觉得自己需要更多时间和宝宝一起待在家里，就争取实现这个想法。

**《家庭和医疗休假法案》（FMLA）。** 这一美国联邦法案为产假设定了最低标准。法案规定，如果雇主有 50 名以上的员工，就必须准许刚做了父母的员工享受 12 周的停薪假期，让他们照顾刚出生的宝宝（或收养的孩子）。许多父母和孩子需要更多的亲子时间，但却经常发现因为现实原因，甚至无法休满 12 周的产假。在许多国家，在重返工作岗位之前，新妈妈休产假照顾宝宝的时间比美国长得多，而且还能领取产假工资。例如在英国，产妇们有 9 个月的带薪产假；在印度，生育第一胎享有 6 个月产假；在塞尔维亚，则有一整年的产假。

要记住，父亲也可以照看孩子。在美国，从法律上讲，父亲同母亲一样享有 12 周假期的权利。母亲可以先请 12 周假，然后父亲再请 12 周假来接替母亲的角色。这样一来，父母就有 24 周的时间照看孩子。如果你愿意，父母双方也可以同时休产假。

## 照看孩子的不同选择

**第一年的安排。** 在美国，大多数一岁以下的孩子一天里至少会有一部分时间是跟父母以外的看护人一起度过。研究显示，年幼的婴儿能够在父母以外的看护人的照料下茁壮成长，他们的智力发育和情感发展都没有任何明显的损伤。这也是高质量儿童护理机构中婴儿的总体情况。然而，个别婴儿可能很难适应集体护理；对这样的孩子而言，安静的一对一的照料可能是他健康成长需要的条件。由父母决定孩子采取哪种照看方式最合适。

如果父母对某个机构或某个看护人存有顾虑，那就听从内心的声音，做其他打算。

**调整工作时间**。一般来讲，最好的办法就是父母能够协调工作时间，这样，不但双方都能上班，而且在一天的大部分时间里，都有一方能够待在家里照顾孩子。越来越多的公司都在实行弹性工作时间。这种灵活性往往是双赢的选择，因为它会提升员工的满意度和生产力。在经济不景气时，许多公司都决定缩短工作时间，而不裁员；如果能够灵活利用这些时间去满足家庭需要，那将是在减少收入的乌云边上透出的一缕阳光。

当然，下班后父母都应该待在家里。孩子醒着时，父母也要有一段时间同时在家。父母不在时，可以请一位看护人帮忙照看孩子。和父母意见一致的亲属可能是最理想的看护人。另一个办法就是，父母双方或一方在两三年内改做兼职的工作，一直到孩子上幼儿园为止。当然，对于那些父母双方都必须全职工作才能满足日常开销的家庭来说，这种做法不太可行。

**上门服务的看护人（保姆）**。有些在外工作的父母请了看护人到家里来照顾孩子。如果这个人每天要工作好几个小时，她就可能成为除父母外另一个影响孩子个性发展的重要人物。所以，父母应该尽量找一个合适的看护人，她要能给予孩子几乎同样的关爱、乐趣、耐心和约束。

最重要的一点是这个人的性情。她应该充满热情，善解人意，容易相处，细腻又自信（当然，花钱请来的看护人也可以是男性）。她应该爱孩子，喜欢和孩子相处，而不是关心过度，让孩子喘不过气来。她应该既不用唠叨也不用过分严厉就能管理好孩子。换句话说，她要能和孩子建立融洽的关系。因此，当父母和看护人面谈时，可以让孩子待在旁边。通过观察她的行为，父母可以更好地判定她对孩子的态度，这比单听她的一面之词要好得多。

千万不要找容易发怒、爱骂人、好管闲事、没有幽默感或满口育儿理论的人来照顾孩子。

在挑选看护人的问题上，最常犯的错误就是先看带孩子的经验。把孩子交给一个知道如何处理小孩的肠痉挛或哮喘的人，父母当然会比较放心。但是，孩子生病或受伤的情况并不多，更重要的是每天的每时每刻如何度过。所以，如果这个人既有经验，性格又好，对孩子来说是再好不过了。但要是这个人的性格不好，那她拥有的经验也就没什么价值。

还有一个比经验还重要的因素，就是看护人的卫生习惯和认真态度。如果她不愿按照正确要求给孩子冲调奶粉，就绝不应该让她来做这项工作。当然，也有许多人平时有些邋遢，但在重要的事情上却表现得很认真。此外，宁可找一个比较随意的人，也不要找一个喜欢大惊小怪的人。

有的父母很看重看护人的受教育程度，但是，与个人品质相比，这没那么重要，在孩子还很小的时候尤其如此。还有些父母很担心看护人不会说英语。但在绝大多数情况下，孩子都不会被看护人和父母的不同语言弄糊涂。如果这个看护人跟孩子一起生活了很长时间，孩子长大后还可能得益于自己早年所学的另一种语言。

有的年轻父母没有经验，有时候尽管对看护人不是很满意，也会接受她。这些父母要么觉得自己还不如她，要么觉得她说得头头是道。要坚持找到那个真正合适的人。如果找到了合适的人选，就在力所能及的范围内尽量多支付一些报酬，目的是让看护人没有理由去考虑换工作的事情。当父母在外工作时，知道孩子得到了很好的照顾，这就很值得。

**有关看护人的注意事项**。如果已经找到了一个很好的看护人，孩子会对她产生依赖。这时，父母嫉妒是很正常的事。但是，即便孩子逐渐爱上了保姆，他对父母的爱也不会减少。要努力去觉察自己的情感，并坦率地应对这些情感；否则，可能会不由自主地无端挑剔看护人。从另一方面来说，有些看护人也有照顾孩子的强烈需求，她们会把父母推到一边，显示出自己最了解情况。她们可能根本意识不到自己的这种需求，也很少会改变这种做法。

有个常见的问题：看护人可能会偏爱家里最小的孩子，尤其是她来到这个家庭以后才出生的孩子。如果看护人不能理解这样做的危害，就不能让她继续照顾孩子们。因为这种态度无论对被偏爱的孩子还是被忽视的孩子都是不利的。

作为家长，你要掌握主导权。同时也要知道自己和看护人是搭档的关系。所以，无论对看护人还是对父母来说，最重要的问题是他们双方能否以诚相待，能否接受彼此的意见和批评，能否开诚布公地交流，能否认可彼此的优点和好意，能否为了孩子而合作。

**托付给亲属**。如果有亲属可以帮父母照看孩子，那就太好了，比如，祖父母。以上那些针对其他看护人的要求，同样适用于帮忙照顾孩子的亲属。照顾孩子的亲属必须认同，你们是孩子的父母，关于孩子的事情要由你们来做决定。有了这种共识，把孩子托付给亲属照顾可能是一种理想的选择。

**日托中心**。日托中心指的是在父母工作期间（通常是上午 8 点至下午 6 点）对孩子进行非居家式集体照料的机构。有的日托中心由政府机构或私人公司资助。好的日托中心往往具备幼儿园的特质：有自己的教育理念，有经过培训的教师，还有齐全的教育设施。

在美国，日托中心起源于第二次世界大战。那时的联邦政府为了鼓励有孩子的母亲去兵工厂工作，建立了日托中心。起初，日托中心主要照顾 2 ~ 5 岁的幼儿，现在常常为包括婴儿在内的更小的宝宝提供服务，还为上幼儿园的孩子和一、二年级的小学生提供课后看护。

日托中心一般都常年开放。它们能提供稳定又井井有条的环境，还具备可供评价的明确的儿童看护规范。然而，这种机构的费用一般都比较昂贵。另外，日托中心的工作人员往往更换得比较频繁，所以宝宝很可能无法长期由同一个人看护。每家日托中心对工作人员的培训水准都不尽相同，孩子和工作人员的比例也不一样，服务质量也会有很大的差别。日托中心应该配有执照，以表明符合最低的安全标准。许多日托中心还获得了资质认证，这意味着它们达到了更高的质量标准。

**家庭式日托中心**。家庭式日托中心指的是一个看护人和一两个助手在看护人的家里照料少数孩子的形式，这是一种比较普遍的选择。事实上，去家庭式日托中心的孩子要比去大型日托中心的孩子多得多。家庭式日托中心要比大型日托中心更方便、更经济实惠，在时间上也更加灵活。那种比较小的、类似于家庭的环境能让年幼的孩子觉得更舒服。人员的调整往往不那么频繁，所以孩子有机会跟一两个专门照顾他的人建立相互信任的关系——这是一件非常好的事情。

另一方面，很多家庭式日托中心既没有执照也没经过认证，这样就很难保证基本的健康措施和安全措施严格到位。而且，因为看孩子的大人比较少，虐待儿童或出现疏忽的可能性就更高。如果想选择家庭式日托中心，就要特别注意，父母必须对看护人绝对放心，他们也要欢迎父母随时到访，允许父母想待多久就待多久。孩子要喜欢去日托中心。接孩子回家时，要问问孩子今天都干了些什么。

**日托对年幼的孩子是否合适？** 在美国，人们对日托对幼儿是有益还是有害这一话题一直争论不休。有些人断言，集体生活不适合年纪较小的孩子。他们提出，每个孩子都需要一两个为之"着迷"的重要看护人，这样的看护人会全身心地照顾他，对他有强烈的依恋。反对日托的人担心，如果孩子在很小的时候就让几个看护人照顾，长大以后就可能在人际交往中出现障碍。这些反对日托的人还深信，对孩子来说，什么样的老师也比不上全心全意的父母。

支持日托的人则有不同的说法。他们断言，养育孩子可以有很多种适当的方法。他们指出，在有些地方，孩子都是由哥哥姐姐或大家庭抚养的，也没有产生什么不良结果。他们还指出，没有任何研究结果可以证明，高质量的日托会给儿童的情感发展带来什么害处。他们担心的是，有些在外工作的父母由于把孩子送到日托中心而内疚，好像他们把孩子害了一样。

实际上，孩子都是很有适应力的小家伙，根本不用担心高质量的日托会影响他们的发展。孩子需要的是对他们尽心尽力的成年人，不管是一个单身的家长还是一群日托老师。孩子需要跟成年人保持连贯的关系，这种关系既可以从家里获得，也可以在许多日托中心里建立起来。

少量研究已经开始关注上日托的孩子和不上日托的孩子的差异；研究显示，高质量的日托——孩子较少，教师精挑细选，训练有素——对大部分孩子没有害处。跟充满爱心的成年人和其他小朋友共同生活在一个安全又充满鼓励的环境里，可以激发孩子的好奇心和求知欲。但是，如果需要照顾的孩子很多，工作人员又没有受过严格的训练，这种集体生活就会对孩子产生不利的影响。另外，研究还发现，过惯了这种集体生活的孩子比较容易适应同龄的伙伴，也愿意和他们交流，但对成年人的反应就显得差一些。相对地，那些没有集体日托经历的孩子则更容易以成年人为中心（往往还会成为老师的宠儿），但对同龄伙伴却不那么热心。这种差异究竟会不会影响到孩子以后在学校的表现，会不会影响到他们的成年生活，还不得而知。

但是，每个人都同意这一观点：日托的质量对儿童的身心健康至关重要。关键就是要及时对孩子的问题做出反应，要耐心地教育他们，鼓励他们，还要保证由固定的看护人员照顾。这样的服务质量，只有那些工作人员训练有素、队伍稳定和资金有保障的日托中心才能提供。然而遗憾的是，这种高水准的日托中心数量实在有限，即使真的找到了，普通家庭也付不起昂贵的费用。所以，唯一的解决办法就是不断建言地方政府和联邦政府，让他们帮助设立更多高质量的儿童看护机构。

**为了照料孩子而结成搭档**。照顾同一个孩子的所有人都应该把彼此视为搭档。父母和看护人要沟通信息，交换看法，还要互相支持。如果孩子在日托中心遇到了很大的困难，比如不会用蜡笔，那么晚上接他回家时，父母就应该知道这件事情。同样，如果孩子因为夜里打雷而没睡好觉，也应该在第二天早上跟老师说一声。

当我还是个研究儿童发育的年轻医生时，女儿所在那家日托中心的老师们告诉了我许多非常重要的知识。我非常重视在早晨或晚上花 15 ~ 20 分钟和老师、孩子们一起坐在地板上交流的机会。通过观察那些富有经验的专业人士的工作，我学到了很多育儿知识。如果父母能和照顾孩子的人建立一种互相合作和彼此尊重的关系，孩子就会从中获益，家长也会受益匪浅。

## 选择儿童看护机构

**选择合适的机构**。首先，父母要搜集一下社区附近的看护机构信息，列一张清单。可以先向朋友征询一些建议，还可以访问网站查询附近负责介绍日托机构的组织。这些非营利性组织能够帮助父母找到合适的儿童托管机构。它们可以提供这些机构的名单，还可以提供其他方面的重要信息，比如这些机构是否持有执照，是否经过了资质认证，组织的规模如何，等等。

**电话咨询和实地考察**。父母在给有意向的托管机构打电话时，可以问问这些机构能否提供所服务家庭的家长名字和电话号码，还要了解一些详细情况，比如，这些机构维持纪律的手段。绝对不能选择会体罚孩子的机构。父母可以亲自到这些机构看一看，实地考察个把小时，观察一下看护人员与孩子之间的互动是否可以促进孩子的身心发展。还要看一下孩子们是否轻松自在，是否信任老师并且愿意请老师帮忙，孩子们是否大多数时候彼此合作，不能合作时又会如何处理。要知道，老师和孩子之间的友好关系往往也能从孩子之间的关系中反映出来。

一旦孩子开始了在看护机构的生活，父母应该经常到那里去看一看。去之前不要通知工作人员，这样看到的情况会让父母更放心一些。无论什么时候，家长的拜访应该都是受欢迎的。家长可以趁此机会增进对老师的了解，围绕孩子这一最重要的话题和老师进行沟通。

**执照和资质认证。** 如果一家儿童看护中心或家庭式日托中心拥有执照，就证明它达到了国家要求的安全水平。比如，有执照的机构必须符合防火安全和传染病控制的特定标准。资质认证与执照不同。申请资质认证的机构必须达到更高的服务标准，包括看护人的训练、机构的组织规模、场地面积、服务设施和教育活动等。受过良好训练的看护人会更了解孩子的需求，并能以有利于孩子的方式做出回应。资质认证由国家相关组织授予，如美国幼儿教育协会（NAEYC）。

**看护机构的规模。** 高质量的儿童看护机构最重要的标志，就是每个孩子都能获得足够的个体关注。为了达到这个标准，小组或班级的规模都不应该太大，每个大人照看的孩子也不能太多。孩子越小，需要的个体关注就越多。美国幼儿教育协会建议，看护机构的组织规模最大不应超过下表所示的限度。

| 儿童的年龄 | 每个大人最多照料孩子的人数 | 每组儿童的最多人数 |
| --- | --- | --- |
| 婴儿期（初生～12个月） | 4人 | 8人 |
| 学步期（12～24个月） | 4或5人 | 12人（配备教师3人）或10人（配备教师2人） |
| 2岁（24～30个月） | 6人 | 12人 |
| 2岁半（30～36个月） | 7人 | 14人 |
| 3～5岁 | 10人 | 20人 |
| 上幼儿园的儿童 | 12人 | 24人 |
| 6～12岁 | 15人 | 30人 |

## 课后看护

学龄儿童在课后时间需要成年人的看护。家庭成员和邻居可以帮忙照料孩子，高质量的托管项目能提供同龄孩子参加的趣味活动，也是非常理想的选择。在课后看护这个问题上，上文提过的那些能帮助父母寻找优质幼儿看护服务的资源及转介机构也可以帮上忙。

大约八岁以后，只要事先安排好一切，父母和孩子都能放心，成熟的孩子也可以在家中独自待上一个小时左右。需要给予孩子的支持包括：在附近有信任的大人随时能提供帮助，明确的规则和期望（例如，告诉孩子不要为任何人开门，不许看电视等）。父母还要确保孩子能牢记并执行安全措施（比如闻到烟味需要怎么做）。父母可以访问网站，查看孩子独自在家时的注意事项一览表。

独自在家会让很多孩子心生恐惧或情绪低落。让大孩子照看小孩子的想法很诱人。如果年长的孩子责任心很强，而小一点的孩子也很听话，那么这种方法就很管用。否则，会出现许多不愉快和打架的情况。如果是那样，可能需要另做安排了。

父母可能认为大一些的孩子更会照顾自己，但现实情况并非总是这样。相比那些接受有组织看护的同龄人，独自在家的青少年出现药物滥用和高危性行为的比例更高。十多岁的孩子尽管会对严格限制他们行为的做法表示反抗，但（就像学步期的孩子一样）还是会觉得有人看护更安心。除非父母十分肯定自己的孩子又冷静又可靠，否则还是找一家有组织的课后看护机构比较好。

参加高质量的课外项目可以让儿童和青少年在社交、学习和身体（锻炼和健康零食）方面有所获益。不过，此类项目可能费用昂贵。事实证明，政府拨款支持的看护项目深受人们欢迎，而且性价比也很高，但政治风向的变化却会影响政府的资金拨款。关心此事的家长们对此类看护项目的拥护支持会带来重要的影响。

## 保姆

晚上照顾熟睡的宝宝，保姆只要机敏、可靠就足够了。但是，要照顾从睡梦中醒来的宝宝和大一点的孩子，保姆就必须是宝宝认识和喜欢的人才行。如果醒来看到一个陌生人，大多数宝宝都会害怕。如果家里请了新保姆，最初几次父母中的一个人要待在家里，要观察她对孩子的反应，确保她理解孩子，关心孩子，能够亲切又坚定地照顾孩子。要尽量找一两名可靠的保姆，而且要保持不变。

父母最好给保姆一本指导手册，上面记录孩子的生活习惯、他自己可能需要的东西（要用孩子自己的话来说）、父母不在时发生紧急情况可以拨打的医生和邻居的电话号码、睡觉的时间、厨房里可以由他自己取用的东西，怎么把炉火关小或开大，以及床单、睡衣和其他可能需要的用品放在哪里等信息。最重要的是，父母必须了解这个保姆，还要保证孩子信任她。

**年轻的还是年长的？** 选择保姆时应该考虑她们是否成熟、态度是否端正，而不是仅仅把年龄作为参考标准。有些孩子只有 14 岁就特别能干、特别独立了。当然，父母不能指望所有 14 岁的孩子都能达到这种水平。有些大人也可能不可靠、苛刻，或者不能胜任保姆的工作。有些年纪大的人对孩子很有一套；有的则不懂得灵活变通，或者谨小慎微，无法适应新情况。许多社区都有保姆培训，这种培训是由红十字会或当地医院提供的。培训包括安全措施和急救措施的介绍。选择保姆时有必要看看她们是否受过这方面的培训。如果雇用了年轻的临时保姆（比如初中生或高中生），那么她的父母在家，还可以在紧急情况出现时施予援手就是一种令人安心的情况。

## 和孩子共度的时光

**优质时间**。父母不必为了创造优质时间（即宝贵的亲子时光）而打破常规地去做任何事情。任何日常活动——一起开车出行，一起采购，一起做饭、吃饭，一起做家务——都能成为亲密、有益又充满爱意的积极互动时间。如果父母工作时间很长，就需要做一些特殊的安排，留出宝贵的亲子时间和孩子相处。对于学龄前儿童来说，如果早晨经常可以睡睡懒觉，或者在日托中心可以午睡的话，晚上就可能晚睡一会儿来陪伴父母。在双亲家庭里，父母中的一方可以在伴侣专心陪伴孩子的时候睡觉休息（只要有一位家长关注孩子，就能很好地满足孩子的需要）。

有些家长错误地理解了优质时间的概念，认为时间的长短无关紧要。其实时间长短也很重要。孩子需要父母的陪伴，他们需要看着大人活动，从他们日复一日的身体力行中学习，同时知道自己是父母生活中很重要的一部分，这样就足够了。

另一方面，陪伴孩子的时间太长也可能会过犹不及。那种尽职尽责、不辞劳苦的家长可能会把陪着孩子聊天、游戏和阅读当成一种责任，认为即使耐心和乐趣早已消耗殆尽也要做到。那些为了给孩子提供优质时间而时常忽视了自身需求和愿望的父母，到头来可能会怨恨这种牺牲，亲切感随后也会消失。如果孩子感觉到自己可以迫使家长超出意愿给他更多的时间，他就会在此方面变得要求苛刻，爱找麻烦。解决问题的诀窍在于找到恰当的平衡点：既可以跟孩子一起度过很多时间，又不至于牺牲父母的个人需要。

辛苦工作一天回到家时，父母很可能会疲惫不堪。然而正是这个时候，等了爸爸妈妈一整天的孩子最需要得到父母的关注。与其打算直接瘫倒在扶手椅中，双脚离地，闭目养神，父母不如在一天快要结束的时候提醒自己留一点精力给孩子，毕竟回家后要做的第一件事就是全神贯注地用一刻钟时间来陪伴孩子。在满足孩子的需要之后，父母就可以放心地休息一会儿了。父母借助思维上的小小转变，既能提升晚间亲子陪伴质量，也能极大地改善亲子关系。

**特别时间**。特别时间是指一小段时间——5 ~ 15 分钟一般就够了——

每天专门留出这段时间跟每个孩子单独相处。这段时间的特别之处不在于父母做了什么，而在于孩子得到了全部的关注。请关闭手机和录音电话。如果家里不止一个孩子，父母就要告诉孩子们马上就会轮到他们，到那时每个孩子都会得到父母一心一意的陪伴。

孩子理应无条件地每天享有一点特别时间。如果是双亲家庭，父母可以轮流来一心一意地陪伴孩子。如果家里有很多孩子，特别时间可能就会少一些。如果要出差，也可以通过电话和聊天软件与孩子共度特别时间，比如朗读孩子选择的书籍，编一个故事，或者仅仅聊聊天也可以。不要为了惩罚孩子而取消特别时间。相比那些天使般温柔的孩子，因为经常调皮捣蛋而引起家长担忧、沮丧甚至愤怒情绪的孩子更需要特别时间。就像爱一样，特别时间也应是无条件给予的。

**溺爱的念头**。许多忙碌于工作的父母会给孩子买多得数不清的礼物，面对孩子时采取予取予求的态度，甚至纵容他们的为所欲为。父母如此做的原因或许是渴望陪伴孩子，或因为跟孩子见面的时间太少而心生愧疚，或害怕孩子不再爱他们。以放纵来代替对孩子真正的陪伴和情感的关怀是很诱人的策略，但却注定走向失败。

有工作的父母可以很自然地向孩子展示随和与慈爱的一面，但是他们也应该毫无心理负担地在疲劳时休息一下，考虑自己的需求，不要每天都送礼物，应该有限度地为孩子花钱，并要求孩子给家长适当的礼貌和关心。换句话说，做每一件事都要像全职父母一样充满自信。这样一来，孩子不但会成长得更好，还会更喜欢父母的陪伴。

# 管教

## 什么是管教

**管教不是惩罚**。对许多父母来说，管教孩子意味着责骂、拿走孩子的东西、让孩子面壁思过，或打孩子屁股。这些方法只能告诉孩子不要做什么，却不会教孩子应该做什么，为什么要如此做。若孩子觉得自己在做坏事后可能会被抓住，惩罚就会使他们表面顺从，但内心对自身行为的控制力却并不会因此提升。因做错事而遭受体罚的孩子，如果觉得别的孩子犯了错误，就会更有可能攻击其他孩子。另外，即使身体疼痛过去很久之后，那些遭受严厉惩罚的孩子经常还会感到愤怒、怨恨和恐惧。

效果更好的做法是将管教视为一种训练，用来培养孩子控制情绪时所需的力量和技巧，帮助他们预测自身行为对他人的影响，同时帮孩子在棘手的情况下做出明智的反应。例如，一个受到良好管教的孩子在面对班上同学的讥讽时，可以选择不同的方式来应对而不诉诸暴力。同样，一个受到良好管教的孩子若因自私或粗心而犯下过错（良好的管教并不意味着完美），即便认错的感觉并不好受，他也知道要坦承错误。虽然会承受短暂的痛苦，但长远看来，让孩子成为一个诚实直率之人会让他受益无穷。

"管教（discipline）"一词与"追随者（disciple）"一词同源。一个受过良好管教的孩子就是一名追随者，即父母的追随者，正是父母向他展示了何为正确的思想、言论和行为。所谓管教，不只是教孩子遵守规矩，还包括学会质疑和反对那些不合理的规矩。那些因犯种族灭绝罪而受审的纳粹分子和屠杀平民的美国士兵会辩称他们"只是在执行命令"。圣雄甘地和罗莎·帕克斯[1]则以正义之名挑战既定的法律。你希望自己的孩子追随哪一类人的脚步呢？

**无效的管教**。作为父母，你可以制定一套严格的惩罚措施，让孩子像个听话的小机器人一样中规中矩——至少在他们觉得有父母监督时会这样。但这对孩子的精神和孩子对他人的感情会产生什么影响呢？

另一方面，也可以想象这样一个孩子：无论他如何任性，都能得到父母的纵容；无论他行为对错，都能得到父母的赞赏。这样的孩子可能会在一定程度上感到快乐，但是，大多数人都不会愿意接近他。管教孩子的挑战在于要让他明白怎样才算举止得体以及如此做的原因，但同时绝不能损害他的自尊心和独立判断力。

不同于严厉或溺爱的管教方式，父母在管教孩子时要采取温暖柔和的态度，同时恪守原则，力求做到明智合理。

**孩子为何会表现良好？** 良好管教的主要来源就是成长在一个充满爱的家庭里，孩子既能得到关爱，也能学会用爱做出回应。因为我们喜欢身边的人，也想让他们喜欢我们，所以才会（大部分时间）表现得友好而合作。孩子在 3 岁左右，那种对物品抓住不放的特点就会逐渐减弱，开始学着和别人分享。这主要不是因为他们受到了父母的提醒（可能有些关系），而是因为

---

1 帕克斯因拒绝给白人让座而被捕入狱，从而引发了蒙哥马利巴士抵制运动，她也因此被誉为美国民权运动之母。——译者注

他们快乐的感觉和对其他孩子的喜爱之情已经有了充分的发展。

另一个关键因素是孩子们强烈地渴望自己能像父母那样。在 3 ~ 6 岁这个时期，会特别努力地做到讲文明、有礼貌和负责任。他们会非常认真地假装照顾玩具娃娃，假装做家务和外出工作，因为他们看到父母就是这样做的。如果父母想让孩子成长为教养良好的人，就要先为孩子做出表率，时刻规范自己的言行举止。

**严格还是宽松？** 这对很多新父母来说是个大问题，而且在很多家庭里都成为造成关系紧张的根源。对有些家长来说，宽松的方式只不过意味着随和的管理风格，对另一些家长来说，就表示放任自流，愚蠢地溺爱孩子，纵容他为所欲为。从这个观点来说，宽松灵活的规矩会使孩子变得娇生惯养，粗鲁无礼。

问题的关键不在于严格还是宽松。善解人意的父母在必要时也能对孩子严厉起来，适度地采取严格或宽松的标准来约束自己的孩子，也会收到良好的效果。反过来，如果对孩子严格是因为父母冷酷无情，或者过度的宽容是由于父母胆小懦弱，这种管教就收不到良好的效果。问题的关键在于父母管教孩子时的情绪，以及孩子在这种管教下最终达到的效果。

**坚持你的标准。** 天性严格的父母应该对孩子严格管理。应该适当地要求孩子讲礼貌、听话、做事有条理等。只要父母基本上态度和蔼，并且保证孩子能快乐地成长，就不会对孩子有什么害处。但是，假如父母态度专横、粗暴、经常批评孩子，或者不考虑孩子的年龄和个性，这样的严格要求对孩子来说就是有害的。这种严厉的管教只能使孩子变得逆来顺受、缺乏个性、心胸狭窄。

只要父母在重要的事情上坚定不移，就算以随和的方式也能培养出体贴而具有合作精神的孩子。只要孩子的态度是友好的，许多出色的父母也会满足于宽松随意的方式。这些父母或许对及时行动或保持整洁的要求不十分严格，但会毫不犹豫地纠正孩子自私自利或粗鲁无礼的行为。

**态度要坚定，要求要一致。**父母的任务就是日复一日、坚持不懈地保证孩子在正确的道路上前进。尽管孩子的良好习惯主要是通过敬爱父母并模仿父母形成的，但是父母要做的工作仍然很多。用汽车术语来说，就是孩子提供动力，父母掌握方向。有的孩子比别的孩子更难管，他们可能比大多数孩子活跃，更容易冲动，甚至更加顽固，因此，要使他们的行为不出格，就需要父母花费更多精力。父母要一遍又一遍地强调："过马路的时候拉着我的手。""你不能玩那个，会伤着人的。""我们得把车留下，因为这是哈利的车，他还要用呢。""该上床睡觉了，好好睡觉才能长得又高又壮。"

父母的引导是否有效，取决于他们是不是适度地坚持同样的标准（当然，没有人能绝对地保持一贯的标准），是不是说话算数，在指点或阻止孩子的时候理由是不是充分，而不是因为他们觉得自己可以专横。父母说话的口气很重要。气愤或轻蔑的语气容易引起愤怒和怨恨，不能激发孩子改进的愿望。

## 奖赏和惩罚

**行为规范。**有一些基本的行为规范同样适用于动物、儿童和成年人。这些原则不是有效管教孩子的秘诀，但是，高效能父母一直都在将这些原则自觉地运用到实际生活中去：

1. 获得奖赏的行为会随着时间出现得越来越多；那些被忽视或遭到惩罚的行为则会越来越少。

2. 即时的奖惩比延迟几小时或几天的奖惩更有效。

3. 行为习惯一旦养成，不时地给予奖赏要比每次都给予奖赏更能使这种行为持续下去。

4. 如果奖赏突然停止，这种行为就可能在一段时间内出现得更频繁，随后则会逐渐消失。

了解这些规范之后，就应该想到，如果想让孩子养成一种新的习惯，比如，对别人说"谢谢"，就应该想好如何奖赏这种行为。比如，也许可以口头表扬孩子（"我喜欢你刚才说谢谢的样子"），或一个赞许的眼神足矣。如果想让孩子改掉某种行为习惯，比如吃饭时打嗝，就应该想一个合适的惩罚措施，每当孩子在餐桌上打嗝时都用这种方式提醒他改正。同样，无论是温和的批评还是不赞同的眼神都可以起到很好的效果。

　　**奖励还是惩罚？** 大体上看，奖励要比惩罚更有趣，对父母和孩子来说都是如此。而且，让人高兴的是，奖励往往也更有效。因为惩罚容易让孩子感到愤怒，他们就不那么积极地去做父母希望的事。奖励容易让孩子更愿意取悦父母。

　　父母可以想办法把惩罚变成奖励。如果不想惩罚孩子的某种行为（比如打人），也可以鼓励他相反的行为（友好地玩耍）。一旦习惯了这样看待问题就会发现，大多数本以为需要惩戒的行为都有值得褒奖的相反行为。例如：粗鲁的餐桌礼仪对应着优雅的举止风度；挑剔任性对应着随和友善；自私自利对应着慷慨大方；考虑不周对应着周到体贴。通过这种方法，你会发现自己说"不行"、"快停下来"、"停止"和"不要"的次数会变少。与其对孩子说"别哭哭啼啼了"，不如说"请用我能理解的语言告诉我情况"。

　　**有效的赞扬。** 最有效的奖赏一般都是赞扬或认可，最有效的惩罚一般是批评或反对。有效的赞扬包含两部分内容：你需要告诉孩子他做了什么，以及你对此的感觉怎样。有时候，有效的赞扬还会包含第三部分内容，那就是他的行为会带来什么好处。比如告诉孩子："你把衣服捡起来放到了篮子里。我真为你骄傲。现在我们就有更多的时间玩了。"只是简单地说"好孩子"并不会那么有效，因为孩子很可能不清楚究竟是什么行为赢得了赞赏。毫无理由地随便赞扬孩子也不会有效，因为"乖"并不一定表示孩子做了什么。

**有效的批评**。有效的批评与有效的赞扬一样，包含相同的三部分内容：要让孩子知道自己做了什么，父母对此的感受如何，以及这种行为会带来怎样的后果。比如说："你把鸡蛋扔到地上，我很生气。现在我们必须把地板清理干净。"请注意，与简单地说"你这坏孩子！"相比，前者传递的信息更多。

**立规矩还是纠正行为？** 以上内容并不是主张父母应该用非常刻板的方式跟孩子讲话。经过一段时间的实践后，父母就会忘记有效表扬和有效批评的模式，学会清楚明确地与孩子交流了。在现实生活中，很多情感交流都是不用语言的，而是通过微笑、皱眉以及高兴或担心的表情传达出来。孩子们天生善于体察这些表情，当这些表情来自他们生活中重要的成年人时，孩子的感觉就更加敏锐了。

**传授式交谈**。要把奖赏和鼓励看成给孩子传授所需常识的一种途径。另一种方法是直接告诉孩子你们要做的事情，以及期望他做出的表现。如果你们正准备去奶奶家探望，就可以说："今天我们要去奶奶家。到那儿以后，我们先要跟奶奶聊聊天，告诉她你上学的情况，或者我们正在做的有趣的事情；过一会儿才是玩的时间。"如果孩子们知道了即将面对的情况，以及自己应该怎样做，就更容易有良好的表现。

**保持积极的态度**。正如大多数时候赞扬比批评有效一样，当期望以一种积极的方式表述出来时，效果几乎总是会更明显。例如，我们比较一下这两种表达方式："我们去商店购物会很开心；你要听妈妈的话，待在我的身边。""不许在商店里乱跑！"一种表达方式描绘了一个场景，而另一种方式则预示了一幅不好的画面。孩子们容易按照这些画面行事："不要"或"不许"等否定性词语不会在孩子头脑中留下深刻的印记，反倒让他们对父母想要防止的那种行为形成很深的印象。

对于幼儿来说，你经常可以直接改变他的行为，让他不做大人禁止的事情（比如玩墙上的电源插座），而去做大人许可的事情（玩积木）。父母可能会说："别动，那个不安全。"但是接下来要马上提出一个安全又被许可的活动。

**有必要惩罚孩子吗？** 大多数父母或多或少认为有必要惩罚孩子。但这不代表孩子就像需要牛奶和蔬菜那样，必须有一定量的惩罚才能以正确的方式成长。如果父母发现自己经常惩罚孩子，就应该考虑一下惩罚没有达到预期效果的这种可能性。在某些情况下，孩子其实会渴望获得惩罚所带来的额外关注，并为获得这种关注而故意惹事。

要不要惩罚孩子？实际上，这个问题在很大程度上取决于父母小时候的受教育方式。如果他们偶尔会因为犯了错误而受到惩罚，那么，在他们的孩子犯了同样错误的时候，他们也会采用惩罚的方式。如果他们在成长过程中始终受到正面的引导，也会采取同样的方法教育自己的孩子。表现不好的孩子确实不少。有些孩子的父母经常惩罚孩子，而另一些父母却从不这样做。所以，我们不能笼统地说应该惩罚还是不应该惩罚。

惩罚从来就不是管教孩子的主要内容，它充其量只是一种强烈提醒。也就是说，父母用了一种激烈的方式表达了自己要说的话。我们都见过那样的孩子，他们虽然经常挨打挨骂，但是仍然恶习不改。管教孩子的其他方面，比如情感上给予孩子温暖、合理性和一致性等其实更为重要。

**什么时候惩罚孩子才有道理？** 父母不能坐在一边看着孩子毁坏东西而不加干涉，事后再惩罚他，而应该阻止他，引导他。惩罚只是在正面的期望和清楚的沟通行不通时才采取的办法。也许孩子在难以抑制的冲动之下想要知道，几个月前父母定下的规矩是否仍然有效。也许他很生气，所以才故意惹是生非。

要知道惩罚是否有效，最好的检验方法就是看它是否达到了预期的目的，又没有产生副作用。如果父母的惩罚使孩子变得愤怒，和你较劲，而且比以前表现得更差，那么这样的惩罚显然没有达到目的。如果惩罚让孩子很伤心，说明你的做法可能太严厉了。当然，每个孩子的反应都会有所不同。

有时候，孩子因为意外或不小心打碎盘子或扯破衣服的事经常发生。如果孩子与父母关系很融洽，他会为自己的过错感到很难过，父母也不必惩罚他，反倒应该安慰他。如果父母对已经知错的孩子暴跳如雷，反而会使孩子不再自责，还会让他生起气来。

**不要威胁孩子**。威胁容易削弱管教的效果。"如果你再到大街上骑自行车，我就把车没收。"这样的话听起来合情合理。但是，从某种意义上讲，威胁就等于试探，而试探就意味着孩子可以不听父母的话。如果孩子觉得父母说话总是当真的，那么，当父母用坚决的口气告诉他不能在大街上骑自行车时，他就会更加认真地对待。反过来，如果父母觉得非得采取比较严厉的措施不可，比如把孩子心爱的自行车拿走几天，最好还是提前给他一个警告。如果有必要，再贯彻执行。

类似"再也不让你看电视了"这种只会威胁孩子，却从来不会或不能执行的做法会很快毁掉父母的威信。所以，用类似怪兽或警察抓走坏孩子的话去吓唬孩子不会有真正的效果，还会导致持久的恐惧。用走开或抛下不管的态度去威胁一个磨磨蹭蹭的孩子，效果也一样，因为这种威胁会破坏孩子心理安全感的核心支柱。作为父母，一定不希望孩子随时都担心自己会被抛弃。

**体罚（打屁股）**。为了"给他们一个教训"而打孩子是世界上许多地方的传统，即使在美国，大多数父母也坚信打屁股有用。不过，体罚孩子的趋势正在扭转，目前在许多经济发达的国家，打孩子屁股都是违法行为。

杜绝体罚的理由很多。首先，体罚会让孩子认为，比自己高大的人无论对错都有权管教他。因此，那些挨过打的孩子在欺负比自己小的孩子时，会觉得理直气壮。

当一个优秀的公司主管或一家商店的领班对某个员工的工作不满意时，他不会盲目地冲过去大喊大叫，不分青红皂白地把员工痛打一顿。相反，他会以一种不失身份的方式向这位员工解释怎样做是正确的。在多数情况下，有这种解释就足够了。孩子也一样，他们也想尽自己的责任，也想让别人说自己好。因此，当别人表扬他们或对他们抱以期望时，他们总会表现得很好。

过去人们认为好孩子是打出来的，所以大多数孩子都会挨打。到了 21 世纪，父母和专家通过研究美国和其他地方的孩子发现，不用体罚，孩子照样能有很好的表现，成为彬彬有礼且具有合作精神的人。

打过孩子的父母常常为自己辩解说，自己小时候就挨过打，而且挨打没有对他们造成任何伤害。从另一方面来讲，几乎所有这么说的父母都能想起自己挨打以后产生的强烈羞耻感、愤怒和怨恨。我怀疑，这些父母之所以能够心理健康地成长起来，是因为体罚虽有害但幸好没造成过度伤害，而不是因为受到了责打才拥有了健康的心理。

大多数科学研究都没能发现责打本身特别有害或特别有益。父母和孩子之间关系的本质——无论温情、关爱，还是冷酷、严厉——才是孩子发展过程中一种更加强大的力量（关于打屁股和虐待孩子的更多相关内容，请参见第 532 页）。


**非体罚教育。** 有意义的惩罚效果最好。比如，当宝宝抓住妈妈的鼻子用力捏时，就可以把他放到地上。这个惩罚就是和妈妈分开（尽管妈妈就在他的旁边）。父母使用这种温和但有效的暂停办法（在这个例子中，是让宝宝暂停捏父母的脸）可以很快教会宝宝，让他控制这种对着人脸乱抓一气的冲动。

年幼的宝宝打父母的脸，只不过想引起他们的注意。这种行为通常会带来一个富有讽刺性的场面——父母一边打孩子的手一边说"不要打了"。其实，更有效的回应方式是说："噢！真疼！"然后把孩子放下来，找点别的事做，让孩子单独待几分钟。这样一来，孩子就会明白，这种让人不快的行为不但得不到关注，反而会造成相反的结果。

另一种形式的非体罚措施是暂停游戏，让孩子在游戏围栏里待几分钟，这种方法适用于大一点的学步期孩子。如果学步期孩子非要把安全插头从电源插座里拔出来，父母当然不能允许他们这么做。但是孩子可能很倔强，根本不听口头警告。让他玩另一个游戏时，他会兴致勃勃地跑回去玩电源插座。他觉得自己正在玩一个特别有趣的游戏。这时，父母不该无可奈何地陪着他玩，而应该把他抱到游戏围栏里，简单地说一句"不能再玩了"，然后离开他几分钟。大多数学步期的孩子，不论正在玩什么，只要被抱开，他们就会做出反抗，所以要做好心理准备，他们可能会大哭大闹。但是这种轻微的惩罚对于学步期孩子来说很有效，可以让孩子明白父母不是随便说说，而是认真的。

**暂停游戏**。一种更正式的非体罚的方法对学龄前儿童和低年级的小学生都非常管用。暂停游戏表示暂时不理睬孩子，也不让他玩。可以在家里找一张离家人活动的区域较远的椅子；不要太远，免得不知道孩子正在干什么，但是也不要把他放在很多东西中间。

宣布暂停游戏时，孩子就要坐到那把椅子上去，直到告诉他时间到了才能起来。可以用一个煮鸡蛋用的计时器，按照孩子的年龄设置时间，每过一岁增加一分钟。时间不要太长，否则孩子容易忘记为什么要坐到椅子上去，还会觉得难过或怨恨。如果孩子在计时器响之前就站起来了，要重新计时，他必须从头开始再"服刑"一次。（相比十分普遍的手机计时器，嘀嗒作响的机械式煮蛋计时器效果似乎更好；这种煮蛋计时器花几美元就能买到一个，非常值得拥有。）

在暂停时间快结束时，可以让孩子告诉你为什么要暂停游戏，以及以后要有怎样不同的表现。如果他说不出来，要告诉他，还要让他再暂停一小会儿去想想这个问题。如果孩子因为逃避某项任务（比如说捡起地上的玩具）而被暂停游戏，那么在暂停之后要让孩子把任务完成。这个过程会让孩子负起责任，真正吸取父母教给他的这个教训。

有的父母发现了一种有效的惩罚方法，他们把孩子关在房间里，告诉孩子，如果保证不再捣乱就把他放出来。这种方法理论上有一个缺点，它可能会让卧室变得像一间囚室。但是，这种方法也可以教育孩子，和其他人在一起的权利是可能失去的，还能让孩子知道，生气的时候最好找个地方单独待一会儿，让自己平静下来。

**合理的惩罚**。父母应尽可能让惩罚与过错相称。如果你已经告诉孩子收拾东西了，但他还是把玩具丢得满屋子都是，就可以没收玩具，在他拿不到的地方放几天。如果一个十几岁的孩子就是不把他的脏衣服放到洗衣篮里，就让他上学时没有干净衬衫可穿（虽然不是所有孩子都很在乎这种情况，但对许多青少年来说是相当严厉的惩罚）。如果一个十七八岁的孩子晚上很晚才回家，也没有打电话提前告诉父母，就在一段时间内禁止他晚上外出，直到能证明他会为自己的行为负责。

有效的惩罚总是有其内在逻辑，即使孩子自己也不得不承认。这些惩罚让孩子明白了极其重要的人生道理——每一种行为都要承担后果。

**过度依赖惩罚**。有的父母说，他们必须不断地惩罚自己的孩子。我认为这些父母需要某种帮助。少数父母对管教孩子感到十分苦恼，他们要么说自己的孩子不服从管教，要么就说他是个坏孩子。观察这类父母时会感觉到，虽然他们很想努力，也认为自己正在努力，但是看起来不像真在努力。就拿某一位母亲举例，她会常常威胁、训斥、惩戒孩子，但却反复无常。她让孩子服从了一下，但是 5 分钟或 10 分钟以后，似乎就不再关注这件事了。有时，她虽然真的惩罚了孩子，却忘了让孩子完成她当初要求他做的事情。对孩子来说，不用做苦差事可是绝妙的奖励！还有的父母只是一个劲地告诉孩子他有多么差劲，或者当着孩子的面反问邻居是不是从来没见过比这更坏的孩子。

这些父母总是觉得孩子的不良行为会持续下去，而且不论父母怎么努力都无济于事。其实，正是父母诱发了孩子的不良行为，他们却没有认识到这一点。他们的训斥和惩罚只是挫败感的一种表示。当他们向邻居抱怨时，只是希望能得到一些令人宽慰的认同，承认这个孩子是真的无药可救。这样的父母需要善解人意的专业人士的帮助。

## 给孩子设定限制的技巧

**既严格又友好**。再随和的父母也要知道应该怎样严格要求孩子，不能由着孩子无理取闹，要让孩子懂得，父母也有自己的权利。这样一来，孩子就会更喜欢爸爸妈妈。父母的严格要求从一开始就能培养孩子有理有节地与人相处。

被宠坏了的孩子即使在自己家里也不会觉得快乐。不管 2 岁、4 岁还是 6 岁，只要走出家门，孩子就会不可避免地遭到突然的打击。他们会发现没人愿意对他们唯命是从。他们会真正明白，所有人都因为自己的自私而讨厌自己。这样一来，他们要么一辈子不招人喜欢，要么就必须费很大的劲学会如何与人友好相处。

父母常常会暂时容忍孩子的顽皮，等耐心耗尽的时候，他们就会把怒气撒在孩子身上。其实，父母根本不必如此。如果父母有着健康的自尊心，完全可以为自己着想，同时保持友好的态度。比如，女儿非要让你继续陪着她玩，而你已经筋疲力尽了，可以愉快而坚定地对她说："我太累了。现在我要去看会儿书，你也可以去看你的书。"

有时，女儿可能会坐在别的孩子的小车上不下来，而那个孩子又想把车拿回家去。这时，父母要试着拿别的东西来诱惑她，转移她的注意力。但是不能总对她这么温柔。有时候哪怕她会大声哭喊，也要坚决地把她从小车里抱出来。

**生气是正常的。**如果孩子因为大人要纠正他的错误，或者因为妒忌兄弟姐妹而对父母态度粗暴，应当立即制止他，还应该要求他有礼貌。同时，父母可以告诉孩子，他们知道孩子有时候对父母很生气（所有的孩子都有跟父母生气的时候）。可能这话听上去有点矛盾，好像是在放弃对孩子的管教。管教的经验告诉我们，如果父母坚决要求孩子行为举止得体，那么他们不仅会有更好的表现，还会更加快乐。与此同时，通过这种方式可以让孩子明白，父母知道他很生气，但是不会被他的情绪激怒，也不会因此而疏远他。这种认识有助于孩子缓解怒气，不再感到惭愧或担心。

在现实生活中，把孩子的愤怒和敌对情绪、敌对行为区分开很有必要。事实上，心理健康的基础就是能够意识到自己的各种情绪，然后决定如何合理地排解这种情绪。父母可以帮助孩子准确地表达自己的感受，这样能促进情商的发展。情商是成功人生非常关键的因素。

**不要问"好吗？"。**大人跟小孩子说话时，很容易养成问这种问题的习惯："坐下吃午饭好吗？""咱们穿衣服好吗？""你想小便吗？""现在该出门了，好吗？"这种问题带来的麻烦是，孩子，尤其是 1 ~ 3 岁的孩子，往往会回答"不"。这时候，可怜的父母就得说服孩子去做他本来就该做的事了。

如果真正的目的是给孩子提供指导，最好不要给他们选择的余地。对幼儿来说，非语言的沟通方式更有效。午饭时间到了，可以一边和他聊着刚才的事情，一边把他拉到或抱到餐桌前。如果看出他该上厕所了，把他领到卫生间，或把小马桶拿给他，用不着告诉他要干什么。

我并不是说你应该扑向你的孩子，简单地把他拖到别的地方去。机智一点会有帮助。如果你 15 个月大的孩子在晚餐时间忙着把一块积木装进另一块空心积木里，你可以把他抱到餐桌前，允许他仍然拿着他的积木，当你把勺子递给他时，再把它们拿走。如果你 2 岁的孩子在睡前玩玩具狗，你可以说："我们现在把小狗放到床上去吧。"如果你 3 岁的孩子在洗澡的时候在地板上玩玩具汽车，你可以建议他让汽车到浴室去做一次长途旅行。当你对他所做的事情表现出兴趣时，就会使他有一种合作的心情。

随着你的孩子长大，他将不那么容易分心，有更多的注意力。那么，提前给他一点建议，效果会更好。如果一个 4 岁的孩子花了半个小时建了一个积木车库，你可以说："现在马上把车放进去；我想在你睡觉前看到它们在里面。"你可以建议你的孩子"找一个好的停靠点"，或者给他一个"五分钟的提醒"，这样他就会知道什么时候该收工了。这种方法可以让孩子知道他的游戏很重要，同时让他在你设定的限度内有一些控制感。不过，所有这些都需要耐心，而你自然不会总是有这种耐心。没有父母是完美的，也不需要完美。

**不要给小孩子讲太多道理。**当孩子还小的时候，最常用的方法是把他的注意力转移到有趣而无害的东西上去，从而直接把他从危险或禁止的情况中引开。等他长大一点并学到一些教训时，就要以就事论事的态度提醒他"不可以"，然后进一步分散他的注意力。如果他想让父母解释或追问理由，就用简单的语言告诉他。但不要以为他需要你对每一点指导都做出解释。他知道自己缺乏经验，需要依靠父母保证自己远离危险。只要做得巧妙，不过分，父母的指导会让他觉得很安全。

有时候，会看到 1～3 岁的孩子因为大人的警告太多而变得焦虑不安。有个 2 岁的小男孩，他的母亲总想用这种思想来控制他："杰克，你千万不能碰医生的灯。要是你把它打破了，医生就看不见东西了。"杰克一副焦急的表情，眼睛瞪着医生的灯，嘴里咕哝着："医生会看不见。"一分钟后，杰克要把临街的门打开，他的母亲又警告他说："不要出去啊，杰克会迷路的。杰克迷了路，妈妈就找不到他了。"可怜的杰克想了想，重复道："妈妈找不到他。"对孩子说这么多坏结果是有害的，会导致孩子病态的想象。父母不该总让一个 2 岁大的孩子对自己的行为后果担心，这个年龄正是孩子在实践中学习的阶段，是通过做事来获得经验的阶段。这并不是说不能用语言警告孩子，而是说不应该用他理解不了的思想来引导他。

我又想起了一位很有责任心的父亲。这位父亲觉得他应该把什么事情都给 3 岁的女儿解释清楚，因此，每次准备出门时，他从来不会给孩子穿上衣服就走。他总是问孩子："我给你穿上衣服，好吗？""不！"孩子回答道。"噢，可是我们要出去呼吸一下新鲜的空气呀。"孩子已经习惯了父亲的这种做法，因为父亲总是觉得必须把任何事情都解释清楚。孩子利用这一点迫使父亲对每件事情都做出说明。所以，她接着问："为什么呢？"其实，她并不是真的想知道。父亲给出了一些理由，但孩子仍然想继续追问。如此这般，从早到晚，问个没完。这种毫无意义的争论和解释既不能使她成为一个愿意与人合作的孩子，也不能让她把父亲当成一个明理的人去尊敬。如果父亲十分自信，并且平常总是以一种友好、主动的方式来引导孩子，她会觉得更幸福，还会从父亲那里获得更多安全感。

## 放纵的问题

如果父母对孩子过分放纵，结果会非常糟糕，与其说这是因为他们对孩子的要求太少，不如说是因为父母不能理直气壮地对孩子提出要求。

父母如果在应该适当约束孩子的时候犹豫不决，就会在孩子出现不良行为时忍不住生气。这些父母会经常生闷气，却不知道如何是好。这时候，孩子也会不知所措。这很容易使孩子产生负罪感并且变得谨小慎微。与此同时，他们还会变得更加自私和骄横。例如，假如孩子尝到了晚上不按时睡觉的甜头，而父母也不敢剥夺他的特权，长此以往，后果肯定不会令人愉快。孩子占据了晚上的大部分时间，父母则饱受煎熬，整晚睡不好觉。这时，父母肯定会因为孩子的任性而讨厌他们。如果父母态度坚决，对孩子的期望始终如一，就会惊讶地发现，孩子很快变得讨人喜欢了，父母也会因此感到舒心。

换句话说，从长远来看，只有要求孩子举止得体以后，父母才会感到孩子可爱。孩子只有举止得体，才会感到快乐。

**回避管教的父母**。有不少父亲或母亲常常逃避对孩子的引导和约束，把大部分工作留给了自己的配偶。信心不足的母亲总是说："等你爸爸回来再说。"（从这些年来的情况看，也可能是母亲快要回到家，而父亲是那个管教孩子信心不足的人！）每当问题出现时，有些父亲就躲在报纸后面，或全神贯注地看电视。当母亲责备他们时，有些不参与子女教育的父亲会说，他不想让孩子恨他们，他想成为孩子的朋友。

有既友好又能陪孩子玩耍的父母当然好，但孩子们也希望父母有家长的风范。在孩子的一生中，他们会有很多朋友，但只能拥有一对父母。

要是父母心软或不愿意管教孩子，孩子就会感到像没有支撑的藤蔓一样无依无靠。如果父母不自信、态度不坚决，孩子就会试探父母的容忍限度，给自己和父母找麻烦，直到把父母激怒，决定惩罚孩子为止。这时，父母又会感到惭愧，再次退却。

由于父亲躲避教育孩子的责任，母亲就必须担起两个人的责任。此外，父亲也不会得到孩子的友情。孩子知道自己表现不好会让大人生气。因此，当孩子做错事情，而父亲却假装没看见时，孩子会很不安，会猜想父亲在掩盖怒气，在孩子的想象中，这种怒气比实际上要强烈得多。有些孩子会更害怕这样的父亲，觉得他比那种能自然地管教孩子，被激怒时也会表示气愤的父亲更令人害怕。如果父亲能表现出自己的愤怒，孩子就能明白父亲为什么生气，以及自己该如何应对。当孩子发现自己能够摸透并受得住父亲的脾气时，会获得一种自信，就像他们克服恐惧学会了游泳、骑车时获得的信心一样。

**关于管教的疑惑**。在传统社会，人们的育儿观念代代相传，所以大多数父母非常清楚如何以最佳方式养育自己的孩子。现在的情况则与此相反，在世界上的很多地方，养育孩子的观念已经发生了巨大的改变，因此很多家长都感到迷惑。这些改变有很多是科学发展引起的。比如，心理学家已经发现，和严肃的命令型教养方式相比，亲切而深情的教养方式更容易培养出行为端正且快乐的孩子。了解了这一点，有些家长就会以为孩子需要的全部就是关爱；认为应该允许孩子表达对父母和他人带有侵犯性的情绪；还以为当孩子行为不当时，父母也不应该发火或惩罚孩子，而要展示出更多的关爱。

如果这样的错误观念表现得太过分，就会变得不切实际。它们会刺激孩子变得要求苛刻和难以相处，也会使孩子因为过度的不良行为而感到惭愧。父母的错误观念还会使他们自己极力地想要成为"超人"。

此外还有一种误解，有些人认为《斯波克育儿经》这本书推行的是对孩子放任自流的育儿理念。这一看法始于对斯波克博士那充满反越战色彩的激进主义的政治攻击。现在应该很清楚了，这本书过去未曾，现在也没有推崇过这种放任自流的教育方式。

**内疚会成为阻碍。** 很多原因会使父母持续感到对孩子有愧。以下是几种会产生这种内疚的典型情况：母亲返回朝九晚五的工作岗位之前没顾上仔细想一想，是否这样会造成对孩子的疏忽；孩子身体残疾或精神有缺陷；领养孩子之后，总觉得自己必须付出超常的努力才能具备做父母的资格；父母小时候总是受到大人的指责，一直无法摆脱负罪感；在大学修学过儿童心理学的父母，知道哪些做法对孩子不好，因此觉得自己必须成为完美的父母。

无论父母内疚的原因是什么，这种感觉都不利于父母对孩子的培养。父母总是对自己要求过高，而对孩子期望值太低。即使父母的耐心已经达到了极限，而孩子也确实淘气过了头，需要明确的纠正，这些父母也会努力保持宽容的态度和温和的口气。每当孩子需要严加管教时，父母就会犹豫不决。

孩子其实像大人一样清楚自己什么时候太淘气或太放肆。即使父母假装没看见，他也知道自己太过分了。他会在心里觉得自己不应该这样，希望有人阻止他。但是，如果没有人管，他就可能闹得不可收拾，好像在说："看我闹到什么份儿上才有人管。"

最后，父母会因为孩子行为太过分而忍不住发火，训斥或惩罚孩子。等事情平息以后，父母会对自己的"失态"惭愧万分。所以，他们不是去巩固这种管教的结果，而是纠正自己的做法，或者干脆让孩子惩罚自己。父母或者在惩罚孩子的过程中容许孩子对自己无礼，或者在处罚进行到一半时就把处罚决定收回去，或者当孩子再次调皮时假装没看到。

有时，如果孩子没有什么反抗的表示，父母反而会巧妙地刺激他。当然，这些父母根本没想到这样做的后果是什么。父母可能觉得这些描述听起来很复杂难懂，或者不合常理。如果无法想象为什么父母会放任甚至鼓励孩子为所欲为，这只能说明你对孩子没有愧疚的感觉。但是，愧疚感并不是个别问题。

大多数小心翼翼的父母在觉得对孩子有失公正或考虑不周时，都会偶尔放纵孩子一下，但很快就会恢复正常的做法。而如果父母说："孩子每说一句话，每做一件事，都让我气不打一处来。"这就是一个明显的信号，说明父母感到极端内疚，而且一直都在妥协让步，所以孩子就表现得越来越过分。没有哪个孩子会无缘无故地那样惹人生气。

要是父母知道自己在哪些方面可能太纵容孩子了，并在这些方面严格管教，坚持不懈，就会高兴地发现，孩子不仅变乖了，还更加快乐了。这样，父母就会更爱自己的孩子，孩子也会更爱父母。

若建立在积极、愉悦且充满爱意的亲子互动基础之上，父母在育儿时采取的坚定态度就可以获得最好的效果。因此，当父母在思考如何能够更一贯地管教孩子和摆脱内疚感的同时，也要记得每天与孩子一起享受那许多充满温情和欢乐的互动时刻。如果父母和孩子之间很难拥有温馨和快乐的亲子时光，无论出于何种原因，都要与孩子的医生坦诚地沟通这个问题。通过专业指导来增进亲子情感基础，是迈向更加快乐也更加有效的管教方式的第一步。

## 讲礼貌

**讲礼貌是自然养成的习惯。**让孩子学会讲礼貌，不一定要先教他们说"请"或"谢谢"，最重要的是要让孩子喜欢周围的人，还要对自己的人品感觉良好。否则，只是教他们一些表面的礼节，也相当困难。

给孩子创造一个彼此关心、互相体贴的家庭环境很重要，孩子会从家人的相互关爱中吸收营养。他们想说"谢谢"是因为家里人都这样说，而且确实心怀感激。他们还愿意与人握手并且说"请"。所以，父母互敬互爱，对孩子讲礼貌，这一切都会给孩子树立良好的榜样。这种模范作用对孩子养成礼貌的习惯很关键。

要让孩子看到父母友好又体贴地对待家庭以外的人，尤其是那些社会地位比较低的人，这一点对孩子也非常重要。当父母带着诚恳的尊重与送餐的人或衣衫褴褛的人打交道时，就是在向孩子传授礼节的真正含义。

**教较小的孩子讲礼貌。** 尽量不让孩子在陌生人面前感到不自在，这一点也很重要。我们总习惯于把孩子，尤其是头一胎孩子，介绍给陌生的成年人，还要让孩子说点什么。对于 2 岁的孩子，这样做只会让他难为情。以后，每当他看见父母和别人打招呼，就会觉得不自在，因为他知道自己也得做出某种反应。

但是对 3 ~ 4 岁的孩子来说，情况就会好多了。这时候，孩子需要时间来打量陌生人，把与陌生人的谈话从他身上岔开，而不是转向他。3 ~ 4 岁的孩子可能会看着陌生人和父母谈话，过一会儿，他可能会突然插一句："便池里的水流出来了，流了一地。"这当然不是查斯特菲尔德勋爵[1]提倡的那种礼貌，但这确实是一种礼貌，因为他想和大人分享一份让他着迷的经历。如果孩子对陌生人一直保持这样的态度，用不了多久，他就能学会怎样以更符合习惯的方式与人相处。

## 父母的愤怒感觉

**做父母注定会生气。** 如果孩子声嘶力竭地连续哭好几个小时，父母用了所有的耐心去安慰他，可他还是哭个没完，这时，父母对孩子就不会有同情心了。在你眼里，他简直就是一个讨厌、固执、毫不领情的小东西。父母会忍不住生气，而且非常生气。

有时，大儿子会明知故犯，做不该做的事：也许他非常想要你那件很

---

1　查斯特菲尔德勋爵，英国著名政治家、外交家及文学家，他最著名的成就是集几十年心血写给儿子菲利普的信——《查斯特菲尔德勋爵给儿子的信》（ *Lord Chesterfield's Letter* ）；它成为英国有史以来最受推崇的家书，被誉为"一部使人脱胎换骨的道德和礼仪全书"。——译者注

容易摔碎的东西；也许他迫不及待地要和马路对面的一群小孩一起玩，不顾劝阻就跑了过去；也许他会因为父母不给他某样东西而发脾气；也许因为新宝宝得到的关心比他多而生宝宝的气。于是，他就会因为单纯的恶意而表现不好。

如果孩子违反了一项被大家普遍接受的合理规则，父母就很难做一个冷静的裁判。优秀的父母都有着强烈的是非观。从童年时代就一直遵循的规则被打破了，或者财物被毁坏了，而犯错误的是孩子，你对他的性格又非常在意。这时，父母难免会感到愤怒，孩子自然也会明白这一点。这时候，只要你的反应合情合理，就不会伤害孩子的感情。

有时，父母要过好一会儿才能意识到自己在发脾气。孩子可能从吃早饭开始就一直在做一件又一件惹人生气的事，比如对着饭菜说一些让人不舒服的评论，有意无意地洒了牛奶，摆弄不让他玩的东西还把它打碎了，捉弄比他小的孩子，等等。父母先是以极大的忍耐不去理会这些事情，可是当孩子做出最后一件事的时候，愤怒终于爆发了。其实这最后一件事本身并不那么严重，可爆发的程度却连你自己都有点震惊。多数情况下，如果回想一下就会明白，在这一连串令人恼火的行为中，孩子其实一直在期待父母的坚决态度。倒是父母充满善意的容忍使他一次次地挑衅，又一次次地期待着有人能阻止他。

由于来自其他方面的压力和挫折，我们也会对自己的孩子发脾气。比如，一位丈夫可能会因为工作中的问题而烦躁不安，回到家里就跟妻子找碴。于是，妻子可能会为一件平时根本不算什么的小事打孩子，挨打的男孩又会拿他的小妹妹出气。

**敢于承认自己生气。**父母有时会对孩子失去耐心，或者对他们产生不满，这些都是不可避免的，所以我们一直都在讨论这个问题。与此同时，我们还得考虑一个同样重要的相关问题：父母能坦然地对待自己的愤怒情绪吗？对自己要求不是过分严格的父母通常都能承认自己在发怒。

如果孩子一直捣乱，让人不得安宁，直率坦白的母亲就会对她的朋友半开玩笑地说"在屋里和他多待一分钟我都受不了"，或者"我真想痛快地揍他一顿"。这位母亲敢于向充满同理心的朋友承认自己的确很生气，或者接受自己很生气的事实。这样，弄清了自己生气的原因，并在交谈中说出来以后，她的心里也就舒服了。这样做也使她明白了自己一直在容忍的问题，有助于她以后更坚决地制止孩子的不良行为。

有些父母为自己制定的标准过高。他们经常生气，却又觉得优秀的父母不应该像自己这样。真正受折磨的正是这种父母。当他们意识到自己的愤怒情绪时，要么感到非常内疚，要么就设法否认这种情绪的存在。但是，如果一个人总想压制自己的愤怒，只能让这种情绪以别的方式爆发出来，比如紧张、疲劳或头疼。

承认自己的愤怒，你会感觉舒服一些，孩子也会心情放松。在一般情况下，父母感觉痛苦的事情同样会让孩子感觉痛苦。当父母害怕自己对孩子的愤怒而不敢承认时，孩子也会有同样的担心和恐惧。在儿童心理诊所里，我们就能见到这样一些有幻觉恐惧心理的孩子，他们害怕昆虫，害怕上学，害怕与父母分开。调查证明，这种恐惧心理之所以产生，就是由于孩子不敢承认自己对父母有一些愤怒，于是采取这种手段掩饰。

换句话说，如果父母敢于承认自己生孩子的气，孩子就会更加愉快。因为在这种情况下，如果孩子有同样的情绪，也会感到很坦然。所以，父母把合理的怒气发泄出来有助于消除隔阂，使每个人都感到心情愉快。

**什么时候不能生气？** 当然了，不是所有对孩子的抵触情绪都是正当的。如果一位慈爱的家长总是生孩子的气，那么，不管他把怒气发泄出来还是憋在心里，都会在精神上受到不断的折磨。在这种情况下，我建议他找心理医生咨询，因为他的怒气可能是其他原因导致的。生气或恼怒的状态实际上常常是情绪低落的表现。低落的情绪影响着相当多的父母，尤其是那些孩子还很小的母亲，那是一种非常痛苦的精神状态。好在这种症状比较容易治疗（请参见第 626 页，或访问网站了解更多相关信息 )。

　　父母往往特别容易跟某个孩子生气，并因此感到十分内疚。尤其是无缘无故地产生这种愤怒情绪的时候，父母的内疚感会更加强烈。有的母亲会说："这个孩子总是惹我生气。我尽量对他更好一些，不去理会他犯的错误。"心理咨询或许有助于这样的母亲更好地了解自己，做出必要的改变。

# 祖父母

我们经常可以听到祖父母问："为什么我没能像喜爱孙子（或孙女）那样地喜爱我自己的孩子呢？我想我那时可能太想把孩子带好了，感觉到的只有责任。"

肩负着教育责任的父母则需要不时地被人提醒，让他们认识到自己的孩子有多出色。丰富的阅历和隔代人的特点使祖父母常常能劝慰父母，告诉他们孩子的不当行为实际上只是成长过程中的小问题，并不是不可超越的障碍。祖父母会把孩子和他们的文化传统以及构成家族传奇的那些故事联系在一起。父母不在家或生病时，祖父母也会被请来帮忙照顾孩子。许多祖父母还承担了长期看护孩子的责任。

**紧张关系是正常的**。祖父母和父母都非常关心孩子，但可能对事情的看法会有一些不同。然而，这些分歧不一定会演变成冲突。

有的年轻母亲天生就很自信，在需要帮助的时候，她们能毫不犹豫地向自己的母亲求助。当母亲主动提出建议时，如果她们认为合适，就会接受；如果认为不合适，就会用委婉的方式把它放在一边，按自己的方式去做。但是多数年轻母亲一开始没有这么自信。就像其他刚开始从事陌生工作的人一样，她们很容易发现自己的不足之处，对别人的批评也很敏感。

善解人意的祖父母总是尽量不去干涉年轻的父母。但是，祖父母有经验，又非常疼爱孙辈，因此，他们常常忍不住说出自己的观点。就年轻父母而言，如果能允许甚至恳请祖父母说出他们的看法，就能和祖父母保持愉快的关系。父母可以说："我知道你可能觉得这个方法不太合适。我再去问问医生，看看他的意思我是不是理解错了。"

这样说并不意味着这位母亲做出了让步，因为她保留了做出最后决定的权利。她只是承认了祖父母的好意和明显的关心。如果年轻的母亲能这样理智地处理眼前的问题，以后出现问题时也能处理得让祖父母放心。

有些父母对别人的劝告很敏感。如果年轻父母在儿童时代经常遭到父母的批评，他们照顾孩子时就会比一般人紧张，会觉得不自信，容易对别人的反对意见感到不耐烦，而且还会固执地彰显自己的独立性。为此，他们可能会极其热衷于育儿方面的新理论，并且在实践中努力运用这些新理论。他们似乎很喜欢彻底的改变，最好和他们的经历完全不同。另外，他们还希望能以此证明祖父母的做法有多么过时，并让他们感到些许困扰。如果年轻父母发现自己不断地使祖父母不愉快，就应该至少做一下自我检查，看看自己是不是有意这样做而自己却没有意识到。

在面对比较强势、想操控一切的祖父母时，父母必须表现出统一的立场，这一点非常重要。例如，如果父亲与自己的母亲一起反对妻子，就会导致严重后果。相比诸如喂奶、哄睡、洗澡等具体问题，父母双方共同（父亲和母亲缺一不可）做决定这一原则更为重要。

**把孩子交给"隔代人"照顾**。如果要把孩子交给祖父母照料，无论是半天还是两个星期，年轻父母与祖父母之间都必须相互理解，做出适当的妥协。一方面，年轻父母要有足够的自信确保在重要的问题上必须按照自己的意见办；另一方面，年轻父母不应该指望祖父母会像自己的翻版一样，完全按照自己的方法去管教和约束孩子，这对祖父母是不公正的。孩子对祖父母多一些尊重，脏点或干净点，不严格按固定时间吃饭，对孩子都没什么害处。

如果年轻父母认为祖父母照料孩子的方法不对，就不要请他们来照顾孩子。

**充当父母的祖父母**。有一些孩子由祖父母抚养，因为他们的父母因为精神问题或吸毒成瘾而不能抚养他们。祖父母承担这种责任时，感情常常十分复杂：对他们孙子孙女的爱，对自己孩子的气愤，可能也有一些内疚和后悔。这种养育孩子的任务可能会让人格外满足，但也会令人疲惫不堪。祖父母在这种情况下可能会向往正常的关系——在宠爱完他们的孙子孙女后回到自己安静的家中。

这些照顾孩子的祖父母也会经常担心，如果他们的身体不行了将会怎么样。为孩子的看护提供支持的政府机构往往无法给这些祖父母提供同样的支持。然而，类似的家庭和社会团体则会提供很大的帮助。很多城市都有提供育儿技巧和精神支持的祖父母团体。

# 性

## 基本性知识

**性教育从小开始。** 人们一般认为，性教育就是在学校里听讲座或在家里听父母严肃地谈话。这种理解未免太狭隘了。性的问题不光是指婴儿是怎样来的，它还包括身体感觉和浪漫冲动等概念，这些概念会影响孩子在一生中对他人和自己的感受及认知。

幼儿会注意到性别差异，并对其意义感到好奇。他们会观察年龄大一些的人们和媒体上展示的浪漫行为，比如拥抱、接吻、深情凝视，还想试图弄清楚这一切是怎么一回事。孩子们注意到人们对待男孩和女孩的方式不同，还会用社会规范端正自己的行为举止。所有这些内容都是儿童性教育的一部分。

性与家庭生活是相互交织的。在这本书的早期版本中，斯波克博士强调了性的精神方面：正是性爱的力量让父母想要相互保护，相互照顾，共同抚养优秀的孩子，并让婚姻变得神圣。

**婴儿的性教育。** 性教育甚至在孩子会说话、会提问之前就可以进行了。

在洗澡和换尿布的过程中，父母可以很自然地谈论身体的各个部分，包括宝宝的性器官。可以对孩子说"现在，我们要擦擦你的外阴"，或者"让我们把你的阴茎洗干净"。父母要使用正确的词语——外阴或阴茎，而不用"小沟沟"或"小鸡鸡"这样的说法，这样可以消除生殖器官带来的禁忌感，正是这种禁忌感让性器官变得如此神秘，又如此令人着迷。早期的这类谈话会为父母今后进行更复杂的性谈话打下基础。

**3 岁儿童会问到相关的问题。** 从 2 岁 ~ 2 岁半起，孩子对有关性的事情就了解得越来越明确了。这是孩子不断提问的一个阶段，他们好奇的触角会伸向四面八方。他们很可能会问到为什么男孩和女孩不一样。他们并不认为这是一个有关性的问题，而只是一系列重要问题中的一个。以实事求是的方式来处理这个问题才是明智做法。如果父母以消极的态度来应对或顾左右而言他，孩子就可能得到这样的印象：身体的那个部分是不好的，甚至有可能是危险的。

**宝宝是从哪儿来的？** 3 岁左右的孩子也很可能提出这个问题。对此，父母最好以实相告，因为这比先编一个故事，然后再修改要容易得多，也好得多。回答这个问题的时候要像孩子提问时那样简单明了，因为如果一次给这么小的孩子讲很多，他会糊涂。例如，可以说："宝宝长在妈妈身体里一个特殊的地方，这个地方叫子宫。"暂时只告诉他这些就足够了。

但是，很可能在几分钟以后，也可能在几个月以后，他们又想知道其他一些事情：宝宝是怎样进入妈妈身体里的？他又是怎么出来的？第一个问题很容易让父母感到尴尬，他们会妄下结论地认为，孩子想了解关于怀孕和性关系的知识。孩子当然不会有这样的要求，他们认为东西能进入胃里是因为人们吃了它，所以会猜想宝宝会不会也是那样进入妈妈体内的。简单的答案就是：宝宝是由一颗种子长大的，而这颗种子一直待在妈妈的肚子里。孩子要再过几个月才会问到或理解父亲在其中扮演的角色。

有些人认为，在孩子第一次问到这些问题的时候，就应该告诉他们，是爸爸把种子放进妈妈身体里的。也许这样做有道理，对那些认为男人与此没有任何关系的小男孩来说，更应该这样解释。但是，其实没有必要把父母之间的肉体接触和感情交流准确地告诉三四岁的孩子。孩子提问时可能原本没想了解这么多。因此，我们该做的只是在孩子能理解的前提下满足他们的好奇心。更重要的是，要让孩子觉得问任何问题都可以。至于"宝宝是怎么出来的"这个问题，有个比较好的答案：宝宝在妈妈的肚子里长到足够大的时候，就会从一个专门的通道钻出来，这个通道叫产道。一定要让孩子明白，这个通道既不是肛门也不是尿道。

当孩子们问起宝宝从哪里来时，他们并不是只对生殖生理学和解剖学感兴趣（当然了，这部分内容很吸引人）。孩子们还需要听到父母深情地讲述他们对彼此的爱意，相互照应，相互给予，共同孕育和照顾宝宝，以及那些想法如何伴随着彼此间的亲昵行为和想将种子从阴茎放入阴道的欲望。换句话说，父母绝不应该只是单纯地以机械性的方式来解释性。

**为什么不能用送子鹳的故事来解释？** 虽然众所周知的送子鹳[1]故事可能过时了，但许多父母仍然觉得有必要编一个童话故事来向孩子解释宝宝从哪里来这个问题。但是对于 3 岁大的孩子来说，如果妈妈或姨妈怀孕了，他可能会注意到她们体形的变化，或者听到大人的只言片语，进而疑惑宝宝到底长在哪儿。如果大人告诉他的情况与他看到的事实不符，很容易使孩子感到迷惑和担心。即使他在 3 岁时没有怀疑家长的答案，到 5 岁、7 岁或 9 岁也一定能发现事情的真相或部分真相。因此，最好不要一开始就误导他，免得以后让他觉得你是一个说谎的人。另外，如果他发现你因为某种原因不敢告诉他实情，父母和孩子之间就会出现情感障碍，还会使孩子感到不自在。这

---

1  送子鹳是西方传说中的一种小鸟，它落到哪家的屋顶，哪家就会喜得贵子。——译者注

样一来，他以后就不大可能再向父母请教其他问题了。在 3 岁的时候应该跟孩子说实话的另一个原因是，这个年龄的孩子其实很容易满足于简单的答案。这可以为父母以后回答更难的问题打下实践基础。

有些时候大人会感到很困惑。因为孩子听了大人的解释后，好像也相信了送子鹳这种说法。他们甚至会同时把两三种说法混在一起。这种情况很自然。孩子会相信自己听到的零碎的东西，因为他们有丰富的想象力，不会像大人那样总要找到唯一的正确答案，然后抛开那些错误的。还要记住，孩子不可能把你一次告诉他的东西通通记住。他们每次只能记住一点内容，然后回过头来再问你这个问题，直到他们觉得自己已经明白了为止。随后，孩子每到一个新的发展阶段，都会为接收新的细节信息做好准备。

**做好吃惊的准备**。要提前意识到，孩子的问题很少在父母预期的时刻出现，而出现的形式也常常出乎父母的预料。家长常会设想那种睡觉前和孩子推心置腹的情景。实际上，父母在超市里或大街上和怀孕的邻居谈话时，孩子更容易突然提出这样的问题。这时父母要控制自己的冲动，不要慌忙让孩子住嘴。方便的话，可以当场回答他的问题。如果不方便，可以自然而随意地说："我待会儿告诉你。"

不要把气氛搞得特别严肃。当孩子问你为什么草是绿色的，或者为什么狗长着尾巴这类问题时，你会很随意地回答他，他也会觉得这些都是世界上再自然不过的事情。同样地，在回答这些基本性知识的问题时，也要尽量回答得自然。要知道，即使那些让父母反感和难为情的问题，对孩子来说也只不过是出于单纯的好奇心才问的。

除非孩子观察过动物，或者他的朋友家里有小孩出生，否则，孩子要到四五岁以后才能提出比如"爸爸和生孩子有什么关系？"或"单身的苏西阿姨是要生宝宝了吗？"等问题。你可以向孩子解释，种子从爸爸的阴茎里出来，然后进入妈妈的子宫，子宫是个特别的地方，但不是胃，宝宝就在子宫里生长。但是，孩子要过一段时间才能想明白这种情形。当孩子能够理解这件事情的时候，你就可以用自己的话说说有关爱抚和拥抱的事情。

**没提过这些问题的孩子**。有的孩子到了四五岁甚至更大的年龄还提不出什么问题，父母又该怎么办呢？有时候父母会认为这样的孩子很单纯，从来没有想到过这些问题。但更有可能的情况是，无论父母是否有意回避这类话题，孩子都会觉察到这样的问题是令人尴尬的。父母不妨仔细观察，孩子为了试探父母的反应可能会间接地提出问题，或者旁敲侧击，或者开一些小玩笑。

比如说，大人们会认为 7 岁的孩子不知道怀孕的事情。但实际上，这么大的孩子会不断地以一种既羞涩又像开玩笑的方式提到妈妈的大肚子。出现这种情况反倒是好事。这正是父母向孩子解释的好机会。到了一定年龄，如果小女孩想知道她为什么和男孩不一样，有时就会做出勇敢的尝试，她会像男孩一样站着小便。在和孩子谈论人类和动物的时候，父母应该留意孩子间接的提问，并帮助孩子解答真正想知道的问题。这样的机会几乎每天都有。这样一来，即使有时候孩子并没有直接提出问题，父母也能给出令人安心的解释。

**学校如何提供帮助？**许多学校让幼儿园或一年级的孩子去照顾兔子、天竺鼠或白鼠之类的小动物，而且对此非常重视。这种活动给孩子们提供了很好的条件，让他们熟悉动物生活的各个方面，比如饮食、争斗、交配、出生和哺育等。让孩子们在不针对人的情景之下了解这些事实会更容易一些，而且这也是相关家庭教育的补充。孩子们也可能把学校里学到的知识带回家里和父母讨论，以得到进一步的证实。

到了五年级的时候，学校最好能给孩子安排生物课，内容要包括对生物繁殖的讨论，并采用简单的方式。因为这时候，班上至少已经有几个女孩正在进入青春期，她们需要确切地知道自己体内正在发生着什么变化。学校里这种科学角度的讨论可以帮助孩子们在家更个人化地提出这些问题。以合理且实事求是的方式来讲授并谈论性知识的做法，并不会使孩子更易发生不负责任的性行为；事实恰恰相反。

## 性心理的发展

从出生到死亡，我们一直都是有性别的动物。性心理是天生的，也是我们本性的一部分。但是，由于家庭、文化和社会价值观念的不同，人们表露性欲的具体方式也有很大的不同。在美国，一直以来都存在着禁欲和性压抑的长期传统。在有些文化中，人们把性行为看成是日常生活中基本而自然的组成部分。

**感官体验与性感受**。性感受是指通过生殖器官等身体特定部位获得的快感，感官体验则泛指通过身体感官获得的享受。宝宝们都是感觉敏锐的小东西，被触碰时，他们全身都会有一种难以抑制的舒适感，某些部位对此尤其敏感，比如嘴和生殖器。这就是为什么他们吃东西的时候总是津津有味，吃饱了还要咂咂嘴表示满足，饿了会大声哭闹。当他们被人抱着、抚摸、亲吻、搔痒和按摩的时候，就会表现得很快乐。快乐就是他们的最高追求。

随着时间的推移，孩子开始把某些情感和想法与舒适感联系起来。如果孩子在用手摸生殖器的时候听到父母说"别摸那儿！脏！"，他就会把这种感觉与不允许联系起来。哺乳期的孩子可能会在某一时刻发现，他不能再随时把妈妈的乳房掏出来了，这让他有些不高兴。当然，他可能不再做这种动作，但是他对快感的欲望并不会因此而消失。

随着孩子的成长，他们需要把身体的享受和社会接受的标准协调起来。例如，他们会认识到挖鼻孔或者抓挠身体的某个部分是可以的，但是在别人面前不能这样做。于是，他们就逐渐懂得了什么是隐私。有的孩子会说他在厕所里需要私人空间，却不觉得光着身子在屋里玩耍有什么不好。到了一年级，大多数孩子对于隐私的认识就和成年人差不多了。

**自慰行为**。4 ～ 8个月大的婴儿会通过随意摸索身体发现自己的生殖器，这和他们发现自己的手指和脚趾的方式完全一样。因为抚摸生殖器的时候会有快感，所以婴儿会时常有意地抚摸自己的生殖器。

18 ～ 30个月时，孩子开始意识到性别的差异，尤其会注意到男孩有阴茎而女孩却没有。他们这样开始了解性别，以后他们还会知道女孩有阴道，小宝宝可以生长在子宫里，而这两样东西男孩都没有。这时，这种对生殖器的本能兴趣会导致他们自慰次数的增多。

自慰的方式多种多样。除了用手触摸生殖器以外，还会用大腿相互摩擦，或者有节奏地前后摇晃，或者骑在沙发或椅子的扶手上，躺在常玩的填充玩具上做一些向前顶胯的动作。当感到紧张，受到惊吓，或担心什么不好的事情会发生在生殖器上时，他们还会抚摸生殖器来安慰自己（在其他灵长类动物身上也能观察到这种行为）。

大多数学龄前儿童都会继续自慰，只不过不像以前那么公开，也不那么频繁。有的孩子会频繁地自慰，有的则很少这样。除了偶尔会刺激皮肤，自慰行为并不会引起任何健康问题或心理问题，除非孩子为此遭受严厉惩罚或以此为耻。

**幼年时期对性的好奇心**。学龄前的男孩和女孩经常公开地表现自己对异性身体的兴趣。如果得到允许，他们还会自然地看一看、摸一摸，来满足对性的好奇心。玩医生看病的游戏有助于满足孩子对性的好奇心；这种行为绝非性侵或不适宜的过度性刺激的预兆。在学龄儿童中，男孩互相比较阴茎的大小，女孩互相比较阴蒂的样子和大小，都是正常的事情。孩子之间一直存在着相互比较的现象，学龄阶段的这种情况只是其中的一部分。有的孩子会探究这方面的问题，有的则不会。

**家里的性回避应该保持多大程度？** 每个家庭对性回避的标准都不尽相同。在家里、海滩和幼儿园的浴室里，让不同性别的孩子适当地看到彼此光着身子是很平常的事，没有理由认为这种暴露会产生不好的影响。孩子们对彼此的身体感兴趣是很自然的事，这和他们对周围世界里的许多事物产生的兴趣是一样的。

但是，如果孩子经常看到父母裸露的身体，就应该多加注意了。这主要是因为孩子对父母有着强烈的感情。一个男孩爱他的母亲胜过爱任何小女孩，他对父亲的竞争感和敬畏感比对其他男孩强得多。所以，看到母亲裸露的身体对他来说可能会过于刺激。他每天见到父亲的时候总会感到自愧不如。有时，男孩会非常妒忌父亲，甚至想对父亲用点暴力。比如，经常赤身裸体的父亲有时会提到，早上刮胡子的时候，他三四岁的儿子曾朝他的阴茎做抓捏的动作。接着，男孩就会为自己的想法感到内疚和害怕。一个经常看到父亲光着身子的小女孩也会受到同样的过度刺激。

这并不是说所有的孩子都会被父母的裸体行为扰乱心思。许多孩子都没有这种心理反应。如果父母是出于健康的自然主义才这么做，而不是为了挑逗或者炫耀，这种反应就更不会发生了。因为我们不太清楚这么做到底会对孩子产生多大的影响，所以我认为，当孩子到了 2 岁半～3 岁时，父母就应该注意正常地着装。在此之前，让孩子和大人一起上厕所还是有好处的，这样孩子能明白厕所到底是做什么用的。

偶尔地，在大人不注意时，好奇的孩子可能会闯进浴室看到父母的裸体。这时，父母不该表现出惊恐或生气的样子，而要简单地说："你在外面等我穿好衣服好吗？"当你裸露着身体面对孩子会感觉不自在时，就应该适当地回避了。因为，如果你感觉不自在，孩子也会有所察觉，于是会加重这种情况下的情感负担。

从六七岁开始，多数孩子有时会希望自己多一点隐私权。在这个阶段，他们也能更加熟练地自己上厕所、自己洗漱了，所以，父母应该尊重孩子对于隐私的要求。

**违背意愿的性接触**。随着孩子开始理解隐私的概念，他们会慢慢懂得哪些接触方式是社会认同的，哪些触摸方式是有问题的。孩子需要明白，在遭遇违背自己意愿的性接触或其他性骚扰时，他们需要坚决抵制，大声抗议，还要把情况告诉父母或其他值得信任的成年人。如果那个让孩子感到不舒服的人威胁他说，如果告诉大人就会招致可怕的后果（比如孩子会被带走），就更需要把情况告诉大人。父母可以引导孩子们去关注那些挺身而出反抗侵害，从而改变世界的英勇人物的事迹。通过这种方式，父母可以时不时地帮助孩子巩固这些核心性教育知识，让孩子将其牢记于心。（关于性虐待的更多内容，请参见第 533 页。）

**女孩与青春期**。青春期教育应该在身体出现变化之前进行。女孩通常在 10 岁左右进入青春期，有的会提早到 8 岁。开始进入青春期时，女孩们应该知道，再过两年她们的乳房就会长大，阴毛和腋毛也会长出来，她们的身高和体重会迅速增长，皮肤的肌理也会有所改变，还可能长青春痘。大约两年以后，她们会第一次来月经（有关青春期的更多内容，参见第 151 页）。

给孩子讲有关经期的事情时，侧重点不同，对孩子的影响也会不同。有的母亲可能会强调经期很令人讨厌，还有的母亲会强调女孩在这个阶段有多么脆弱，必须如何小心。这样的谈话方式并不会起到任何作用。应该强调的是，月经的出现说明子宫已经开始为孕育宝宝做准备，这样至少消除了神秘感，还会将这种不适感与强大的（且潜在的）能力联系起来。

明智的做法是以一种实事求是的方式来对待这个事情。女性完全可以在经期享受健康、正常又精力充沛的生活。只有少数女孩会因为剧烈的痛经而不能参加任何活动，但现在已经有了治疗痛经的有效方法。在女孩等待初潮来临的时候，可以给她一包卫生巾（并随身备着一片卫生巾），帮助她保持正常的心态。这样做会让她觉得，自己已经长大了，已经准备好安排自己的生活了，不再被动地接受生活带来的变化。

**男孩与青春期**。男孩应该在青春期开始之前了解有关的性知识。他们在 12 岁左右进入青春期，有时也会提早到 10 岁（参见第 152 页）。应该告诉他，阴茎勃起和遗精是很自然的事情。遗精常被称作梦遗，就是睡眠时精液（贮存在睾丸内的液体）喷出的现象，常常伴随有关性的梦境发生。有的父母知道男孩夜间必然会遗精，也知道男孩有时会有强烈的自慰欲望，所以就告诉儿子，只要这种事情发生得不太频繁就没有什么危害。但是，父母这样给孩子限定范围很可能是个错误，因为青少年容易担心他们的性能力，担心自己和别人不一样或不正常。如果对他们说"这么多是正常的"，"那么多是不正常的"，他们就会对性的问题心事重重。所以，应该告诉男孩，不管他们遗精频繁与否都是正常的，而且，也有少数很正常的男孩从来不遗精。

## 和青少年谈论性

**性教育会引发性行为吗?** 很多家长担心，和青少年谈性会鼓励孩子发生性行为。没有比这更错误的想法了。事实刚好相反，如果父母和老师给孩子解答了疑惑，或者孩子通过阅读合适的书籍，了解了足够的性知识，他们就不会被迫亲身探究。消除性的神秘感非但不会增加它对青少年的吸引力，反而可以削弱这种吸引力。让孩子学会抵制诱惑也很必要，比如，告诉孩子为什么要拒绝这种引诱，以及如何表明"不，谢谢"的态度。但是，很多研究都证明，单纯要求孩子抵制欲望和诱惑并不能减少不负责任和不安全的性行为。要获得更好的效果，性和性行为的教育必须照顾到各个方面，包括生育知识和避孕措施，性的情感内容和精神内容，价值观念以及节制欲望，等等。

**要交谈，不要说教**。对青少年谈性，要像对小孩子一样，最好能够不时轻松自然地进行，不要把它当作一种严肃的训教。如果性从来都是公开的谈话主题，与青少年谈论性就容易了。把性话题变成谈话的常规内容。如果初中的孩子知道他可以和父母轻松自然地谈论性话题，那么即使到了高一或高二，他和父母谈起性话题来也不会局促不安。

你们一起坐在车里的时候是和孩子谈论性话题的好时机，也许你正开车带着孩子去参加某个有趣的活动，沿途的风景可以缓解你们不自然的感觉。而且，在行车过程中，孩子显然也不容易起身离开。这些讨论应该包括避孕的话题，要具体地谈到男孩和女孩的责任。如果实在找不到一种自在的方式跟十几岁的孩子谈论性话题，那就找一位你和孩子都认为能够胜任的成年人帮忙，这一点很重要。

**超越恐惧**。有一个很容易犯的错误，是把注意力都集中在性带来的危险上。当然，即将进入青春期的孩子应该了解怀孕是怎么回事，也要知道混乱的性行为会带来染病的危险。对有些孩子来说，对负面后果的恐惧会帮助他们做出明智的选择。但对大多数十几岁的孩子来说，有关艾滋病的可怕事例和意外怀孕的危险都阻挡不了他们冒险的脚步。

除了提醒以外，十几岁的孩子还需要指导，帮助他们彻底想清楚青少年时期性行为的心理和情感关系等诸多方面的问题。是怎样的期待或恐惧在驱使他们？他们是把性爱看成进入热门群体的入场券，还是当成一种巩固脆弱情感关系的方式？他们是迫于压力而做出了妥协还是自主的决定？他们在自己的情感关系中是诚实而公开的还是在玩弄别人？虽然旁人的建议很重要，但是青少年一般都不善于听取建议。为了帮助他们彻底想清楚自己必须做出的决定，父母应该做好倾听的准备，而不要一味地说服教育。

如果青少年拥有坚实的自尊基础，如果他们对大学生活或其他事业有着正面的期待，他们就更容易做出明智的决定，要么避免不顾后果的乱交，要么将性行为时间向后推迟。聪明的父母会在孩子成长过程中帮他们做出如何选择朋友、如何安排时间，以及如何做正确的事情等小决定。孩子通过这种方式学到的常识和价值观念，会帮助他们在青春期性行为这个充满暗礁的大海上平稳地航行。

## 性别错位和性偏好

在性别角色固化的文化中，一个人出生时的性别几乎比其他任何事情都更为重要。对很多美国人来说也是如此，不过随着时间的推移，这种情况在逐年变化。随着性别力量的减弱，非二元性别以及一系列性别类型，甚至无性别的可能性开始浮现。对于那些属于性少数群体的孩子来说，获得真正做自己的自由是一生中最为意义非凡，也最为至关重要的事情，而对于其他人来说，接受多元可能性也会丰富并解放自己。

社会对性吸引的态度也变得愈发自由。有一些人会被异性吸引（异性恋），有一些人会被同性吸引（同性恋），有一些人则会被异性和同性吸引（双性恋），还有一些人会被更广泛的人群吸引（泛性恋），甚至有一些人可能不会对任何人产生性的欲望（无性恋）。性别和性偏好是不同的概念，前者与"你是谁"这一问题相关，后者则与能让自己心生爱意的人相关。不过，"性偏好"这一术语的措辞可能并不严谨，因为我们知道，无论是性别还是异性恋或同性恋都并非个体的选择。这些都是由大脑中的结构产生的，而这些结构并不由我们来自主选择，而是随着大脑的发育而形成。虽然人们尚不清楚确切的机制，但明白无误的一点是，无论是孩子还是父母的选择都与此无关。

同样，教育也无法决定孩子的性别与性取向。儿童并不是从父母那里学习到性别或性取向。由同性恋父母抚养的孩子并不会比其他孩子更可能成为同性恋者，也不会更易罹患精神疾病，或更易成为天才。养育情况与此并无太大关系，生理情况才是决定因素。

既然如此，父母就不能做出合理推论，认为自己对孩子的性别认同或性取向负有责任。他们也无须担心那些关于性或性别的开诚布公的讨论会为孩子认同非主流性别身份这件事"开绿灯"。孩子们会或不会成为性少数群体这件事仅取决于自身大脑结构。父母在这件事上并无选择权。

然而，无论孩子的大脑将把他们引向何方，父母都可以选择去理解、接纳和支持自己的孩子。对孩子的个体幸福来说，父母接纳和支持孩子的选择至关重要，甚至会关乎孩子的生死。在美国，性少数群体青年的自杀率高得吓人，但当这些孩子得知父母选择做他们坚强的后盾时，自杀率就不再居高不下了。

**性别认同是如何发展的？** 到 2 岁时，大多数孩子就可以告诉他人自己的性别了，但他们对性别的意义认知还是懵懂的。年龄较小时，男孩会觉得自己也能生孩子，女孩则会想她们也应该有阴茎，这很正常。这些愿望只能说明孩子们相信任何事情都有可能——如果你想要阴茎，就能拥有阴茎！

西格蒙德·弗洛伊德曾围绕"阴茎嫉妒"的想法创立了一套详尽理论，该理论现已被大多数心理学家所摒弃。弗洛伊德认为，小女孩可能会羡慕小男孩所享有的一些特权，比如男孩子可以站着小便，大人还允许他们玩粗暴的游戏。同理，小男孩可能会羡慕小女孩能涂口红、穿高跟鞋。（当然了，在重男轻女的社会中，比如弗洛伊德身处的维也纳，这种不平等可能会激发嫉妒心理，也确实合乎情理。）

孩子们会认同自己的父母，如果亲子关系温馨亲密，孩子们就会希望自己可以成长为父母那样的人。不过，他们并不只是以同性父母为榜样。孩子们会尝试模仿那些他们敬爱并仰望之人的角色和行事风格。斯波克博士曾回忆说，他是通过观察自己的母亲来学习如何照顾孩子的（在斯波克博士出生后，他的母亲又生育了五个孩子）。我也有着类似的经历，只不过我的母亲曾教了四十年的幼儿园，教导了数百名孩子。

孩子们无须遵守那些社会对男孩和女孩提出的不成文规定。我认为小男孩想玩布娃娃，小女孩想要玩具汽车都很正常，父母完全可以满足他们的要求。不论男孩还是女孩，如果他们想穿中性服装，比如牛仔裤和 T 恤衫，也不会有什么坏处。关于做家务的问题，我认为，应该给男孩和女孩分配同样的任务。男孩和他的姐妹一样，能够胜任铺床、打扫房间和刷碗的工作。女孩则可以干院子里的活，也可以洗车。但这并不是说什么活他们都不该交换，必须完全平等，而是说对他们不该有明显的歧视或分别。

**性别流动性和跨性别**。儿童通常会根据自身生殖器来确定自己的性别，如果有疑问则会进行基因测试。然而，一个人的性别不仅仅关乎解剖结构或染色体。性别主要是关于一个人作为男性、女性、双性或非双性的内心自我感觉。

性别是大脑的产物。通常来说，大多数儿童的生殖器和其他身体部位与大脑的感觉相一致；但情况并不总是如此。就在几年前，权威精神病学手册还将大脑和身体之间对性别的不一致状态称为"性别认同障碍"。然而，全新名称"性别焦虑"则避免了在医学上认定此种情况的儿童是"病"人这一有害观念。相关的术语还有"性别多元化""性别错位""性别拓展"等。当美国社会逐渐接受性别流动性这一无可争辩的事实后，所有这些术语就会变得不那么重要了。

"跨性别"适用于一些儿童，这些孩子始终坚信自己的身体性别是错误的。这种信念来自大脑的生理结构，并不是父母教育的结果（不论教育是好是坏都不会对此产生影响）。一个想穿裙子和涂口红的小男孩很可能只是在扮演妈妈。不过若一个男孩坚持认为自己其实是女孩子，每当被迫穿上裤子就会心情烦躁，并且年复一年都是如此，这个孩子就可能是跨性别者。一个喜欢粗野玩耍、爱穿裤子的女孩可能是个假小子（或者说，其实就是个小孩子！）。同理，若一个女孩年复一年地坚持认为她其实是个男孩子，只要让她穿裙子就会不高兴，而且只喜欢男孩类型的游戏，她就可能是跨性别者。

这种坚定认为自己是男孩或女孩的想法往往出现在儿童期早期，有时候会在几年内消失。如果这种性别信念一直持续到青春期，就不太可能消失了。对这类儿童进行"再教育"的努力既徒劳无功，又残酷无情。美国的大多数大型医疗中心都设有专门项目，目的是帮助跨性别儿童和其父母应对诸多挑战，包括弄清楚状况，做计划并经历深思熟虑的性别转换等。这些项目为那些原本可能遭受巨大痛苦的家庭带来了安慰，具有极其重要的价值。

如果父母认为自己的儿子有些女孩子气，或者女儿太男孩子气，他们可能担心孩子长大后成为同性恋者。由于对同性恋的偏见广泛存在，父母可能十分焦虑。但是，性取向与性别意识是两码事。很多患有性别认同障碍的孩子长大后真的成了同性恋者，也有很多孩子不会这样。面对所有这些问题，父母要有理解和支持孩子的意愿，这是取得良好长期效果的关键。

**同性恋和同性恋恐惧症。**因为同性恋被污名化，使得专家们很难统计出有关同性恋者的确切数据。另外，同性恋和异性恋之间的差别并不像人们想象的那样泾渭分明。不少认为自己是异性恋的人都与同性别的人有性关系或有过性关系。还有些人是双性恋。很多人虽然觉得同性恋很有吸引力，但却把自己的行为限制在异性恋的范围之内。人类的性行为就像许多其他现象一样，处在连续体中。根据大多数公开报告，5% ~ 20% 的美国成年人可以被归为同性恋群体。无论是采纳较低估算还是较高估算，这都意味着存在数量可观的同性恋人群。

同性恋在全球的流行文化中随处可见，在电影里、杂志上和电视上都能看到。像音乐家、时装设计师、运动员甚至政治家这样的公众人物，也越来越愿意公开承认自己是同性恋者。尽管如此，或者正因为如此，仍然有很多人对同性恋怀有恐惧，这种恐惧叫"同性恋恐惧症"。对同性恋的憎恶可能来源于人们对差异的恐惧，也可能是因为他们担心自己也怀有同性恋的欲望。在这种情绪表现得最激烈的时候，对同性恋的憎恶会导致仇恨犯罪，人们还会因此制定法律，限制同性恋男女的行为自由。

有些父母担心，如果自己的孩子和成年同性恋者有来往，就会成为同性恋者。然而没有任何证据表明，孩子的性取向会因此发生改变。反而有越来越多的证据表明，一个人的基本性取向是在最初几年的发展中确定的，甚至早在子宫中时就开始形成了。

如果孩子问到同性恋的事情，或者父母要跟孩子简单地谈论性问题，我认为应该简单地告诉他们，有些男人和女人爱上了同性别的人，他们还住在一起。如果孩子有同性恋的倾向，应该采取适当的方式跟孩子谈一谈这件事。要让孩子很自然地信赖父母，愿意听父母的意见，而不至于被羞愧压倒。

对同性恋的憎恶可能会导致伤害他人的行为。有同性恋倾向的孩子如果生长在谴责同性恋的家庭或文化中，有可能出现严重的心理上和身体上的健康问题。如果家庭排斥他们的同性恋身份，这些孩子出现严重抑郁的概率是同龄异性恋孩子的 6 倍以上，他们的自杀行为是后者的 8 倍以上。

# 媒体

电子媒体这一"电子精灵"实现了三个愿望：无限的信息、持续的沟通和无尽的娱乐。然而，这些神奇的礼物也有其黑暗面，会令人分心，让人产生依赖性并导致社会孤立。与其说是电子产品为我们服务，倒不如说是控制了我们。作为父母，我们处于两难境地。一方面，我们不能拒绝孩子接触数字世界；另一方面，我们也知道这个领域危机四伏。手无地图的父母需要带领他们的孩子穿越这片雷区。

事实上，媒体与育儿的其他方面并无太大区别：充满着美好前景的同时也包含着诸多不确定性。最终，父母必须相信自己，相信自己对孩子的了解，相信自己的保护本能。虽然我不能给父母开妙方，但可以和大家分享一些经验以及我认为很有意义的建议。

**婴儿和电子产品。**如果父母把宝宝放在电视机前，他就会兴趣盎然地盯着电视看。实际上，他只是陶醉于变幻莫测的颜色和声音。我们知道婴儿并不是被故事本身所吸引，因为宝宝只要盯着那些随机变换的颜色就很开心。观看视频是一件毫不费力的事情，因此，负责注意力的大脑区域（即大脑额叶）并不会被激活。可能正是由于这个原因，观看过大量电子视频的儿童在那些需要集中注意力的事情上往往表现出较弱的能力，比如看图画书或与人交谈等方面。

大量的市场营销活动让父母以为孩子需要使用电子产品来学习。这只是一则谎言。举例来说，在硅谷，很多事业有成、精通技术的父母都会限制孩子接触电子产品，同时他们还会确保孩子有很多全方位的学习机会。孩子们在能够自由运用全感官来理解事物（和其他人）的时候，会获得最佳的学习效果，这一点在幼儿身上尤其突出。

美国儿科学会建议，父母尽量不要让两岁以下的幼儿接触电子产品。唯一的例外情况是与家庭成员（比如身在海外的祖父母或父母）进行视频聊天。因为孩子在聊天时面对的是真实的人，这些人会像其他家庭成员那样对孩子做出反应，所以视频聊天其实更像是面对面的互动，而不是预先录制的电视节目或电脑游戏。

对于较大一些的学步期幼儿和儿童，美国儿科学会建议每天的观看时间不超过一小时。父母应陪着孩子一起观看视频或电视，与孩子谈论视频中发生的事情。人与人之间的真实互动才具有价值，电子产品充其量只是道具而已。换句话说，父母应该用电子产品来拉近自己和孩子的距离，而不是让电子产品"插足其间"。

父母可以和孩子一起看电视。这样一来，父母就可以利用电视帮助孩子学会用更真实、更健康的方式了解世界，而看电视只是因为节目好看。当孩子学到了这些，他就能避免全盘接收媒体信息。

父母可以就刚刚看完的节目是否和现实社会相似进行评论。如果刚刚看完一个动作片，在打斗中，有人挨了打却若无其事，可以对孩子说："那个人鼻子上挨了一拳，事实上一定受了伤，你说对吗？电视并不像真实的生活，是不是？"这也会教孩子同情暴力的受害者，而不是认同攻击者。看广告时，可以说："你认为他们说的是真的吗？我认为他们只想让你买他们的产品。"要让孩子为了知道广告是什么而看广告，并开始了解广告发布者的企图。

**卧室里的电视**。当孩子辗转难眠时，好心的父母会打开电视让孩子躺在床上保持平静。很快，孩子就养成了只有在电视开着时才能入睡的习惯。过了一段时间后，他会开始在半夜醒来，打开电视观看一两个小时才入睡。早上醒来后，孩子会脾气暴躁，到校后也不能专心学习。父母感到进退两难。如果他们把电视从卧室里搬出来，孩子就会辗转反侧，痛苦不堪。如果不这样做，半夜看电视的习惯就会让孩子在白天无精打采。

一个问题的解决方案有时会引发一个新问题，卧室里放电视就是一个很好的例证。许多成瘾均符合上述描述。比如，酗酒往往始于借酒消愁，阿片类药物成瘾则可能始于缓解疼痛的初衷。这两种解决方案引发的新问题比之前的问题还要糟糕。

这个问题的简单处理方式是把电视搬出卧室。这种做法可能会遇到一些阻挠（比如孩子会发脾气、晚上睡不着觉），但这些阻挠不会一直持续下去。不过仍然存在一个问题，就是如何帮助孩子在合适时间舒适地入睡。解决关键是要在孩子的大脑中建立起躺在床上和入睡之间的联系，培养一种健康习惯（参见第 592 页）。第一步先要确定床是用来睡觉的。看电视这项活动则要在别的地方进行。

需要电视吗？几乎没有几个父母会选择完全没有电视的生活。但是，那些确实做出这种选择的父母似乎总是为他们的决定而高兴。那些从来没有养成看电视习惯的孩子不会思念电视，他们会用其他活动来填补自己的生活。父母通常认为电视让生活更轻松，因为这让孩子在大部分时间内有事可做。但是，还要另外花时间来讨论孩子要看多长时间的电视，什么可以看，什么不可以看，还为了让孩子停止看电视去做作业和家务而激战，这些又要花多少时间呢？如果这样计算，可能还是根本没有电视会更省事吧。即便只是停止订阅有线电视也能产生不同的效果，不仅能降低家庭预算，还能提升生活质量。

**沉迷于游戏。**我的儿童行为指导诊疗所里坐满了目不转睛玩手柄游戏的孩子们。一位家长告诉我，她的孩子注意力不集中，总是充满了愤怒情绪。

就在我和那位家长说话时，她的孩子（坐在半米之外的位置）却沉浸在另一个世界里，全神贯注于游戏中而不能自拔。我问家长："是什么引发了孩子的愤怒情绪？""我试图拿走游戏机时就会这样！"

孩子的行为看似具有控制或操纵权，但其实却受控于游戏。孩子之所以愤怒是因为他觉得自己必须继续玩下去，而父母正在试图夺走他的游戏，他的所需之物。一些孩子会对游戏上瘾。除了游戏，再无可以吸引他们注意力的事物。没有了游戏，他们就会觉得百无聊赖。仅仅一想到不能玩游戏，就会让这些孩子陷入恐慌。某些游戏会让孩子神魂颠倒，可能是因为游戏中的幻想暴力令孩子着迷，也可能是来自其他网络玩家的同伴压力让孩子深陷其中。最好是能完全避免这类游戏。

一旦游戏停止会让孩子痛苦不堪，父母就应该知道游戏已经从一种乐趣变成了一种强烈的冲动。父母必须对游戏加以限制。如果父母从一开始就加以控制，就会达到最理想的效果：父母需要施加时间限制，在想要或需要的时候让孩子停止游戏，向孩子明确表示游戏的所有权属于父母。如果孩子强烈抗议，或抗议时间过长，他就会失去当天的游戏权限。孩子必须通过接受父母接管游戏控制权的方式来表明他并不是游戏的奴隶。

即使孩子已经养成了每天玩游戏的习惯，即使好心的亲友把游戏作为礼物送给孩子，父母依然可以在任何时候坚持自己的控制权。父母才是说了算的人。父母的这种行为绝非出于恶意，而是出于对孩子的爱，是为了保护孩子不养成坏习惯，因为这种坏习惯会迅速损害孩子的健康和幸福。当父母成功阻止孩子玩电子游戏之后，就需要帮助孩子把注意力转移到其他有趣且有意义的活动上。如果孩子用电子游戏来填补空虚无聊，就会让戒掉电子游戏这件事变得更加困难重重。


**二手电子产品**。我们都知道二手烟的危害。类似地，父母过度使用电子产品也会伤害近旁的孩子，我把这个问题称为"二手电子产品"问题。婴儿和幼儿天生具有社会性。他们会通过咿呀学语、微笑、伸手，以及最终学会的指示和说话等方式来吸引父母的注意力。然而，在如今的数字世界中，孩子的这些沟通尝试可能会遇上父母的冷漠，因为父母的注意力早已被社交媒体所深深吸引。当这种情况一而再，再而三地发生时，孩子甚至可能会放弃尝试与父母的互动。

没有人知道二手电子产品的长期影响，不过你可以在公园里或地铁上观察到这种情况带来的短期影响。父母或保姆聚精会神地盯着手机，而宝宝则在一旁发愣，看起来无精打采，情绪沮丧。对于宝宝来说，尝试互动但却被人忽视要比直接屏蔽外界信息更令人痛苦。毕竟，忽视孩子其实是一种惩罚。（我并不是说父母应该对宝宝发出的每一个声音都立即做出回应，但请不要因为沉迷手机而让宝宝觉得你可能不关心他，虽然这可能并非你的本意。）

**青少年、电子产品和性。**我们都读过这样的故事，比如小孩子访问网络聊天室后被陌生人引诱，然后被卖为性奴。更多时候，真实发生的事情并没有如此戏剧化，但也非常糟糕。青少年可能会在网络聊天室中遇到比他们年龄大的成年人，并陷入极度不平等（甚至非法）的性关系中。

如果青少年有幸拥有那种能为孩子带来温暖，给孩子支持的父母，就不太可能陷入这种困局。开诚布公地讨论性话题，探讨性、金钱和权力在社会中错综复杂的交织现象，这些做法可能也会有所帮助。父母希望了解孩子在网上活动的期望也是合理的。如果父母和孩子可以相互信任，这种方式可能会起作用。比如，孩子可以带父母参观他的社交媒体世界。你们可以一起考察一些具有潜在诱惑性，但可能具有危险性的聊天室。父母需要为孩子提供冷静、明智且具有支持性的信息。勃然大怒无济于事。此外，监视孩子这招同样无效。如果你这样做，就会破坏孩子对你的信任，他可能不会再将父母视为充满智慧的盟友。如果你不能信任孩子，这就是一个严重问题，需要付出努力来解决，甚至需要参加心理咨询治疗。暗中监视孩子的网上活动也不能解决问题。

孩子上网时要遵守一些规则来保证他们的网络安全：

1. 绝不要把个人信息发给网上的任何人。也就是说，不要把地址、电话号码或学校名称发给尚未谋面的人。

2. 不要把密码告诉别人。尽管聊天室里的人感觉很像朋友，但实际上仍是陌生人。对这些陌生人要谨慎，要像对街上的行人一样。

3. 如果某些信息使你感到不舒服，就要停止上网，告诉大人。

4. 请遵守良好的"网络礼仪"，以礼貌和体谅的态度对待他人。即使你在网络上是匿名的，不恰当或出言不逊的交流也是不可接受的。

5. 只发布那些你可以安心让校长或祖母看到的评论和图片。一旦把它公布出去，就失去了对这些材料的控制权，因为别人可以把它复制下来转发给其他人。从网页上删除的材料并不会从网络中清除。

**网络上的色情内容**。在孩子独自上网之前，可以告诉他有可能会看到的东西。向他解释发布和观看色情内容是违法的，要帮助孩子理解这种做法的错误之处。要告诉孩子，如果偶然碰到一个色情网站，希望他怎样做（离开那个网站，关掉电脑，告诉父母）。要跟孩子讲一讲色情内容中的人会有哪些损害（他们常常都是性侵害的受害者或为毒资而被迫从事这一行当），以及模仿这些内容的人会有哪些伤害。

不要忘记，谈论性并不会使孩子尝试性（参见第 493 页）。当父母用一种就事论事的语气来讨论性的时候，反而会削弱这个话题的神秘感。另外，孩子也会感到父母很平易近人并乐于回答问题。

色情内容可以激发青少年的想象力，扭曲他们对亲密关系的认知。在美国，任何能够接触到互联网并紧闭房门的青少年，几乎都曾误入过网络色情的阴暗小巷。如果你有十几岁或更小一些的孩子，你可以把这一内容加入不断推进的性谈话中，让孩子了解你的想法。我自己的看法是，人的身体是美好的，性也不是一件坏事，但色情是没有情感或人际关系维系的性，仅靠绝望和金钱的力量推动。色情产业突显了这个世界存在的不公正和压迫现象。

父母可以让孩子聆听自己充满人文关怀，反对色情蛊惑的观点。然后，在孩子具有充分认知的情况下，父母可以安装拦截软件来保护孩子，让他们远离色情网站的泥潭。就像你不会把香烟或糖果盘到处乱放一样，让孩子轻而易举就能接触到色情内容并非明智做法。特别是对十几岁的男孩子来说，那些无关个体的性幻想所带来的诱惑是根深蒂固的，绝不是通过说教或健康沟通就可以简单屏蔽的。

**屏幕中的世界和社会化。**互联网最美妙的一点是，它让相隔海角天涯的人们可以在网上创建社区。很多罕见病和非罕见病，比如威廉姆斯综合征、唐氏综合征、囊性纤维化以及其他数百种疾病，都在网上成立了支持小组，为众多家庭带来了福音。

对于许多在日常生活中很难建立社会关系的儿童来说，互联网也为他们打开了社会交往的大门。但是，网络不应该成为现实生活中真挚友谊的替代品。一个声称满足于回家关上门就与在线游戏伙伴交流的孩子，会在现实生活中有更多的需求。他需要父母、老师，也许还有专业人士的帮助，以使自己在现实世界中能够从容地和真实的同龄人建立关系。

**更多关于媒体和儿童的内容**。这个话题可以写满整本书。请访问相关网站以获得值得信赖的信息。例如，美国儿科学会发布了许多富有价值的文章和家长指南。

# 不同类型的家庭

随着社会的开放，我们认识到，孩子可以在很多不同类型的家庭中健康成长，比如单亲家庭，重组家庭，以及很多其他类型的家庭。现在的人们可以自由地在传统模式之外组建家庭，这意味着有更多的人能够倾尽自己的心思与智慧去抚养孩子。

## 收养

**收养孩子的原因**。只有当夫妻双方都很爱孩子，进而非常想要一个孩子的时候，才应该收养孩子。不管是亲生的还是收养的，所有孩子都需要有归属感，觉得自己属于父母。他们需要安全感，相信自己被父母深深地、永远地爱着。被收养的孩子很容易感到缺少父母一方或双方的疼爱，因为他以前经历过一次或多次分离，所以一开始就渴望父母的关爱。孩子知道，因为某种原因他被亲生父母遗弃了，可能偷偷地担心养父母有一天也会弃他而去。

如果只有丈夫或妻子想收养孩子，或者夫妻二人考虑的都只是实际的原因，比如想在岁数大了的时候有人照顾，或试图挽救濒临破碎的婚姻，收养孩子的想法就是错误的。

有的夫妻有时会考虑再收养一个孩子给自己的独生子女做伴。在这样做之前，父母最好先和心理健康专家或收养代理机构商量一下。被收养的孩子很容易觉得自己像个局外人。如果父母过分地对收养的孩子表示喜爱，不但不能帮助他们的亲生孩子，还有可能让他感到难过。

通过收养来"代替"一个故去的孩子也很危险。父母需要时间来平复他们的悲伤。让一个人去扮演另一个人不公平。他注定扮演不了一个故去的人。父母不应该提醒这个领养的孩子，另一个孩子是怎样做的，也不应该在口头上或心里把他和另一个孩子作比较。让孩子做自己。

**多大年龄的孩子适合被收养？** 从孩子的角度考虑，收养越早越好。虽然这一点对于成千上万生活在孤儿院和福利机构的孩子来说是不可能的，但大一点的孩子依然可以被成功地收养。代理机构会帮助父母和大一点的孩子分析收养是否适合他们。

**通过好的代理机构收养孩子。** 最重要的原则大概就是要找一家一流的代理机构来安排收养事宜。希望收养孩子的夫妻如果直接和孩子的亲生父母，或者跟没有经验的第三者打交道，会是很危险的事情。那些亲生父母可能会改变主意，要领回自己的孩子。就算法律不会支持孩子亲生父母的请求，这种不愉快的经历也会破坏收养家庭的幸福，还会让孩子失去安全感。

好的代理机构首先会帮助孩子的亲生母亲或亲属做出正确的决定，看看他们是否应该放弃这个孩子。在收养关系最终确定之前，聪明的代理机构和明智的法律都要求收养双方先磨合一段时间。经验丰富的代理机构工作人员可以帮助这些家庭顺利度过磨合阶段。考察代理机构服务质量的办法之一是致电各地区的卫生局咨询。卫生局专设有部门为代理收养的机构办理执照。

**有特殊需求的孩子。** 越来越多未婚妈妈或未婚爸爸都选择抚养自己的孩子。所以，需要被收养的婴儿或较小的孩子并不多。与此同时，另一些年龄较大的孩子却在等待着父母。有的孩子可能有一个不想分开的兄弟姐妹，有的可能在身体上或行为上存在障碍。他们和其他孩子一样需要关爱，同时也能带给养父母感情的回报。由于害怕再次被抛弃，这些孩子会表达出这种不安，有时他们会试探，看看是否会被再次"送回去"。只要养父母有一些支持和清晰的预期，收养这样的孩子就会特别有成就感。

**非传统型家长**。以前，大多数收养代理机构都只为没有亲生子女的已婚异性夫妇提供服务。现在，很多代理机构也欢迎独身者、与孩子不同种族的人士，以及其他非传统类型的家庭提出收养申请。孩子的童年很快就会过去，目前拥有一个稳定的家长比将来找到两个家长更有实际意义。另外，代理机构也已经认识到，成功的收养更多地取决于收养者的内在品质，与家庭的外在特征关系不大。

**公开的收养**。近年来，在美国，亲生父母与孩子的养父母之间彼此了解得更多了，这种情况越来越常见。收养者甚至会和孩子的亲生父母见面。有时，孩子的亲生母亲甚至可以从若干备选收养者中选择她喜欢的收养者，有时也可以定期获得孩子的信息，比如，收到孩子的照片和养父母每年写的来信。

这种公开性似乎对每个人都有益处。很多孩子都好像能够处理有一个亲生妈妈和一个"照顾自己的妈妈"这种情况。知道自己的亲生母亲是谁可以消除孩子的许多疑虑，比如"她长什么样"，"她觉得我怎样"。尽管现实可能令人伤心，例如，母亲可能有严重的问题，但是，和不美好的现实相比，孩子想象中的完美形象（或魔鬼般的形象）会让他们更加烦恼。

**告诉孩子实情**。应该在什么时候告诉孩子他是收养的？不管养父母怎样小心地保守这一秘密，孩子迟早都会从某个人那儿得知这件事。对于大一点的孩子来说，这是一个令人非常不安的消息。就算是一个成年人，如果突然发现自己是被收养的，也会这样。

养父母不应等到某个年龄后再告诉孩子领养的事实，应该从一开始就在他们的谈话中，以及跟孩子、熟人的交谈中自然而然地透露收养的事实。在这种氛围下，无论什么时候孩子想知道这件事，他都可以询问。随着理解能力的提高，孩子会慢慢地明白收养的含义。

养父母常犯的错误，就是想保守收养的秘密；也有一些养父母会犯相反的错误，就是过分强调这件事。如果养父母急于给孩子解释收养的情况，孩子可能会疑惑："被收养有什么不对吗？"但是，如果养父母能像接受孩子头发的颜色一样自然地接受收养这个事实，就不会把它当成一个秘密，也不会不断强调这件事。

**回答孩子的问题**。一个 3 岁左右的孩子听到母亲跟一个新认识的朋友说自己是收养的，问道："妈妈，什么是'收养'？"母亲可以回答："很早以前，我非常想要一个小女孩，我想爱她、照顾她。于是我就到了一个有很多婴儿的地方，她们带给我一个婴儿，那就是你。我说：'这就是我想要的婴儿。我想收养她，把她带回家，永远拥有她。'这就是我领养你的过程。"这样的谈话会创造一个良好的开端，因为它强调了收养行为的积极方面，强调了母亲得到的正是她想要的这个事实。这个故事会让孩子高兴，她可能想一遍一遍地听这个故事。

收养年龄较大的孩子要用另一种方法。他们可能记得自己的亲生父母和曾经的养父母。代理机构应该帮助孩子和新父母解决这个问题。新父母要认识到，在孩子生活的不同阶段，这些问题都会反复地出现。应该尽可能简单、诚实地回答这些问题。新父母应当允许孩子自由地表达他们的感情和恐惧。

3 ~ 4 岁时，孩子可能很想知道婴儿是从哪里来的（参见第 485 页）。养父母最好诚实、简单地回答，这样 3 岁的孩子就容易理解了。但是，向领养的孩子解释婴儿是在母亲的子宫里长大的，他会觉得奇怪：这怎么和通过代理机构找到他的那个故事不一样呢？随后，或者几个月以后，孩子可能会问："我是在您肚子里长大的吗？"这时妈妈可以简单、随意地解释说，在他被收养之前，他是在另一个母亲的肚子里长大的。

最后，孩子会提出更难回答的问题：为什么亲生父母不要他了？如果他知道亲生父母不想要他，会动摇他对所有父母的信任。而且，任何一种编造的原因都会在将来以某种意想不到的方式困扰孩子。最好也最接近事实的回答是："我不知道他们为什么不能照顾你，但我相信他们是愿意照顾你的。"在孩子慢慢理解这个解释后，他需要你告诉他说，他现在永远是你的孩子了。

**关于亲生父母的情况**。不管是否表现出来，所有被收养的孩子都会对自己的亲生父母非常好奇。以前，收养代理机构只会透露一些模糊笼统的概况信息，还会完全隐藏亲生父母的身份。如今，美国法院可以强制代理机构揭示亲生父母的身份。有时候，被收养者会要求和亲生父母见面，这种见面有时会产生积极的结果，但有些时候也会造成强烈的不安。孩子与亲生父母见面的这种要求，需要跟代理机构和养父母进行商讨。这是一个值得深思熟虑的重要决定。

**被收养的孩子必须完全属于养父母**。被收养的孩子可能会偷偷地担心，有一天养父母也会像亲生父母那样抛弃他。养父母应该时刻记住这一点，并且发誓在任何情况下都不会说出或表现出抛弃他的念头。养父母应该做好准备，发现孩子有任何疑虑，让他知道他永远是他们的孩子。从根本上讲，能够给被收养的孩子最大安全感的，是养父母全心全意的、自然的爱。

**跨国收养**。美国家庭每年都会收养成千上万在其他地方出生的婴儿和幼儿。收养也会跨越国界，遍布世界各地。政治因素、民族主义和对文化认同的担忧都会让收养过程变得复杂起来。从孩子们的视角来看，被人领养往往会带来健康和幸福上的极大改善，让他们有机会在一个充满爱意的家庭中成长。

跨国收养存在着诸多挑战。很多孩子刚被收养时营养不良，没有接受全面的免疫接种，或者有其他疾病。这些一般都很好处理。但是，很多孩子会有发育和情感上的问题，这才是比较困难的。

很多跨国收养的孩子以前都过着艰苦的生活，很多福利机构都无法满足这些孩子的生理和心理需求。基本上，一个孩子在福利院或类似机构里生活的时间越长，就越有可能承受长期的身体、智力和情感的伤害。那些曾经有过慈爱的养父母的孩子则不得不忍受分离的痛苦。但是不要忘记，大多数跨国收养的孩子长大后都能拥有健康的情感和体格。最初，几乎所有跨国收养的孩子都有发育迟缓的表现，但他们大多数都会在两三年内达到标准。

孩子原来所在国家不断变化的法律和政治情况也会产生影响。比如，某个国家可能规定外国人只能领养严重残疾的孩子，几年以后，法律可能又有改变。正是由于这些不确定因素的存在，养父母们才特别需要专业服务机构的帮助，这些机构要全面地了解跨国收养的情况，还要非常清楚被收养者所在国家的相关情况。

跨国收养的孩子通常都和收养他们的父母长得很不一样，因此他们可能会遇到毫无恶意的评论或是赤裸裸的偏见。对于那些来自非英语环境的孩子来说，突然出现的交流障碍会增加收养的难度。因为孩子的遗传因素把他们和原有的文化联系在一起，所以，在孩子小的时候，养父母需要面对孩子与原有文化的关系问题，而在孩子稍大一些时，他自己也要面对这一问题。

很多从国外领养的孩子最终都过得很精彩，但是也有一些过得不好。儿童发育行为医生和其他专家可以帮助养父母权衡风险。只有养父母知道自己能够承受多少未知的困难。那些决定抚养残疾儿童的养父母都是英雄。而那些对自身做了深刻的分析，然后承认自己不能抚养这种孩子的养父母同样有勇气。

## 单亲家庭

对于单身家长来说，抚养孩子的工作更是难上加难。因为他（她）没有伴侣，没人帮助分担日复一日照顾孩子的繁重工作；家里的每个人和每件事全都靠自己支撑；得不到真正的休息或休假；如果他（她）是家里唯一的经济支柱，那么在生计上的操劳还会加重负担。有时还会感到，好像身体和感情上已经没有余力来保证生活的正常运转了。

无论什么时候，美国都有 25% 左右的孩子生活在单亲家庭里。一半以上的孩子一生中都会有某个阶段在单亲家庭里度过，要么因为父母离异，要么因为父母根本就没结过婚。差不多 90% 的单身家长是母亲。大部分单身母亲和孩子的收入都在国家贫困线以下。

当一名单身家长可不是一件轻松的事，不过也会有满满的收获。你和孩子可能会格外亲密。如果一切顺利的话（事情往往向好处发展），你还能体会到一种巨大的成就感。

**单身家长的潜在危险**。对单身家长来说，一个潜在的危险是他们不愿意严格地管束孩子。许多单身家长都会感到内疚，因为孩子享受不到双亲的关爱。这些家长担心，孩子的健康成长会因此受到损害。由于没有足够的时间和孩子待在一起，他们也感到很惭愧。结果很可能是，他们会放纵孩子，屈从于孩子的每一个怪念头。纵容孩子并不会帮助他们健康成长。

单身家长常犯的另一个错误是，他们会把孩子当成最亲密的朋友，向孩子袒露自己内心最深处的感受。他们有时会让学龄孩子跟自己同睡，不是孩子害怕或孤单，而是家长希望有人陪伴。虽然所有孩子都能干一点杂事，还能给烦恼的家长一些情感支持，但是孩子不应该承担成年人的角色。他们需要保持小孩子的本性，有自己的朋友圈，有自己的爱好和兴趣。对单身母亲来说，她们要能够在孩子之外培养属于自己的友谊。

**单身母亲**。有人觉得有没有父亲对孩子来说没什么关系，这种观念十分愚蠢。但是，如果处理得当，孩子也可以健康地成长。母亲的精神状态是非常重要的因素。单身母亲可能会感到孤独无助，还会时常发脾气。有时，她会把这些情绪发泄在孩子身上。这都是正常的，不会对孩子造成太大的伤害。但与此同时，她需要有自己的生活，不应为此感到内疚。单亲妈妈需要从朋友和家人那里获得帮助，这一点至关重要。如果帮手中有为人友善之人，比如孩子的叔叔、祖父或其他成年男性朋友，孩子就能从这位男士那里获得向自己敬仰的男性长辈学习的体验。因为可以雇用帮手，有一定经济条件的单亲妈妈情况会更好些。贫穷往往会使问题复杂化。

**单身父亲**。虽然单亲爸爸的经济条件可能会好一些，但依然面临着养育孩子的挑战。许多男性在成长过程中都形成了一种观念，觉得照顾孩子的人都是柔弱的、女性化的。所以，许多父亲发现自己很难对孩子表示温柔，给孩子必要的抚慰，至少在最初的时候会这样，对年幼的孩子更是如此。但是，随着时间的推移和经验的增长，他们都能胜任这项工作。单亲爸爸可以请姑姑、祖母或女性朋友来帮忙照看孩子，这些女性会对孩子的生活产生重要影响。

**辜负孩子的父母**。对于单亲家庭的孩子来说，最痛苦的事情莫过于满怀期待想见到不常在身边的爸爸或妈妈，但他们却没有露面。很多孩子会屡屡遭遇这种情况。每一次辜负都会引发一连串的愤怒，孩子会对缺席的父母感到愤怒，进而为自己的愤怒感到内疚，甚至产生自责情绪（"如果我是一个更好的孩子就好了，那样……"）。他还会迁怒于监护人，甚至开始对全世界感到愤怒。孩子们在内心深处往往会坚信一种"有毒"的想法，认为父亲或母亲的辜负其实是自己的过错。这种想法会使他们憎恨自己和其他所有人。那些不常伴孩子身边的家长做出承诺却不遵守，让孩子心碎难过。孩子的另一位家长，也就是那个每天照顾孩子的人，却只能独自帮孩子抚平伤痛。

面临这种情形的单亲妈妈（往往是单身母亲遭遇这种情况）最好这样告诉孩子："我不知道你的爸爸为什么没有来，但我知道这绝不是你的错。他这样做有他自己的原因，我也不明白。但我知道这与你无关，我们俩对此都无能为力。这件事让我很生气。"妈妈向孩子传达这一信息后，还要抱一抱孩子，随后要向孩子反复强调这个意思，要经常用拥抱去安抚他。有时候，专业的心理咨询师或治疗师可以帮助孩子正确处理自己对缺席家长的愤怒情绪。孩子产生的愤怒感情既是真实的，也是合理的。

## 重组家庭

许多童话故事都把继母或继父描述成邪恶的坏人，这种现象绝不是偶然。在经历了父母分居、离婚或一方故去以后，孩子可能会对负责监护的家长产生一种异常的亲密感和占有欲。然后，一个陌生人出现了，占据了家长的心和床，还会吸引家长至少一半的注意力。不管家长多么想建立一种良好的关系，孩子都会情不自禁地怨恨这个侵入者。

孩子的敌意会激怒继父或继母，于是，继父母只能以同等的敌意来回应。随后，孩子原来的家长和继父或继母之间的新关系很快就会变得紧张，因为这就像一场没有赢家的较量，也是一项非此即彼的选择。对继父或继母来说，重点是要意识到，这种敌意对双方几乎都是不可避免的，这并不是自身价值的反映，也不能预示彼此关系的最终结果。这种紧张关系经常会持续几个月，甚至几年时间。孩子轻易就能接受继父或继母的情况也时有发生。

斯波克博士曾回顾了他自己当继父的经历："多年以前，我给一份杂志写了一篇关于继父继母的文章，当时自认为写得不错。后来，在1976年，当我自己成了一个继父，我才意识到我很难实施自己的建议。我曾建议继父继母一定不要变成管教监督员，而我却总是因为11岁继女的粗鲁举止而不断责备她，还想让她遵守我的规则。这段关系是我最痛苦的经历之一，也是收获最多的一件事情。"

**为什么当继父母如此困难？** 很多原因可以充分地解释为什么在重组家庭中，至少在最初阶段，大多数孩子的生活是紧张的：

◆ 损失：进入再婚家庭时，多数孩子都已经经历了重大的损失，包括失去父亲或母亲，或者因搬家导致失去朋友。这种遭遇损失的感觉影响了孩子对新家长的最初反应。

◆ 忠诚问题：孩子可能感到迷惑，现在谁是我的父母？如果我对继父或继母表示接纳，是否意味着我就不能或不应该爱那个不和我在一起的家长了？我怎么能分割我的爱呢？

◆ 失去控制：没有一个孩子是自己决定在重组家庭生活的。这个决定是成年人为他做的。所以孩子会感到他对人缺乏控制能力，还会觉得遭到了别人的强迫和打击。

◆ 继父或继母的孩子：一旦继父或继母的孩子出现，以上这些紧张情绪就会更加严重。孩子会感到困惑，如果我的父母对继父或继母的孩子比对我好，那该怎么办？为什么我必须和这个完全陌生的人分享我的东西或共用我的房间？

**重组家庭的积极影响**。尽管最初有困难，但是大多数家庭成员最终都会适应新环境。孩子和继父母以及继兄弟姐妹之间一般会建立一种长期的紧密关系。毕竟，他们都有过家庭破裂和组建新家的共同经历，也都深爱着同一个人，也就是孩子的亲生父亲或母亲。孩子也可以有效分配和均衡在两个家庭中投入的时间，每个家庭都由一位亲生父（母）亲以及一位继父（母）组成。如果孩子能灵活变通，获得家人的全力支持，那么生活在两个家庭中的双重身份就可以让他拥有更加丰富充实的人生。

**给继父母的建议**。下面是一些大致的原则，可能会有帮助。继父或继母要做的第一步就是提前与配偶取得一致意见，商量好对待孩子的态度和方式等问题，还要对新家庭有切合实际的期望。作为继父或继母，最好不要过早进入管教孩子的全职家长的角色。如果你一开始就在日常事务、作息时间和外出活动等方面限制孩子，孩子一定会把继父母看成一个严厉的侵入者，就算继父母制定的规矩和孩子的亲生父母一模一样，孩子也不会改变他的想法。

　　另一方面，如果子女侵犯了继父或继母的领地，比如说私自动用了他们的东西，继父或继母也不应该表示纵容。应该用友好而坚定的态度给孩子设定限制，可以说："我不希望你伤着自己或弄坏自己的东西，我也不希望你弄坏我的东西。"但是不能做出带有敌意的愤怒表情，那样只会整天都生气。所以，要忽略那些小事情，但如果孩子严重违反了家庭规矩，就要严肃对待。

　　**何时寻求帮助?** 继父继母养育孩子的压力常会使婚姻关系紧张，面临崩溃，或直接导致婚姻失败，这些情况都十分常见。所以，明智的做法是，现实问题刚出现，就寻求专业帮助，不要让问题进一步发展。精神专家和心理医生很可能处理过很多有关继父继母的家庭问题，所以他们可以很好地提供帮助。这种帮助的形式可能是指导家长如何进行婚姻或家庭的治疗，或者为一个或几个孩子进行个人咨询。许多儿童指导中心都有继父母团体，也很有帮助。更多关于重组家庭的内容，参见第 539 页"离婚"部分。

## 同性恋父母

　　同性婚姻在美国已经合法化! 在美国，大概有 1/3 的同性恋伴侣正在养育孩子，超过 200 万名儿童与一名或多名性少数群体父母一起生活。对于在非传统家庭中生活的儿童来说，他们的经历取决于自己生活的地方。有些社区会表现出接纳的态度，而在另一些地方，即便到现在，依然有很多同性恋夫妻感到自己被人孤立，脆弱不堪。

　　**对孩子的影响。** 很多研究都在关注同性恋家庭孩子的发展问题，也得出了不少成果：同性恋父母抚养的孩子和异性恋父母带大的孩子没有显著的区别。关键不在于父母的性别或性取向，而在于他们对孩子有多么慈爱和关心。因为同性恋的男性或女性可以像异性恋父母一样充满温情和关怀（也可能同样地不和睦），所以他们孩子的心理健康也是相似的，这一点不足为奇。

　　与生活在异性恋家庭里的孩子相比，当同性恋家庭的孩子上小学时，同样可能与同性别的孩子一起玩耍，长大后，他们会选择异性的恋爱对象。他们更能包容不同的性别取向，对性少数群体的地位也更加敏感，不那么容易成为性侵害的受害者。出乎意料的是，他们在学校里并不会比别的孩子受到更多嘲笑。

　　**寻求支持**。有很多写给同性恋父母的书，这些书会有帮助。同时，一些全国性支持小组也可以提供帮助。很多社区也能为孩子和父母提供支持小组，让有着类似情况的人们可以彼此分享各自的经历。还有一些涉及同性恋家庭话题的儿童书籍也非常棒。

　　**对异性恋家庭的帮助**。近年来，随着对同性恋父母的了解日益深入，很多异性恋父母对这种情况已经习以为常了。也有些父母仍然感到担心，如果拥有异性父母的孩子和拥有两个爸爸或两个妈妈的孩子交朋友，前者会不会感到困惑呢？我认为答案很简单：不会。当事实简单地呈现出来时，孩子们就有非凡的能力去接受这些平常的事实。

可能出现困惑的情况反倒是，如果父母告诉孩子同性恋是不好的，而孩子却遇见了非常好的同性恋父母，而且他们的孩子也很出色，这个孩子就会发现，自己的第一手经验和父母的教导无法吻合。

反对同性恋抚养孩子的论点仍然经常出现，我认为这是因为大家担心与同性恋的接触会促使孩子变成同性恋（事实上并不会）。

同性恋家庭的存在提供了一个机会，父母可以教育孩子，告诉他社会上有不同的家庭类型，还可以对孩子说明什么才是真正重要的：和蔼仁慈、体谅他人、亲切温馨。这些教导将帮助孩子更好地适应我们这个日益多元化的世界。

# 有特殊需要的儿童

**有特殊需要的儿童指的是哪些孩子？** 过去，谈论这些儿童时，人们通常用他们的身体状况来称呼他们，比如患唐氏综合征的孩子或得了孤独症的孩子。现在，我们把"孩子"放在第一位，我们谈论时使用的描述是"这个儿童有某种缺陷"，而不是"这是一个残疾儿童"。改变我们的谈话方式就会改变我们的思维方式。对于那些有着特殊健康护理需求的儿童来说，他们首先是儿童，这是最为重要的一点。这些孩子和其他儿童一样，也需要关爱、接纳、自由、乐趣、友谊、挑战和社会参与，当然他们还有着一些特殊的需求。

这样的孩子很多。他们当中有的患有常见疾病，像哮喘、糖尿病等；有的患有不太常见的疾病，像唐氏综合征、囊性纤维化等；还有的患有非常罕见的疾病，比如苯丙酮尿症。这些孩子还包括患有各种早产并发症的孩子，比如脑瘫、耳聋或失明，还有因为外伤或感染而大脑受到损伤的孩子，身体畸形的孩子（比如唇裂、腭裂），侏儒，或有破坏容貌的胎记的孩子。总的来说，大约有 3000 种不同情况需要特殊健康护理。

每种情况都会带来一系列独特的问题和专门的治疗方法。所以，患有这些疾病的孩子和他们的家庭都有独一无二的强势和弱点。因此，在讨论缺陷儿童问题时，把他们当成一个单一的大群体不现实。尽管如此，仍有一些普遍适用的规律。

## 家庭的对策

**早期反应**。父母感到悲伤难过是完全正常的反应。父母在学着接受现实生活中的孩子之前，都会忍不住为自己失去健康孩子或想象中的完美孩子而感到悲伤。父母往往从否认开始，继而转为愤怒。父母在这个阶段可能会经历"达成协议"，还可能会逐渐演变为抑郁。最终，在运气和努力的双重因素作用下，父母会开始接受孩子有缺陷这个事实，并逐渐有了采取行动，面对困难，庆祝胜利的能力，通常还会领悟到命运安排的深意。悲伤分阶段发生的想法并不完全正确。就像头顶上的云彩一样，所有这些不同的情绪反应总是时而出现，时而消失。因此，父母可能会发现自己无缘无故地感到愤怒或沮丧（比如说正在超市里购物时），然后意识到原来是悲伤选择在这一时刻重新浮现。

当父母沉浸在悲伤之中不能自拔时，他们会做出令人担心的举动：父母会拒绝接受孩子有缺陷的现实，总是会对所有人发脾气，由于心情沮丧而起不了床或无法感受平常的快乐。虽然这种反应开始时很常见，但如果影响到他们的正常生活，或者持续几个月不见好转，就应当引起注意。父母可能需要独处一段时间，这种情况很常见。但是，把自己孤立起来的做法是有损身心健康的。如果有人分担，这种悲伤就会逐渐减弱。能与伴侣、朋友、家人或专家分担忧愁，是一种达观的表现。人不应该独自承受不幸。

另一种常见的反应是内疚。父母会认为"这肯定是因为自己做错了什么"，还会无休止地纠结到底是何原因。负罪感会让人无法继续前进。对过去耿耿于怀会逐渐侵蚀父母应对现实问题必需的精力。负罪感甚至会变成一个很好的借口："这都是我的错，所以我对这些事情无能为力。"不要落入悲伤的陷阱，如果伴侣已经深陷其中，要帮助他面对现实，并把他解救出来。

**不同的父母有不同的应对方式**。有的父母愿意了解可能跟孩子健康问题有关的所有信息，有的父母则会对某一位专家倾注全部的信任。有的父表现出强烈的感情，有的父母则表现得很克制，似乎很冷漠。有的父母希望交流，有的父母则渴望沉默。有的父母不断自责，从而变得很压抑；有的父母则会责备别人和整个世界，而且变得非常暴躁。有的父母觉得希望渺茫，有的父母则会投身到呼吁活动当中。

所以，父母双方应该认识到彼此面对问题的方式不同，还要透过这种差异看到深层次的现实——父母都很关心孩子。为了能够理解和接受彼此不同的应对方式，父母双方需要付出自觉的努力，有时还要向专业人士求助。如果不这样做，情感疏离的痛苦就会让照顾特殊需要儿童这件事难上加难。

**避免单独行动**。某个家长可能会在照顾有特殊需要的孩子时大包大揽，这种情况很常见。这位家长会带着孩子到处看医生，参加父母互助组织的活动，并了解跟孩子病情有关的一切信息。与此同时，另一位家长——经常是孩子的父亲——会觉得自己越来越被排斥在外，照顾孩子时也觉得不那么舒服。这位父亲还会发现他跟孩子的母亲越来越没话说，而她已经完全投入到缺陷孩子的世界中去了。父母的婚姻变得岌岌可危。

避开这个陷阱的最好办法是，父母双方轮流照顾有特殊需要的孩子。如果一个家长白天待在家里照顾孩子，另一个家长就应该保证下班之后或周末能花一些时间照顾孩子，还要不时地抽出工作时间去带孩子看医生，参加互助活动。这似乎不太公平，毕竟有工作的家长整天都在努力工作，也应该放松一下。但不管公不公平，只要父母希望同舟共济、齐心协力，这些付出就都是必需的。

**给其他孩子留出一些时间**。如果某个孩子的特殊需要成了全家唯一的中心问题，其他兄弟姐妹就会产生不满情绪。他们会感到疑惑，为什么一定要出了问题才会引起父母的关注？有些孩子甚至故意惹麻烦，好像在说："嘿，我也是你的孩子。"有的孩子会变成有高度责任心的"小大人"，好像他们保持完美就能在一定程度上弥补兄弟姐妹的不足之处，从而赢得父母的欢心。

虽然大多数孩子的需求并不"特殊"，但所有孩子都有需求。很多时候，学校的演出或足球比赛不得不给去医院看急诊让路。但有时候，如果父母能将有特殊需要的孩子的常规治疗重新安排一下，去参加健康孩子的学校活动，那是最好的选择。一个平时不索取关注的正常成长的孩子，也可能会需要父母给予个别关照，有时甚至还会坚持这样的要求。如果一个孩子经常暗下决心"不提出任何要求"，就说明孩子其实有一些需要解决的心理问题。

即便如此，如果健康的孩子愿意，依然可以让他们跟父母一起带着有特殊需要的孩子到医院检查和治疗。这样，他们就会明白为什么父母那么关心这个孩子。但是，如果某个孩子不想跟着父母去医院或诊所，就要尽量尊重孩子的意愿。一个在这种事情上有一定发言权的孩子在帮助父母时，就能够更热心，更自如。

父母需要反复告诉家中的其他孩子，家里遇到的这个特殊挑战并不是任何人的过错。无论是那个情况复杂的孩子，还是其他任何人，都不应受到指责。

做一个特殊儿童的兄弟姐妹并不容易。但这也会变成一种积极的生活经历，教他们懂得什么是同情和怜悯，如何包容人们之间的差异，以及什么是勇气和韧性。许多儿科医生都有一个有着特殊需要的兄弟或姐妹，我猜这并不只是巧合。


**不要忽视与成年人的关系**。夫妻之间的关系也需要维护和关注。当孩子出现严重缺陷时，大约有 1/3 的婚姻在压力之下濒临崩溃，1/3 的婚姻保持如初，1/3 则更加牢不可破。夫妻关系的成长需要开诚布公的交流和彼此的信任。最重要的是，它需要夫妻双方都投入专门的精力。父母也需要积极维护和朋友以及街坊邻居之间的关系。在关照孩子的特殊需求之外，父母需要也值得拥有自己的生活。

从实际的角度来看，父母要学会"忙里偷闲"：请人替他们照顾孩子，让他们看一场电影，逛逛商场，或拜访一下朋友。他们可以在专业机构、朋友、教会，或家人的帮助下获得短暂的调节。不要觉得孩子离不开你，他和别的孩子一样，需要适应与父母分开，父母也应该学会踏踏实实地把孩子交给别人照顾。对很多父母来说，这也意味着继续自己的职业生涯，并做出妥善安排，请他人分担一些照顾特殊需要孩子的工作。

作为特殊儿童的父母，你永远无法做到尽善尽美。做父母总是会面临取舍：有时你需要离开一下，好让自己的内心平静下来；有时你会觉得自己因为忙于照顾某位家庭成员而忽视了另一位家人；有时你会觉得自己似乎无法胜任这项艰巨的任务。这些都是意料之中的情况；总想着面面俱到，却会顾此而失彼。不过，好消息是父母无须这样做。完美是一个陷阱，只要父母在大部分时间里做得足够好，虽然偶有失败却不沉溺于过往的挫折，懂得珍视那些小小的进步和胜利，就是成功的表现。

## 采取行动

家里有个需要特殊护理的孩子，很容易让父母觉得无助和绝望。消除这些感觉的方法就是采取行动。父母需要了解有关孩子病情的所有信息。了解的信息越多，那种疾病就变得越不神秘，就越能理解医生的行为，也就越能配合老师和治疗师的工作。父母可以给治疗这种疾病的全国性组织写信，从图书馆寻找资料，还可以跟孩子的医生或社会工作者沟通。

**医疗之家**。对于需要特殊健康护理的孩子来说，找一个医生小组很有好处。他们能够了解孩子的病情，熟悉有哪些可用的医疗和社会服务资源，还能够对孩子的护理进行调整和完善。对于那些病情复杂的儿童（比如罹患脊柱裂或囊性纤维化的儿童）来说，他们需要的医疗小组可能会由若干名医疗专家、护士、治疗师和其他人员组成。尤其是在这种情况下，父母可以尝试与医疗小组中的某位医生建立长期联系，而这位医生需要熟悉孩子和父母的情况并获得父母的信任。父母为此事所付出的努力是值得的。

**参加家长互助团体**。家长团体不仅能够提供一些教育信息，找到最好的医生和治疗专家的经验，还能提供私人帮助。大多数疾病和发育问题都有国家性和地方性的组织。父母可以在网上、当地图书馆或通过孩子的医生了解这些组织的信息。

**为孩子而呼吁**。父母可能会发现自己不得不周旋于一些机构和各种各样的专家之间。有时候，学校提供的管理系统不能满足孩子的特殊需要；保险公司可能会逃避某项检查或治疗款项；你所在的社区可能无法为孩子提供他所需要的，也是应该享有的服务和支持。

在这种情况下，如果父母不断地提出有见解的意见，情况就可能得到改进。父母可以寻找一些当地、全州和全国性的组织，这些组织的主要宗旨就是引导父母们进行积极的呼吁，为这些父母提供支持。你可以向孩子的医生询问这方面的情况，也可以浏览网站上列出的全国性组织名单。

如果最初的努力并没有成功，也不要泄气。通过不断的实践，父母会变得越来越有影响力。父母不一定非得独自行动。一位坚定的家长的呼声固然有力，但是比它更有力的声音是一群这样的家长的呼声。可以加入全国性的父母联盟，让个人的意见汇入众人之声，并以此来影响立法机构和法庭。

许多社区和团体都为特殊需要人士提供支持。可以把孩子介绍给邻居、常去的团体组织以及学校领导。你可以帮助他们了解孩子的需求、能力和特殊的天赋。父母应坚持主张孩子拥有全面参与社区生活的权利，孩子也会在参与过程中为社区带来丰富而积极的意义。

# 压力和创伤

在 21 世纪，孩子的日常生活可能会有巨大的压力。儿童坐在家中就能通过电视看到恐怖主义行为、地震和战争。全球变暖、战争和警察（有些孩子会比其他孩子更害怕警察）让孩子们感到威胁无处不在。政治也会让人惴惴不安，特别是生活在当今这个两极分化的时代。有些危险是真实存在的，但也有很多"危险"则是"过热报道"的结果。例如，儿童绑架事件并没有急剧增加，但对此类事件的新闻报道却铺天盖地袭来。人们每天都会被恐惧情绪所侵扰。

有些压力是常见的，比如父母的暂时离开，或者是离婚带来的更长久的分离，严重疾病，甚至死亡。经济不稳定（没有安全的食物来源、居无定所等）会让孩子更加不堪重负。此外，还存在着一些极端创伤，比如身体虐待和性虐待，父亲或母亲的死亡。即使没有伤害到孩子的身体，家庭暴力也会使儿童心生恐惧。

尽管面对着压力和创伤，还是有那么多孩子健康长大，且充满爱心又乐观向上。想到这些，我们就会感到惊奇。这种达观的态度来自内心对幸福和健康的强烈渴望，也来自他们与关心、信任他们的成年人之间的关系。哪怕跟孩子建立这种关系的人只有一个，也会对孩子的成长起到积极的作用。

## 压力的含义

**压力是一种生理反应**。在面临威胁时，我们的身体会释放肾上腺素和皮质醇来提高注意力和耐力（想象自己正在参加一场漫长而艰难的数学考试的情形）。更高水平的肾上腺素会引起战斗或逃跑反应（想象被一条恶狗攻击的情形）。在这个时候，人会出现脉搏加速，血压和血糖急速上升，肌肉发紧，消化等非关键功能关闭，注意力高度集中等情况，时间也好像变慢了。

压力会改变大脑。巨大的压力过后，危险刺激因素与压力反应系统之间会形成神经系统的联系。当同一种刺激因素再次出现时（比如是一名戴着面罩的歹徒），这种战斗或逃跑反应会出现得更加迅速，表现得也更加强烈；反应的速度是如此之快，甚至警觉的大脑还未意识到发生了什么就触发了反应。然而，这种特殊联系也意味着与最初威胁刺激相似的任何事物（例如，一个完全无害的面罩）都会引起不恰当的压力反应。

这就是创伤后应激障碍（PTSD）的症状。创伤后应激障碍如果发生在士兵身上，有时会被称为炮弹休克。这种病症在那些遭受过暴力或其他严重创伤的孩子身上也会出现。备受创伤后应激障碍折磨的孩子，伴随着战斗或逃跑反应的压力，不管是在清醒或睡眠状态，都会不断重温最初那段令人痛苦的记忆。这些孩子会试图避免任何可能触发这些记忆的事情。他们可能会体验到一种麻木或不真实的感觉，还会时常出现学习、饮食、睡眠和人际关系等方面的问题。

**面对压力时的脆弱**。有些孩子在压力面前会表现得十分脆弱。即使在婴儿时期，他们在见到陌生人或面对陌生事物时，也会产生较强的生理反应。在学龄前阶段，这些孩子往往会变得小心翼翼或害羞，过一段时间才能在新的情况下觉得自在，他们还可能产生恐惧感或其他由焦虑带来的问题。这种容易紧张的特点是天生的，而且常常是家族性的。科学家已经基本探明了导致这种情况的基因。难以应付压力的孩子在面对刺激的时候更容易产生紧张的症状，比如，在被狗追赶或者遭遇地震时。

如果知道自己的孩子在压力面前会特别脆弱，可以只让他接触能够应付的压力，慢慢帮助他锻炼处理这种情况的能力。比如，当看到报道战争或地震的新闻，就可以关上电视，只在晚饭的时候谈论这些事情，这种接触就不会那么紧张了。每当孩子成功地处理一次适度紧张的情况，他承受压力的能力和信心就会增加。例如，孩子可以学会记住一个列着五位保护自己安全之人的名单（妈妈、爸爸、奶奶、消防员、市长……）。即使年幼的孩子也可以学会用缓慢且有控制的呼吸来放松自己，并察觉出自己的身体何时归于平静。

**长期的压力**。童年的创伤可以持续一生，跨越几代人。大型研究表明，一个人经历的童年创伤事件越多，罹患长期健康问题的概率就越高，这些健康问题既包括生理层面（肥胖症、高血压），也包括精神层面（焦虑和抑郁、成瘾）。部分问题还与压力激素皮质醇的长期过度分泌有关。

当受过精神创伤的儿童成为父母时，他们中的很多人会对孩子的不安和抗议反应过度，这使得他们很难有效安抚孩子。还有一些人因为学会了忽视自己的情绪反应，当孩子感到痛苦时他们就会选择视而不见。人们现在对所谓的"有毒"压力所产生的影响有了全新认识，这样就可以更好地识别和治疗这种病症。

## 恐怖主义与大灾难

2001 年 9 月 11 日这一天让美国社会认识到了恐怖主义的存在。在世界很多地方，恐怖主义已经成为众所周知的严峻事实。（"9·11"事件发生时那些只有五六岁的孩子现在都已到了为人父母的年龄。你们中的有些人可能还记得那一天，以及随后那几个星期和几个月发生的事情。）

无论是亲身体验还是反复接触电视上的图像，经历过大型灾难的孩子都很可能显示出紧张的迹象。例如，"9·11"事件以后，很多学龄前的孩子会画出火焰中的飞机，或者用积木搭建楼房，再拿他们的玩具飞机去撞这些楼房。玩这种游戏是孩子应对恐怖现实的一种方式。如果孩子创造了一个圆满的结局，就标志着一种健康的处理方式。比如，飞机安全地着陆了，楼房没有倒塌，孩子做完游戏的时候看起来很安心，等等。

精神上受过创伤的孩子玩的游戏则不同：飞机不停地撞击，大楼接二连三地倒塌，孩子结束游戏的时候显得很疲惫，比以前更焦虑。这种反复的强迫性的游戏表示，这个孩子需要资深心理学家或临床医生的帮助。

**应对灾难。**无论天灾还是人祸，都会威胁到父母和孩子之间最根本的契约，这种契约就是相信父母会保证孩子的安全。因此，父母一定要向孩子保证，大人们都在做着一切必要的事情，以保证没有更多的人受伤。父母也要保护孩子，不让电视里反复播放的灾难画面进一步影响孩子的精神健康。尽管在"9·11"以后，或对近期发生的战争和灾难进行报道期间，人们很难关掉电视，但关电视的确是父母明智的做法。

孩子精神紧张的具体原因可能出乎你的意料，因此，最好的办法就是先认真听孩子说话，再尽量回答他们的具体问题，或者处理他们具体的忧虑。熟悉的环境和日常生活习惯会让孩子感到安心，因此尽快恢复正常的生活规律很有帮助，比如按时吃早饭，按时上学，以及像平常一样讲故事哄他们睡觉，等等。

最后，父母还要注意自己对压力的反应，因为孩子们总是跟着父母学。如果父母表现得烦躁不安，孩子也会感染这种情绪。父母可以用简单的语言说出自己的感受，这种做法很不错。这样孩子就会知道是什么让你心烦（否则，他很可能认为是自己的问题）。孩子不必知道所有的事情；他最好可以向同龄人或专业人士寻求支持。父母向朋友、家人、牧师或社区里的其他人寻求帮助也非常重要。如果父母和孩子都在同一事件中受到了创伤，这时就需要外界的帮助了。

在灾难发生后的最初一段时间里，父母和孩子在饮食、睡眠、注意力和行为方面出现问题的情况很常见。随着时间的推移，这些问题会逐渐好转，半年左右会有明显的改善。如果压力症状并没有像预期那样得到改善，就需要与接受过心理创伤治疗培训的专业人士好好聊一聊了。

## 家庭暴力

每个家庭都会存在分歧。有时候，争论会演变成大喊大叫，接着是威胁、推搡、打骂和更严重的暴力行为。很多目睹过这些场面的孩子即使身体上没有损伤，心理上也会出现创伤。父亲常常是发动攻击的人。父母打架时，孩子可能会蜷缩在角落里，感到恐惧、愤怒和无能为力。事后他容易变得很黏人，害怕母亲离开他的视线。再往后，这个孩子似乎会改变立场，具有了施虐者的特征。他会打他的母亲，还会用他父亲用过的一模一样的话大骂母亲。心理学家把这种行为叫作攻击者认同，这是情感创伤的迹象。

孩子们可能还会变得对他人具有攻击性，甚至会敌视攻击那些在他们看来有莫名威胁的陌生人。除了攻击性以外，目睹了家庭暴力的幼儿经常出现睡眠问题，在学校也无法集中精力；他们还容易出现营养不良的问题，因为当你感到惊恐时，一般都没什么胃口。虐待儿童的行为和家庭暴力现象常常会同时出现。

**父母能做什么？** 第一件事就是必须停止暴力。也就是说，母亲和孩子有时不得不离开自己的家，这是一个非常困难的决定（我在这里说"母亲"，是因为母亲最有可能成为受害者，但是家庭暴力也可能针对另一方）。美国家庭暴力求助热线可在 24 小时内提供即时帮助，并帮忙求助人联系其所在地区的救助项目或庇护所。美国反家庭暴力联盟网站提供了具体的信息，可以帮助家庭暴力受害者停止暴力，获得安全感，运用法律武器保护自己并获得支持。那些由于目睹家庭暴力而出现行为问题的孩子一般都需要专业的帮助，以摆脱情感的伤害，恢复原有的安全感，重新开始享受生活。

## 身体上的虐待和忽视

**生孩子的气**。大多数父母都会跟孩子生气，有时甚至有打骂他们的冲动。父母可能对哭个不停的婴儿生气，因为已经花了好几个小时尽力地安慰他。也可能刚让孩子把一件珍贵的东西放下，他就把它打碎了。父母的愤怒会沸腾起来，但是在大多数情况下可以控制住自己。父母可能会在事后感到惭愧和难堪。如果这样的情况反复出现，就表示可能需要援助，应该咨询自己的医生或孩子的医生。频繁发怒可能是抑郁症的症状。抑郁症在那些需要照顾幼儿的父母群体中十分常见，这是一种可以治疗的心理疾病。

**虐待儿童的根源**。虐待和忽视指的是威胁或没能保护到孩子基本的生理和心理健康的行为。那些身体有缺陷、心智不健全，或有特殊需要的孩子更容易遭到虐待。加重家庭中紧张气氛的任何事物都会增加虐待孩子的危险。虽然贫困、成瘾和精神疾病都是虐待和忽视的诱因，但是整个社会的孩子，不论背景和阶层，都可能会遭受虐待或忽视。许多虐待孩子的成年人在自己的童年就遭受过虐待、忽视或骚扰，现在则扮演着施暴者的角色。这种情况并不总是发生；总的来说，大约 1/3 受到虐待的孩子长大以后会变成施虐者。

**反虐待的法律**。美国的联邦法律要求父母和其他看护人要达到保护孩子安全和健康的最低标准，但是虐待和忽视的明确定义在各州有所不同。每个州都有一套儿童保护体系，负责鉴别和调查可能出现的虐待事件。法律要求医生、教师和其他专业人士举报可疑案例；其他人也可以报告。在任何一年中，美国都有多达 5% 有儿童的家庭可能受到举报，最常见的原因就是有忽视孩子的嫌疑。在大部分情况下，调查人员都无法证实虐待或忽视孩子的情形存在。总体来说，在经过确认的案例中，大约 1/5 的结果是把孩子带离原来的家。

从全世界来看，联合国《儿童权利公约》赋予儿童免受身体上或精神上的暴力、伤害、虐待、忽视和性剥削的权利（虽然已有 192 个国家签署这项国际公约，但美国并没有签署）。在许多其他的发达国家，虐待儿童和忽视儿童的比例都比美国低，这或许是因为这些国家通过普遍的医疗保健和带薪育儿假等政策为家庭提供了更大的支持。我们应该在防止虐待和忽视方面做得更好，而不仅仅是宣布这些行为不合法。

**身体虐待和文化**。在世界上很多地方，扇巴掌、打屁股和抽鞭子都被视为正当的教育方式，而不是虐待。在其他国家，这些做法正在逐步被视为违法行为。美国则采取了折中方式：虽然在许多地方仍然接受打屁股这种教育手段，但那些留下瘀伤或疤痕的体罚经常会被举报。对孩子可能被带走的担心有时会令人不知所措。有一位母亲对我说："我的孩子们不尊重我，因为他们知道我什么办法也没有！"事实上，父母依然可以采取很多教育手段，这些方式都不会让孩子遭受身体疼痛（参见第 461 页）。

打孩子屁股这种管教方式可能具有"文化性"因素，但文化却一直在不断发展和变化。几十年前，丈夫殴打妻子是习以为常的情况。甚至更早的时候，人们会认为杀死侮辱自己的人是一件光荣的事情。打孩子屁股这种"文化"就应该像殴打妻子和决斗那样，逐渐被人们所摒弃。

其他一些文化习俗可能会被误认为是虐待儿童。其中一个例子是拔火罐，就是把一个弄热了的罐子扣在孩子的皮肤上，当罐子里的空气冷却下来以后，皮肤会被吸进罐子里，然后出现一个瘀痕。这在东南亚是很正常的事情。拔火罐虽然很疼，但其目的是消除疾病，而不是惩罚孩子。

## 性虐待

陌生人绑架儿童的新闻虽然屡见不鲜，但到目前为止，大多数对儿童实施性虐待的人都是孩子认识的人，比如家庭成员、继父继母、家人的朋友、保姆等。男孩和女孩都有可能遭受性虐待。

**告诉孩子什么？** 我们的目标是保障孩子的安全，而不是让他害怕大街上经过的每一个陌生人。一条很好的准则是"与人交谈，但不要跟他们走"。父母应该采取明智的预防措施，教导孩子永远不要接受非家庭成员或朋友给的糖果，或搭乘他们的车，也不要让这样的人陪他们去某个地方。

父母可以跟 3 ~ 6 岁的孩子说，如果大孩子想碰你的私处，要明确表示拒绝。父母可以在给孩子洗澡和上厕所等会自然触碰到孩子敏感部位时，顺便提起这个话题，也可以在回答孩子的问题时引到这个话题上，或者在发现孩子玩"医生看病"的游戏后告诉他。多讲几次效果会更好。父母可以补充说："有时，一个大人可能想摸你，还可能会让你摸他的私处。要告诉他你不想让他那么做。然后你要把这件事告诉我。这不是你的错。"最后这句话一定要说，因为孩子往往会觉得自己有错而不汇报这种事情。当骚扰者是家里的亲属或朋友时，孩子就更倾向于隐瞒事实。

**何时产生怀疑？** 父母很难对性虐待有所觉察，医生也很难对此做出诊断，孩子沉默的原因不仅在于害羞、内疚和难堪，还因为经常缺少性虐待留在身体上的证据。当孩子不时地出现生殖器或直肠疼痛，同时伴有出血、外伤或感染的症状时，应该想到性虐待的可能，并带孩子接受医疗检查。但是要注意，青春期以前的女孩有时会出现轻微的阴道感染，大多数情况下，那并不是性虐待的表现。

受到性虐待的孩子常常会表现出与年龄不相称的性行为，比如在其他孩子面前（或和其他孩子）模仿成年人的性行为。这种表现与正常的性探索非常不同，孩子的正常探索包括玩"医生看病"的游戏，以及"你让我看你的，我就让你看我的"等行为。如果孩子有难以控制的自慰行为，或者公开进行自慰，那么他可能是在重演难忘的痛苦经历。

其他与儿童和青少年性虐待有关的行为表现则不太明确，其中包括畏缩、暴怒、高度攻击性、离家出走、恐惧（尤其对与虐待有关的情景）、食欲的变化、睡觉不安稳、忽然开始尿床或把大便拉在裤子里、注意力不集中和学习成绩下降等。当然，这些行为也可能是儿童和青少年面临其他压力的结果，实际上，在大多数情况下，都不是性虐待的标志。重点是，要对性虐待的可能性存有警惕，但也不要草木皆兵，甚至在孩子的一举一动中去寻找性虐待的迹象。

**寻求帮助**。如果怀疑孩子遭到了性虐待，就要给孩子的医生打电话。很多城市里都有由医务人员、精神科医生和社会工作者组成的专业团队，能够对可能遭到性虐待的孩子进行评估。这些评估的关键是弄清楚是否发生了性虐待，并且在避免孩子受到进一步伤害的前提下，搜集可以控告施虐者的证据。这种评估包括对疾病的检查，比如感染的症状等，因为这些疾病可能需要治疗。

在遭受性虐待以后，孩子常常会在羞愧和内疚中挣扎。父母要常常安慰孩子，告诉孩子这不是他的过错，你们会保证这种虐待永远不再发生。要让遭遇不幸的孩子了解，父母总会站在他的一边，还会在未来竭尽所能保护他，这一点至关重要。

已经遭到性虐待的孩子也应该接受心理评估。性虐待产生的心理影响总会再次出现，所以孩子可能需要一些简单的治疗，也许还需要重复这种治疗。孩子最终可以走出性虐待的阴影，获得心理上的痊愈，但是通常都需要好几年的时间。

# 死亡

**生命的现实**。死亡是每一个孩子都必须面对的现实。对有的孩子来说，他们第一次面对死亡可能是看见一条金鱼死了；而对另一些孩子来说，他们第一次对死亡的接触可能是祖父的去世。孩子们会有一些关于死亡的问题，父母最好能正面回答，而不是让孩子自己胡思乱想。诚实、简单的回答是最好的。和性一样，死亡的话题也会自然而然地出现在日常生活中。孩子们都会感到好奇。那只躺在地上的小鸟是死了，还是只是在休息？你怎么发现的呢？如果某样东西已经死了，还能复活吗？为什么每当谈到某个死去的人时，大人们就会显得严肃而悲伤？

**帮助孩子理解死亡**。学龄前的孩子对死亡的看法会受到奇妙的思维逻辑的影响。比如，他们也许会以为死亡是可以逆转的，认为死去的人有一天还会活过来。（那些去了其他城市的人有时还会回来，为什么死去的人就不会呢？）

他们还会觉得自己似乎要对身边发生的每一件事情负责，包括死亡在内。他们可能担心自己会因为对死去的人或动物有过坏念头而受到惩罚。还可能把死亡看成是"会传染的"，就像感冒一样，因此担心另外一个人也会很快死去。

这个年龄正是孩子们严格按照字面意义理解事物的阶段，因此要特别注意，一定不要用睡觉来指代死亡。很多孩子随后就害怕去睡觉，害怕自己也会死去，或者认为有人应该"叫醒"爷爷。

孩子还倾向于非常具体地考虑事情，他们会问："如果鲍勃叔叔在地底下，那他怎么呼吸呢？"所以父母可以用同样具体的方式来帮助孩子，可以说："鲍勃叔叔不会再呼吸了。他也不会再和我们一起吃饭，或再去刷牙了。死亡就表示人的身体完全停止工作，你不能活动，也不能做任何事情了。一旦你死了，就不可能再活过来。"大人要跟年幼的孩子说，死亡绝对不是他们导致的。有时这一点需要反复强调。

即使孩子只有三四岁，他们也会理解死亡是生命周期的一部分。事物和人都有起点，他们开始的时候很小，然后长大、变老，最后死去。这就是事物发展的过程。有一些内容很棒的图画书，这些书籍都以温和且清晰的方式探讨了死亡的话题，你可以访问网站查看相关信息。

**死亡和信仰**。所有宗教都有对死亡的解释。无论一种宗教是否包含着天堂、地狱、转世或灵魂在地球上到处飘荡的内容，我认为父母都要向孩子澄清，这些信念建立在宗教信仰基础上，是理解世界的一种特殊方式。

**葬礼**。许多父母都不知道是否应该让孩子去参加亲友的葬礼。我认为，如果孩子愿意去，父母提前给孩子做了必要的讲解，那么，3岁以上的孩子可以参加葬礼，甚至可以让他和家人一起到墓地去观看下葬仪式。孩子们能在葬礼上获得和大人们一样的体验：通过仪式确认死亡的现实，也有机会在朋友和家人的陪伴下向死去的人告别。

重要的是，孩子一定要有熟悉的大人陪着，这个大人要随时都能给孩子安慰，回答他的问题，或者在孩子觉得难过时带他回家。

**处理忧伤的情绪**。有的孩子通过哭泣来表达他们的忧伤，有的孩子则会变得异常活跃或非常黏人，还有一些孩子虽然当时看起来无动于衷，但后来发现他们心里也很难过。父母要承认失去一个朋友或祖父母是非常令人伤心的，想到这个人再也不会回来了也很难过，这样能够帮助孩子处理忧伤。作为父母，不需要假装自己并不难过。要让孩子看到父母也有强烈的感情，这样孩子就可以安心接纳自己的感情。父母恰当地抒发情绪，比如，说出这些感情，可以教会孩子如何面对伤心和悲痛。

**如果孩子问起父母的死亡**。对孩子来说，最让他惊慌的事情或许就是父母的死亡。如果最近有朋友或者亲属去世了，或者孩子很认真地问一些关于死亡的问题，就可以推断，最可能的问题是他正在担心父母会死去。

这里有一些安慰孩子的办法。父母可以说，在孩子完全长大并且有了自己的孩子（如果幸运的话）之前，父母是不会死去的。然后，你会成为年纪很大的祖父母，那时候就快去世了。把这种可怕的事情推迟到遥远得无法想象的未来，对大多数孩子来说是一种安慰。他们知道自己还没有长大，所以就不必担心父母会死去。虽然不能绝对肯定自己会活那么长时间，但现在不是探究那些可能性的时候。如果父母充满信心地承诺自己会活下去，孩子就会得到他需要的安慰。

## 与父母分离

孩子从他们与父母的关系中获得安全感。当孩子不得不与父母中的一方分开时，哪怕只是很短的一段时间，分离的压力也会产生长久的障碍。在一个年幼的孩子心中，"仅仅几天的时间"看起来像是永远。

**创伤性分离。** 如果母亲需要出门几个星期，比如，去照顾生病的亲人，那么，她6~8个月的宝宝很可能变得闷闷不乐。如果在此之前母亲一直是唯一照料孩子的人，孩子的这种表现就会更加明显。他会显得很沮丧，食欲减退，多数时间都仰卧在床上，一会儿把头转到左边，一会儿转向右边，也不再探索周围的环境。

2岁左右，孩子就不会因为和母亲分开而沮丧了，取而代之的是焦虑。常见的情形是，母亲因为紧急事务出门在外，或者在孩子还没有准备好去日托中心时就决定开始全职工作，或者孩子不得不在医院里独自生活好几天。

当母亲不在家时，孩子可能看起来很好，但是她一回到家，孩子所有压抑着的焦虑感就会迸发出来。他会扑过去倚靠在妈妈身上，只要妈妈去另一个房间，他就惊慌地大声喊叫。临睡觉时，也会死死地缠着妈妈，很难放手。当妈妈终于得以脱身，朝门口走去时，他就会毫不犹豫地从小床侧面爬下来，追着妈妈，而以前他从来不敢这样做。孩子惶恐不安的场面真是令人揪心。就算妈妈能让孩子待在小床里，他也会整夜不睡。

当孩子与妈妈再次团聚时，孩子可能不会黏着妈妈，而是会用不认她的方式来"惩罚"她。当他决定再次承认妈妈的时候，可能会愤怒地对她大喊大叫，或者用手打她。当然了，如果爸爸是孩子的主要看护人，爸爸的突然离开也会引起同样的行为。

**父母能做什么？** 对于年龄较小的孩子来说，要尽量缩短父母与孩子分离的时间。让家庭成员来照顾孩子，不要用陌生人。把暂时不在的父亲或母亲的照片粘在他能从小床里看见的地方。还可以准备一件父母的衣物让孩子抱着（但要注意婴儿窒息的危险）。让父母讲孩子最爱听的故事或唱孩子最喜欢的歌曲，并录成一盘磁带。

对于年龄大一点的孩子，可以给他做一个日历，每过一天就划掉一天，到父母回来的那天为止；还可以讨论团聚之后会做些什么；要经常打电话或视频通话。对于长达几个月的分离，大人要把父母回家这件事和季节的变化，或孩子明白的其他时间标志联系在一起。不要说"爸爸6月份会回来"，而要说"我们先要过一个冬天，然后天气会变暖，花儿都开放后，爸爸就回来了"。给孩子讲一些家人不得不分开后来又团聚的故事。我最喜欢的是罗伯特·麦克洛斯基写的那个经典的《让路给小鸭子》的故事。如果父亲或母亲回来的日期不确定（比如必须在海外），那么父母和孩子互通信件、打电话和互发电子邮件就显得更加重要了，他们可以通过这些通信方式来回忆在一起的日子，谈论将要到来的美好时光。视频电话也可以帮上大忙。

## 离婚

现在美国有一半左右的婚姻以离婚收场。虽然在小说里会读到友好离婚的情节，在电影里也会看到这样的故事，但现实生活中，大部分分手和离婚的过程都会使两个人对彼此充满愤怒。离婚对孩子来说往往十分痛苦。大多数时候，它会使生活水平下降；孩子们常常要离开朋友和学校，搬到别的地方去生活；父母时常会心烦或郁闷，从而不太容易照顾到孩子的情绪；孩子可能会因为家庭破裂而（不切实际地）责怪自己，还觉得自己无法在不背叛父母一方的情况下忠诚于另一方。从好的方面看，离婚可能会把孩子从因愤怒或暴力而变得"有毒"的家庭关系中解脱出来。从坏的方面看，离婚带来的感情伤害余波可能会持续影响孩子数十年。

**分手的几个阶段**。婚姻关系恶化的过程一般要经历几年，离婚则是一个转折点。婚姻的终结可能从分歧和不满的逐渐积累开始，也可能因为暴力或不忠而突然决裂。如果这段时间漫长，孩子就要忍受父母长达几个月的难以理解又让人焦虑的沉默或激烈的争吵；其中也可能穿插着相安无事的时间，只是他们的关系还会再次崩溃。父母很可能像孩子一样困惑和忧虑。在这个过程中可能会穿插着分居与和解。最终，他们中的一方或双方会清楚地认识到他们的婚姻已无药可救。随后，真正的离婚就开始了。

从离婚的阴影中走出来的过程也遵循着典型的顺序。在一段时间的失衡和迟疑之后，一切都会进入一种在两个家庭之间定期造访和来回跑的常规模式中。孩子最终会放弃父母复合的希望；父母也会从情感冲击中恢复过来，开始重建他们的社交生活。在某个时刻，孩子可能会面对继父母，或许还有继父母的孩子；那既可能是令人欣喜的进展，也可能是让人紧张的变化。

这个过程每年要上演数百万次，其中会有一些不同形式。虽然有些孩子会遭受心理创伤，但依然有很多孩子顺利度过了这段时期。这有力地证明，即使父母的婚姻已不复存在，孩子的复原能力和父母希望他们茁壮成长的愿望仍然起着重要的作用。

**婚姻咨询**。当婚姻出现问题，但还没到不可救药的程度时，认真尝试进行婚姻咨询、家庭治疗对父母来说是有意义的。如果丈夫和妻子都能定期去咨询，那当然最好。即使一方拒绝承认自己在冲突中的影响，另一方去咨询一下是否需要挽救婚姻，以及怎样挽救也是值得的。毕竟恋爱时双方曾有过强大的吸引力，而且许多离了婚的人都说，他们后悔过去没有努力挽救婚姻并维持下去。

**告诉孩子**。不管父母是否考虑离婚，孩子总能清楚地感觉到父母之间的冲突，也会对此深感不安。为了让孩子明白实际情况不像他们想象的那么糟糕，父母应该允许孩子和他们讨论这些事情。要想让孩子长大以后能够相信自己，就要让他们相信父母双方。所以，尽管刻薄地互相指责是一种自然的倾向，父母也不应该这样做。相反，父母可以用概括的说法来解释他们的争吵，而不是盯住对方的过错不放。与此相对的是，他们可以用简单的语言跟孩子解释吵架的原因，从而清楚地说明，他们正在尽力解决问题，让家里的每个人都更幸福。

一定不要让孩子听到父母在盛怒中大叫"离婚"这个词。当离婚几乎成为必然的时候，夫妻双方应当与孩子反复讨论即将面临的离婚问题。对孩子来说，世界是由家庭组成的，而父母是家庭的组成成员，所以提出打碎这个家庭简直就像宣布世界末日一样。因此，向孩子解释离婚的问题应该比向大人解释更细心谨慎。

孩子们所关心的问题往往是明确而具体的。他们想知道自己会跟谁在一起，住在哪里，在哪儿上学，搬出去的那个家长会怎样。他们需要一遍又一遍地听大人说，父母双方都会一直爱着他，父母并不是因为他做错了事情才离婚的（年幼的孩子以自我为中心，因而会猜想是他的行为导致了父母的分手）。孩子需要很多机会提出自己的疑问，也需要听得懂的耐心的回答。父母很可能忍不住给孩子太多信息，但是大人最好能够认真聆听孩子的问题，然后尽量回答他的疑问。

**情绪反应**。一项著名的研究表明，6 岁以下的孩子最容易担心自己被抛弃，也最容易出现睡眠不好、尿床、爱发脾气和攻击他人等现象。7 ~ 8 岁的孩子会产生悲哀和孤独的感觉。9 ~ 10 岁的孩子对离婚的现实理解得多一些，但是他们会对父母一方或双方表示出敌意，并且抱怨胃疼和头痛。青少年在说起离婚给他们带来的痛苦时，还提到他们会感到悲伤、气愤和羞耻。有的孩子甚至无法正常发展恋爱关系。

帮助孩子的最佳途径是经常让他们谈一谈自己的感觉，并且让他们放心，他们的感觉没什么问题。如果父母本身很痛苦，无法进行这样的讨论，一定要找一位能定期见面的专业人士咨询。心理咨询对父母也有帮助。

**父母的反应。** 取得监护权的家长（通常是孩子的母亲）通常会发现离婚后的一两年非常艰难。孩子会更紧张，要求也更多，还会变得爱抱怨。母亲既要工作，又要独自一人料理家务和照顾孩子，这些事情常使她筋疲力尽。她还可能会想念成年人的陪伴，包括男性在人际上的或浪漫情感上的关注。大多数母亲都表示，最严重的问题是她们害怕不能谋得一份令人满意的工作来养活这个家。这是一种现实的恐惧，因为离婚以后，贫困往往会接踵而至。虽说获得了孩子监护权的父亲情况常常不那么严峻，但也要面对类似的问题。

至于那些没有监护权的父亲的情况，研究表明，大多数父亲在很多时候都是愁苦的。如果他们随意地交女朋友，会发现这种交往是如此空洞又毫无意义。由于不能为孩子的那些重要或不重要的计划发表意见，他们很不高兴。他们会怀念孩子的陪伴。更重要的是，他们还会怀念那些孩子向自己征求意见或请求许可的日子，而这正是做父亲的意义的一部分。周末，孩子过来玩，他们就经常带孩子吃快餐，看电影，这能满足孩子快乐的需要，但却不能满足他们对于真正父子关系的渴望。父亲和孩子可能会发现，在这种新情况下很难互相交流。

**监护权。** 过去几十年里，除非孩子的母亲明显不适合教育子女，否则监护权通常都会判给母亲。现在，法院越来越多地把父亲视为有能力承担抚养孩子主要责任的人。

许多因素都比监护人的性别更为重要：谁一直承担着照顾孩子的主要工作？这一点对婴儿和幼儿来说尤其重要，因为他们会非常想念那个自己早已习惯的照顾者。孩子和父母双方的关系如何？特别是在童年后期和青春期，孩子表现出偏爱父母中的哪一方？与兄弟姐妹一起生活对每一个孩子来说有多重要？

如果孩子发现自己和有监护权的家长的关系越来越紧张，他就会想象或许和另一个家长一起生活会好一些。有时候，让孩子和另一个家长住在一起确实会好些，哪怕只住一段时间，也会有所帮助。但是反复几次之后，孩子可能会对问题置之不理，而不是寻找解决办法。因此，努力找到困扰孩子的真正原因很重要。

**共同监护**。过去人们通常认为，由于离婚的过程涉及监护权、孩子的抚养费、赡养费和财产的处理等问题，夫妻双方会在法庭上成为敌人。应该尽量避免这种敌对的态度，尤其是在监护权方面，矛盾越少，对孩子越好。近年来兴起一种共同监护的运动，就是为了让没有监护权的家长（多数是父亲）能多享受一些探视权。更重要的是，不让这个家长感到和孩子断绝了关系，觉得自己再也不是真正的家长了。这种感觉经常使他们跟孩子联系得越来越少。

谈到共同监护，有的律师和家长指的是平等地分享与孩子相处的机会，比如让孩子和这个家长待四天，再和那个家长待三天，或者和这个家长待一周，再和那个家长待一周。对父母来说，这种做法不一定行得通，孩子也可能感到不舒服。孩子必须坚持去同一所学校读书，或上同一家幼儿园。孩子们喜欢有规律的作息时间，也会从中受益。

共同监护应该被看成是离婚父母为了孩子的幸福而协力合作的一种精神，这是一种更积极的态度。这首先意味着夫妻双方应该就计划、决策和多数对孩子的要求进行商讨。这样一来，父母双方就都不会感到被忽略了（也可以找一位对孩子比较了解的咨询专家，他会帮助父母做一些决定）。其次，在分配孩子时间的时候，应该保证父母任何一方都能与孩子尽量密切地接触。这依赖于父母双方住所的距离、住处的大小、学校的位置，以及孩子长大以后的偏爱等因素。很显然，如果一位家长搬到了很远的地方，那就只能等到假期才能看望孩子。当然，这位家长仍然可以通过电子邮件、电话或书信与孩子保持联系。

共同的生活监护指的是把孩子与父母双方相处的时间进行分配；共同的法律监护则意味着父母双方在涉及孩子生活的重要决定上都拥有发言权，包括上学、露营等。无论在哪种情况下，如果父母能够为了孩子的利益而通力合作，共同监护就会产生巨大的积极作用。总之，如果父母双方都能继续参与到孩子的生活中去，孩子就会更好地适应社会，调整情绪和安心学习。

**安排探视时间**。孩子和母亲一起待五天，周末和父亲在一起，这种安排听起来挺合理，也很常见。但有时候，母亲可能非常想和孩子一起过周末，因为那时她会更放松。另一方面，父亲可能偶尔也想过一个没有孩子的周末。同样的问题也出现在学校放假期间。随着孩子慢慢地长大，朋友、体育运动或其他活动都可能把孩子吸引到父亲家或母亲家。所以需要灵活掌握时间安排。

没有监护权的家长不要随便破坏探视的约定，这很重要。如果孩子觉得家长的其他职责比他更重要，他就会受到伤害，这样孩子既会丧失对不称职家长的信任，也会否定自身的价值。如果家长不得不取消探视，应该提前告诉孩子，可能的话还要安排好替补这次探视的活动。最重要的是，没有监护权的家长不应该频繁地、反复无常地破坏约定。

当探视时间来临时，有些离了婚的父亲常常感到羞愧和怯懦。父亲经常一味地款待孩子，比如出去吃饭、外出旅行、看电影、看体育比赛等。偶尔这样做并没有什么不好，但是父亲不应该觉得每次都必须这样款待孩子；这种行为表示父亲害怕冷场，于是才不得不每次都安排这些特别的活动。

其实，对待孩子的拜访，完全可以像在自己的家里那样放松和随意。这样，家长和孩子就有机会进行很多其他的活动，比如读书、做作业、骑自行车、滑旱冰、打篮球、踢足球、钓鱼等，还可以做一些与个人爱好有关的事情，比如模型制作、集邮或木工等。父母也可以参加孩子喜欢的活动，这就为随意的交谈赢得了绝好的机会。

父母经常发现，当年幼的孩子从一个家长转到另一个家长那里时，经常会变得急躁易怒。当孩子从没有监护权的家长那儿回来以后，特别容易因为疲劳而变得爱生气。有时候，孩子很难在两种生活模式之间切换。每一回往返都至少在潜意识里让孩子想起他与没有监护权的家长最初的分离。在这种转换过程中，父母要有耐心，一旦约好了接送孩子的时间和地点就要绝对遵守，尽可能避免这些转换带来的冲突。这些做法都是父母帮助孩子的有效途径。

**与（外）祖父母保持联系**。父母离婚后，要让孩子和（外）祖父母保持和以前一样多的联系，这一点也很重要。和前夫（前妻）的父母保持联系非常困难，如果双方都觉得受了伤害或很气愤，局面就会令人更加为难。有时，得到监护权的家长可能会说："孩子可以在探视时间和你去看你的父母，但我不会再和你的父母有任何瓜葛了。"但是，这样就再也不能方便地安排生日、假日或特殊日子的活动了。要记住，（外）祖父母是孩子获得持续支持的巨大源泉，所以努力和他们保持联系是很有价值的。另外，（外）祖父母对他们的孙子（女）或外孙（女）的情感需要也应该受到尊重。

**避免让孩子产生偏见**。虽然父母会忍不住向孩子指责另一个家长，让他在孩子面前丧失信誉，但还是不要这么做，这很重要。父母双方都对婚姻的失败抱有负罪感，至少在潜意识中是如此。如果他们能从朋友、亲属、孩子那里得到前夫（前妻）有过失的信息，这种负罪感就会减轻。所以他们总是尝试把前夫（前妻）最不堪的事情告诉孩子，把自己的错误抹得一干二净。问题是，孩子意识到自己是由父母共同孕育出来的，如果其中一方是恶棍，他们会怀疑自己遗传了这个家长的坏基因。另外，他们很自然地希望有两个家长，并且被他们爱着，这让他觉得，听到关于其中一位家长的恶劣行径是不忠的，让他很不舒服。如果其中一位家长要孩子对另一位家长保守秘密，他们也会很痛苦。

到了青少年时期，孩子就会明白所有人都有缺点。尽管他们牢骚满腹，却不容易被父母的错误观念深深影响。让他们自己去发现父母的错误吧。在这个年龄，父母最好不要希望靠指责另一方来赢得孩子的忠诚。青少年容易对一些小事感觉非常愤怒或非常冷漠。当他们跟自己一直喜爱的父亲（母亲）生气时，就会发生很大的转变，认为以前听说的另一方家长的所有过错都是不公正的，也不是真的。如果父母教育孩子爱他们两个人，信任他们两个人，花时间和他们两个人在一起，那么他们就能长期保有孩子的爱。

父母任何一方都不该盘问孩子在另一方那里时发生的事情，那样做不对，只能让孩子感觉不舒服。这个盘根问底的家长最后还可能引火上身，遭到孩子的怨恨。

**父母的约会**。父母刚离婚时，孩子会有意无意地想让父母再回到一起，因为孩子认为他们还是一家人。孩子很容易认为，父亲或母亲和别人约会是不忠诚的表现，而他们的约会对象也是惹人讨厌的侵入者。所以父母最好慢慢地、有技巧地向孩子解释自己的约会对象。

孩子会花好几个月的时间来领悟父母离婚是一件永久的事。注意孩子对此事的意见。过一段时间跟孩子说，你感到孤独，所以想开始新的约会。不要让孩子永远控制父母的生活；你只是让孩子知道，你可能会开始新的约会，但不要把约会对象当面介绍给孩子，而是尽量用一种让孩子更舒服的方式来告诉他。

如果你是一位母亲，一直和年幼的孩子生活在一起，孩子很少见到他的父亲，或者从来都没见过他，那么孩子可能会央求你结婚，再给他找一个"爸爸"。但是一旦孩子看见你和另一个男人越来越亲密的时候，他就很可能妒忌。类似的事情也发生在拥有年幼子女监护权的父亲身上。不要因为孩子强烈又矛盾的感情而吃惊。

**对孩子的长期影响**。虽说经历过父母离婚的孩子肯定会受影响，但是很多孩子还是能够拥有快乐、充实的生活。也有一些孩子会在很长时间里怀有愤怒、失落或不安的情感。那些继续跟父母双方保持着密切关系的孩子表现得最好。如果无法做到这一点，持续多年的专业咨询师或治疗师帮助也能助孩子恢复。

第五部分

/

# 常见发育和行为问题

# 行为表现

## 发脾气

**为什么发脾气？** 1～3 岁的孩子几乎都有发脾气的时候。他们已经有了个人愿望和个性意识。受到挫折的时候，他们能够认识到失败，并因此生气。但是，他们一般不会攻击干涉他们的父母，取而代之的是，当感到怒不可遏时，他们能想到的是把怒气发泄到地板上。这或许是因为他们觉得成年人太高大了，也太重要了。

当年幼的孩子感觉怒火中烧时，他们往往无法抑制或控制这种愤怒感。丧失自我控制感会让他们更加心烦意乱。这种方式的失控会让孩子觉得自己脱离了所爱和所依赖之人。这种感觉很可怕，也很糟糕。

孩子发脾气一般持续 30 秒到几分钟，很少超过 5 分钟。这段时间感觉起来好像比实际上长得多。最后，孩子往往会感到伤心，想得到安慰。

孩子有时会感到不快，还会用引人注目的方式表达自己的感受，这些都属于正常现象。如果你想了解更多关于幼儿发脾气的内容，请参见第 93 页和第 104 页。

**父母无法巧妙回避孩子每一次发脾气**。有时候，父母能看出孩子就要发脾气了。这时，可以把他的注意力转移到不太有挫败感的活动上去，从而阻止他发脾气。但是，父母的反应不可能总是那么快。当孩子的怒火爆发出来时，要尽量泰然处之。如果父母很生气，只会迫使孩子一直吵闹下去。不要和孩子争吵，因为他没有心情听你讲道理。也不要试图给孩子一些东西来安抚他，让他停止哭闹，任何东西都不行。因为这只会让孩子明白，只有大喊大叫才能得到自己想要的东西。另一方面，如果孩子想要的东西是你本来就很乐意给他的，只是你没能及时领会孩子的意思（比如说，再给他一块苹果，或让他再玩几分钟心爱的玩具），那么就承认这一点，把东西给他就可以了。这是一种通情达理的做法，家长并不是在"让步"。

如果父母轻松自然地从孩子身边走开，像平时一样去忙自己的事情，再加上一句友善的鼓励"我知道你一会儿就能感觉好一些"，有的孩子就会很快平静下来。还有的孩子脾气很大，情绪控制力差一些，就需要家长把他抱起来哄一哄。亲密的身体接触和被人拥抱的感觉都能让孩子感到不那么害怕，与父母的联结也变得更为紧密。这场暴风雨的高潮过去以后，他们就会突然提议做一件什么有趣的事情，还会让父母抱一抱，表示愿意和解。

孩子在人来人往的大街上发脾气是件令人难堪的事情。要是父母能做到，就微笑着把他带到一个安静的地方，双方都慢慢地平静下来。任何一个路人都会明白这是怎么回事，也会深感同情。关键在于要有掌控孩子坏情绪的能力，父母的情绪也不应该变得太差。孩子一人情绪失控就够麻烦了，若父母也跟着发脾气那就太糟糕了。

**经常发脾气**。爱发脾气的孩子一般天生容易产生挫败感。比如，他或许对温度的变化和噪声大小非常敏感，或者对不同衣服接触皮肤的感觉非常敏感。父母帮他穿袜子时，如果脚趾部位的接缝没穿对位置，他就会发一通脾气。还有的孩子性格特别执拗，如果他在做自己喜欢的事情，那么九头牛都拉不走他。这样的孩子上学后成绩或许会非常突出，因为学习需要这种执着的精神；但是在他年纪还小的时候，这种固执就会导致他每天在家都要发几次脾气。

有些孩子的性格使得他们表达感情的方式比较激烈，这也是孩子经常发脾气的另一个原因。这种孩子的行为举止通常很有戏剧性。高兴的时候，他们就欢呼雀跃；一旦感到不安，就垂头丧气。还有一种爱发脾气的孩子通常对陌生人和陌生地方非常敏感，他们要过几分钟才能适应这种陌生的情况。如果没等准备好就强制他们加入陌生群体，他们或许就会发脾气。

如果孩子经常发脾气，不妨考虑一下这几个问题：他是否有很多机会出去玩？外面有没有能够推、拉和可供攀爬的东西？家里是否有足够的玩具和日常用品可以摆弄？房间里的东西是否都不怕孩子动用？是否在无意中引起了孩子的反感，比如什么也不说就给他穿上，而不是让他过来把衬衫穿上？发现他要上厕所时，是不是把他领到那里，而不是问他上不上厕所？必须打断他的游戏让他回家或让他吃饭时，是否给他一两分钟，让他把手上的游戏告一段落？是否先让他把注意力转移到愉快的事情上去？发现孩子要发脾气时，是严厉地直接处理，还是用别的事情转移他的注意力？

**后天养成的脾气**。有些孩子已经知道发脾气是他们获得想要的东西或逃避苦差事的最好方式。父母很难把这种假装的哭闹和挫折、饥饿、疲劳、恐惧导致的坏脾气区分开来。但是，假装发脾气通常会在孩子的要求得到满足时立即停止，这也是一种辨别的依据。假装发脾气还有一个特点，就是孩子通常会表现出有要求的哭诉。对待这种假装的情绪，父母的对策当然是坚持自己的立场。当父母说"现在不能再吃饼干了"时，就算孩子发脾气，父母也不该妥协。

为了让这招管用，必须认真选择什么时候坚持立场。如果你坚决反对饭前吃饼干，那么就可以定一个"不吃饼干"的规矩，不管孩子怎么胡搅蛮缠都不要妥协。如果认为饭前吃几块饼干没什么不好，就应该在孩子发脾气之前就同意。因为，如果等到孩子发脾气以后才给他饼干，其实就相当于在拿饼干"奖励"孩子发脾气。孩子尝到甜头后只会越来越喜欢发脾气。

　　许多父母发现孩子会在要饼干这样的事情上发脾气，但是很少会对在车上使用安全带提出抗议。原因是什么呢？因为父母在后一种情况下态度非常坚决，孩子知道对这件事情撒泼耍赖也没有用。

　　**发脾气和语言发展迟缓**。发脾气经常伴随着语言发展迟缓，特别是男孩。这样的孩子经常产生挫败感，因为他们不能把自己的需求和渴望传达出去。他们会觉得自己被排除在其他孩子和大人之外，从而备感孤单无助。他们无法在难受的时候用语言表达自己的失落感，所以只好用愤怒的情绪发泄。

　　当孩子再大一点时，就会懂得通过自言自语来平复情绪。如果注意一下，也许会发现，需要冷静或需要安慰时，人就会自言自语，要么大声地说出来，要么轻声地念叨。但是，那些在语言技能方面有欠缺的孩子无法口头表达，也就丧失了这种有效的自我安慰和自我控制的方式。因此，不良的情绪很可能通过发脾气来释放。

　　语言能力有限的幼儿常常需要父母把自己抱起来哄一哄，这样做可以帮助孩子平复情绪。在心烦意乱或感到害怕时，那些平时语言能力正常的孩子可能会暂时性无法表达自己的想法，也需要家长去抱一抱，哄一哄。

　　**发脾气反映出的其他问题**。四五岁时，大多数孩子就很少发脾气了，大概一周一次。但是，平均五个孩子里会有一个继续发脾气，可能一天出现三次以上，也可能经常一发起脾气就超过 15 分钟。

　　大孩子经常发脾气的原因之一是发育问题，比如智力障碍、孤独症或学习障碍等。有些慢性健康问题也会降低孩子的耐挫力，比如过敏、湿疹或便秘。某些药物可能会使孩子烦躁不安。当孩子患上严重疾病时，父母常常很难对孩子做出限制。这样一来，就可能造成孩子经常发脾气的不良后果。

　　如果一个孩子在发脾气时经常打自己或别人，经常咬自己或别人，那就是情绪严重不安的表现。如果对此心存疑虑，就要听从自己感觉的指引。

如果觉得孩子发脾气让人心烦或很好笑（父母当然不应该让孩子看出这种情绪），说明问题可能没有很严重。如果孩子发脾气让父母感觉非常愤怒、惭愧或伤心，或者父母担心自己有可能失去控制，那就真的是个问题了。如果家长的抚慰和时间的推移都无法解决孩子发脾气的问题，最好找一位有经验的专业人士寻求帮助。

## 说脏话和顶嘴

**说脏话**。很多 4 岁左右的孩子会经历一个以说脏话为乐的阶段。他们彼此之间笑嘻嘻地互相说一些不雅的话。他们会说"你就像一坨大便"，或者"我要把你从厕所里冲走"。他们以为这样做显得自己很聪明，很勇敢。父母应该把这看成很快就会过去的正常发育阶段。

以我的经验来看，那些年幼的孩子之所以会以说脏话为乐，是因为他们的父母对此表示过震惊和惊慌，甚至还威胁他们说，如果继续说脏话，就会如何如何惩罚他们。父母这样做会适得其反。孩子会产生这样的想法："嘿，这可是一个惹麻烦的高招。很有趣！我可有了战胜爸爸妈妈的办法了！"这种兴奋之情会胜过因为让父母生气而感到的任何不快。

要让年幼的孩子不再说脏话，最简单的办法就是忽视这些语言，或者说一些非常平淡的话，比如"你知道，我不爱听那样的话"。如果孩子说出的话没有引起任何反应，就容易对此失去兴趣。

**学龄阶段的说脏话行为**。随着年龄的增长，孩子们如果不是从兄弟姐妹、媒体或父母那里学会一些骂人的脏话，也会从朋友那里学到一些。他们宁可让别人说自己有点坏，也要显示自己老成，因而会不断重复这些脏话。

那么，优秀的父母应该怎么办呢？我认为最好还是像对待三四岁的孩子那样，不要对他们的脏话感到吃惊。如果父母表现得很惊讶，就会给胆小的孩子造成严重影响，他们会很害怕，可能不再敢和说脏话的孩子一起玩了。

但是，多数孩子惊扰了父母之后，反而会感到很高兴，至少是偷偷地得意。有的孩子仍然会在家里不停地说脏话，想让父母恼火。有的孩子虽然在父母的威胁下不敢在家里说脏话，但是在别的地方照说不误。孩子之所以会有这样的表现，完全是因为父母让他们知道了他们能让整个世界都不得安宁。这就好比给他们一门大炮，然后说："看在老天爷的分儿上，千万不要放。"

另一方面，我认为父母也不必默默地忍受这一切。完全可以态度坚决地告诉孩子："大多数人都不喜欢听到那些脏话，我也不希望你说那样的话。"然后就不再多说了。如果孩子继续向你挑衅，就暂停他的一切活动，让他知道这就是必然的结果，或每说一次脏话就从零用钱中扣除 25 美分。

**青少年的说脏话行为**。这个年龄的孩子经常在交谈中很随便地夹杂一些脏话。他们使用这些脏话有几种目的：表达厌恶和鄙视（这是许多青少年的常见心态）；强调话题的重要性；发泄情绪；对武断而过时的社会禁忌表示藐视。但是在这个阶段，孩子说脏话的主要目的是把它作为一个标志，证明自己属于某个小群体。

跟孩子争论说脏话是好是坏没意义，因为他已经知道有些行为会让父母不高兴。但是，还是应该要求他不准在可能引起别人反感的时候说脏话，也不允许因为说脏话而给自己惹麻烦。比如：在父母面前不许说脏话，不许当着弟弟的面说脏话，也不许在学校里说脏话。和孩子在一起时，如果父母对说脏话的行为过分关注，结果或许是轻易给孩子提供了一个表现独立和显示能力的机会。特别是青春期的孩子，更要注意他们说话的内容，而不是说话的方式。

**顶嘴**。孩子经常会把顶嘴当成一种突破限制和挑战权威的方式。顶嘴也是一种转移注意力的有效策略：如果妈妈因为孩子顶嘴而生气，就可能会忘记她刚刚要求孩子洗碗的事情。即使妈妈最终想起来了，几分钟的拌嘴也会拖延洗碗的时间，算是孩子的某种"胜利"。

对于孩子顶嘴的现象，关键是把重点放在正事上。要让孩子明白父母已经听见他说的话了，然后让他知道规矩不会改变。父母可以说："我知道你还想顶嘴，但是现在该收拾餐具了。"同时帮孩子做好洗碗的准备。

孩子有时并没有意识到自己说话的方式很粗鲁，他们自以为这样做很聪明。一句清楚、冷静的话常常最有用，比如："你说话的口气让我觉得你不尊重我，这让我很生气。"还有一种方法是询问孩子他说那样的语气是什么意思，比如："刚才你是不是想故意显得很讽刺？我只是确认一下我是否明白了你想表达的意思。"从长远来看，呼吁公平（"我和你说话时并没有挖苦奚落你，所以你这样奚落我是不公平的！"）往往比诉诸武力（"你要是再敢顶嘴，我就帮你洗洗嘴！"）更有效。

## 咬人

**咬人的婴儿**。1岁左右的婴儿偶尔会咬父母的脸，这是正常现象。他们出牙的时候就想咬东西，在感到疲劳时就更是这样了。就算 1 ~ 2 岁的孩子咬了别的小孩，无论是出于友好还是生气，都没有什么。这个年龄段的孩子无法用语言表达复杂的情绪，所以他们会用咬人的方式来表达。

另外，孩子们也不会设身处地地为被咬的人着想。他们可能会回想起自己被咬时的不愉快感觉，但仍然不明白自己在咬人时，别人也会或多或少有相同的感觉。要过很多年，孩子才能学会从别人的角度看问题。

父母或其他看护人可以严厉地对他说："疼！轻点。"同时，把他慢慢地放在地上，或者让他离开小伙伴一小会儿。这样做的目的只是让他知道，这种行为让别人不高兴了。即使他太小还理解不了父母的确切意思，也应该这样做。

**学步期的孩子和学龄前的孩子咬人**。如果两三岁的孩子咬人的问题比较严重，就必须弄清楚这是不是一个单纯的问题。回想一下孩子在其他方面的表现怎么样。如果他多数时间都显得精神紧张或不高兴，而且总是咬别的孩子，就表示有问题了。也许是因为他在家里受的约束或限制太多，所以变得暴躁又高度紧张；也许是因为他很少有机会去熟悉其他的孩子，于是认为那些孩子对他有危险或造成了威胁；也许是因为他妒忌家里的小弟弟或小妹妹，就把他的担心和怨恨转移到其他所有比他小的孩子身上，好像他们也是竞争对手一样。如果咬人还伴随着其他的攻击性行为和焦虑表现，就意味着更严重的问题。在这种情况下，父母要注意的应该是那个深层次的问题，而不是咬人的问题。

然而，也有的孩子在其他方面都表现良好，这种情况是儿童发育过程中一种正常的挑衅行为，并不是什么心理问题的症状。咬人一般只是发育过程中的暂时现象，即使是最温顺的孩子也可能经历这样一个阶段。

**如何面对咬人的情况？** 首先要做的是在孩子开始咬人之前阻止他。孩子在咬人的时间上有规律吗？如果有，父母就可以在这段时间对孩子进行监督，一般都能收到比较好的效果。另外，孩子会不会因为自己是小伙伴中最没有能力的一个而咬人？如果是这样，就要考虑一下，是否应该对他的日常活动安排做一些调整。与此同时，在他表现好的时候，一定要给他热情的肯定和鼓励。

如果发现孩子的沮丧情绪越来越强，就要想办法把他的注意力引到别的活动中去。如果孩子已经懂事了，就可以另外找个时间跟他谈一谈这个问题，让他想一想咬人有多疼，还要想一想当他想咬人时，是否有别的办法可以控制冲动。

有的父母只有当孩子打碎了东西或咬了人时，才会给他大量的关注。父母应该更加关注孩子好的表现，这样会收到更好的效果。

如果咬人的事情已经发生，最好先把注意力放在被咬的孩子身上，暂时不管咬人的孩子。安慰完被咬的孩子之后，应该让咬人的孩子明确地知道，他咬人的行为让人多么生气，告诉他不许再去咬人。然后，可以陪着他坐几分钟，让他慢慢地消化这个教训。一定不要对他进行长篇大论的说教。

**是否应该"以牙还牙"？** 如果家长被婴儿或蹒跚学步的小孩子咬了，不要反过来咬孩子。有的家长想通过反咬孩子的方式让他知道被咬的滋味，但这种方法通常带来的不是共情，而是愤怒。对于一个非常小的孩子，如果真的去咬他，就会咬伤他，这当然会让孩子感到害怕。如果你只是轻轻地咬，孩子就可能会认为你在和他玩游戏，还会反过来咬你一口作为回应。（打人、打耳光或掐人的情况也是如此。）

最好的回应方式是首先避免被孩子咬到。当父母从孩子的眼神中看出他想咬人时，就要往后退，或与孩子拉开一段距离。父母要向孩子表明自己不喜欢咬人这种事情，也不会让孩子咬人。如果父母来不及制止孩子咬人，就要通过表情和声音告诉孩子自己很疼，还要把孩子从怀里放下来，让他独自待一小会儿。失去父母关注这种惩罚足以教育一个年幼的孩子。

**3 岁以后咬人。** 孩子到了 3 岁时，咬人的现象就会明显减少或完全消失。因为这时他们已经有了更好的语言表达能力，也能更好地控制自己的冲动。父母多年来向孩子灌输的"要用语言来表达"这一要求开始慢慢被孩子领会。（但别忘了，所有孩子在累了、饿了或压力重重时都会表现得幼稚一些。）但是，如果孩子到了这个年龄还继续咬人，可能意味着更严重的发展问题或行为问题。要找孩子的医生谈一谈，这很有必要。

# 邋遢、磨蹭和抱怨

## 邋遢

**有时干脆让他们脏**。很多孩子喜欢的事都会把他们弄得脏兮兮的，但是这样做对他们也有好处。他们很爱挖土和沙子，爱在小水坑里走，爱用手去搅池子里的水。他们想在草地上打滚，想用手攥泥巴。他们做这些快乐的事情时，就能在精神上得到满足，对别人也更亲热。这就像悦耳的音乐或美妙的爱情能够改善成年人的心态一样。

有的小孩子经常受到父母的严厉警告，不许把衣服弄脏，也不许把东西弄乱。如果孩子严格遵守父母的警告，就会变得十分拘谨，还会怀疑自己的爱好是否正确。如果他们真的害怕弄脏衣服，在别的方面也会变得谨小慎微。这样一来，反而不能按天性发展，成为自由、热情和热爱生活的人。

这并不是说，只要孩子高兴，就应该任由他们胡闹。但是，确实必须制止他们的时候，不要吓唬他们，也不要让他们觉得不舒服。只要采取比较实际的替换办法就行了。如果他们穿着节日礼服时想玩泥做"馅饼"，可以先给他们换上旧衣服再玩。如果他们拿着一把旧刷子想给房子刷油漆，就让他们以水代漆在车库上或浴室地板上刷。

**杂乱的房子**。当孩子到了可以弄乱房间的年纪，也就能收拾房间了。开始时他们可能需要很多帮助，慢慢地，就能独立做更多事了。有的孩子之所以弄乱房间后置之不理，是因为他们知道，别人——也许是母亲，肯定会收拾好。这样的孩子需要父母对他提出明确一致的要求。有的孩子只是不知所措而已，需要有人给他们一些指点，帮助他们把任务分成容易操作的几个步骤："先找到所有的积木，再把它们放在盒子里。"

如果孩子不去整理杂乱的房间，父母可以拿走那些乱扔的玩具，不让他们玩，几天以后再拿出来。如果父母需要自己来收拾这些玩具，就把它们"存放"在孩子够不到的地方。如果把孩子的大部分玩具都收起来，他们就只剩下少量的玩具能够乱扔，也就不会绊到人了。如果把玩具收起来的时间长一些，当这些玩具被重新拿出来时，它们就又成为"新"的了。孩子又能兴致勃勃地玩上一阵子。

**凌乱的卧室**。孩子的卧室另当别论。如果孩子有自己的房间，最好让他自己管理，住在乱糟糟的房间里会让他吃些苦头。如果孩子的卧室稍微有点杂乱无章，父母不必过问，只要他不在其他房间折腾就可以了。如果卧室里没有害虫出没，没有火灾隐患，地板也没有凌乱得让人没有立足之地，只要住在里面的人都无所谓，杂乱的房间也碍不着别人的事。如果孩子总要四处寻找自己最喜欢的裤子，总要为了找一双成对的袜子而翻箱倒柜，那么他总有一天会学着将东西放在合理的地方。

给孩子管理自己房间的自主权并不意味父母不该时不时地温和提醒他整理房间，还可以表示愿意帮他一把。房间乱到一定程度之后，很多孩子就不知道该从哪里入手整理了。但这个问题是他自己造成的，所以解决起来也需要他自己的努力。

我最常听到的就是父母抱怨孩子的卧室凌乱。当这些家长开口抱怨孩子的房间总是乱糟糟的时候，我总在想，"就这些吗？"在我看来，一个喜欢乱糟糟的人，如果在其他方面都很出色，能开心快乐地成长，就用不着父母为他担心。孩子最终会长大成人，也会自己来决定是否让家中保持干净整洁。


## 磨蹭

如果见过有的父母在早晨如何让磨蹭的孩子动作快起来，很可能会发誓绝不让自己陷入那样的境地。为了让孩子起床、洗脸、穿衣服、吃早饭、上学，父母不厌其烦地催促、警告，甚至责备孩子。

在做没意思的事情时，所有孩子都容易拖拖拉拉。有的孩子比别人更容易走神，他们的目标感也比别的孩子弱一些。如果父母不断地催促，他们就会变成习惯做事拖拉的人。父母很容易形成催促孩子的习惯，使孩子养成一种既漫不经心又执拗的态度。父母会觉得孩子非得责骂才能按照要求去做。孩子会认为只要父母还没大发雷霆，就能再磨蹭一会儿。这样一来，恶性循环就开始了。

**早期学习**。按照常规行事时，幼儿的表现最好。对于早上起床或准备出门这样的日常活动，每次都要引导孩子按照同样的顺序执行同样的步骤。如果在管理有序的学前教育机构观看过加餐时间的活动，就会知道当孩子按照熟悉的形式做事时，效率有多高。当孩子自己开始记住常规做法时，父母就要尽快退到一边。如果孩子出现倒退，忘了该怎么做，要重新引导他。

上学以后，要让他把按时到校当成自己的责任。最好能默许他迟到一两次，让他自己去体会那种难过的心情。父母都不愿意让孩子迟到，但实际上，孩子自己更不愿迟到。这就是驱使他不断前进的最大动力。

**应付孩子的磨蹭**。大一点的孩子如果总是磨磨蹭蹭，可能是做事缺乏条理或精神不集中。孩子本来想穿好衣服，但在走向衣柜的过程中，发现了一个好玩的玩具，一个应该放到床上的洋娃娃，一本想看的书。15分钟过去了，仍然穿着睡衣，玩得不亦乐乎。

在这种情况下，父母可以帮助孩子做一个图表，用图形简单地表示需要完成的任务，如果孩子能看书写字，也可以写出这些任务，比如，早上做上学准备等。给图表覆膜，让孩子在完成一项任务之后用可擦的白板笔做出标记。设置好计时器，让孩子尽量在铃响之前把清单上的事情都做好。在他按时完成任务之后给一点小小的奖励。最好的奖励是随之而来的：如果孩子提前穿好衣服做好准备，不用爸爸妈妈提醒，就表示在他上学之前，还有几分钟时间可以大声地给他读书，或者让他玩一会儿游戏，甚至看看电视。

如果家长觉得有必要，可以站在孩子身边，指导他完成每一个步骤。最开始时，父母和孩子可能都会感到恼火。接下来，家长可以一次性指导孩子完成两个步骤："好了，现在去刷牙和洗脸。"一旦孩子能独立完成两个步骤，家长就可以给他三个步骤的指令，以此类推，直到他能顺利完成整套流程。

在开始之前，父母可以和孩子聊一聊接下来要做的事情。可以把这件事看成像学弹钢琴一样的技能培养。父母可以每天记录进展，这样就可以和孩子一起观察学习效果。一旦孩子成功完成了某个困难的任务，他就能以更大的信心来应对未来的学习挑战。"还记得我们是如何解决起床问题的吗？现在我们来解决睡觉问题吧。"

# 抱怨

**爱抱怨的习惯。**年纪较小的孩子喜欢在疲劳、不舒服或耍脾气时抱怨。少数孩子会因为多种不同的原因而养成整天抱怨的习惯，他们因为厌烦或嫉妒，或者因为事情不如所愿，想得到特殊待遇或特权而抱怨。这些孩子看上去似乎总是心怀不满或郁郁寡欢，还会让周围的人也很痛苦。他们的抱怨不光让人难受，还让人感到被胁迫：只要不满足他们的要求，他们就会一直抱怨下去。

可能孩子总是针对一位家长（比如母亲）长时间抱怨，和父亲在一起或在学校时可能会懂事得多。经常有这样的情况，如果家长有两个以上孩子，他们也许只能忍受一个孩子抱怨。抱怨成了家长与孩子的相处模式。孩子的要求和抱怨，以及家长的抵制、恳求、叫嚷和让步，遵循着一个可以预见的模式。任何一方似乎都无法打破这个循环。

**如何应对孩子的抱怨？**如果孩子有抱怨的毛病，可以采取一些具体又实用的措施。首先必须弄清楚，父母对孩子的态度是否助长了他抱怨的习惯。比如，说话时是否经常模棱两可、犹豫不决、逆来顺受或内疚？是否为自己受制于孩子而感到恼怒？如果想不出自己有什么犹豫不决的表现，就应该看看自己是否无意间助长了孩子抱怨的习惯。比如，是否对孩子的抱怨关注太多？是否最后总是对孩子的抱怨做出让步？

如果孩子一直抱怨，想让父母给他特别的优待，那么父母就应该对孩子日常的要求都有相应的规定，且必须坚决贯彻这些规定。比如，必须按时上床睡觉，只能看特定的电视节目，只能以固定频率邀请朋友来家吃饭或过夜。这些都是父母给家里立的规矩，父母虽然慈爱却也有威严，这些"铁律"没有讨价还价的余地。一开始，当父母不再对孩子的哭闹让步时，孩子往往会更频繁、更剧烈地抱怨。然后，在父母坚持了自己的立场之后，抱怨的现象就会消失。

如果孩子抱怨无事可做，比较聪明的做法就是不理他，不给他提各种建议，因为在这种心情之下孩子会轻视父母的建议，想都不想就把这些建议一个一个地否决了。如果出现这种情况，不要徒劳地跟孩子争论，让他自己解决问题。可以对他说："我现在有好多事情要做。但是一会儿我还要做点有趣的事情。"换句话说，就是："跟我学，给自己找点事情做。别想让我和你争论，也别想让我哄着你玩。"

还可以告诉孩子，不会回应他们用抱怨的口气提出的请求。父母可以直截了当地说："现在请你马上住口，别再发牢骚了。"如果孩子继续抱怨，威胁着要让父母不好受，直到父母妥协为止，就强制他终止一切活动。

给孩子讲道理是可以的，比如"晚饭不能再吃比萨了，我们午饭刚吃了比萨"，或者"我们现在得回家，要不就赶不上午睡时间了"。但有时候父母只需要做出决定，孩子只需要服从，不必讲太多道理。"今天不买那个玩具，因为我们今天没打算买玩具。"自信的父母不会在自己已经设置的规定上跟孩子无休无止地纠缠。如果允许孩子纠缠不休，他就会不停地争执下去，父母就会在每个问题上都疲于应付。所以，父母要表明自己的看法，设好底线，愉快而坚定地结束争执。

孩子偶尔提出特别的要求无可厚非，如果父母认为这些要求合理，爽快地满足他们的要求也没什么问题。但是，对于孩子来说，学会接受"不行"或"今天不可以"这样的答复同样重要。有目的的抱怨表示孩子仍然需要学习这一重要的道理。如果发现自己对孩子严厉时会难过，或者发现自己对孩子的要求不予让步时会担心伤害他的感情，就要提醒自己，孩子很坚强（坚强到让父母的生活很痛苦），而一个严厉的家长正是孩子向前发展需要的条件。说"不"是爱的表现。

# 习惯

## 吮拇指

**吸吮的冲动**。吸吮是婴儿获得营养的方式，也是帮助他们缓解生理痛苦和心理压力的方法。吃奶次数比较多的孩子吮拇指的现象少一些，因为他们已经进行过大量的吸吮了。每个孩子天生的吸吮欲望都有所不同。有的婴儿虽然每次吃奶都不超过 15 分钟，但从来不把拇指放进嘴里。还有的婴儿虽然每次都要用奶瓶吃上 20 多分钟，还是会没完没了地吮拇指。有些婴儿还没出产房就开始吮拇指了，以后也一直这样。还有些婴儿很早就开始吮拇指，然后会很快改掉这种习惯。

（吮拇指的行为不同于咬手指和啃小手——几乎所有出牙的孩子都有这些举动。在出牙这段时间，喜欢吸吮拇指的婴儿会一会儿吸吮自己的拇指，一会儿又很自然地啃咬起来。）

当婴儿长到 6 个月时，吮拇指的行为就有了不同的作用。在某些特别的时候，那就是他需要的安慰。当他觉得累、无聊、遭受挫折或独自睡觉时，就会吮拇指。婴儿早期的主要快乐就是吸吮。长大一点后，如果因为做不好什么事情而感到沮丧，会退回到婴儿早期的状态。很少有孩子在几个月的时候才开始吮拇指。

吸吮大拇指本身并不意味着孩子不快乐、不舒服或缺少关爱。事实上，大多数吸吮拇指的孩子都非常快乐，不会吸吮拇指的反而是那些严重缺乏关爱的孩子。

**什么情况下吸吮拇指会有问题?** 有的孩子大部分时间都在吸吮而不是在玩。如果出现这种问题，父母就要问问自己，是否应该做些什么让孩子不再那么需要自我安慰。有的孩子也可能由于不经常见到其他孩子，或没有足够的东西玩而觉得无聊，也可能是因为他在游戏围栏里玩的时间太长了，觉得不耐烦。

如果母亲总是禁止 1 岁半的儿子去做那些让他着迷的事情，而不是把他的兴趣引到可以玩的东西上去，他就可能整天和母亲闹别扭。有的孩子虽然有一起玩的伙伴，在家里也可以自由地活动，但是他可能太胆怯，不敢加入到那些活动中去。于是，当他看着别人玩耍时，自己就会吮拇指。我举这些例子就是想说明一点：如果想采取措施帮助孩子克服吮拇指的毛病，就让孩子的生活更丰富些吧。

有时候，大一点的孩子吮拇指只是一种习惯，也就是一种没有什么理由的重复性行为。孩子虽然希望摆脱这个习惯，但是他的手指似乎总是按照自己的意愿跑到嘴里去，他并没有清楚地意识到自己在吮拇指。

**吮拇指对健康的影响**。吮拇指对孩子身体健康方面的影响不是特别严重。大拇指和其他被吸吮的手指皮肤经常会变厚（这种情况会自然消失），指甲周围也许会有轻微感染。这些问题一般都比较容易处理。最严重的问题在于牙齿的发育。吮拇指确实会使婴儿上排门牙外翻，下排门牙往里倒。牙齿错位的程度不仅取决于孩子吮拇指的频繁程度，还取决于他吸吮时拇指所在的位置。但是牙医指出，乳牙的这种歪斜对 6 岁左右长出的恒牙没有任何影响。大多数孩子在 6 岁以前就改掉了吮拇指的习惯,恒牙不太可能出现歪斜。

**防止孩子吮拇指**。在吃奶的前几分钟，婴儿可能会吮拇指。不必为此担心，他们这样做可能只是饿了。如果婴儿刚吃完奶就吮拇指，或者在两次喂奶中间多次吮拇指，就要考虑可以怎样满足他们吸吮的欲望。

如果宝宝刚开始吮拇指、其他手指或小手，最好不要直接阻止他，而是要给他更多机会吃母乳、用奶瓶或叼安抚奶嘴。如果宝宝不是一出生就有吸吮拇指的习惯，那么改掉这种习惯最好的方法就是在前 3 个月里多让他吸吮安抚奶嘴。如果用奶瓶给孩子喂奶，可以改用开孔较小的奶嘴，让孩子在吃奶时更多地吸吮。如果采取母乳喂养，就让孩子多吃一会儿奶，即使他已经吃饱了也要这样做。

对吮拇指的孩子来说，断奶的时候最好循序渐进。孩子吸吮的需要能否获得满足，不仅取决于每次吃奶时间的长短，跟喂奶的频率也有关系。因此，要是已经尽量延长了每次吃奶的时间（不论是哺乳还是奶瓶喂养），但孩子还是吮拇指，那么，减少喂奶次数的计划就应该更慢些进行。例如，即使一个 3 个月的婴儿晚上可以不吃奶，还能一觉睡到天亮，但是如果他不停地吮拇指，我建议还是过一段时间再取消晚上那次喂奶。也就是说，如果把孩子叫醒以后他仍然想吃奶，就暂缓取消这次喂奶。

**无效的措施**。为什么不把孩子的手绑起来，不让他吮拇指呢？因为这样会让孩子感到非常沮丧，并带来新的问题。另外，把双手绑起来对克服孩子吮拇指的毛病没有多大帮助，因为它不能满足孩子的吸吮需要。还有少数绝望的父母用夹板把孩子的胳膊夹住，或者给孩子的拇指涂上苦味的液体。他们不只坚持几天，而是几个月。但是，一旦拿下夹板或不再往拇指上涂液体，孩子就会把手再次放进嘴里。

在拇指上涂苦味液体这一招只对一心想改掉坏毛病的大孩子有用，这些孩子可能会不知不觉地把拇指放进嘴里，这时就需要一些提醒。孩子应该自己来涂拇指，这样才能感觉到对整个过程的掌控，成功的可能性也就大得多。

**打破这种习惯**。不要给孩子的胳膊上夹板，也不要让孩子戴手套或往他们的拇指上涂抹怪味液体。这些做法对大孩子和小宝宝都没什么效果，反而会引起孩子和父母的较量，从而延长这种习惯。父母也不应该训斥孩子，更不要把孩子的拇指从他的嘴里拽出来，这种做法同样收不到好的效果。那么，每当孩子要吮拇指的时候，就给他一个玩具，这种做法好不好呢？让孩子有可玩的东西当然是对的，这样他就不会觉得无聊了。但是，如果一看见孩子吮拇指，就迫不及待地把一个旧玩具塞到他手里，他很快就会明白你的意图。

用好处来引诱他，效果又会如何呢？5岁以后还吮拇指的孩子很少，如果孩子刚巧就是这少数孩子中的一个，担心这样下去会影响恒牙的发育，这时，父母很可能通过具有强大吸引力的"利诱"获得成功。如果一个四五岁的女孩想克服吮拇指的习惯，让她像成年女性那样涂指甲油可能会有效。但是，如果孩子只有两三岁，就没有足够的毅力去为了奖励而控制自己的本能。在这种情况下，父母可能会徒劳一场，收不到任何效果。

如果孩子经常吮拇指，就要保证他的生活轻松愉快。应该告诉他，总有一天会长大，到时候他就不会再吮拇指。这种友好的鼓励会帮助孩子在时机成熟的时候立刻改掉吮拇指的毛病。但是，千万不要唠唠叨叨地催促他。

最重要的是尽量不去想它。如果总是担心，那么，就算什么也不说，孩子也会察觉到父母的紧张，产生抵触情绪。别忘了，吮拇指的现象到时候一定会自行消失。绝大多数孩子在长出恒牙之前就不再吮拇指了。不过，孩子的表现可能不稳定。它会在一段时间之内突然减少，继而在生病时或艰难地适应某些事物时，在一定程度上重新出现。这种习惯最终都会永久消失。吮拇指的现象很少在3岁之前结束，一般都在3～6岁逐渐消失。

有些牙医把金属丝缠在孩子的上排牙齿上，让吮拇指变得不舒服且十分困难。这种办法应该等到实在无计可施时再使用，因为不仅花费很高，还会在孩子成长的重要阶段损害他们的权利，让孩子觉得无法自主支配自己的身体。

## 婴儿的其他习惯

**抚摸和拽头发**。在 1 岁以后还吸吮拇指的孩子当中，多数人同时伴有某种抚摸的习惯。有的男孩喜欢用手捻着或捏着毯子、尿布、丝绸或毛绒玩具。有的喜欢抚摸自己的耳垂，或扯着一缕头发绕来绕去。还有的喜欢拿一块布贴近自己的脸，或者用闲着的手指触摸自己的鼻子或嘴唇。看到这些动作父母就会想起来，他们在婴儿时期吃奶的时候，就是这样温柔地抚摸着母亲的皮肤或衣服。

有些孩子会养成拽头发的习惯，结果可能会在头皮上留下难看的秃点，父母会为此担心。孩子的这种行为只是一种习惯，不代表心理上的问题。最好的办法就是把孩子的头发剪短，让他抓不到什么。当头发重新长出来时，他的习惯一般都已经改正了。

**倒嚼**。有时候，少数婴儿或年幼的孩子会在下一顿饭之前不停地吸吮和咀嚼，这种情况被称作"倒嚼"。有些吮手指的孩子在胳膊被父母绑起来时就开始吸吮自己的舌头。我建议，在孩子形成倒嚼的习惯之前，赶紧松开他们的手，让他们重新吸吮拇指。另外，一定要确保孩子经常有人陪伴、有东西玩、能得到关爱。当父母和孩子的关系出现严重问题时，这种现象也会发生。对此，专业指导通常会有所帮助。

## 有节奏的习惯

**摇晃身体，撞击脑袋**。8 个月 ~ 4 岁之间的孩子经常会时不时地摇晃身体或撞击自己的脑袋。躺在婴儿床里的婴儿可能会左右摇自己的脑袋，也可能四肢着地爬起来，双脚用力，前后晃动。他的头可能会随着每一次向前的动作撞到小床上，这个动作看起来好像很疼，但显然不是这样，而且这样的撞击不会导致大脑损伤（虽然有时会撞起大包）。坐在沙发上的宝宝会很用力地前后摇晃，好让撞击靠背的力量把自己弹回去。

这些行为一般出现在孩子困倦、无聊或心烦的时候，也可能是孩子对身体不适做出的反应，比如出牙或耳部感染等。这些动作是孩子自我安慰的方式，或许还体现着一种愿望，即他们想重新体会那种很小的时候被父母抱着摇晃的感觉。

同一种动作最容易频繁而集中地出现在这样一些孩子身上，特别是撞头这种动作：情感上被忽视的孩子，身体上受到虐待的孩子，孤独症患者，或有其他严重发展问题的孩子，等等。如果在孩子身上发现了这样的行为，而且出现得非常频繁，最好跟孩子的医生谈谈这个问题。

## 啃指甲

**啃指甲意味着什么？**啃指甲有时候是紧张的表现，有时候没什么特别的意义，只是一种小毛病。啃指甲在高度紧张、忧心忡忡的孩子中比较常见，而且还会在家族中遗传。孩子感到紧张时就会啃指甲，比如等老师提问时，或看到电影中的恐怖镜头时。

一般来讲，较好的解决办法是找出孩子压力的来源，再想办法缓解这些压力。孩子是不是受到过多的催促、纠正、警告或责备？父母是不是对他的学习和课外成绩期望太高？孩子是不是对自己的期望过高？孩子和伙伴们相处愉快吗？父母应该咨询一下老师，了解孩子在教室和食堂中的表现如何。如果电影、广播和电视上的暴力内容让他很紧张，最好不让他看这类节目（对所有孩子来说，其实都有必要限制这类内容）。

**改掉啃指甲习惯的方法。**上学以后，孩子一般都会主动改掉啃指甲的习惯，要么因为同龄人的反感，要么因为他们想拥有比较好看的指甲。父母可以给孩子提供建议，加强这种积极的动力，但最好还是让孩子自己努力摆脱啃指甲的坏习惯。这个问题是孩子自己的事，应当让他们自己解决。

唠唠叨叨地责备或惩罚啃指甲的孩子，一般只能让他们停止一小会儿，他们很少意识到自己在啃指甲。从长远来看，责备和惩罚还会使孩子更加紧张，或者让他们觉得，啃指甲是父母的问题，不是自己的问题。如果孩子主动要求给他的指甲涂上苦味的药，提醒他纠正这个毛病，这种办法就会管用。但要是违背他的意愿强行这样做，孩子就会认为这是对他的惩罚，只能让他更紧张，让这种习惯继续下去。

**要更全面地看待这个问题**。如果孩子过得轻松快乐，就不要过多地提起他啃指甲的事。但如果孩子除了啃指甲，还有一系列让人担心的行为，就要找专业人士咨询一下。总之，最值得关注的是导致孩子焦虑的原因，而不是啃指甲这种行为本身。

## 口吃

**口吃是什么引起的？** 几乎每个 2 ~ 3 岁大的孩子都会经历这样的阶段：说起话来很费劲，该用的词语怎么也说不正确，于是，他就会重复说过的字词或迟疑一下，然后又一下子说得很快。这是学会正常说话的必经之路。大约有 5% 的孩子会在这个过程中遇到更多困难，他们会重复很多词语，或者把一些词语断开，把另一些词语拉长，也有一些词语会受到阻碍，完全说不出来。有些孩子还会出现面部肌肉紧绷的情况。幸运的是，这种轻微或不太严重的口吃通常会自行消失。

我们还不能确切地知道持续口吃是由什么引起的。像很多其他的语言问题和表达障碍一样，男孩口吃的情况更普遍，女孩相对较少。口吃的问题经常在家族里出现。大脑扫描发现，口吃的成年人大脑某些区域的大小跟正常人有些不同。人们曾经认为口吃是紧张的表现。这种说法有一定道理，因为口吃的孩子在面临压力的时候通常口吃得更厉害。但是，很多承受着沉重压力的孩子从来不口吃，而许多口吃的孩子却十分从容自如。

"大舌头"（舌系带——舌下的中部与口腔底部相连的那道皮皱——太短，限制了舌头自由活动）与口吃没有任何关系。

**如何提供帮助？** 当孩子跟父母说话时，父母应当全神贯注地倾听，这样他们就不会慌乱不安。父母在回应之前，可以先等几秒钟，还要记得经常停顿一下。说话时要尽量自然，不必说得那么慢，否则反而会让人觉得奇怪。父母自己要学会轻松自然地说话，同时要帮助家里其他人学会这样说话。当孩子感觉他们只有几秒钟来表达自己的想法时，就会口吃得更厉害。在家里要形成轮流发言的习惯，让每个家庭成员都有表达想法的时间。

让孩子"慢点说"或重复说过的话只会让他更加觉察到自己的口吃，让情况更严重。反之，应该对孩子说话的内容进行回应，而不是挑剔他的表达方式。家长不应该用一个又一个的问题来追问孩子，而是要和孩子轮流表达观点，在对方说话时耐心倾听。

任何能够降低孩子心理压力水平的做法都可能有效。孩子有很多机会跟其他孩子一起玩吗？家里和室外有足够多的玩具和器材吗？当父母和他一起玩时，要让他说了算。有时可以静静地玩，做些不用说话的事情。有规律的日常安排，不给孩子太大的学习压力，不让孩子太过忙碌，都会有帮助。如果孩子因为和父母分开了几天而难过，那么父母在几个月之内就尽量不要再和孩子分开。如果觉得自己一直都在过分地说服他或催促他讲话，应该努力改掉这个毛病。

**何时寻求帮助？** 多数口吃的孩子都会自行好转，所以很难说什么时候应该带孩子去接受特殊的帮助。根据经验，严重的口吃和 4 ~ 6 个月不见好转的口吃，应该立即寻求帮助。

什么算是严重口吃？严重口吃的孩子即使在放松时，他也会结巴；他非常清楚地感觉到自己的问题，而且不愿开口说话；说话时，他脸上的肌肉会非常紧张，音调也会提高（这是紧张的另一种表现）。当父母和一个严重口吃的孩子在一起时，自己也会不由自主地感到紧张。父母可以相信自己的直觉，如果孩子说话很费劲，让你感到不舒服，就是应该寻求帮助的时候了。

对于严重的口吃问题，应向受过训练的言语和语言病理学家寻求帮助，越早越好。有一些特殊的技巧可以帮助孩子更流畅地说话。即使语言治疗不能解决孩子的口吃问题，也可能使其不至于恶化。一个好的治疗师可以帮助孩子和家庭了解问题，并以健康的方式改善口吃的情况。

# 如厕训练、拉裤子和尿床

## 如厕训练的准备

**首先，要放松**。许多父母对这整个过程都感到紧张。父母可能听说过，有的孩子到四五岁还拒绝使用马桶，也有小一些的孩子因为还在用尿布而无法入托。实际上，父母没什么可担心的。大多数孩子都会在 2 岁半到 3 岁半之间学会使用小马桶。总体来说，随着宝宝的成长，他们自己会逐渐获得控制肠道和膀胱的能力。孩子成长的自然动力和父母的努力同样重要。

如厕训练的时间安排并没有那么关键。有的孩子早在 1 岁半就开始这项学习了，也有孩子需要等到 3 岁。整体看来，那些较早开始练习的孩子不一定学会得更早；女孩通常要比男孩早几个月。无论什么时候开始进行如厕训练，都不要过于极端。严厉的惩罚常常会带来事与愿违的结果，而完全袖手旁观也有可能使孩子不愿意放弃尿布。如果采取中间策略，让如厕训练符合孩子的意愿和发展水平，那么长期来看，很可能会收到良好的效果。

**自主如厕和儿童发育**。开始培养孩子大小便习惯的时候通常也是孩子开始确立自我意识的阶段。在这个年龄段，也就是 2 ~ 3 岁时，孩子开始希望对所做的一切事情享有自主权和控制权。他们开始明白什么是自己的，能够决定某件东西是留着还是扔掉。他们对身体里排出来的东西自然也会很感兴趣，还会因为控制排便时间和地点的能力增强而感到高兴。

通过如厕训练，孩子就能逐渐自主排便了，这是他们之前无法做到的事情。他们为此感到非常自豪，最初甚至会得意过头，每隔几分钟就想"表现"一番。他们接受了一生中父母赋予的第一项重大责任，在此过程中，他们跟父母的成功配合又增进了彼此的信任。原来喜欢把食物和大便弄得乱糟糟的孩子，现在开始追求清洁带来的满足。

当然了，自主如厕意味着告别了脏脏的尿布。这确实是很重要的一点。其实，如厕训练还影响了孩子的性格形成。孩子们会开始注意保持双手的卫生、服装的整洁、居室的干净整齐（在一定程度上），做事也会有条不紊。孩子生来渴望变得成熟和自信。所以，如果能利用他们的这种愿望，培养孩子大小便习惯的工作就会容易得多。

**早期如厕训练**。1岁以内的婴儿对大便的排泄几乎没有意识。当他们的直肠充满粪便以后，特别是饭后肠道比较活跃时，肠道的运动会对肛门内膜施加压力，使肛门出现某种程度的开放。这又进一步刺激小腹肌肉的收缩，使之产生向下推挤的动作。换句话说，这个年龄的婴儿不像大一点的孩子或成年人那样会主动地用力排便，他们的排泄都是自动进行的。膀胱也是以大致相同的方式来自动排尿。

虽然小宝宝还不能有意识地控制何时大小便，但可以被训练成在特定的时间大小便。在世界上很多地方，早期训练都是常规做法；在那些不太容易得到纸尿裤的地方和母亲可以经常抱着婴儿的地方，早期训练很有意义。事实上，在几代人以前，类似的训练方法在美国和欧洲也很常用。其过程很简单。母亲能感觉到宝宝什么时候要大便了（常在宝宝吃完奶几分钟以后），然后把他放在小马桶或便盆上。随着时间的推移，这个孩子就逐渐地把坐在小马桶上的行为和放松肛门的动作联系起来。

也可以用类似的方法训练孩子在特定的时间小便。当母亲感觉到孩子要小便了，就用特定的姿势抱他到特定的地点（比如水槽上方），同时发出"嘘嘘"的声音。这个孩子就会把这种姿势、声音和小便的动作联系起来。从此以后，如果母亲用正确的姿势抱着孩子，同时发出正确的声音，孩子就会通过反射作用排出小便。

这只是一种训练，还算不上学习，因为这时的孩子对排便还没有感觉，也意识不到自己在干什么，至少最初是这种情况。训练孩子这方面的意识需要很多精力和很大的韧性，同时，父母也要保持冷静和乐观的态度。如果父母显得很沮丧或不耐烦，孩子就会把这种消极情绪跟坐在马桶上联系起来——这当然不是父母想要的结果。

**1岁～1岁半的孩子对大便的控制**。这个年龄段的孩子能逐渐有意识地排便了。他们可能会突然停下手头的事情，面部表情会出现短暂的变化。但是，他们还不懂如何引起父母的注意。

当他们满怀喜爱地望着拉在尿布上的大便时，很可能会产生一种强烈的占有欲。他们会把自己的大便当成一种迷人的个人作品，从而感到自豪。他们可能会像享受花香一样闻一下。孩子对大便及其气味表现出来的自豪感，以及一有机会就把大便弄得乱糟糟的喜好，都是这个年龄段的典型表现。

有些父母在孩子刚过1岁时就能及时让他们在指定的地方大便。这些父母发现，孩子们非常不愿意把大便拉进小马桶里交给父母。这是孩子想占有大便的表现之一。而他们的另一个表现是，当看到马桶里的大便被水冲走时会感到不安。对于一些更小的孩子来说，这种不安很难忍耐，就好像自己的胳膊被吸到马桶里一样。

到了1岁半左右，孩子对大便的占有欲才会逐渐消失，慢慢转化成对洁净的喜好。父母不必教孩子对他的身体机能产生反感。孩子们对洁净天生的偏好最终都会推动他们接受如厕训练，并保持训练成果。

**可以接受训练的间接信号**。过了 1 岁之后，有很多现象表示孩子可以接受如厕训练。但是，这些现象一般都会被我们忽视，根本想不到它们会跟如厕训练有关系。这个年龄的孩子很愿意送别人礼物，从中获得极大的满足。但是，他们一般希望送出去的礼物能很快回到自己手里。基于这种矛盾的心理，孩子可能会举着自己的玩具亲手送给客人，但却不松开手。他们还特别喜欢把东西放进容器中，看着它们消失，然后重新出现。他们非常愿意学习并掌握独立做事的技巧，也愿意接受这方面的表扬，越来越乐于模仿父母和哥哥姐姐的行为。这种主观动力对于孩子接受如厕训练起着重要作用。

**停止进步**。1 岁多就已经能够使用小马桶的孩子，有时会突然改变行为习惯。虽然他们愿意坐在小马桶上，但坐上去却没什么"结果"。等他站起来后，不是把大便拉在屋子的角落，就是拉在裤子里。有时父母会说："孩子是忘了该怎么做了！"

我不认为孩子会那么容易忘事。我想，那是他们对大便占有欲的又一次暂时地增强，所以不愿意把它排出去。刚过 1 岁的孩子会越来越希望用自己的方式做自己的事。但在他们看来，在马桶上排大便主要是父母的意愿。所以他们就尽力憋住，直到最后从马桶上站起来溜走为止。对他们来说，马桶简直就是屈服和放弃的标志。

如果这种抵制行为持续几周，孩子不仅在小马桶上不愿排便，如果他应付得了，可能一天都不愿排便。这就是心理原因造成的便秘现象。这种退步几乎在如厕训练的每个阶段都会出现，但是与大一些的孩子相比，1 岁～1岁半的孩子这种行为的反复发生率往往比较高。一旦出现这种情况，就说明至少需要再等几个月才能开始训练孩子大小便。要让孩子觉得是他自己决定要控制大小便，而不是屈服于父母的要求。

**1 岁半～2 岁的排便准备**。在这个年龄，大多数孩子都明显地表现出乐于接受如厕训练。他们开始愿意取悦父母，满足大人的期望。这种特点非常有助于如厕训练。这个年龄的孩子还非常乐于学习那些能够独立完成的技能，更希望在这方面受到表扬。他们会逐渐形成东西应该各归其位的意识，愿意把玩过的玩具和脱下来的衣服收拾好。

孩子的身体感知能力在增强，因此，他们能更清楚地感觉到自己是否想排便。在玩耍过程中，他们要么暂停几秒钟，要么表现得不太舒服；还会对父母做出某种表情或发出某种声音，提醒他们尿布脏了，就好像要求父母帮他们弄干净似的。父母可以温柔地问孩子是不是已经把尿布弄脏了。当然，一开始孩子总是在大小便之后才说。但经过不断的实践，他们就能注意到大肠里的压力，知道自己要排便了。没有身体上的感知，孩子就很难学会独立如厕的技能。

另外，孩子此时的活动能力会有很大提高。他们几乎可以爬到或走到任何地方，当然也能自己坐到小马桶上，稳稳地坐在上面，还会自己取下尿布或脱下裤子。

达到了这些发展里程碑后，孩子很可能已经准备好要学习如何控制大小便了。

## 一种温和的训练方式

**非强迫式训练**。如果等孩子做好了准备再进行如厕训练，不用催促他们就能自己学着使用小马桶。这可以使整个过程变得更放松和愉快，不会有太多的"权力斗争"。用这种方式训练的孩子，最后经常会感到十分自豪，还会准备迎接下一个成长的挑战。在20世纪50年代，T. 贝里·布雷泽尔顿证明，这些孩子很少出现尿床和遗粪的问题。但是，在他那个年代的孩子中，尿床和弄脏衣物的情况很常见，因为那时的人们大都采用严厉的强迫性方法训练孩子如厕。

按照这种温和的如厕训练方法，大多数孩子到2岁半左右就不再需要尿布，在3～4岁时，晚上也不会再尿床。实际上，孩子总是梦想着长大成人，所以当他们觉得自己能够做到时，就会自觉地控制大小便。要采用这种方法，父母就必须了解孩子渴望长大的心理，耐心等待这一天的到来。

在孩子2岁~2岁半时，一旦决定对他训练，父母的态度要始终如一，真心地期待他能像大孩子和成年人一样使用马桶。父母要在孩子如厕成功时给予温和的表扬，和孩子分享成功的喜悦，但不要表现得欢呼雀跃，仿佛这是一项非常了不起的成就（别忘了，这正是你所预料的结果）。当孩子遇到挫折或不听话时，要让孩子知道父母仍然相信他很快就能掌握这项技能。不要在孩子出现错误时发火或批评他们。

**使用成人马桶还是儿童坐便器？** 可以买一个儿童尺寸的马桶座，套在普通马桶上，但它会让孩子高高地悬在空中，这种姿势并不舒服，很难让孩子放松下来。父母需要选一个带脚凳的马桶，再加上一个结实的踏板，这样孩子就能自己爬上去了。

还有一个比较好的解决办法，可以给孩子用塑料儿童小马桶。孩子对这种可以自己坐上去的专用小坐便器有一种亲切感。使用时，他们的脚可以够到地面，这种高度不会让孩子有不安全的感觉。另外，不要给男孩使用跟马桶配套的防尿护板，因为在他站起来或坐下去时很容易受伤。孩子一旦伤着一次，以后就再也不会用它了。

**第一阶段**。一开始要让孩子熟悉马桶，不要给他任何压力。如果让孩子看着父母使用马桶，他就会明白那是干什么用的，可能还想模仿这种成年人的活动。可以使用巧妙的建议和赞扬，但不要对孩子的失败表现出不满。如果孩子真的坐在小马桶上了，也不要勉强他坐太长时间，否则坐马桶肯定会变成一种惩罚。最好先花上几周时间让他熟悉小马桶，比如，父母可以让孩子先穿着衣服坐上去，把它当成一件有趣的玩具，不要让孩子觉得那是父母用来逼他大小便的东西。

**第二阶段**。孩子熟悉了小马桶后，父母就可以很随意地建议他把盖子打开，像父母使用马桶那样坐在上面大小便。家长可以装作满不在乎的样子。对于这个阶段的孩子来说，如果大人催促或强迫他们尝试某种不熟悉的事物，他们很容易警惕起来。父母可以给他示范一下怎样坐在抽水马桶上排便，同时让他坐在自己的小马桶上。

如果孩子想站起来离开小马桶，父母千万不要阻拦。不管他在上面坐的时间多短，这种经历都对他有益。要让孩子充满自豪地自愿往上坐，不要让他有压迫感。

如果孩子非得垫着尿布才肯坐上去，那就过一周左右再让他试试。

可以再跟孩子解释一下爸爸妈妈使用马桶的方法，也可以跟他说说大孩子如何使用马桶。让孩子看到小伙伴的做法也能帮助他熟悉小马桶的用法（如果他有哥哥或姐姐，可能早就看过了）。

把小马桶的使用方法给孩子讲了几遍后，就可以在觉得他要大便时摘掉尿布，把他带到小马桶前面，建议他试一试。也可以利用夸奖和小小的奖励鼓励他。但是，如果他不愿意，一定不要强迫他，改天再找机会。当他真的把大便排到小马桶里时，就会明白父母的意图，也就愿意配合了。

除此之外，当孩子把大便排在尿布上时，可以拿着尿布把他领到小马桶前，让他看着父母把大便弄到小马桶里。同时告诉他，爸爸妈妈都坐在马桶上排便，他也有自己的小马桶，也应该像爸爸妈妈那样把大便排到小马桶里。

如果还不能让孩子把大小便排到小马桶里，不妨先等几周，再耐心尝试。父母要保持乐观的态度，一定不要小题大做地催促孩子或给他很大的压力。

在这个阶段，要等到孩子的注意力转移到别的事情上之后，再把他排在尿布上的大便冲进马桶。大多数 1 ~ 2 岁的孩子都很喜欢冲掉大便，也很想自己去做这件事。但是后来，有的孩子可能会害怕冲水的猛烈方式，还会因此害怕坐到小马桶上。他们可能是害怕自己会掉进去，也被马桶里的水卷走。因此，在 2 岁半以前，要等孩子不在场时再冲马桶。

**第三阶段**。如果孩子开始产生兴趣并且愿意配合，就可以每天让他在小马桶上坐两三次。只要他有一点想大小便的表示，就应该让他这么做。哪怕是男孩，哪怕他只想撒尿，我也建议父母在这个阶段让孩子坐着进行，不要站着。如果孩子在小马桶里排了大小便，父母就应该夸奖他长大了，和爸爸妈妈、哥哥姐姐或他最佩服的朋友一样会做事了。但是，这种表扬不能过分，因为这个阶段的孩子不喜欢别人百依百顺。

当父母肯定孩子已经能够进行下一步的训练，也就是能够练习独立排便时，可以让他光着屁股玩一会儿。同时，不管他在室内还是室外，都可以把小马桶放在他旁边，跟他说，这是为了他大小便时方便。如果他没有反对，可以每隔一小时左右就提醒他一次。如果他表现出厌烦，或产生抵触情绪，或往小马桶上坐时出现小小的意外，就要给他重新垫上尿布，过一段时间再说。

**这个办法对你有用吗？** 逛过书店父母就会知道，关于孩子如厕训练的书籍已经不少，其中很多都保证可以立竿见影。既然我们能够马上达到目标，为什么还要耐心地等待呢？为什么不直接告诉孩子你想让他做什么，然后期待他那么做呢？

如果孩子非常听话，父母只要简单地要求他使用小马桶，他就会照做不误。但是，如果孩子经常不听指挥——两三岁和学龄前的孩子很容易这样，那么上厕所就会变成一场权力的较量。

在这场较量中，最终败退的肯定是父母。跟父母相比，孩子显然在两方面享有更多支配权：他们吃的东西和拉的东西。如果孩子决心拒绝面前的食物，或憋着不排便，父母就毫无办法。当孩子憋着的时候，大便经常会变得又干又硬，因此排便时就会很疼。于是，这个孩子就有了新的理由抵制上厕所，问题会变得更严重。

很多父母认为应该早点对孩子进行这方面的训练，为上幼儿园做准备。另一方面，幼儿园老师经常跟孩子打交道，在孩子如厕训练方面一般都很在行，对孩子很有帮助。如厕训练是成长中一项典型的挑战，只要父母与幼儿园老师通力合作，孩子一般都能较顺利地获得成功。

在众多如厕训练的速成方法中，有一种是真正经过研究证明的方法。心理学家内森·阿兹瑞恩和理查德·福克斯在《一天内完成如厕训练》一书中，详细介绍了他们的方法。我怀疑，很多父母会发现这些方法很难执行，特别是现实生活中孩子并不会像他们预想的那样做出反应。孩子可能会不听话，发脾气，这些都会成为训练过程中的障碍。比较可行的方法是，在阅读那本书的同时，再从有经验的专业人士那里获得相应的指导。

**害怕大便干燥的疼痛**。有时孩子会突然出现大便干燥、排便时很痛苦的情况。如果大便是干燥的颗粒，一般很少会引起疼痛。引起疼痛的通常是一大块很粗的干燥粪便。上厕所时，大便可能在肛门的伸缩部位撕开一个小口，或形成肛裂，还可能会流一点血（如果发现孩子的尿布上有血，就要告诉医生）。如果出现了肛裂，那孩子以后每次排大便时都可能把裂口再次撑开，这种情况不仅很疼，而且伤口在好几周之内都难以愈合。

孩子一旦经历过这种疼痛的折磨，就会非常害怕再次受罪，会拒绝排大便。如果孩子连续几天都不排便，很可能形成恶性循环，大便会积攒得更多，变得更硬，导致越来越严重的便秘。

如果孩子出现了便秘，就很难进行如厕训练了，所以要首先解决便秘问题。父母要不断安慰孩子，告诉孩子他们知道孩子因为上次排便疼痛而不敢上厕所，让他不用再担心，因为父母会想办法让大便变软。如果孩子的便秘很严重，就应该请医生来帮忙解决这个问题（参见第 386 页）。

## 小便的自理

**同时学会控制大小便**。前面提到的温和训练方法，优点之一在于，当孩子觉得能够自理的时候，他们几乎可以同时学会控制大小便。到了 2 岁 ~

2 岁半左右，无论从自我意识上还是身体机能上，孩子都已经具备了大小便自理的条件。这时，发挥作用的就是孩子想在这些方面成熟起来的愿望。他们几乎不再需要父母为他们做什么特别的努力。

**对大小便的态度**。孩子在白天很少尿裤子。他们对待小便并不像对待大便那样总想着"占为己有"。此外，如果孩子憋着大便，时间一长便意往往就会消失。然而，如果孩子憋着小便，时间越长尿意就会越强烈。

小便控制功能能够自行成熟，这与训练没什么关系。在 1 岁以前，膀胱都是自行排尿的。但到了 15 ~ 18 个月，即使如厕训练还没开始，膀胱也可以贮尿几个小时。实际上，有少数婴儿在 1 岁时夜里就已经不尿床了。在睡眠状态下，膀胱的贮尿时间比醒着时要长。当孩子能够做到在白天小便自理时，他可能已经有好几个月都能保证小睡两小时而基本不尿床了。

但是，在完全实现小便自理几个月后，孩子可能还会偶尔在白天不小心尿床。太贪玩，没顾上停下来小便时，就会出现这种情况。

**易穿脱的裤子**。当孩子大小便能自理时，就应该给他穿能自己脱下来的裤子。这是孩子向着自立又迈进了一步，降低了他在大小便问题上退步的风险。在孩子能够熟练地脱裤子之前，不要给他穿裤子。这对不会脱裤子的孩子来说不但没有任何好处，还会损害他们追求独立的积极性。拉拉裤会给孩子一种不需要控制身体机能就能摆脱纸尿裤的美滋滋的感觉，但它会减慢如厕训练的进程，又因为它吸收力很强，所以会去除那种湿乎乎的感觉，而这种感觉正是促使孩子使用马桶的原因。

**出了家门就不会小便**。这样的情况时有发生：2 岁左右的孩子在家里可以熟练地使用自己的小马桶或马桶座，到了其他地方却不会了。遇到这种情况，不应该催促孩子，也不要训斥他。孩子最终可能会把裤子尿湿。如果出现了这种情况，孩子可能需要父母的宽慰，让他知道自己并没有做错什么事情。孩子还在学习如何控制大小便，并未完全掌握这项技能。在带着孩子出门时，一定要牢记这种可能性。必要的话，可以带上孩子的小马桶和换洗衣服。

如果孩子憋得难受，尿不出来，而你们此刻正在朋友家做客或住在酒店里，可以让他在盛满温水的浴缸里坐半个小时。告诉孩子他尿在浴缸里也没关系。

最好能让孩子早点习惯在家以外的地方小便。有一种男孩女孩都适用的便携式尿壶。在家时孩子们很容易习惯它，出门时也可以带上。有的孩子外出时愿意使用尿布，也可以满足他们的这种选择。

**站着撒尿**。如果男孩 2 岁还不会站着小便，父母就会担心。其实，男孩在完全习惯小马桶之前可能一直坐着小便，这算不上什么问题。因为坐着小便时，他们不太容易尿到外面。只要这个孩子看见哥哥和爸爸站着小便，他早晚都能学会这种姿势。

**夜里不尿床**。许多父母都认为孩子夜里不尿床是因为他们临睡前带孩子去过厕所。他们问："既然孩子白天已经不尿裤子了，那什么时候才能训练他晚上不尿床呢？"这是一种错误的想法，听起来好像训练孩子夜里不尿床是一件很困难的工作。其实，当孩子的膀胱发育成熟以后，只要他不紧张，也不故意和父母作对，晚上自然就不尿床了。在孩子刚开始不尿床时，父母如果能表现得和孩子一样自豪，效果会更好。大约有 20% 的孩子到了 5 岁还会尿床，但多数孩子到了 3 岁，晚上就彻底不尿床了。一般说来，男孩不尿床的时间要比女孩晚一些，高度紧张的孩子要比精神放松的孩子晚一些。很大了还尿床的情况常常是家族性的。

**教孩子正确地擦屁股和洗手**。当女宝宝对擦屁股感兴趣时，父母可以跟她商量让她自己先擦，然后再帮她擦完，直到她能独立做好这件事情为止。从这时开始，就应该教她从前往后擦，预防尿道感染。男孩在卫生方面也经常需要父母的协助。

上完厕所需要洗手。放一个梯凳就能让小孩够到洗手池。他们的小手只能抓住小块的肥皂，旅馆里那种肥皂大小正合适。用肥皂把手搓洗干净起码需要 20 秒钟，这段时间确实很长。为了使这段时间过得愉快，也为了让孩子养成认真洗手的习惯，可以在他洗手的时候编一首洗手歌，也可以讲一个关于手指的故事。20 秒左右的时间能够唱一遍字母歌或两遍"生日快乐歌"。

## 大小便自理过程中的退步

**做好孩子退步的思想准备。** 多数孩子在如厕训练方面的进步没有明显的阶段性。心情不好、身体不适、旅途劳累和对初生的弟弟妹妹的嫉妒都可能使大小便已经自理的孩子出现退步。训斥和惩罚孩子并不会起到任何作用。如果孩子不小心拉裤子或尿裤子了，父母要宽慰孩子，告诉孩子过不了多久他就能重新自主控制大小便。在这件事上小题大做是错误的做法。（如果孩子好几个月都没事，却突然开始频繁尿裤子或尿床，就有可能是膀胱炎或糖尿病引起了这种情况。更多相关内容请参见第 401 页。）

**排便的退步。** 很多孩子，尤其是男孩，当他们学会排尿之后，就不愿意在马桶上大便了。需要排便时，他们可能躲在一个角落里，也可能非要垫着尿布。有的孩子似乎害怕厕所。便秘问题很常见，往往会导致孩子拒绝上厕所。父母需要优先解决便秘问题（参见第 386 页）。

孩子明知道怎样使用马桶却不愿意用，这是让父母非常沮丧的事。通过贴纸评分表、奖励、威胁、收买和央求让孩子听话的办法都可能无济于事。对家长来说，最有效的做法就是消除所有使用马桶的压力，让孩子重新使用纸尿裤或拉拉裤，但前提是父母要确定孩子每天都能正常排便，保持大便柔软通畅。要让孩子知道父母很有信心，相信他做好准备以后就一定能使用马桶，这样就行了。这种方法在绝大多数情况下会在大约几个月之内收到效果。

如果拒绝使用马桶的情况持续到 4 岁以后，父母最好咨询在解决幼儿如厕训练问题上富有经验的儿科医生或心理医生。

## 大便弄脏衣物

**正常的意外情况**。对年龄还小的孩子来说，偶尔出现大便弄脏内裤的意外情况是很正常的事情。孩子也许会忘了擦干净小屁股。也许他玩得太投入了，以至于没注意到自己的便意，等发现时已经晚了。这些问题的解决办法非常简单：父母要温和地提醒孩子，让他们便后擦干净屁股，养成一天上几次厕所的习惯。对于一个忙碌的孩子来说，在卫生间里放几本图画书或特别的玩具也会有帮助，这样孩子在上厕所的几分钟时间里就能找点事干。

**大孩子也会让粪便弄脏衣服**。孩子 4 岁以后还拉裤子就是比较严重的问题了。典型的例子包括，早就受过如厕训练的学龄儿童开始拉裤子。让家人感到不解的是，孩子好像并没有注意到他已经把大便拉到裤子里了，而且还说没有感觉到自己排过大便。更难以理解的是，孩子甚至不承认自己闻到了大便的气味。

别的孩子当然闻得到臭味，而且可能会无情地嘲笑他，还会躲着他。这样一来，拉裤子就变成了急需处理的心理问题和人际问题。有这种问题的孩子经常会假装自己满不在乎，其实他只不过是在自我保护，不让令人沮丧的现实情况伤害自己。这个问题在医学上被称作"大便失禁"。

大便失禁一般是由严重的便秘引起的。因为大便储存在大肠和直肠中，会形成大块干燥的胶泥似的粪便，它会挤压肠道使肌肉扩展。当直肠和关闭肛门的肌肉长期受到过度拉伸，就不能有效地收缩了。孩子会失去那种胀满感，也会失去控制粪便溢出的能力。大便中的液体会穿过比较干燥的粪块的缝隙，从半开的肛门里滴漏出来，同时小的粪块也会在孩子不经意的时候排出来。至于闻不到大便味道的问题，是一种正常的反应：儿童和成年人一般都闻不到自己身上的臭味（比如口臭）。

要解决这个问题，首要是治疗便秘。还要向孩子解释发生了什么事情，以及为什么那不是他的错，这一点也很重要。强化腹部肌肉的运动（以便更有效地推动排便）和有规律地按时上厕所，都有助于孩子每天排便，也会给他一个对局面有所控制的途径。家里的任何人都不应该羞辱、奚落或批评孩子，因为普遍的原则认为，所谓家庭就是互相帮助，永不伤害。要有这样的信念："我们都在一起面对这个问题。"孩子、父母和医生是同一个团队，这种心态最有帮助。

在极少数情况下，拉裤子并不是便秘引起的。有些孩子会把成形的不太硬的大便排在裤子里。这种大便失禁的现象更像是潜在的情绪问题的反映，也可能是巨大心理压力的反应。咨询儿童行为专家可以使孩子的问题得到改观。

## 尿床

在懂得夜里控制排尿之前，每个孩子都有过尿床的经历。大多数女孩学会晚上不尿床是在 4 岁左右，而男孩则是在 5 岁左右。没有人知道为什么女孩会比男孩早发育。到 8 岁时，还有 8% 的孩子仍然尿床（也就是每 12 个孩子中就有 1 个孩子如此）。如果你的孩子正在上小学三年级，有一天他尿床了，就可以安慰他说，他们班上至少还有一个小孩也尿床。

**尿床的类型。**如果孩子从来没有过夜间长期不尿床的经历，就是医生们所说的原发性夜间遗尿。这是最常见的尿床类型。其原因和治疗方法将在下文讨论。

较为少见的类型是，已经几个月不尿床的孩子突然又开始尿床。医生把这种类型叫作继发性夜间遗尿，原因可能是膀胱炎和糖尿病等医学问题。有时候，幼儿会因为普通的情绪紧张而再次开始尿床。这种情绪可能来自弟弟妹妹的出生、搬家或其他变故。在这些情况下，耐心和安慰常常会得到理想的效果。几周以后，孩子的感觉就会好转，从而能够重新在夜间保持干爽。性虐待等严重的心理压力也可能使孩子开始尿床；记住这一点很重要，但也要明白，尿床更可能是其他那些不那么令人担忧的原因造成的。

第三种类型涉及白天遗尿。孩子的内裤可能总是湿乎乎的，可能在咳嗽或大笑时排尿，可能因为喝水太多而产生大量的尿液，也可能总说自己想小便却每次都排不出多少。所有这些症状都需要医学诊断。

**尿床的原因**。原发性夜间遗尿，很少会有需要通过医学治疗的原因。这种情况基因起了一定的作用。如果父母双方在童年时期都尿床，他们的孩子就很可能会尿床。父母通常认为，孩子尿床是因为比别的孩子睡得踏实，不容易醒来，但是，研究儿童睡眠模式的医生并没有发现这方面的证据。尿床的孩子膀胱并不比别的孩子小，但是他们的膀胱倾向于在蓄满了尿液之前就自动排空。

尿床的孩子经常会有便秘问题。膀胱的下半部分正好与直肠相邻。如果直肠里存满了很硬的大便，就会压迫膀胱，造成排尿困难。结果，膀胱会过度活跃，只能用力挤压排出少量的尿液。在治疗尿床之前如果不首先解决便秘问题，是没有用的。如果便秘得到治疗，尿床的现象也就消失了（参见第 386 页）。

但大多数情况是，孩子尿床只是因为他们不知道如何在晚上控制排尿。在任何一年里，在七个尿床的学龄儿童中，就有一个孩子学会控制排尿。对于那些仍然学不会的孩子，有很多积极有效的方法可以帮助他们尽早实现这种进步。

**学会及时排尿**。像骑自行车一样，不尿床也需要反复练习。当大脑学会了如何保持自行车平衡时，就不需要再刻意地注意它，你只要跨上自行车往前骑就行了。控制排尿也是这样，当大脑习惯了有意识地控制时，你就可以安心地睡觉，其他事让各部分器官各司其职就行了。

憋尿需要两块独立的肌肉共同作用，这两块肌肉叫括约肌。当这两块括约肌绷紧时，就封锁了尿道，尿液就流不出来；当它们松弛的时候，尿道口就会打开。外层肌肉是由意识控制的，在下一次上厕所排尿之前可以把这块肌肉绷紧来憋住尿液。内层肌肉受到无意识的控制，也就是那块不必时刻想着就能让人控制排尿的肌肉。当膀胱里充满了尿液时，它就会向大脑发送神经信号。然后，大脑要么发回指令让这个内部的"阀门"保持关闭，要么就会产生一种不舒服的感觉，告诉你去找一间厕所或让你醒来（如果你正在睡觉）。要想在夜里保持干爽，孩子需要学会的是，哪怕睡觉时也要注意那些来自膀胱的信号。人们在睡觉时会意识到各种各样的情况，比如温度的变化、不舒服的身体姿势，以及自己是否会从床边滚下去。当然了，即使睡梦中的父母也会注意到来自宝宝房间的每一个小响动。

当孩子们决定不在晚上尿床时，了解一些诸如大脑训练、骑自行车、控制尿液的肌肉、膀胱发出的信号等事情会对他们有帮助。


**治疗尿床。**常见的治疗措施包括提醒孩子在睡觉前一两个小时不要喝太多水，还可以在客厅里装一个夜灯，让孩子在夜里能够更方便地进出卫生间。有的父母不让孩子在晚饭后喝任何东西，这种极端的做法会让人十分难受，也不容易收到成效。另外，不喝含有咖啡因的饮料也非常管用，比如可乐和茶等，因为咖啡因有利尿的作用。

多年尿床的孩子已经习惯了睡在潮湿的床上。他们需要适应干爽床面的感觉，这样才会有保持干爽的积极性。给孩子准备一个"三明治床"是很好的方法。先找一块塑料垫子铺在孩子床上，再铺上一层床单，然后铺上另一条塑料垫，最后再铺一层床单。如果孩子在潮湿的床上醒来，只要撤掉最上层的床单和其下的塑料垫，换上干爽的睡衣，就可以爬回温暖干爽的床上继续安睡。早晨，孩子可以帮助家长洗床单，还可以为下一个夜晚重新铺好"三明治床"。通过这种方式让孩子负起责任，可以帮助他认识到，尿床是他要解决的问题，而不只是父母的烦心事。

治疗尿床的药物包括丙咪嗪和去氨加压素（DDAVP）。这两种药物都可以相当有效地暂时减少尿床，但是也有缺点。一旦过量服用，两者都可能非常危险。去氨加压素价格很昂贵。而且两种药物都不能真正地解决问题。一旦孩子停止服药，再次尿床的可能性很大。

比较好的办法是训练孩子的大脑。孩子可以学着想象出膀胱充盈时的情景，大脑就会马上接到一个信号。有的孩子可能想象出一个站在监控器旁边的小人儿。当膀胱充盈的信息传来时，这个小人儿就会跳起来，敲响警铃，把孩子叫醒。

如果孩子在睡前反复想象几次这种场景，晚上就可能更好地控制自己不尿床。这并不是什么神奇的魔法力量。日有所思，夜有所梦。这样看来，想象中收到了膀胱的"警报"，然后跑去卫生间小便，再开心地回到干爽舒适的床上安然入睡，这些生动的记忆确实可以改变孩子的睡眠模式。（所有父母都有陪伴生病的孩子入睡的经历，每一次轻微的咳嗽或喷嚏都会让他们醒来。）受过催眠疗法专业训练的心理学家和儿童行为专家常常可以利用这种充满想象的方法帮助孩子控制尿床的问题。

另一个方法是使用尿床报警器。这种装置有一个电子探测器来监测排尿的情况，然后发出嗡嗡声、蜂鸣声或振动声来唤醒孩子。孩子会先学着在刚要尿床时醒来，然后逐渐可以在尿液流出的几秒前醒来。尿床报警器可以在使用一两个月以后使 3/4 的孩子在夜里保持干爽，而且在多数情况下，这种改善都是永久性的。尿床报警器的价格比服用一个月去氨加压素的花费还要少，而且买一个就够用了。有时，这种报警器可以与大脑想象法或药物相结合。

非药物治疗尿床的最大好处是能让孩子在解决自身问题的过程中充分发挥作用。再次遇到挑战时，父母可以让孩子想想以前成功的经历。从这个角度来看，尿床反而为孩子提供了一次成长的机会。

# 睡眠问题

## 夜惊和梦游

**夜惊**。三四岁的孩子睡觉时可能会突然坐起来，瞪大眼睛，糊里糊涂地哭或说话。当父母安慰他时，他会使劲挣扎，哭得也更激烈。10～20分钟后，他又会安静下来。早晨醒来，孩子则恢复如常。

上文所描述的是典型的夜惊情况。夜惊虽然会令人心神不安，但只会影响到疲惫、担忧的父母。孩子可能看起来很害怕，但其实他并没有在做梦。夜惊是没有故事情节的（无怪兽出没）。虽然孩子的眼睛睁得大大的，但他的脑电波仍然是"睡着了"的状态，其实很难被叫醒。孩子要是没有在夜惊时被父母唤醒，就不会对这件事有任何印象。

夜惊一般发生在前半夜，正是孩子进入深度睡眠的时候。夜惊似乎是大脑发育未成熟造成的，大多数孩子都会在五六岁时摆脱这个问题。当孩子感到压力重重时，比如，在刚进入一个新学校或父母吵架的时候，夜惊的发作就会更加频繁。因此，尽可能地为孩子减压是一种明智做法。如果夜惊总在每晚几乎同一时间发作，父母就可以试着在夜惊发生前几分钟叫醒孩子。这样做可以帮孩子重新调整睡眠周期，从而阻止夜惊的发作。有时候，药物治疗可能也会有帮助。

**梦游和说梦话**。这些问题与夜惊有着很多共同之处。它们会在孩子进入深度睡眠时出现，而且当孩子醒来时完全记不得这些情况。虽然梦游和说梦话本身没有什么危险，但是如果孩子绊到什么东西或摔下楼梯，梦游就可能带来损伤。为了保证孩子的安全，可能需要安装安全防护门，甚至给孩子的卧室装上门闩。这种情况很少需要服药，况且药物也很少奏效。

## 失眠

**入睡困难**。幼儿经常不愿意睡觉，他们很难跟这个世界上所有有趣的事物说再见，也可能是睡觉时与父母分开会让他们感到难受。让人烦恼不已的不爱睡觉问题也可能只是习惯使然。

对大一点的孩子和青少年而言，失眠的最常见原因就是卧室里的电视（参见第 501 页）。一开始，电视看起来似乎能够让人更容易入睡，但是它很快就会成为一种难以打破的习惯。孩子非但不能放松地进入安静的睡眠，反而会保持清醒，直到他实在睁不开眼睛为止，而这时早已过了正常的困倦点。

这个问题的最佳解决办法是不要把电视放进卧室，如果它已经在卧室里了，就把它搬出去。一开始孩子可能会很生气，但这绝不是动摇或让步的时候。要让孩子戒掉对电视的依赖，可以尝试朗读或播放有声读物。孩子可以闭着眼睛听，然后伴随着熟悉的故事或诗歌迷迷糊糊地睡着。

药物虽然可以助眠，但只在一小段时间内有效。许多家长会让孩子服用褪黑素来促进睡眠，这种激素很少出现明显的副作用，但有些孩子可能会因服用该激素而做噩梦。然而，研究正在逐步表明，褪黑素还有一些不可忽视的副作用。因此，如果孩子不是真的需要，最好避免服用药物来促进睡眠。如果失眠是另一种疾病（比如注意缺陷多动障碍）的表现症状，医生可能会开出治疗失眠的药物。

**重新培养入睡习惯**。帮助孩子入睡的更好方法是建立睡前常规。儿童的生活会受到习惯和常规的支配，同样的活动按照同样的顺序发生，以洗澡开始，以睡前亲吻结束，这样就养成了健康的睡眠习惯（参见第94页）。慢慢地，孩子就会在大脑中把躺在床上这一行为与入睡这件事联系起来。

入睡就像电脑关机时运行的程序，这需要经历一系列步骤，而不仅仅是关闭电源就可以完成。如果一个困倦的孩子躺在床上，突然感觉很清醒，就意味着错误的"程序"被触发了。

为了让大脑重新适应睡眠习惯，家长不应让孩子长时间清醒地躺在床上。大约5～10分钟后，就要让孩子从床上起来，安排他在另一个房间里做一些安静的事情（比如听故事）。当孩子困得睁不开眼时，就让他再次躺回床上。重复这个流程，直到孩子在躺下后几分钟内就能进入梦乡。经过几个晚上的重复，大脑就会把"躺在床上"和"入睡"联系起来，让孩子在第一次尝试睡觉时就能安然入睡，养成有益健康的睡前常规（躺在床上，让自己舒适放松，进入梦乡）。这种方法对成年人也很有效。

**半夜醒来**。半夜醒来就再也睡不着的孩子有不同形式的失眠。对年幼的孩子来说，失眠问题常常是习惯使然。孩子已经习惯了被轻轻摇晃着入睡，或吸着奶瓶入睡（这种习惯会损害牙齿，参见第350页）。如果孩子醒来时发现没有人轻轻摇晃他，或自己嘴里没含着奶瓶，那么不论多么困倦，他也难以入眠。

如果是大一点的孩子，那么心情抑郁就可能干扰睡眠，过敏等慢性病也可能是问题的症结。儿童可能患上不宁腿综合征，因为腿疼而难以入睡。少数孩子在夜里醒来会忍不住吃东西。

如果孩子还年幼，父母可以引导孩子自主入睡。在孩子昏昏欲睡，但尚未完全入睡时，父母可以亲亲他，和他道一声晚安。孩子学会了哄自己睡觉之后，半夜醒来时就可以很轻松地再次进入梦乡。

如果是大一点的孩子出现了这种情况，父母就要看一看他是否遇到了新压力。原因可能是在学校里受大孩子欺负等严重问题，也可能是想和某个人交朋友而对方却不感兴趣等小事。如果可以，父母要尽量帮助孩子减轻压力。坚持按时睡觉，让孩子有心理预期：提前一两个小时关掉电视、洗澡、换上睡衣、刷牙、讲故事，如果家里有睡前祷告的传统，就做祷告、亲吻。让孩子远离令人不安的电视节目，无论这些内容来自恐怖节目、儿童卡通还是电视新闻。可以用一些有趣但不吓人的故事来替代。在家里尽量营造平和的晚间气氛。如果这些常用的方法没有效果，就让孩子的医生看一看，确保这个问题不是由疾病引起的。

# 进食障碍和饮食失调

## 进食障碍

**问题是怎么产生的？** 几乎所有孩子天生的胃口都足以保证他们能量充足，也足以让他们的体重正常增长。问题是，孩子生来具有一种在压力状态下抗拒食物的天性，还有一种对曾经给他们带来不快的食物感到厌恶的本能。更麻烦的是，孩子的胃口会随时变化。比如，他在一段时间内可能想吃很多南瓜，或者想尝试一种新的早餐麦片，然而下个月，他就会厌恶这些食品。有些孩子即使在生病或不高兴时也有很好的胃口，而有些孩子的胃口则比较小，很容易受健康状态和情绪的影响。

明白了这一点，父母就会知道，在各个生长阶段，孩子都可能出现厌食的问题。出生后头几个月，如果父母总是想方设法地让宝宝多喝奶（想一想吃撑了是多么让人不舒服），他就会有抵触行为。在刚开始喂孩子固体食物时也会出现同样的问题。孩子开始时很难学会如何顺利吞咽固体食物而不被噎着。许多孩子到了 18 个月以后会变得更挑剔，这也许是因为他们的生长速度自然放缓了，或是因为更有主意了，还可能因为他们在出牙。督促孩子吃东西通常会破坏他们的胃口，而且很长时间都难以恢复。不好好吃饭的情况最容易出现在病后恢复时。如果父母着急，不等孩子恢复食欲就强迫他吃东西，那么这种压力很快就会让孩子愈发反感，进而养成厌食的习惯。

当然，强迫孩子吃饭并不是造成厌食的唯一原因。孩子也可能因为妒忌自己新生的弟弟或妹妹而不吃东西，还可能由于某种焦虑所致。然而，无论最初的原因是什么，父母的催促和焦虑一般都会使问题变得更加严重，从而使孩子的食欲无法恢复。

**父母的感受**。当孩子出现进食问题时，很少有父母对此无动于衷。如果孩子不好好吃饭，父母会很自然地想象大家都认为他们是糟糕的家长，还会迁怒于那个让自己担心的小家伙。拒绝进食看起来像是一种任性的行为，仿佛孩子是在进行绝食抗议来惩罚家长。父母可能会记起自己在童年时期也出现过进食问题（这些问题往往具有家族性），也可能会因为孩子是整个家族中唯一不好好吃饭的人而感到心烦意乱。

孩子如果不好好吃饭，最糟糕的影响莫过于父母会为孩子的健康而担惊受怕，还会对一些自认为可以掌控的事情感到束手无策。事实上，我们很少见到有孩子因为挑食而造成严重的营养不良问题，控制孩子的食物摄入量这件事说起来轻而易举，做起来却难于登天。父母如果能跟态度积极的医生共同努力，就可以缓解因为孩子挑食而带来的压力和担忧，也会明白并非只有自己才能体会到那份无力感。就连医生也会为自家孩子的吃饭问题感到头疼！

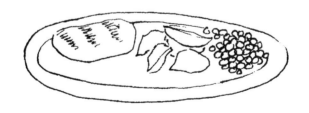

**解决进食障碍**。我们的目的不是强迫孩子吃饭，而是调动他的胃口，让

他想吃东西。尽量不要谈论孩子吃饭的问题，无论是恐吓还是鼓励都不好。不要因为他吃得特别多而称赞他，也不要因为他吃得少而显得失望。经过实践锻炼以后，就能做到不去想孩子吃饭的问题了。这就是真正的进步。当孩子感到没有压力时，他就会注意到自己的食欲了。

孩子寡淡的食欲可能需要几周时间才能恢复。他需要有机会来慢慢忘记所有那些与吃饭有关的不愉快事情。其实，无论父母采用强迫的手段还是以拿走食物相威胁，都不应该让孩子觉得因为他拗不过父母所以就得吃饭。应该让他觉得吃饭是因为他自己想吃。

要想做到这一点，首先应该给孩子准备他最爱吃的健康食物。要让他在吃饭时馋得直流口水，迫不及待地要吃东西。所以，培养这种进食态度的第一步，就是保证在2～3个月内提供孩子最爱吃的食品，同时，尽量让他的饮食保持均衡，不要给他不爱吃的食物。

**孩子特别挑食。**有的父母可能会说："孩子仅仅只是不喜欢吃一种食物，根本算不上什么问题。但我的孩子只喜欢花生酱、香蕉、橙子和汽水，偶尔也吃一片白面包或几勺豌豆。除此之外什么也不吃。"

虽然这是一个更难解决的进食问题，但解决原则却完全相同：早餐可以给他准备一些香蕉片和一片营养面包；午餐来一点花生酱、两茶匙豌豆和一个橙子；晚餐准备一片营养面包和更多香蕉。如果孩子还想吃某一种食物，可以给他第二份甚至第三份。为了保证营养全面，还要给他吃复合维生素。连续几天为他准备这类不同搭配的食物。要坚决地控制那些软饮料和垃圾食品，因为孩子吃了带有糖分的东西以后，仅有的那一点对健康食物的欲望也会荡然无存。

如果几个月以后孩子想吃饭了，可以增加一种他过去吃过的食物（不是他以前讨厌的那种），两三茶匙（不能太多）就够了。不要告诉他饭菜加量了。无论孩子吃还是不吃，都不要加以评论。要过两三周再给他吃一次这种食物，再试着加上另一种。隔多长时间才能增加新的食物，这取决于孩子胃口改善的情况，以及对新食物的接受程度。

父母不要给食物划分明显的界限。如果孩子想吃四份同样的食物，而另一种一点也不吃，那么，只要食物对健康有利，随他的意好了。假如孩子一道主菜也不想吃，只想吃甜点，也应该尽量不露声色地满足他的要求。如果家长说"把菜吃完才能吃点心"，只会进一步打消孩子对蔬菜或主食的兴趣，增加他对甜食的渴望，事与愿违。处理这个问题的最好办法是，几乎每晚都给孩子提供水果，偶尔一两天可以给孩子一些特别的款待，让他吃一些冰激凌或烘焙食品。如果孩子只愿吃那些含糖量更高的甜点，就让他吃吧。孩子迟早会改变主意的。

这样做当然不是想让孩子永远吃这种不均衡的饮食。但是，如果孩子存在偏食的问题，而且已经对某些食物感到厌恶，那么，要想使他们回到均衡合理的饮食上来，就应该让他们觉得父母根本不在意他们吃什么。

父母不应该强迫偏食的孩子去"尝一口"他们不爱吃的食物，那是一个巨大的失误。假如他们被迫吃了厌恶的食物，哪怕只是一点点，也会使他们不吃这种东西的决心更坚定，从而减少今后喜欢吃这种食物的可能性。与此同时，这么做还会破坏他们吃饭时的心情，打消对其他食物的食欲。当然了，也永远不要让孩子吃饭时，去吃上一顿拒绝过的食物，那纯粹是自找麻烦！

**每次不要给孩子吃太多**。对于那些不好好吃饭的孩子来说，要给他们小份的食物。如果盘子里堆了很高的食物，就会提醒他要剩下，而且还会破坏他的食欲。如果第一次给他的量很少，就会让他产生"不够吃"的想法。

那正是父母所希望的。要让孩子对食物产生渴望。如果他的胃口确实很小，应该给他很少的分量：一勺豆子、一勺蔬菜、一勺米饭或土豆就可以了。孩子吃完以后，不要着急问："你还想吃吗？"让他自己主动要。即使好几天以后他才可能提出"还想要"的要求，也应该坚持这样做。另外，用小碟子装小份食物是一个非常好的办法，因为不会像用大盘子盛少量食物那样，让孩子感到难堪。

**留在房间里**。如果父母能够很随便地跟孩子说说话，对孩子吃饭的情况不闻不问，那么，不管父母自己是否也在吃饭，留在房间里都不会有什么坏处。但是，如果不管父母怎样努力，都无法忘记孩子吃饭的事情，总是忍不住督促他，最好还是在孩子吃饭时离开。但不要突然不高兴地离开，而要机智地逐渐延长离开的时间，让孩子感觉不出什么变化，也可以忙着做一些烹饪或清洁工作，这样就不会总在孩子面前转来转去了。父母要努力和孩子愉快相处。

**不要引诱、收买或威胁孩子吃饭**。父母绝不能用收买的方法让孩子吃饭，比如吃一口饭就给他讲一个小故事，或者吃完了菠菜就给他表演一个倒立等。尽管这种做法最初看来很管用，但从长远看，这样做只能使孩子吃饭的积极性越来越低。父母只能在条件上不断加码才能让孩子好好吃饭。结果，孩子吃不了几口饭，倒会把父母累得筋疲力尽。

不要用糖果、奖励星或其他奖品去引诱孩子吃饭。不要让孩子为了某一个人去吃饭，也不要为了讨父母高兴而吃饭。不要让孩子为了长得又高又大，或者不生病而吃饭，更不要仅仅为了把饭菜吃完而吃饭。如果为了让孩子吃饭而采取用体罚或剥夺某些权利的手段来威胁他，就更不应该了。

比较适当的做法是这样的：应该要求孩子按时吃饭，要求他对别的就餐者有礼貌，不能挑剔饭菜，不能说自己不喜欢吃什么，还应该根据孩子的年龄，要求他在饭桌上的举止要得体等。父母可以在准备饭菜时尽量考虑孩子的喜好（也要考虑家里的其他成员），偶尔可以问问孩子爱吃什么，以此作为特殊的关照。但是，如果让孩子认为一切都是以他为中心，那就糟糕了。父母对某些食物的限制是合理的。比如对糖、糖果、汽水、蛋糕，以及其他不太健康的食品，就是需要限制。只要父母知道该如何去做，就可以在不争吵的情况下实现这一切。

## 吃饭要人喂

孩子不好好吃饭，父母要喂他吗？在 12 ~ 18 个月，如果给予适当的鼓励，孩子完全能够自己吃饭。但是，如果父母总是不放心，一直把他们喂到 2 岁、3 岁或 4 岁，那么，这时候仅仅告诉孩子"从现在开始，你自己吃饭吧"，根本解决不了问题。

到了那个时候，孩子就没有自己吃饭的意愿了，因为他觉得让人喂饭是理所当然的事情。对他来说，喂饭是父母对他的关心和爱护的表现。如果突然不喂了，会伤害他的感情，让他感到不满。他很可能会绝食两三天，而父母又不可能在这么长时间里坐视不管。等父母再次喂他吃饭时，他就会对父母产生新的怨恨。等父母再一次想要停止喂饭时，孩子就会认识到自己的优势和父母的劣势。

2 岁以上的孩子应该尽早学会自己吃饭。但是，让孩子自己吃饭是一个棘手的问题，往往需要好几个星期才能见效。绝不能让他觉得你在剥夺他的特权，应该让孩子觉得，动手吃饭是出于自己的意愿。

父母要每一天、每一顿都给他吃最喜欢的饭菜。把碟子往他面前一放，就去厨房或另一个房间待一两分钟，装作好像忘了什么东西似的。以后，还要逐渐延长离开的时间。回到孩子旁边时，就高兴地给他喂饭。不管在离开时孩子吃没吃东西，都不要做任何评论。在另一个房间时，要是孩子等得不耐烦了，他可能会喊你。这时，就要马上回去给他喂饭，还要心平气和地向他表示歉意。孩子很可能不会平稳地进步。在一两周之内，孩子可能会在某顿饭的时候想自己吃饭，但在其他时候仍然坚持让父母喂他。在这种情况下，千万不要和孩子争吵。如果孩子只想吃一种食物，就不要劝他再吃另一种。要是他对自己吃饭的能力感到很高兴，就应该适当地夸奖他长大了。但不要表现得太夸张，以免引起孩子的警惕。

有时，给孩子端去可口的食物，让他自己吃，可是 10 ～ 15 分钟以后他什么也没吃。假如这种情况持续了一周左右，应该想办法让他再饿一点。可以在三四天之内，把他平时的饭量逐渐减少一半。只要把问题处理得机智得体,态度友好,就会使孩子感到特别想吃饭，并且会不由自主地自己动起手来。

当孩子能够有规律地自己吃到半饱时，父母就可以让他离开饭桌了，不要再去喂他剩下的食物。就算他剩了一些饭也不要在意。他很快就会感到饥饿，然后就会吃得更多。如果接着喂他剩下的饭菜，他可能永远也不会自己吃完一整顿饭。所以只要说"我想你已经吃饱了"就可以了。如果孩子还让父母喂，可以高兴地喂他两三口，然后漫不经心地表示他已经吃饱了。

如果孩子已经自己独立地吃了一两个星期的饭，就千万不要再喂他吃饭了。如果哪一天他觉得很累，要求大人喂他，可以随便喂他几口，然后说一些他并不太饿之类的话。我之所以说这些，是因为有的父母成年累月担心孩子的吃饭问题，长期喂孩子吃饭，等孩子最终能自己吃饭时还是不放心。只要孩子一表现出没有胃口，或由于生病不想吃饭，他们就会重新开始给他喂饭。这样一来，所有的工作又得从头开始。


## 噎住

有些孩子吃饭时容易被噎到，有些孩子则几乎不会出现这种情况。如果孩子出生时曾在重症监护室待过很长时间，长大一些后往往会出现难以吞咽粗糙食物的情况。这些在儿童早期出现的吞咽困难可能会发展为长期吞咽障碍，伴随孩子的一生。

有的孩子到 1 岁还只能吃粥状食物。这是他们常常被逼着吃饭，或者至少吃饭时被大人连说带骂造成的。他们不吃块状食物并不是因为接受不了，而是因为他们总是被逼着吃的缘故。这类孩子的父母经常这样说："真是莫名其妙，如果是他特别喜欢的食物，即使是成块的，也能很顺利地吞进去，甚至能咽下从骨头上咬下来的大块肉。"

解决孩子吃饭容易被噎住的问题可以分三个步骤：第一，要鼓励孩子完全独立地吃饭（请参见上文）；第二，要基本上消除他对某些食物的疑虑；第三，在给孩子吃比较粗糙的食物时，要循序渐进。必要时，可以让他连续几周甚至几个月一直坚持吃粥状食物，直到完全消除恐惧感，真正想吃块状食物为止。比如，在他特别细小的碎肉也不喜欢吃时，就不要给他肉吃。

换句话说，要根据孩子的适应能力随机应变。少数孩子的喉咙十分敏感，连吃粥状食物都能噎住。这种情况有时是食物太稠造成的，可以试着用奶或水把它稀释一下，或者把蔬菜、水果剁碎，但不要捣烂。

大多数医院都有专门研究吞咽问题的言语 – 语言病理学家或职业治疗师。找这些专家咨询会很有帮助。

## 儿童消瘦

身体消瘦有各种原因。有些孩子是遗传因素造成的。他们父母的一方或双方可能属于体形较瘦的家族。他们从婴儿时期开始就有充足的食物，而且既没什么病，也没什么压力。他们只是从来都不会吃得太多。另外一些孩子身体消瘦则是因为父母过分催促，使他们对饭菜失去食欲。还有的孩子是因为紧张而不想吃饭。比如说，那些一直惧怕怪物、担心死亡，以及害怕父母离开的孩子可能就会出现食欲减退的情况。父母之间愤怒的争吵或动手打架会让孩子十分难过，从而失去应有的食欲。羡慕姐姐的小女孩容易整天跟着姐姐到处跑，这会消耗大量的能量，还会让她在吃饭时静不下心来。所以我们可以看到，处于紧张状态的孩子消瘦的原因有两个：一是食欲下降，二是体力消耗过多。

**营养不良**。因为父母无法提供或无力购买合适的食物，世界上许多孩子都出现了营养不良的情况。即使在富裕的美国，也有大批孩子（大约占25%）会经常面临长达几天或几周的食物短缺困境。这种食物短缺不仅会影响孩子的生长发育，还会对他们的学习能力造成严重的损害。营养不良的孩子也可能超重，如果家里只能买得起廉价、热量高而营养成分少的食物，就可能出现这种情况。由于工资增长缓慢，生活成本不断提高，有越来越多依靠双手养活自己、努力工作的人们开始需要食品援助。

**生病**。医生会注意观察孩子每次体检的发育状况。那些因为生病而消瘦的孩子在康复以后，体重很快就能恢复。如果孩子体重一直增长缓慢，父母应该给他做认真的检查。体重下降的常见原因包括糖尿病（还会引起过度饥饿、口渴以及频繁排尿）、严重的家庭矛盾、肿瘤、肠道疾病以及过度节食行为等。

**瘦孩子的饮食**。有些健康的孩子虽然胃口很大，可就是胖不起来。很多这样的孩子都更喜欢吃低热量的食物，比如蔬菜和水果等，而不爱吃油腻的甜食。如果孩子从小就很瘦，但看起来没有任何问题，而且他的体重每年都适当增加，就可以放心，因为他天生就是这样。如果每次让孩子吃饭都仿佛是一场战争，试着让自己和孩子都放轻松，放下压力。

有些瘦孩子属于少食多餐的类型，对于他们来说，正餐之间来点加餐很有好处。但是，孩子不停地吃零食并没什么好处，零食会抑制他的食欲（那些整天吃小分量食物的节食者很清楚这一点）。父母可以让孩子吃三份正餐和三份加餐：在早餐和午餐以后，睡觉之前，分别给孩子加一顿有营养的加餐。但是千万不要因为孩子瘦就给他吃高热量、低营养的垃圾食品，虽然这种做法很让人心动。既不要把这种食物当作奖赏，也不要贪图那种看着孩子吃东西的享受。最好给孩子们吃一些更有营养而不只提供热量的食品。量少但能提供丰富营养的食物包括坚果和坚果酱、牛油果、橄榄、水果干以及各种食用油。

## 肥胖症

父母必须小心翼翼，分寸拿捏得当。一方面，每个人都知道肥胖症会导致诸如高血压、心脏病、糖尿病、癌症、膝关节疼痛、背痛、睡眠呼吸暂停、哮喘和社会排斥等一系列严重的健康问题和社会问题。没有哪一位家长希望自己的孩子有这些问题。另一方面，不断的提醒、嘲讽和饮食限制会让孩子产生逆反行为，促使他们暴饮暴食。顺从的孩子如果全盘接受了父母的肥胖焦虑论，就可能会在面对食物时陷入紧张不安、悲伤难过的情绪之中，甚至有可能发展为饮食失调。父母在预防和处理超重和肥胖的问题时，应该始终保持理智和清醒，细致了解情况，心情放松，镇定自若。

**什么是肥胖症？** 简单来说，肥胖症就是人长了多余的脂肪，影响了身体健康。虽然我们很难精确地测量体内的脂肪，但有一种测量方法提供了一套相当不错的肥胖程度判断标准。那就是体重指数（BMI），它是一种把身高和体重结合起来的考量方法。基于若干年前对数千名儿童的测量结果，美国疾病控制中心公布了不同年龄的男孩和女孩体重指数的正常值。儿科医生将儿童患有肥胖症的标准定义为体重指数大于等于95，意思就是在同龄的100个男孩或女孩中，这个孩子的体重指数高于其中95个人。在体重指数的正常值确定后，这些年来儿童整体上变得越来越胖，所以现在每100个孩子中大约就有20个孩子超过了标准体重表的第95百分位，属于肥胖范围。

实际说来，这就意味着那些基于标准体重表而有着正常体重指数的孩子，与邻里街坊的其他孩子相比可能看起来显得很瘦。一个明显超重的孩子很可能按照体重表的标准已属于肥胖，而许多看起来体形正常的孩子也是如此。

体重指数虽然是标准量度，但并不能说明全部情况。运动型儿童如果肌肉非常发达，他们的体重指数可能很高。体重指数并不适用于婴儿，这么做十分正确，因为小婴儿就应该是胖嘟嘟的样子。那些胖乎乎的婴儿长大后经常会有十分匀称的体形。但是如果到了六七岁，也就是儿童通常最瘦的时候，孩子还是很胖，就不太可能后面越长越瘦了。那些在青春期过于肥胖的孩子，通常会终生饱受肥胖症的困扰。

**肥胖的原因**。基因在肥胖问题上起着主导作用。肥胖很少是由单个基因功能失常或缺失导致的。更常见的情况是，肥胖是几十个基因共同作用的结果，每个基因都发挥着些许影响。有一些基因会增加食欲或减少饱腹感，还有一些基因会降低新陈代谢，抑制坐立不安（坐立不安会让人消耗能量），或提高堆积脂肪的效率。每个人都有一些"肥胖基因"，但有些不走运的人遗传了过多这样的基因，就更有可能会超重。这也部分解释了为何肥胖具有家族性。

遗传了哪些基因固然重要，但哪些基因被激活也不能忽视。在生命早期出现的营养不良情况会激活一些促进身体保存脂肪的基因，这些基因被激活后会一直保持着活跃的状态。这种影响甚至在孩子未出生时就开始发挥作用。因此，那些出生时体重很轻的婴儿往往在成年后会变得很胖。环境中的化学物质也会模仿一些控制基因的激素，最终影响体重（参见第5页）。在人体肠道中生存的数十亿细菌所携带的基因也会造成肥胖。人在生病时服用的抗生素，或喂给动物进而被人体吸收的抗生素，也可能通过影响这些细菌而让人发胖。

导致肥胖的其他原因也是有目共睹的。在长达一小时的儿童电视节目中，你会看到几十条广告在宣传那些精加工、高热量的食品。即使不算上那些在网页、社交媒体和儿童应用程序上投入的广告费用，这些食品每年在电视渠道上就要投入上百亿美元的广告费。这些天价营销费用最终都转化到儿童购买并吃到肚子里的加工食品上。快餐店也会特意在学校附近选址。只要获得许可，汽水供应商就会堂而皇之地把自动售货机摆在校园里。

肥胖和贫困也密切相关。要抵抗那些如潮水般袭来的快餐、食品广告、商业文化和重重压力可不容易，正是这一切将如此众多的儿童拖向肥胖的深渊。人们需要足够的资源来抵抗这些负面影响。有一定物质条件的家庭可以选择住在更宜人的社区。在那里，人们可以安全地步行和骑车，从杂货店购买新鲜的水果和蔬菜，也可以让孩子在游乐场安全地玩耍。孩子不仅能享受到学校提供的体育课，还能受益于丰富多彩的课后活动。

很多人关注的缺乏意志力这一原因其实没有那么重要。肥胖的孩子并不一定比其他孩子更懒惰或更缺乏自律性。告诉孩子要勇于拒绝这一招并没有用。同样地，威胁孩子或向他讲述肥胖症的可怕后果也无济于事。列举一大堆严重疾病（就像本节开头列举的那些健康问题）并不能帮助孩子减轻体重或平衡饮食。这样做只会适得其反，让孩子们焦虑不安，心情失落，徒增烦恼。


**父母可以做些什么？** 早期的选择可以影响孩子患上肥胖症的概率。如果妈妈在怀孕期间吃得很好，保持轻松的心情和健康的体重，就会降低孩子罹患肥胖症的风险（参见第 5 页）。可以给宝宝喂 6 个月或更长时间的母乳，这样做也能降低风险。

可以给家人安排以植物性食物为主的饮食（相比那些吃肉的人，素食者的肥胖率要更低一些）。父母可以用那些在肉类上省下来的钱来购买健康无农药的水果和蔬菜，同时把家变成一个精加工食品和高脂肪以及精制糖食物（尤其是高果糖谷物糖浆）的"零购买区"。

父母可以为全家安排一些有益身心健康的活动。比如，腾出时间一起徒步旅行、骑车或健身；限制看电视等活动的时间，甚至杜绝此类活动；一起享受全家聚餐的快乐。实现这一切的关键在于父母的引导和以身作则。如果家族中有肥胖史，就更有必要为家人和孩子选择健康的生活方式。如果许多家庭成员都很瘦，也要记住健康的饮食和运动不只针对超重的孩子，而是对所有孩子都有益处。

不要区别对待有体重问题的孩子，父母所做的那些有益健康的决定应面向全家人。家长要让孩子吃优质的食物，尽可能提供充足丰盛、种类繁多的健康食品，同时少做少买那些高热量的食品。在购买冰激凌等高热量食品时，要选购那些一次性可以吃完的小分量包装，而不要买那种能吃好几顿的经济实惠装。不要禁止孩子吃某种食物，但要注意不能把这些食物放在孩子触手可及的地方。比起千米之外的商店里摆放的甜甜圈，放在厨房台面上的甜甜圈要香甜诱人得多。父母不应指望孩子靠意志力来减肥，但可以创建良好的家庭环境和氛围，最大限度地给予孩子支持。

面对青少年时，家长不能发号施令，而是要和孩子通力合作。可以问问处于青春期的孩子，是希望家长委婉提醒还是保持沉默，哪种做法对他来说最有帮助。如果孩子选择让家长"保持沉默"，那么不管有多难父母都要尽力尊重孩子的意愿。处于青春期的孩子很希望拥有话语权。孩子们通常不会介意寻求帮助，但前提是他们觉得那些帮助并非强加于身。

肥胖症很复杂，所以需要全面的治疗。一支有效的治疗团队通常由医生、营养师、心理学家、娱乐治疗师、教师、教练和其他人员共同组成。

**一些极端手段**。号称能够轻松减肥的稀奇古怪的饮食和药物无穷无尽，但没有任何一种是真正有效的，有些甚至还有危险性。从长期效果来看，碳水化合物极低的饮食，效果并不比合理的饮食好。这些饮食以及其他一些断所有营养物质的饮食方案会妨碍正常的生长和发育，存在着现实的危险。

经过最充分调查研究的减肥药物也只是声称最多可以帮助成年肥胖症患者减掉 5% ~ 10% 的体重，更何况针对儿童的调查研究现在还不是很多。

服用中枢神经兴奋药的孩子体重常常会减轻。可是，一旦停止用药，又会很快反弹。在任何情况下，给没有注意缺陷多动障碍的孩子使用这类药物都是不对的。其他一些降低体重的药物都被发现有严重的副作用。因此，除非在极为罕见的情形之下，否则服用药物都不是解决肥胖问题的方法。

最后一点，减肥手术正在被越来越多地提供给极度肥胖的孩子。但是，这种手术仍然只在非常专业的医疗中心才能实施，而且接受手术的孩子必须满足严格的条件。减肥手术十分昂贵，并且存在一定的风险。最重要的是，为了使手术奏效，接受手术的孩子必须终身严格遵守健康饮食和运动的生活法则，不然体重还是会反弹。

## 饮食失调

早在 10 ~ 11 岁时，很多女孩子就认为自己需要节食了。很多男孩子则希望自己拥有一身如雕塑般完美的肌肉。包括神经性厌食症和神经性贪食症在内的饮食失调成为一个严重的问题。

厌食症的主要表现是强迫性的节食行为，同时伴有严重的体重下降。贪食症的主要特征是不可控制地进食（暴饮暴食），随后再采取自我引吐、滥用泻药，或者其他控制体重增长的极端方式。厌食症和贪食症的发病率在美国女性当中大约占到了 2% ~ 9%（实际数字很难统计，因为患有饮食失调的人经常会隐瞒情况）。饮食失调患者中，有大约 10% 是男性。

美国科学家还没有明确地弄清楚，为什么有些人会饮食失调，而另一些人却不会。科学界已经确定了一些基因，这些基因会导致儿童更易患上饮食失调。此外，童年的不幸经历、完美主义和压力等因素也会增加孩子罹患饮食失调的风险。

**减肥成瘾**。有一种观点把饮食失调看成是一种成瘾现象。跟酒精和药物的成瘾一样，饮食失调患者常常是从一些似乎积极的事情开始的（最初减轻一点体重，保持身形苗条可能是好事），但随后上瘾的感觉就占了上风，逐渐控制了生活的方方面面。就像对酒精上瘾的人总是想着怎样喝到下一瓶那样，厌食症患者也总是想着怎样才能在下一次减轻几十克的体重，而贪食症患者则总是想着怎样才能避免暴饮暴食。

患有饮食失调的人无法自行停止这种失常行为。一些女性宣称，她们依靠自己的力量战胜了饮食失调，而在我看来，这种情况简直是凤毛麟角。大多数饮食失调都需要专业治疗，而且经常由一个专家组来进行，其中包括医生、心理学家、营养学家和其他专家。虽然恢复过程缓慢而艰难，但是，患有饮食失调的人最终还是能够康复的。

**心理变化**。神经性厌食症的表现不仅是过度节食。患有神经性厌食症的人会认为自己太胖了，而事实上，他们很可能是太瘦了。这种对体重增加的极端恐惧感占据了他们的头脑。变胖是他们能够想象的最糟糕的事情。用医学术语来说，厌食意味着胃口的丧失。但事实上，很多患有神经性厌食症的人总是觉得很饿。他们可能很喜欢食物，会精心地做饭，但是做好了却不吃。有些人会进行强迫性锻炼，每天多达 2 ~ 3 次。

患有神经性厌食症的人可能在外人看来很成功（比如学习成绩优秀），但在内心深处往往会觉得自己做得不够好。他们还可能无法正常表达自己的情绪，尤其是愤怒情绪。这些人经常感到生活中的方方面面都不由自己掌控，然而在他们眼中，减肥却变成了一件难得能控制的事情。患有饮食失调的人可能会疏远他们的朋友和家人，亲友们虽然能看到患者的自毁行为，但无法说服他们停下来。

**生理变化**。厌食症患者中，身体脂肪的异常减少会导致激素水平下降，从而使年轻女性的月经中止（或者根本不会开始）。（男性厌食症患者的性激素水平也会出现异常。）随着营养不良的情况不断恶化，骨骼中的钙质也会减少。同时，包括心脏在内的全身器官会受到损害。大约 10% 的神经性厌食症患者都会因为这些疾病而过早离世。贪食症患者中，频繁地呕吐会损坏牙齿的健康，并影响血液化学成分。

**治疗方法**。因为厌食症是一种复杂的失调性病症，涉及生理、心理以及营养等许多方面的问题，所以，最好还是请经验丰富的医生或医疗小组治疗，这个小组可能包括心理学家、精神科医生、家庭治疗师和营养师。最要紧的就是增加体重。体重严重不足的人需要住院观察，以保证他们安全地增加体重。心理疗法主要是帮助患者转变对自己身体的看法，也转变对魅力和成功的定义。患者要学着用非自毁性的方式来抒发自己的感受。药物可以帮助治疗抑郁症或者饮食失调带来的其他心理问题。

**预防饮食失调**。如果孩子超重了，父母需要关注的是孩子的健康，而不是他的身材是否苗条。要让合理膳食和适量运动成为全家人的事。对于很多儿童来说，被父母督促着减肥不但收不到效果，反而会导致饮食过度和体重增加。如果孩子总想着取悦家长，那么父母对他施压的压力还可能会导致他罹患饮食失调。

请尊重孩子天生的体形。如果孩子是中等身材，要让他知道父母觉得他很好。重塑孩子的体形达不到什么效果，最终只会徒劳无功。作为父母，我们同样接收了在文化中随处可见的"以瘦为美"的信息。我们不能把这种态度传递给孩子们，这一点非常重要。

永远不要嘲笑孩子身材矮胖。父母的本意当然不是想伤害他们，但孩子会对这类玩笑格外敏感。他们会把这种信息烙在心里，产生需要节食的想法。如果孩子天生就很苗条，那很好，但不要反复地对他们说苗条有多好。天生瘦的孩子患上神经性厌食症的风险可能会更高，因为他们的身体更容易消耗热量。如果孩子（或他的兄弟姐妹）因为苗条而获得了许多的称赞和羡慕，那么想要更瘦并且瘦到极点的欲望就会十分强烈。

跟孩子谈谈，告诉他们电视、电影和广告是怎样追捧纤瘦。跟孩子一起看电视时父母可以说："看看这个女演员，她真瘦啊！大多数现实中的健康人不会瘦得那么只剩皮包骨头的。"既然商家总是为了销售商品而宣传那种"以瘦为美"的不健康观念，要想抵消他们的误导，就全靠自己了。即使是孩子们看的卡通片，也常常会推崇某种难以达到的体形（女性角色丰乳细腰；男性角色肩宽背阔）。孩子看这样的卡通片，就可能吸收这种美的观念。因此，这又是一个限制（或阻止）孩子看电视的好理由。

观察孩子的细微表现，看他们是不是过分关心体重问题。如果他们好像特别喜欢时尚模特，或者迷上了像电线杆一样瘦的名人，就要试着鼓励他们其他的兴趣，比如美术或音乐，发展那些不会太注重体形的爱好。当他们开始提到节食的时候，父母可以改变他们的想法，让他们关注健康，不要一味地减肥。即使对那些矮胖的孩子来说，节食也不是最佳方案。最好的办法还是合理饮食，快乐运动。

如果孩子从事芭蕾或其他注重身材的运动，譬如体操或摔跤（因为这些项目要限制体重），就要特别注意了。面对儿童和青少年时，教练的当务之急是确保这些年轻运动员身体健康。教练不应该建议孩子节食减肥，而要跟父母一起关注那些不健康的节食迹象。

患有饮食失调的孩子一般都是完美主义者。这样的孩子往往比同班同学更成功，但也更不快乐。对于这些孩子来说，要尽量减轻他们对成功的心理压力。父母可以引导孩子参加团队运动，因为这些活动给孩子的压力会少一些。如果孩子上了舞蹈班或音乐课，不要找那种一味追求完美技巧的老师，找一个更看重快乐地抒发情感的老师。要表扬孩子取得的好成绩，但一定要公开表示，他身上的其他方面同样优秀，比如，良好的判断力或对友情的忠诚，这样他就会明白，考高分并不是最重要的事情。

父母要反省自己的行为。如果家长在持续节食，就是在教育孩子应当努力控制体重。如果确实需要减肥，最好能把饮食作为引领健康生活的一部分来思考和谈论，而不是说节食只是为了看上去漂亮。对孩子来说，关注良好的健康状况对他更有好处。从长远来看，这对父母也可能更有益。

# 兄弟姐妹间的敌对情绪

## 兄弟姐妹间的嫉妒和亲密感情

兄弟姐妹之间难免会互相嫉妒。如果这种嫉妒不太严重，很可能帮助孩子们成长为更加宽容、独立和慷慨大方的人。父母的教育会影响孩子面对自己嫉妒心理的方式。在很多家庭里，孩子之间的嫉妒反而被转化成友好的竞争、相互的支持和彼此的忠诚。

父母们或许听说过，有的孩子讨厌自己的兄弟姐妹，甚至长大以后彼此也没什么交往。除了父母的作用会导致孩子之间关系的变化，机遇有时也会起到一定的作用。有的孩子天生喜欢跟兄弟姐妹打成一片，就算不是一母所生，也不会在意。有的兄弟姐妹则形成了截然不同的性格，有的喜欢热闹，有的则偏爱安静，因此他们的关系很难变得融洽。

**同等的关爱，不同的对待**。一般说来，父母的关系越融洽，这种嫉妒存在的可能性就越小。当所有孩子都对自己得到的温暖和关爱感到满足时，他们就不会去妒忌父母对其他兄弟姐妹的关心了。如果孩子觉得父母爱他，接受他天生的样子，他在家里就会觉得安全。

父母可以同样无私地爱每一个孩子，但对待每个孩子的方式却不一定相同。这里有一条实用的原则，就是"让家庭中的每个人各得其所，但有些时候，我们的需要并不相同"。年幼的孩子需要早点睡觉，大一点的孩子更需要责任感，可以安排他做一些家务，也需要更多的自由。

如果父母或亲友想同等地对待不同的孩子，而不是根据他们的需要区别对待，反而会加重孩子的嫉妒心理。有一位母亲想尽量公正地对待互相妒忌的两个孩子，就对孩子们说："苏西，这个红色的小灭火器给你。汤米，这个一模一样的灭火器是给你的。"但哪个孩子都不满足，他们充满怀疑地仔细研究这两个玩具，想看看是否有区别。其实，母亲刚才的话好像在说："我给你们买这个，你们就不会埋怨我偏向谁了吧？"而不是暗示他们"我给你们买这个是因为我知道你们会喜欢"。

**不要做比较，也不要下定论**。对孩子们的比较和褒贬越少越好。如果对一个孩子说："你为什么不能像姐姐那样有礼貌呢？"这会使他讨厌姐姐，而且一想到"礼貌"这个词就反感。如果父母对青春期的女孩说："你不像姐姐那样有约会，这没关系。你比她聪明得多，这才是重要的。"这种话贬低了她的感情，她正因为没有约会而不高兴，父母还暗示她为此不开心根本没有必要，这为她进一步敌视姐姐埋下了种子。

父母很容易给自己的孩子分配角色。他们会认为一个孩子是"我的小造反派"，另一个则是"我的小天使"。从此以后，前者就会认定自己必须不断破坏纪律，否则就会失去在家里的地位；而后者有时也想做些淘气的事情，但却害怕如果不继续扮演"乖宝宝"的角色，就会失去父母的宠爱。于是，这个"小天使"或许会怨恨自己淘气的兄弟，因为他享受着自己没有的放纵的自由。

**兄弟姐妹打架**。总的来说，如果情况不是太严重，两个孩子打架的时候父母最好不要介入。如果父母只批评某个孩子，另一个就会更加妒忌。

孩子都想让父母偏爱自己，于是产生了嫉妒。有时候，孩子们吵架或多或少都有这种因素。父母有时想判定谁是谁非，于是很快地站在某一方的立场上说话。这样的结果只能让他们不一会儿又打起来。在这种情形之下，孩子打架其实就是一种竞赛，他们要比一比，看谁能赢得妈妈的疼爱，哪怕就这一次。每个孩子都想赢得父母的偏爱，都想看着另一个挨批评。

当父母必须保证孩子的安全，避免他们身体受伤，同时避免极端不公正，或者必须保持周围安静的时候，就会觉得必须制止孩子打架。最好命令他们马上住手，不要听他们争辩，也不要评价谁对谁错（除非是发生了公然的碰撞），要集中解决接下来该做的事，让过去的事就此过去。有时候可以提出一种折中的办法解决孩子的争执，有时候可以靠分散他们的注意力来扭转局面，还有的时候得把两个孩子分开。

大一点的孩子在家照顾弟弟妹妹时，也许会借助暴力或者威胁来控制他们。如果是这样，就需要另外找人来照顾孩子，比如请个保姆，或者找个亲友帮忙。也可以找一家儿童看护机构或者课后管理机构来照看孩子。当兄弟姐妹之间的争斗变得严重，持续升级的时候，可能就需要家庭治疗的介入了。

## 嫉妒心的多种表现形式

**识别孩子对小婴儿的嫉妒。** 如果大孩子拿一块大积木去打小宝宝，母亲就会意识到他在嫉妒小宝宝。但是有些孩子的表现则比较微妙，他只是毫无表情、一言不发地看着小宝宝。有的孩子还会把怨气都集中到母亲身上，他会一脸严肃地把壁炉里的灰掏出来，一板一眼地撒到客厅的地毯上。还有的孩子性格会发生变化，他会变得闷闷不乐，对大人更加依赖，还会对沙堆和积木失去兴趣。他会含着手指头，拉着母亲的裙边形影不离地跟着。

父母偶尔也能看到孩子的嫉妒心理以相反的形式表现出来。他会对小宝宝格外热心。当他看到狗的时候，他能想到的话就是："宝宝喜欢狗。"当他看到小朋友骑自行车的时候，会说："宝宝也有一辆自行车。"在这种情况下，有的父母可能会说："我们认为根本没有必要为孩子的嫉妒担心。约翰非常喜欢新宝宝。"如果孩子表现得很喜欢宝宝，那当然很好，但是，这并不意味着嫉妒已经不存在了。事实上，这种嫉妒很可能会以某种间接的方式表现出来，或者只在某些特殊情况下才有所表现。大孩子可能会特别用力地抱宝宝。他也可能只在家里才假装喜欢宝宝，而在外面，当看到人们对他的小弟弟或小妹妹表示赞赏时，可能变得很粗鲁。大孩子可能好几个月对宝宝都没有任何敌意的表示，但是忽然有一天，当宝宝爬过去抓他的玩具时，突然改变友好的态度。也有的时候，直到弟弟妹妹开始学走路的那一天，他的敌视态度才会发生转变。

对宝宝过度热心是孩子应付紧张情绪的另一种方式。究其根源，这仍然是那种既喜爱又嫉妒的复杂情绪的强烈体现。这种强烈的情绪还会使有些孩子要么表现退步，要么不时地发脾气。对父母来说，不管孩子的情绪是否表现出来，最好还是认真看待这种可能出现的情况，认识到大孩子对宝宝既有爱也有嫉妒。所以，既不能对孩子的嫉妒心理视而不见，也不能强行压制这种情绪，更不能让孩子羞愧得无地自容，要帮助孩子，让他把爱心充分地表现出来。

**处理不同类型的嫉妒**。当孩子攻击宝宝的时候，父母自然的反应就是震惊，并且责怪他。这样做的效果并不好，原因有两个。首先，他不喜欢宝宝本来就是因为害怕父母只爱宝宝而不再爱他，父母的震惊就成了一种威胁，表示他们不再爱他了，这个孩子会更加担心，会变得更狠心。其次，责备虽然会使孩子的嫉妒行为得到收敛，但是受到压制的嫉妒心要比不受压制、自然流露的情绪持续时间更长，造成的精神创伤也更大。

在这种情况下，父母应该做好三件事。首先，要保护宝宝；其次，让大孩子知道他绝不可以有恶意的举动；最后，要让大孩子相信，爸爸妈妈仍然爱他，他也确实是个好孩子。当父母看到他手里拿着"武器"，满脸阴沉地朝小宝宝走去的时候，当然应该立刻过去制止他，严肃地告诉他不许伤害小宝宝。（事实上，每当他的攻击行为得逞的时候，内心深处总会觉得内疚，而且会更难过。）

孩子表现出嫉妒也给父母提供机会让孩子知道，他的情绪是可以理解的，也是可以接受的，但不能接受的是他在这种情绪之下采取的行动。父母可以把制止他的方式变成拥抱，还可以对孩子说："我知道你有时候会想什么。你希望家里没有小宝宝，妈妈爸爸也不用照顾他。但是你不用担心，我们仍然是爱你的。"这样孩子就会明白，父母理解他生气的情绪（而不是他发泄愤怒的行为），父母仍然爱他。这就是告诉孩子无须担心的最好证明。

当孩子故意把土撒到客厅里时，父母自然会感到恼怒和气愤，很可能还要责备他。但是，如果父母能理解孩子这样做是出于深深的失望和焦虑，或许就想去安慰他了。要好好想一想，到底是什么让他如此难过和情绪失控。

**关注闷闷不乐的孩子**。那些由于嫉妒而变得闷闷不乐的孩子，要比那些用挑衅的方式释放情绪的孩子更需要大人的关爱和安慰。对于前者，大人应该有意引导他们说出自己的不快。如果孩子不敢直接表现自己的烦恼，父母可以理解地对他说："我知道，有时候你会因为我照顾宝宝而感到生气，而且还生我的气。"这样做或许能帮助他感觉好一些。如果他对你的话没有反应，就应该考虑在经济条件允许的情况下雇一个人临时照顾一下小宝宝。这样，就可以在这段时间给大孩子多一些关注，看看他是否能够恢复对生活的热情。

有的孩子似乎无法摆脱嫉妒心理，他们有时不断惹事，有时闷闷不乐，有时又对婴儿十分着迷。这时候，有必要咨询一下孩子的医生或心理专家，或者找专门研究儿童行为和发展的儿科医生看一看，他们能够发现这种嫉妒情绪，也能够帮助孩子意识到是什么让自己担心，然后一吐为快。

如果大孩子的嫉妒心在宝宝刚能抓他玩具的时候就强烈地表现出来，可以单独给他一个房间，让他觉得他和他的玩具以及房间都不会受到任何干扰。如果不能给他一个单独的房间，可以找一个箱子或小柜子给他装东西，装上宝宝打不开的锁。这样不但保护了他的玩具，还让他觉得自己很重要。那个箱子只有他才能够打开，他还会觉得自己掌握了对事物的控制权。（要当心那种盖子很重的玩具箱，以免造成严重的伤害。）

**分享玩具。**父母应该鼓励或强迫孩子和宝宝分享玩具吗？如果父母强迫孩子和别人分享他的玩具，虽然他会按照父母说的做，但很可能产生强烈的不满。因此，可以建议大孩子给宝宝一件他已经不再需要的玩具，这会使大孩子产生一种比宝宝成熟的自豪感，还能让他展示出对宝宝的大方（实际上还不存在）。但是，真正的慷慨是发自内心的。要做到这一点，首先大孩子必须有安全感，他要爱别人，也要感觉到被别人爱着。当孩子既没有安全感又自私的时候，强迫他和别人分享自己的东西只会加深他的不安全感。

一般说来，妒忌新生儿的情况在 5 岁以下的孩子中表现得最强烈，此时他对父母的依赖感还很强，而且，他们很少对家庭以外的事情感兴趣。6 岁以上的孩子与父母的关系稍显疏远，他们会在朋友和老师中间找到自己的位置。虽然新宝宝取代了他们在家庭里的中心地位，但这么大的孩子不会感到十分难过。但是，如果父母由此就认为孩子已经没有了嫉妒心，那就错了。他仍然需要父母的照顾，仍然需要从父母那里得到关爱，在新宝宝刚刚来到这个家时尤其是这样。如果孩子特别敏感，或者尚未在家庭以外找到自己的位置，他就需要一般孩子要求的那种保护。

继子女在家庭中的关系比较脆弱，可能需要额外的帮助和宽慰。对于已经进入青春期的女孩来说，因为她们当女人的愿望越来越强烈，所以看到母亲再次怀孕或者又生了宝宝，可能会下意识地产生嫉妒心。青少年常常对父母的性生活反感，典型的态度就是："我还以为我的父母不会做那种事呢。"

**自责毫无用处。**我想再加一句听上去有点矛盾的忠告。用心良苦的父母有时因为孩子的嫉妒而感到焦虑不安，于是他们想努力制止这种嫉妒，结果大孩子不仅没能获得安全感，反倒觉得更不安全了。父母可能因为有了新宝宝而非常内疚，每当大孩子看到父母关注宝宝的时候，父母就会感到惭愧。于是，他们就煞费苦心地去讨好大孩子。当孩子发觉父母不自在，或对他有愧时，也会觉得不自在。父母的内疚表现会让他更怀疑父母干了什么不正当的事情，还会让他对宝宝和父母都更加厌恶。换句话说，父母对待年龄较大的孩子要尽量讲究技巧，同时，既不应该感到焦虑不安，也不必抱有歉意，更不应该对孩子百依百顺或牺牲自尊。

## 对新生儿的嫉妒

如果你想理解家里的长子或长女对新生儿的感受，想象一下这种情景：有一天，丈夫带着另一个女人回家。他对你说："亲爱的，我像过去一样永远爱你。但是这个人今后也要和我们住在一起。另外，她还会占去我更多的时间和精力，因为我非常爱她，而且她比你更需要帮助。这难道不好吗？你不为此而高兴吗？"

家里最大的孩子的这种敌对情绪更加强烈，因为大家一直都把注意力放在他一个人身上，他已经习惯了这种没有竞争对手的状态。而之后出生的孩子从出生起就已经学会了与别人分享父母的关注，他们明白，自己只是家里几个孩子当中的一个。这么说并不表示老二和老三对弟弟妹妹没有敌对情绪，他们也有。

**最初几个星期和几个月**。父母应该充分地帮助大孩子调整心态面对新生儿（参见第 11 页），在最初几个星期和几个月里，父母可以通过巧妙的方式帮助大孩子适应新生儿的到来。在最初几周内，父母不要表现得过于兴奋，不要怜爱地盯着宝宝看，也不要过多谈论宝宝。如果方便，尽可能在大孩子不在的时候照顾小宝宝。父母可以利用大孩子出门或小睡的时间给小宝宝洗澡和喂奶。

许多大孩子看到母亲喂宝宝吃奶，尤其是用乳房喂奶的时候，会非常妒忌。如果妈妈喂宝宝的时候大孩子在附近，应该允许他随意接近。也可以给他一个奶瓶，或者让他吃妈妈的奶。

但是，如果他在楼下正玩得高兴，不必再去分散他的注意力。这样做的目的并不是要完全避免孩子产生敌对情绪，因为那是不可能的。我们只是希望在最初几周内能让这种心理减少到最低限度。因为在这几周之内，可怕的现实状况已经开始深入孩子的内心世界了。

出于对小宝宝的嫉妒，大孩子会试着吸吮奶瓶，这种情景多少会让人觉得有些难过。他会以为那很美好，但是当他鼓足勇气吸了一口时，脸上的表情却是失望的。毕竟，那只是奶，流得慢腾腾地，还有一种奇怪的橡胶味。所以，他可能一会儿要奶瓶，一会儿又不要，这种情况会持续几个星期。如果父母很高兴地把奶瓶给他，并且做点别的事情来帮助他学着处理自己的嫉妒心理，他就不会一直那样。

**其他人也在一定程度上激发了孩子的嫉妒心理**。家庭成员走进家门的时候，都应该控制自己的冲动，不要问大孩子："小宝宝今天怎么样？"大家最好能够表现得好像已经忘了家里还有个小宝宝，坐下来先和大孩子聊几句。过一会儿，等大孩子的兴趣转移到其他事情上时，再随意地走过去看一看小宝宝。

有时候，孩子的祖父母会对新宝宝表示出过分的关心，这也容易带来问题。祖父会拎着一个系着缎带的大盒子，一进门，碰到家里的大孩子就问："你那亲爱的宝贝妹妹在哪儿呀？我给她带礼物来了。"这时，这个哥哥见到祖父时的喜悦就会变成苦涩。如果父母和客人不太熟，不便告诉客人进门后该怎么做，可以准备一盒比较便宜的礼物。每当客人给小宝宝送礼物时，就从盒子里取出一件礼物送给大孩子。

**让孩子感觉自己长大了**。玩布娃娃能给大一点的孩子带来很大的安慰。不管是男孩还是女孩，当妈妈照料宝宝时，他们都可以在玩布娃娃的过程中获得很大的安慰。他会像妈妈那样想给宝宝热奶，还想拥有类似妈妈的那种衣服和用具。但是，虽然孩子已经在玩布娃娃来假装照料宝宝了，父母也要给孩子机会，让他能帮忙照顾自己的小弟弟或小妹妹。玩布娃娃只能算是一种补充，不能替代真正的照料。

新宝宝回到家之后，多数大孩子的反应就是希望自己再变成婴儿。至少有一段时间他们会这么想。这种发育过程中出现的倒退现象是正常的。比如，在训练他们大小便时，他们可能会有所退步。他们会尿湿衣服，把大便弄在身上。说话方式也会退回到婴儿咿呀学语的阶段。做事情时，他们还会表现出什么都不会的样子。

如果孩子这种想成为婴儿的愿望变得十分强烈，父母可以用幽默的方式满足他们。父母可以把满足大孩子这件事当成一次友好的游戏，温柔地把他抱进他的房间，帮他脱衣服。于是，孩子就会明白，父母并没有拒绝他的这些要求。他本以为这种体验会很愉快，但结果让他非常失望。

孩子渴望继续成长和发展的动力一般都能很快地超越倒退的愿望。作为父母，可以不注意他的倒退表现，多关心他希望长大的一面，以此来帮助他成长。父母可以提醒他，说他有多么高大，多么强壮，多么聪明，多么灵巧。要让他知道，他会做的事情比宝宝多得多。我的意思不是父母要给孩子过分的表扬，而是说不应该忘记要在适当的时候给予他真心的称赞。

与此同时，不要逼着他长大。毕竟，如果父母不断地把孩子偶尔想做的事说成是"孩子气"，把他有时不愿意做的事说成"像大人一样"，这只能让他觉得还是当个婴儿比较好。

父母不应拿小宝宝和大孩子做比较，暗示自己更喜欢大孩子而不是小宝宝，这一点也很重要。让孩子觉得父母偏爱自己可能会带来暂时的满足，但从长远来看，他和偏心的父母待在一起会觉得不安，担心父母再去偏爱别人。当然，父母应该明确地表示对宝宝的爱。不过，父母也要给大孩子机会，让他慢慢体会成熟的自豪感以及婴儿的许多不利条件。

**让怀有敌意的孩子变成小帮手**。孩子会用很多办法摆脱跟弟弟妹妹竞争带来的痛苦。其中之一就是他不但不再和宝宝一般见识了，反而成了家里的第三个家长。当他对宝宝很生气时，他可能会充当一位严厉的家长。但是，当他觉得比较安全的时候，就会成为像你一样的家长，教宝宝如何做事情，给宝宝玩具，希望帮助父母给宝宝喂奶、洗澡、换衣服，还会在宝宝难过的时候安慰他，保护宝宝不受伤害。

在这种情况下，父母可以帮助他扮演好他的角色。比如，在他不知道该怎么做的时候告诉他如何帮忙，并对他的努力给予真心的表扬。有时候，孩子的帮助没有一点假装的性质。双胞胎宝宝的父母常常急需别人帮忙，他们会惊讶地发现自己3岁的孩子竟能帮他们做那么多事，比如把浴巾或尿布拿给大人，把奶瓶从冰箱里取出来等。

孩子总想抱抱宝宝，但父母往往犹豫不决，生怕他把宝宝摔着。但是，如果让孩子坐在地板上（铺上地毯或毛毯），或坐在一把大大的软包椅上，又或者坐在床中央，那么即使宝宝摔下来，也不会有太大危险。

采取这些办法，父母就能帮助孩子实现从敌对到合作和关心他人的真正转变。让孩子学着处理新弟弟或新妹妹带来的紧张和压力，还可以培养他解决冲突、与人合作以及分享的能力。让孩子明白不能孤芳自赏的道理，会令他终身受益。

## 有特殊需要的兄弟姐妹

如果新生儿由于肠痉挛或其他原因需要大量额外的照顾，父母就要做出特别的努力，让大孩子相信父母仍然像以前那样爱他。如果父母在家务上能够分工协作，保证总有一方可以照顾大孩子，情况可能会好一些。父母还要让大孩子知道，宝宝生病与大孩子的所做所想无关。请记住，孩子小的时候容易认为世界上的每一件事都是因为他们才发生的。

如果孩子有特殊情况，比如像孤独症这样的发育性问题，就会需要父母以及兄弟姐妹的特别关心和照顾（参见第 521 页）。由于父母所有的注意力都集中在了那个最需要帮助的孩子身上，因此身体健康的孩子很容易就会觉得自己无足轻重。他会心生怨恨，埋怨自己的兄弟或姐妹霸占了父母的关心。接着，他还会因为怨恨那个无助的兄弟或姐妹而鄙视自己。

如果身体健康的孩子能够照顾有病的兄弟姐妹，固然是件好事，但是，他也需要时间和鼓励去做一般孩子做的事情，比如交朋友、打棒球、学钢琴，或者只是悠闲地待着。健康的孩子也需要父母至少腾出一点时间单独陪伴。

照顾一个孩子的特殊需要，同时满足其他孩子的日常需求，这对父母和父母的婚姻提出了很高的要求。有时候肯定会有某个孩子的要求得不到满足。问题是做出牺牲的不能总是健康的孩子。在健康孩子和生病孩子的需求之间找到平衡是一件很有挑战性的事情。父母也可以在家庭之外寻求帮助，像亲属、朋友、专业人士，以及一些社会团体，都能提供一定的帮助。

如果有特殊需要的孩子总能享有特权，而他的兄弟姐妹却没有，这时后者可能会变得愤怒、伤心，从而带来情感上的压力，或者导致行为上的问题。但是，大多数这样的孩子都会成长为成熟、慷慨、有洞察力、有使命感的人。这些品质会使他们受益终生。

# 焦虑症和抑郁症

当孩子感到悲伤或害怕时，父母自然就想努力让一切好起来。同时，父母需要认识到，悲伤、担忧甚至恐惧都是正常、健康的情绪。当我们喜爱某种东西时，就会为失去它而感到悲伤。悲伤教会我们要珍视和守护自己的心爱之人和喜爱之物。恐惧提醒我们要注意危险。正因为心中忧虑，我们才会精心筹划，希望能防患于未然，避免自己陷入悲伤。健康的孩子有时也会感到难过和担忧，但他们既有手段和方法，也有支持和帮助，能够避免自己被负面情绪淹没。

如果丧失之物过于沉重，或支持的力量和应对手段不足以与之抗衡，就会引起焦虑和抑郁。正常的悲伤和恐惧情绪有可能会跨越界限，演变为抑郁症和焦虑症，这种情况有时并不那么明显。下面的内容可以帮助家长做出判断，获得所需的帮助。

## 焦虑症

焦虑症比抑郁症，甚至注意缺陷多动障碍（有时候人们会有一种感觉，好像所有孩子都得了注意缺陷多动障碍）更为常见。焦虑症区别于正常担心的关键特征就是它会影响人的日常活动。例如，一个小男孩害怕狗，他每次走在人行道上碰到小狗时，就会依偎着妈妈，站在她的另一侧，紧紧抓住她的手。他有时还会梦到可怕的狗。不过，随着时间的推移，这个小男孩碰到了一些友好的狗，在和小狗相处时开始变得更自在了（至少不会害怕那些熟悉的小狗了）。这些都是正常的恐惧。

还有一个小男孩特别害怕狗。当他远远地看到一条狗时（即使那条狗已经用皮带牵住了，而且看起来很友善），就会哇哇大哭，还要坚持让妈妈去街道另一侧走。有时候，这个小男孩还会拒绝出门，理由竟然是在外面会遇到狗。好心的父母邀请了一只非常友好的小狗来家里玩，小男孩则完全失去了理智，无法控制地惊声尖叫起来。哪怕只是一本关于小狗的故事书也会让他感到心烦意乱。对这个男孩来说，狗触发了一种强烈的恐惧感，甚至让他无法正常生活。这个孩子患上了恐狗症，需要进行治疗。

**焦虑症的类型**。焦虑症在儿童身上有着不同的表现形式。许多儿童对特定事物有着被放大的恐惧感，比如害怕狗（如上文例子所示）、昆虫或坏天气。孩子还会害怕床底下藏着怪物、惧怕黑暗和鬼魂，这些都是很常见的恐惧心理，通常来说也是正常现象（参见第 113 页）。但是，如果孩子出现了十分强烈的恐惧感，比如因为害怕甚至白天也把自己关在家中的房间里，就可能患上了焦虑症。

我们再来举一些例子。8 岁的男孩可能会担心在他上学不在家的时候，会有坏事降临到母亲头上，甚至会因此而无法专心听课（即分离焦虑）。10岁的女孩可能会非常害怕上课时被老师叫到，甚至会因此而呕吐（即表现焦虑）。12 岁的孩子则会时时刻刻地为每一件事情而担心。他会睡不着觉，身体也会因为这种紧张而疼痛（即广泛性焦虑症）。

还有一些不太常见的焦虑症，比如惊恐发作。一个处于青春期的孩子可能会突然产生一种强烈的不适感，感觉自己透不过气，正在濒临死亡，或觉得自己要发疯了。如果他出现惊恐发作时正好在电梯里，就可能会因为担心再次发作而拒绝乘坐电梯；如果他发作时正好身处户外，就可能会因为害怕再次发作而闭门不出（即广场恐惧症）。

强迫症（OCD）是一种焦虑表现形式，有这种情况的孩子会表现出强迫性仪式动作——按照一定次数关灯和开灯，或者反复洗手——他觉得如果不这样做就会发生可怕的事情。仪式动作一旦完成，恐惧感就会减弱一些，但总是一次次卷土重来，而且越来越强烈。

很多孩子在家庭之外的环境讲话或与家庭成员以外的人交谈，就会感到恐惧，这样的孩子数量惊人。在家的时候他们可以正常地聊天，但如果有陌生人来访，他们就会立刻陷入沉默。在学校时，他们可能非常不爱说话，老师甚至会以为他们的反应极为迟缓。患有选择性缄默症的孩子与容易害羞或慢热的正常孩子不同，后者在陌生人面前会最终变得轻松自在起来。但如果父母想通过收买、逼迫或引诱的方法让那些患有选择性缄默症的孩子开口说话，只会给他们的焦虑雪上加霜，使情况变得更糟糕。但是，专业治疗可以奏效。

在一些孩子身上，焦虑表现为一种攻击性倾向。一个 8 岁的男孩因为在学校掀翻了自己的课桌而被送回家。他会一而再，再而三地这样做，直到有人意识到这个男孩子其实是想被送回家，这样就能缓解离开妈妈时产生的焦虑情绪。另一个孩子可能会因为一些鸡毛蒜皮的小事而崩溃，比如做花生酱三明治时用错了面包，或者在写作业时做错了一道题。他会大喊大叫，牙齿紧闭，还会把铅笔弄断。在这个满怀焦虑的孩子眼里，任何差错都是一场大灾难。解决方法并不是暂停孩子的活动或换另一种惩罚方式，而是要想办法降低他的焦虑感。

**焦虑症的成因。**很多儿童在接触新鲜、不同或略微可怕的事物时会引起焦虑情绪，这种特质其实和遗传有关（参见第 89 页和第 113 页）。研究人员把目光锁定在了一些基因上，它们可以控制大脑系统来产生和消除焦虑情绪。

除了遗传因素，应激体验或创伤性经历也可以引起焦虑症。在一个极端，那些经历了战争、街头暴力、家庭暴力、龙卷风、洪水和地震等灾难的儿童因遭受严重创伤而患上了焦虑症。在另一个极端，很多儿童的焦虑症则更多是由日常压力引起的，比如接种疫苗（即针头恐惧症）或在学校被人嘲笑。这些孩子可能遗传了过多的焦虑基因，只需些许压力就能使他们陷入焦虑症的困境。

焦虑症具有家族性，许多焦虑的孩子也有着过度焦虑的父母。有时候，父母本意并不是想让孩子陷入麻烦，但却让孩子学会了焦虑。比如，父母可能会反复告诫孩子不要和陌生人说话，因为总有孩子被陌生人诱拐，"然后你就再也见不到我了，永远见不到了！"虽然这种恐惧并没有现实依据（尽管每天都有耸人听闻的新闻报道，但陌生人绑架儿童案其实极为罕见），但焦虑感却是真实存在的！

**焦虑症的治疗**。治疗的第一步是进行全面评估。一些罕见的健康状况可能会看起来像焦虑症，或者引起焦虑症。例如，脓毒性咽喉炎或其他感染可以让一个平时很健康的儿童突然出现强迫性行为。还有一些儿童的焦虑反应模式可以追溯到童年早期。细致的探查经常会发现孩子的其他家庭成员也存在焦虑问题。通过这种全面评估，孩子身上如果有其他需要治疗的问题也可能会被发现，比如学习问题、睡眠问题或情绪问题。血检不能作为焦虑症的诊断标准，但却可以帮助排除一些可能引起焦虑症的疾病，比如甲状腺功能亢进。脑部扫描并没有什么帮助。

焦虑症的主要治疗方法被称为认知行为疗法（CBT）。该疗法的理念简单却有效。孩子会学习如何综合运用呼吸、肌肉控制和想象法来放松身心。一般来说，儿童要比成年人更善于想象，所以孩子们在这方面有着天然的优势。接下来，孩子会在治疗师的指导下，开始逐步接触那些使他焦虑的事物，首先通过想象，进而实际接触。在每一步中，孩子都可以运用放松身心的技巧来控制焦虑感，直到最终能够面对那些曾经让自己害怕的事物。治疗师仿佛是一个教练，而孩子就像是在学习一门新技能（孩子总是会学习新技能）。但需要注意的是，并非所有治疗师都接受过认知行为疗法培训。父母值得花费一番努力来为孩子寻找一名受过培训的治疗师。

除了认知行为疗法，治疗焦虑症的药物也会对一些孩子有效。但是，药物并不能教会孩子如何放松身心，而焦虑症又往往会伴随孩子终生。因此，不应把药物作为唯一的治疗手段。儿童精神科医生或发育行为儿科医生知道如何开药并对孩子的用药情况进行监测。

正视焦虑症的诱因同样重要。如果孩子患上焦虑症是因为他对学习或运动成绩抱有过高期望，表现优异的兄弟或姐妹让他相形见绌，同学戏弄他，所在地区危险丛生或家庭濒临破裂，那么家长就需要帮助孩子来面对这些问题。当父母的焦虑得到了更好的控制时，孩子的情况也往往会得以改善。父母对孩子的信心是一剂灵丹妙药。"焦虑症是一个棘手的问题，但我知道咱们可以一起来解决它，你也一定能够取得最终的胜利。"

## 抑郁症

**孩子患上抑郁症的征兆。** 患有抑郁症的孩子并不总是一副闷闷不乐的样子。很小的孩子可能会显得无精打采，也不爱吃东西。学龄期孩子则会出现肚子疼或头疼的症状，几天不能上学。（首先当然是让医生检查一下，看看是否患了其他疾病。）患有抑郁症的孩子表现出的情绪往往不是伤心，而是易怒，他们会因为很小的事情而长时间感到愤怒。

就像抑郁的成年人一样，患有抑郁症的孩子会对曾经感觉有趣的事情失去兴趣，什么也不能让他们兴奋。他们还可能没精打采，也无法集中精力学习。成绩常常会随之下降。虽然有时也会吃不好睡不着，但往往都要比平常吃得多，睡得多。如果父母温和地询问孩子，他可能会承认，觉得自己应该对所有坏事负责，还觉得情况永远都不会好转，甚至可能想到过自杀。

有一种抑郁症会在某个时间发作。一个孩子可能一直表现优秀，然后突然之间成绩下滑，对朋友开始冷淡起来，对之前的爱好也失去了兴趣。另一种抑郁症则会月复一月、年复一年地折磨人。患病的孩子从来没有感受过真正的快乐，他百无聊赖地活着，在生活中苦苦挣扎。如果认识到孩子患上了抑郁症并积极治疗，这两种类型的抑郁症都可以得到改善。

**是什么导致了抑郁症？**和焦虑症一样，抑郁症也具有家族性。许多使儿童易患焦虑症的基因也会增加罹患抑郁症的风险。与焦虑症的情况一样，被剥夺珍视之人或心爱之物也可能会引发抑郁症。若孩子失去家长的庇护，不论是因为父母一方离世还是被遗弃，都很有可能让他患上抑郁症。兄弟姐妹、祖父母，甚至心爱宠物的离世也有着同样的影响。那些较小的"丧失"，比如搬家后远离了好友，也可能会引发抑郁症。了解这些诱因可以提醒父母，如果孩子有患上抑郁症的风险，就要考虑到这种可能性。

这里还有一些用得上的知识：在年纪还小的时候，男孩和女孩患抑郁症的概率一样；在青少年中，抑郁症更容易出现在女孩身上。而十几岁的男孩一旦感到抑郁，自杀的风险就会特别高，尤其当他们喝了酒之后，这种危险更高。

**双相情感障碍**。在少数情况下，大一点的孩子会时而抑郁，时而精力极为充沛。在后一种状态下，他会感觉到超乎常人的快乐、有魅力、智慧和坚强。这就是躁狂-抑郁性精神病的情况，这种病也被称为双相情感障碍。小一点的孩子也可能患上双相情感障碍，只是症状有些不同，也不易确诊。判断双相情感障碍的一个线索就是患者会连续不断地暴跳如雷，情绪狂躁。如果家族有双相情感障碍病史，儿童精神科医生就会仔细考量孩子是否遗传了此种疾病。注意缺陷多动障碍的症状和双相情感障碍很相似，但治疗方法却并不一样，因此，父母应该咨询富有经验的精神科医生，这一点非常重要。

**抑郁症的治疗**。绝望是抑郁症的一个症状，所以治疗的首要目标之一便是让父母和孩子相信抑郁症是可以治愈的。抑郁症确实是会好起来的！

治疗的第一步便是进行全面评估，以确定关键症状、风险因素（基因、失去）和触发因素，并排除需要治疗的其他疾病（例如甲状腺功能减退或睡眠障碍）。谈话疗法的两种形式，即认知行为疗法和人际关系疗法，效果都很不错。父母需要找一位在这些疗法方面受过良好训练的临床医生，这一点非常重要。如果别人推荐了一位治疗师，或者父母正在为孩子寻找治疗师，可以询问他一些具体问题，比如计划采取何种方法，以及培训经历和资质等。优秀的治疗师并不介意回答这些问题。

药物治疗也有一定帮助，但不应将其作为唯一的治疗手段。有效的谈话治疗依然是最关键的手段。抗抑郁药物并非毫无风险，因此父母需要认真阅读相关信息，还要与孩子的医生或精神科医生详细沟通。最常用的抗抑郁药都带有警示信息，告知服药者这些药物可能会让人产生自杀的念头。这确实很可怕，但父母不应为此而退缩。抑郁症的危险在于观念，而非自杀这件事本身。事实上，在有些国家禁止使用这些抗抑郁药物后，自杀的实际人数反而急剧上升了。换言之，如果孩子需要服用药物来治疗抑郁症，那么对孩子来说，服用药物就比不服用药物更加安全。

不过，父母也无须马上决定用药问题。当务之急是要知道孩子是否患有抑郁症，还要与孩子的医生聊一聊。抑郁症是可以治愈的，即使再次复发（有时确实会发生这种情况），也可以再次治愈。许多过着幸福生活的人可以告诉你，他们在过去曾经历过一段饱受抑郁症困扰的时光。心中怀揣着能治愈的希望是一种明智的做法，还会在困境中给人以力量和鼓舞。

# 注意缺陷多动障碍

**什么是注意缺陷多动障碍？** 年幼的孩子有无穷无尽的精力，却没有常识，这很正常。很多 3 岁的孩子很难安静地坐下来看完整本图画书。许多 4 岁的孩子只能先行动，后思考。即便孩子到了 5 岁，也只是偶尔才会对那些不太有趣的事情（比如捡玩具和做练习题）保持持续的专注力。

当人们用"多动症"这个词来表示行为障碍时，指的是注意缺陷多动障碍（ADHD）。按照标准定义（美国精神病学协会每一次发布新版指南时会对该定义进行少许改动），注意缺陷多动障碍包括三个主要部分：注意力不集中，容易冲动，以及过度活跃。也就是说，患有注意缺陷多动障碍的孩子，对于不是特别有趣或困难的任务，集中和保持注意力的能力很差；很难控制冲动，想到什么就做什么，做事不考虑后果；很难安静地坐下来，总是到处乱跑，或身体部位（手、脚、嘴巴）来回乱动，即使在需要安静的场合也是如此。如果这些问题严重影响了孩子的生活，而且在很多场合（家庭、学校、社区）持续出现，孩子就有可能患上了注意缺陷多动障碍。如果孩子在学校和家里的表现尚可，就不是注意缺陷多动障碍患者，即便他有无穷的精力，在教室里上蹿下跳或者有很多奇怪的想法，也不是注意缺陷多动障碍。

注意缺陷多动障碍给孩子和家庭都带来了很多问题。孩子持续不断地陷入麻烦中；老师会责骂孩子，并将每一次混乱都归咎于他；父母总是因为孩子的行为冲他大喊，惩罚他，即使他们很不想这么做；孩子的友谊也很短暂。孩子往往会变得闷闷不乐、心怀怨恨，还会感到孤独和愤怒。

**注意缺陷型多动症。** 有些儿童虽然注意力很难集中和持续，但并不是太过活跃或冲动。对于这些孩子来说，他们可能患上了注意缺陷型多动症，也称 ADHD-I 型。这个术语并不是十分严谨，该疾病名称中虽然带有"多动症"的字眼，但儿童并不"多动"。有些人喜欢使用简称"ADD"，而省略"H"（H 代表 hyperactivity，即"多动"）。但也有人习惯用"ADD"来表示与"ADHD"相同的内容。最新的官方指南使用的简称是"AD/HD"，其中的斜线表示注意力缺陷和多动二者并不一定同时成立。我则坚持使用"ADHD"这一简称。

不管人们如何称呼这一疾病，这些孩子的确存在着问题。他们总爱走神，或关注一些细枝末节的事情；他们会错过重要的信息；这些孩子往往做事毫无条理，容易三心二意。他们有良好的阅读能力，但却经常会忘记刚刚读过的内容；他们会完成作业，但做完后却经常忘记了提交；总是丢三落四；经常胡思乱想，爱做白日梦。这些情况会带来严重的后果，比如学习成绩下降、父母变得懊恼沮丧、孩子陷入自我责备。但是，家长往往不会意识到孩子患上了注意缺陷型多动症，因为这些孩子并不会出现破坏性行为，他们甚至可能会表现得异常安静。医学专家们至今仍然无法确定注意缺陷型多动症（ADHD-I）究竟是注意缺陷多动障碍（ADHD）的亚型，还是不同类型的疾病。这么说来，并不是只有家长才会感到困惑。

**注意缺陷多动障碍真的存在吗？** 尽管目前关于这一问题还存在着很大的争议，但几乎所有专家都同意，有些孩子大脑本身的构造使他们变得非常活泼好动、冲动、不专心。根据美国精神病学协会发表的注意缺陷多动障碍诊断标准，在美国，有大批的孩子（比例在 5% ~ 10%）患有注意缺陷多动障碍。注意缺陷多动障碍确诊人数似乎每年都在增长，但没有人知道这是因为越来越多的孩子在大脑发育方面出现了问题，还是因为越来越多的专业人士能够识别这种疾病；也可能是两种原因兼而有之。

问题在于，美国精神病学协会发表的这个标准是以父母和教师对一些比较模糊问题的答案来确定的。比如，其中有一项标准是"孩子在协调任务和组织活动方面经常遇到困难"。但是，"经常"、"困难"、"任务"和"活动"这些词语都没有明确的定义。"经常"是指一天两次还是一整天呢？修理一辆自行车算不算"任务"或"活动"呢？而这类事情是很多患有注意缺陷多动障碍的孩子也能做好的。还是说，这里的"任务"或"活动"指的只是学业呢？学校的功课应该是具有挑战性的，但如果一个孩子在完成高等微积分作业时遇到了困难，那算不算符合标准呢？无怪乎教师和父母在判断哪个孩子患有注意缺陷多动障碍的时候总是出现分歧。完全客观的诊断方法并不存在。

所以，尽管很多孩子在学校和家里困难重重，他们的情况也符合注意缺陷多动障碍的基本特征，但究竟有多少人大脑不正常仍是一件还不清楚的事。我猜想，他们当中的许多人有着健全的大脑（尤其是那些更年幼的孩子），只是在我们认为所有孩子都应该做好的事情上表现欠佳而已，比如老老实实地坐着听讲、整天都能按照老师的要求完成作业等。

**不恰当的养育方式会导致注意缺陷多动障碍吗？** 没有证据表明不当的育儿方式会导致注意缺陷多动障碍。一些有注意缺陷多动障碍的孩子的父母具有出色的育儿技能，还有很多父母水平一般，还有一些水平非常有限。一个被宠坏了的孩子可能受不了拒绝，也受不了等待，他在行为上很可能会有注意缺陷多动障碍的表现。但是，大多数患儿都是在比较合理的限制和规矩下长大的，却无法像大多数其他孩子一样对事情做出正常反应。

**类似注意缺陷多动障碍的症状。** 很多孩子看起来好像患有注意缺陷多动障碍，但实际上并不是。睡眠紊乱可以导致注意力不集中（睡眠呼吸暂停相关内容，参见第 373 页）。有一种惊厥会使孩子在一天之中多次昏厥，每次持续几秒钟，也可以造成孩子注意力不集中。引起孩子产生类似注意缺陷多动障碍症状的其他原因还包括：服用过敏药物或治疗其他疾病的药物、视觉障碍或听觉障碍，以及焦虑或抑郁等情绪问题。如果学校的课程对孩子来说不是太困难（学了也不会，何苦呢？）就是太简单（太无聊了！），孩子就会在课堂上开小差。有时候，很多困难会同时出现：有些孩子不仅在心理上承受着压力，在学业上也困难重重，再加上家庭环境比较压抑，校园的学习氛围欠佳等。有经验的儿科医生或儿童行为专家可以帮助家长理清这些问题。

如果一个孩子服用了治疗注意缺陷多动障碍的药物以后情况有所改善，也不能证明他一定患有注意缺陷多动障碍。不论是否患有注意缺陷多动障碍，大多数人在使用了治疗注意缺陷多动障碍的药物之后，注意力都会有所提高。这些药物还可能使有些情况恶化，也可能让家长和医生错误地认为它们是有效的，从而掩盖了真正的问题。例如，如果一个孩子患有学习障碍，服用了治疗注意缺陷多动障碍的药物之后可能会更加安静地坐在那里，但是他仍然学不好。因此，很重要的一点就是，父母和医生在诊断注意缺陷多动障碍时，一定要从容和谨慎。

**注意缺陷多动障碍还是双相情感障碍？** 越来越多的学龄儿童被诊断为双相情感障碍，这种疾病曾被称为躁狂 - 抑郁性精神病。在成年人中，这种症状表现为由精神振奋、精力充沛（躁狂）转向情绪低落、精力减少（抑郁），这一系列转变很明显。在孩子中，这一转变可能更短暂，而躁狂期可能表现出极端愤怒。实际上，这个问题很难分辨，需要有经验的临床医生来判断孩子是在大发脾气，是注意缺陷多动障碍伴有暴怒和易激惹的抑郁症（这种疾病现在有时被称为"DMDD"，即破坏性心境失调障碍），还是真正的双相情感障碍。

治疗注意缺陷多动障碍需要强效的药物，但也存在严重的潜在副作用，比如可能导致体重急剧增加，还会增加罹患糖尿病的风险。只有受过专业训练的医生才具有这类药物的处方权，如儿童精神病医生或发育行为儿科医生。

**医生如何诊断注意缺陷多动障碍？** 诊断注意缺陷多动障碍不需要验血和脑部扫描。医生对一例注意缺陷多动障碍做出诊断，起码应该从一位教师和一位家长那里获得信息，可以采访他们、进行问卷调查，或者请他们做出书面描述。医生应该考察患有注意缺陷多动障碍孩子的成长轨迹和心理历程，研究他的家庭背景，询问相关问题，然后对他进行一次彻底的身体检查，还要考虑所有那些看起来像注意缺陷多动障碍，或伴随注意缺陷多动障碍的疾病。如果一个医生只是花了15分钟和一个孩子相处，从而判断他是否患有注意缺陷多动障碍，是过于草率的做法。

一般而言，儿科医生或家庭医生会跟心理学家和精神学家一起，共同考察某个孩子是否患有注意缺陷多动障碍，还可能用到心理测试和详细的学习能力评估。

**注意缺陷多动障碍的治疗**。注意缺陷多动障碍的治疗方法很多。虽然许多儿童最终都要接受药物治疗，但如果一个孩子被诊断患有注意缺陷多动障碍，并不意味着必须接受药物治疗。最重要的治疗方法之一是教育。作为注意缺陷多动障碍患儿的家长，你需要了解很多关于这种疾病的知识，这本书中涉及的内容并不够。身患注意缺陷多动障碍的孩子也需要清楚自己大脑的状况，哪些情况会特别艰难，又有哪些东西可以帮助自己达到最佳状态。

参加心理咨询可以帮助儿童应对注意缺陷多动障碍带来的诸多问题，比如交友困难、无力面对挫折，以及往往会伴随注意缺陷多动障碍出现的学习问题和行为问题。许多患有注意缺陷多动障碍的儿童也有阅读障碍（参见第638页），这种情况需要接受特殊教育。几乎所有注意缺陷多动障碍儿童做事都缺乏条理。在家中培养一些行为习惯可以让生活变得更轻松些。例如，一旦孩子知道做完的家庭作业要马上放回文件夹，书包要放在后门的长凳上，早晨就不会那么匆忙和紧张了。许多学校都会提供组织能力训练课，这些课程会由训练有素的辅导员进行讲授。有一些学会了如何应对自身注意缺陷多动障碍的成年人成为组织能力最强（也最有意识）的一批人。

尽管注意缺陷多动障碍很常见，但如果家中有罹患注意缺陷多动障碍的儿童，父母还是会备感孤独，压力重重。就像一切慢性疾病或发育性疾病的情况一样，孩子患有注意缺陷多动障碍的事实也会使父母的婚姻关系紧张起来。明智的父母会留意那些警示信号（比如交流沟通和身体爱抚变少），正视这些问题，彼此多沟通，必要时还会接受婚姻咨询。所有的孩子都需要，也值得拥有幸福快乐的父母。

**治疗注意缺陷多动障碍的药物**。数十年的研究表明，药物治疗是治疗注意缺陷多动障碍核心症状的最有效方法。用来治疗注意缺陷多动障碍的药物一般都是中枢兴奋药。这些药物用在患有注意缺陷多动障碍的孩子身上，十例中大约有八例都会取得疗效。中枢兴奋药会在患者集中注意力的过程中激发大脑的某些活跃部位，从而使人的反应更加敏捷。这些部位主要集中在额头下方区域。在这方面，中枢兴奋药的作用很像浓咖啡。它会让心脏的跳动速度加快，会使人产生紧张或兴奋的感觉，这一点和咖啡因一样。

两种主要的神经兴奋药是哌醋甲酯和苯丙胺。除兴奋药之外，其他药物有时也用于治疗注意缺陷多动障碍。有时，人们会把兴奋药和镇静剂或麻醉剂相混淆，但它们在功能和作用于大脑的方式上非常不同。

告诉孩子治疗注意缺陷多动障碍的药物是维生素这种做法是错误的。孩子们会知道自己被骗了。我会这样解释，这种药物可以帮助大脑集中注意力，就像眼镜可以帮助眼睛聚焦一样。我会诚实地告诉孩子，兴奋药有助于激活大脑中的控制回路，"这样你就能更自如地控制自己"。孩子们希望成为身体的主人，不被随意的冲动所左右。

**使用兴奋药安全吗？** 很多父母不敢用药物来治疗孩子的注意缺陷多动障碍。这种担心不无道理，因为这些药物都会影响大脑。如果孩子必须长年服用这种药物,影响就会更加明显。然而,家长的担心许多都来自错误的信息。比如说,没有证据显示兴奋药会像海洛因或可卡因那样让人上瘾。突然停止服用兴奋药的孩子不会出现药物依赖性和长期戒断症状。有的人会通过滥用兴奋药来振奋精神,但是当我们用兴奋药来治疗注意缺陷多动障碍时,孩子却会因此而冷静下来,不会越来越激动。

患有注意缺陷多动障碍的孩子的确会比正常的孩子更容易酗酒,也更容易对其他一些东西上瘾,但我认为这并不能归咎于药物治疗。患有注意缺陷多动障碍的孩子在学校、家里以及与同龄人相处的时候都会遇到无休无止的问题,于是会产生一种悲伤绝望的情绪,因而这些孩子就会借助酒精去摆脱这种痛苦的情绪。针对注意缺陷多动障碍的药物治疗还能降低青少年滥用违禁药物以及因绝望情绪而导致冲动性自杀的可能性。

兴奋药的确会产生副作用,比如胃痛、头疼、食欲下降、睡眠障碍等。但这些副作用一般都很轻微,在药物的剂量调配合适以后会很快消失。正在接受兴奋药治疗的孩子不会变得性情古怪或反应迟钝,如果出现这样的副作用,是用药剂量过大导致的。任何一种药物的安全使用主要依赖于医生的仔细监测。患有注意缺陷多动障碍的孩子在用药期间应该每年至少去看四次医生。服药初期还应该去得更频繁一些,因为那段时间正是调整剂量的时期。问一个孩子感觉怎么样时,如果他回答"我感觉很舒服",就说明这种药物起作用了。

尽管很多患有注意缺陷多动障碍的孩子在青春期还会继续用药,但是并不需要终生服药。随着年龄的增长,一些孩子生理上的注意缺陷多动障碍会逐渐减弱,但仍然很难集中注意力,因此应该继续服药,这对他们仍有帮助。对于其他情况比较好的孩子来说,只要勤于自律,离开药物的帮助也能做得很好。很多注意缺陷多动障碍患者会选择那些让自己的身体和大脑都闲不住的工作。

**患注意缺陷多动障碍的孩子会出现什么情况?** 通过精心的医疗护理和

良好的教育，患有注意缺陷多动障碍的孩子也能取得成功。长大以后，那些让他们在学校四处碰壁的特点也许会让他们在工作中如鱼得水。这些特点包括：积极主动、精力十足、能够同时思考多件事等。有一次，一位成功的软件销售员（也是我的一个小患者的父亲）告诉我他患有注意缺陷多动障碍。他说："实际上，我们办公室里的人都有这个毛病，这样我们才能胜任这份工作！"

如何判断注意缺陷多动障碍的治疗方法有效呢？获得有效治疗的孩子会对自己的长处和短处有相当准确的看法，并欣然接纳那些他所观察到的优缺点。他会付出努力，还会对自己的努力尝试给予肯定。他会交到好朋友，不仅能得到父母的无条件关爱，还会让人由衷喜欢。如果孩子感到被拒绝，并在内心深处认为自己不值得被爱，那么他就需要更多的帮助。日久天长，未经妥善治疗的注意缺陷多动障碍会引发孤独和自我厌恶情绪，这会让孩子感到痛苦异常，有损他的身心。

**父母能做什么？** 如果觉得孩子可能患有注意缺陷多动障碍，就跟孩子的医生谈一谈，或者找其他能提供帮助的专业人士咨询。父母知道得越多，与医生、教师和其他专家的交流就越充分，也就越能给孩子的健康发展提供支持。

# 学习障碍

如果孩子在学校的学习有困难，就需要看一看他是否患有学习障碍，这一点非常重要。学习障碍（LD）是不易察觉的大脑发育问题，会影响特定的学习功能：阅读、写作、计算、听力等。多达 1/7 的孩子存在这个问题。标准的 CT 扫描或核磁共振成像无法检查出是否患有学习障碍，但如果你知道自己在寻找什么，只需简单的测试就可以很容易地发现。对学习障碍的确诊，为适应、矫正和最终取得成功打开了大门。

**了解学习障碍**。有一种方法可以理解这种情况，即孩子的才能本来就是参差不齐的。有的孩子可能写作很棒，数学比较差。也有些孩子可能理科很强，外语较弱。他们各方面能力的巨大差异可能让你想到，许多患有学习障碍的孩子，在他们缺陷以外的其他领域可能非常有天赋。事实正是如此。比如，我们经常会看到这样的情况，一个数学很棒，也很有艺术眼光的孩子，阅读能力却很差，要用一年或更长时间才能赶上其他同龄孩子的进度。

重要的是，要明白学习障碍和智力缺陷是不同的问题。患有学习障碍的孩子，智商得分可能很高，可能一般，也可能低于平均水平。许多天才（爱因斯坦、爱迪生和其他很多人）都患有阅读障碍，这是一种学习障碍，会让患者的阅读能力出现问题。一个有认知障碍的孩子（参见第 644 页）也可能同时患有学习障碍，可能需要耐心和专业的干预才能取得进展。

还有许多别的原因可能使孩子面临学习困难。很显然，听力障碍和视力障碍会影响学习。任何导致孩子经常缺课或在学校感到疲惫的疾病也有同样的影响。有些药物也会干扰孩子学习。父母一定要请专业的医生为孩子做生长发育和健康评估。

**学习障碍的表现。**有学习障碍的孩子知道自己有某些问题，却不知道问题出在哪里。老师和父母都告诉他们要再努力一些。有时候，他们付出极大的努力以后，也可以有所成就。比如说，一个孩子可能会花5个小时去做定量为30分钟的家庭作业。他虽然成绩良好，但就是无法日复一日这样刻苦地学习。老师可能不明白为什么他的成绩不能始终保持在他能够达到的水平上。老师非但看不出这个孩子非凡的努力，反而容易认为他很懒。可以理解的是，这个孩子很可能会变得讨厌这个老师，因为他永远都不能让老师满意。

我相信父母已经发现，学习障碍的问题会发展成为情感和行为问题。有些孩子会下决心做班里的"小丑"，或者违反老师的规则，以此把注意力从自己的学习缺陷上转移开。他们认为，做坏孩子要比做蠢孩子好。还有些孩子则会默默地忍受着。他们会故意忘记交作业，也不积极参与班级里的活动，从来不发言。这些孩子还会通过打架的方式来发泄自己的挫败感，或试图维护自己的尊严。孩子的每一个错误行为都印证了他是"坏孩子"的判断。

**阅读障碍。**到目前为止，最常见的学习障碍涉及阅读和拼写。这种情况常常被称作阅读障碍（也叫读写困难）。阅读障碍在所有学习障碍的病例中占到80%，有多达15%的儿童受到影响。阅读障碍是遗传性的，如果家长都存在这一问题，那么孩子出现同样问题的概率超过50%。男孩更容易出现阅读障碍，患者的男女比例为2∶1。

阅读障碍的表现会随着时间变化，而且每个孩子都会有所不同。如果很小的孩子开始咿呀学语的时间比正常孩子晚，或者发出声音的种类比正常孩子少，他们长大后就可能患上阅读障碍，这一点和说话较晚的学步期孩子一样。如果一个孩子到了 5 岁还说不好话，他出现阅读障碍的概率就很大。

在幼儿园和小学低年级，患有阅读障碍的孩子很难把字母和声音联系起来。他们可能知道字母歌怎么唱，但说不出不同字母构成的声音（虽然他们可以唱出来，却常常很难记住那些字母的名称）。押韵需要孩子对构成词语的声音很敏感，对阅读障碍的孩子来说，押韵很困难。如果他们终于学会了读几个词，是因为他们把这些词当成整体记了下来；他们没有能力读出每个字母的发音，然后再把这些声音组合到一起，构成词语。

患有阅读障碍的孩子经常会把字母颠倒过来，还会把字形相似的字母弄混（比如 b、d 和 p）。但是，有一种常见的误解，认为颠倒字母是阅读障碍的主要特征。其实 7 岁之前，颠倒字母是所有孩子常犯的错误。有阅读障碍的孩子说话时容易把词的意思弄混，还会想不起常见物体的名字（比如门把手或鼻孔）。

大多数患有阅读障碍的孩子最终都能学会如何阅读。但还是容易遇到困难，因而阅读速度缓慢。他们常常抓不住所读内容的要领，因为需要花费大量精力去理解那些词。各种测试对他们来说尤其艰难，因为他们要花很长时间去阅读题目要求。如果按照自己的速度答题，就只能完成前半部分的问题，然后时间就到了；如果很快做完了整套试题，就会出现很多错误，因为他们还没有读懂题目。然而，如果参加的是口头测试，常常可以看出他们对该科目的知识掌握得很牢固（有阅读障碍的孩子应该接受没有时间限制的测试，以此作为个人教育计划的一部分）。即使是成年以后，他们也很少为了消遣而阅读，尽管在对什么事情特别感兴趣时，也可能强制自己读下去。

有阅读障碍的儿童和成年人常常拥有特殊的能力，这也是我在之前描述的大脑发育不平衡的另一种表现。他们经常具有极强的创造力，还可能是优秀的视觉思考者。许多杰出的科学家、企业家和艺术家都被认为患有阅读障碍。有一本很精美的图画书，讲的是一个患有阅读障碍的女孩如何在学校里刻苦学习的故事。这本书名叫《谢谢您，福柯老师》，文字作者和插图作者都是派翠西亚·波拉蔻，她本人就有阅读障碍。阅读障碍并不一定会限制孩子生活中的发展机会，反而会带来更多机会。

大多数科学家都同意，导致阅读障碍问题的主要是大脑里处理语言声音的区域。虽说阅读需要视觉，但大多数有阅读障碍的孩子视力都非常好。（最近，有一些验光师声称自己能够通过眼部运动治愈阅读障碍，但是还没有有力的证据证明这一点。）

已经证明有效的治疗阅读障碍的方法包括对大脑的训练，让孩子把声音和字母联系起来，把单个的声音组合成词语。这些训练项目中最有名的可能是奥尔顿－吉林厄姆读写法和琳达姆德－贝尔读写法，还有几个也不错，所有训练项目采用的方法都是相似的。如果孩子患有阅读障碍，就有必要找一位指导老师，或者找一个训练项目，运用这些经过检验确实可靠的方法来获得帮助。

面对阅读障碍，就像面对其他学习障碍一样，最重要的第一步很可能是发现问题，给它命名，然后让孩子明白那不是他懒惰或迟钝的问题，而是一个通过努力能够战胜的困难。医学博士萨利·沙维茨撰写的《克服阅读障碍》是一本易读又权威的指南。

**其他学习障碍。**每一种学业成功必备的能力都有可能产生与之对应的障碍。下面列出了一部分学习能力，以及缺少这些能力所带来的影响。

◎ 阅读能力。孩子必须能够将书面符号（字母和字母组合）与它们代表的发音联系起来，再把这些发音组合在一起，最后将其与单词建立联系。无法处理单词发音的问题是很多孩子发生读写困难的原因。

◎ 书写能力。孩子必须能够自动拼写出字母，无须思考它们的形状。如果停下来回想每一个字母，书写速度就会降低，书写的内容也不连贯，无法按时完成任务。

◎ 数学能力。解决基本数学运算（加法和减法）的能力，与空间想象能力和测量数量的能力存在潜在的关系。这方面有困难的孩子可能患有计算障碍，一种数学方面的学习障碍。

◎ 记忆能力。记忆能力包括吸收信息、存储信息以及在回答问题（例如"谁发明了电灯泡"）时提取信息的能力。吸收、存储和提取任何一个阶段出现问题都可能造成学习障碍。

◎ 其他能力。还有很多特定的能力也可能出现问题，比如理解能力、口头表达能力、按顺序排列（排序）的能力、快速回忆的能力、控制复杂的肌肉运动等。通常情况下，孩子都会存在不止一方面的问题（也可能在不止一方面具有优势）。

**学习障碍的评估**。对学习障碍的评估要从弄清几个问题开始：孩子对特定的科目了解多少，他的阅读准确性和阅读速度怎样，以及数学水平如何。针对这些问题的测试叫作成就测验。

学习障碍评估意图确定孩子在学习过程中的强项和弱项。为了达到这个目的，心理学家会对孩子进行智商测试。广泛应用的智商测试有好几种，比如，韦氏智力测试、斯坦福－比奈智力测试和考夫曼测试。所有这些测试都包括智力游戏和问题。从理论上说，这些测试项目可以显示出孩子利用视觉信息和口头信息解决问题的能力。智商分数可以很好地预测孩子在学校标准课程中的表现。不过，智商虽然很重要，但不应把某一次测试分数当成对儿童思维能力的完整描述，这是一种错误的做法。

事实上，智商测试只是个开始。神经心理学致力于测试人们如何利用不同类别的信息。最好的学习障碍评估可能包括由神经心理学家进行的几个小时的测试，着眼于诸多心理过程，比如，短时记忆和长时记忆、排序、注意力的保持和转移、推理性思维、动作计划、对复杂语法的理解等。这种成套测试的目的在于找准迟缓或薄弱的特定学习过程，以便强化它们，或者帮助孩子通过其他学习方法来弥补这些不足。

**法律对学习障碍的规定**。自 20 世纪 70 年代以来，一系列美国联邦法律陆续出台，明确规定了学校在教育一些有特殊需要的孩子时应承担的责任。1990 年获得批准的《残疾人教育法案》就是最近的例子，该法案此后又经过多次修订和重新颁布。这项法案针对全体有缺陷和发育问题的孩子，其中包括注意缺陷多动障碍、阅读障碍、言语和语言障碍等常见的问题。同时它也包括一些比较少见的情况，比如严重的视觉和听觉损伤、脑瘫等神经系统方面的问题，以及很多精神和情绪问题。任何严重影响孩子在正常的课堂上学习的问题都包括在此项法案当中。

这项法案的宗旨是，每个孩子都有权利"在最不受限制的环境下接受免费适当的公共教育"。我们有必要仔细地琢磨一下这句话。"免费"，就是说学费由国家、州政府或者联邦政府共同支付。"适当"，意味着孩子必需的学习条件要得到保证。即使孩子需要的是一个昂贵的助听器或一把可以支撑身体的特制椅子，他也有权得到。如果他需要一名助手才能完成课堂学习，那么按照法案的规定，学校就必须配备一位这样的辅助人员。"最不受限制的环境"意思就是，孩子不能因为某种缺陷被打发到单独的地方，跟同学们分开。把"不正常"的孩子安排在单独的"特殊班级"曾经是普遍的做法，但现在是违法的。

根据这项法案，如果父母认为孩子患有学习障碍，有权利要求评估。这项评估必须在 90 天之内由学校完成，被称作多元评估（MFE）或教育团队报告（ETR），包括对身体机能的多方面评估。它由一个团队进行，其中包括一名学校心理医生、孩子的老师和其他专业人士，如言语－语言病理学家和听觉病矫治专家等。如果这个团队得出结论，认为这个孩子符合学习障碍的标准，会撰写一份个人教育计划（IEP）。这份计划会为这个孩子确定一些教育目标，指定学校提供专门的教育服务，还会安排学校对这些干预措施的成效进行评估。根据规定，父母必须参与这个过程，必须认同这些决定；如果他们在任何阶段产生了异议，都可以申诉。

根据一项独立的联邦法案，不符合接受特殊教育要求的儿童，在学校里仍然可能享有特殊待遇的权利。比如说，患有注意缺陷多动障碍的孩子，如果不符合学习障碍的认定标准，根据 1973 年《康复法案》第 504 条款（简称 "504 行为计划"，请访问网站来获取更多相关信息），他仍然可能获得特殊援助。

**学习障碍的治疗**。治疗学习障碍的第一步也是最重要的一步，就是每个人都要承认问题确实存在。然后，老师和父母才会认识到孩子是多么努力地学习，才会表扬他们好学，而不是挑剔他们的成绩。孩子需要别人承认他们不愚蠢，他们只不过有着需要克服的问题。他们不应该独自面对这种问题，而要在父母和老师的帮助下，慢慢改善情况。

具体的教育治疗取决于学习障碍的类型。治疗阅读障碍最有效的方法是强化字母和它们代表的读音对孩子的影响。孩子可以调动他所有的感官，摸一摸木制的字母，用纸把它们剪出来，或者把面团做成字母的形状，烘烤之后尝一尝。除了直接面对问题，特殊教育者还要教孩子学会避开这些学习的障碍。所以，有阅读障碍的孩子可以通过听磁带的方法读书，书写不佳的孩子可以利用电脑完成写作作业。老师还要帮助孩子多关注他的强项，发挥这些优势，这一点同样至关重要。

# 智力缺陷

**成见和耻辱**。这些年来，人们用了很多不同的词语来指代智力水平低于平均标准的孩子和成人，比如发育迟缓、发育滞后、认知能力受损等说法。这些词语无不累积了一个耻辱的大包袱，沉重到现在已经成了一种侮辱的程度。新的术语是"智力缺陷"。除了改变使用的词语之外，我们还要改变自己思考这个问题的方式。智力缺陷不应让人感到羞耻，也无须隐藏。智力缺陷只是诸多疾病中的一种，使人一旦离开了专门的帮助就很难在社会中正常生活。然而一旦有了这些帮助，智力有缺陷的人也可以生活得很充实，参与社会生活的方方面面。他们能够爱别人，也能被人爱，还能对自己的社区做出贡献。

**智力缺陷诊断的意义**。对于任何儿童生长发育的里程碑来说，总有一些孩子较早达到，一些孩子较晚达到。而发育非常缓慢的孩子就会被贴上发育迟缓的标签。这种标签并不能说明出现这种滞后的原因，也不能说明这种滞后对孩子的将来有什么影响。很多发育迟缓的孩子最终都能迎头赶上，一般不需要医生和其他专业人士的帮助。

如果孩子在诸如语言、运动和游戏等若干方面都出现了发育滞后现象，就更有可能需要特别的帮助。这些孩子可能在某些方面永远无法完全追上正常孩子的发育程度。有智力缺陷的孩子在学习和其他技巧的掌握方面明显慢于大多数孩子。有一些发育严重滞后的孩子，或患有影响大脑发育疾病的孩子，可能在出生后一两年就被诊断为智力缺陷，也有一些孩子直到上学后才被诊断出有智力缺陷。

标准智力测试由接受过专门训练的专业人士进行，患有智力缺陷的孩子得分会很低。同样重要的是，患儿会表现出能力残缺，无法进行日常活动，比如照顾自己（吃饭、梳洗、穿衣服），向别人表达自己的需要和想法，以及做一些适龄活动。适应性行为量表可以帮助人们尽可能客观地做出判断。

过去，我们会根据智商得分把孩子分成轻度智力缺陷、中度智力缺陷和重度智力缺陷。现在人们会更多地把注意力集中在一个孩子生活中需要多少帮助上。智力有缺陷的孩子是仅仅在某些时候和某些情况下需要专门的帮助（比如在学校里），还是在大多数时间和大多数情形之下都需要帮助？这样一来，对智力缺陷的诊断就不仅是一种标识，反而成了对孩子所需帮助的类型和程度的一种描述，从而帮助孩子不断成长，更好地生活。


**引起智力缺陷的原因**。当智力缺陷很严重时，人们一般都能发现某种潜在的原因。其中包括风疹（也称为德国麻疹）或寨卡病毒感染。如果孕妇感染了这两种病毒中的一种，就可能导致发育中的胎儿大脑受损，但年龄较大些的儿童感染后只会引起轻微的症状。诸如苯丙酮尿症之类的遗传性代谢疾病也会导致智力缺陷，除非这种疾病在生命早期就被发现，并得到了妥善治疗。很多遗传疾病都会导致智力缺陷，像唐氏综合征（参见第 655 页）。

但是，当智力缺陷的症状比较轻微时，一般不太可能找到原因。我们知道，很多因素都可能影响大脑的发育，比如接触到铅或汞，或生命初期营养不良等。众所周知，孕妇在怀孕期间饮酒会导致孩子的智力有缺陷，事实显示，母亲在怀孕期间吸烟也会带来类似的影响，只不过不像饮酒的结果那么严重罢了。

有轻度智力缺陷的孩子一般没有接受过家庭的智力开发。在这些情况下，我们知道高质量的早期干预和学前教育能够显著影响孩子的智力。鼓励父母给孩子大声朗读，给孩子一些图画书，帮他们养成阅读的习惯，这些都可以刺激幼儿语言能力的发展。要知道，语言能力是智商的重要内容（参见第 437 页）。大脑是一个适应性非常强的器官，只要给予正确的引导，它的发育就会非常惊人。

**智力有缺陷的孩子需要什么？** 像所有孩子一样，智力有缺陷的孩子也需要适合他们能力水平的引导和挑战，即使那只是一些低于他们年龄水平的挑战，也会很有帮助。比如，一个有智力缺陷的七八岁孩子可能需要玩一些假装游戏，而他那些正常的同龄人也许已经开始玩下棋的游戏了。智力有缺陷的孩子需要有自己喜欢的小伙伴，这些伙伴的年龄可能比他要小很多，但是他们的发展水平一定要相当。在学校里，应该被安排在让他们有归属感的班级里，在那里他们要能做一些力所能及的事情。像所有孩子一样，当这些有智力缺陷的孩子遇到与自身能力相匹配的挑战时，就会在学习中感到快乐。

如果孩子的智力正常，父母就不必为了找到孩子的兴趣点去请教专家。只要观察孩子玩自己的东西以及邻居孩子的东西的情景，就会了解他可能喜欢什么东西。父母还可以观察孩子愿意学习什么，再用巧妙的方法去帮助他。对待智力有缺陷的孩子也是这样。可以通过观察发现他喜欢什么，给他买一些适合的玩具，帮他找到和他玩得来的孩子，可能的话，最好每天如此。父母还可以教他一些他想学的自理技能。

**早期干预**。根据联邦法律，每个州都必须建立一套系统来协调早期干预（EI）服务，服务对象是有智力缺陷和其他特殊需要的儿童。州政府资助的协调机构应与家长合作来制订个别化家庭服务计划（IFSP），这些计划会阐明儿童和家庭的需求，以及如何满足这些需求。早期干预的法律特别地认可了儿童在家庭中生活这一事实，因而为了满足儿童的需求，必须考虑到整个家庭。除了通常的治疗（作业疗法、物理疗法、言语 – 语言疗法）外，个别化家庭服务计划还包括暂托服务或其他需要的支持。早期干预机构应通过私人保险或公共资助项目等方式，帮助这些家庭为干预服务寻找资金支持。

**《残疾人教育法案》和特殊教育**。根据《残疾人教育法案》（IDEA），3岁以上的智力缺陷儿童有特定的受教育权。

在过去，人们曾认为智力有缺陷的儿童应该从小就被送进所在地区的特殊教育日间学校。如果当地没有这种学校，则应把孩子送进特殊教育寄宿学校。现在，越来越多的教育工作者在努力将这类儿童纳入主流学校活动中。如果进行得顺利，教育主流化过程会让所有儿童从中受益，这既包括那些身有缺陷的儿童，也包括正常儿童。如果进行得不顺利，无法为那些有特殊需要的儿童提供足够的支持，就意味着那些特殊需要儿童的需求无法得到满足。这项法案赋予了父母权利，以确保他们的孩子能够获得适合的教育。

**智力缺陷比较严重的孩子**。如果孩子到了1岁半还不能坐起来，而且几乎无法和周围的人和事互动，问题就比较复杂了。这样的孩子会很长时间内像婴儿一样需要别人的照料。是继续在家里照顾他，还是委托寄宿机构照顾他，取决于孩子的智力缺陷程度、孩子的性情、家庭满足孩子需求以及承受繁重养育任务的能力。过去，人们认为智力有缺陷的孩子应该送到特殊学校；现在的观念是，智力有缺陷的孩子应该住在家里，同时给予孩子需要的支持，让他能去普通学校学习。

**青春期和走向成年的过渡期**。在青春期，他们也会像其他青少年一样面临同样矛盾的欲望和恐惧，这些情感也会给他们带来痛苦和欢愉，只是这些特殊孩子面临的挑战会更加艰巨。凭着他们有限的独立性，那些社交的技能，比如到电影院看电影，跟朋友出去玩等，可能会更加困难。同时，对这些青少年来说，要理解主宰男女交往的那些社会规则也很困难。很多人认为智力有缺陷的人不会有或者不应该有男女之情，这种观点不能解决问题。孩子早期和随后的性教育以及人际关系的教育对他们的正常发展很重要。对于认知方面有困难的孩子来说，这些教育尤为重要。

很多父母都担心，那些智力有缺陷的孩子将如何在成人的世界里找到自己的位置。根据法律规定，学校必须向这些孩子提供特殊教育，直到他们年满21周岁或以上。大多数社区都能提供一些项目来帮助年轻人顺利过渡，以适应进一步的康复训练，获得合适的工作机会和舒适的生活环境。在整个青少年时期，确立教育目标和生活目标并对其进行评估的过程有双重作用，既能保证有智力缺陷的孩子得到需要的帮助，又能鼓励他们尽其所能掌控自己的命运。

想要了解更多对智力有缺陷的儿童和成年人在社区、法律和经济层面的支持信息，请访问相关网站。

智力低于平均水平的人可以胜任很多有益又有尊严的工作。在成长过程中得到良好的教养和训练，以便能够从事智力所及的最佳工作，这是每一个人的权利。

# 孤独症

**不断增强的认识**。随着孤独症的发病率超过了百分之一，甚至在男孩中达到了更高比例，几乎每个人都会在生活中接触到受孤独症影响的家庭。然而，黑暗中总有一线光明。人们对孤独症的认识同样达到了前所未有的高度，孤独症确诊引起的恐惧和羞耻感也已经开始消退。

现在人们知道，孤独症是由大脑的非正常发育引起的，与不正常的家庭教育无关。如果早期接受高强度的特殊教育，患有孤独症的孩子就能学会比较灵活地交际和思考。随着可供选择的高质量疗法越来越多，专家们给孩子做出诊断的时间也越来越提前了，这极大地提高了孤独症儿童的生活质量。

**什么是孤独症？** 患有孤独症的孩子在三个重要的方面发展不正常：沟通交流，人际关系，兴趣、行为举止和感觉。虽然很多发育正常的孩子在成长中也会在某个方面遇到困难，但只有发育问题的总体模式出了偏差才被算作是孤独症。

沟通交流。正常儿童通常会运用语言来进行沟通交流，了解别人的想法以及建立社会联系，孤独症儿童却不会这样做。或者更严谨地说，这些孩子不会自发这样做，必须有人教才会正确使用语言。患有孤独症的孩子可能不会在正常的年龄牙牙学语（6 ~ 12 个月时），会说单个字词的时间一般也比较晚。即使他们能够说话，经常也只是重复一些没什么意义的词语，有时还会背诵电视节目或广告中的大段话语。他们很难与别人进行正常交谈。有孤独症的孩子也会遇到非言语交流的障碍。不会用目光的交流来表示他们正在倾听，也不会指着什么东西来表示他们觉得那很有意思。

人际关系。人们曾经认为孤独症儿童完全与社会隔绝（"孤独症"英文名 autism 的词源有"自我"的意思）。事实证明，这种观念并不完全正确。虽然孤独症儿童经常满足于自娱自乐，他们依然渴望与最亲近的人联络情感，但表达方式却是奇怪的，比如用后背倒向父母来要求拥抱。有孤独症的婴儿可能不会正常地拥抱别人，也不会伸出双手要求别人的拥抱。有的孩子在别人逗弄他们或和他们玩拉长语音的游戏时会不高兴，而大多数孩子则会喜欢那样的逗弄。有孤独症的孩子经常忽视自己的伙伴。他们还会做出错误的反应，因为看不懂表示"我现在可以玩了"或者"别理我"的行为暗示。患有孤独症的青少年时常会对普通的社交生活感到困惑，还会被排斥在外，但他们也会感到孤独，渴望亲近的情感。

兴趣、行为举止和感觉。许多孤独症儿童都痴迷于机械，还会发展出特别的兴趣。很多孩子喜欢火车，还有一些孩子会收集很多特定的小物件，或如饥似渴地去了解关于某个晦涩话题的一切信息。有孤独症的孩子经常会一遍又一遍地重复相同的行为。有的孩子会把玩具车按照同样的次序摆成一排，或者不停地打开电灯再关上；有的孩子会把录像带放进录像机再把它拿出来，再放进去，再拿出来，一次持续几个小时。如果有人想改变他们的行为习惯，他们就会发脾气。旋转的东西对他们似乎具有特别的吸引力。有孤独症的孩子会经常旋转自己的身体，拍打或扭动手腕，或不停地前后摇晃。他们也许会对声音、气味、触摸做出出人意料的反应。比如，很多这样的孩子喜欢被人紧紧抱住，却不喜欢被轻轻地触摸。有的孩子可能会一遍又一遍地大声尖叫，但在听到冲马桶的声音或远远的警笛声时，却会痛苦地捂住自己的耳朵。

**孤独症谱系障碍（ASD）。**医学专家们认识到了孤独症谱系障碍的存在。若孩子只有轻微症状，那么他可能只是看起来有些不同寻常或古怪而已。这样的孩子在大多数环境中都会表现得相当不错。例如，如果老师知道孩子的情况，还能为他提供额外的帮助，那么孩子在课堂上就能有良好的表现。而其他一些孩子则需要全天候的帮助，甚至即便如此也可能会因患病而有诸多不便。

很多孤独症儿童同时存在着智力缺陷（关于智力缺陷的内容，请参见第644页），但也有一些孩子的智力是正常的，甚至天赋异禀。有些儿童虽身患孤独症，却十分聪慧，这些孩子往往很早就学会了阅读（即高读症），虽然他们可能不太理解自己口中单词的含义。就像电影《雨人》中达斯汀·霍夫曼饰演的角色一样，孤独症患者可能在某些方面有着惊人的天赋智力。患有孤独症的人若同时存在智力缺陷，就会令自己的处境雪上加霜。谱系上不同类型的孤独症会让不同患者的语言能力有所差异。语言能力强的孤独症患者（这种病在过去被称为阿斯佩格综合征）在成年后可能会有出色的表现，这些人尤其会在技术领域出类拔萃。那些患有孤独症且语言能力不佳的人，则往往会表现出更多的行为问题，还会因身患多重障碍而更加被社会孤立。

孤独症的相关术语在不断演变。旧的术语包括"阿斯佩格综合征"、"高功能孤独症"和"待分类的广泛性发育障碍"。不管患者有无智力和语言障碍，现在所有这些疾病都已经被归为"孤独症谱系障碍"（ASD），并按严重程度进行了分级。然而，无论作何诊断都不如孩子本身重要，记住这一点会让我们受益匪浅。任何一个孩子生命的内涵，都远比诊断标签的含义要丰富得多。有些孤独症儿童是热爱音乐的天生乐天派，还有些孩子脾气则有些暴躁，鲜艳明亮的颜色会让他们得到慰藉。有些孩子喜欢小狗，还有些孩子则喜欢小猫或金鱼。

与普通儿童相比，孤独症儿童更容易罹患由脑部病变引起的心智障碍，如癫痫、抑郁症、注意缺陷多动障碍和焦虑症。细心的医生会对这些疾病保持警觉，并在必要时给予治疗。

**什么原因导致了孤独症?** 有充分证据表明，遗传因素在其中起着重要的作用。孤独症具有家族性，因而兄弟姐妹共同患有孤独症的情况也很稀松平常。若孕育宝宝时母亲或父亲的年龄较大，也会增加罹患孤独症的风险，这或许是因为随着年龄的增长，基因突变的概率会增加。暴露于含有某些杀虫剂或工业化学品的环境中也可能会增加孩子患上孤独症的概率。确切原因虽无人知晓，但我们可以肯定的是，"不良的"或"冷漠的"养育方式并不是导致孩子患上孤独症的罪魁祸首。

我认为有道理的一种说法是，孤独症会影响大脑处理那些通过感官传来的信息，就像一台信号接收不好的电视机一样。有的信号接收得还可以，有的信号会有点失真，还有的完全丢失。孤独症的核心障碍可能在思想交流、人际关系和行为举止，孩子在这几方面的障碍正是对这种混杂信号的回应，也就是孩子为了应付这个混乱又令人惊恐的世界而做出的努力。

还有一些更严重的症状可能是一种宣泄。孩子由于被迫与别人隔绝而感到极度的灰心和痛苦，于是他们可能暴躁地发脾气。另一种常见的症状是喜欢旋转。这种表现可能反映出孩子的前庭觉发展得不正常，因为前庭觉是平衡感形成的关键。这个孩子也许会回避眼神接触，因为人的脸在一瞬间提供的信息太多了，有孤独症的孩子会觉得承受不了，从而感到不舒服。也可能是患有孤独症的孩子缺乏能力去理解那些通过面部表情传达出来的信息，而这种能力是正常发展的孩子很小就已经掌握的（也许他们生下来就具备了这种能力）。在这种情况下，患有孤独症的孩子回避目光接触，不是因为这件事情让他不舒服，而是因为这件事并不有趣；目光交流对他们来说并没有表达出任何意思。新的研究显示，这可能是真正的原因。

如果孤独症扭曲了孩子的视觉、听觉、触觉和味觉的感知方式，那么那些本来可以增进孩子和父母感情的事物和日常活动，比如对视、拥抱、音乐等，就反而会使患有孤独症的孩子陷入孤立。治疗孤独症的难点在于要绕过这些混杂的感觉跟孩子交流，消除他的防御行为，再教孩子一些表达想法和感情的技巧。

**孤独症的早期表现**。如果孤独症能够在早期发现，就能够在很大程度上改善它的状况。在孩子还很小时，父母也许会隐隐约约地感觉到有什么地方不对劲。以后再回头想想，可能会意识到自己的孩子并不像别的孩子那样看着他们的眼睛，也从来没有进行过咿呀学语的"对话"。其他的早期表现还包括：孩子到了 12 个月时还不会指着东西让父母看；到 15 个月时还不会用任何词语来表达需求或简单的想法；或者到 2 岁时，还不会把两个词连在一起组成简单的句子。上述这些警示信号并不能作为孤独症的确诊依据（有时听力缺损、其他发育问题和正常发育的种种表现看起来是一样的），但是，如果在孩子身上发现了上述任何一种情况，都应该对孩子的发育做一次评估，不要想当然地认为他"长大点就好了"。

**孤独症的治疗**。我们虽然还无法完全治愈孤独症，但确实找到了一些有效的治疗方法，每年还有很多新方法不断涌现。对于孤独症的治疗，越早开始效果越好。

治疗孤独症的主要方法是重点针对人际交往进行早期的强化教育。经证实能提高孩子语言能力和交流技巧的活动一般都需要每天几个小时的练习，而且一天都不能间断。应用行为分析（ABA）是经过最佳研究的治疗方法，接受过培训来提供这种专门疗法的专家可能会把自己称作获得认证的应用行为分析师（BCBA）。孩子可能参加不止一个治疗项目，同时在不同水平的训练中拥有指导教师或聘请了助理人员。大量的训练科目有助于整套治疗方案的实施，包括言语 – 语言治疗、物理治疗以及作业治疗等。

因为这种努力强度太大，几乎总会有一位家长不可避免地将自己全部的时间投入到照顾和教育孤独症孩子的工作中。关键的挑战在于找到一种平衡,让家中其他成员也参与其中,同时增进家人之间的关系（参见第 523 页）。

至今还没有发现治疗孤独症的药物。但是，很多药物都被用来缓解孤独症的症状，减轻患者的愤怒、焦虑或强迫行为，从而使家庭生活不至于那样难以忍受，也不至于妨碍患病孩子的教育。很多家长在寻找治疗途径时会转而求助于辅助药物和替代疗法。在这个过程中，他们常常会发现庞杂的理论和治疗方法。许多孩子被迫吃上了不含麸质和牛奶的饮食，服用大剂量的B族维生素。这种饮食改变很难坚持，但是没有危险。有时候，父母会观察到实际的改善。但更多时候，这些治疗仅能带来微弱或短暂的改善。

更有争议的治疗方法包括给孩子服用旨在去掉体内重金属（比如汞）的药物。螯合疗法很昂贵，常常很痛苦，具有潜在的危险，而且疗效完全没有经过科学证实。家长想要为患有孤独症的孩子尝试所有可能有效的办法，这种努力没有错，但应该在那句医学格言确定的原则之内采取行动，即"首先，不要造成伤害"。

孤独症孩子的父母需要了解很多东西，以便安排孩子的教育。父母可以在网络上或图书馆中查找一些可靠的资源，开启学习之路。

# 唐氏综合征和其他遗传疾病

考虑到成千上万的基因会跨代遗传，还会在发育过程中反复复制，然而遗传疾病竟然如此罕见，着实令人惊讶。在这些基因疾病中，唐氏综合征是最常见也最容易识别的。它是以 19 世纪的一位医生的名字命名的。这种疾病也被称作 21–三体综合征，这个名称指明了病因，即问题出在了 21 号染色体的第三组上。有时候，21 号染色体也可能多出了一部分，从而导致异常。本节将重点讲述唐氏综合征，但很多信息也适用于其他遗传疾病。

**什么是唐氏综合征？** 天生患有唐氏综合征的孩子不仅面临着发育的困难，还要面对疾病带来的风险。一开始，哺乳困难和发育迟缓的情况比较常见。大多数患有唐氏综合征的孩子都有智力缺陷，有的比较轻微，有的比较严重。他们发育迟缓，而且很可能有心脏病、听力障碍和视力障碍，或者耳部感染和鼻窦感染、阻塞性睡眠呼吸暂停（参见第 373 页）、甲状腺激素水平低下、便秘、脊柱失稳，以及其他一些问题。这些孩子长得很慢，随着年龄的增长，他们罹患白血病和阿尔茨海默病的风险也会增加。很多唐氏儿十分友善开朗，但也有一些孩子喜欢发脾气，很多孩子还会患上焦虑症和抑郁症。针对某个特定的唐氏综合征患儿来说，他可能没有上述症状，可能有几种，也可能有很多。

大约每七百个孩子中就有一个孩子天生患有唐氏综合征，这一发病率也让唐氏综合征成了遗传疾病中的常见病。女性年龄越大，某个卵细胞包含额外一条 21 号染色体的概率就越大，这就增加了她们的孩子患唐氏综合征的风险。35 岁以上的母亲生下患有唐氏综合征孩子的概率是 4‰。

**唐氏综合征的诊断**。对唐氏综合征的诊断可以在母亲怀孕的前 3 个月进行，通过检查羊膜液（羊水诊断）或部分胎盘（绒毛膜取样）得出结论。只要本人有意愿，所有孕妇都应有权要求进行针对唐氏综合征的产前检查。大多数产科医生都会推荐 35 岁以上的孕妇至少进行上述的一项检查。出生之后，孩子的面部特征和其他体检结果也能显示出患有唐氏综合征的可能性，但是最终的确诊还要依靠血液化验。化验结果大概需要一两周。

**治疗**。各种遗传疾病的发病机理各不相同，有些疾病可以通过饮食手段或特定营养素来治疗。例如，如果一个人患有苯丙酮尿症，那么他的身体就无法分解苯丙氨酸这种物质，这时患者可以通过调整饮食来限制苯丙氨酸的摄入从而治疗疾病。

目前还没有治疗方法能够治愈唐氏综合征。然而，对由遗传基因错误引起的各种疾病进行治疗是非常重要的事情，例如，需密切关注唐氏儿是否患有心脏病或白血病。患有唐氏综合征的孩子会得益于家庭保健医生的帮助，一个有责任心的医生能够帮助父母参与到各种必将遇到的健康问题中来，还能帮助父母找到需要的专家或医学家。找一位技术过硬、经验丰富的医生非常值得，这对患有唐氏综合征的孩子尤其有好处。

教育计划应该根据孩子的兴趣、性情、学习类型来制订。这种方法当然对所有孩子都可行，但是对于患有唐氏综合征的孩子来说尤为重要。将患有唐氏综合征的孩子融入正常的班级经常会取得不错的效果，但这也常常需要知识广博的教育专家或学校心理专家的特别帮助。

要想对唐氏综合征患儿的护理在各方面的共同努力下成效最为显著，这就要求父母、医生和教师要同心协力地为孩子考虑。这个团队带头人的重担会责无旁贷地落在孩子父母身上。参加父母互助团体可以获得必要的信息和支持，帮助父母在照顾孩子的过程中当好带头人。

# 寻求帮助

## 为什么要寻求帮助

早在 19 世纪，精神病医生主要只为精神病患者服务。时至今日，这种污名化依然会让很多人在咨询心理健康问题时望而却步。但是，精神病医生都接受过培训，往往能够在孩子的问题发展到不可控的程度之前就及早进行治疗。我们都知道，不能等孩子的肺炎变得非常严重了才去看医生，心理问题也一样，不能等孩子的精神已经受到严重影响才去找医生诊治。

## 最初的一步

父母可以首先向孩子的初级保健医生求助。如果无法这样做，可以在电话簿或网上通信录中查找"家庭服务"、"咨询"或"心理健康"列表下面的通信信息。大多数社区都有一些康复机构，可以为儿童提供行为健康服务。社区的负责人可能会亲自提供咨询，或者帮父母介绍其他的专业人士。你也可以打电话给附近的医院，请求总机帮你联系相关部门。

针对个人需求，某一方面的专业人员可能比另一方面好。下面的内容简单地介绍了最可能帮得上忙的专家。

**家庭社会服务机构。** 大多数城市都有至少一个家庭社会服务机构，大一些的城市有更多。这些组织由社会工作人员组成，他们受过专门的训练，可以帮助父母解决常见的家庭问题，比如孩子的管理、婚姻调解、家庭预算、慢性病、住房、找工作、医疗服务等。他们经常会有顾问，比如精神病医生或心理学家，这些人能够帮助处理比较困难的情况。

许多父母都是伴随着这样一种想法长大的：他们认为社会机构主要提供救济，只为穷人服务。事实上，现代家庭机构既愿意帮助那些付得起费用（或购买了私人保险）的家庭，也愿意帮助那些付不起费用的家庭。

## 治疗的种类

治疗的方法多种多样。老套的做法是，躺在长沙发上谈论自己的梦境，长着胡子的精神分析医生会记下笔记。现在的治疗方法已经很少这样做了。以深入考察为主的治疗方法试图让患者更深入地了解自己的经历和动机，包括童年时的经历在内。而认知行为疗法（CBT）则更多地关注患者当前的情况和状态，通过改变患者对自身和他人的看法来改变他的行为。认知行为疗法可以收到显著的效果。举个例子来说，一个精神抑郁的孩子也许会通过看到自己不断重复和过于挑剔的消极念头，转变成更加现实和更有希望的孩子。思想和情绪是互相关联的，当一个改变时，另一个也会随之变化。

不善于用语言表达感受的幼儿经常会从游戏疗法中受益。大一点的孩子也许能通过艺术治疗或叙事治疗获得改善，他们能够从中学会叙述事情或讲故事，从而提高自己的应对能力。对于有行为障碍的孩子来说，行为疗法可能会很有效。这种疗法注重分析好的表现和不当行为的原因和结果。大多数行为疗法都包括对父母的训练，也就是为父母提供一些具体指导和训练，使父母可以施行有效的干预来改善孩子的行为。

家庭疗法通常很有帮助，有时会与其他疗法结合使用，有很多选择。如果考虑与一位治疗师合作，可以咨询一下是否有更舒服的治疗方法。

## 选择专家

咨询朋友和家人是否有推荐的专家。在带孩子来治疗之前，父母可以先单独找专家聊一聊，看看自己的感觉如何。治疗过程应该让父母和孩子都感到舒服，这点很重要。一些社区服务提供了免费或收取一定费用的帮助。私营保险机构可能会提供有限的选择；最好在治疗之前了解计划能取得多大的改善。

**发育与行为儿科医生（DBPeds）**。这些医生都受过基本的儿科训练，同时还有三年以上研究和护理有发育和行为障碍儿童的经验。有些医生在发育障碍方面有专长，比如智力缺陷或孤独症；还有些医生则在行为障碍方面更擅长，比如尿床或注意缺陷多动障碍。父母最好打听一下医生受过的训练和专长。

大多数发育与行为儿科医生在评估和诊治儿童常见行为和心理问题方面都有一定的经验。和精神病医生一样，他们都受过专门的训练，能够用药物治疗行为方面的问题（有些非常严重的问题，比如双相情感障碍，最好还是让精神病医生来处理）。许多发育与行为儿科医生会与执业护士密切合作，这些执业护士在临床护理方面受过额外的培训。他们经常会开一些常用药，比如治疗注意缺陷多动障碍的兴奋药。

**精神病医生**。这些人都是专门诊治心理失衡和情绪失调的医生。儿童精神病医生在处理儿童和青少年的具体问题方面都受过特殊的训练。他们经常在团队中工作，主要负责开处方，而其他的专家，比如心理学家和社会工作者，主要进行咨询服务和谈话治疗。某些严重的疾病，比如神经性厌食症、双相情感障碍和重度抑郁症，在儿童精神病医生的协助下进行治疗可能会达到最佳效果。

**心理学家**。研究儿童问题的心理学家在许多方面都受过专门的训练，比如学习问题、行为问题和情绪问题的病因和治疗等，还有很多心理学家会为孩子提供智力、学力和孤独症方面的心理测试。有的心理医生专门研究患有慢性病并且反复住院的孩子，经常跟儿童生活专家合作。心理学家常常是通过认知行为疗法治疗儿童焦虑或抑郁的最佳人选。要获得心理学家的资格认证，必须有博士学位，还要具备临床实习医生的资格（在经验丰富的治疗师指导下为患者服务）。心理学家一般没有处方权，但经常会与有处方权的医生或护士合作。

**社会工作者**。这些专业人员在大学毕业以后至少还要接受两年的课堂学习和临床训练，才能获得硕士学位。要想成为特许临床社会工作者（LCSW），一个硕士水平的申请人必须在监管之下为患者提供咨询和治疗，还要通过一个州级的认证考试。社会工作者能够对一个孩子、他的家庭和学校环境做出评估，再从孩子和家庭两方面来治疗行为问题。许多社会工作者还接受过家庭疗法方面的高级培训。

**精神分析学家**。这些人包括精神病学家、心理学家和其他心理健康专家。他们通过探测潜意识里的矛盾和防卫心理，以及患者与精神分析学家的关系来治疗情绪问题。儿童精神分析学家（跟心理学家相似）还经常通过游戏和艺术与他们沟通。同时，也经常与父母们一起开展工作。正规的精神分析学家都具有高等学位，他们已经对心理分析做过研究，自己也经历过精神分析，还在监管之下工作了多年。但是，目前还没有针对精神分析学家的国家级认证，他们中的任何人都可以合法地称自己是个精神分析学家。所以，在进行精神分析疗法之前应该仔细考察某位专家的资质。

**家庭治疗师**。家庭疗法的主要观点就是每个家庭成员都是互相联系的。一个孩子的行为障碍通常会给整个家庭带来麻烦，而家庭中的问题又经常会导致某个孩子的行为失常。改善孩子行为的最好方法通常是帮助整个家庭更好地运转。

家庭治疗专家可以是心理学家、精神病医生、社会工作者，或其他已经完成家庭疗法额外训练的专业人士。大多数州都规定了获得此方面认证的条件，其中包括硕士及以上学位、两年严格指导之下的家庭疗法实践经验，以及通过一项标准化考试。

**获得认证的专业心理咨询师和学校心理咨询师**。美国大多数州的专业咨询员资格都包括咨询学硕士学位和 2 ~ 3 年在指导下的实践（大约 2000 ~ 4000 小时）。学校心理咨询师都经过了专门训练，能够在学校里提供咨询服务。对于专业心理咨询师（LPC）或学校心理咨询师的培训，跟很多家庭治疗师或硕士水平的心理学家接受的训练范围差不多。

**言语 - 语言治疗师、作业治疗师和物理治疗师**。在评估和治疗儿童的发育和行为问题方面，这些领域的治疗师可以帮上大忙。所有疗法都要运用各种技巧，包括教育、专门训练，以及亲自动手操作。最好的治疗师也会和家长配合，以帮助他们在间歇时间继续这些治疗。在所涉及的问题和采用的技术方面，这些专业之间有着相当多的重叠。这种情况可以理解，因为一旦涉及儿童的问题，所有系统都是内在联系的，比如身体移动、玩耍、用手拿物体、集中注意力、吃东西和沟通交流等。这些专业的业务训练至少需要达到硕士水平，还要通过州委员会考试，很多人还要接受进一步的高级培训。

## 一起努力

父母应该做好计划，跟自己选择的专业人士一起努力。有的医生会限制父母的介入，不赞成他们把孩子送来之后再带回家去。但是，大多数医生会鼓励父母发挥更积极的作用。

父母应该尽早跟专业人士商量好治疗的主要目标，对什么时候会出现什么变化进行预测，然后不时地检查自己是否正在做着预期中的事情。对于具体的情况，比如尿床或发脾气，只要几个疗程就可以；其他问题可能会花费更长的时间。一般来说，如果能够在几年的时间里坚持和同一位专业人士配合治疗，那么孩子和父母都会从中受益。

早点确定自己的期望值有很多好处，其中之一就是能在进展不理想的时候帮助父母做出决定。对于长期以来形成的问题，不能奢望会有立竿见影的解决办法，而且病情在好转之前，通常会有恶化的表现。一旦选定了一个与你共同努力的专家，最好是坚持一段时间，尽管有时候你会觉得不太踏实。从另一方面来说，如果几个月过去了还见不到起色，父母也觉得早该见效了，可以和医生谈一谈，看看是否需要换一种新的方法或换一名临床医生。这样做很有必要。

哪怕是病情出现了反复，或者换了医生，也不是世界末日。最重要的是，父母和孩子能保持乐观，相信情况一定会好起来。长期来看，这种满怀希望、积极采取行动的态度最有可能帮助孩子掌握生活必备能力，茁壮成长。

# 儿童常用药

## 用药安全

所有药物都应该慎重对待。处方药可能带来强烈的副作用。但是，非处方药也可能有危险，尤其在孩子过量服用时更是如此。特别需要注意的是，有些常用的咳嗽药和感冒药已经被发现对儿童不安全，甚至是致命的。然而这些药物不需要处方，唾手可得，可以直接包装好给大孩子和成年人使用。不论服用何种药物，都必须遵循药瓶上的剂量说明。一般来说，孩子年龄越小，父母就越要小心谨慎。遵循以下常识性原则可以降低用药风险：

◆ 无论是处方药还是非处方药，都只在医生的建议下服用。

◆ 把药物放在上了锁的橱柜或抽屉里。经验证明，即使是胆小怕羞的孩子也会在好奇心的驱使下爬上高高的橱柜或架子。

◆ 不要过分信赖防止儿童打开的药瓶盖子。它们只能让一个坚持不懈的孩子慢一些得逞，无法让他放弃探索。

◆ 要告诉孩子，药物就是药物，不是糖果。

◆ 要特别注意那些可能随身携带药物的客人，和孩子到别人家里做客时，也要特别留心。遗忘在矮桌子上的手提包对一个学步期孩子而言就是个很有诱惑力的目标。

在压力大或日常生活规律发生变化的时候，就要想到药物、清洁用品以及家里其他危险物品可能造成的意外。

## 关于术语的一点说明

医生开药方时，他们的速记法可能会带来困惑。医生说一天两次，每次一片（医学术语缩写是 BID），意思是每 12 小时服用一片。比如，可以在早上 8 点服用一片，晚上 8 点再服一片。

一天三次（TID）的意思是每 8 小时服用一次（例如早上 8 点、下午 4 点和半夜 12 点各服一次）；一天四次（QID）就是每 6 小时服药一次（例如早上 8 点、下午 2 点、晚上 8 点和夜里 2 点各服一次）。PRN 的意思是"必要时服用"。PO 的意思是"口服"。如果处方中写着"一次一片 PRN PO QID"，意思就是必要时可以每 6 小时口服一片——但不是必须如此。

药物的用量可能也需要换算一下。非处方药的说明书上用茶匙、汤匙、盎司表示，偶尔也说一瓶盖。但医生处方上很可能写成毫升（ml）和毫克（mg）。一茶匙的标准剂量相当于 5 毫升，一汤匙相当于 15 毫升，一盎司则相当于 30 毫升。如果医生告诉你"每天三次，每次一茶匙"，就是每 8 小时给孩子服用 5 毫升。家里的茶匙可能无法准确地盛满 5 毫升，为了使服药剂量准确无误，更可靠的方法是使用药杯或口服注射器。

熟悉这些术语的好处在于可以提出问题。如果医生说每天三次，每次一片，然后在处方上写了 BID，应该把这个情况问清楚。如果医生写了 QID，但不确定是否应该严格按照每 6 小时一次给孩子服用，甚至不确定是否有必要在夜里把孩子叫醒服药，也应该问一下。一定要保证离开诊室前弄清医生的意思。对药剂师也要问清楚。在用药问题上，怎样仔细都不为过。

# 常用药物名称指南

掌握一部分常用药的基本知识可以帮助父母自信应对一些常见问题。但是，给孩子用药可能是一件令人困惑的事。药物公司给药品标注了多种名称，把事情弄得十分复杂。父母很可能知道药物的商品名称（比如泰诺），而不知道通用名称，它们往往不太容易读出来，表示的是药品的有效成分（比如对乙酰氨基酚）。很多非处方药含有多种有效成分。一种治疗过敏、咳嗽和感冒的药物中就可能含有溴苯那敏、氢溴酸右美沙芬，以及伪麻黄碱；每一种成分都有不同的作用。当你给孩子喂一勺药时，不可能总是轻松地弄清其中的成分。

为了把情况弄清楚一些，下面这份指南列出了一些常用药物的通用名称，告诉大家某种药物的功效。许多常用药都可以归为不同的类别，比如抗生素、抗组胺药和消炎药。我们把有关药物的信息分成了实用的类别。

这份指南的目的并不是代替医生或药剂师的建议，而是帮助父母更好地与他们沟通。如果医生说："给孩子吃一点布洛芬吧。"这时父母就会想："哦，美林，我们已经试过那种药了。"

以下这份指南只包含了现在使用的一小部分药物。要想看到更完整的列表，请上网查看，网站的在线指导可以帮助父母理解医生的行话、医学术语和许多其他方面的有用信息。

这份指南只包括所列药品的一部分最常见的副作用。处方药的包装盒里附带的用药说明会列出更多不良反应的症状。任何药物都可能会引起让身体不舒服或危险的副作用。用药之后如果出现任何意料之外的不适症状都属于副作用，除非证明另有原因。

### 对乙酰氨基酚

（非处方药）商品名称：泰诺（Tylenol）、Tempra。

药效：参见"非类固醇抗炎药物"。对乙酰氨基酚可退热和缓解疼痛。

副作用：如果过量服用，会导致严重的肝脏疾病。如果要给孩子服用好几天，事先要咨询医生。

### 乙酰水杨酸（阿司匹林）

（非处方药）商品名称：拜尔（Bayer）、Ecotrin 等。

药效：参见"非类固醇抗炎药物"。

副作用：必须在医生的指导下服用。对儿童来说，阿司匹林可能会导致危及生命的肝脏疾病（瑞氏综合征）。

### 沙丁胺醇

（在美国必须经处方使用）商品名称：舒喘灵（Proventil）、万托林（Ventolin）。

药效：参见"支气管扩张药物"。

### 阿莫西林

（在美国必须经处方使用）商品名称：阿莫仙（Amoxil）、Trimox。

药效：参见"抗生素"。阿莫西林常常是耳部感染的首选药物。

### 阿莫西林克拉维酸钾

（在美国必须经处方使用）商品名称：沃格孟汀（Augmentin）。

药效：参见"抗生素"。如果对阿莫西林产生抗药性而没能奏效，这种药物就是第二选择。

副作用：比阿莫西林更容易引起胃部不适和腹泻。


### 抗生素

（在美国必须经处方使用）

药效：抗生素可以杀灭细菌；对常见的病毒性感染无效，比如病毒性感冒。

副作用：尤其对于婴幼儿来说，要特别注意鹅口疮或念珠菌性尿布疹的症状；经常会出现胃部不适和皮疹。


### 抗组胺药物

（主要为非处方药）商品名称：苯那君（Benadryl）、安泰乐（Atarax）、开瑞坦（Claritin）、仙特明（Zyrtec）。

药效：这类药物会限制组胺的活性，而组胺则是产生过敏反应的主要物质。此类药物常用于治疗花粉热、荨麻疹和其他一些过敏性皮疹。

副作用：对于幼儿来说，此药物经常会引起亢奋或过激反应；大一些的孩子会产生镇静作用或感到困倦。开瑞坦或仙特明引起的此类反应可能会少一些。抗组胺药物经常被当作组合药物的一部分，与解充血剂和其他一些药物同时销售，这些药物对幼儿来说不安全。


### 抗病毒药物

（多数为处方药）

药效：可以减轻某些病毒性感染的症状，比如口腔疱疹（唇疱疹）和流行性感冒。

副作用：各种各样，包括胃肠道不适，以及可能十分严重的过敏反应。

### 阿奇霉素

（在美国必须经处方使用）商品名称：希舒美（Zithromax）、Zmax。

药效：参见"抗生素"；此药品虽然与红霉素十分相似，但是每天需要服用的次数少一些（花费也高很多）。

副作用：主要是胃部不适。

### 杆菌肽软膏

（非处方药）商品名称：新斯波林（Neosporin）、Polysporin。

药效：是一种温和的抗生素，可以用于皮肤（局部涂抹）。

副作用：罕见。

### 倍氯米松鼻用吸入剂

（在美国必须经处方使用）商品名称：Vancenase、伯克纳（Beconase）。

药效：参见"吸入型皮质类固醇"。鼻内皮质类固醇可以减轻花粉热的症状。

副作用：按照说明使用时，罕见副作用。

### 苯佐卡因

（非处方药）商品名称：Anbesol。

药效：减轻痛觉（麻醉剂）。但是，重复用药时，效果会逐渐减弱。

副作用：有刺痛或灼热感。过量使用可能导致心律不齐。

## 比沙可啶

（非处方药）商品名称：乐可舒（Dulcolax）。

药效：促进肠道收缩，推动排泄物下行。

副作用：痉挛、腹泻。

## 溴苯那敏

（非处方药）商品名称：止咳露（Dimetapp）、诺比舒咳（Robitussin）。

药效：参见"抗组胺药物"。

## 支气管扩张药物

（在美国必须经处方使用）

药效：改变支气管因哮喘而导致的收紧状态。

副作用：加速心跳节奏，升高血压，令人紧张、激动、焦虑、做噩梦，还可能造成其他一些行为上的变化。

## 扑尔敏

（非处方药）商品名称：鼻福（Actifed）、速达菲（Sudafed）、Triaminic。

药效：参见"抗组胺药物"。

## 克立马丁

（非处方药）

药效：参见"抗组胺药物"。

## 克霉唑霜剂或软膏

（非处方药）商品名称：Lotrimin。

药效：既可以杀灭引起脚癣的真菌，也可以杀灭引起皮癣和某些尿布疹的真菌。

副作用：罕见。

## 吸入型皮质类固醇（吸入型激素）

（在美国必须经处方使用）

药效：吸入型皮质类固醇是治疗由哮喘引起的肺部炎症的最好药物。

副作用：在过量使用或错误使用的情况下，如果吸入足量的皮质类固醇，会产生严重的副作用；要向医生了解预防这些情况的方法。

## 局部外用的皮质类固醇（外用激素）

（非处方药或处方药）

药效：皮质类固醇的霜剂、软膏和洗剂可以缓解皮肤瘙痒和发炎；对湿疹和一些过敏反应尤其有效。此类药物有很多好处。

副作用：会使皮肤变薄，颜色变淡，药物易吸收到体内；使用药品的效力越强，用药面积越大，用药时间越长，这些情况就越严重。短期使用效力低一些的制剂一般都是安全的。

## 复方磺胺甲恶唑

（在美国必须经处方使用）商品名称：新诺明（Bactrim）。

药效：是一种抗生素，常用于治疗膀胱感染；不再用于治疗耳部感染（参见"抗生素"）。

副作用：胃部不适；如果出现了皮肤苍白、皮疹、瘙痒或其他新症状，就要找医生诊治。

## 色甘酸

（在美国必须经处方使用）商品名称：咽达永乐（Intal）。

药效：治疗哮喘时出现的肺部炎症；效力不像吸入型皮质类固醇那样强大。

副作用：罕见。

## 解充血药物

（非处方药）商品名称：鼻福（Actifed）、Triaminic、速达菲（Sudafed）及任何标有"解充血剂"的药物。

药效：这些药物可以使鼻腔里的血管收缩，从而减少鼻子里分泌的黏液。

副作用：对4岁以下的幼儿来说，可能产生严重甚至是致命的副作用。由于这类药物并非对任何病例都有效，所以最好不用，或者在医生的建议下使用。这类药物经常会使心率加快，血压升高，还可能引起紧张、激动、焦虑、做噩梦和其他一些行为改变。几天以后，身体常常会产生适应性，这些药物也就不再有效了。如果与可能产生相似副作用的其他药物（如兴奋药）同时服用，一定要特别小心。

## 右美沙芬

（非处方药）商品名称：小儿诺比舒咳（Robitussin）、复合右甲吗喃（Delsym）、柯利西锭（Coricidin）等。

药效：应该可以抑制咳嗽反射，但效果甚微，或者有可能无效。

副作用：对幼儿来说，可能出现严重的副作用；对4岁以下的儿童不安全；必须在医生的指导下才能给儿童使用。还要注意含有镇咳剂的其他药物，所有这类药物都可能产生严重的副作用。

## 苯海拉明

（非处方药或处方药）商品名称：苯那君（Benadryl）。

药效：参见"抗组胺药物"。

## 多库酯钠

（非处方药）商品名称：乐可舒（Dulcolax）、Colace。

药效：是一种大便软化剂；不会被身体吸收。

副作用：腹泻、呕吐、过敏反应。

## 红霉素

（在美国必须经处方使用）商品名称：EryPed。

药效：是一种抗生素，常用于对青霉素过敏的病人。

副作用：主要是胃部不适。

## 硫酸亚铁、富马酸亚铁

（非处方药或处方药）商品名称：美赞臣补铁滴剂（Fer-In-Sol）、费奥索（Feosol）、施乐菲（Slow Fe）等。

药效：铁制剂；用于治疗缺铁导致的贫血。

副作用：如果过量服用，极其危险，会导致溃疡和其他一些问题。对此类药物要十分小心。

## 氟尼缩松

（在美国必须经处方使用）商品名称：氟尼缩松气雾吸入剂（AeroBid Inhaler）。

药效：参见"吸入型皮质类固醇"。

## 氟替卡松鼻用吸入剂

（在美国必须经处方使用）商品名称：替卡松（Flonase）。

药效：参见"吸入型皮质类固醇"。

## 氟替卡松口腔吸入剂

（在美国必须经处方使用）商品名称：Flovent。

药效：参见"吸入型皮质类固醇"。

### 愈创甘油醚

（非处方药）商品名称：诺比舒咳（Robitussin）、速达菲（Sudafed）。

药效：是一种祛痰药，可以稀释黏液，使其更容易咳出。

副作用：罕见，但常与其他药物（比如解充血药物）联合使用，可能产生严重的副作用。

### 氢化可的松霜剂或软膏

（非处方药）商品名称：可的松（Cortizone）。

药效：参见"局部外用的皮质类固醇"。0.5% 和 1% 的氢化可的松效果非常微弱，对轻微的发痒皮疹很适用，几乎没有什么副作用。

副作用：与所有皮质类固醇一样，使用的剂量越大，用药时间越长，副作用就越大；具体请询问医生。

### 羟嗪

（非处方药）商品名称：安泰乐（Atarax）。

药效：参见"抗组胺药物"。

### 布洛芬

（非处方药）商品名称：艾德维尔（Advil）、美林（Motrin）、Pediaprofen。

药效：参见"非类固醇抗炎药物"。布洛芬对缓解各种疼痛效果很好。

副作用：胃部不适，药量较大时尤其如此。过量用药会有危险。

### 酮康唑洗剂或霜剂

（非处方药）商品名称：仁山利舒（Nizoral）。

药效：可以杀灭引发癣菌病和某些尿布疹的真菌。

副作用：罕见。

## 洛派丁胺

（非处方药）商品名称：易蒙停（Imodium）。

药效：通过减弱肠道的收缩而缓解腹泻。

副作用：胀气、胃痛。

## 氯雷他定

（非处方药）商品名称：开瑞坦（Claritin）。

药效：参见"抗组胺药物"。氯雷他定可能比老式的抗组胺药带来的困倦感要少一些。

副作用：少见头痛、口干、困倦或行为亢奋。

## 甲氧氯普胺

（在美国必须经处方使用）商品名称：灭吐灵（Reglan）。

药效：通过强化闭合胃部上端的括约肌来减少胃酸从胃里倒流的症状。

副作用：困倦、烦躁、恶心、便秘、腹泻。

## 咪康唑

（非处方药）商品名称：Desenex。

药效：杀灭引起脚癣和其他皮疹的真菌。

副作用：罕见。

## 孟鲁司特钠

（在美国必须经处方使用）商品名称：顺尔宁（Singulair）。

药效：患哮喘时减少肺部炎症。

副作用：头痛、眩晕、胃部不适。

## 美林

（非处方药）药效：参见"布洛芬"。

## 莫匹罗星软膏

（在美国必须经处方使用）商品名称：百多邦（Bactroban）。

药效：杀灭经常引起皮肤感染的细菌。

副作用：罕见。

## 萘普生

（非处方药或处方药）商品名称：Aleve。

药效：参见"非类固醇抗炎药物"。萘普生可以很好地缓解各种疼痛。

副作用：胃部不适，用量较大时尤其如此。过量服用会有危险。需随食物一起服用；如果用药超过一两天，请咨询医生。

## 非类固醇抗炎药物（NSAID）

（非处方药或处方药）相关药品包括对乙酰氨基酚、布洛芬、萘普生等。

药效：这类药物可以减少肌肉和关节部位的炎症，退热，缓解疼痛。

副作用：每种药品都可能带来胃部不适，在用药量较大的时候尤其如此；过量服用可能非常危险。如果需要大剂量服用或者长时间用药,请咨询医生。

## 奥美拉唑

（非处方药和处方药）商品名称：Prilosec。

药效：减少胃酸；常用于治疗反流（胃食管反流病）。

副作用：头痛、皮疹、呕吐、维生素缺乏。

## 口服补液溶液

（非处方药）商品名称：Pedialyte、Oralyte、Hydralyte等。

药效：用于防止因呕吐和腹泻而流失水分的儿童出现脱水症状。这些溶液的主要成分是比例合适的水、盐、钾和不同种类的糖，以便水分尽可能被肠道吸收，进入血液。不同口味和冰棒型的补液制剂效果也很好。

副作用：没有副作用。但是，如果孩子呕吐和腹泻得很严重，就应该有医生的监护。即使正在服用这类补水溶液中的某一种，孩子也可能出现脱水。

## 青霉素

（在美国必须经处方使用）商品名称：无，通常称作 Pen VK。

药效：参见"抗生素"。口服或注射青霉素是治疗链球菌咽喉炎的首先方案。

副作用：过敏反应，常见带有又小又痒的小突起的皮疹；严重的过敏反应比较罕见，但确有发生。如果出现了过敏症状，要告知医生。

## 苯肾上腺素

（非处方药）商品名称：新辛内弗林（Neo-Synephrine）、Alka-Seltzer Plus。

药效：参见"解充血药物"。

副作用：对幼儿不安全；必须在医生的建议下使用。

## 多粘菌素 B

（非处方药）商品名称：新斯波林（Neosporin）。

药效：是一种温和的抗生素，可以用于皮肤（局部外用）。

副作用：罕见。

## 伪麻黄碱

（非处方药）商品名称：PediaCare、速达菲（Sudafed）等。

药效：参见"解充血药物"。

副作用：对幼儿不安全；必须在医生的建议下使用。

**除虫菊酯和除虫菊**

（非处方药）商品名称：RID、Nix 等。

药效：这些药物可以杀灭头虱。

副作用：罕见。

**雷尼替丁**

（非处方药）商品名称：善胃得（Zantac）。

药效：减少胃酸，缓解胃部灼热（胃酸倒流的症状）。

副作用：头痛、眩晕、便秘、胃痛。